广东城市森林公园工程综合集成设计研究

RESEARCH ON INTEGRATED DESIGN FOR URBAN FOREST PARK IN GUANGDONG

科研应用实例：“东莞市大岭山森林公园工程综合集成设计”项目获得 2008 年国家优秀工程设计银奖

广东城市森林公园工程综合集成设计研究

RESEARCH ON INTEGRATED DESIGN FOR URBAN FOREST PARK IN GUANGDONG

刘志武 ▣ 主　编

肖智慧　陈汉坤
叶金盛　吴焕忠 ▣ 副主编

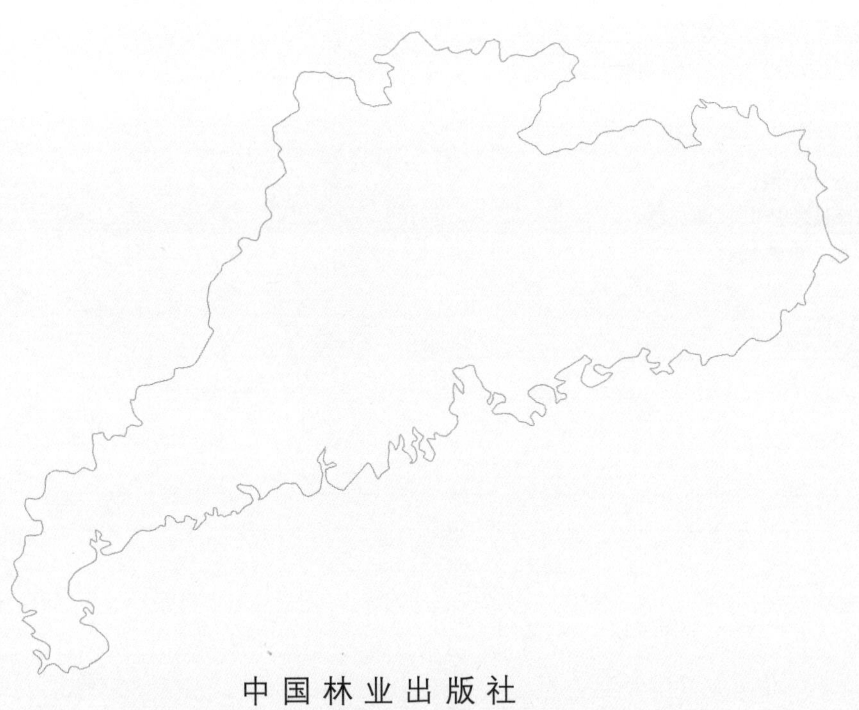

中国林业出版社

图书在版编目（CIP）数据

广东城市森林公园工程综合集成设计研究 / 刘志武主编. ——北京：中国林业出版社，2010.7
ISBN 978-7-5038-5858-1

Ⅰ. ①广… Ⅱ. ①刘… Ⅲ. ①城市－森林公园－园林设计－广东省 Ⅳ. ①TU986.5

中国版本图书馆 CIP 数据核字（2010）第 116272 号

广东城市森林公园工程综合集成设计研究

出 版 | 中国林业出版社（100009 北京西城区德内大街刘海胡同 7 号）
网 址 | lycb.forestry.gov.cn
电 话 | (010) 83229512
发 行 | 中国林业出版社
印 刷 | 北京顺诚彩色印刷有限公司
版 次 | 2011 年 2 月第 1 版
印 次 | 2011 年 2 月第 1 次
开 本 | 889×1194 1/16
印 张 | 24.25
字 数 | 675 千字
定 价 | 160.00 元

广东城市森林公园工程综合集成设计研究编写委员会

主　编

刘志武

副主编

肖智慧　陈汉坤　叶金盛　吴焕忠

编　委

郭盛才　陈钰皓　战国强　王喜平
刘凯昌　刘培兴　何莹泉　刘　亚
姜　杰　郑镜明　刘飞鹏　李茂深
周玉申　汪求来　谭文雄　张红爱
陈倩倩　陈秋菊　陈富强　陈雄伟
许文安　张建文　曾焕忱　卢世放

广东城市森林公园工程综合集成设计研究

在应对全球气候变化的大背景下，向低碳经济转型已成为世界经济发展的大趋势。发展城市森林、建设低碳城市，建立以森林公园森林植被为主体的城市森林生态系统，是加强生态建设、打造宜居环境、弘扬绿色文明、提升城市品位、促进人与自然和谐的重要载体。

2003年，党中央、国务院颁布了《关于加快林业发展的决定》，确立了以生态建设为主的林业发展道路。广东省委、省政府一直高度重视生态建设，先后实施了一系列战略部署，推进林业事业不断向前发展。在统筹城乡国土绿化方面，针对广东近年来快速工业化、城市化的特点，通过有效地保护与可持续利用森林风景资源，加强了国家级、省和市（县）级森林公园的建设，使之成为相互协调发展的绿色系统，有力地加快了现代林业建设步伐，为建设宜居广东打下了坚实的基础。

城市森林公园在维护城市生态安全、改善城市生态环境、提升城市经营形象、促进森林旅游业发展等方面发挥了重要的作用，已成为城市森林建设的一项重要内容。《广东城市森林公园工程综合集成设计研究》便在时代发展需求下应运而生。研究团队在总结多年森林公园规划设计实践的基础上，从维护城市生态、减缓热岛效应、应对全球气候变化的角度

序

PREFA CE

出发，倡导工程设计上节约资源（reduce）、再利用（reuse）、循环利用（recycle）的生态策略，使森林风景资源得到更为合理有效的利用。本研究成果是多学科交叉的综合集成，着重从定性到定量的系统分析，一些创新理念对于指导我省森林公园建设与发展具有十分重要的现实意义，也是文化林业、创新林业的一次具体实践。

本研究历时5年，饱含了研究人员在城市森林公园工程设计和建设中所付出的艰辛和心血。其应用实例——“东莞市大岭山森林公园工程设计”项目荣获了2008年国家优秀工程设计银质奖，我愿借作此序的机会表示诚挚的祝贺！并希望该书的出版，能为这一领域的学术研究、我省现代林业发展以及构建幸福广东起到积极的推动作用。

广东省林业局局长

2010年9月于广州

广东城市森林公园工程综合集成设计研究

以全球变暖和大气二氧化碳浓度增加为主要特征的全球气候变化正在改变着陆地生态系统的结构和功能，威胁着人类的生存与健康，目前，正受到世界各国政府的高度关注。森林特殊的碳汇能力成为应对气候变化的必然选择。

城市森林作为全球绿色植被的一部分，可从 4 个方面影响全球气候变化，①通过削减多种大气化学物质（如 CO_2）；②通过植被直接或间接地释放各种大气化学物质；③改变城市小气候（如降温）；④改变建筑物的能量使用状况（何兴元等，2002）。在高楼大厦密集块体之间生存的城市居民不但渴望良好的质量空气，而且还希望有绿色的游憩空间，更需要有激情释放的场所。所以，城市森林公园正是伴随着快速工业化、城市化的需求应运而生。广东已建 185 个城市森林公园，共有 50.7 万公顷的森林在城市生态效益方面起着不可估量的作用。在这种背景下，提出“工程综合集成设计”，将现代森林经理的理念与碳汇计量和城市生态建设的思维联系起来，为营造良好公共活动的生态环境、健康的游憩环境、增强市民幸福感具有特殊的现实意义。

“低碳城市”、“森林城市”、“科学发展观”等一系列新发展理念正在改变中国经济社会发展的价值取向。反思我国城市森林公园设计普遍存在着理论研究与方法滞后；森林公园的开发缺乏科学性、整体性和系统性；设计与规划、工程与生态、建设与管理相脱节等诸多问题，本研究试图以系统学的理念，提出生态工程设计，森林碳汇的计量以及森林景观形态构成机理的研究；为改善当前城市生态环境和森林公园建设提供新技术方法；以提升城市森林公园规划设计理念，以提升设计成果的文化品味，以提升其成果的创新性、前瞻性和科学性。

本研究结合广东城市森林公园工程设计的创作实践，吸收了部分广东生态建设方面的最

前言 FOREWORD

新成果。本书共有15章，具体撰写分工如下：第1章刘志武、肖智慧；第2章刘志武、姜杰；第3章刘亚；第4章战国强；第5章王喜平、刘志武、陈钰皓、李茂深；第6章吴焕忠、刘志武、肖智慧、刘凯昌；第7章叶金盛、汪求来；第8章陈钰皓；第9章郭盛才、陈汉坤；第10章何莹泉；第11章刘培兴；第12章刘凯昌、陈汉坤、陈钰皓、战国强、郭盛才；第13章刘凯昌、姜杰；第14章王喜平；第15章刘志武；研究成果的理论框架、统稿由刘志武负责；编委会的其他人员负责校审工作。该研究成果历时5年，经过科研、设计与编写三个反复阶段。现在出版的成果是全体人员共同努力、集体智慧的结晶。在研究过程中得到了华南农业大学颜文希、李敏、陈世清、李吉跃等教授；华南理工大学刘管平教授；中山大学杨中艺教授；北京林业大学赵宪文教授；南京林业大学王浩教授；华南师范大学徐颂军教授；广东省林业科学院陈建新研究员；中国林业科学研究院热带林业研究所孙冰副研究员；中国科学院华南植物园陈炳辉高级工程师；广东省林学会副理事长丘国栋；广东省林业局谭天泳、林俊钦、彭尚德、廖庆祥、梁启英、张心结等专家的大力支持和帮助，在此一并表示诚挚地谢意！特别还得到一直关心我院科技进步的广东省林业局张育文局长为本书作序，使全体编委深受感动，在此表示衷心的谢意！

刘志武

2010年9月于广州

CONTENTS 目录

第1章 问题的提出

1.1 项目的背景
1.2 研究目的与意义
1.3 国内外研究概况
1.4 具体研究开发内容和重点解决的技术关键问题
1.5 研究方法与技术路线

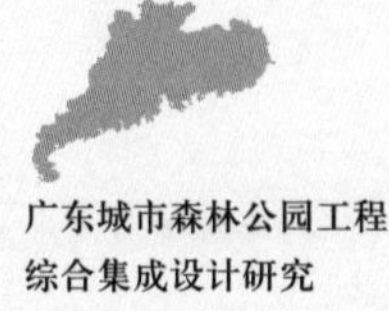

1.1 项目的背景

1.1.1 广东城市化进程概述

(1) 城市迅速扩张

改革开放后，广东省城市数量快速增长，地级市由1985年的9个增长到2008年的21个，县级市由1985年的8个增加到2008年的23个，大量的乡升级到建制镇，城市化水平快速提升，全省主要城市市区和建成区面积的扩张变化很大（表1-1），以致城市用地十分紧张。

1995～2008年期间，城市面积除揭阳、东莞、清远等市基本没有变化外，其他城市都成倍扩张，其中佛山市扩张50倍，江门市扩张10倍以上。同时，经济发达的珠三角地区城市群城市化率较高，东西两翼和北部山区的城市化率较低。

(2) 城市人口密度剧增

根据2005年全国1%人口抽样调查结果推算，全省常住人口达9194万人，在全国31个省、市、自治区中居第三位。其中省外流动人口为1635.89万人，占全省常住人口总量的17.8%。全省人口分布不平衡，经济发达的珠三角地区和粤东的潮汕平原是人口最密集的地区，其中，深圳、东莞、汕头、佛山、中山、广州和揭阳的人口密度超过1000人/km^2。庞大的人口规模及其增长，将对资源环境构成巨大压力。2005年全省人口密度为511人／km^2。根据相关研究结果，广东省提出了控制人口发展目标：到2010年，常住人口总量控制在9350万人以内，其中户籍人口控制在8250万人以内，人口自然增长率降到6.8‰。

表1-1 广东省主要城市市区和建成区面积的扩张变化

序号	城市	市区面积(km^2)		建成区面积(km^2)		序号	城市	市区面积(km^2)		建成区面积(km^2)	
		1995年	2008年	1995年	2008年			1995年	2008年	1995年	2008年
1	广州	1444	3843	259	895	12	揭阳	181	181	23	47
2	深圳	2020	1953	88	788	13	汕尾	401	415	9	13
3	东莞	2465	2465	17	83	14	湛江	1460	1720	58	160
4	珠海	728	1701	56	118	15	茂名	487	874	27	67
5	中山	1683	1800	23	38	16	阳江	149	756	14	40
6	佛山	77	3848	32	248	17	韶关	345	2870	34	81
7	肇庆	658	761	21	71	18	河源	365	450	28	27
8	江门	180	1818	24	114	19	梅州	323	298	45	40
9	惠州	419	2672	23	180	20	清远	929	927	33	42
10	汕头	298	1956	87	170	21	云浮	1940	962	18	19
11	潮州	176	155	38	42	合计		16728	32425	957	3283

注：数据来源《广东统计年鉴》。

1.1.2 快速城市化面临的问题

(1) 城市生态矛盾激化、生态系统功能减退

20世纪80年代后期，中国大量的农村劳动力涌向广东珠江三角洲地区城市寻找新的就业机会，形成大规模的流动人口大军，城市生态矛盾激化。广东省是改革开放以来全国耕地面积减少最多的地区。广东的人均耕地面积只有0.04hm^2，不到全国平均水平的一半，已低于联合国的最低警戒线（0.053hm^2）。全省水资源接近承载极限，按照国际上公认的水资源紧张临界值（1700m^3／人）推算，全省水资源可承载1.08亿人口左右。没有准备的城市综合系统如管道系统、供排系统、交通系统、居住系统、综合配套系统、综合生态系统等，供需矛盾激化。

城市开发建设不应该更多地破坏其他生物的生态系统规律，否则就会破坏城市当前的生态系统稳定状态。陆地生态系统和气候系统通过能量通量、水汽通量、物质交换相互影响，城市区域中的山脉、湖泊、河流、沼泽及丘陵等子系统十分脆弱，对其资源的不合理开发都会破坏亚系统内的有机联系及生物多样性。对珠江三角洲3条干流水道、流经城市的7条河流以及3个城市污水中的有机微污染的初步研究表明（杨燕红等，1998）：珠江三角洲流经城市的河流普遍受到烷烃、酞酸酯、多环芳烃、酚类、有机氯及甾醇酮类等微量有机污染物的污染。河水中这些微量有机污染物具有多途径的来源，即不仅来自城市污水的排放，还可能来自大气飘尘、船舶运输、地表径流等。

部分城市建设的拓展不断地吞噬山体、耕地，城市绿地面积不断减少，硬化面积不断扩大，从而加大了城市地表径流，水土流失现象越来越严重，并有可能侵蚀河岸系统带来洪灾。海涂生态系统介于海洋生态生态系统和陆地生态系统之间，受双重的影响地域范围不断缩小。如城市沿海已布满了公共娱乐场所，石质海岸被坚固的砼材料取代，严重地破坏了野生蟹类的栖息环境，其海涂生态系统的功能，受近年不断开发的影响而消失殆尽，以致城市生态系统功能减退。

广东城市快速发展大多是资源型的发展模式。资源型发展模式的特点，一是产业结构、产品单一；二是资源大量消耗和粗放经营，造成三废排放量大，环境问题多；三是城市的配套功能赶不上城市发展，城市的处理污染功能不全。由此所造成的环境压力超过了城市生态阈值的限度，使城市生态系统的自我调节、修复、维持发展的生态系统平衡失调，从而产生的城市环境问题日趋严重，如大气与河流污染严重、噪声扰人、交通拥挤、住房紧张、基础设施滞后。这些问题直接反映出城市生态矛盾激化，严重影响着城市的安全与发展和居民生活水平的提高（图1-1、图1-2）。

(2) 城市自然景观缺失，市民公共活动空间缺乏，缺少幸福感

近几十年来，城市人口剧增，全国城市建设出现“大拆大建”的现象十分严重，城市建筑的平均寿命仅仅只有30年，城市缺乏科学地规划。学者们普遍认为：二战后的50年中，城市再发展对环境和文化的破坏远比成百上千万颗炸弹来得凶猛（杨昌鸣，2010）。大量盲目地兴建住宅小区、公寓和宾馆，城市郊区的

图1-1 城市生态系统功能减退

图1-2 日趋拥挤的城市居住环境

田野、河流、山脉等自然景观悄然离去，使人们缺失历史的记忆；其次，城市发展办公、贸易功能，使城市原有人与自然结合的多方面特点和功能，已经或将不断被单一型建筑物或功能所取代；第三，多中心（行政中心、政治中心、经济中心、文化中心）重叠的城市规划，造成跨时空的交通需求，使城市原有的自然特色逐渐减少。20 世纪大量拆毁既存建筑和批量建造新建筑行为，使延续千年和谐统一的建筑文脉被打断（杨昌鸣，2010）。广东建筑所具有的亚热带湿热气候特点的骑楼、过街楼、庭园、建筑等文化足迹逐渐消失，使人们逐渐失去这种城市文化与街景的记忆，造成了城市文化的危机，不能满足市民对于历史文脉的认同以及景观环境的审美需求。

另一方面，城市越来越大，城市建设的定位不断地倾向高端消费人群，普通市民承受不了夜总会、舞厅、音乐厅、高尔夫球场等活动场地消费。尽管城市公园免费开放，但其公共活动空间仍远远不能满足大量市民的休闲、游憩的需求，市民缺少幸福感。

（3）城市的热岛效应、气候变暖对居住环境危害加大

城市建设大量地兴建高层建筑、交通日趋紧张。大量的汽车尾气，产生大量的二氧化硫、甲烷等，形成了城市有害的气体，使之成为了城市热岛效应、全球气候变暖的主要原因。气候变暖给人类居住环境带来严重影响，也造成极大的经济损失。20 世纪 80 年代年均经济损失是 50 年代的 4.2 倍，90 年代则是 50 年代的 27 倍。2009 年广东极端天气气候事件频发，受危害的深度，远远超过金融危机。气候变化对广东的影响主要有如下几方面：

①对城市人居环境的影响。人类居住环境目前正遭遇包括能源、垃圾和交通等问题，这些问题可能引起极端天气事件增加以及对人体健康的影响。城市里高层建筑林立，空气运动受阻而流动不畅，大气扩散能力降低，机动车等排出的废气不能很快扩散出去，直接影响城市的空气质量，城镇人居环境将趋于不利。低海拔海岸区的城镇化快速发展导致人口居住密度骤增，气候变暖加上人口密度增大，使城市用于降温的电力需求增加，从而直接导致城市用电量供需矛盾和城市热岛效应加剧。

②对沿海城市的影响。广东大陆海岸线长 3368.1km，居全国首位，沿线大小岛屿 759 个，岛屿岸线 2414.4km，气候变暖导致的海平面上升将对广东省内低洼地区带来严重的影响，未来海平面上升 30cm（从历史最高潮位起算）时，珠江三角洲可能被淹没的面积 1153km^2。海平面上升会使潮滩和湿地受损，在侵蚀岸段，若海平面上升 50cm，潮滩可能损失 24% ~ 34%，而上升 100cm 时，将损失 44% ~ 56%，潮滩的损失最终将导致这些地区的生态系统失衡。海温上升也可能使广东近海珊瑚礁生态系统退化，且变得更加脆弱，并使赤潮生物大量繁殖或聚集，从而导致赤潮的频发。1980 ~ 2009 年的 30 年间，广东沿海共发生赤潮约 200 次，其中 1990 ~ 1992 年为第 1 个高峰期；1998 年是广东沿海赤潮的重灾年，相继发生 11 次，其中 1997 年 11 ~ 12 月饶平县柘林湾发生的赤潮，造成直接经济损失 6556 万元人民币。1998 年 3 ~ 4 月珠江口发生的赤潮，造成粤港两地网箱养殖鱼类大量死亡，直接经济损失达 3.5 亿元人民币。进入 21 世纪，赤潮发生频率总体上又呈上升趋势，形成了第 2 个高峰期，其中 2005 年高达 15 次。

③对城市水资源的影响。气候变暖可能会改变区域降水量和降水格局，降水时空分布不均，易造成降水极端事件的发生，导致洪涝、干旱的频率增加和强度增大。另外还会导致地表径流和一些地区的水质等发生变化，造成水资源供需矛盾更加突出。珠江的入海口在广东，受全球变暖、流域干旱等影响，珠江口的咸潮上溯的现象可能更加频繁。近 5 年来珠江口咸潮上溯的现象频繁出现，出现的次数和影响的范围呈现越来越严重的态势，2005 年珠江三角洲遭遇了 20 年来最严重的咸潮灾害，不得不实施压咸补淡应急调水，珠江流域第一次大规模远程跨省区调水，代价高昂。9 月 18 日出现咸潮，比常年提早 1 个多月，观测到的最高含氯度（质量浓度）达 7500mg / L，为近年来的最高值。咸潮严重影响到广州、珠海、中山、东莞、江门以及香港、澳门等地的用水安全。

城市化发展是社会的巨大进步，同时也带来许多城市生态问题。“把森林引入城市，让城市拥抱森林”已成为人们的迫切需要，城市森林建设已经成为现代城市建设的一项重要内容和标志。

1.2 研究目的与意义

1.2.1 研究目的

近30年来，随着广东省经济、工业化和城市化的快速发展，城市生态环境承受着前所未有的压力，经济增长与生态环境之间的矛盾日益加剧。本研究的目的主要如下：

(1) 城市森林公园是城市森林建设的主要载体，是城市生态系统的重要组成部分，加强在维护城市生态安全景观格局方面发挥着更重要作用

快速城市化、工业化带来一系列的生态问题，如城市生态矛盾激化、城市生态系统自然景观缺失和城市环境恶化等、造成了城市生态系统的自我调节、修复、维持发展的生态系平衡失调，引发诸如空气污浊、河流恶臭、噪声扰人等一系列城市生态问题。我们的经济活动多在“土地与利润专题”上下功夫，忽视更多“城市生态、城市安全”的规划问题，如战争、工业布局、防洪防灾、防火等问题。多数城镇表现出竖向设计欠缺防灾的考虑，大面积的砼、沥青块体地面汇水、积水，现代城市水灾的情况远比古代多得多。如何根据广东的山脉，水域、农田、城市的生态位，实施生态屏障战略，建构国土安全体系的目标进行城市规划，对于国家来说是很有必要的。现在广东的城市建筑密度、容积率如此之高、城市大片农田被建成高楼，沿海堤岸生态安全景观格局破碎……，无论从国土安全、经济安全，还是生态安全上都是不利的。

扩大城市绿地系统，加强城市森林对于城市安全、生态安全的研究；加强城市不同阶层人们的精神需求的研究；加强城市森林公园工程设计的研究，具有时代性、紧迫性和挑战性。提升城市森林公园的建设水平，对维护城市生态安全景观格局、改善城市生态环境、保持城市生态平衡具有重要的现实意义。

(2) 城市森林公园工程设计的理论研究滞后，城市森林公园建设普遍存在开发强度过大、森林生态系统保护和工程设计、管理等诸多问题脱节，缺乏整体性和系统性

① 城市森林公园对开发强度过大、森林生态系统保护力度不够和建设措施欠完善等诸多问题，影响着城市森林公园功能环境建设。

② 森林公园规划的理论与方法有待创新。长期以来，传统的森林公园工程设计的理论重点在研究游旅开发。在设计方面，常以园林设计的理念来指导森林公园的工程设计，如常借鉴私家园林、皇家园林、寺庙园林的理论来指导设计。在大多数情况下，人们“以美化代替了生态”、“以保护管理代替了生态技术”，所以，传统森林公园设计理念已满足不了现代城市建设的需求。

③ 城市森林公园的工程设计普遍存在设计与规划、工程与生态、建设和管理脱节等诸多问题，缺乏整体性和系统性，导致森林公园建设水平不高。 工程的总体规划、设计到管理，分别采用不同的理念，重点都是研究具体的开发，缺乏整体的理念和系统观念。

④ 以往不少学者从森林美学角度对森林公园的林相景观进行了研究，但是，对于一个城市森林公园景观要素来讲，它并不全面；它不能完整地诠释森林公园景观的美学内涵。城市森林公园的景观设计不能满足市民对于历史文脉的认同以及景观环境的审美需求。所以，当前我国林业学术界特别缺少一个能指引景观形态创作的基础理论，以提高森林公园环境景观艺术创作水平。

(3) 城市森林公园工程的设计定位满足不了国际、国家关注的“碳政治”需要，缺乏对于低碳城市、循环经济、应对全球气候变化新形势的理论研究

低碳城市，是指以低碳经济为发展模式及方向、市民以低碳生活为理念和行为特征、政府公务管理层以低碳社会为建设标本和蓝图的城市。低碳城市目前已成为世界各国的共同追求，很多国际大都市以建设发展低碳城市为荣，关注和重视在经济发展过程中的代价最小化以及人与自然和谐相处和人性的舒缓包容。自2008年初，国家建设部与世界自然基金会（WWF）在中国大陆以上海和保定两市为试点联合推出“低碳城市”以后，“低碳城市”成为中国大陆城市自“花园城市”、“人文城市”、“魅力城市”、“最具竞争力城市”之后的最热目标，该目标将具有长期的特性。

城市森林公园是城市森林建设的主要载体和基础设施，是城市生态系统中最关键、最重要的组成部分。作为城市中重要的设施和元素，建设城市森林公园、提高森林面积与质量，让森林吸收并固定更多的碳，把森林引入城市，让城市坐落于森林，通过调整人类、社会、森林之间的关系，促使城市社会、经济与自然的协调发展，对建设低碳城市具有重大作用。因此，城市对森林公园储碳能力、提高应对全球气候变化能力的理论研究已成为现实。

① 城市规划理论与方法有待创新。长期以来，传统的城市规划理论受国民经济计划调控体系的限制，使城市规划处于固有的模式，对城市发展缺乏预见性（何兴华，1997）。

随着城市发展问题的激化，城市规划理论不断完善，《雅典宪章》、《马丘比丘宪章》和《华沙宣言》先后成为城市规划理论发展的3个里程碑，使城市规划逐步从以建筑学为主发展到以城市功能的协调发展与公共工程建设为主，进而又转入以环境建设为主（孙施文，1999）。

传统的城市规划偏重经济效益，而忽视了生态效益和社会效益的整体发挥。一方面，注重经济发展和产业布局，忽视了生态建设；另一方面，注重城市功能区划分，而忽视了社会区域分析（王旭，1998）。

目前，我国的城市规划在人口、用地、生态、目前与长远利益等关系上还处于初级认识阶段，城市生态问题缺乏有效的预测方法，城市规划的理论常滞后于现实需求。在实际工作中，城市规划主要由城市规划局牵头规划，但是，还受到国土、建设、公路、水利、环保、农业、林业等多个部门的影响，彼此部门之间缺乏有机的协调。近几十年来，我国的城市建设大拆大建，城市灾害层出不穷，足以说明我们的城市规划理论还处于很“初级的利益阶段”，城市生态问题缺乏一个“整体理念下的设计灵魂”。城市管理部门之间还缺乏把已有的学科分支中的知识有效地组合起来，以解决综合性工程问题的能力。林业部门对于城市山体的生态规划多以“保护区”简单地取代“生态问题的深度思考”。所以，对于城市规划的生态建设还需要提高到战略性的层面上进行理论研究，特别是国内外关注的“碳政治”问题。

②“低碳城市”、“应对全球气候变化”已是当今世界研究的主题，新的形势要求我们林业部门研究新的理论和方法已是一种历史责任。

全球气候变化是人类面临的巨大威胁，是人类必须共同面临的重大挑战。应对气候变化，最有效的途径是工业直接减排和森林间接减排。与工业减排相比，森林是陆地最大的储碳库和最经济的吸碳器；森林固碳投资少、代价低、综合效益大，更具经济可行性和现实选择性（贾治邦，2009）。

2003年中央9号文件，即《中共中央、国务院关于加快林业发展的决定》明确提出：“在贯彻可持续发展战略中，林业具有重要地位；在生态建设中，林业具有首要地位；在西部大开发中，林业具有基础地位”。温家宝总理在中央林业工作会议上作了重要讲话，又赋予林业在应对气候变化中具有特殊地位。回良玉副总理进一步强调指出，应对气候变化，必须把发展林业作为战略选择。中央把林业提到这样的高度，是前所未有的。

《京都议定书》把发展林业列为应对气候变化、固碳减排的重要途径。林业部门、城市规划部门、旅游部门共同来研究城市生存环境问题，河流的防灾、热岛效益等问题已具有迫切性。森林公园规划的理论与方法如何创新？特别是对于具体的工程设计如何与城市生态、安全、文明等问题联系起来？如何研究“低碳城市”“应对全球的气候变化”已是时代赋予我们的历史责任。

地球的森林生态系统功能下降，不具备消除人类碳足迹的能力。因此，改善森林质量，提高碳汇能力，也是今后森林经营的方向和目标。

1.2.2 研究意义

本研究在总结广东森林公园生态规划和大岭山森林公园工程设计的基础上，针对广东城市化和沿海城市出现的生态问题，提出“城市森林公园”的概念，首次提出了生态工程设计，碳汇技术的应用研究，对于森林公园开发与“低碳城市”建设、应对全球的气候变化问题，提出了新的思维模式。这对于应对国内外关注的“碳政治”需要作了技术上的探索，对于建设低碳城市、循环经济、应对全球气候变化新形势的具有深远的意义。

当前我国林业学术界特别缺少一个能指引景观形态创作的基础理论。以往仅从森林美学角度对森林公园的林相景观进行了研究，它不能完整地诠释森林公园景观的美学内涵。本成果从环境美学的角度进行了研究，提出“森林公园景观形态构成机理”；强调传承城市历史文脉、森林景观的地域特色，这对于提高森林公园环境景观艺术创作水平具有指导意义。同时，把生态、游憩、科普功能和景观的森林文化内涵，提升城市居民的幸福感紧密联系在一起，这对于建设幸福广东具有现实意义。

本研究引入了系统论、生态学等相关学科理论与方法，提出多学科交叉思维，倡导生态、工程、管理全过程的“工程综合集成设计”方法，提升了设计人员的整体思维能力。特别对于城市生态、安全、文明等问题与具体的工程设计研究，将解说系统、安全系统、管理系统（简称“三系统”设计）列入了城市森林公园的设计阶段的内容。对于发展城市生态规划理论和森林公园设计方法具有重大的推动作用和学术价值，对于深化城市森林公园的设计成果，加强管理的预测效果具有很大的参考价值。

1.3 国内外研究概况

1.3.1 国外研究概况

(1) 国外森林公园发展背景

森林公园作为世界各国国家公园管理体系的重要组成部分，最早起源于中世纪的欧洲，原是皇室拥有的大面积的原始林地和狩猎园，为贵族们提供游憩和狩猎的场所。尽管当时森林公园只为私人享用，不对公众开放，但在一定程度上起到了保护森林的作用。森林公园建设起步较早并取得显著成效的主要有德国、美国、澳大利亚、瑞典等国家（赵兴华，1983）。现阶段，世界各国都在致力于森林公园或同类型自然公园、保护地建设，建立不同的国家公园管理体系，均采取立法和经济调控等手段来保护森林，防止林地的减少，并将其作为森林经营的重要目标之一。据统计，目前世界上有超过10万个保护区，覆盖接近12%左右的地球表面（2003 DURBAN WORLD PARKS CONGRESS，2004）。

美国国家公园体系由自然景观类国家公园、人文类国家公园、娱乐类国家公园三大类型构成。其中自然景观类国家公园为整个国家公园体系的主体，如黄石公园、大峡谷公园、夏威夷火山国家公园等；人文类的国家公园，如太平洋战争纪念公园、珍珠港亚利山那国家公园、印第安部落旧居国家公园以及娱乐类的国家公园，如旧金山金门公园均是国家公园体系的重要组成部分。1872年，美国建立黄石国家公园是世界上最早的国家公园。迄今为止，经过100多年的发展，各种形式的国家公园、自然保护区、历史文化遗迹等，不仅提供人类赖以生存的自然产品和服务，而且具有极大的科学、教育、文化、娱乐和精神价值（燕乃玲，2003）。

美国国家公园的规划实践始于1910年前后，其国家公园局的设立及各项政策也都以联邦法律为依据（Mantell Micheal，1990）。当时的美国内政部长理查德·白林格（Richard Ballinger）倡议为各个国家公园制定“完整的和综合的规划”（complete and comprehensive plan）。1914年，马克·丹尼尔斯（Mark Daniels）被任命为第一任美国国家公园“总监和景观工程师”（general superintendent and landscape engineer）。丹尼尔斯认为，美国国家公园需要系统规划（systematic planning）。1916年，美国景观建筑师学会的詹姆斯·普芮呼吁为每个国家公园制定“综合性的总体规划”（comprehensive general plans）。但直到20世纪30年代，大规模的综合性规划才得以开展

(Rettie，1995；Sellars，Richard，1997)。目前美国的国家公园规划框架有（VERP)，可接受改变的限制(LAC)(Stankey *etal*，1985)，游客对管理部门的印象（VIM）(Graefe *etal*，1990）等，根据游客的数量对公园进行规划，根据游客数量与森林资源来定义其服务容量与框架（Chilman，1990)。美国国家公园规划建设中贯彻的思想始终是：保持资源的真实性、完整性，做到可持续利用是主要目的（李景奇，1999)。

美国国家公园规划体系发展经历了物质形态规划、综合行动计划和决策体系三个阶段。总的来说，现行的美国国家公园规划体系以法律为框架、规划面向管理、以目标引领规划、强调公众参与和环境影响评价以及强调软性规划与硬性规划相结合（杨锐，2003)。美国国家公园体系规划编制的原则主要有理性决策，科学、技术和研究分析，公众参与和目标调整；体系规划的主要内容包括公园的功能、范围和目标，具体的管理工作，明确的、可量化的公园战略规划的长期目标，年度实施规划和年度实施报告；规划体系一般来说包括总体管理规划、战略规划、实施规划以及年度工作规划和报告四个层级，这些均由内政部国家公园管理局丹佛规划设计中心负责统一编制（王莹，1996；李如生，2005)。

德国国家公园体系主要由自然保护区、国家公园、景观保护区、自然公园、生物圈保护区、原始森林保护区、湿地保护区、鸟类保护区组成（田贵金，1999)。作为两种严格意义上的保护区，自然保护区和国家公园是德国开展自然保护工作的主要载体。相对而言，德国国家公园与我国自然保护区具有相似性，其自然保护区则与我国的自然保护区存在较大差异。德国自然保护区面积较小，通常仅为 100 hm^2 左右；国家公园面积较大，通常在 5 000 hm^2 左右。自然保护区由州林业部门下属林业站代为管理，国家公园设有与林业站平行的独立管理机构。自然保护区数量多，逾 5000 个，国家公园数量少，全国仅有 15 个，其中多数位于共和国的北部地区。最大的国家公园是石勒苏益格—荷尔斯泰因的北海浅滩，面积为 441 000 hm^2，最小的是吕根岛上的雅斯明特国家公园，那里有著名的白垩岩（谢屹等，2008)。

英国的国家公园体系由国家公园、国家森林公园、郊野公园等组成，其国家公园建立的历史可以追溯到 19 世纪 20 年代，最早的国家公园为匹克国家公园，布罗兹则是英国最大和最年轻的国家公园（蒋高明，1994)。郊野公园概念源于英国，其设计理念来自于国家公园，但是郊野公园能够作为一种成熟、系统的，且独立于国家公园和城市公园之外的公园概念体系。1949 年，英国仅将预设的国家公园付诸了现实，而没有建立郊野公园。1966 年，为了使人们能更便利地享受到郊外休闲娱乐，缓解国家公园的压力，同时也为了减少对乡村资源的破坏，一份名为 *Leisure in the Countryside* 的政府白皮书提出了建立郊野公园的决议。1968 年，乡村法（Countryside Act）提出了设立郊野公园，其目的是为人们提供享受郊野旅游的设施和安全场所，也为了保护乡村自然景观，由此，英国于 1968 年建立了最早的郊野公园，到 1995 年为止，英国利用林地、草地、丘陵、湖泊、河岸等建立了约 220 多个郊野公园，每年接待 3 千多万游客（David Lambert，2006)。郊野公园在提供休闲娱乐、保护生态环境、科普教育等方面发挥了重要作用。在英格兰和威尔士地区，有大约 270 个郊野公园，这些郊野公园大部分都是英国政府在 70 年代根据 Countryside Act (1968)所划分出来的。近年来因为缺乏经济上的支持，很少建立新的郊野公园。而除了小部分的私营郊野公园之外，大部分都是由地方部门所管理。

澳大利亚的国家公园体系包括国家公园、自然保护区、自然遗迹保护地、古迹保护地、天然动物园等。到 20 世纪末，全国受到保护的土地总面积达 1673hm^2，约占国土面积的 3%(刘莹菲，2003)。1879 年，澳大利亚政府宣布在悉尼兴建澳大利亚第一个，同时也是世界第二个国家公园——澳大利亚皇家国家公园(N.R.M.M. Council，2005)。

20 世纪 60 年代，日本经济开始进入快速发展阶段，随着社会经济发展和城市化进程的加快，人们的生活方式也随之改变。为了有效保护和充分利用日本优美的自然风景区，以利于日本国民的健康、修养和文化素养的提高，日本颁布了以《自然保护法》、《自然公园法》、《文化财产保护法》为代表的16项国家法律，形成了日本自然保护和管理的法律制度体系。根据1957年颁布的《自然公园法》，日本的国家公园体系由国立、准国家公园、都道府县立自然公园组成。国立公园是指集自然美、森林植被、野生动物以及地形和地貌于一体的地域，面积大，景观丰富，代表国家级的水平；准国家公园在面积上仅次于国家公园，在其他景观上并无实质差别；都道府县立自然公园是市、县级自然公园，是所属都道府管辖区域内自然风景优美的地区。

韩国在全国范围内积极开展了自然保护运动，其国家公园体系包括严格的自然保护区、国家公园、天然纪念物、受管理自然保护区和野生动物避难所、海洋景观、资源保护区、人类保护区和天然生物型区、多种用途经营管理区、生物圈保护区和世界遗产的多种类型。韩国的国家公园是指国家级美丽风景区，由内务部划定和管理；省立公园是指能代表某个省风景的美风景区，由省政府管理；而县立公园则由县长管理。

虽然各国的国家公园体系不尽相同，但是其目的都在于维持生态系统的稳定，保护生物多样性，促进人类可持续发展。

(2) 国外森林公园研究情况

根据2008年12月广东省科学技术情报研究所提供的查新报告显示，“广东城市森林公园工程综合集成设计研究”课题，在检索中未见有相同技术方案的报道，但有一些相关单项技术的研究成果。

① 关于城市森林公园游客的相关研究。通过检索，国外森林公园或旅游区中已有游客舒适度的文献报道，主要以利用多重变异数分析对游客区域选择与体验机会进行了研究，以决定游憩容量（Becker，R. H.，1978），或利用游客散布的基本理论模型计算了2个研究区域的游客容量（Brzoska，J.，1996），以及定性分析对游客和开发强度对当地生态、游客舒适度等的影响，未见有提出基于森林碳氧平衡理论及人的舒适度理论模型。

② 关于安全系统、解说系统和现代森林经营管理系统（简称“三系统”）方面的相关研究。国外有相关文献报道，仅单独分析讨论森林公园道路系统建设的原则性问题和涉及的各种关系（Krause，J. A，2000），也有部分国家和地区利用KITRAL森林火灾蔓延模拟器用于重建1999年智利Octava地区森林大火的直接经济损失（Castillo ，S. M.，2004），构建桌面软件与网络一体化的省、市、县各级森林管理系统（Yang Xueqing，2007）。以上研究主要是对森林公园或旅游区中安全系统、管理系统等单独的分析和侧重于定性分析，未见有“三系统”同步设计的报道，以及未有“安全、解说、管理”理念同步运用到具体项目设计中；也未见有在森林公园中的防洪、灾难突发事件等人员应急疏散场所及设施报道。

城市森林公园综合集成设计在国外未见到相似的介绍和研究。

综上所述，在上述检索范围内，国外尚未见有“三系统”同步设计的文献报道；未见有基于森林碳氧平衡理论、游客舒适度理论及其在森林公园建设中应用的研究；未见有城市森林公园综合集成设计的文献报道。

1.3.2 国内研究概况

1.3.2.1 国内森林公园发展背景

我国的国家公园体系不同于国外，主要由风景名胜区、自然保护区、国家森林公园、国家地质公园、国家湿地公园、郊野公园等多种类型构成。我国森林公园作为国家公园体系的重要组成部分，由国家级森林公园、省级森林公园、市县级森林公园构成。据统计，至2008年，全国共建立各级森林公园2277处，总经营面积1629.83万hm^2。其中，国家级森林公园709处，国家级森林旅游区1处，经营面积1143.26万hm^2，接待游客规模达2.74亿人次，成为世界上森林公园数量最多的国家，在生物多样性保护、生态环境保护和开展森林游憩等方面发挥了重要作用，为改善人类的生存环境做出了重要贡献。

对于森林公园分类，出于不同目的，可以有不同的分类标准和方案。我国学者按功能、质量等级、区位、景观、林分特征等各种指标对森林公园进行了不同角度的划分（胡涌等，1998；熊智平，1995；李世东，1994；张华龄，1995）。

（1）以地貌景观类型为依据

考虑到森林公园是以森林为景观基调，融合了其他多种景观类型，在自然景观中，地貌景观又以其独立的构景作用和风景区形成的主体作用，在旅游资源中占有相当重要的地位，成为旅游风景区构成中最重要的因素之一（张序强，1999）。因此按照地貌景观类型，陈戈（2001）将森林公园分为山岳型森林公园、江湖型森林公园、海岸—岛屿型森林公园、沙漠型森林公园、火山型森林公园、冰川型森林公园、洞穴型森林公园、草原型森林公园、瀑布型森林公园、温泉型森林公园 10 种类型。

（2）以景观组成与服务项目为依据

以森林公园的景观组成和提供的旅游服务项目为依据，中国现有森林公园又可以分为 4 大类型，分别是：

① 风景名胜型森林公园，是以景观为观览对象的森林公园；

② 度假型森林公园，是以为游客提供度假服务为主要经营内容的森林公园；

③ 城郊型森林公园，是坐落在城市、工矿区附近的森林公园；

④ 综合型森林公园，是兼有上述两类或三类森林公园特征与功能的森林公园（张华龄，1995b）。

（3）以距离城市远近为依据

以森林公园距离城市的远近为依据，森林公园分为城郊型森林公园和远郊型森林公园两类（熊智平，1995）。

① 城郊型森林公园，紧接市区，具地理位置和场地优势，客源多为所在城市的市民，重游率高；

② 远郊型森林公园，为纯粹的森林游憩性质，与城市公园有明显的区别。

（4）以森林公园经营规模为依据

按照经营规模，森林公园又可以分为五大类型。

① 特大型森林公园，其经营面积超过 60000 hm^2 的森林公园；

② 大型森林公园，其经营面积 20000 ~ 60000 hm^2 的森林公园；

③ 中型森林公园，其经营面积 6000 ~ 20000 hm^2 的森林公园；

④ 小型森林公园，其经营面积 200 ~ 6000 hm^2 的森林公园；

⑤ 微型森林公园，其经营面积在 200 hm^2 以下的森林公园（冯书成等，1999）。

（5）以旅游半径为依据

按照旅游半径，森林公园可以分为 4 种类型：

① 城市型森林公园，位于大中城市市区或城周的森林公园；

② 近郊型森林公园，位于大中城市近郊区，距市中心多在 20 km 以内的森林公园；

③ 郊野型森林公园，位于大中城市远郊县区，距市区多在 20 ~ 50 km 的森林公园；

④ 山野型森林公园，地处深山老林，远离大中城市，以野、幽、秀、奇为特色的森林公园（冯书成等，1999）。

值得一提的是台湾和香港，由于特殊的发展过程，它们的国家公园体系与大陆有较大差异。

1984 年台湾省建立了第一个“国家公园”，即垦丁国家公园（Kenting National Park ），是我国第一个以“国家公园”为名称的保护区。此后，台湾还建立了 5 个国家公园，总面积达 303527 hm^2，占台湾本岛面积的 8.43%；18 个自然保护区，面积为 63210.03 hm^2；4 个野生动物保护区，面积为 548.8194 hm^2。

香港在殖民地时期，亦跟随英国划分了多个郊野公园。港英政府在 1976 年制定《郊野公园条例》，将香港四成的地方辟设为郊野公园，而在 1996 年颁布的海岸公园及海岸保护区规例则更将保护区域包括了香港海洋环境。截至 2008 年，香港共有 24 个郊野公园、17 个特别地区以及 5 个海岸公园及 1 个海岸保护区。

城市化进程导致生态环境与经济发展之间的矛盾突出，生态环境恶化已成为经济健康协调发展的“瓶颈”，只有加快城市生态建设，减缓矛盾，才能实现人与自然、社会的全面发展。珠三角地区很多中心城市将生态区位或敏感的林地建成森林公园，并将其提高到生态建设的战略高度，纳入到城市生态绿地系统的建设之中。

在这种背景下，如何节约利用稀有的森林风景资源，有效地控制好森林公园的规模、等级和布局则显得尤为重要，不仅可以满足快速城市化下城市生态环境的保护的要求，还可以优化森林公园的结构和布局，使其为城市提供最大化的生态服务功能。

1.3.2.2 国内森林公园研究情况

根据科技查新报告显示，“广东城市森林公园工程综合集成设计研究”的研究课题，在检索中未见国内有相同技术方案的报道。尽管国内尚没有专门针对城市森林公园综合集成设计进行研究，但许多国内学者在森林公园定义、森林公园的规划建设、生态环境的保护、各种旅游专业设计（如解说系统、安全系统以及管理系统等）、森林质量等方面已经做了不少研究工作。

（1） 森林公园定义

关于森林公园的定义，国内主要有 2 种：一种是政府部门（即官方）对其所进行的界定；另外一种则为学者的观点。总体来看，两者关于森林公园的定义比较统一，分歧很小，有关森林公园具有代表性的定义主要有如下几个。

①《森林公园管理办法》规定森林公园是指森林景观优美，自然景观和人文景物集中，具有一定规模，可供人们游览、休息或进行科学、文化、教育活动的场所。

② 农业大词典将森林公园定义为：在面积较大，具有一至多个生态系统和独特的森林自然景观的地区建立的公园。建立森林公园的目的是保护其范围内的一切自然环境和自然资源，并为人们游憩、疗养、避暑、文化娱乐和科学研究提供良好的环境。

③ 国标中所述的森林公园是指“具有一定规模和质量的森林风景资源与环境条件，可以开展森林旅游，并按法定程序申报批准的森林地域”。

④ 森林公园是指以大面积的森林和良好的森林植被为基础，以森林为主要景观，兼有其他某些典型的富有美感的自然景观和人文景观，具有多种功能和作用的地域综合体。

通过上面的这些定义，以及参考其他学者的研究不难发现，在现阶段对于城市森林公园概念的界定尚属首创。

（2） 森林公园的功能和性质

森林公园是一个庞大的森林系统，其特定的功能定位以及人为的开发建设，使其有别于一般的森林系统。总体来说，森林公园的主要功能包括生态功能、休憩功能、科普功能、人文功能 4 种。

① 森林公园的生态功能是森林公园建设的首要功能。其中与城市有密切联系的城区型森林公园和近郊型森林公园，所发挥的生态功能除作用于公园内部以外，还作用于其所在的城市系统。森林公园的生态功能主要表现在两个方面：第一是改善环境；第二是保护生态系统。

② 森林公园建立最主要的功能之一是为广大公众提供休憩、短期旅游的场所。由于公园拥有以上巨大的生态功能，所以能为公众提供了一个恢复身心、消除疲劳的良好生态环境，吸引着大量的游客。

③ 森林公园的科普功能主要通过优美的森林景观向公众宣传生态安全、环境保护知识，倡导绿色生活、绿色消费等生态理念，通过多层次、多方式、多渠道引导全民参与到生态建设的各项事业中来。

④ 森林公园的人文功能主要存在于两个方面：一方面是森林公园内的各种名胜古迹，另一方面就是森林公园本身的森林景观。

总之，森林公园的功能和它的性质是密切相关，不可分割的。有上述森林公园的功能，我们可以归纳出森林公园的几个性质（或特点）：一是森林公园的自然保护性；二是森林公园的社会公益性；三是森林公园的休闲游憩性；四是森林公园的文化载体性。本书内容正是基于森林公园的上述功能与特点，并突出城市森林公园的生态保护与休闲游憩的功能以及如何最大化为城市生态系统提供生态服务功能。黄明（2008）以上海海湾森林公园为例，就城市森林公园项目相关产业关系及价值链分析、项目运作方案和项目运作目标等几个方面作初步的探讨，并进一步推导出城市森林公园项目产业运作模式的整体思路。张元敌（2006）等论述了城市森林公园在现代城市建设中的作用。

（3）关于森林公园类型划分的相关研究

森林公园类型划分的标准多样，张华龄（1995）按照景观组成和可能提供的旅游服务项目把中国现有森林公园分成 4 大类型，分别是：

① 风景名胜型森林公园，是以景观为观览对象的森林公园；

② 度假型森林公园，是以为游客提供度假服务为主要经营内容的森林公园；

③ 城郊型森林公园，是坐落在城市、工矿区附近的森林公园；

④ 综合型森林公园，是兼有上述两类或三类森林公园特征与功能的森林公园。

熊智平（1995）按距离城市的远近，把森林公园分为两类：

① 城郊型森林公园，紧接市区，具地理位置和场地优势，客源多为所在城市的市民，重游率高；

② 远郊型森林公园，为纯粹的森林游憩性质，与城市公园有明显的区别。

冯书成（1999）按经营规模将森林公园可以分为 5 种类型：

① 特大型森林公园，其经营面积超过 60000hm^2 的森林公园；

② 大型森林公园，其经营面积 20000 ~ 60000 hm^2 的森林公园；

③ 中型森林公园，其经营面积 6000 ~ 20000 hm^2 的森林公园；

④ 小型森林公园，其经营面积 200 ~ 6000 hm^2 的森林公园；

⑤ 微型森林公园，其经营面积在 200 hm^2 以下的森林公园。

陈戈（2003）按照地貌特征将森林公园分为 10 种类型：山岳型森林公园；江湖型森林公园；海岸—岛屿型森林公园；沙漠型森林公园；火山型森林公园；冰川型森林公园；洞穴型森林公园；草原型森林公园；瀑布型森林公园；温泉型森林公园。已有的森林公园类型划分对研究城市森林公园规模配置、体系创新、布局优化等方面具有现实意义。

（4）关于城市森林公园森林质量的相关研究

赵惠勋（2000）等从商品林和公益林的不同培育目标出发，分别提出了商品林质量评价标准和公益林质量评价标准以及相应的指标，为不同经营目标林地的森林质量评价提供了一套具有较高参考价值的评价模式。周洁敏（2001）以省（区、市）为评价单位，立足于全国森林资源连续清查等已有的调查成果，建立了森林资源质量评价指标体系，其中主要是对商品林中的用材林进行了评价。姜凤岐（2003）等根据防护林的防护效益对其稳定性评价涉及的评价指标和干扰因子进行了分析，同时对低价林进行了分类和评价，构建了低价林评价标准和指标体系。董运宝（2000）等对自然保护区的森林按照生物多样性保护、生态系统生产力、森林生态系统健康与活力、土壤保持、森林对碳循环贡献五个方面，进行了评价，为保护区制定森林可持续经营规划提供了理论依据。陈世清(2006)对森林质量的概念首次作了完整的定义。也有不少学者从森林的不同使用功能角度对森林进行了评价，肖斌（1998）等从森林的类型、生长状况、物种多样性状况、树种观赏指数、林分观赏价值等几方面对人工林的风景价值进行了评价。成克武（2000）从生物多样性的经济价值角度，对北京喇叭沟门林区的森林生物多样性进行了经济价值的评价。张运杰（2000）等也从森林美学与森林景观的角度，提出了一套评价标准，通过探讨森林美感的共同性和差异性，说明了评价标准的合理性。肖风劲（2003）、张秋根（2004）等分别从不同的角度建立了森林生态系统健康的评价指标体系。马剑英（2002）等从旅游需求的角度对森林的价值进行了评价。董运宝（2000）、段庆锋（2004）等从森林可持续发展的角度，探讨和构建了森林评价指标体系。另外，还有不少学者对地理信息系统、“3S”技术、心理物理学方法等构建和实施评价体系的技术方法也进行了不断的实践与探索（许五弟，1999；王雁等，1999；许兰霞等，2000；李朝宏等，2002）。

（5）关于城市森林公园的规划设计的研究

国内学者主要对森林公园的规划和设计进行探讨，但没有工程设计综合集成方面的研究。张万荣（2004）等研究制定森林公园总体规划设计方案框架，发挥森林公园在发展森林旅游事业上的功能作用。吕忠义（2000）对森林公园总体规划理论与技术进行研究，对与之有关的理论（生态学、森林美学、园林美学、旅游美学、系统工程等）和主要技术（调查技术、评价技术、规划技术）进行了探讨。刘铁军（1997）等研究了森林公园总体规划，提出若干问题，包括风景资源评价、森林公园区域划分、环境容量和游人规模预测以及效益预测等内容。胡涌（1998）对森林公园的概念、性质、功能、分类等理论问题及森林公园与国外国家公园、自然保护区和风景名胜区的关系进行了分析和讨论，并从科学哲学的角度对基本理论研究的特点进行了思考。杨帆（2000）介绍了景观设计的概念，总结了我国森林公园景观开发设计中存在的问题，并论述了近年来景观设计的发展趋势。针对森林公园的规划设计问题，韩业全（2003）通过分析森林公园与森林旅游等关系，论述森林公园在国民经济中的地位，提出了森林公园规划设计的原则和方法。高璜（2004）等研究了森林公园总体规划中的植物景观设计，提出了森林公园总体规划中植物景观设计的指导思想，设计原则和布局特点，设计内容。林振华（1996）通过对环境容量、游客量与森林公园道路规划设计关系进行探讨，为森林公园道路网规划设计提供方法依据。李纪友（2005）探讨了森林公园步行道总体设计时所要考虑的因素，如景观、技术、功能。吴聿霖（2000）以福州旗山森林公园为例，从规划设计与安全、森林公园建设施工与安全、森林公园建设工程质量与安全、森林公园管理与安全等四个方面论述了森林公园建设经营策划与安全的关系。

（6）关于城市森林公园生态环境保护的研究

丁显孔（2008）针对城市森林公园具有森林、建筑火灾的双重特点，按照消防设计的一般惯例和可借鉴的规范，并结合城市森林公园的实际情况，阐述了城市森林公园消防规划设计应具备的项目和具体内容。曹辉、陈秋华等基于生态足迹的理论，从旅游者消费结构特征出发，将城市森林公园的游客生态足迹划分为旅游交通、餐饮、住宿、购物、游览、娱乐等6个方面，并以福州国家森林公园为例，计算出城市森林公园旅游生态足迹。但新球（1996）通过分析游憩的特征，提出了森林游憩对环境影响的四个方面，指出了在森林旅游开发中应注重环境和景观生态系统的保护。杨美霞（2007）以张家界国家森林公园为例，从生态安全涵义理解出发，建立了包括旅游资源安全、旅游环境安全、生态系统服务功能与生态建设为主要内容的风景名胜区生态安全评价体系，提出了风景名胜区生态安全评价指标和具体评价方法。粟娟(2001)、廖少波等归纳了休闲保健型森林对人们精神，身体、技能诸方面的功效，以及休闲保健型森林的3种服务模式，探讨了休闲保健型森林的营建，并提出进一步改造的途径和措施。龚锦英（2004）研究了张家界国家森林公园森林防火使用图像自动监控系统的应用。石强（2007）、贺庆棠等采用实地调查法，以床位数、游道长度及水体中总磷含量作为衡量指标，分别对公园的经济发展容量、日空间容量、不同季节生态环境容量进行了测算，在此基础上根据“木桶原理”确定了公园的最佳旅游环境容量。康晓强（2005）就森林公园建设中的生态保护进行探讨。张杰（2003）等概括了中国森林公园与森林旅游发展现状，并就森林旅游的开展对森林生态环境的影响，以及森林公园生态旅游环境保护体系构建的必要性进行了分析，在此基础上，提出了构建森林公园生态旅游环境保护体系应由教育体系、发展体系、监测体系、评价体系、防治体系、保障体系六大部分构成。王梅松（2001）就如何加强森林公园的生物多样性工程建设问题进行探讨，提出根据森林公园自身的自然地理条件、风景旅游资源现状和旅游需求方向，在切实保护自然生态环境的前提下，通过合理开发建设，最大限度地挖掘森林旅游资源。做到保护与开发建设并重，在保护前提下合理开发，在开发建设中进一步丰富森林景观。

（7）关于城市森林公园各种旅游专业设计的研究

魏园园（2007）对游客游憩行为特点与城市森林公园旅游产品设计进行研究。管露露（2008）等在抽样调查的基础上，对马鞍山市采石矶城市森林公园的游客进行了问卷调查，内容涉及游客家庭所在地，性别，年龄，职业，收入，闲暇时间，出游的目的，来园的季节，频率和消费状况等各项内容。邱晓霞(2008)从森林公园旅游资源调查与评价、森林公园旅游规划与建设、森林公园旅游产品开发、森林公园旅游资源开发问题与对策、森林公园旅游资源的开发与保护、森林公园景观资产的评估、森林公园旅游解说系统等方面对国内有关森林公园旅游开发与规划的研究进行了系统综述。郑群明（2006）等分析了公园管理体制、管理模式中的不足，提出通过建立统一的国家公园管理体制，从规章制度、规划设计、协调各方利益等方面实现公园体制创新；通过推行景区“轮休制”和高台游道，实施“景区游，区外居”的管理模式，创建一流的解说系统，建立公园应急处理机制和设立环卫基金等措施，实现生态旅游区经营管理创新。张立明（2006）针对国家森林公园的旅游解说系统问题。提出通过构建科学的森林公园旅游解说系统来完善其旅游服务体系，提高服务质量，提升旅游者的旅游体验。指出森林公园的旅游解说系统由环境解说、旅游吸引物解说、服务设施解说与公园管理解说四个子系统构成，提出了音像图文展示与播放、牌示设计与制作、出版物解说、导游图、导游解说和游客中心建设等展示途径和展示方法。王娜（2004）分析了我国森林公园旅游解说系统的建设现状及存在的主要问题，并提出了相应得解决问题的对策。于德珍（2004）等介绍了旅游解说系统的基本概念，分析了森林公园的向导式旅游解说和自导式旅游解说，为森林公园的旅游解说系统的发展提出了一些建议。

1.3.3 发展趋势

城市森林公园是工业化、城市化和社会经济发展的必然产物，对城市的健康可持续发展，乃至和谐社会的构建都具有至关重要的意义，是未来城市生态建设的重要内容和发展方向。在探索改善城市环境的实践中，人们认识到树木或森林在维护城市生态环境、改善人类生存空间中发挥了重要作用。森林是城市生态系统的主体，保护森林已成为建设城市生态环境，实现可持续发展战略的决定因素。城市森林公园是在保护环境、保护自然资源的前提下，更加合理科学地满足城市居民休闲游憩的需求，是把环境保护与发展经济结合起来，实现可持续发展的一种优先选择。随着广东省社会经济的快速发展，城市森林公园将会逐步发展成为森林城市公益性的重要载体和基础设施，符合当前社会的主流，具有良好的发展前景。

① 城市森林公园将会从旅游功能等单一功能向以生态、游憩、休闲、科教等多功能综合性公园发展。城市森林公园不仅是保护城市稀缺的森林、林地资源，而且要成为城市绿地生态系统的重要部分，在提高城市居民人均公共绿地水平等方面发挥重要作用。

② 城市森林公园将会成为经济发达地区中心城市改善城市生态环境的重要内容，是对广大城市居民进行生态文明教育的公共场所。把森林公园从深山里建到城市边，这是城市发展的需求，是建设森林城市的实践，符合广东省现代林业发展战略转移的理念；城市森林公园建设必将让更多人享受到生态文明的成果。

③ 研究碳汇在城市森林公园生态工程设计中的应用是生态文明、生态安全、生态建设的需要，也是“低碳城市”城市建设、应对全球的气候变化的需要。

1.4 具体研究开发内容和重点解决的技术关键问题

综上所述的理由，本研究基于以下传统思想观点的转变：① 林业进城服务于城市生态建设是实施广东现代林业发展战略的需要；② 近自然林业森林经理的理念可引入城市森林公园的生态建设中；③ 节能减排是国际、国内可持续发展的要求，宜在工程设计中体现；④ 要提升森林公园工程设计质量，就要彻底地改变传统的规划与设计方法；⑤ 为提升城市森林公园环境景观的设计水平，需要从环境美学的角度研究城市森林公园景观创作理论。

1.4.1 具体研究开发内容

① 以系统论为基础，研究城市森林公园的综合集成设计方法；

② 以计量技术为基础，研究碳汇在城市森林公园生态工程设计中的应用；

③ 以李茂深（2009）研建的公式为基础，研究城市森林公园游客舒适容量；

④ 以环境美学为基础，研究城市森林公园景观形态构成的基础理论；

⑤ 三个系统（解说系统、安全系统、管理系统）在城市森林公园工程设计中的应用；

⑥ 以森林经理、生态理论为基础，研究生态工程设计；研究公共服务设施（交通、水电等）在城市森林公园工程设计中的应用生态对策。

1.4.2 重点解决的技术关键

① 城市森林公园综合集成设计的方法；

② 城市森林公园植被碳计量技术问题；

③ 城市森林公园生态工程设计的理论；

④ 城市森林公园景观形态构成的机理；

⑤ 城市森林公园舒适度容量计量方法。

1.4.3 项目的特色和创新之处

(1) 项目特色

广东城市森林公园工程综合集成设计研究，提出运用“工程综合集成设计”的方法，即集生态学、林学、森林经理学、园林学、环境学、建筑学、工程学、信息学、管理学等多学科全过程设计，把专业与人的经验知识结合，将各类人员的结合共同构成一个高度智能化的系统，充分发挥系统的综合优势、整体优势和智能优势，从定性到定量进行整体研究和解决问题的方法。

该研究首次在城市森林公园里提出“森林公园三系统设计”的理念，即解说系统设计、安全系统设计和现代森林经营管理系统同时设计（简称“三系统”设计）。我们认为：它是森林公园设计的重要组成部分；它是提升森林公园设计水平的关键；它是森林公园健康有序经营和持续发展的重要保证。

该研究以“森林生态容量”控制为原则，科学、客观地确定游客的规模。首次根据李茂深（2009）推荐的“森林生态容量法”公式计算，按森林放氧量、考虑游客舒适建立的公式计算，以校核公园游客舒适度的规模。

采用“生态环境容量”和“游客舒适容量”双重指标确定森林公园合理容量，为我国首例。

在城市森林公园里提出“生态工程设计”的理念，首次建构“森林公园景观形态构成的机理”。

(2) 创新之处

主要技术创新内容包括：应用碳氧平衡理论，提出游客舒适度容量公式，科学控制森林公园规模；森林公园的解说系统、安全系统、现代森林经营管理系统（简称“三系统”设计）的同步设计概念；多学科、多专业生态、工程、管理全过程的森林公园工程综合集成设计理念。

该研究进一步提出了确定城市森林在城市中的碳汇作用，采用“生态环境容量”及“游客舒适度容量”控制森林公园规模（技术特点1）、在本森林公园中进行森林公园的解说系统设计、安全系统设计、现代森林经营管理系统设计（简称“三系统”设计）的集成（技术特点2）。上述技术特点在已见报道的文献中未见有体现，籍此开展的“广东城市森林公园工程综合集成设计”的研究因而在国内未有相同研究内容的报道。

本书提出如下创新点：

① 提出“工程综合集成设计”的方法，提出生态、工程、经营管理全过程的设计。

② 提出在城市森林公园中要进行总体生态工程设计的观点。

③ 在城市森林公园建设中倡导应用碳汇技术。

④ 将艺术设计引入森林公园工程设计中，首次建构森林公园景观形态构成的机理。

⑤ 应用碳氧平衡理论，提出游客“舒适度”容量公式。

⑥ 森林公园的解说系统、安全系统、现代森林经营管理系统（简称“三系统”设计）的同步设计概念。提出防灾设计、防突发事件的场地设计、凸显生态安

全的重要性。

1.5 研究方法与技术路线

1.5.1 研究方法

（1）规范研究法

根据假设，通过演绎推理，按事物内在联系，运用逻辑推理得到结论。规范研究方法所强调的是世界应该如何来运行，而不关心世界是如何运行的，它试图判定“应当是什么”，往往含有一定的价值判断，需要提出某些准则。本科研成果的规范研究法体现在对已有的相关理论的剖析过程中，结合城市森林公园的特征，提出城市森林公园工程设计综合集成的理论框架与方法。

（2）文献检索法

根据一定的研究目的和要求，通过调查文献来获得资料，从而全面、正确地了解掌握所要研究问题的一种研究方法。在本书中将通过网络搜索、出版物查询等方式收集国内外关于城市森林公园工程设计方面相关的理论成果、实践案例等文献资料，并对之进行整理分析，提取出相关的理论要素，在充分消化、吸收的基础上将这些文献资料中的理论、观点上升为本科研成果的理论支撑和论证依据。

（3）专家咨询法

根据所要预测的问题，选择有关专家，利用专家在专业方面的经验和知识，用征询意见和其他形式向专家请教而获得预测信息的方法。本书主要通过专家咨询法，在依靠多位专家的经验和知识的基础之上，将他们的分散意见逐步集中，形成相对一致的意见，以此来为城市森林公园工程设计提供参考性的依据。

（4）实例研究法

实证研究强调的是一种事实，重视研究中的第一手资料。实证研究法是与规范研究法相对应的一个概念。实证研究法可以概括为通过对研究对象大量的观察、实验和调查，获取客观材料，从个别到一般，归纳出事物的本质属性和发展规律的一种研究方法。本书将使用实证研究法，在对东莞市大岭山森林公园经营、发展情况调查的基础之上，来验证得出的城市森林公园工程设计综合集成理论框架的科学性和可行性。

1.5.2 技术路线（图 1–3）

1.5.3 研究目标

（1）技术指标

1 个全新的森林公园综合集成设计方法，3 个专题研究成果、3 个系统的设计、1 个系统的城市森林公园工程设计理论和 1 个应用大岭山森林公园工程综合集成设计的实例成果；发表 10 篇以上的文章。

（2）经济指标

减少重复工作、创造社会价值、增加绿色 GDP。

（3）生态效益

增强城市森林生态系统生物多样性、水土保持、制氧固碳、净化空气、减缓热岛效应，节能减排。

（4）社会效益

具有重大的学术价值，对于建设低碳城市、循环经济、应对全球气候变化新形势具有深远的意义；对于提高森林公园环境景观艺术创作水平具有指导意义。同时，把生态、游憩、科普功能和景观的森林文化内涵，提升城市居民的幸福感紧密联系在一起，这对于建设幸福广东具有现实意义。

（5）经济效益

增加生态旅游效益。

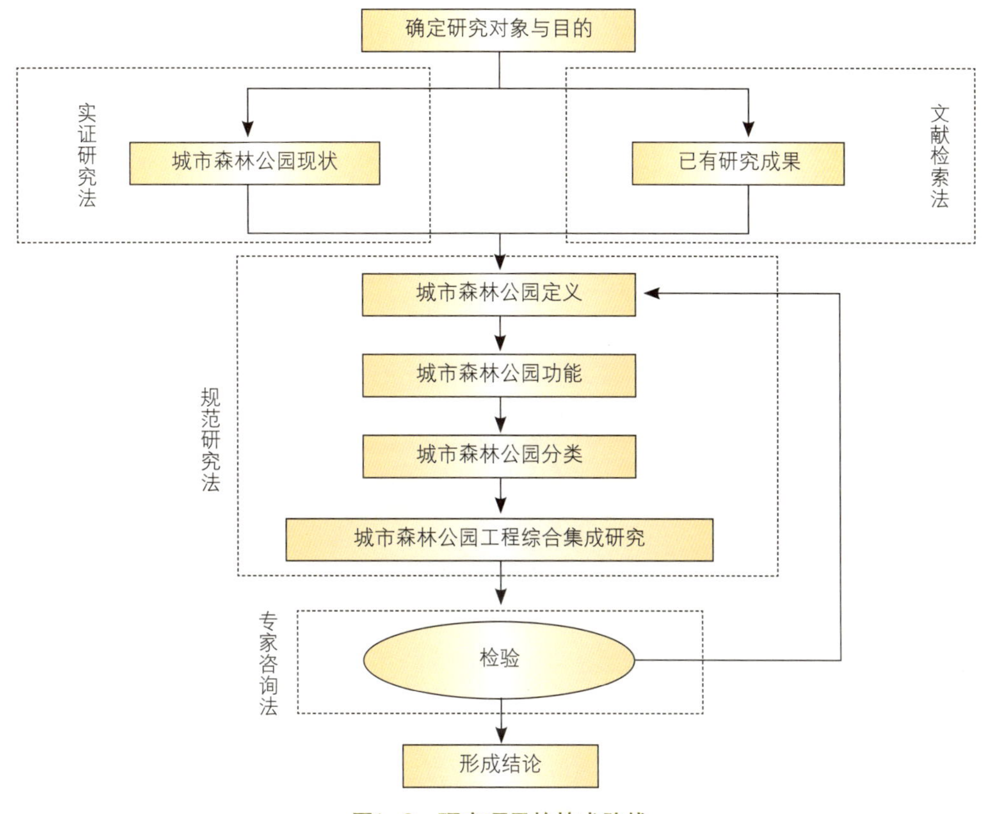

图1 3 研究项目的技术路线

参考文献

[1] 顾凯平，霍再强，侯宁，李际平．2008．系统科学与工程导论[M]．北京：中国林业出版社．

[2] 章家恩．2005．旅游生态学[M]．北京：化学工业出版社．

[3] 李梅．2004．森林资源保护与游憩导论[M]．北京：中国林业出版社．

[4] 杨京平，田光明．2006．生态设计与技术[M]．北京：化学工业出版社．

[5] 蒋有绪，郭泉水，马娟等．1998．中国森林群落分类及其群落学特征 [M]．北京：中国林业出版社．

[6] 李敏．2008．城市绿地系统规划[M]．北京：中国建筑工业出版社．

[7] 王建国．2001．现代城市设计理论与方法[M]．南京：东南大学出版社．

[8] 杨昌鸣．2010．建筑资源的再利用策略[M]．北京：中国建筑工业出版社．

[9] 杨燕红，傅家谟，盛国英．1998．珠江三角洲一些城市水体中微量有机污染物的初步研究[J]．环境科学学报．

第2章　工程综合集成设计理念与相关理论基础

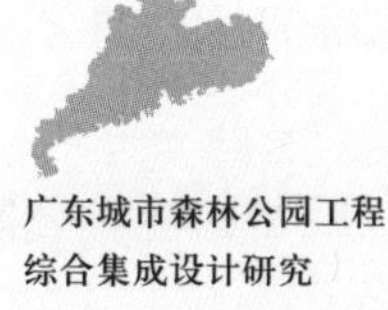

2.1 城市森林公园概念的提出

2.1.1 城市森林公园的定义

根据国家（GB/T 18005-1999）中国森林公园风景资源质量等级评定的标准采用以下几个基本定义：① 风景资源：以景物环境为载体，自然形成或人类创造的，有普遍社会价值的财富。② 森林风景资源：森林资源及其环境要素中凡能对旅游者产生吸引力，可以为旅游业所开发利用，并可产生相应的社会效益、经济效益和环境效益的各种物质和因素。③ 风景资源质量：风景资源所具有的科学、文化、生态和旅游等方面的价值。④ 森林公园：1994 年 1 月 22 日，中华人民共和国林业部令第三号颁布的《森林公园管理办法》第二条规定："本办法所称森林公园，是指森林景观优美，自然景观和人文景物集中，具有一定规模，可供人们游览、休息或进行科学、文化、教育活动的场所。"这一规定，与国标中所述的森林公园——具有一定规模和质量的森林风景资源与环境条件，可以开展森林旅游，并按法定程序申报批准的森林地域（GB/T18005-1999）——共同构成了我国森林公园最权威的定义（兰思仁，2004）。根据以上的界定，本书对于城市森林公园定义如下：位于城市行政区划范围内，具有一定规模和质量的森林风景资源与环境条件，可以提供森林旅游、科教、生态保育和服务于城市功能，按法定程序申报批准的森林地域。

2.1.2 城市森林公园的功能

城市森林公园的功能分为主体功能和服务于城市功能两大功能。

2.1.2.1 城市森林公园的主体功能

城市森林公园的主体功能主要指生态保育功能、游憩与旅游功能、科普教育功能。

（1）生态保育功能

良好的城市生态系统是社会经济发展的物质基础，是维持人类生存和发展的根本保障。城市生态系统的平衡是需要一定条件的，这就是任何自然生态系统都具有自身恢复能力的"阈值"。一旦对生态环境的破坏超出其阈值，就会出现生态安全问题。随着人类自身发展与自然环境之间的摩擦，许多城市不断出现诸如大气污染、水污染、土壤污染、光污染、噪音污染、城市热岛效应以及全球气候变暖等一系列生态环境问题，且呈现出愈演愈烈之势。

为了不断改善城市的生态环境问题，可以将城市森林公园建设纳入城市森林建设的总体战略中来，建设良好的城市森林体系是城市文明的重要标志。城市森林公园的首要功能便是生态保育功能，对维护城市生态系统的稳定和恢复具有积极的促进作用，可以减轻环境污染、净化城市地下水源、保持水土、调节城市小气候、缓解热岛效应、增强城市的生态调控能力，并且对城市的生物流、物质流、能量流均有重要的影响。

（2）游憩与生态旅游功能

城市森林公园的重要功能之一是为公众提供休闲与生态旅游的场所。城市森林公园建设与生态环境保护工作是一种良性互动的关系，一方面，良好的森林生态环境是城市森林公园发展的基本条件和对象；另一方面，城市森林公园的健康发展又能促进生态环境改善和生态资源的优化利用。城市森林公园内水质清洁、空气清新、负离子含量高，为游客提供了一个恢复身心健康、消除疲劳的良好生态环境。城市森林公园内可进行休闲与生态游憩活动，如：登山眺远、定向越野、远足、划船、漂流、垂钓、野营、植物观赏等，同时还有标本收集、摄影绘画、休闲、吸氧吧等。

不同年龄层次，不同文化层次都可找到项目，其活动具有较高的情趣和娱乐性。

(3) 科学普及功能

城市森林公园内栖息着各种动植物、微生物等，其中仍有不少方面至今不为人们所认识和了解，所以森林公园具有巨大的科研潜力，为学者提供了广阔的研究空间。公众可以通过在森林公园的观察，与大自然直接接触，更容易直观理解和认识生态系统及其他一些自然现象和过程；游客也可通过牌示、文字材料、传单，以及导游对景点和当地文化的解释来获取森林生态环境知识。同时，可通过建立森林公园，加强对游客的教育而缓解由于缺乏环保意识、缺乏对自然的认识，而对森林旅游资源造成的破坏，逐步树立起人们热爱自然、关注生态环境的观念（Kimmel，1999）。

此外，城市森林公园建设也是传承和弘扬森林文化、生态文化、提高环境伦理道德的重要途径。生态文化是先进文化和生态文明的重要内容，它倡导人与自然、人与人、人与社会的和谐相处，倡导可持续发展的生产方式和科学、合理、健康的生活方式，倡导实践生态文明的道德观，维护人类的共同家园。生态文化代表了人类社会先进文化的发展方向，以城市森林公园为平台，大力继承、弘扬和发展森林文化、生态文化，对于满足人们向往自然、热爱自然、尊重自然、回归自然的精神文化需求，构建社会主义和谐社会都具有重要的现实意义。

2.1.2.2 城市森林公园服务于城市的功能

(1) 城市的定义

城市是以人为主体，以空间利用为特点，以聚集经济效益和人类社会进步为目的的一个集约人口、集约经济、集约科学文化的空间地域系统（李铁映，1985）。

(2) 城市的分类

以城市的产业和功能为根据分类，一般可归纳以下几种：产业型城市、商业型城市、资源型城市、混合型城市、政治型城市、文化教育型城市和旅游型城市。城市是一个地域人群较为集中的地方，特别是大城市，它常常是一个地域的政治、经济、文化中心，具有悠久的历史。

(3) 城市规划的目的

根据1933年《雅典宪章》，城市规划的目的是解决居住、工作、游憩与交通四大功能活动的正常进行。城市规划过程包括经济规划、城市规划、城市设计和建筑设计。

(4) 服务于城市的功能

指森林公园服务于城市和城市人群，传承城市的历史文化、传统风貌，地域的特色文化，服务于公众意识、生活质量、环境景观质量和艺术水平的功能。

2.1.3 城市森林公园的分类

按照区位不同，城市森林公园可以分为城区型森林公园、城郊型森林公园、城际型森林公园。

(1) 城区森林公园

指以城市为中心，辐射半径在20km以内，森林风景资源质量一般，规模以微型森林公园为主，重点培育和发展市（县）级森林公园，主要为当地居民提供日常的森林户外游憩和体育锻炼的场所。

(2) 城郊森林公园

指以城市为中心，辐射半径在20～50km以内，森林风景资源质量等级高，规模以小型森林公园为主，重点培育和发展省级和市（县）级森林公园，主要为所在市（县）居民提供功能较为全面的森林户外游憩场所。

(3) 城际森林公园

指城市与城市之间的一定区域内，森林风景资源质量等级较高，在省内或区域内有一定知名度和影响力，规模以中、大型森林公园为主，重点培育和发展国家级、省级森林公园，面向范围较大的客源市场，为公众提供休闲、娱乐、观光等旅游活动。

2.2 城市森林公园的特点

2.2.1 城市森林公园与城市公园的比较（表2–1）

表2-1 城市森林公园与城市公园比较

序号	内容	城市森林公园	城市公园
1	目标	兼具生态性、景观性、娱乐性	追求景观性、娱乐性
2	区位	城区或城郊	建成城区
3	规模	面积不等	较小
4	功能	生态、休闲游憩、环境教育	游憩、文化传播、科普教育、美化功能
5	用地性质	林业用地	城市建设用地
6	主管部门	林业部门	市政部门
7	景观特征	自然景观与人文景观完美结合	人工景观为主
8	游憩内容	自然景观优美，人工游乐设施丰富，可以灵活开展各种主题活动	人工游乐设施完善，并可以根据节假日和季节灵活开展各种主题活动
9	服务设施	少量人工建筑，基础服务设施完善	人工建筑丰富，基础服务设施完善

2.2.2 城市森林公园与森林公园的比较

2.2.2.1 森林公园特点

（1）多样性

森林公园旅游资源既包括有形的，由于地理经纬度、海拔高度、气候因素等造就的具有明显地带性变化、季节变化和垂直变化的森林景观、自然风光和其他文物古迹，也包括无形的，只能体验的历史典故、民俗风情。此外，森林公园旅游资源是古代与现代的结合；是有生命的与无生命的结合，如花草树木和奇峰怪石；是物质的、经济的与精神的、文化的结合。这些旅游资源以不同形式渗透各个方面，广泛分布于森林公园的地域空间。

（2）地域性

森林公园的森林旅游资源具有十分明显的地域性，在不同地域蕴藏着各具特色的地方和民族特色。如北方森林公园多具有雄伟山势、落叶阔叶林森林景观，南方森林公园多具有奇山秀水、常绿阔叶混交林森林景观。此外，位于少数民族居住地的森林公园也常包含着民族风俗。

（3）增智性

游人通过游览观光，可以获得丰富的知识，启迪智力，在享受自然美中受到教育。许多森林公园繁多的森林植物、野生动物、独特的地质构造、奇妙的自然现象、悠久的历史文化、重要的革命旧址等，都是进行科学考察、教学实习和爱国主义教育的大课堂（兰思仁，2004）。

2.2.2.2 森林公园分类

国家林业局主管全国森林公园工作，县级以上地

表2-2 森林公园分类等级表

序号	等　级	分类依据
1	国家级森林公园	森林景观特别优美，人文景物比较集中，观赏、科学、文化价值高，地理位置特殊，具有一定的区域代表性，旅游服务设施齐全，有较高的知名度
2	省级森林公园	森林景观优美，人文景物相对集中，观赏、科学、文化价值较高，在本行政区域内具有代表性，具备必要的旅游服务设施，有一定的知名度
3	市、县级森林公园	森林景观有特色，景点景物有一定的观赏、科学、文化价值，在当地知名度较高

方人民政府林业主管部门主管本行政区域内的森林公园工作。依据资源禀赋高低、科学文化价值，森林公园可以分为3级（表2-2）。

2.2.2.3 城市森林公园特点

城市森林公园是森林公园的一种特别类型，它是为满足我国工业化、城市化的需求而产生。我们定义城市森林公园的有主体功能和服务城市的两大功能，它具有以下特点：

（1）直接与城市空间、生态、气候环境发生关系，成为城市可持续发展的重要基础；

（2）直接与城市建设、节能减排、城市GDP相关，成为城市综合竞争力重要的载体；

（3）直接服务城市（政治、经济、文化中心）人群，更强调地域文脉、特征及优美的森林景观视觉环境；

（4）直接为城市居民拓展了野趣的游憩、生态旅游环境，提升了城市居民的生活质量；

（5）直接为城市森林奠定基础，为城乡一体化、投资一体化、管理一体化提供了平台。

2.3 城市森林公园工程综合集成设计理论

2.3.1 系统工程与系统工程方法论的思考

2.3.1.1 系统工程

用系统的思想以及定性、定量的系统方法，包括计算机、人工智能等技术处理大型复杂系统问题，无论是系统的设计或建立，还是系统的经营管理，都可以统一地看成是一类工程实践，统称为系统工程。系统工程既是“组织管理系统”的科学方法，也是“把已有的学科分支中的知识有效地组合起来，以解决综合性的工程问题的技术”（顾凯平等，2008）。

2.3.1.2 系统工程方法论

（1）综合集成方法定义

综合集成方法是指把专家群体、数据和多种信息以及计算机技术有机结合；把多种学科的理论与人的经验知识结合；宏观与微观研究的结合；以及各类人员的结合共同构成一个高度智能化的组织管理系统，充分发挥系统的综合优势、整体优势和智能优势，从定性到定量进行整体研究和解决问题的方法。

（2）综合集成方法演变

1989年，钱学森等首次明确提出，处理开放的复杂巨系统的方法论是“从定性到定量的综合集成方法”，后来又发展到“从定性到定量综合集成研讨厅体系”的实践形式。

早在20世纪80年代初，结合现代作战模型的研究，钱学森提出了处理复杂行为系统的定量方法论，当时这种定量方法论是半经验半理论的。到80年代中期，在钱学森指导下，对系统学讨论版进行了开放的复杂巨系统方法论的探讨，考察了各类复杂巨系统研究的新进展。在这些研究进展进行提炼、概括和抽象的基础上，80年代末，钱学森提出处理开放的复杂巨系统的方法论是“从定性到定量的综合集成方法”（meta-synthesis）。这种方法是将专家群体数据和各种信息与计算机仿真有机结合起来，把各种学科的科学理论和人的经验与知识结合起来，发挥综合系统的整体优势，去解决国防、社会等复杂系统的问题。综合集成是从整体上考虑并解决问题的方法论，钱学森指出，这个方法不同于近代科学一直沿用的培根式的还原论方法，而是现代科学条件下认识方法论上的一次飞跃。1992年，钱学森又进一步提出“从定性到定量的综合集成研讨厅体系”的思想。

（3）综合集成法特点

综合集成法作为一项技术又称为综合集成技术，它是思维科学的应用技术，既要用到思维科学成果，又会促进思维科学的发展。综合集成法作为一门工程可称为综合集成工程，它是在对社会系统、人体系统、地理系统和军事系统这四个开放的复杂巨系统研究实践基础上提炼、概括和抽象出来的。综合集成工程具有如下主要特点：

① 定性研究与定量研究有机结合，贯穿全过程；

② 科学理论与经验知识结合，把人们对客观事物的点点知识综合集成解决问题；

③ 应用系统思想把多种学科结合起来进行综合研究；

④ 根据复杂巨系统的层次结构，把宏观研究与微观研究统一起来；

⑤ 必须有大型计算机系统支持，不仅有管理信息系统、决策支持系统等功能，而且还要有综合集成的功能。

2.3.2 城市森林公园工程综合集成设计法定义

为实现城市森林公园的主体功能和服务城市的功能，运用系统工程的综合集成方法，把已有的学科分支中的知识有效地组合起来，形成综合设计整体优势去解决设计中出现的各种工程问题，对城市森林公园功能要素进行局部与整体、配置与优化、定性与定量的设计过程（图 2-1）。

2.3.3 城市森林公园工程综合集成设计内容

城市森林公园工程综合集成设计就是把各种学科理论和人的实践经验与知识、判断力结合起来，形成综合设计的整体优势去解决设计中的各种问题。城市森林公园工程综合集成设计主要包括以下三大方面内容。

（1）把改善人居环境、文化传承、提升城市形象的高层次要求结合起来

首先，城市森林公园建设的首要功能便是保育城市生态环境，缓解城市所面临的各种日趋恶化的生态环境压力，营造良好的人居环境。其次，城市森林公园也是城市传承森林文化的重要载体，通过城市森林公园弘扬森林文化、生态文化，激发公众热爱自然、尊重自然、保护自然的热情。再者，城市森林公园建设也是展示城市经济发展水平的窗口、宣传城市生态建设成果的名片、提升城市整体形象的标志。

（2）在设计过程中，把物理、事理、人理有机结合起来

物理—事理—人理（WSR）系统方法论是由中国学者朱志昌 1994 年提出的。城市森林公园工程综合集成设计过程中，尊重“物理”，即尊重客观存在、物质运动的基本规律总和。“物理”涉及物质运动的机理，既包括狭义的物理，还包括化学、生物、地理、天文等等；理清“事理”，即搞清楚如何安排和利用各种物，通常用到运筹学和管理科学方面的知识来回

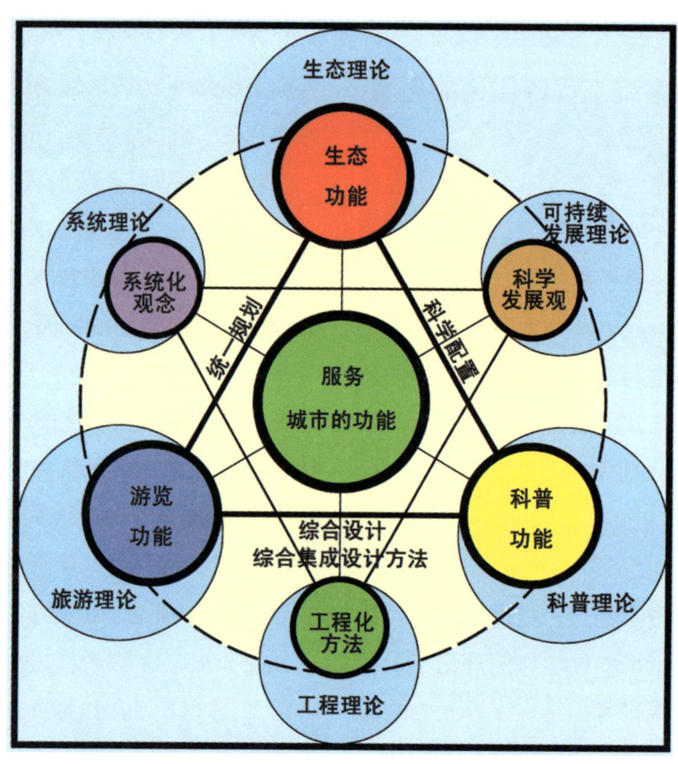

图2-1 城市森林公园综合集成设计方法框架图

答“怎样去做”；协调“人理”，即协调好人与人之间的相互关系及其变化过程，通过研究和理顺这种关系，促进人们能按照可接受的事理去实现项目、问题的预定目标。系统实践活动是物质世界、系统组织和人的动态统一，我们的实践活动应当涵盖这三个方面和它们之间的互动关系。

（3）把观念、理念、开发的成果与工程技术的实施结合起来

把观念、理念、开发的成果与工程技术的实施结合起来。城市森林公园工程综合集成设计过程中要充分认识观念、理念和工程技术二者之间的关系。观念、理念可以被视为是理论、思维，工程技术可以被视作实践、行动，二者不应被分割看待，而应被有机结合起来。二者的有机结合就是理论与实践的结合、思维与行动的结合。

2.3.4 城市森林公园工程综合集成设计意义

人类解释自然、认识自然、改造世界、创造世界的观念和技术的演替都遵循着一条从两个极端点相向而行，逐渐靠拢的轨迹，即观念理念与工程技术相分离——观念理念与工程技术相互补——观念理念与工程技术相结合的轨迹（图 2-2），这体现了具有原则性和指导意义的系统观念层面和具有可操作性的技术层面二者之间的关系，回顾我国森林公园的发展历程也遵循着同样的轨迹。完美的城市森林公园综合集成设计应该是观念与工程技术相结合，理念与可操作性浑然一体。

城市森林公园工程综合集成设计是在整体上将城市森林公园设计的观念、理念和工程实践结合起来，把观念、理念开发的成果延伸到工程层面，成为每个工程环节的核心，围绕核心进行系统要素配置，优化系统结构，使得城市森林公园工程系统呈现出单项工程设计不具备的优势。

2.4 工程综合集成设计理念与相关的理论基础

2.4.1 可持续发展理论

1987 年以布伦特兰夫人为主席的联合国环境与发展委员会（WCED）正式提出可持续发展（sustainable development）是“既满足当代人的需求又不危及后代人满足其需求的发展”（World Conference on Sustainable Tourism，1995）。可持续发展理论即是为实现可持续发展这一目标的一系列理论体系。可持续发展理论在内涵上主要包含了人地关系和谐、世代伦理和生态文明三方面思想。

1972 年 6 月，在瑞典斯德哥尔摩召开的联合国人类环境会议通过了的《联合国人类环境宣言》首次向世人提出环境保护与人类发展关系的问题。1980 年世

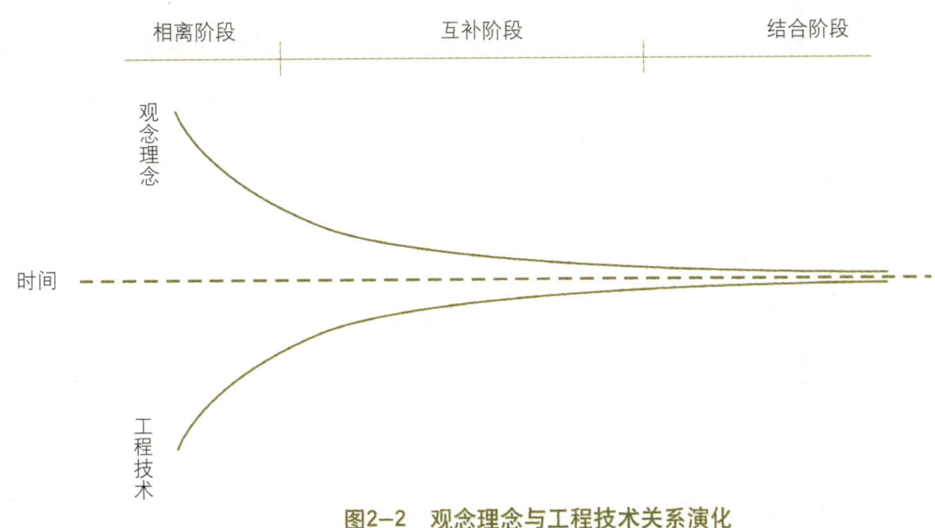

图2-2　观念理念与工程技术关系演化

界自然保护同盟与许多国家政府、学者共同制定的《世界自然保护大纲》第一次较明确地表述了既要发展又要保护的思想。1987年世界环境与发展委员会向联合国提交的《我们共同的未来》一文中正式提出可持续发展的概念。1992年6月，在巴西里约热内卢召开的联合国环境与发展大会通过了具有历史意义的《21世纪议程》，将可持续发展作为一种思想和理论进行充分的阐述。1994年中国政府公布的《中国21世纪议程——中国21世纪人口、环境与发展白皮书》成为中国可持续发展战略的行动纲领。

自1946年以来，中国先后缔结或加入了40多项重要的国际环境公约（包括多边环境公约和双边环境协定）中的20项，与森林相关的公约主要有13项(表2-3)。

（1）可持续发展的价值观

传统的价值观将人与自然对立起来，片面强调人类征服自然、改造自然的主观能动性，无视由于过渡开采使用而造成的资源枯竭和生态环境恶化的局面。20世纪末，人类不得不改变以往的价值观，选择可持续发展的道路，尊重人与自然的和谐关系这一人类活动的共同价值和目标归缩，提倡人类对自然的索取程度应建立在保持自然生态系统循环自如的基础上，着重研究人类社会发展活动与自然之间的相互关系，调整人类的思想、观念，继而调控人类的社会行为，寻求人类与自然的协调发展。

（2）可持续发展的资源观

自然资源的开发利用是人类生存和经济发展的基本条件，资源总量总是与一定的社会经济和科技发展水平相联系。在走向可持续发展的历史转折中，人们对于资源也有了新的认识。人类追求经济增长的方式多半是以消耗大量的自然资源尤其是不可再生资源为代价的，使人类陷入经济发展与资源短缺两难的窘境。面对这种双重的困难和压力，我们必须在摆脱资源危机、寻求可持续发展的努力中，树立全新的资源观，走资源节约型的经济发展道路，坚持资源的合理开发与可持续利用。

2.4.2 系统学理论

系统思想的理论体系诞生于20世纪中叶，最初是

表2–3 与森林相关的国际可持续公约

序号	时间（年）	地点	名称
1	1947	华盛顿	世界气象组织公约
2	1971	拉姆萨	关于特别是水禽生境的国际重要湿地公约
3	1972	巴黎	世界文化和自然遗产保护公约
4	1973	华盛顿	濒危野生动植物种国际贸易公约
5	1981		中华人民共和国政府与日本国政府保护候鸟及其栖息地环境的协定
6	1986		中华人民共和国政府与澳大利亚政府保护候鸟及其栖息地环境的协定
7	1992	里约热内卢	联合国气候变化框架公约
8	1992	里约热内卢	生物多样性公约
9	1992	里约热内卢	联合国关于在发生严重干旱和／荒漠化的国家特别是在非洲防治荒漠化的公约
10	1992	里约热内卢	21世纪议程
11	1992	里约热内卢	关于森林问题的原则声明
12	1983 1994	日内瓦	国际热带木材协定
13	1997	京都	联合国气候变化框架公约京都议定书

20 世纪 40 年代由美籍奥地利生物学家贝塔朗菲提出的，后经过许多科学家发展形成的一门科学。一般系统论（general system theory）是系统思想的核心，它的创立标志着人类思维方式的一次飞跃。系统思想的发展对 20 世纪后半叶的整个科学领域和社会领域都产生了极大的推动作用（马红霞等，2003），系统学理论是城市森林公园工程综合集成设计研究的思想基石。

系统论最明显的特征是具有新科学思想和方法论的意义，它主张从整体出发去研究系统与系统、系统与要素以及系统与环境之间的普遍联系。它从揭示系统的整体规律上，为解决现代科学技术、社会和经济等方面的复杂问题，提供了新的理论武器。系统论的思想渊源是辩证法，它强调从事物普遍联系和发展变化中研究事物。现代系统论不仅从哲学角度提出了有关系统的基本思想，而且通过科学的、精确的数学方法，定量地描述系统机制及其发展变化过程。所以系统论的原理及方法具有普遍的适用性（胡玉衡，1989）。

2.4.3 生态学理论

生物的生存、活动、繁殖需要一定的空间、物质与能量。各种生物所需要的物质、能量以及它们所适应的理化条件是不同的，这种特性称为物种的生态特性。生态学就是研究有机体及其周围环境相互关系的科学。随着人类活动范围的扩大与多样化，人类与环境的关系问题越来越突出。因此近代生态学研究的范围，除生物个体、种群和生物群落外，已扩大到包括人类社会在内的多种类型生态系统的复合系统。人类面临的人口、资源、环境等几大问题都是生态学的研究内容（表 2-4）。

正是由于研究视野的广泛性，按照不同依据，生态学可以分为很多细分支，与城市森林公园有关的主要有森林生态学、景观生态学、城市生态学等。

（1）森林生态学

森林生态学作为一门独立的学科，主要从树木与环境相互关系的规律出发，在调节、控制树木与环境之间的关系中更好地发挥作用；既要充分发挥树木的生态适应性，根据环境条件的特点，实行科学的经营管理，使其能最大限度地利用环境，不断扩大森林资源和提高森林生产力；又要有意识地利用森林对环境的改造作用，调节人类与环境之间物质和能量的交换，充分发挥森林的多种有益功能，以利于维持自然界的动态平衡。

（2）景观生态学

景观生态学以整个景观为对象，通过物质流、能量流、信息流与价值流在地球表层的传输和交换，通过生物与非生物以及人类之间的相互作用与转化，运用生态系统原理和系统方法研究景观结构和功能、景观动态变化以及相互作用机理、研究景观的美化格局、优化结构、合理利用和保护（傅伯杰，1991；刘建国，1992；邬建国，2000）。

（3）城市生态学

城市生态学是研究城市人类活动与周围环境之间关系的一门学科，城市生态学将城市视为一个以人为中心的人工生态系统，在理论上着重研究其发生和发展的动因，组合和分布规律，结构和功能的关系，调

表2-4　生态学研究分支

依　据	名　　称
所研究的生态类别	微生物生态学、植物生态学、动物生态学、人类生态学等
生物系统的结构层次	个体生态学、种群生态学、群落生态学生态系统生态学等
生物的栖息环境	森林生态学、草原生态学、荒漠生态学、土壤生态学、海洋生态学、湖沼生态学、流域生态学等
与其他学科的结合	数学生态学、地理生态学、经济生态学、生态经济学、森林生态会计、行为生态学、遗传生态学、进化生态学古生态学等
应用性分支学科	农业生态学、医学生态学、环境保护生态学、环境生态学、生态保育、生态信息学、城市生态学、生态系统服务、景观生态学等

节和控制的机理；在运用上意旨运用生态学原理规划、建设和管理城市，提高资源利用效率，改善系统关系，增加城市活力。

2.4.4 森林经理学理论

森林经理学就是为维护与提高森林生态系统服务能力而对社会、经济、森林复合生态系统进行全局性谋划、组织、控制和调整的科学、技术与艺术（陈世清，2006）。森林经理通过一系列的谋划、组织、控制和调整手段实现人与自然共存的森林生态系统，在时空上物质产出、环境产出和文化产出的持续、优化和平衡，促进人与森林生态系统的和谐发展、共生共荣。为森林生态系统的完整生存负责，并将它们统一起来，用可持续的方式经营管理，以满足当代人及子孙后代社会、经济、文化、精神的需求，这是森林经理的出发点与归宿。

在城市森林公园开展生态旅游活动，其主体是旅游者，对象是森林生态系统，是森林生态系统文化产出的重要组成部分。森林经理学理论与方法对实现森林旅游资源的可持续经营具有重要的指导意义。

2.4.5 生态旅游学理论

生态旅游学是研究生态旅游活动规律及生态旅游环境伦理的一门学科。它以生态学为指导，研究生态旅游产生和发展的规律，生态旅游产品的构成、特征、类型、功能及其运行机制，生态旅游资源的评价、开发、规划和管理，生态旅游在可持续发展总战略中的地位、作用及运作模式，生态旅游的市场范围、目标和促销工程等作为研究对象（卢云亭等，2008）。

生态旅游作为可持续旅游的一种方式，不同于其他旅游的特点可以归结为以下三方面（郭鲁芳，1998）。

（1）生态旅游侧重于对自然环境的审美欣赏

人类对自然大规模地索取和掠夺，导致了物种灭绝、森林减少、空气污染、生态平衡受到破坏，环境迅速恶化。严酷的现实促使人与自然的审美关系发生了变化，人们的审美对象从“人化的”自然美转向了自然环境的美，反映在旅游活动上就是以自然环境的审美欣赏为主的生态旅游备受青睐。

以可持续发展为宗旨的生态旅游主张人与自然的高度融洽，因为人归根到底是要依附于自然的。生态旅游与近代旅游业产生以来的自然山水旅游的根本不同之处，就在于人们对自然欣赏态度的转换。自然山水旅游强调参与、进取和享受，而生态旅游则主张“无为”和“倾听”，尊重自然的异质性，因此生态旅游区在景点建设上往往以自然为主，特长见长，无须大兴土木和大量投资。

（2）生态旅游具有高含量的科学与文化内容

一个生态旅游区包括了大量地质、地貌、气象、水文、植物、动物、医学、建筑、环境等科学信息和知识，生态旅游者从中可以知道山川、草木、鸟兽、虫鱼是怎样在地质时期发生和发展起来的，了解生态系统既相互依存、又相互制约的关系。传统的大众观光旅游者虽然也可以通过“行万里路”获得一定的知识，但他们的主要目的在于消遣和娱乐。

（3）生态旅游是有助于环境保护的旅游

生态旅游把生态环境的承载力作为首要考虑因素，重视环境容量的研究，强调经营者、旅游者和当地居民都要以保护环境为己任，通过人力、知识以及金钱等方面的资助，促进当地的环境保护工作，保证旅游地的持续发展。

2.5 城市森林公园相关的概念

2.5.1 城市公园

2.5.1.1 城市公园定义

城市公园是指改善城市区域性生态环境的公共绿地及供公众休憩、观赏、进行文化娱乐和科学普及活动的场所，包括综合性公园、纪念性公园、儿童公园、动物园、植物园、古典园林、经市政府及以上单位批准的风景名胜区等（《广州市公园管理条例》、《南京市城市公园管理办法》）。

2.5.1.2 城市公园分类

根据建设部城建司1994年印发的《全国城市公园情况表》和有关资料的反映，中国现有城市公园类型包括：综合性公园、居住区公园、居住小区游园、带状公园、儿童公园、少年公园、青年公园、老年公园、动物园、植物园、专类植物园、森林公园、盆景园、风景名胜园、历史名园、文物古迹园、纪念性公园、文化公园、体育公园、雕塑公园、交通公园、科学公园、国防公园、游乐园、主题公园等。

按照《城市绿地分类标准》规定，将城市公园绿地按其功能和内容分为综合公园、社区公园、专类公园、带状公园和街旁绿地。

2.5.1.3 城市公园功能

城市公园作为城市主要的公共开放空间，不仅是城市居民的主要休闲游憩活动场所，也是市民文化的传播场所，它具备游憩、文化、生态、防震减灾等功能，满足城市居民游憩需求，体现生态、经济、环保、美学等价值（王晓俊，1993；林凌，2009）。

（1）游憩功能

城市公园是城市的起居空间，作为城市居民的主要休闲游憩场所，其活动空间、活动设施为城市居民提供了大量户外活动的可能性，承担着满足城市居民休闲游憩活动需要的主要职责，这是城市公园的最主要、最直接的功能（唐学山等，1996）。

（2）文化功能

城市公园作为城市文化的重要组成部分，是精神文明和物质文明的综合反映。它的人文景观、历史文化遗产、科学文化内涵都包含着文化的创造力，是人类文明进步的缩影。城市公园是文化建设的重要载体和传播阵地，其蕴含的历史遗存和文物古迹，不仅传承历史文脉，而且对提高公众的文化素质、道德修养都有着十分重要的作用（谭少华，2007）。

（3）景观美化功能

城市公园绿地不仅保护和改善城市生态环境，而且绿化、美化和香化城市环境，给市民提供一个舒适、休闲的活动空间。公园中植物形态各异，造型千变万化，同时色彩缤纷，能够营造出疏密有致、高低错落、层次分明、季相明显的植物景观。用形式各异的造园手法，营建符合人们审美心理的各种空间。不断变化的城市公园景观，创造动态美感，丰富了城市的色彩（封云等，2004）。

2.5.2 郊野公园

2.5.2.1 郊野公园定义

郊野公园是指城市建设用地以外，位于城市郊区，以自然景观为主体，或经一定时间的生态保护、恢复后，具有良好自然生态环境，经科学保育和适度开发，为人们提供郊外休闲、游憩、自然科普教育的公众开放性公园（城市绿地分类标准，2002）。

2.5.2.2 郊野公园功能

郊野公园的功能主要体现在改善城市生态环境、保护生物多样性、创造科普教育平台、提供休闲游憩场所、进行生产与培育、抑制城市空间无序扩张六大方面（陈美兰，2008；吴颖，2008；刘扬等，2009）。

（1）改善城市生态环境

城市周边的城郊过渡区往往是生态环境保护较弱的地区。林地、草地、水体、湿地通常受到比较严重的破坏，造成生态系统的退化。郊野公园的建设有助于生态系统的恢复与稳定，涵养水源、保护地表土壤、减少水土流失、调节城市小气候、监测环境污染等，增强城市的生态调控能力。作为重要的景观生态廊道，郊野公园对城市的生物流、物质流、能量流均有重要的影响。

（2）保护生物多样性

在自然界中，各个物种之间、生物与周围环境之间都存在着十分密切的联系。郊野公园是城市发展过程中保持自然最好的区域，拥有多样性的生态环境，包括平地、山地、丘陵、水体、湿地、林地，为多样的生物提供栖息、繁衍的生境。同时郊野公园也能使动植物种群通过长期的基因交换在自然进化中保持健康或为当地物种提供在被破坏后的恢复机会。

（3）创造科普教育平台

郊野公园承担公众生态文明教育的重要社会责任。郊野公园不仅有良好的生态环境和田园风光，还包含着物质文化的人类聚居地。郊野公园是社会与文化的直接载体，体现人与土地、人与人以及人与社会的关系，反映了当地的社会文化发展状况，记录了地域发展的历史信息。通过郊野公园，可以让游客认识到郊野地区的重要性及主要特征，增强环境保护意识，并自觉地投入到建设生态环境的行动。

(4) 提供休闲游憩场所

郊野公园处于城市外围，具有优越的区位条件，可达性强，同时拥有良好的生态、景观和旅游等资源。作为城市建设用地范围内的各项绿地的延伸，郊野公园为公众提供富有野趣、清新自然的休憩环境，开展踏青、露营、烧烤、野餐、观鸟、自然科普教育等丰富多彩的游憩活动。公众可以在与郊野公园的互动中，了解自然知识、感受自然魅力，认识到保护自然的重要性，增强保护自然的责任感。

(5) 进行生产与培育

郊野环境中与人们的生存、生活息息相关的是农田和生产林地，以及苗圃和花卉基地。进行郊野公园规划设计时将郊野地带的生产用地充分利用，在满足生产需要的同时对原有乡村地区的土地进行完善、修正和创造，这种行为本身是以生产、实用为功能目的的。因地域差异和生产内容的不同会呈现不同的农业景观，郊野公园则发挥了其生产和美学的双重功能。

(6) 抑制城市空间无序扩张

土地的承载力有着一定的限度。随着我国城市化进程的不断加快和城市人口的增长，几乎所有的城市都存在空间无序蔓延的问题，城市建成区不断向周围地区侵占与渗透，失去有效的控制。随之产生了环境污染、人口拥挤、交通堵塞、城市管理无序等一系列问题。郊野公园的建立，尤其是郊野公园环的建立，可以通过政府的政策控制，有效地保持城市的合理规模与人口数量，保证城市的格局与形态，协调城市与周边地区的土地利用关系，确保城市健康有序发展。

2.5.2.3 郊野公园分类

郊野环境极其复杂，根据风景特征可以分为工业用地、商业办公用地、农业用地、居住用地、生态用地与道路交通用地。根据郊野地带的实际状况，郊野公园可以分为 5 种类型（表 2-5）（吴颖，2008）。

2.5.3 自然保护区

2.5.3.1 自然保护区定义

自然保护区，是指对有代表性的自然生态系统、珍稀濒危野生植物物种的天然集中分布区、有特殊意义的自然遗迹等保护对象所在的陆地、陆地水体或者海域，依法划出一定面积予以特殊保护和管理的区域（《中华人民共和国自然保护区管理条例》，1994 年 10 月 9 日中华人民共和国国务院令第 167 号发布）。

2.5.3.2 自然保护区功能

(1) 保护生态系统

自然保护区由于保护了天然植被及其组成的生态系统，在改善环境、保持水土、涵养水源、维持生态平衡方面具有重要的作用。特别是在河流上游、公路两侧及陡坡上划出的水源涵养林，它是自然保护区的一种特殊类型，能直接起到环境保护的作用（方佳佳，2008）。

(2) 保存生物物种

目前认为世界物种为 500 万～1000 万种，其中只有 150 万种是在科学文献中有记载的（李文华等，1995；中国人与生物圈国家委员会，1998）。目前世

表2–5 郊野公园类型

序号	类型名称	内 容
1	自然风光型	自然风景区、森林公园、自然保护区、田园山村等
2	文化艺术型	历史文化遗址、古建园林、科技文化艺术博物馆等
3	人工娱乐型	游乐场、主题公园等
4	运动休闲型	运动场馆、度假村、会议中心等
5	生产体验型	农田、菜圃、苗圃、温室大棚等

界上许多物种，由于环境的变化或人为的干扰，过去曾经一度繁茂分布，现在处于濒临灭绝的状态。自然保护区的建立和合理的管理，将有助于这些生物的保护及其繁衍。从这个意义上说，自然保护区无疑是一个生物物种资源的天然贮存库。

（3）提供科研场所

自然保护区里保存有完整的生态系统，丰富的物种、生物群落及其赖以生存的环境。这就为进行各种有关的科学研究活动提供了良好的场所。由于自然保护区的长期性和天然性的特点，对于进行一些连续的系统的观测和研究，以及对自然环境长期演变的监测和珍稀物种的繁殖及驯化等方面的研究，提供了特别有利的条件。

（4）科普教育平台

通过在保护区内精心设计的导游路线和视听工具，利用自然保护区这一天然的大课堂，增加人们的生物、地学的知识。自然保护区内通常都设有小型的展览馆，通过模型、图片、录音、录像等设施，宣传有关自然和自然保护的知识。因此人们把自然保护区又称为活的自然博物馆。

2.5.3.3 自然保护区管理

国务院环境保护行政主管部门负责全国自然保护区的综合管理，林业、农业、地质矿产、水利、海洋等有关行政主管部门在各自的职责范围内，主管有关的自然保护区。整体上，自然保护区分为国家级自然保护区和地方级自然保护区（表2-6）。

2.5.4 风景名胜区

2.5.4.1 风景名胜区定义

风景名胜区，是指具有观赏、文化或者科学价值，自然景观、人文景观比较集中，环境优美，可供人们游览或者进行科学、文化活动的区域（中华人民共和国国务院，2006）。

2.5.4.2 风景名胜区类型

目前风景名胜区的类型划分主要有两种，第一是根据景观系统的价值进行分类，第二是根据风景资源的特点进行分类（表2-7）（丁文魁等，1988）。

2.5.4.3 风景名胜区管理

国务院建设主管部门负责全国风景名胜区的监督管理工作，省、自治区人民政府建设主管部门和直辖市人民政府风景名胜区主管部门，负责本行政区域内风景名胜区的监督管理工作。风景名胜区可以分为国家级风景名胜区和省级风景名胜区（表2-8）。

2.5.5 旅游区（点）

2.5.5.1 旅游区（点）定义

旅游区（点）是指具有参观游览、休闲度假、康乐健身等功能，具备相应旅游服务设施并提供相应旅游服务的独立管理区。该管理区应有统一的经营管理机构和明确的地域范围。包括风景区、文博院馆、寺庙观堂、旅游度假区、自然保护区、主题公园、森林公园、地质公园、游乐园、动物园、植物园及工业、农业、经贸、科教、军事、体育、文化艺术等各类旅游区。

2.5.5.2 旅游区（点）管理

旅游区（点）质量等级划分为五级，从高到低依次为AAAAA、AAAA、AAA、AA、A级旅游区（点）。旅游区（点）质量等级的标志、标牌、证书由国家旅游行政主管部门统一制定。

在分级管理中，首先根据旅游区（点）质量等级划分条件确定旅游区（点）质量等级，按照《服务质

表2-6　自然保护区分类等级表

序号	等级	分类依据	备注
1	国家级自然保护区	指在国内外有典型意义、在科学上有重大国际影响或者有特殊科学研究价值的自然保护区	
2	地方级自然保护区	指除列为国家级自然保护区的外，其他具有典型意义或者重要科学研究价值的自然保护区	地方级自然保护区可以根据具体情况进行分级管理

表2-7 风景名胜区类型划分

依据	类型	代表景点
景观系统的价值	国家级风景名胜区	具有重要的观赏、科学及文化价值，景观独特，规模较大的风景名胜区
	省级风景名胜区	具有较重要的观赏、科学或文化价值，景观具有地方代表性，有一定规模和设施条件，在省内外有影响的风景名胜区
	市（县）级风景名胜区	具有一定观赏、科学或文化价值，环境优美，规模较小，设施简单，以接待本地区游人为主的风景名胜区
风景资源的特点	山岳型风景名胜区	陕西华山、安徽黄山、四川峨眉山
	湖泊风景名胜区	江苏太湖、杭州西湖、昆明滇池
	河川风景名胜区	如桂林漓江、长江三峡
	海滨风景名胜区	山东青岛、辽宁大连
	森林风景名胜区	福建武夷山、陕西秦岭
	石林瀑布风景名胜区	云南石林、贵州黄果树瀑布
	历史古迹名胜区	北京古都、西安古都、苏州园林
	革命纪念地	陕西延安、南京中山陵、贵州遵义

表2-8 风景名胜区分类等级表

序号	等级	分类依据
1	国家级风景名胜区	自然景观和人文景观能够反映重要自然变化过程和重大历史文化发展过程，基本处于自然状态或者保持历史原貌，具有国家代表性
2	省级风景名胜区	自然景观和人文景观能够反映重要自然变化过程和重大历史文化发展过程，基本处于自然状态或者保持历史原貌，具有区域代表性

量与环境质量评分细则》、《景观质量评分细则》的评价得分，结合《游客意见评分细则》的得分综合进行，初步评定出的AAAAA、AAAA、AAA级旅游区（点）采取分级公示、征求社会意见的方法。

2.5.6 城市湿地公园

2.5.6.1 城市湿地公园定义

城市湿地公园，是指利用纳入城市绿地系统规划的适宜作为公园的天然湿地类型，通过合理的保护利用，形成保护、科普、休闲等功能于一体的公园。

成为城市湿地公园必须具备两个条件：首先，必须具有较高的保护、观赏、文化和科学价值，能供人们观赏、游览，开展科普教育和进行科学文化活动；其次，城市湿地公园的湿地必须位于城市规划区内，已纳入城市绿地系统规划范围内。

2.5.6.2 城市湿地公园分类

城市湿地公园根据原有的场地状况，可以分为天然湿地公园和人工湿地公园。前者是指利用原有的天然湿地开发出的城市湿地公园，后者是指利用人工湿地或人工开挖兴建的城市湿地公园。

2.5.6.3 城市湿地公园功能

（1）保育城市湿地生态系统

城市湿地公园的建设是恢复城市湿地结构，维持城市湿地生态安全的重要途径，也是有效保护和合理利用城市湿地的有效手段。大多数城市湿地公园是在现有的保存比较完好或已经退化的湿地上通过人工恢复或重建湿地生态系统而建成的湿地景观。通过湿地恢复和重建方式，可以提高湿地生物多样性，完善湿地生态结构的完整性，更有利于维持城市生态安全。

(2) 满足公众物质文化需求

城市湿地公园的建设可以满足公众多样化的物质文化需求，一方面可以提供环境保护教育和生态休闲游憩场所，另一方面可以为与湿地有关的科学研究提供平台。

(3) 提升城市品位及形象

城市湿地公园作为生态旅游场所而产生的经济效益同样不可低估。由于城市湿地公园优美的环境可以为周边地区带来巨大的增值效益，同时，城市湿地公园的建设可以成为一座城市的名片，全面提升城市的生态环境品质与城市品位，从而有助于提高城市的综合竞争能力。

参考文献

[1] 兰思仁 .2004. 国家森林公园理论与实践 [M]. 北京：中国林业出版社 .

[2] 中国森林公园风景资源质量等级评定 (GB/T18005—1999) [S].1999. 北京：中国标准出版社 .

[3] 王晓俊 .1998. 风景园林设计 [M]. 南京：江苏科学技术出版社 .

[4] 林凌 .2009. 城市公园改造设计研究——以常州市为例 [D]. 浙江大学学位论文 .

[5] 唐学山，李雄，曹礼昆 . 1996. 园林设计 [M]. 北京：中国林业出版社 .

[6] 谭少华，赵万民 .2007 城市公园绿地社会功能研究 [J]. 重庆建筑大学学报，29 (5)：6—10.

[7] 封云，林磊 .2004. 公园绿地规划设计 [M]. 北京：中国林业出版社 .

[8] 方佳佳 .2008. 陕西省自然保护区建设现状及可持续发展对策 [D]. 西北农林科技大学学位论文 .

[9] 李文华，赵献英 .1995. 中国的自然保护区 [M]. 北京：商务印书馆，299.

[10] 中国人与生物圈国家委员会 .1998. 自然保护区与生态旅游 [M]. 北京：中国科学技术出版社，110.

[11] 中华人民共和国国务院 .2006. 风景名胜区条例 [M]. 北京：中国法制出版社 .

[12] 丁文魁，许耀明，林源祥 .1988. 风景名胜研究 [M]. 上海：同济大学出版社 .

[13] 北京市园林局 . 城市绿地分类标准 (CJJ/T85—2002) [S].

[14] 陈美兰 .2008. 北京郊野公园建设发展研究 [D]. 北京林业大学学位论文 .

[15] 吴颖 .2008. 郊野公园规划研究 [D]. 华中农业大学学位论文 .

[16] 刘扬，郭建斌等 .2009. 城市郊野公园建设及生态效益评估探索 [J]. 安徽农业科学，37 (9)：4029—4031.

[17] Kimmel, J. R.1999. Ecotourism as Environmental Learning[J]. The Journal of Environmental Education, 30 (2)：40—44.

[18] World Conference on Sustainable Tourism. 1995.Charter for Sustainable Tourism. Lanzarote Canary Island, (4) .

[19] 马红霞，钱兆华 . 2003.20 世纪系统思想发展的回顾系统辩证学学报 [J]. 2003, 11 (1)：56—60.

[20] 胡玉衡 .1989. 系统论、信息论、控制论原理及其应用 [M]. 郑州：河南人民出版社：1—5.

[21] 顾凯平，霍再强，侯宁，李际平 .2008. 系统科学与工程导论 . 北京：中国林业出版社 .

[22] 陈世清，王佩娟，颜文希 .2006. 和谐林场——论现代国有林场的森林经理管理 [J]. 林业资源管理，(2)：1—5.

[23] 卢云亭，王建军 .2008. 生态旅游学（第 2 版）[M]. 北京：旅游教育出版社 .

第3章　城市森林公园景观形态构成机理研究

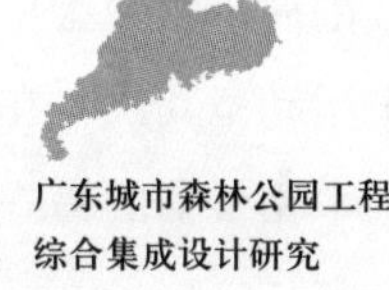

以往不少学者从森林美学角度对森林公园的林相景观进行了研究，取得了斐然成就。但是对于一个城市森林公园景观要素来讲，它并不全面；它不能完整地诠释森林公园景观的美学内涵，所以，当前我国林学界特别缺少一个能指引景观形态创作的基础理论。因此，本研究从环境美学的角度在以下方面进行了探讨，以传承城市历史文脉、森林景观的地域特色，提高森林公园环境景观艺术创作水平，提升服务于城市功能的质量。

3.1 基于环境美学的景观形态构成艺术内涵

3.1.1 环境美学的涵义

（1）美学

由德国美学家鲍姆加登（Baumgarten）于1750年创立的学科。从理论上说，美学是以一定的哲学理论或某种社会科学理论为基础，对于审美关系和审美经验作出分析和阐述的理论。美学的研究对象是人对现实的审美关系以及审美关系的价值表现——审美意识形态（陈望衡，2007）。

（2）环境美学

从20世纪60年代开始兴起的美学新学科，这门新兴学科得到了来自美学、哲学、环境学、建筑学、景观学、人文地理学、心理学等多种学科的关注和研究。环境美学的兴起有其双重背景：20世纪以来，随着各国工业化的加速发展，环境质量不断恶化，生态危机愈演愈烈，已经直接影响到人的生存和生活质量，人们开始认识到环境问题的严峻性；同时，在全世界范围内以欧美为中心，人们掀起了日益高涨的环境保护运动；其次，在环境问题凸显之后，环境则成为与艺术相抗衡的另一个重要研究领域，自然、建筑则被认定为环境中重要构成因子而具有重要美学价值。这样美学的疆域则大为拓展，环境美学与艺术美学处于平等地位。环境美学从欣赏的角度，它追求的美有自然美、生活美和艺术美之分。自然美是人类面对自然与自然现象如天象、地貌、风景、山岳、河川、植物、动物等所产生的审美意识；生活美是人类面对自身的活动或社会现象如生老病死、喜怒哀乐、家庭、事业、社会关系、命运、经济状况、贡献、成就所产生的审美意识；艺术美是人类面对人类自身所创作作品如绘画、雕塑、建筑艺术、园林、音乐、歌曲、诗歌、小说、戏剧、电影等所产生的审美意识。

环境美学审美鉴赏关注的是环境，其研究的主题范围不断地扩展。“环境美学关注的对象，从荒野延伸到乡村景观，延伸到郊区，延伸到城市景观、周边地带、交易场所、购物中心等。因而，环境美学的系谱中有很多不同的种类，比如自然美学、景观美学，城市景观美学和城市设计，也许还包括建筑美学，甚至艺术美学本身”（滕守尧，2006）。

“环境”一词我们理解是一个宽泛含义，它包括自然环境、城市环境和人文环境。本书中所指的城市森林公园景观是基于环境美学审美鉴赏的对象，而森林景观一般属于森林美学研究的范围，同时，森林美学也属于城市景观美学和城市设计即环境美学的研究范围。

3.1.2 城市森林景观环境美的追求

改革开放以来，我国城市化进程空前加速，2007年底，我国共设城市655个，城镇人口数量达5.93亿。城市的交通拥挤、大气污染、水体污染、噪声、热岛效应等生态环境问题直接影响了城市居民的宜居。

20世纪90年代初期，著名科学家钱学森提出建设“山水城市”的倡议，在全国引起广泛讨论的同时也引起国际学术界的高度重视与评价。1995年世界公园大会宣言中，再次强调建设山水城市的观点。这表明“山水城市”模式对于提高城乡环境建设质量，保证良性生态循环，可持续发展有着不可忽视的重要意义。同时，全国也召开了“全国城市环境美学研讨会”，广泛邀请城市规划、建筑、园林、生态、美学、哲学等方面多学科的专家，共同探索“山水城市”环境美的构建。近几十年来，广东大量地兴建城市森林公园，它已成为构建“森林城市”、“低碳城市”的主要内容，城市森林景观环境美的追求已引起我国工业化、城市化后广大专家、官员、市民，特别是相关学者的关注。

人们关注城市森林公园景观环境美的主要方面有：① 人们需要更多的城市森林景观环境的生态功能的需求，希望新鲜的空气、希望更多的蓝天、白云和阳光——自然美的景观。② 今天的城市环境，一栋栋砼楼房高高竖立、人山人海、汽车排成长龙、商品广告密布，人们希望有更多的城市森林空间，林荫小道更多的户外活动空间。③ 地球是一个生物多样性的世界，充满着多样生命。快速的城市化进程使人们已听不到小鸟叫声，看不到动物可爱的动作，城市居民养狗、养猫等小动物的需求已经反映出他们的这种心态：人们需要一个能与生物和谐相处的多样化环境。④ 城市居民需要森林、大山、河流、田野等环境美的景观，需要有森林景观环境的审美、摄影、绘画等创作愿望，以满足人们的精神文化需求。

3.1.3 美与景观构成艺术的内涵

（1）美

在感知的意义上，可以把“美”界定为令人愉悦的形象。在学理上，可以把“美”界定为以情感为中介的意识形态属性或价值，美具有形象性、情感性、超越性三个特点（王杰，2008）。

（2）景观

俞孔坚在《景观设计：专业学科与教育》一书中指出：景观是指土地及土地上的空间和物体构成的综合体（金学智著，2002）。景观是一地理学名词，如城市景观、森林景观等。景观是多种功能（过程）的载体，艺术家常理解为视觉审美过程的对象即风景；建筑师常理解为建筑物的配景或背景；生态学家常定义为生态系统；旅游学家把景观当做资源。本章节的景观多理解为视觉审美过程的对象。

（3）构成的含义

所谓构成，就是“组装”的意思。也就是说，将在设计中所需要的要素，像机器零件那样，按照美的形式法则进行“组装”，形成一个新的、适合需要的形态。

“构成”与“造型”在概念上有区别，将形态的诸要素按照一定的原则进行创造性的组合，其创作方法称为构成，而所创作的作品则称为造型。也就是说，它们的区别在于构成更强调造型的过程，而不仅在于结果（李玉堂，2001）。

（4）构成艺术的内涵

构成艺术是现代视觉传达艺术的基础理论。研究的对象主要是在艺术设计中，如何创造形象，怎样处理形态与形象之间的联系，如何掌握美的形式规律，并按照美的形式法则构成设计所需要的新形态。

3.2 城市森林公园景观环境的要素分析

3.2.1 森林公园自然景观资源要素

结合广东省自然地理和社会经济发展条件，城市森林公园的森林风景资源可分为“主类—亚类—基本类型”的三级体系。主类别有地文资源、水文资源、生物资源、人文资源和天象资源五个类。其中，地文资源分为6亚类34种基本类型；水文资源分为6亚类20种基本类型；生物资源分为6亚类21种基本类型；人文资源分为6亚类38种基本类型；天象资源分为3亚类3种基本类型共116个自然景观要素。

3.2.2 城市森林公园的景观形态基本要素

城市森林公园的自然景观资源要素分为116个自然景观要素，从景观环境美创作实践的角度来分析，这些自然景观要素与设计者的主观因素存在“直接”、“间接”、“相关”的关系。因此，本文在这些自然景观资源要素中，提炼出森林、山体、水体、建筑等4项作为创作主要因子，我们定义为景观形态构成的基本要素。这4个景观形态的基本要素既可单独成为森林景观、山貌景观、水体景观、建筑景观，也可由这些要素组合成森林公园环境景观、人文景观；同时，它们具有城市的属性。本文所指定的建筑为广义的土木建筑，含公园的道路、建筑、园林小品及挡土墙等各种构筑物。

3.3 城市森林公园景观形态构成机理

森林、山体、水体、建筑是森林公园景观形态构成的基本要素，城市森林公园景观形态构成主要包括基本形态、色彩、肌理构成和森林文化内涵等几大部分。在森林公园景观形态构成设计过程中，若能掌握这些基本构成要素的美学规律、特点及作用，对于景观形态构成的创作则是非常重要和必要的。

3.3.1 景观基本形态的点、线、面、体要素构成

森林公园景观的基本形态构成包括平面构成、立体构成两大部分，其基本形态又可抽象地分为点、线、面、体等内容。

(1) 点与景观形态的构成

“点”在森林公园景观形态构成中常被认为是只具有位置的视觉单元，它是一切构形活动的基础。在几何学的定义中，点是只有位置没有大小的，它是线的开端与终结，是线与线的相交处。从森林公园景观形态构成设计来看，一般认为点不具有大小，只具有位置，而且点还必须有其形象存在才是可见。作为视觉单位，它没有上下左右的连续性与方向性，其大小也绝不允许超越当做视觉单位中“点”的限度，否则，它就会失去点的性质而转化为其他形态构成要素。可见，点是有一定大小与形状的，如体与面上的点状物、顶点、线之交点、制高点、区域之中心点都属于这个范畴。另外点的不同排列与组合方式也会产生不同的构成表情。

点在森林景观形态构成中的表现形式，主要有规律性与非规律性2种。其中规律性构成，就是指森林景观形态中诸点要素的有序构成形式，其要素之间呈几何形的排列与组合，故又称为封闭的构成表现形式。而在规律的构成中，需注意各个要素之间节奏感的处理，以获得有序的视觉效果；非规律性构成，则是指森林景观形态构形中诸点要素的自由构成形式，其要素之间应聚散相宜、疏密有致、大小相间、高低错落，故又称为开放式表现形式。而在非规律性构成中，需注意各个点要素之间构成要有抑扬起伏的韵律变化，否则会使森林景观环境构形显得呆板与分散。在森林景观形态构成中，许多物体的形象均可用点来表现。诸如：有连续不断的点状物山体或植物形成的天际线景观，产生上下起伏、正负、虚实相间或形状对比所

图3-1 点形成天际线产生上下起伏节奏实例

图3-2 区域中心点成为景观的视觉中心——积聚性

图3-3 点成为构图的中心——强调作用

图3-4 点的“面化”形态实例

形成的节奏效果（图 3-1）。它们不仅以自然的尺度丰富了森林景观形态，而且还产生出非常强烈的文化意韵。

点在森林景观形态构成中的应用实例很多，如：城市森林公园总体平面规划图上，点可以被认为是一个入口场所、一丛树林、一片湿地、一重山等点状排列的形状，即给整体单调平面带来虚实相同的视觉变化。又如：区域中心点可成为景观的视觉中心，具有积聚性（图 3-2）；点在山顶上具有强调作用（图 3-3），尤其在山势陡峭山峰上凸显的山石更加强了视觉上中心汇集效应。把点以大小不同的形式，既密集又分散的进行有目的的排列，产生点的面化的感觉（图 3-4），点在森林景观形态构形中的作用，可窥见一斑。

（2）线与景观形态的构成

线与点相比则具有更加强的感情性格和表现力，主要表现在线的长度、移动方向、速度与力量。在几何学的定义中，线只有位置、长度而不具有宽度与厚度，它是点的移动轨迹。从造型设计的含义来说，它必须让人们能够看见，这样线就需具有位置、长度和一定的宽度。

线的构成形式：① 面化的线，等距的密集排列的线产生面的视觉效果。② 疏密变化的线，按同距离排列，产生透视空间的视觉效果（图 3-5）。③ 线的粗细变化，产生空间、虚实变化的视觉效果。④ 有秩序构成的线。线有秩序构成可以采用线的重复，或者以使其长度或间距采取有秩序的渐次变化，而产生美感。⑤ 线的自由构成。利用线的不同长度与距离，进行比较灵活的构图安排。在线的自由构成中，除了要取得平衡效果以外，要表现出线的长短对比，以及线与线之间宽窄的对比。

线的感情特征：线条的远近感和方向感的性格在景观形态构成中表现出许多感性的特征。其中直线主要表现静、曲线则表现动。直线能表现出一种力量的美（图 3-6），曲线能表现出一种柔软的美（图 3-7），曲折线却给人不安定的感觉。线条是一幅构图中为最基本的部分，它能表示任何事物，以交叉、并列以及交迭的线条来表现构图类型的种种变化。线是森林景观形态构成中不可缺少的基本要素，通常在立体构成中将其看成线立体，并简称为“线体”。“线体”是个相对的概念，常指形体的长宽比例关系。在森林景观形态中常遇到的线体包括山体上分隔用的各种防火林

图3-5 山体天际线构成空间层次美感

图3-6　直线条表现静感

图3-7　曲线条表现动感

图3-8　防火林带线体的空间效果

带（图 3-8）、田野边界、廊道植物、河流小溪（图 3-9）、连绵山脉等，森林公园中道路以及绿化都是构成了线体的实际效果（图 3-10）。

线的存在形式大致有这样几种，即实线、虚线、色彩线、光影线、轮廓线、分割线与渗透线等。其中

图3-9　小溪以自由曲线的美学表现

实线是立体的，给人以充实的量感印象，如沿海防护林中森林带线形构件都属于这个范畴；虚线则是具有空间感的，如公路旁的定距植树的边界线是虚线；光影线也是平面的，由于光影线通常是运动变化着的，因此，它能使森林景观环境构形获得非常生动的光影线的变化效果；轮廓线是森林景观环境的边缘线、山体天际线，它在现代城市景观设计中具有重要的意义与作用；分割线是指线在森林带外观实体表面分布可以形成对体面的分割，从而把整体划分成部分且形成新的图形。分隔线的应用，能够改变原有形体的尺度，增加其尺度上的大小层次，从而改变原有形体的比例关系。另外，分割线还具有谐调森林景观环境外观构形比例与尺度关系的功能；在森林景观环境中常利用线的分割与通透作用来划分和联通空间，有时线与线之间形成的空隙变幻无穷。

线在森林景观形态构形中应用广泛，一切细长的

图3-10　道路的线体空间效果实例

图3–11　山体与水面在景观环境中的美学表现

图3–12　工程构形常运用规则的几何形态

形状均可产生线的视觉上的联想，如崇山峻岭中的天际线、绿色林带、河流、森林植物的轮廓线等。从森林公园的景观形态里，即可感知到线在森林景观环境中特有的艺术表现力，天地线一体，空间无限让人遐想（图 3-11）。因此，线不仅广泛应用于设计创作的总图规划、道路、步行道、建筑、景观营造等各个方面，并且许多形态构成都是以直线的表现力来体现其构形特征。

（3）面与景观形态的构成

在几何学里，"面"的含义是线移动的轨迹。在森林景观造型方面，面即表示物体的外表，具有长、宽两个尺度空间的意义，通常给人的视觉印象是片状物体。在森林公园景观形态构成中，面与形的关系是非常密切的，一般来讲没有无形的面，也没有无面的形。在客观世界里，形态主要可归纳成几何形态与自由形态，它们在视觉上所产生的心理效应是各不相同。其中：

① 几何形态就是指按照一定的数理逻辑关系所形成的有规律的形态即称之为几何形。如正方形、圆形、等边三角形、六边形及其他多边形等，有直线形与曲线形两大系列。通常直线形给人简洁、安定、井然有序的感觉，是男性性格的象征；曲线形给人柔软、有数理性的秩序感受，是女性性格的象征。在森林景观环境构形中，森林景观环境中大多数建筑、道路等土木工程都是运用几何形态来构形的（图 3-12），几何形态给人带来严谨、秩序的视觉效果。

② 自由形态就是指有不用加工或用简单的加工而形成的形态，它能够体现出自由力度变化，故给人们

图3–13　自由形态景观常给人富有生命力的视觉效果

带来自由舒畅的感受，这也是自由形态的情态特征所在。在森林景观环境构成中除了土木工程为几何形态外，大多数都是自由形态出现，它给人们带来更富生命力的视觉变化与人情味，自由形态给人带来自然、混沌、富生命力的视觉效果（图 3-13）。

面的构成关系：面与面之间的组合会产生多种构成关系（图 3-14），不同的构成关系会产生各异的视觉效果，成为艺术设计的有效表现方法。① 分离：面与面之间互不接触，始终保持若干距离。② 接触：面

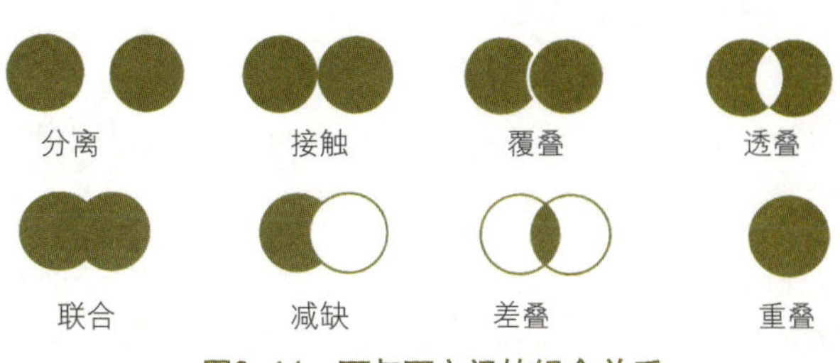

图3–14　面与面之间的组合关系

与面的边缘，在互相靠近的情况下，可以发生接触，但不交叠。③ 覆叠：面与面互相靠近时，由接触更近一步，就成为覆叠，覆叠就有了前后之分。④ 联合：面与面相互交叠而无前后之分，可联合成为一个多元化的形象。⑤ 透叠：面与面交叠时，交叠部分产生透明感觉，形象前后之分并不明显，就是透叠。⑥ 减缺：面与面覆叠时，在前面的形象并不画出来，只出现后面的减缺形象。⑦ 差叠：面与面覆叠时，交覆部分产生一个新的形象，其他不交叠的部分则消失不见，就是差叠。⑧ 重叠：面与面完全覆叠，就成为一个独立的形象。

面的构成关系通常给人的视觉印象是扁平的、片状的物体，当人们的视线从形体表面转向其空间存在时，即可感知到面的体态（图 3-15）。

图3–15　面的种类及其体态特征

图3–16　面与面的构成关系

图3–17　交接、对位来表现森林景观空间体

在森林景观形态构成设计的应用中，面的构成作用主要表现在能作为一种限定体的界限；并能以遮挡、渗透、穿插等关系来分割空间（图 3-16）；以自身的比例划分产生构图效果；以自身表面的色彩、纹理，产生视觉上的不同重量感；它最主要的是空间限定感极强，也最具限定作用的空间构成设计要素之一。在森林景观形态构形中，它能通过各种类型的搭接、穿插、交接、叠加、对位等不同的组合形式来表现其特有的个性；在森林景观中，紧密成行的树可以形成垂直的平面，它们的围合，从而建构了一个半开敞的空间，用不同的界面来表现森林景观构形的个性特点是常用手法。

（4）体与立体构成

“体”在几何学中的含义是面移动的轨迹，通常由多个面有机组合技能获得各种体的形态。它具有长、宽、高 3 个空间维度，不仅占有位置与方向，也占有实际的空间量（图 3-17）。立体构成是由二维平面形象进入三维立体空间的构成表现。立体构成中，形态与形状有着本质的区别，形状是局部，形态是整体。物体中的某个形状仅是形态的无数面向中的一个面的外廓，而形态是由无数形状构成的一个综合体。要创造一个立体构成的景观需要从不同方向、角度、距离进行观察与设计，以达到整体形态的设计理想，创造更加合理与完美的立体构成形态。

在森林景观形态中，山体、森林植物、水体和建筑等要素都可看成一个“块体”，它与面的区别在于不具有平薄感、稳定感等，一般体可以归纳为自由形立体和几何形立体两大立体造型系列。立体构成的设计主要应用在以下几个方面：① 山体、森林、水体和建筑等个体以及它们的有机组合（图 3-18）；② 森林不同植物形体的有机组合（图 3-19）；③ 森林植物或植物树冠下围合的空间形态（图 3-20）或由几个柱体（图 3-21）或其他物体围合的空间形态，我们也被认为是“负体”，即为半开敞的空间体。

图3-18 森林景观形态构成

图3-19 植物构成自由形立体景观

在任何一种体形中，最引人注目的常常是形体的表面，即界面；其次是界面间的界线；再就是三个界面相交处的顶点。它们均涉及点、线、面并且还占有空间。正是这样，对体形的研究必须考虑到其视点的移动效果，而森林景观、水体、山体、建筑外观构成往往并非是单一的简单几何体。当其由两个以上的几何形体构成时，所构成的体形将是一个复杂的形体，这样就会产生体形的组合等问题。在进行森林景观环境体形组合时，需按照以下的要求来进行构成：

① 完形性：即期望组合成的森林公园景观对象是一个和谐统一的有机整体（图3-18）。

② 肯定性：即其构成对象有一种容易被人发现的构成规律（图3-21）。

③ 层次性：即在瞬间把握对象时，有前后层次，在进入其中时，有序列层次感（图3-19）。

④ 主从性：即构成对象有变化、有对比、有主体，从而使人产生有主有从的感觉（图3-22）。

在森林景观形态构成设计中，森林、山体、水体和建筑都是实体，尤其是在城市森林公园环境中，森林景观的体量可构成一个以它为中心的目标，诸如城市中心区大型山脉或大面积的森林群体等给人们强烈的视觉印象。此外，森林景观形态立体构成还要考虑与光影、时空、无框架的特征。其中光影，即指所有的景观环境形态均需在特定的天象光源下来观赏，而有光就有丰富的色彩及明暗变化，也就会产生落影。时空是指形态立体的造型必须在运动中从不同的角度去观赏才能概览全貌，这就增加了时间与空间的维度，从而具有时空特性；无框架是指在构成中不受任何外框的限制，而是受环境空间的制约，这也是立体形态与其他构成要素的区别所在。

图3-20 森林植物树冠围合空间

图3-21　柱体围合的空间形态

图3-22　对比形态产生的美感

3.3.2 森林公园景观形态的色彩构成

(1) 森林公园景观色相调和的构成方法——色相调和

色相调和的方法主要有以下几种：

① 同一色相调和的方法：选择同一个色相，改变它的明度或者改变它的纯度，或者改变它的明度与纯度（图 3-23）。

② 类似色相调和的方法：选择色相类似色彩组合建立色彩的调和；选择色相类似色彩组合改变不同色相的明度与纯度（图 3-24）。

③ 对比色相调和的方法：色彩对比与协调是互生的，要想在对比强烈的色彩之间建立调和，在不改变色相的前提下，就要建立一种色彩的秩序，就是色彩构成的节奏、韵律和呼应关系。

④ 色彩的面积调和：让不同的色彩组合，通过不同色彩面积大小以及各自所占整体的比例变化而得到的色彩调和。

⑤ 伊顿的色彩调和法（张杰，刘春雷，2009）：伊顿的三色彩调和：凡是在色相环中构成等边三角形或等腰三角形的三个色是调和的色相。如红、黄、蓝，红、黄绿、蓝绿。也可将这些等边或等腰三角形或任意不等边三角形使其三点在图中自由转动，可找到无限个调和色组。伊顿的四色彩调和：凡是在色相环中构成正方形或长方形的四个色是调和的色相。如：红、黄橙、绿、蓝紫，红紫、红橙、黄绿、蓝绿。如果采用梯形或不规则四边形，也可获得无数个调和色相。

在色彩的调和中，一定要注意建立色彩的秩序，通过渐变、重复、呼应、节奏、韵律等形式美规律，

图3-23　色相的调和

图3-24　类似色相的调和

即可达到色彩调和的审美效果。

（2）森林景观色彩对比的构成方法——对比色对比、面积对比

森林景观色彩对比的构成方法是指配合森林公园景观要素形象塑造的一种处理方式，色彩对比方式有对比色对比、面积对比2种，其方法可分为强化、调节与组织3种形式，它们具体为：

① 强化：是指运用色彩对比、面积对比色彩技巧手法进一步增强和突出形体造型的表现力。例如在需要着重表现的景观凸出形态趋势部分（图3-25），则色彩明度相对提高，而在其余凹入或后退部分，色彩明度则相对降低等（图3-26）。

② 调节：是指通过色彩途径对形体形象中某些不利特征或非希望效果进行改善或隐化的处理，以使其产生不利的或所诉求的视觉效果与形象特征来。比如在森林植物景观的欣赏面，在色彩构成上利用植物配色的面积大小构成手法，从而达到调节形体的作用（图3-27）。

③ 组织：这是发挥色彩构成的“概念”与“突现”及“抑制”的景观功能对形体形象各个组成部分进行构图的重建和再造，即“重构”的手法，以使同一形体形象能够展现出多种不同的色彩构形效果。如对一些森林树种进行林分改造，进行色彩的组织，从而创造出多种可供比较和选择的整体形象，以便于各个方面能确定满意的外观形象来（图3-18、图3-19）。

色彩构成在与形体形态关系上所表现出来的上述功能作用是相对而言的，其中色彩构成不可能绝对地超脱形体；而形态构成也并非毫无独立的成分，它们既各有特色，又相互渗透、贯通，从而反映出在森林景观环境中进行色彩构成的全部可能性。同时，色彩面积的整体对比也是不可忽视的。在色彩构成的实际中，要把握建筑、道路、各种服务设施的外表面色彩

图3-25　凸出的形态强化了色彩表现

图3-26 凹入部分色彩明度降低

面积比例（图 3-28）。

（3）色彩构成在森林景观中的应用

色彩在森林景观应用的构成主要表现在色彩的秩序调和（主色相的调和构成和对比构成）、色彩情感构成（冷暖对比、轻重感、距离感、象征性、性格）和季节天光色的综合效果等方面。

① 色彩的秩序调和：色彩的秩序调和要注意景观主色相的调和与对比构成，同时也要善于发现大自然建构的色彩秩序（图 3-23、图 3-24）。如雨后天上的彩虹和各种天象色彩现象都是调和美丽的；各种植物包括花卉的自然色彩是美丽的，其色彩如此有秩序、调和，就存在必然的规律，这都是我们进行景观色彩构成重要的思考依据。

森林公园景观的色彩是指包括森林植物、山体、水体与建筑综合景点的色彩。任何景观设计都是围绕一定中心主题而展开的，森林公园景观色彩的应用要突出主题，强调个性，抑或衬托主景。如：对于山体地质构造有特点的森林公园主题可能会突出地质构造特点，明确其个性色彩；对于有大面积湿地的森林公园，我们应结合湿地的类型采用对比或协调的手法确定色彩的主调。森林公园一般都会以绿色植物为主色调，但由于每个森林公园的构成要素都会有独自特点，这时首先要明确公园景观主题构思，分析特点，确定色彩的层次，然后再分析森林植物色彩的设计，选用不同的色彩组合，并通过色彩构成的手法即可获得令人耳目一新的艺术效果。

② 色彩因搭配的不同，会给人们的心理造成不同的冲击，其感觉主要包括色彩的冷暖感、轻重感、距离感与面积感等。对森林景观色彩来说，色彩的冷暖感觉能够确定它的独特表现力和它在环境中的表现风格，这种感觉是人们都能体会到的；色彩的轻重感主要是由明度决定的，通常人们春天看到森林植物的具有明度的倾向，会给人们带来轻快的感觉；森林的深色植物给人厚重感（图 3-29）；水面可增加景观色彩

图3-27 色彩的调节

图3-28 白墙面积与森林背景产生色彩对比

明度（图 3-30）。另外对于森林景观的色彩来说，由于人眼的色收差，会产生色彩的距离感觉。一般暖色具有近距感（图 3-31），冷色具有远距感（图 3-32），冷色常给人宁静的感觉。明色产生前进感，暗色产生后退感等（图 3-33）；森林景观色彩的面积划分对其色彩表现影响较大，如其森林植物色彩面积小，石材面积增大，森林景观色彩表现的纯度就会降低，反之亦然。掌握好森林植物景观的色彩特性，对取得良好的景观视觉效果关系很大。

③ 色彩具有象征性：色彩的象征性是指色彩对人的心理作用。例如：红色能产生热烈、喜庆、庄严、权威感（图 3-31）；绿色象征温柔、安宁、优雅、平和（图 3-34）；黄色表示高贵、豪华、兴奋、光辉；蓝色显得清净、纯洁、深沉、飘逸等。所有这些感觉来自于森林景观环境构成的美学形象与风格表达。

④ 色彩性格就是要显示个性和表现风格：这是在森林景观中美学展示最大潜能的地方。即不仅通过森林景观色彩和形体的变化产生多样的色彩调子，而且还可通过天象光色要素综合创造无穷丰富的动态性格，从而对视觉对象的形象个性与风格的塑造提供色彩表现的一切可能。若巍峨群山要是一旦丧失了其独有的森林色彩的话，即色彩形象的“御装”，那将会是怎样一种黯然失色的情景呢？另外情调气氛的渲染与烘托，更是色彩构形的优势，甚至是它难以分享的专利。在森林公园景观环境内外空间的艺术处理中，只需稍微变更其周围实体环境色彩的冷暖调子与明暗调子，便可立即使空间的情调气氛大为改观（图 3-35），而这种优势是其他艺术构成手段不能够取代的。色彩构成上利用“植物配色”的手法，也可达到调节视觉形态的作用（图 3-23）。

图3-30 水面增加景观色彩明度

图3-31 暖色彩给人近距感

图3-32 冷色调色彩给人远距感

图3-29 深色植物给人厚重感

图3-33 森林的色彩灰度增加距离感

图3-34 绿色象征温柔、安宁、优雅

（4）季节对森林公园景观色彩的影响——光影对比

世界万物的色彩来自于太阳光的照射。色彩是因为光的存在才能被人类认知，没有光的地方就没有色彩。色彩是由于不同的物体吸收和反射光的能力不同而形成的。这种被反射出来的色彩，就是我们日常所认为的该物体的本色，也叫固有色。光色和色彩是两个不同的概念，三光原色的叠加成为白色，而颜色的三原色叠加为黑色。色彩是一个极为复杂的系统，我们在研究季节对森林公园景观色彩的影响时，简单地理解为光色影响固有色的综合效果。

在色彩组织时，景观的色彩也要考虑太阳的运行轨迹。有以下几种时空变化：① 有意识地营造不同季节特异景观效果。如：一年四季春夏秋冬，自然就会产生不同的色彩景观。② 利用天象、天气的变化而产生的光影，营造不同的色彩景观（图 3-36、图 3-37）。③ 利用早中晚时间差，能产生不同的色彩景观（图 3-38）。④ 通过光影遮挡调节色彩的渲染效果。如，在高大的乔木林里，通过光影、森林小气候调节色彩的渲染效果（图 3-39、图 3-40）。⑤ 利用植物不同的生长季节，植物产生不同的色彩景观（图 3-41）。例如在广东宝山森林公园总体规划（2007—2017 年）中，利用实际的生物资源进行林分改造，营造人与自然和谐

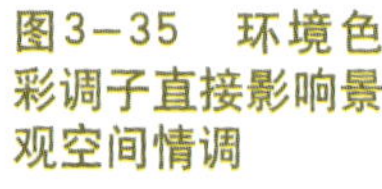
图3-35 环境色彩调子直接影响景观空间情调

图3-36 阳光气候协同色彩的表现

的南亚带森林群落景观。在色彩构成方面，增加乡土树种，香花树种和彩叶树种形成有季节变化色彩的森林群落。植物配置以枫香、鸡爪槭、乌桕、柿树、漆树、卫矛、丝棉木、黄连木、檫树、色木、糖槭、火炬树、木蜡树、红栎、盐肤木、蓝果树、七叶树、厚皮香等树种色彩的基础上，还配置以秋叶为黄色、黄褐色或橙黄色树种的银杏、金钱松、落叶松、厚朴、鹅掌楸、油桐、喜树等树种。园内设石景一组，以点主题。

图3-37 天象光源直接影响景观色彩

图3-38 时间光影影响环境景观色彩的效果

图3-39 森林小气候直接影响景观色彩

图3-40 云雾光影减弱空间色彩表现

图3-41 植物季相色彩构成实例——色彩对比

3.3.3 森林公园景观形态的肌理构成

(1) 肌理的情感特征

肌理即指物质内在质地构造的外在反映，也是形象的表面质感。肌理可分为视觉肌理和触觉肌理两部分，视觉肌理是对物体表面特征的认识；触觉肌理是手或皮肤在触摸物体时的感受。每一种物质都给人以不同的心理特征，我们不能说所有的肌理都是美的。但是，人们的心理特征需要各种肌理的存在，如有需要高雅、珍贵、精细、柔和的肌理；有需要坚挺、平实、朴素、洁净的肌理；有需要古老、繁丽等常见的肌理；有需要新颖、神秘、简明、现代的肌理。我们只有重视这些视觉上的需要，才能满足千变万化的设计需求。如细腻、平滑的肌理效果，使人感到温柔、恬静及平和；粗犷、粗糙的肌理效果，使人感到苦涩、艰难以及不安。

(2) 肌理的构成形式

肌理的构成形式可以有：重复、渐变、放射、集合、特异、对比等所有的构成形式或它们的综合形式。

图3-42　森林与群山肌理（起伏、渐变、连续、韵律）

图3-43　森林群落面肌理（集合 重复、渐变等形式）

图3-44　水生植物群落肌理（重复、特异、对比等形式）

肌理是个特殊的表现形式，利用这个特殊的表现形式，可以形成比较细腻的景观效果。构成肌理的美学形态有如下几种：① 森林与群山肌理：起伏、渐变、连续、韵律效果（图 3-42）；② 森林群落林层面肌理：集合重复、渐变等形式（图 3-43）；③ 水生植物群落肌理：重复、特异、对比等形式（图 3-44）；④ 森林群落树种混交肌理：重复、集合、特异等形式（图 3-45）；⑤ 群落组团结构形态肌理（图 3-46）；⑥ 不同树种的树干、树叶的形态肌理（图 3-47、图 3-50）；⑦ 植物叶面与果实的形态肌理（图 3-51、图 3-52）；⑧ 花卉与叶面、花卉与果实形态的肌理（图 3-53 至图 3-54）；⑨ 水流急缓的肌理表现（图 3-55）；⑩ 步行道路面的肌理表现（图 3-56）；⑪ 建筑小品立面、座椅材料的肌理表现（图 3-57 至图 3-58）；⑫ 花架构件肌理构成（图 3-59）；⑬ 建筑屋面的肌理表现（图 3-60）；⑭ 结构支撑的肌理形态（图 3-61）；⑮ 设计要素组合形态肌理，如：建筑与植物组合肌理的艺术美感（图 3-62）；⑯ 树冠产生的“郁闭度”形态肌理。我们将树冠“郁闭度”形态肌理与中国书法、建筑空间形态、平面艺术、印刻构成等艺术作比较，我们可感知：树冠“郁闭度”形态与其他艺术一样都能表现出不同肌理效果，它们的肌理构成形式为特异、对比以及综合构成，反映了

图3-45　森林群落混交肌理（重复、结集、特异）

图3-46　森林群落的肌理表现——组团形态的对比

图3-47 群落的叶面肌理

图3-48 植物树干的肌理

图3-49 植物叶面肌理

图3-50 植物阔针叶面肌理

物体的本质和美学形态构成艺术效果（图 3-172 至图 3-174）。

(3) 景观形态肌理构成的应用

所有的森林景观要素形态都是由各种不同的材料构成的，材料的肌理对森林景观环境构形来说是至关重要的。正是这样，材料的肌理也就成为森林景观要素美学表现的重要组成部分。所谓森林景观要素的材质，它是指景观要素材料肌理和色彩在人们感官与情感方面引起的视觉与触觉感受。景物表面的质感大体可分为两类，其中可用眼睛来感觉到其独特的凹凸感或粗糙感的即为视觉优先型（图 3-42 至图 3-55）；可用手来触摸到其表面变化的即为触觉优先型（图 3-56 至图 3-62）。而随着城市森林公园现代造型设计的发展，材质的意义也在不断地扩大，并逐渐向自然、野性、

彩叶变叶木

毛杜鹃

龙船花

图3-51 植物（叶、花面）肌理实例（特异、色块、不同自然形态肌理对比）

图3-52 植物叶面与花卉肌理实例（特异、色块对比、自然形态集成）

图3-53 植物花卉肌理构成的实例（色块、形态、对比）

图3-54 植物果实与花卉肌理构成的应用实例（色块、形态、对比）

图3-55 水流急缓的肌理表现

图3-56 道路面肌理应用实例

图3-57 建筑小品立面肌理应用实例

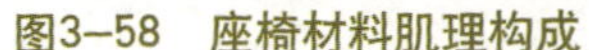

图3-58　座椅材料肌理构成

图3-59　花架构件肌理构成

图3-60　木构架屋面肌理构成应用

朴实方面发展，其创造特征具有少与多、奇与特的特点。景观形态肌理构成的应用在如下几个方面：

① 营造森林植物的肌理变化可以增强森林景观要素外观的立体感。如：森林与山体的起伏、渐变、连续形成景观的韵律美感；混交森林群落、不同树种的结集组合、重复、特异、对比形成肌理美感；植物叶面针、阔叶状肌理；特别是棕榈科的叶面和蒲葵类的叶面自身有序组织与针叶状、针叶植物、花卉肌理产生对比，更容易产生个性。

② 植物的果实、叶片和花色自然形成肌理丰富之极，其肌理构成是景观塑造不可忽视的方面。

③ 不同的材质也可形成肌理形态，材质肌理还可丰富森林公园景观构成的情感表达。材料的质感依附于植物树叶的外观，但反过来又决定其外观表皮的轻重、构成森林景观要素外观所特有的形态表象，从而为人们带来崭新的、具有冲击力的视觉与触觉外观形象。

图3-61　结构支撑肌理构成应用实例

图3-62　建筑与植物组合肌理构成应用实例

3.4 森林公园景观形态构成的基本原则

3.4.1 城市森林公园景观的艺术美

视觉艺术在美学理论里被界定为艺术美的范畴，当我们在评判一个森林景观环境美与丑时，单从眼前森林景观环境要素构成的形态看，如何去欣赏森林景观环境的美？这个问题恐怕任何一个设计师也难以用几句话阐述得清楚。由于森林景观环境构成是多元多变的，形式风格是百花齐放的，因此它的美包含了许多构成美的要素规律以及设计师的艺术修养和创造思维。前者是客观存在的，后者是人为的。设计师如何将它以美的规律进行完美的组合构成，一般来说，无论是绘画、雕塑以及建筑，它们的美感构成都是要建立一套和谐的秩序，并在此秩序中产生一定的焦点与

图3-63 景点与环境的比例与尺度实例

图3-64 空间与人比例的实例

变化才能扣人心弦。要建立和谐的秩序，即通常所讲的“形式美”的规律，这些规律包括比例与尺度、均衡与稳定、重复与韵律、变化统一、对比微差、色彩与肌理等。

（1）比例与尺度

比例是指一件事物整体与局部、局部和局部之间、整体和周围环境之间的大小关系，其与具体尺度无关。一切构形艺术都存在着比例关系是否和谐的问题，而我们觉得美的形式都具有和谐的比例，和谐的比例可以给人引起美感、共鸣。然而怎样才能获得美的比例呢？从古至今有许多人不惜耗费巨大的精力来研究、探索构成良好的比例因素。古希腊哲学家毕达哥拉斯发现了数比美，他在此研究中曾为了推敲节奏，把一条有限直线分为长短两段，反复加以改变和比较，最后满意地得出如下结论：即短比长相等于长比全，而长与短相乘得出的面积也是同样的比例。因而古希腊美学大师——柏拉图把这悦目的比例1：1.618称之为著名的“黄金分割”，亦称“黄金比”。毕达哥拉斯认为上述这种固定的比例是十分优美的，而且经常出现在自然界及人体之中。因此，自然界中有许多生物之所以感觉和谐好看，就因为它们的各个部分之间以及部分和整体之间存在着优美的比例关系。

这种优美的比例关系是一个相对概念，在实际设计过程中按照以上各种不同的比例关系进行多方面的判断，灵活应用。如：在总体规划功能布局时森林景观的营造，环境空间与人的比例、景点与环境的比例（图3-63）、建筑空间与人的比例（图3-64）、休息场所与人的比例与尺度（图3-65）等都是不可忽视的，它们都是根据功能，考虑长、宽、高三者尺寸而决定。当比例不适当时不但不好用，也不会引起人的美感。

尺度是指与人有关的物体实际大小与人印象中的大小之间的关系，它和具体尺寸有着密切的关联，并且容易在人心理上产生定型。但是，在森林景观空间设计中，尺度一般不是指物体真实尺寸的大小，而是指物体给人感觉上的大小之间的关系。从森林景观环境美感上讲这两者是分不开的，是一致的，是为了建立和谐的视觉秩序。直观地讲比例是要构成景物本身的和谐关系，而尺度要追求的是景物与环境的和谐关系，如小游园、建筑小品、雕塑则希望给人以宜

图3-65 场所空间的比例与尺度

人的真实大小感觉，从而获得与环境和谐亲切的尺度感（图 3-66）。森林植物的空间受材料的自然生长特性的制约和限制，其比例与尺度美的运用显得比较薄弱。然而在森林公园总体的空间塑造中，对空间比例与尺度的总体把握也是非常必要的。如在深圳凤凰山森林公园中凤凰山最高峰海拔为 377.1m，设计者在作总体设计时，从景观的垂直视线上，将 340m 以上的划为一类视线区域，300 ～ 340m 为二类视线区域，250 ～ 300m 分为三类视线区域。这种将景观垂直空间分区的做法，就是对空间比例与尺度的总体把握。人在赏景时，因视线的角度不同，分为平视、仰视、俯视。不同的赏景姿势给人以不同的感觉。平视令人感到来静、深远；仰视使人感到雄伟、紧张；俯视则令人感到开阔、惊险。所以巧妙地运用地形，植物高低起伏就会创造不同的空间层次。

（2）均衡与稳定

在形态构成的理论里，对称具有安静、稳定、庄重，衬托中心的特点。均衡是对称的变体，均衡较对称有变化，比较自由。对称倾向于静，均衡倾向于动。构图在平面上的平衡均称之为均衡；在立面上的平衡均称之为稳定（图 3-67）。森林景观是利用各种植物或其他构成要素在形体、数量、色彩、肌理以及线条等方面展现量的感觉。这种森林景观形态美感觉有的是对称的，有的是不对称的。

图3–67　均衡与稳定

① 对称的均衡美：有的森林公园大门、雕塑、建筑等形态构图中经常采用对称的形式，并且其运用各种植物的材料在品种、形体、数目、色彩等方面也是均衡的，因此常给人一种整齐庄重的感觉（图 3-68）。但在大多数城市森林公园景观工程都是采用不对称的，所以均衡与稳定就显得重要。遵循对称、稳定的原理，就对称而言，除静态的对称外，还有动态的对称，不管哪种形式对称的外观只需有一条对称的轴线，轴线两侧的物体在重量、体形上给人感觉是完全相等的。还有动态的对称，如有很多运动现象就是依靠这种对称的形式来保持稳定的，又如候鸟、动物等，一旦缺乏这些对称规律是不能保持稳定的飞翔和奔驰的。历代景观理论家认为无论是静态还是动态的，它们共同都存在着完整统一、庄重而优雅的对称美。

② 不对称的均衡美：尽管对称的形式是模仿天然和人工的均衡美，但人们并不满足这种单一的形式，而且我们可以把不同重量的两边找出中间的支撑点，使它保持均衡，我们把这种关系称为不对称的均衡。而不对称的均衡与对称相比，不对称的均衡显然感觉

图3–66　雕塑的比例尺度与稳定、均衡美

有较活泼的美（图 3-66）。

在大多数森林公园总体平面构图中，森林、石景、河流等要素组成景观时都是采用自然的、不对称的形式。因此在森林公园景观设计时，如何运用各种植物、山石、水体等要素在形体、数目、色彩等方面达到的均衡美，就要在艺术构成上下功夫。景点应该给人以自然生动、稳定、均衡美的感觉。

（3）节奏与韵律

指运动过程中有秩序的连续。构成节奏有两个重要关系：时间关系，如运动过程中的急速与徐缓；力的关系，指强弱、轻重。在运动中对于这种缓急、强弱、轻重有规律地组合起来加以反复便形成节奏。森林景观与山体的天际线曲形地重复出现，就形成了音乐上的韵律，正是通过这种形式美的因素，找到了与音乐有共同重复的属性，建起了相互沟通的桥梁。

森林景观的韵律有什么特点呢？主要是指森林景观形式要素的有规律的重复出现，而这些形式和要素在形状、尺寸方面又基本相同或相近。由于不同类型的森林景观形式，它们的外观形态、天际线形态也是千变万化的，但归纳起来，韵律变化的形态可分为 4 种。

① 连续韵律：以一种形式要素如单棵植物、单棵树种、山体等连续重复地排列三次以上便构成变化有致的连续韵律形象。这种构图形式在森林景观场所空间、结构支撑形态上出现得比较多（图 3-68）。

② 起伏的韵律：这种类型常常将森林景观、山体等天际线具有起伏特征的形式连续，构成流畅有动感的韵律（图 3-69）。

③ 交错韵律：往往由一种或一种以上的要素部分组成按一定规律交织或穿插而构成各要素相互制约、错落有致、虚实相连的意境（图 3-70）。

④ 渐变的韵律：是按一定秩序组织微差变化的形式要素，构成层次分明、韵律明快具有整体稳定逐渐变化的韵律秩序（图 3-5 至图 3-71）。

（4）多样与统一

这是形式美的最高级形式，多样统一体现了生活、自然界的对立统一规律，整个宇宙就是多样统一的和谐整体。“多样”体现了各个事物的千差万别，“统一”体现了各个事物的共性和整体联系。多样统一的特点在于统一而不单调，丰富而不杂乱，在单纯中见丰富，在变化中求统一。所谓和谐是指多样统一所达到的整体效果。在多样统一中可以包含整齐一律、对称均衡、和谐对比、比例、节奏等形式美法则（图 3-72）。

（5）调和与对比

反映了矛盾的两种状态：“调和”是差异中倾向于同，在变化中保持一致；“对比”是在差异中显示对立。调和由于没有触目的变化，使人感到协调、舒缓、融和（图 3-73 至图 3-74）；对比则在强烈对照中使人感到鲜明、振奋（图 3-70）。

就森林公园景观本身来讲，构成对比的因素概括起来有三个方面：一是内在的功能结构在构成要素在形式上的差异。二是景观形态的空间差异，既有空间大小和方向对比，也有构成要素形体的虚实对比，以

图3-68　节奏与韵律实例

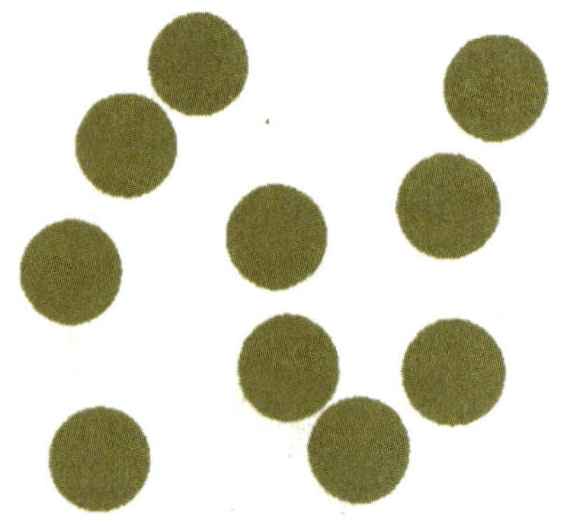

图3-69　起伏的韵律

图3-70　节奏、调与韵律、对比

图3-71　调和与对比实例

图3-72　多样与统一

及色彩对比、质感对比等。在设计过程中把景观空间形态、肌理的某个地方真正做到对比，同时差异又适当、和谐、美观，这也是有难度的。我们只能说通过研究对比与协调的一些规律，并通过差异来求得美学形式上的完美统一。对比指的是要素之间明显的差异，

图3-73　山体天际线与坡顶线起伏韵律的调和

图3-74　植物枝条排列存在着韵律、调和

微差指的是不显著的差异，从形式上两者都是不可缺少的，对比可烘托陪衬突出各自的特点，以求得变化，微差则可借助相互之间的共性求得和谐。没有对比会使人感到单调，过分强调对比也就失去了相互间的协调，则可能混乱，只有把两者巧妙地应用结合在一起才能达到所求的形式（图 3-63）。三是天际线节奏与韵律方面的对比。城市森林公园的山体、森林景观的天际线、建筑的外轮廓线变化多端，具有自然的节奏和艺术美感。但是，一个城市森林公园的山体、森林的天际线的节奏、曲线的韵律感应从不同的视觉设计角度来分析与城市景观的天际线的对比与协调。

3.5 城市森林公园景观环境的文化意识

艺术美是人面对人类自身所创作的作品，如绘画、书法、雕塑、建筑艺术、园林、音乐、歌曲、诗歌、小说、戏剧、电影所产生的审美意识。城市森林公园多姿多彩的景观引发了人们视觉、听觉和嗅觉多方面的美感。这种美感深受中国传统文化的审美意识影响，森林景观的艺术美构思来源于景观资源特性的分析，根据城市森林公园功能和场所体验以及传承文化意境的理解，在中国文化里山、水、植物一直是中国绘画（含中国画、水墨画、水彩画和其他画种）的主题。在唐诗宋词中它们被描绘成美丽的景观，历代古代文人体验细腻，以景寄情，以景抒情，意境内涵高深，挖掘这些景观文化内涵便可成为我们创作的源泉。

3.5.1 中国山、水文化的内涵

(1) 中国山、水文化的传承

唐诗宋词、成语与中国绘画中相当一部分内容创作是以中国山水为题材，古代文人以高超的画笔和艺术内涵，诗词情感和创作意境描绘了祖国的大好河山，描绘了辽阔的森林草原，它们共同构成了中国山水文化。

唐诗，博大恢弘，精深靓丽。以张九龄、陈之昂为领军人物。其中，王维流连山水，画中有诗，诗中有画，徜徉田野；孟浩然放歌言志，清雅恬淡，豪情万丈，纵横古今；洋洋不入浴，飘飘如登仙，此乃李白风流，千秋不朽。宋诗出现于唐代中期。词人人才辈出，各领风骚。张先、欧阳修、柳永、苏轼、秦观、贺铸、周邦彦，为北宋词人之佼佼者；李清照、岳飞、张孝祥、辛弃疾、姜夔、吴文英、史达祖、周密、张炎、王沂孙——南宋词人之杰出者。

在我国描绘山水的唐诗宋词中，古有王维的诗较多。如王维的《青溪》：言入黄花川，每逐清溪水。随山将万转，趣途无百里。声喧乱石中，色静深松里。漾漾泛菱荇，澄澄映葭苇。我心素已闲，清川澹如此。请留盘石上，垂钓将已矣！诗的前四句描写的是从黄花川到青溪沿途百里，道路曲折回环，山回路转，采用移步换形的写法，顺流而下，描绘了溪水在山间乱石中穿过时，水势湍流，“喧”字造成了强烈的声感，给人以如闻其声的感受。澄碧的溪水与两岸的松色相映，融成一片，色调特别幽美、和谐。这一动一静，以动衬静，声色相通，极富于意境美。目应耳听之际，菱荇映水，蒹葭澄波，山水的秀美清丽，令人心旷神怡，油然而生爱悦之情。诗人沉浸于山水的同时，不由发出感叹，以溪水的澄静来照应自己久已恬然的心境，将自己耽情山川，意欲归老自然的心境表达得淋漓尽致。

又如孟浩然的诗《宿建德江》：移舟泊烟渚，日暮客愁新。野旷天低树，江清月近人。诗中写景，日落黄昏，江面上才水烟蒙蒙。本来行船停下来，应该静静地休息一夜，消除旅途的疲劳，谁知在这众鸟归林、牛羊下山的黄昏时刻，那羁旅之愁又蓦然而生。接下去诗人以一个对句铺写景物，似乎要将一颗愁心化入那空旷寂寥的天地之中。第三句写日暮时刻，苍苍茫茫，旷野无限，放眼望去，远处的天空显得比近处的树木还要低。第四句写夜色已降临，高挂在天上的明月，映在澄清的江水中，和舟中的人是那么近。这种极富特色的景物，只有人在舟中才能领略得到。

再如范仲淹的词《苏幕遮》：碧云天，黄叶地。秋色连波，波上寒烟翠。山映斜阳天接水，芳草无情，更在斜阳外。黯乡魂，追旅思。夜夜除非，好梦留人睡。明月楼高休独倚，酒入愁肠，化作相思泪。

山水画的各种山法、树法、水法是古人对自然形态的感性理解，用意象描述境界是中国艺术的典型特征（图 3-75）。意象自身的传达具有不确定性与模糊性的特点而使人常读常新。清代黄越在《二十四画品》中对境界的划分概括有神妙、高古、苍润、沉雄、冲积、淡远、朴掘、超脱、奇辟、纵横、淋漓、荒寒、清旷、性灵、圆浑、幽邃、明净、健拔、简洁、精谨、隽爽、

图3–75 从化流溪河（之光画）

图3–76 “序曲节奏”形态

3–78 “和声快节奏”形态

图3–77 “慢节奏”的形态

图3–79 “合唱中速节奏”的形态

空灵、韵秀等。画家对这些境界的表达是通过意象完成的。绘画主要是通过山峰的独特形态：一重一重的山峦、连绵不断的群山天际线（图 3-76 至图 3-81）；山体的围合空间层次甚至和水体共同组景给人天水一色，深远的空间无穷让人不尽遐想（图 3-11）。

中国成语中也有许多描绘祖国大好山景的意境，如：碧水青山、崇山峻岭、顶天立地、无限风光在险峰等，它们也是山水文化的一个部分。同时，人们一步一景，称赞玉带般小溪；两弯十景来称赞千山之美，触景生情，这都是景观构思的灵感。崇山峻岭的山水形态如同音乐五线谱的各种节奏，时会像慢步的“序曲节奏”形态；时会像“中速节奏”形态；时会像“交响乐强节奏”的形态；时会发出泛音等等（图 3-76 至图 3-81），感受节奏的强弱、长短、快慢，去解读自然形态，抒情达意。我们也可以选择描述美丽自然形态的诗、词或者图腾来塑造景点，赋予文化内涵。如：独树一帜、顶天立地、特立独行、无限风光在险峰等（图 3-82、图 3-193、

图3–80 “泛音”的形态

图3–81 “交响乐强节奏”的形态

图3-82　独树一帜形态景观

图3-83　仙桃石景观

图3-84　蜥蜴石景观

图3-85　卧龙石壁景观

图3-86　秃鹰石景观

图3-87　湿地文化——山明水秀景观

图 3-194)，可引导人们对其形态美特点的解读。在中国山水文化中不同景观的描写，形态似乎在我们心中已约定俗成。

水是中国文化中财路的象征。水有动水，有静水；动水有急水，有缓水；它的面积可以很大，也可以很小。水位高低不同可形成不同的感受加以描述。如：我们可以用公园里的水位的水势特点来营造，不同的水流速度可以形成不同内涵的情感瀑布（图 3-87 至图 3-97）。这些情感瀑布可泛指、可影射、可内涵、可感觉许多历史故事文化，也就使山水文化在城市森林公园景观形态中源远流长。如：景点以香溪源为题（杨贵妃瑶池故事）赋予水源的文化内涵（图 3-98）。这种由山、水为题的美感来自于人们的实际体验和传统文化的信息传承。绿色的森林、清澈河水、白色的建筑是在中国画艺术成就中具有自身特殊地位的一个重要组成部分。又如：岭南国画家关山月所画《江山如此多娇》中连绵不断的群山退晕表现了巨大的气势，反映祖国大好河山美丽的景色。

（2）森林景观的山水景点构思

要做好森林景观的山水景点创作，需加强对我国的山水文化修养，要勤于现场的场景体验，对中国传统文化即诗词与中国绘画内涵、意境认真解读、联

图3-88　水文化——静思景观

图3-89　潺潺流水景观

想、派生、创新构思。对于不同的山体、水体的肌理、形态与植物的形态应遵循上述的构成原则进行景观塑造。对于平缓的山体应重点对森林植物景观的营造；而对于有突出特点的山体、水体肌理形态，而应重点对自然形态景观文化内涵的营造。

从古代诗文中写景的句子就可自然地想象美丽的景观，如：山重水复疑无路，柳暗花明又一村（陆游《游山西村》）；山回路转不见君，雪上空留马行处（岑参《白雪歌送武判官归京》）；水何澹澹，山岛竦峙（曹操《观沧海》）；绿树村边合，青山郭外斜（孟浩然《过故人庄》）；横看成岭侧成峰，远近高低各不同（苏轼《题西林壁》）；会当凌绝顶，一览众山小（杜甫《望岳》）；登东山而小鲁，登泰山而小天下（孔子）；孤山寺北贾亭西，水面初平云脚低（白居易《钱塘湖春行》）；黄河之水天上来，奔流到海不复回（李白《将进酒》）；谁道人生无再少？门前流水尚能西，休将白发唱黄鸡（苏轼）；桃花潭水深千尺，不及汪伦送我情（李白）；水皆缥碧，千丈见底。游鱼细石，直视无碍（吴均《与朱元思书》）等等。这些文学、文字的修养都是挖掘自然景观条件，营造新景点形态创作的潜意识。

图3-90 低速水流景观

图3-91 中位水流——江河日下景观

场景体验、文化联想、内涵延伸和派生为森林景观形态创作的方法。沿着山势、河流水系、干道的走向进行景区的创作是传统山寨文化的一个特点，挖掘其乡土文化是森林公园景点创作的源泉（图3-99）。又如：广东宝山森林公园总体规划设计中，设计者充分利用地形地貌景观、水文景观、植被景观自然特点，形象定位理念为禅缘、林深、水动、气清四个概念。利用现有飞龙瀑布、玉龙瀑布、听水等瀑布，组织了清风谷、幽谷清溪、禾雀花景观、层林尽染、石景园、红叶园、桃花源、万花谷等景观。另外又设计了“醉枫亭”，亭名出自杨万里的《红叶》诗：“小枫一夜偷天酒，却情孤松掩容”文化联想而产生。红叶园内主要配植秋叶黄色、黄褐色或橙色的森林景观，园内设石景一组，上刻毛泽东“看万山红遍、层林尽染”诗句。同时根据水、石不同的形象和传说，重新命名组景，这就是一种实际场景体验、文化联想、内涵延伸和派生的森林景观创作的方法，这种文化内涵的渲染加强了森林景观山体、水体的艺术表现力（图3-83至图3-94）。

在山水文化中，广东的舟船文化情节占有重要的地位。广东的沿海岸线在全国最长，也是我国海上丝绸之路最早的发源地区。珠江水系星落密布，祖祖辈辈的渔民早出晚归在海上、在江河中打鱼，任凭风吹雨打，在人们心中留下许多刻骨铭心的故事。扒龙舟、咸水歌、艇仔粥等是广东人山水文化的象征，代表一帆风顺、乘风破浪、勇往直前、不可战胜等寓意；也表达了历史情结，即思念、想念亲人等文化内涵，也反映了广东人灵活、低调、务实的精神风貌，所以凡在有水源、水溪、湖泊中，舟船与景点的塑造都是极其重要的部分。

图3-92 金银瀑景观

图3-93 虎口瀑景观

图3-94 孔雀瀑景观

图3-95 一泻千里景观

图3-96 中位水流——高位水流形成景观

图3-97 诗情画意景观

图3-98 香溪源以杨贵妃瑶池故事赋于水源头文化内涵

3.5.2 森林群落文化

森林中全部生物种类的集合叫森林群落。本节指的森林群落文化主要是泛指森林群落中植物的种、属植物生长形态景观以及人们赋予的文化内涵。森林植物景观的形态也是千姿百态，森林植物是森林公园景观的主体，抓住它们美的特性，是构成形态美的关键。

（1）营造森林群落的形态肌理、文化隐喻所产生构成艺术美感

在广东森林植物的生长环境纵跨热带、亚热带两个区，环临海洋，从而形成了南亚带季风常绿阔叶林群落形态、中亚带常绿阔叶林群落形态、热带季雨林群落形态、亚热带针叶林群落形态、热带针叶林群落形态。它们显现的树种有加勒比松形态、马尾松林形态、桉树林形态、杉木林形态、木麻黄林形态、竹林形态、油茶林形态、经济林群落形态、砂生丛林形态、红树林形态以及它们的混交等点、线、面及形态肌理、

图3-99 山水文化相伴的山寨民俗文化景观

文化隐喻所产生构成艺术美感（图 3-100 至图 3-119）。

营造森林群落的形态美，要考虑植物种群的生态特点，哪些树种是相生，哪些树种是相克，哪些树种的水土涵养特性等等因素，这都是组成森林群落、形成生态美感的必要条件。城市森林公园森林植物景观形态的建构，首先要建构健康的、可持续发展的森林结构。既要以乡土树种为主，建构多树种混交的亚热带、热带森林群落的基础上，彰显生物多样性以及森林生态的演替，建构乔、灌、草多层次空间格局美感。

（2）凸显色彩、芳香、招鸟特性，营造森林群落植物自然美

根据环境美学构成的多维视线景观要求，凸显森林生态美的同时，凸显地域特征的自然美也是森林美学重要内容（图 3-120）。地域特征的自然美包括森林

图3-100　南亚带森林群落形态美（1）

图3-101　南亚带森林群落形态美（2）

图3-102　南亚带森林群落形态美（3）

图3-103　南亚带森林群落形态美（4）

图3-104　南亚带森林群落形态美（5）

图3-105　南亚带森林群落形态美（6）

图3-106　南亚带森林群落形态美（7）

图3-107　南亚带森林群落水杉形态美（8）

图3-108　南亚带森林群落形态美（9）

图3-109　南亚带森林群落形态美（10）

图3-110　南亚带森林群落形态美（11）

图3-111　南亚带森林群落形态美（12）

图3-112　森林景观的空间层次

图3-115　竹类森林群落

图3-113　森林群落构成的空间形态美

图3-116　棕榈科类森林群落

图3-114　森林群落空间围合的形态

图3-117　森林阔叶群落

图3-118　森林群落枝干构成

图3-119　森林群落组团的构成

图3-120　凸显森林群落植物自然美——自然的色彩美、自然的芳香味、自然的百鸟归巢

群落植物花的色彩、芳香、招鸟等特性，它们共同形成了森林文化的内容。它将人们的情感文化寄于其中可感受无穷的自然美感。森林植物群落的自然色彩是植物的自然属性，如图 3-121 所示广东不同植物的生长特性会有不同的花期。森林植物的花、果实可以产生自然的色彩、自然的芳香味、它们便可成为百鸟自然的归巢景观。

森林植物自然色彩主要体现在植物的叶和花上，

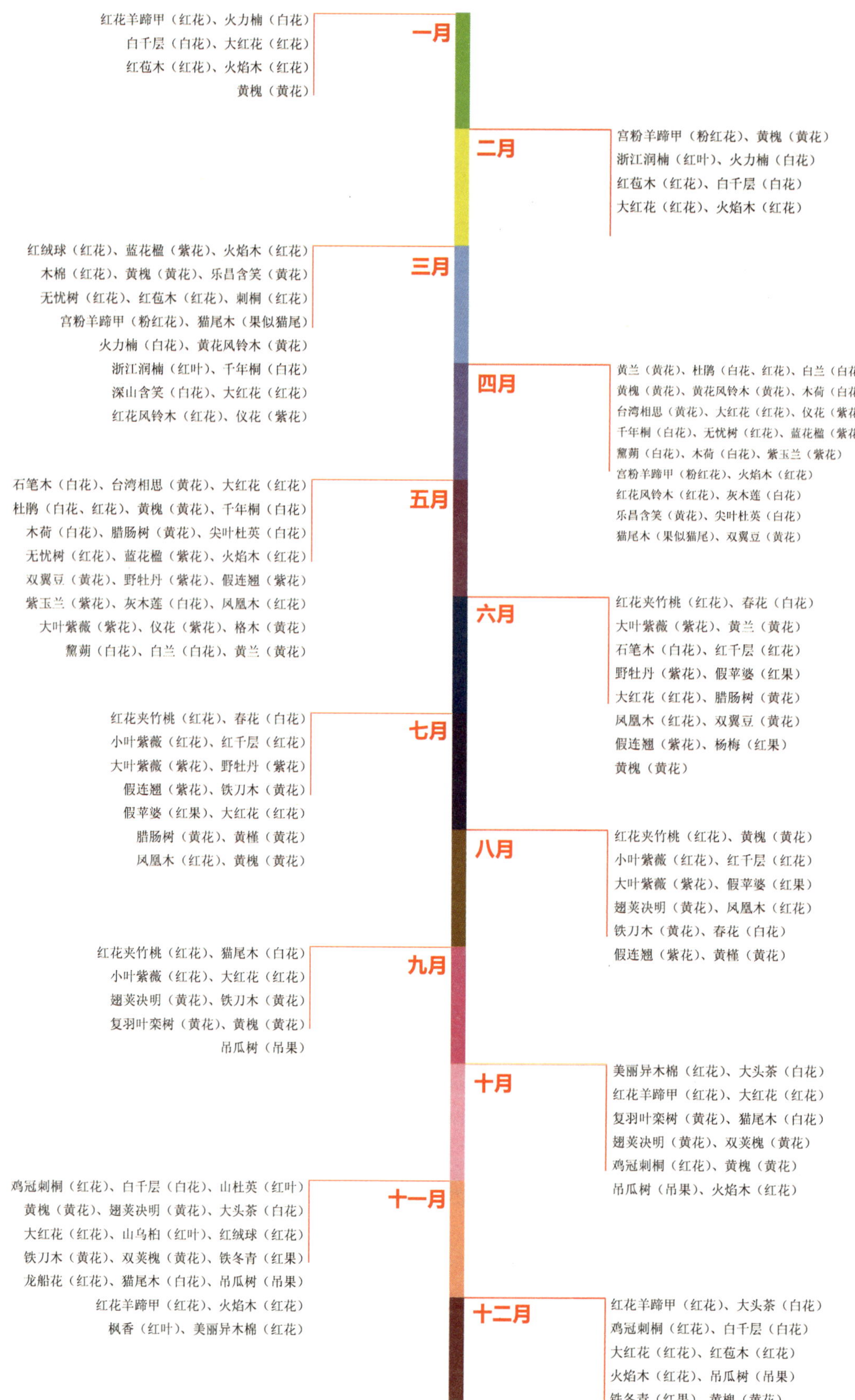

图3-121　森林群落植物的花期表

由于植物生长的特性、地域气候、季节变化便产生不同的色彩，下面列出比较典型色彩的树种（图 3-122 至图 3-128）。

① 凸显森林群落植物色彩的自然美特性。

森林群落植物白色花树种有：大头茶、荷花玉兰、麻楝、春花 、千年桐等（图 3-122）。

大头茶　荷花玉兰　麻楝
春花　千年桐

图3–122　森林群落植物白色花树种

木棉　红花羊蹄甲　红苞木
无忧树　龙船花　凤凰木

图3–123　森林群落植物红色花树种

森林群落植物红色花树种有：木棉、红花羊蹄甲、红苞木、无忧树、龙船花、凤凰木（图 3-123）。

森林群落植物紫色花树种有：毛棉杜鹃、大叶紫薇、野牡丹、蓝花楹、小叶紫薇、假连翘、仪花（图 3-124）。

森林群落植物黄色树种有：翅荚决明、鱼木、黄槐、双翼豆、双荚槐、复羽叶栾树（国庆花）、黄槿、腊肠树、台湾相思（图 3-125、图 3-126）。

毛棉杜鹃

大叶紫薇

野牡丹

蓝花楹

小叶紫薇

假连翘

仪花

图3-124 森林群落植物紫色花树种

翅荚决明

鱼木

图3–125 森林群落植物黄色花树种（一）

双翼豆 黄槐决明 复羽叶栾树（国庆花）

黄槿 腊肠树 台湾相思

图3–126 森林群落植物黄色花树种（二）

② 彰显森林群落植物的芳香特性有：白兰、九里香、桂花、鸡蛋花、深山含笑、火力楠（图 3-127）。

③ 凸显森林群落招鸟特性的树种有：高山榕、水蒲桃、青冈、细叶榕、海南薄桃、柿子树（图 3-128）。

(3) 彰显森林植物个性特征的美感

广东城市森林公园内的木本植物共有 2000 多种，生物多样性丰富。树形是景观建构的基本因素之一，通常树形分为针叶树和阔叶树两大类。基本树形可分为圆柱形、笔形、尖塔形、圆锥形、卵形、广卵形、钟形、球形、扁球形、倒钟形、倒卵形、馒头形、伞形、风致形、棕榈形、芭蕉形、垂枝形、龙枝形、半球形、丛生形、拱枝形、偃卧形、匍匐形、悬崖形、扯旗形等种形态（图 3-129 至图 3-150）凡具有尖塔状及圆锥树形的群植，多有严肃端庄的效果；具有柱状狭窄树冠的群植，多有高耸静谧的效果；具有圆钝、钟形树冠的群植，多有雄伟浑厚的效果；而垂枝类型者，常形成优雅、和平的气氛。

凸显植物多样个性美感时，也可以从灌木、花卉、果实美感来进行建构（图 3-151 至图 3-153）；也可以从树干的形态上观赏其美感来进行构想（图 3-157 至图 3-161）。另外，在森林公园中凸显水体自然景观也是不可忽视的，要方便在乔木、灌木与花卉等植物建构鸟类栖息地、蝶类、动物的栖息地。此外，艺术家、诗人和文学艺术家对于森林和大自然创作的构思已经

白兰　九里香　桂花

鸡蛋花　深山含笑　火力楠

图3-127　森林群落植物的芳香特性

高山榕　蒲桃　青冈

细叶榕　海南蒲桃　柿树

图3-128　森林群落招鸟树种

王棕
图3-129 棕榈形树形（1）（橄榄绿）

加拿利海枣
图3-130 棕榈形树形（2）（橄榄绿）

蒲葵
图3-131 棕榈形树形（3）（橄榄绿）

王棕
图3-132 卵形形态（1）（中绿）

南洋杉
图3-133 卵形树形（2）（墨绿）

罗汉松
图3-134 成盘丛生形（翠绿）

垂柳
图3-135 垂枝形（墨绿）

丛生竹
图3-136 竖向枝条形态（中绿）

木棉
图3-137 横枝形态（洋红）

海芒果 　紫薇 　罗汉松 　蓝花楹

凤凰木 　高山榕 　红花风铃木 　鸡蛋花

印度橡胶榕 　樱花 　海红豆 　杧果

图3-138　半球形/扁球形/伞形树形

枫香

图3-139　风致形冠幅形态（1）

巴西铁树 火焰木

图3-140 风致形冠幅形态（2）

樟树

图3-141 竖向丛生形冠幅形态

白兰

图3-142 广卵形态冠幅形态

鱼尾葵

图3-143 倒卵形冠幅形态

洋紫荆

龙眼

图3-144 圆锥形冠幅形态

栾树

荔枝

馒头柳

图3-145　馒头形冠幅形态

大叶榕

假苹婆

图3-146　龙枝形冠幅形态

落羽杉

银杏

图3-147　尖塔形冠幅形态

小叶榄仁

尖叶杜英

图3-148　伞形冠幅形态

红花羊蹄甲 波罗栎 桂花

图3-149 扯旗形冠幅形态

苏铁 芭蕉 艳山姜

图3-150 拱枝放射形冠幅形态

南天竺 蓝雪花 海桐花

天堂鸟 蒂牡花 假连翘

图3-151 花卉冠幅形态与色彩（1）

山茶　洒金榕　红桑

文殊兰　清香藤　九里香

狗牙花　蝎尾蕉　朱蕉

白蝉　希茉莉　蜘蛛兰

龙船花　美人蕉　马缨丹

图3-152　花卉冠幅形态与色彩（2）

山指甲　姜花　大红花

红背桂　红檵木　黄金榕

春羽　吊钟花　簕杜鹃

钟花樱花　朱蕉　八角金盘

图3-153　花卉与灌木叶形态与色彩

图3-154　近水平状枝干形态

图3-155　水平空间状枝干形态

图3-156　剑麻发射枝干形态

图3-157　水平斜向立体枝干形态

图3-158　紫藤动态枝干

图3-159　水平斜向枝干形态

图3-160　竖斜向状枝干形态

图3-161　竖向状枝干形态

形成了丰富的森林文化，共同展示森林公园景观的美感，它们也和我们想要表达的主题密切相关。

(4) 凸显古树名木“顽强生命力”的文化特征

森林植物是有生命的，古树名木有上百年、上千年，久经历史的考验而生存下来，本身就体现出“顽强的生命力”。在遗传学上说，它是良种，具有优秀的遗传因子。它展示的“美学形态”往往给人“健康的美”以及“形态美”潜在的联想。如：五华七目嶂的桫椤、南雄油山乡梓杉坳村约1200年的银杏、乐昌长来植贝兴约1100年的樟树、阳春三甲镇约400年的箭毒木、高州环城区西岸村约400年的缅茄、韶关南华寺约600年的水松、阳山江英乡田心村约420年的杉木、南雄乌迳村约1300年的槐树。从森林美学的角度，景观形态首先要显现“枝干生命顽强”的形态美，它主要通过树干、树根和茂盛的树叶形态来体现。如：有的树是悬挑几十米的横向树干；有些树根根系发达，刚劲有力；有些树树高几十米，在强风中沙沙直响，体现出旺盛的生命属性，给人希望和依靠的感觉。为什么人们会觉得古树名木具有“生命力”的美感呢？除了古树名木具有英

图3-162　古树——顶天立地的雄性美

图3-163　独木成林的母性美

姿的树形外，更主要是人们文化的“联想”。人们不自觉地会联想到人类自己的经历：沧桑几百年！联想到：有些树在贫瘠土层里、在岩石缝中顽强地生长；有些直径不大的树干能悬臂几十米（图 3-165），具有“健美的尺寸与比例”，如同中年男子强壮的手臂。用现代的结构力学来计算，其支座处的弯矩（M）等于力（P）乘以力臂（L）。如果知道树干的悬臂长度，便可计算出支座处的倾覆力矩，其结果我们都会感到震撼，自然会感到古树名木“生命力”的美。有些树在山顶上任凭风吹雨打表现出旺盛的生命属性。如粗大的古树名木的形态美（图 3-162），它是“栋梁形态之美”，能顶天立地，有依靠的感觉；独木成林的母性美（图 3-163 至图 3-164），它繁衍后代，它无私地付出……，体现了一种高尚的情操。又如倾斜的古树名木的枝干形态美（图 3-165），这么老的“人”竟然可以这么“随心所欲”，有生活体验的人一定会为这一枝干形态美赞不绝口。

除了古树名木外，凸显“顽强生命力”的文化特征还体现在许多生长于石灰岩、荒漠、海浪等生境很差的植被，它们群居，繁衍着生命，顽强地生存下来，给人以“希望”与“生命”（图 3-166 至图 3-171）。

(5) 凸显森林群落的“郁闭度”形态美

“郁闭度”是指表示林木树冠垂直投影面积与林地面积之比，用十分法表示。它覆盖的空间相当于建筑的“室内空间”，从林木树冠下往天空看去，不同树叶大小、叶片形状、不同叶片形态组团便构成“丰富的平面构成艺术图案”。树叶分有单叶和复叶 2 种。单叶有针形、条形、披针形、椭圆形、卵形、圆形、掌状形、三角形、奇异形等；复叶有羽状复叶、掌状复

图3-164　古树的繁衍文化特征

图3-165　古树的随心所欲

图3-166　桉树速生的生命特点

图3-167　针叶林森林群居感

图3-168　海滩植物群落（厚藤）

图3-169　古树的形态美——旺盛感

图3-170　生命的寄生与演替

图3-171　森林群落的生命感

叶。不同形状、大小和形态组便产生不同的“群叶肌理”，具有不同的观赏特性（图 3-172）。将中国印刻艺术作品、美术学院的平面构成艺术作品（图 3-173 至图 3-174）、汉字书法艺术作品和“郁闭度”形态构成作一比较，我们可以立即就会欣赏“郁闭度”的形态美。“郁闭度”形态可以从顶面方式和侧向方式进行构成。植物干、叶、花的形态在阳光下构成了单色的美丽图案，千姿百态，美丽之极，让人回味无穷。要营造这种“丰富肌理”的景观，就要在植物种植平面构成的尺寸上加以考虑和设计。

图 3-172 中所示的森林群落的郁闭度形态就是一件构成艺术作品，面与线的统一构成产生美感；又如前文中图 3-13 中所示的森林群落的垂直郁闭度形态美——产生疏密和谐、阳光与阴影的艺术效果。棕榈、蒲葵、椰子、龟背竹等具有热带情调，大型的掌状叶给人朴素的感觉，大型的羽状叶给人以轻快、洒脱的感觉。我们要应用艺术美的法则，根据岭南山脉和丘陵山坡，不同朝向的景观采用梅花式、矩阵式或根据设计平面要求种植，以便能显现森林群落的“群势生命力”和“地域个性”的图式。

3.5.3 植于森林中的建筑空间文化

体验是人类的原始需要和心灵本能，分类意识和行为是人类理智活动的根本特性。从信息交流传播的角度来看，作为人类文化构成的建筑也是一种信息系统。建筑空间构架一直存在着两种美学表现类型的源流。一类是以小体量群组建筑的美学表现，既用单一功能的空间单位分体集合，在量上作“无限”的积累。如中国、日本等国家的建筑为代表。另一类是以单体建筑为主的美学表现，起初空间的发展为单元空间的连排叠加，具有不同功能空间融为一体成为混合空间。如以英、美等国家的建筑为代表。

城市森林公园建筑包括亭、台、楼、阁、舫、榭、道路以及很少部分住宿等服务设施。这些建筑量少、分散，且置于森林环境中，它们形态构成的主要美学表现形式为合院建筑。

（1）*庭院建筑的空间美学表现*

我国传统寺院建筑、宫殿、园林建筑是采用庭院建筑的空间美学表现典范。庭院建筑好似把一栋单体建筑的各种不同用途的房间分解、分体为若干栋单座

图3-172 郁闭度形态构成艺术

图3-173 印刻构成艺术（程潼）

图3-174 平面构成艺术

（森林“郁闭”形态与印刻、平面构成艺术的比较）

建筑，每一小体量的建筑都有其特定的功能和一定的“身份”，以及与这个“身份”相适应的位置，然后以庭院为中心，以廊子和墙为纽带把它们联系为一个整体。因此，长期的发展逐步成为以“合院”为基本单元形式，成纵横向水平铺开的群组整合。庭院空间成为建筑的中心空间。这个中心空间依照大小与组合方式的不同，表现为“井”、“庭”、“院”、“园”几种形态，它们与建筑内部空间的巧妙结合，形成各种空间结构，产生了丰富的艺术表现力。

人为环境空间是人们在生存活动中不断地调整人与自然、人与社会的关系，在动态中形成的。其空间意识也是来源于自然空间的领悟。以庭院空间为中心的合院建筑构成了一个基本的空间单元。建筑空间的组织、变化、层次、序列多以景观视线、人流的组织而展开。庭院空间即是公共性空间，也是交通的枢纽。它和建筑空间形成的是一个内向性的空间结构。“通天”和“天井”也可认为是一个时间参量，时空的变幻在这里都得到充分的表现，所以它又使建筑空间产生了运动感。

广东为岭南湿热气候地区，“有阴就凉”成为广东气候的特征。森林公园建筑的“院”有其气候特征的因素，它应该是一种凉院。即它不但是通风采光的窗口，而且整个空间要具备“凉阴”的属性，这正是广东“岭南建筑”的特征。而“院”的形式是多样的。大多数城市森林公园的建筑采用的是一个“水院”或“内院”，四周的建筑回廊绕其空间贯通，小体量的建筑随地形规整地围合，采用的是院落式建筑群体。空间的框架是为多个内向性空间结构的并网。它们利用多个自然景观作为构图的中心，诱致人们对大自然的联想。

(2) 空间序列

不同种类的建筑表现出大体上相同的布局和形式是庭院建筑的一个共性，但是庭院建筑空间序列的变化正是反映它们内在本质的向往。庭院建筑空间序列的展开，有两种发展结构：一种是沿轴线、规则地引导组织空间的序列。群组整合中可以一连串地把许多空间串联在一条线上；另一种是迂回、不规则地组织空间的序列。它的空间构架比较灵活，往往采用并排式的庭院组合，构成两条以至数条轴线，人的行为路线不求与轴线一致。大多数城市森林公园的建筑采用的是不规则的空间组织形式。

运用一个或者几个“合院”的空间，其空间大小、明暗按一定的功能和美感要求组织起来，这就是我们所谓的空间整合序列（图 3-175 至图 3-180）。这是一个带有时间因素的动态思维空间，如同舞台上的歌剧一样，有序曲、有层次、有主从、有高潮、有过渡、有结尾；肢体形态要与表达语言统合，剧情色彩与表达的内容统一。它的组织安排往往带有许多主观的意念。空间序列注重的是各部分感觉所构成的整体感受。有意识地诱导人们对富有韵律的空间引起思维上反应，使人们的思潮起伏，正如乐章一样有前奏有高潮，有起承转合。森林公园的建筑根据功能不同，

图3-175　空间的美学表现——序

图3-176　空间的美学表现——层次

图3-177　空间的美学表现——联结

其空间意念的追求有所不同。有的建筑追求的是宁静、素雅，有着强烈中轴线，随坡而上的楼宇、寺院，追求的是一种庄重、严肃的气氛；有的庭院宾馆，追求的是一种空间戏剧性的安排和一连串的景色。庭院空间是建筑空间的框架，它将松散而迂回的空间整合在一起，既可使建筑功能合理，也可“日涉成趣”、“步移景换”，给人们带来安详悠闲、清幽高雅的感受。

庭院建筑空间变化的序列上，大致可以归纳下列几种：

① 收敛式的渐进序列：这是一种规则形的序列，一般由串连式的庭院派生而来，庭院轴线与人的路线重合。总体上说，空间由大向小收敛，如广州山庄旅舍就是这一类型的例子。建筑群沿溪谷分段布置，溯溪而上，结合地形处理。谷口地势平阔，越往上升则越狭窄，因此山庄的庭院空间变化的序列是由大而小，由低而高，由开阔而稠密，由明朗而幽静，这是沿溪布置庭院最容易产生的效果。

② 展开式的渐进序列：这是另一种规则形的序列。庭院空间与人的路线重合，但不追求对称布局。广东佛山梁园属于这一类型。当人进入门厅，经小院穿月洞至内院，回廊转折入支柱层，处理两级水池之间，为全园组景的高潮。庭院空间变化的序列是由小而大，由幽静而明朗，由简而繁，由稠密而开阔，层层展开。

③ 不规则形的序列：庭院布局不是采用多层次的空间，逐渐展开，形成高潮，而是在大小、明暗、疏密之间，采取对比变化，构成不规则的序列，产生一种戏剧性的、具有突出转变的有视觉吸引力的高潮效果。所谓“豁然开朗，别有洞天”，就是这种意境。如广东矿泉别墅 5 ~ 6 号楼的前院为狭长的竹院，廊修长而低矮，沿廊列植修竹，突出前奏空间的长、低、狭，强调空间的压抑感。穿过月洞，突然呈现开阔的山溪水石局，山溪跌水，层层分级泻石而下，溪水绕台而行，楼台跨水而筑，从压抑的空间解放出来，产生开朗的感受。

图3-178　空间的融合

图3-179　空间的借景

图3-180　空间的过渡

图3-181　置于森林的建筑文化——形态与功能统合

图3-182　置于森林的建筑文化——室内外空间对话

城市森林公园服务建筑比较分散，很难形成理论上的院落空间景观，而“场面”的变换紧扣每一个进入者的心弦，前后“场景”是相互衬托。但是，每一个“局面”都是令人出乎意料的全新的转变。节奏的感觉是在运动中形成的，程序的安排有时是步步拉近，推往顶点；有时却是在简单与平淡之中突然转入无比壮丽、激动人心的高潮，“对比”法则运用于景点、景间的交替安排上。高明的布局者常常运用使人出乎意料的手法，使人产生一种神秘而梦幻的感觉。

(3) 体形与环境空间

建筑艺术的表现力主要是通过空间、体形和环境空间的巧妙组合；整体与局部之间良好的比例关系；色彩与质感的妥善处理等来获得。以小体量群组建筑的空间表现，强调众多空间形成的整体性，强调建筑形体与环境空间的协调，人与环境的对话（图 3-181）。

森林公园的每一栋建筑体量都不大、功能单一，每栋建筑都可以按不同的功能来考虑其体形格调，以表达其不同的建筑性格。这些不同性格的建筑组合在一起就显得建筑的轮廓、立面丰富，多彩多姿。

① 根据不同的功能，突出建筑个性。一栋建筑物的性格特征在很大程度上是功能的自然流露，因此，按照功能的要求来处理空间，建筑形体的本身就或多或少地表现出自身的个性。各种类型的公共建筑，通过体量组合处理往往最能表现建筑物的性格特征。这是因为功能的不同，各自都有其独特的空间表达。例如，服务设施中的大餐厅公共活动性较强，相当庭院建筑中的大型厅堂。人流集中活动，空间较大，具有高朋满座、胜友如云的热闹气氛，因而在建筑风格上就要结合当地的民俗习惯，突出其“宏敞精丽”的性格特征（图 3-182）。

一般的小餐厅、休息厅或音乐茶座、咖啡厅、小酒吧等则可结合景观以及庭园里的轩、榭一类的方法处理，使空间活泼，突出其性格特征。旅馆建筑是直接服务于人们生活、休息的一种建筑类型。为了给人以平易近人的感觉，应当采用露台来处理建筑与环境空间对话关系（图 3-183）。

在表现建筑性格时，我们还应当充分利用人们传统的“约定俗成”信息。形体的约定信息是人们生理、心理、行为、文化等约定关系内在本质的外在表现。它能唤起人们的记忆和联想。传统经验的信息将准确地反映出建筑的性格。如红“十”字，它几乎成为众所周知的医疗卫生的标志；钟塔也似乎成为交通建筑的“约定俗成”信息。这些无疑都可强调建筑的性格特征。

② 体形性格与环境协调。人与大自然的结合点是因为人类在环境空间里崇尚自然。谋求建筑体形性格与环境空间协调，是人们追求自然美的向往（图 3-184）。

庭院建筑是环境空间组景构图的一部分，因此，它的体形与格调必须与环境协调。《园冶》有云：“园

图3–183　置于森林的建筑文化——建筑与环境对话

图3–184　置于森林的建筑文化——形态与环境统合

林巧于因借，精在体宜……因者随基势高下，体形之端正，碍木删桠，泉流石注，互相借资，宜亭斯亭，宜榭斯榭，不妨偏迳，顿置婉转，斯谓精而合宜者也……”。这段精辟的论述，无不是我们从事庭院建筑设计的借鉴。又如西樵山的三湖小筑，楼依陡坡而筑，按山坡的斜势逐层退后，筑成梯阶式的建筑。

③ 创造有地方文化内涵的建筑。地方文化具有历史的延续性，因此，由地方文化所支配的建筑形体便最能直接地向人们传达它们丰富的内涵意义，同时也最能表达出建筑的个性。在现代社会和文化传统以及价值观念发生剧烈变化的时候，这些形体特征能够担当起象征固有文化和传统精神的作用。

根植于本地文化，把握民族文化的质量惯性，吸收西方文化，创作有地方特色的建筑风格，可使建筑空间的表现注入活力。利用地方材料可强调地方特色，如广州白云山之“松风轩”，以园竹编墙，配以竹制桌椅，颇得自然山林之趣。又如广东南昆山森林公园，其建筑、廊道、亭和餐馆屋顶，都用当地的竹子修建，堂内配以竹席天棚与竹林环境协调，富有乡土味，使中外游人均甚感兴趣（图 3-175 至图 3-183）。

实例：东莞市银瓶嘴森林公园总体规划（2005—2020 年）中，整个规划空间景观结构由“一横两纵”三条主要景观轴线串连五片十八个景区。园内景观空间要素由点（景点）、线（景观轴线）、面（五片十八景区）等要素构成。通过合理布局使平面、立体空间上的景观具有内在联系与延续，形成高低错落、井然有序的空间序列。

3.5.4 森林共生文化

在漫长的生物演化过程中，生物与生物之间的关系逐渐变得复杂，出现了两种生物在一起生活的现象，这种现象统称为共生。共生又叫互利共生，是两种生物彼此互利地生存在一起，缺此失彼都不能生存的一类种间关系，是生物之间相互关系的高度发展。

本文定义的森林共生文化定义范畴是指人与森林植物互利共生、与动物互利共生，侧重于“人与自然和谐”可持续发展理念上的生态文化；更侧重于人与森林、动物间“相互有利”的关系，即建立功能上的合理性和美学上的协调性。

（1）人与自然共生

1988 年发表的《我们共同的未来》及 1992 年联合国环境与发展会议通过的《联合国环境与发展宣言》已经确立“人与自然和谐”的可持续发展观。人与生物、人与自然和谐相处，不仅是一个观念问题，也是社会进步和经济发展到一定阶段的必然结果，体现了人与动物、人与自然和谐发展的趋势。

和谐是人类的一种理想秩序，中国在西周初生就提出“天人合一”的概念，包括人与人的和谐及人与自然的和谐两个方面。2003 年中共十六届三中全会提出了科学发展观，胡锦涛在阐明科学发展观时强调，要统筹人与自然和谐发展，要促进人与自然的和谐，实现经济发展和人口、资源、环境相协调，要牢固树立人与自然相和谐的观念。同时指出："我们所要建设的社会主义和谐社会，应该是民主法治、公平正义、诚信友爱、充满活力、安定有序、人与自然和谐相处的社会"。人与自然共生、人与森林植物共生（图 3-185 至图 3-186），已成为我们进行城市森林公园建设的共识。为了维护地球的生存条件，食物链的每一个环节，都成为可持续发展不可缺少的一个部分。森林植物可以排放出新鲜的氧气、吸收二氧化碳；可以保持水土，减少山洪灾害的发生；可以为人类提供水果及农产品，保证了人类的基本生存发展；特别是森林为人类提供了生存必要的水源，山有多高，水就有多高，长江、黄河、珠江等水系哺育人类，所以森林与人类是共同生存，缺一不可。

图3-185 人与自然和谐相处——共生

图3-186 人与生物和谐相处——共生

在城市发展中，大量的城市居民在高度紧张的生活中，需要良好的环境休息空间，首选地就是森林。在森林里产生城市居民的休闲文化、湿地文化、森林摄影文化、森林中药材文化、花卉文化等等（图 3-187 至图 3-196）。特别是森林景观形态撞击人们的精神文化。它推动了人类的生态文化，推动了人类文明。

（2）人与动物和谐相处

① 不论是人还是自然界的动物，都是人类生态系统共同体的一部分。人与动物之间的关系就是一种相互依存的关系，人类不可能没有动物这个伙伴而独立存在。根据环境资源法学中的生态人理论，每个人只能通过自身与其他人的关系和自身与自然（环境资源）的关系求生存、求发展、求利益、求幸福。人的一切行为的目的是追求最大的效益（包括经济社会效益和生态效益），只有和谐的人与人的关系、和谐的人与自然的关系才能提供最大的效益。

维护和追求人与自然和谐共处、人与人和谐共处的环境秩序，是最能体现环境正义的特色观念、核心观念，也是环境资源法学具有特色和激情的基本理念。环境秩序贯穿始终的要求是人与自然的和谐，而实现人与人和谐、人与自然和谐则是法律追求的理想秩序。

人与动物和谐相处理念或人与自然和谐相处理念

图3-187 城市休闲文化

图3-188 森林文化——珍贵树种

图3-189 竹文化

图3-190 森林中药材与人类生命文化

图3-191 森林摄影文化

图3-192 森林花卉文化（大花蕙兰）

顶天立地

特立独行

无限风光在险峰

图3-193 由形态产生的文化联想实例

包括非常丰富的内涵和深远的意义。它建立在人与自然、人与动物等多种物种共生共存共发展、人与自然（动物）双赢的理念上，强调“以人为本，以自然为根”和“以人为主导,以自然为基础”的思想观念（图3-197）。

② 科学精神与人文精神相结合的理念。在可持续发展的过程中，既有坚持科学观点的专家从科学性提出自已的见解，也有持人文精神的学者从宗教、伦理、道德、信仰提出自己的主张。“早在公元前2500年，中国人就开始了仰观天文、俯察地理的活动，逐渐形成了‘天人合一’的宇宙观。中国人的这些发明创造，体现了人与自然协调发展、科学精神与道德思想相结合的理性光彩。”

动物福利法所确立的对动物尊重可以来自人的一种崇高的境界、一种善良的愿望、一种热烈的情感、一种良心的自律、一种对美的渴望、一种关爱自然的热忱（图3-198），这种尊重可以在人文精神的教化中形成和不断提升；动物福利法所确立的“人与自然和谐相处”秩序应该建立在科学研究和科学知识的基础上，不应违背自然生态客观规律；动物福利法中善待动物的合理性和先进性，来自科学性和人文精神的结合艺术。城市森林公园规划设计中，特别在森林、湿地的建设中，要体现以上两种的理念，坚持生物的多样性与野生动植物的保护，为候鸟提供更好的生存环境，它也是地球生物链不可缺少的环节。野生动物具有各种各样的动态美，丰富了森林环境美感，给森林平添了无限的生机与活力，产生天成的意境（图3-199）。由于动物的动作与人具有相似性，所以容易

图3-194 赋予文化内涵

图3-195 山水文化

图3-196 湿地文化

图3-197 人与动物和谐相处——共生

图3-198 争相观鸟

使人产生美的联想。如龙洞叉尾太阳鸟倒悬之急（图3-200）、黑耳鸢的大鹏展翅（图3-201）、栗耳凤鹛担惊受怕、红耳鹎齐心合力等（图3-202至图3-204）。如同人的动作一样，让人产生与动物一样的情感。

（3）森林共生文化

在人与自然共生、与森林动植物共生的过程中，人类与她们产生感情。人们会在自己的喜、怒情绪或形态行为中，寻找这些人类自以为相对应的森林动、植物或景观形态赋予、寄托一定的文化内涵的情况，便成为森林共生文化的一个重要的部分。

① 将植物“拟人”产生精神上的沟通与共鸣。如：人们将松树、翠竹、梅花称为“岁寒三友”。

松树四季常青，姿态挺拔，叶密生而有层云簇拥之势，欹斜层叠，不啻马远、刘松年笔意。在万物萧疏的隆冬，松树依旧郁郁葱葱，精神抖擞，象征着青春常在和坚强不屈。松树的品格是国人最为崇拜的。

竹是高雅、纯洁、虚心、有节的象征，古今庭园几乎无园不竹，居而有竹，则幽篁拂窗，清气满院；竹影婆娑，姿态入画，碧叶经冬不凋，清秀而又潇洒。古往今来，“不可一日无此君”已成了众多文人雅士的偏好。

梅花为中国传统十大名花之一，姿、色、香、韵俱佳。北宋林逋脍炙人口的咏梅诗《山园小梅》：“疏影横斜水清浅，暗香浮动月黄昏”，将梅花的姿容、神韵描绘得淋漓尽致。漫天飞雪之际，独有梅花笑傲

图3-199 悠闲自在的犀牛

图3-200 龙洞太阳鸟——倒悬之急

图3-201　黑耳鸢——大鹏展翅

图3-202　南岭栗耳凤鹛——担惊受怕

严寒，破蕊怒放，这是何等的可爱、可贵！

② 人们不同的情感感受，对于植物各有的特色产生不同的赋予情感。又如：人们将梅、兰、竹、菊号称为“花中四君子”。梅，剪雪裁冰，一身傲骨；兰，空谷幽香，孤芳自赏；竹，筛风弄月，潇洒一生；菊，凌霜自行，不趋炎势。

③ 人们常常喜欢借用花的某种“形态与色”来表达心中隐藏的语言，借此表达自己的某种感情与愿望，便产生了花语。赏花要懂花语，花语是花卉文化的核心，在花卉交流中，涵义和情感表达甚于言语。而在日常生活中，浪漫的花语也起着不可忽视的调节气氛、表达隐晦情感的作用。

花语最早起源于古希腊，那个时候不止是花，叶子、果树都有一定的含义。在希腊神话里记载过爱神出生时创造了玫瑰的故事，玫瑰从那个时代起就成为了爱情的代名词。真正花语盛行是在法国皇室时期，贵族们将民间有关花卉的资料整理归档，里面就包括了花语的信息，这样的信息在宫廷后期的园林建筑中得到了完美的体现。大众对于花语的接受是在19世纪左右，那个时候的社会风气还不是十分开放，在大庭广众下表达爱意是一件难为情的事情，所以恋人间赠送的花卉就成为了爱情的信使。

如：红色的玫瑰表示着爱情、爱与美、容光焕发，热情、热爱着您；玫瑰（花苞）代表美丽和青春；白色的玫瑰表示着天真、纯洁、尊敬；黑色的玫瑰内含你是恶魔，且为我所有。

又如：郁金香：爱的表白、荣誉、祝福永恒；百合花：顺利、心想事成、祝福、高贵。康乃馨：母亲

图3-203 栗喉蜂——生态链

图3-204　红耳鹎——齐心合力

我爱您、热情、真情；山茶花：可爱、谦让、理想的爱、了不起的魅力；牡丹：圆满、浓情、富贵；菊花：清净、高洁、我爱你、真情等。常常赞美荷花为纯洁的象征；赞美白杨为勇气的象征；赞美玫瑰纯洁的爱、美丽的爱情的象征。

④ 在森林文化中，人们也会赋予自然景观中的某些孤石一定的意义和内涵（图 3-194）。

⑤ 通过园林动物的具体形象以寓意的形式表达人们的某一特定意义（郭风平等，2009）。在中国古代皇家园林、寺观园林、私家园林或陵寝园林中常采用动物象征性表达手法，主要有 3 种：其一，以纯粹动物或动物组合寓意，如：承德避暑山庄的万树园当年麋鹿成群，寓意优待各民族王公大臣，巩固民族团结；鹤与鹿组景，寓意鹤鹿同春，江山万年。其二，以动物与其他园林要素或背景组合寓意，如：北宋林和靖在杭州西湖中的孤山植梅养鹤，自称梅妻鹤子，寓意人格的超凡脱俗；明清江南私家园林常见的池塘莲花，岸边鹭鸟饮啄，构成一幅绝妙美景，寓意“一路（鹭）连（莲）科”，企盼连中科举。其三，以建筑、建材等虚拟动物，或以动物绘画、装饰艺术寓意，如：北方园林的代表作萃锦园（恭王府花园）中的蝠河、蝠厅，分别把水体和建筑物设计成蝙蝠形状，象征幸福吉祥；皇家园林中石狮、铜龟铜鹤等雕塑象征皇权一统，万寿无疆；文人园林中常见的濠濮观、濠濮情等反映水生动物的绘画，以庄子、惠子濠濮观鱼自比，寓意隐居生活的安然悠闲，自由快乐。

从表现手法看，中国古代园林动物在人的支配下，不断从动物向人的方向转化；而从表现内容看，人们假借园林动物来反映高尚的品德情操，表达深刻的人生哲理，表现丰富的生活情趣，象征崇高的理想和追求。古代造园家效法这种方法，借园林动物反映园主人高尚的品德情操。如古代园主人常借孔雀以表达高尚品德，孔雀曾有九德美誉，这就是“忠、信、敬、刚、柔、和、固、贞、顺”。我们传统文化中认为：

牛：牛的勇敢是“视死如归”的勇敢，是不顾一切向前猛冲的方式。

马：马是野性动物本能的象征。马力大无比，因此常常是男性性欲的象征。

羊：代表的是温和、和平、善良的性格。有时候可能会比较软弱。

鹿：类似于羊，不过鹿更有灵气。它温柔，善良，聪明，但是也可能有软弱的不足。

狼：狼可以象征心中害怕的各种东西，尤其是被人认为是兽性的，攻击性的，破坏性的。可能一个人害怕的是非理性的或来自童年创伤经验（如恋母，恋父情结）本能压抑的结果。

熊：在西方人的梦里，熊的象征意义与我们有些不同。在西方，熊象征一是男性心理的女性成分；二是象征母亲，真实的母亲，或潜意识中可以获得的智慧；第三，或者仅是潜意识的象征。在中国，熊在人们心中代表笨拙，但是有力量。熊更多是代表男人。他的性格是温厚的，天真的。

狮子：狮子的性格是有权威性，有所谓王者的气质，是英雄原型和权利原型的结合。与老虎相比，狮子更有团体性，权威性的另一面是喜欢保护弱者，保护自己的朋友。狮子是一个威严，也是慈爱的家长。狮子实际上也有妩媚的一面，有“狮子”人格的女性，是那种妩媚起来光彩四射的女人。

鱼：古代释梦书说梦见鱼表示发财，有时是这样的。从谐音上，鱼和“富裕”的“裕”字同音。

鱼还代表性。容格提到：鱼，特别是生活在海洋深处的鱼，表示人心理上的低级中心，表示人的交感神经系统。这种说法也是很有道理的。鱼常常象征着潜意识或人的直觉。在一些艺术家的梦里，它代表神秘而且难以捕捉的灵感。

鸟：鸟是飞在天空的，它没有依凭任何有形的东西，只凭五星的风。所以它主要代表自由，也代表自然，直接，简明，不虚饰。

鸟也是性的象征。在半坡遗址中的彩陶上，有种鱼鸟纹，画的是鱼把鸟的头吞到嘴里。鱼吞鸟头：象征自由，没性爱和爱情，也可以象征死亡，因为死亡是最大的自由，也是性的极致。

弘扬人与自然的和谐理念，培育关爱动物的人文环境，加强园林动物的象征文化研究，树立人与自然动物的和谐理念，仍然有重大而深远的生态意义。要善于挖掘、利用古代园林动物文化资源，揭示人与动物相互依存的和谐关系，唤醒人们保护动物、维护生态平衡的意识。让人们在观赏园林动物文化的过程中，不但体会到园林动物的观赏游乐价值，也逐渐体会到它的写意价值和生态价值，从而使园林成为培育关爱动物的人文环境。

森林文化中还有许多地文资源、生物资源、人文资源、天象资源等方面的文化以及竹文化、中药文化、森林繁衍文化等部分内容，这些都是有待我们继续发掘景观形态构成的重要内容。图3-205至图3-210为城市森林公园景观形态设计创作实践的实例。

图3-205　城市森林公园森林景观构成创作实践

图3-206　城市森林公园生物多样性景观构成创作实践

图3-207　城市森林公园水体景观构成创作实践

图3-208 城市森林公园人文景观构成创作实践

图3-209 城市森林公园配套设施景观构成创作实践

城市森林公园（远）景观——遵循生态总体设计、景区开发与生态综合策划、自然美的追求

城市森林公园生态（中）景观——生物多样性、共生文化、生态旅游，生态美的追求

城市森林公园（近）景观——自然、野趣、乡土文化的风格追求

森林公园景观设计的追求——岭南地域特征、生态对策、艺术美的追求

森林公园生态景观形态构成——山水文化、空间层次、生物堤岸

森林公园道路设计理念——生态优先、形态构成、艺术美的追求

岭南建筑文化的理念——形式与内容统一

岭南建筑文化的理念——岭南地域气候特征

岭南建筑文化的理念——景点的通视策划

赋予建筑文化内涵——以杨贵妃故事传说点题

森林公园的解说系统

低碳、节能设计理念——无臭厕所

防洪灾设计——渗水地面设计

岭南饮食文化追求

乡土传统文化追求

城市森林公园的功能设计——休闲生态旅游

3–210　城市森林公园（远）景观——遵循总体生态设计、景区开发与生态综合策划、自然美的追求

参考文献

[1] 王杰 .2008. 美学 [M]. 北京 : 高等教育出版社 .

[2] 滕守尧 .2006. 环境美学 [M]. 成都 : 四川人民出版社 .

[3] 张杰, 刘春雷 . 2009. 构成艺术 [M]. 北京 : 电子工业出版社 .

[4] 唐诗宋词部分来源 : 百科网 .

[5] 陈望衡 .2007. 环境美学 [M]. 武汉 : 武汉大学出版社 .

[6] 〔美〕史蒂文·布拉萨 . 2008. 彭锋译 . 景观美学 [M]. 北京 : 北京大学出版社 .

[7] 金学智 .2002. 中国园林美学 [M]. 北京 : 中国建筑工业出版社.

[8] 李玉堂 . 2001. 建筑构形与环境 [M]. 武汉 : 湖北科学技术出版社 .

[9] 胡锦涛 . 2004. 在中央人口资源环境工作座谈会上的讲话 . 中国环境报, 04-06.

[10] 郭风平, 张艳, 安鲁 . 2009. 中国园林动物象征意义初论 . 中国论文下载中心 .

[11] 马洪伟 . 2009. 构成设计 [M]. 北京 : 化学工业出版社 .

[12] 赵良 . 2009. 景观设计 [M]. 武汉 : 华中科技大学出版社 .

[13] 蒋有绪, 郭泉水, 马娟等 . 1988. 中国森林群落分类及其群落学特征 [M]. 北京 : 科学出版社, 中国林业出版社 .

本章照片提供主要人员 :

陈维伟、陈尖、黄锦添、谢佐章、温金溪、陈炳辉、雷庆祥、练丽、付海真、傅杰等人提供外, 其他照片均由作者摄影 ; 房仕钢、张安军等人为照片做处理工作。特别感谢以上同志对本书编写给予的支持。

第4章　城市森林公园风景资源的调查与评价

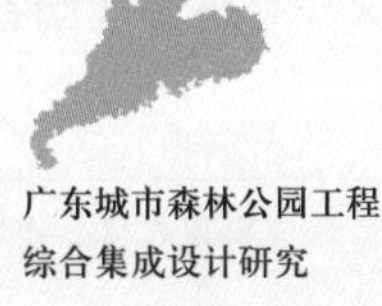

城市森林公园风景资源的调查与评价是一项重要的基础性工作，也是设计的重要依据。由于每个城市所处自然地理条件的差异，森林风景资源种类多样，森林公园风景资源调查的重点也不尽相同，但总体来说，一般都包括以下内容：森林风景资源、城市生态环境、城市历史文脉、城市环境景观、公众意识与需求和经济发展水平等内容。

4.1 森林风景资源的调查与评价

森林风景资源（forest landscape resources）是指森林资源及其环境要素中凡能对旅游者产生吸引力，可以为旅游业所开发利用，并可以产生相应的社会效益、经济效益和环境效益的各种物质和因素[1]。森林风景资源是森林公园吸引游客的最重要因素，也是开展森林游憩活动的物质基础和客观存在。对森林风景资源进行调查与评价是城市森林公园工程设计的首要环节。

森林风景资源调查与评价是按照森林风景资源的分类标准，运用科学的方法和手段，系统地收集、判别、筛选、分析和勘察森林风景资源及其相关因素，并给予科学的评估，确定森林风景资源的基本状况，分析各类森林风景资源的质量等级水平、发展潜力、游憩活动项目设计的可行性以及拟采取工程措施的合理性，为森林公园的规划设计提供依据。

4.1.1 森林风景资源的分类标准

关于森林风景资源的分类，不同学者的具体分法繁简不一。例如，1986 年 10 月张华龄先生发表的《林区风景资源调查区划与开发规划问题》一文中，将林区风景资源的调查对象分为地貌、水文、天象、人文、森林、珍稀树木、古树名木、野生动物、草地、药用植物、民居民俗及其他有观赏价值等 12 类风景要素。1993 年国家林业部颁布的《森林风景资源质量和开发建设评价标准（草案）》，将森林公园的风景资源分为林景、山景、物种、天象、人文等类别，并结合环境质量、地理位置等要素进行综合评价。1999 年国家质量技术监督局正式出台《中国森林公园风景资源质量等级评定》（GB/T 18005-1999），对森林风景资源的概念、风景资源类型以及质量等级评定都作了具体的规范，将风景资源分为地文资源、人文资源、水文资源、生物资源和天象资源 5 类，并制定了详细的评价体系，为森林风景资源的调查与分析提供了基本依据。

在森林公园中，森林风景资源的主体是森林资源及生态环境。为了便于森林风景资源的调查和评价，本书研究小组在《中国森林公园风景资源质量等级评定》国家标准的基础上，综合了《旅游资源分类、调查与评价》（GB/T18972 – 2003）和《风景名胜区规划规范》（GB 50298-1999）中的分类系统，结合广东省自然地理和社会经济发展条件，将城市森林公园的森林风景资源种类进行细化，提出“主类—亚类—基本类型”的三级体系。在 5 个主类的基础上，细分为 27 个亚类（表 4-1）。

4.1.1.1 地文资源

地文资源是指具有观光游览、科普教育、探险健身、文化体验等旅游价值的地质地貌资源。地球在漫长的地质历史演变过程中，由于地壳运动、岩浆活动、变质、地震以及风化、剥蚀、搬运、沉积、成岩等地质作用，形成了千姿百态的典型地质构造、标准地层剖面、生物化石点、地质灾变遗迹、名山、火山熔岩景观、蚀余景观、奇特与象形山石、沙（砾石）地、

1.《中国森林公园风景资源质量等级评定》（1999 年）。

表4-1　广东城市森林公园风景资源分类体系表

主 类	亚 类	基 本 类 型
1. 地文资源	(1) 地层遗迹类	全球界线层型剖面和界线点、底层单位与区域界线型剖面、典型沉积相剖面、典型层序剖面、典型事件剖面
	(2) 构造遗迹类	褶皱构造形迹（褶曲景观）、断裂构造形迹（节理景观、断层景观）
	(3) 岩石遗迹类	岩浆岩地貌景观、沉积岩地貌景观、变质岩地貌景观、矿床（产）地质遗迹
	(4) 生物化石类	古动物化石保存地、古植物化石保存地、古生物群落保存地、子遗古生物化石保存地、古生物遗迹保存地
	(5) 灾变遗迹类	地震遗迹、崩塌遗迹、滑坡遗迹、泥石流遗迹、洪水遗迹、地裂和地面沉降遗迹、地质工程景观
	(6) 地貌遗迹类	山岳、峡谷（沟谷）、丘陵、台地、平原、岩溶地貌、地热温泉、丹霞地貌、冰川遗迹、洞穴、海岸与岛礁
2. 水文资源	(1) 江河溪流类	风景河段、漂流河段、人工运河
	(2) 湖泊水库类	天然湖、人工湖（水库）、潭、池
	(3) 瀑布跌水类	瀑布、跌水
	(4) 泉井景观类	泉水、古井
	(5) 海湾海域类	海湾风景、海域景观、沙滩、涌潮现象
	(6) 湿地景观类	近海与海岸湿地、河流湿地、湖泊湿地、沼泽湿地、库塘湿地
3. 生物资源	(1) 森林景观类	亚热带常绿、落叶阔叶混交林，亚热带常绿阔叶林，热带季雨林，亚热带针叶林，热带针叶林，红树林，竹林，其他人工林
	(2) 高山草甸类	高山草甸
	(3) 古树名木类	古树、名木
	(4) 珍稀植物类	奇异花木、珍稀保护植物
	(5) 动物栖息地	水生动物栖息地、陆生动物栖息地、鸟类栖息地、蝶类栖息地
	(6) 物候季相类	春季景观、夏季景观、秋季景观和冬季景观
4. 人文资源	(1) 园林主题类	历史名园、现代公园、植物园、动物园、庭宅花园、专类游园、陵园墓园、其他园景
	(2) 古今建筑类	风景建筑、民居宗祠、文娱建筑、商业服务建筑、宫殿衙署、纪念建筑、工交建筑、工程构筑物、其他建筑
	(3) 历史古迹类	遗址遗迹、摩崖题刻、石窟、雕塑、纪念地、科技工程、游娱文体场地、名人故居
	(4) 民俗风情类	节假庆典、民族民俗、神话传说、民间文艺、地方人物、民族服饰
	(5) 宗教文化类	宗教建筑、宗教礼仪、宗教艺术
	(6) 地方特产类	菜品饮食、土特产、工艺品、其他物品
5. 天象资源	(1) 日月星光类	日月星辰观察地
	(2) 云雾景观类	云雾多发区
	(3) 冰雪霜露类	冰、雪、霜、露

注：1. 地文资源亚类和基本类型划分，参考了国土资源部地质环境司《中国国家地质公园技术要求和工作指南》(2002年)；2. 水文资源基本类型参考了《风景名胜区规划规范》(1999年)；3. 人文资源基本类型参考了《旅游资源的调查、分类和评价》(2002年)。

沙（砾石）滩、岛屿、洞穴及其他地文景观。

据广东省地质局地质专家初步掌握的资料显示[2]，全省现有地质地貌（地质遗迹）分为9种类型，即：地层遗迹类、构造遗迹类、岩石遗迹类、矿床（产）遗迹类、化石遗迹类、史前人类遗迹类、地质作用遗迹类、地质灾害遗迹类和地貌遗迹类等。

主要分布情况为：粤北地区以丹霞红层地质地貌及超大型矿床为主，如韶关－仁化－南雄地区丹霞地貌、平远五指山－南台山地区的丹霞地貌、大东山石崆峒花岗岩地貌、罗浮山－南昆山－从化黄龙带地区的花岗岩地貌、清新英德的岩溶地貌等；粤西地区以河流侵蚀、岩溶地貌、沿海第四纪及火山地貌为主，如雷州半岛的火山岩地貌、云开大山的变质岩地质遗迹、西江流域的岩溶和火山地貌；粤东地区以海蚀、河流浸蚀及风化地貌为主，如汕尾、汕头、深圳等地的海岸地貌；粤中珠江三角洲以古海蚀地貌为主，如广州古海岸遗址、南海古海岸遗址、广州恐龙蛋出土点、从化温泉、江门上下川岛、珠海横琴岛、惠州巽寮湾、佛山西樵山等。

山岳型、湖泊型、火山型、沙漠型、冰川型、海岛型、海滨型、溶洞型、温泉型等9种类型森林公园的地貌主体皆与地质遗迹密切相关，或含有一种或多种地质遗迹。在地文资源调查中，某一种地文资源可能成为森林公园中的最大特色。某些森林公园就是以某一地质遗迹特色命名或建立的，例如广州从化市古人类遗址森林公园。

在地文资源调查过程中，将调查的基本单元确定为地文资源的基本类型，既便于统计和分析，又能将其规划设计成某个景点的主题。对于较为复杂的地文景观，还需要地质专家的鉴定和评价。因此，依据地质遗迹的形成原因和自然属性，结合森林公园建设需要和地文资源的旅游开发价值，将地文资源类型归纳为6个亚类[3]，分述如下：

（1）地层遗迹类

地层是地壳发展过程中形成的各种成层岩石的总称。地层遗迹是研究生物演化及地质环境变化、地球发展历史重要的科学依据和佐证。在地球的发展演变过程中，每次地壳运动都会在地层中留下若干变动的痕迹。新的地层平整地覆盖上去时，新老地层之间就存在着特殊分界面。这种地层剖面不仅具有较高的科研价值，同时也是不可多得的科普教育旅游资源。

地层遗迹类主要有5种标准地层剖面类型，分别是：全球界线层型剖面和界线点、底层单位与区域界线型剖面、典型沉积相剖面、典型层序剖面、典型事件剖面。在森林风景资源调查过程中，要注意发现是否存在典型地层遗迹，一旦拥有该类型景观，将会成为极具旅游吸引力的资源。

（2）构造遗迹类

地质构造是地壳或岩石圈各个组成部分的形态及其相互结合方式和面貌特征的总称。由于构造变动作用而形成的遗迹，不仅具有科学研究价值，而且也有很高的科普价值和观赏价值。地质构造遗迹的主要类型有：① 褶皱构造形迹；② 断裂构造形迹。其中，褶皱是岩层在受水平挤压力作用过程中所产生的连续弯曲构造，有背斜和向斜2种基本类型。典型的褶皱构造遗迹具有各种美学形象图式，是重要的观赏内容。组成地壳的岩石受力作用后发生变形，当所受之力超过岩石本身固有强度时，其连续完整性被破坏，形成断裂构造。

地质构造遗迹主要有褶曲景观、节理景观和断层景观。其中，褶曲景观是指没有使岩块发生明显位移的断裂构造，表现为岩石上有规律的、纵横交错的裂隙；节理景观是指岩层在侧方压应力作用下发生的弯曲；断层景观是指岩层或岩体沿断裂面发生较大位移的一种地质构造类型。广东地质从元古代起，经历了加里东运动、印支运动、燕山运动和喜马拉雅运动等历次构造运动，产生了各类规模不一的构造形迹。全省最著名的构造地貌景观是罗浮山和鼎湖山。罗浮山为燕山期花岗岩构成的穹状山。鼎湖山由距今3亿年前的早中泥盆纪滨海、浅海沉积的砂砾岩、粉砂岩及

2. 广东省地质局（http：//www.gddkj.gov.cn）。

3. 参照国土资源部地质环境司《中国国家地质公园技术要求和工作指南》(2002年)。

页岩构成。在森林风景资源调查过程中，要注意发现地质构造形成的景观，如果赋予其文化内涵，则成为具有吸引力的景点。

(3) 岩石遗迹类

地壳是由岩石构成，地壳中的岩石不下数千种。按照成因，岩石可分为岩浆岩（火成岩）、沉积岩和变质岩三大类。其中，岩浆岩的花岗岩景观和玄武岩石景观、沉积岩中的石灰岩和红色砂岩景观、变质岩的大理岩景观等都具有极高的观赏、科普价值。例如：广东湛江硇洲岛、佛山王借岗等地的玄武岩柱状节理景观，雷州半岛的雷琼火山区地质地貌景观，湛江湖光岩的火山口湖（玛珥湖）景观，佛山西樵山国家森林公园的古火山口、火山弹和火山碎屑岩景观，清远英德国家森林公园的峰林、孤峰、石林、天生桥、地下暗河、溶洞等石灰岩景观。

岩石遗迹类资源还包括一些矿床（产）地质遗迹。全省具有肇庆端砚石、信宜广宁玉石、云浮硫铁矿、凡口铅锌矿、阳春石录铜矿、曲江大宝山铁及多金属矿、连平锯板坑钨矿、高要河台金矿、茂名高岭土矿、信宜银岩斑岩锡矿等矿山，在全国乃至全世界的著名矿床行列中都占有一定位置。目前，部分矿山资源已经枯竭，但其独特的采掘、选矿、冶炼景观，是绝佳的地文旅游资源。

(4) 生物化石类

生物化石是指保存在地层中的地质时期的生物遗体、遗骸及其活动的遗迹、遗物的总称。目前已知保存下来的动植物化石物种，全世界只有 13 万种左右。如果说文字是记载人类社会历史必不可少的工具，那么化石就是大自然史册的天然记录者。在广东最为常见的就是恐龙化石。例如：粤北南雄盆地内发现晚第三纪、白垩纪时期的恐龙蛋化石 14 个种类（约占世界已知种类的 1/3）、恐龙骨骼化石和含有胚胎的恐龙蛋化石及恐龙脚印。粤东北河源市发掘的一万多枚恐龙蛋化石，数量达到世界第一，远远超过了河南西峡的恐龙蛋数量。

河源市发现的恐龙化石是距今约 7000 万年前的小型肉食兽脚类恐龙骨骼化石。从已出土的化石标本分析，它属于兽脚类恐龙，个体较小，大约有两三米长。这类恐龙生活在白垩纪晚期，距今大约 7000 万年。

粤西茂名市发现全世界独一无二的恐龙蛋黄，其价值无可估量，现被当作国宝珍藏于中国科学院。此外，珠江三角洲地区的广州市、惠州市、南海平洲等地也均发现恐龙蛋化石及其他动植物化石。

(5) 灾变遗迹类

地质灾变遗迹是指在自然的作用下形成的具有旅游功能的自然遗迹景观。地质灾害主要有崩塌、滑坡、泥石流、地裂缝、地面沉降、地面塌陷、岩爆、水土流失以及地震、火山、地热害等。地质灾变遗迹类型主要有堰塞湖、断层崖等。能够作为旅游开发价值的还有一些地质工程景观。如清远飞来寺泥石流、汕头牛田洋围海造田、珠江三角洲北江大堤管涌等治理工程等。

(6) 地貌遗迹类

地质地貌特征主要是指地质作用的物质结果，如山岳、峡谷、喀斯特地貌、洞穴、冰川遗迹、海岸与岛礁、丹霞地貌、奇特与象形山石、沙（砾石）地、沙（砾石）滩及其他地文景观等。广东自然地貌因在历次地壳运动中，受褶皱、断裂和岩浆活动的影响，形成山地较多，岩石性质差别较大，山地、丘陵、台地、平原交错，地貌类型复杂多样。

① 山岳：南岭北峙，地势南倾。据统计，全省山地丘陵约占全省陆地国土面积的 58.6%。山地主要集中在粤北、粤东和粤西，多呈东北—西南走向，由花岗岩或花岗岩侵入变质岩系构成。北部的南岭是珠江水系与长江水系的分水岭，山脉则多为向南拱出的弧形山脉，其间夹有南雄盆地、英德盆地、韶关盆地和一些南北向的切谷。据统计，全省海拔 1000m 以上的山峰 160 余座。主要山脉有莲花山、罗浮山、九连山、青云山、滑石山、天露山、云雾山、云开大山等，多呈东北至西南走向，并与海岸线平行。

② 峡谷：峡谷排列有序，山形多姿多彩。粤东山地有三列，分别为莲花山脉、罗浮山脉、九连山脉，大体呈东北—西南走向。这些山岭之间有梅江、西枝江谷地，东江谷地，龙门、灯塔谷地等。粤西山地也是东北—

西南走向的三列山脉，分别为天露山（海拔 1254m）、云雾山脉（海拔 1140m）和云开大山（1704m），山岭间有河谷盆地。山形多姿多彩，主要有石灰岩峰林地貌、砂岩峰林地貌和玄武岩地貌和丹霞地貌等（图 4-1）。

③ 丘陵：丘陵广布，丘顶较平，地表破碎。丘陵占全省大部分，大都分布在山地周围，或零星散落于沿海平原与台地之上，尤以粤东南丘陵最为广阔。主要分布在粤北的南雄、仁化、连州，粤东的兴宁、梅县、五华、龙川、河源、平远、紫金，粤西的罗定，海拔一般都在 250m 以下。

④ 台地：地面起伏和缓，顶部齐平。台地分布较广，以雷州半岛—电白—阳江一带和海丰—潮阳一带分布较多。雷州半岛是一个近代熔岩、浅海堆积和侵蚀形成的台地，粤东海陆丰则是大片的花岗岩台地。台地海拔一般不超过 80m，坡度小于 10°。这类土地地势开阔平坦，但土壤相对贫瘠。

⑤ 平原：全省内南部分布有河谷冲积平原和三角洲平原，其中，河谷冲积平原有北江的英德平原，东江的惠阳平原，粤东的榕江平原、练江平原，粤中的潭江平原，粤西的鉴江平原、漠阳江平原和九洲江平原。三角洲平原中，珠江三角洲平原是全省面积最大的平原。韩江三角洲平原与榕江平原、练江平原、黄岗三角洲合成潮汕平原，为广东第二大平原。

⑥ 岩溶地貌：岩溶地貌是可溶性岩石在以地下水为主、地表水为辅，以化学过程为主、以机械过程为辅的破坏和改造作用下形成的。主要景观类型有：峰丛、峰林、孤峰、石林、石芽、溶斗（漏斗）、溶洞、石钟乳、石笋、石柱、石幔、石旗、边石坝、钙华板、落水洞、竖井、天生桥以及重力堆石洞等。

广东泥盆纪、石炭纪、二叠纪、三叠纪地层的石灰岩、白云岩、白云质灰岩和泥质灰岩广泛发育，为浅海沉积物，由碳酸盐构成，主要分布于粤西北及粤西。例如：粤西北的连江流域的岩溶峰丛，肇庆七星岩景观，阳春春湾至八甲漠阳江两岸的峰林、石景等。地下洞穴主要有：肇庆七星岩碧霞洞、阳春的凌宵岩和玉溪三洞、英德的宝晶宫和碧落洞、云浮幡龙洞、乐昌古佛岩、连县的大口岩和龙宫宝塔岩、封开白石岩、怀集燕岩、翁源龙宫宝殿、和平李田岩、连平上洋岩洞、乳源“通天箩”的垂直洞穴等。

⑦ 地热温泉：全省已发现地热泉点（地热田）300 多处，天然排泄总量约每天 57.1 万 m^3，在初步探明的地热资源中，99% 的地热田（点）属低温地热资源，较适宜于温泉旅游、疗养和度假，为全国温泉资源最多的省份。例如：广州从化温泉、清新三坑温泉、珠海平沙温泉、恩平帝都温泉、珠海斗门御温泉、阳江温泉、梅州汤湖热矿泥等都属于此类型。

图4-1 峡谷地貌（广州市从化石门国家森林公园）

图4-2 冰臼遗迹（梅州市天堂山森林公园）

⑧ 丹霞地貌：丹霞地貌是由红色砂砾岩在风化剥蚀、流水切割、重力崩塌等外力作用下，形成赤壁丹崖的地貌景观。以广东仁化县的丹霞山最为典型，故名丹霞地貌。丹霞地貌的地层为晚白垩世中 - 晚期，由紫红色砾岩、砂砾岩、含砾砂岩和长石砂岩等组成，夹粉 - 细砂岩，局部夹粉砂质泥岩薄层或透镜体，呈钙质、铁质及泥质胶结，岩性粗，较坚硬，一般分布在盆地边缘，产状较平缓，节理垂直，断裂发育。经流水侵蚀、差异风化和重力崩塌，形成大量红色的群山、陡峭的悬崖和突兀的山峰，景色瑰丽。

⑨ 海岸与岛礁：陆地和海洋间的分界线，即海洋水体与大陆交互作用的地带，称为海岸带。景观类型主要有：海蚀穴、海蚀崖、海蚀拱桥、海蚀柱以及海滩等。岛屿是海洋、江河或湖泊中被水包围的小片陆地。全省沿海面积大于 $500m^2$ 的海岛有 759 个，其中面积大于 $50km^2$ 的有 9 个。例如：湛江的东海岛、南三岛、硇洲岛，江门的上川岛、海陵岛、下川岛，珠海的淇澳—担杆岛，揭阳的南澳岛、汕头海岸石林、惠来县海滨石笋奇观等。

⑩ 冰川遗迹：冰川遗迹是指在冰川发生、发展和消亡过程中，直接形成的堆积物和地貌。例如：粤西北封开古冰川遗址、怀集古冰川遗址、佛冈黄花镇古冰臼景观、饶平古冰川遗址等（图 4-2）。

4.1.1.2 水文资源

水文资源是指能够吸引旅游者进行观光游览、度假健身、参与体验等活动的各种水体资源，包括风景河段、漂流河段、湖泊、瀑布、泉、现代冰川及其他水文景观等。随着人们旅游需求个性化和多样化的不断发展，森林旅游活动不仅仅局限于看、游、赏，更多的旅游者越来越注重体验与参与，如海水浴、温泉浴、游泳、划船、扬帆、滑冰、潜水、冲浪、滑水、垂钓以及疗养、品茗等。很多森林公园就是以其独特的水文资源成为旅游吸引力。

水资源还是各种野生动物赖以生存的重要条件，森林公园内的水文资源调查与评价不单单看其是否具有森林旅游开发价值，还应该从其对维护森林生态系统的稳定性、保护森林风景资源的重要性等方面入手。依据水文资源的特点，将其归纳为 6 个亚类，分别是：江河溪流类、湖泊水库类、瀑布跌水类、泉井景观类、海湾海域类、湿地景观类。分述如下：

（1）江河溪流类

河流是指陆地表面接纳汇集、输送水流的路径和通道，即河槽（河床）及在河槽中流动的水流。河流的发源地，称河源；河流的终点，称河口。它是河流流入海洋、湖泊或沼泽等的地方。除河源和河口之外，每条河流还可根据水文特征或地貌特征等差异，划分为上、中、下三段。众多的河流不仅可用于灌溉、航运和舟楫，而且有些河流自身就是景观，或与其他景观相结合构成了重要的游憩资源。全省河流众多，水量丰富，河流水网发达，主要有珠江水系的东江、北江、西江和珠江三角洲水系，其次为粤东、粤西沿海，集雨面积在 100 km^2 以上的各级干、支流 542 条，其中独流入海的有 54 条。

① 风景河段：是指风景优美、具有旅游开发价值河流的某个区段，着眼于水流和河流两岸的风景。河流两岸的风景包括两岸的山峰、奇石、植被、名胜古迹等方面。许多河流都具有这种特征，不管是从河流本身的形、声、色等构景要素还是从河流与其他的景观要素相结合，都可以形成优美迷人的风景，吸引游客观赏。广州市流溪河国家森林公园就是以流溪河和流溪河水库形成其特色。

② 漂流河段：漂流探险，是一项新兴的旅游产品。它以全程参与、有惊无险、快乐刺激、野趣无穷的魅力，吸引着越来越多的游客。广东漂流资源丰富，已经建成开放的旅游景点约 40 处，其中较为著名的有：广州市流溪河国家森林公园的流溪河峡谷漂流、清远市笔架山省级森林公园的峡谷漂流、惠州市南昆山国家森林公园的川龙峡漂流、肇庆市德庆森林公园的盘龙峡漂流、清远市英德国家森林公园的飞霞碧溪漂流、台山市北峰山森林公园的峡谷漂流等。适合漂流探险的河段，必须要有自己的一些特点和要求。首先，与风景河段一样，沿岸自然风光优美，这是漂流探险河段的基本要求；其次，漂流不同于平湖泛舟，需要有一定的水流速度的支撑；第三，水不宜深，漂流河段

图4-3 溪流景观（广州市从化石门国家森林公园）

图4-4 河流景观（广宁竹海国家森林公园）

水深以 0.5 ~ 1.2m 为宜；第四，暗礁险滩少，漂流河段一般会避开或采用人工方式清除暗礁；第五，水温适宜。漂流探险活动中，游客的衣衫不免会弄湿，河段的水温应该适中。

③ 溪流瀑涧：溪流是自然山涧中的一种水流形式，主要分布在山谷之间。自然环境中溪流两岸砌石嶙峋，溪水纵横交织，疏密有致，小流激石，涓涓而流，在两岸土石之间，生长一些耐水湿的蔓木和花草，构成极其自然野趣的溪流。瀑涧相对气势宏伟，河水在流经断层、凹陷等地区时垂直地跌落，流动的河水突然而近似垂直跌落的地区（图 4-3）。

④ 人工运河：用以沟通地区或水域间水运的人工水道。用以通航、灌溉、供水或导流，通常与自然水道或其他运河相连。除航运外，运河还可用于灌溉、分洪、排涝、给水等。运河可分为以下几种：海运河，位于近海陆地上，沟通内河与海洋，或海洋与海洋，主要行驶海船的运河。内陆运河，位于内陆地区，供内河船舶通航的运河。设闸运河，运河内设有船闸以克服水面比降大的运河。无闸运河，水面比降较小，不设船闸的运河（图 4-4）。

（2）湖泊水库类

湖泊是地面上的洼地积水而形成的比较宽广的水域。人工湖，即由人工建造的水库，具有拦洪蓄水和调节径流等特定的功能。人工水库是森林公园常见的水文资源。据统计，全省共建成水库 6845 宗。其中：大型水库 33 座，库容 280.5 亿 m^3；中型水库 284 座，库容 80.4 亿 m^3；小型水库 6524 宗，总库容约 57.6 亿 m^3。例如：深圳清林径省级森林公园，就是以清林径水库、黄龙湖水库和伯公坳水库作为森林公园的主体资源。三个水库总库容高达 1.86 亿 m^3，还是深圳市东江水源的饮用水战略储备库。对于人工水库的利用，经常面临着饮用水源、水力发电与旅游开发三者的矛盾，如何通过工程设计协调其三者的关系则显得尤为重要（图 4-5）。

（3）瀑布跌水类

瀑布是流水从悬崖或陡坡上倾泻而下形成的水体景观，或从河床跌水处飞泻而下的水流。瀑布景观是水域风光类旅游资源的重要组成部分，具有独特的美学价值，雄壮、粗犷，千姿百态，具有声、色、形之美（图 4-6）。

如粤北南岭国家森林公园的瀑布长廊。森林公园内处处见瀑布，时时闻瀑声。论数量，大小不一共 200 多条。论规模，瀑布成群的就有 5 组，每组由 5 ~ 8 个瀑布构成，景观壮丽。其中最为著名的是石

图4-5　人工湖景观（梅州雁鸣湖国家森林公园）

图4-6　瀑布景观（广东南岭国家森林公园）

坑峡的“瀑布群”。在南岭深壑幽谷中，一股发源于广东第二峰——石韭岭（海拔 1888m）的溪水，汇集于海拔 1000m 的九重山处，往下流至石坑口，形成落差 400m、长 2200m 的瀑布长廊。

按照瀑布的成因及本质特征，可以将瀑布分为以下类型：

① 构造型瀑布：是由地壳运动使地层发生断层所形成的瀑布。当多级断层以地堑或地垒的形式出现时，则可以形成多级瀑布。

② 堰塞瀑布：是由火山喷发出来的熔岩漫溢，阻塞了河道，造成了原来河流在熔岩陡坎上产生跌水，或由山崩、滑坡、泥石流等堆积物阻塞河道，从而形成的瀑布。

③ 袭夺瀑布：由于河流的袭夺而造成的。所谓河流袭夺，是指处于分水岭两侧的两条河流，其中侵蚀力量较强、侵蚀较深的河流进行下切侵蚀，切割分水岭后，将另一侧那条河流的一部分袭夺过来，使被袭夺的那条河，最终成为袭夺河的一条支流。被袭夺的河流由于高于袭夺河的谷底而跌落下来，形成袭夺瀑布。

④ 差异侵蚀瀑布：由于岩性的差异，使河谷下蚀作用不均匀地进行，常在硬、软岩石河段之间形成陡坝，产生瀑布。可以说，在没有断层、袭夺或堰塞的情况下，大多数瀑布是由于差异侵蚀造成的。

⑤ 喀斯特瀑布：在石灰岩地区，因水流溶蚀作用使石灰岩岩层、落水洞等发生坍塌或钙化层的不断堆积，河道中出现天然的坝坎等因素而形成。这种类型的瀑布，亦可在断层或两种软硬岩层的交接地带形成，只是其形成动力不仅局限于河流的冲蚀作用，还兼有水流对可溶性碳酸盐岩类的溶蚀作用。

⑥ 悬谷瀑布：由于冰川的刨蚀作用而形成的，往往以古冰斗为积水潭，再经由冰斗边缘的陡坎，夺路飞泻跌落而形成。这种古冰斗，现在一般已经没有任何冰川的活动。如佛山市西樵山国家森林公园的瀑布群，属于此类型。

(4) 泉井景观类

泉是地下水的天然露头，是地下水涌出地表的自然景观。它不仅可以造景、育景，常给人带来幽雅、秀丽的景色，而且还为人们提供了理想的水源。泉水可转化为溪、涧、河、湖，造就出更大的风景场地和丰富多彩的风景特色。

泉水的类型多种多样。按泉水涌出地表的水动力条件可以分为上升泉和下降泉。前者可以向上自喷，即喷泉；后者只能向低处自流。按泉水的成因和地质条件可分为侵蚀泉、接触泉、溢出泉、堤泉、断层泉、喀斯特泉等。

（5）海湾海域类

海滨地带始终是观光旅游的胜地。良好的气候和海水条件，还使海滨成为疗养度假的好去处。海不仅以其优美的风光吸引游客，而且在海面上也可以开展参与活动，如海钓、游泳、驶帆、摩托艇、冲浪、滑水、划船和水上飞机等（图 4-7）。

（6）湿地景观类

全省湿地类型可分为近海与海岸湿地、河流湿地、湖泊湿地、沼泽湿地、库塘湿地 5 种类型。其中，近海及海岸湿地类型最丰富、面积最大，占全省湿地总面积的 1/2 以上。其次为河流湿地。

① 近海及海岸湿地：主要包括浅海水域、潮下水生层（大亚湾、大鹏半岛一带，是生长于潮下岩石的马尾藻及赤藻类）、珊瑚礁（湛江的徐闻县、硇州岛、大放鸡岛，深圳的大鹏湾及惠州的大亚湾）、岩石性海岸（江门的广海湾和惠州的大亚湾、深圳的大鹏湾最为集中）、潮间沙石海滩（江门市上川岛飞沙滩、阳江市闸坡沙滩、茂名市茂港区沙滩、湛江市的东海岛沙滩）、潮间淤泥海滩、潮间盐水沼泽和盐田湿地（电白县的博贺港以及海丰、陆丰）、红树林沼泽（东起饶平县柘林港，西至廉江市高桥镇的沿海均有分布）、海岸性咸水湖、河口水域（珠江口八大口门的河网区）、三角洲低积平原（番禺的万顷沙，中山的茂丰围及珠海的白藤湖、斗门的平沙农场）、三角洲基塘湿地（珠江三角洲的顺德、南海、中山、江门、珠海）、水产养殖湿地等基本类型。

图4-7　滨海景观（深圳龙岗锣鼓山森林公园）

② 河流湿地：全省共有大小河流约 2000 条，总长约 36000km，集中分布在中、南部的丘陵、台地及三角洲平原地区。主要河流有珠江水系的西江、北江、东江和非珠江水系的韩江、榕江、练江、漠阳江、鉴江等。河流湿地分为永久性河流和泛洪平原湿地。全省河流均属永久性河流。泛洪平原湿地主要分布在珠江三角洲。

③ 湖泊湿地：全省面积大于 100hm^2 的永久性淡水湖泊有 5 处，分别是湛江湖光岩、肇庆星湖、普宁白坑湖、惠州西湖和潼湖。现都已开发成著名的旅游景区。

④ 沼泽湿地：主要有广东罗坑省级自然保护区山地草本沼泽，吴川的香根草沼泽，高州、惠来、肇庆等地的野生水稻沼泽。其中，吴川市兰石镇的香根草沼泽湿地是目前国内面积最大的天然香根草群落。

⑤ 库塘湿地：主要包括水库和以养殖为目的山塘、坑塘和鱼塘，大多分布于丘陵、山地，全省已建成水库 6544 座，总库容 381 亿 m^3。其中，库容量在 10 亿 m^3 以上的水库有新丰江国家森林公园的新丰江水库、枫树坝省级森林公园的枫树坝水库、鹤地水库、南水水库、白盆珠水库和高州水库等。

4.1.1.3 生物资源

生物资源包括各种自然或人工栽植的森林、草原、草甸、古树名木、奇花异草等植物景观；野生或人工培育的动物及其他生物资源及景观。生物资源以其复杂的形态和由其自身生命节律所表现出的变化性构成了森林旅游的实体，是森林风景资源中最具特色的类型。

生物是自然界最具活力的组分。在地球上没有生物出现之前是寂静的、单调的，生命的出现使地球上有了生机，有了色彩。生命演化至今，丰富多彩的生物使地球生机盎然。随着人类社会的发展，生物以其特有的方式和作用影响着旅游业的发展进程。生物具有构景、成景、造景三个方面的旅游意义。

生物资源分为：① 森林景观类；② 草地草甸类；③ 古树名木类；④ 珍稀植物类；⑤ 动物栖息地；

⑥ 物候季相类。

(1) 森林景观类

由于受第四纪冰期影响较小，广东植物区系发展悠久，森林植物种类丰富，保存了不少古老的植物种类，形成了古老植物和孑遗植物众多的植物区系。在地处高温多雨、终年湿润的热带和亚热带气候环境下，分布着以热带与亚热带植物区系成分为主的常绿阔叶林，形成地带性森林植被特征：北部为中亚热带典型常绿阔叶林、中部为南亚热带季风常绿阔叶林以及南部的热带季雨林。此外，还有亚热带针叶林、热带针叶林、红树林以及人工林等。

由于受人为干扰破坏，各地带原生性的森林植被类型残存不多。在热带地区的次生森林植被以具有硬叶常绿的稀树灌丛和草原为优势，亚热带地区则以针叶稀树灌丛，草坡为多，人工林以杉木、马尾松、桉树、木麻黄、竹林等纯林为主（图 4-8）。

① 亚热带常绿、落叶阔叶混交林：常绿、落叶阔叶混交林是中国亚热带地区有广泛分布的地带性森林植被类型之一，是属于落叶阔叶林和常绿阔叶林之间的过渡类型，主要分布在北亚热带的丘陵低山。这种森林在广东主要分布在粤北山地，因适应气温的变化，分布在海拔较高的山地，是海拔升高效应所促成垂直分布带谱上的森林植被类型，其分布下限同常绿阔叶林相接。常绿、落叶阔叶混交林一般优势树种不明显，林冠繁茂，参差不齐，多呈波浪起伏，由于落叶树种的存在，具有较明显的季相变化，林相丰富多彩。森林群落结构通常为乔木、灌木及草本三层，有的还有苔藓活地被层。常见的落叶树种有水青冈属（*Fagus*）

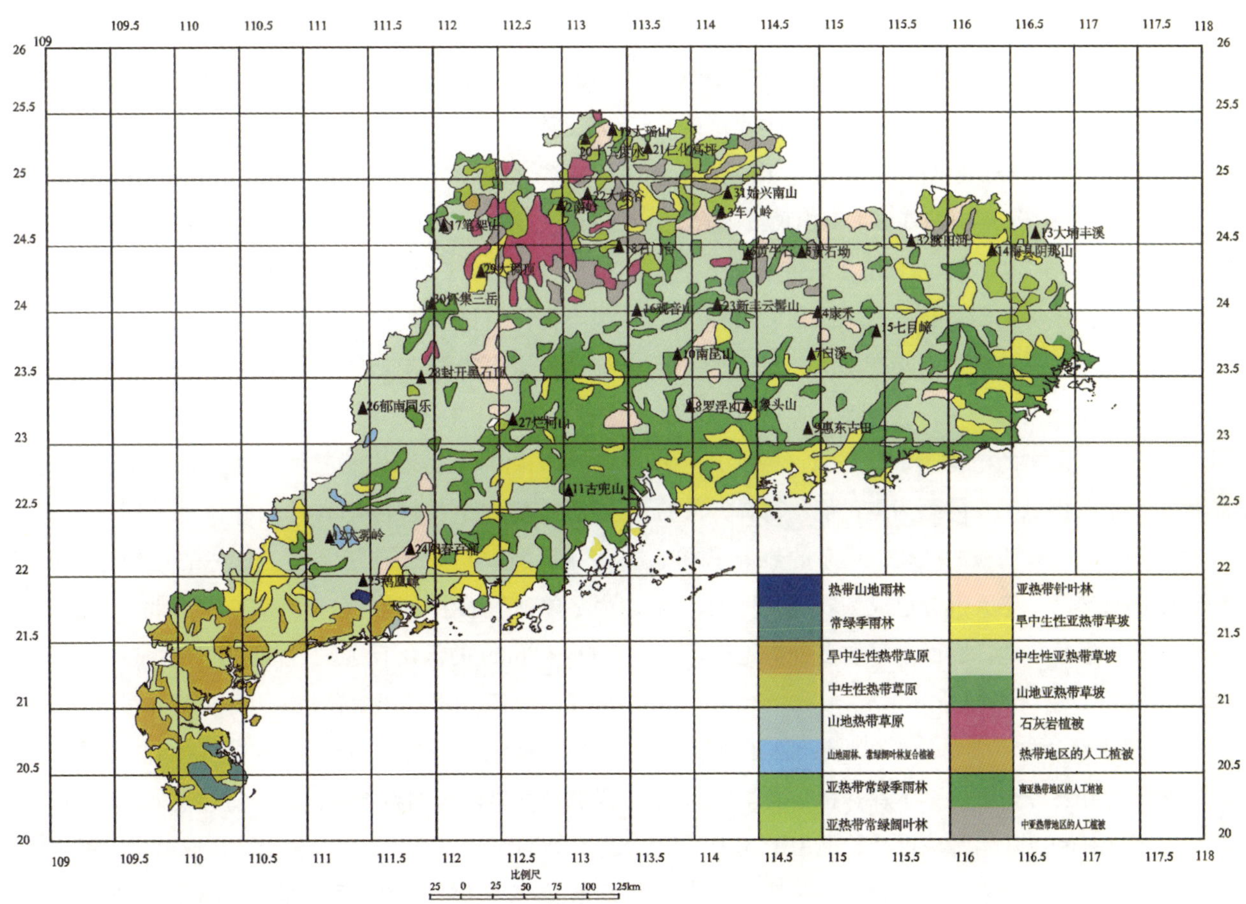

图4-8　广东省植被类型及分布示意图

资料来源：中国科学院、华南植物研究所编著的《广东植被》(1976 年)

等，而常见的常绿树种有樟属（*Cinnamomum*）、山茶属（*Camellia*）、柃木属（*Eurya*）等。

② 亚热带常绿阔叶林：常绿阔叶林在中国亚热带地区分布广泛，是具有代表性的地带性森林植被类型，也是广东主要森林植被类型之一。构成广东常绿阔叶林的基本成分，是壳斗科、樟科和山茶科、木兰科等的常绿树种。这些科的常绿树种在广东非常丰富，往往是常绿阔叶林的优势种或共优种。

按广东常绿阔叶林的组成、结构和生态特征，可分为三个森林植被亚型，即：典型常绿阔叶林、季风常绿阔叶林、山地常绿阔叶矮林。典型常绿阔叶林主要分布在广东北部，南与南亚热带季风常绿阔叶林——赤红壤地带为界，北与湖南、福建接壤，西与广西相连，属中国中亚热带的南部地区。季风常绿阔叶林是广东南亚热带地带性代表类型，是热带雨林、季雨林向中亚热带典型常绿阔叶林过度的主要森林类型。可分为南北两个群系组，北部群系组为低山丘陵季风常绿阔叶林，南部群系组为低丘陵台地季风常绿阔叶林。山地常绿阔叶矮林位于亚热带山地常绿阔叶林上部，适应于高海拔的特殊生境。常见于韶关乳源的莽山、大瑶山和清远连山的紫威顶等山顶或山脊上。

③ 热带季雨林：热带季雨林是在热带干湿交替显著的季风区，由多种能耐干热的常绿和落叶树种组成的季相变化明显的森林类型。热带季雨林在广东主要分布在西南部雷州半岛一带，北至廉江、茂名、阳江一线。广东热带雨林的植物区系与龙脑香林及山地雨林相比较，虽然仍以热带区系为主，但从树林群落的建群树种看，已有较明显的变化。广东的热带季雨林一般遭受严重破坏，绝大部分已成为农林牧用地，或沦为次生林、灌丛草地，因而应采取多种措施进行恢复和保护。

④ 亚热带针叶林：主要分布在亚热带的丘陵低山区。亚热带针叶林分布区的基本森林植被类型原为亚热带常绿阔叶林和季风常绿阔叶林，但由于人为活动的干扰和破坏，在现有森林植被中，这些基本森林植被少见有大面积分布，而针叶林却大大超过它们，这些针叶林分布区的土壤多属酸性红壤，如黄壤和赤红壤，有的马尾松和在相同立地条件生长的阔叶林有较强的抗性，能够在干旱瘠薄的立地上蔚然成林，成为绿化荒地的先锋树种。

亚热带针叶林可分为亚热带落叶针叶林［如水松（*Glytostrobus pensilis*）、落羽杉（*Taxodium distichum*）等］和亚热带常绿针叶林（如马尾松、杉木等）。水松是我国特有的孑遗植物，主要分布在珠江三角洲一带，例如，广州的石牌、长涎等地的泥炭土中仍埋藏着很多水松根，但目前水松大都是人工栽培，分布于河涌两岸或江河下游的泛滥滩地上。

⑤ 热带针叶林：主要分布在广东西南部，大多数树种都是散生于阔叶林中，形成针阔叶树混交林。松柏类树种约 13 种，分属松属、罗汉松属、陆均松属等热带大面积的天然针叶林只有南亚松（*Pinus latteri*）。南亚松是中国热带的重要树种，耐高温、干旱、瘠薄的生态环境，在亚洲热带地区，南亚松林主要分布在印度尼西亚苏门答腊、缅甸、泰国、老挝、柬埔寨及越南等中南半岛诸国，在广东的分布范围在雷州半岛廉江县河唇木七垌以南。

⑥ 红树林：红树林是生长在热带亚热带海湾、河口盐土上的一种植物类型，主要由红树科树种组成，故称红树林。广东是中国红树林分布最广、种类组成最丰富、生长最茂盛的地区，广东沿海各地均有间断分布，主要类型有：白骨壤林、桐花树林、秋茄林、角果木林、木榄林、海漆林和银叶树林。

⑦ 竹林：由禾本科竹亚科植物所组成。竹类在形态结构和生长特性都和针阔叶树种不同，因而在森林类型中列为一独特类型。竹林的地理分布可分为：单轴型散生竹区（分布在粤东、粤北、粤西海拔 200 ~ 800m 的低山丘陵）、合轴型丛生竹区（分布在东江、西江、北江两岸盆地）、复轴型混生竹区（分布在西江流域海拔 200 ~ 500m 范围内）。竹林的鞭根纵横交错，有涵养水源、固土防冲功效，有保持生态平衡的作用。此外，竹类生长快、成材早、用途广，一次造林可长期砍伐利用，是重要的用材和四旁绿化树种。根据竹林本身和生境特点，竹林可分为亚热带山地丘陵竹林和亚热带江河盆地竹林。

至于垂直地带性方面，由于广东山地海拔不算太高，垂直地带性的森林植被类型较少。在南亚热带山地，海拔 500m 以下为南亚热带季风常绿阔叶林，1000m 以下为山地常绿阔叶林，1000m 以上为山地常绿阔叶短林；在中亚热带山地，海拔 200m 以下为南亚热带季风常绿阔叶林，700m 以下为中亚热带典型常绿阔叶林，100m 以下为山地常绿阔叶林，1000m 以上为山地针阔叶混交林或山地常绿阔叶短林。

森林景观是森林公园的主体资源，一些具有较高观赏价值的森林景观成为吸引游客的重要因素。例如，南岭国家森林公园的铁杉林、广东松林、高山矮林，佛山西樵山国家森林公园的米锥林，从化石门国家森林公园的典型常绿阔叶林，揭西大北山省级森林公园的福建柏林，广宁竹海国家森林公园的青皮竹林等。

(2) 高山草甸类

在寒冷环境条件下或者海拔较高的山顶发育的一种草地类型。在广东省内高山草甸类型的资源较少，但是作为风景资源，在北部海拔的山区也有发现。自然形成的草甸类景观与森林景观相互衬托，别有一番景致。

(3) 古树名木类

古树名木作为一种特殊的植物资源，是记录历史、指示环境变迁、展示生态特征的历史文物和科学资料，是历史文化延续的标志和生态文化传承的重要载体，具有科学研究和旅游欣赏价值。古树是指树龄在 100 年以上的树木。名木是指国内外稀有的以及具有历史价值和纪念意义及重要科研价值的树木。例如，1992 年 1 月 22 日邓小平同志在深圳仙湖植物园视察时，亲手种植了一株高山榕。高山榕是一种亚热带植物，桑科榕属，是广东省的代表树种。这株高山榕成为仙湖植物园的骄傲和象征，已经列入重点保护的对象。

广东有着丰富的古树名木资源，种类多，分布广，是森林公园中常见的森林风景资源。据统计，全省的古树名木共有 23179 株，其中一级古树（500 年）693 株，占 3.0%；二级古树（300 ~ 499 年）2387 株，占 10.3%；三级古树（100 ~ 299 年）19964 株，占 86.1%；名木 135 株，占 0.6%。这些古树名木以热带、亚热带科属的种类为主，隶属于 73 科 194 属 311 种，主要为桑科、壳斗科、樟科和桃金娘科等科树种，这 4 个科的种类有 85 种，占总种数的 27.3%，其中有国家重点保护野生植物 22 种，珍稀濒危植物 24 种。

(4) 珍稀植物类

广东省国家重点保护野生珍稀濒危植物种类组成丰富，共 33 种（含 1 变种 1 亚种），隶属于 24 科 31 属。其中蕨类植物 1 种，裸子植物 6 种，被子植物 26 种；国家 I 级保护 3 种，国家 II 级保护 30 种；濒危 7 种，渐危 15 种，稀有 11 种（表 4-2 和附表 1）。

例如，石门国家森林公园内主要有孑遗植物、特有种植物、濒危植物、观赏植物和观赏动物等 7 个基本类型，50 多种。森林公园内红花荷林景观分布在海拔 600 ~ 750m 的区域，系目前广东最大一片天然分布的红花荷林。红花荷，又名红苞木，开花时正逢春节且花形美观，花量大，花期长，具有很高的观赏价值。红花荷林景观，是以红花荷占优势的林分，属季风常绿阔叶林的一个群系，主要组成树种有红花荷、网脉山龙眼、尖叶柃、华润楠、细枝柃、甜锥、华鼠刺、石笔木、变叶榕、罗浮柿和荷木等。红花荷在群落中，其相对优势度、相对频度和相对密度均居群落的首位，

表4-2　广东省国家重点保护野生珍稀濒危植物统计表

	科　数	属　数	种　数	一级保护种数	二级保护种数	濒危种数	渐危种数	稀有种数
蕨类植物	1	1	1	—	1	—	1	—
裸子植物	6	6	6	2	4	1	3	2
被子植物	17	24	26	1	25	6	11	9
合　计	24	31	33	3	30	7	15	11

重要值最大，占85.7%。

石门国家森林公园还存有大面积的野生珍稀植物禾雀花。最佳的观赏季节为每年的3～4月。禾雀花，学名白花油麻藤，为蝶形花科藤本植物，花形酷似雀鸟，吊挂成串有如禾雀飞舞。这种连片分布的天然禾雀花群落在全省乃至全国都是不可多得的，堪称一绝。森林公园内还有西方科学家只能通过化石才能进行研究的"史前遗志"，如观光木、桫椤、红豆、含笑、毛桃木莲等一批珍稀植物。

（5）动物栖息地

动物栖地是指一个动物族群或多个动物种类栖息之地。珍稀动物指野生动物中具有较高社会价值、现存数量又极为稀少的珍贵稀有动物。在此我们主要关注的是珍稀动物的科考旅游和观赏价值。

广东北依南岭，南临热带海洋，北回归线横贯中部，具有北热带、南亚热带、中亚热带3种气候，境内地质构成复杂，地貌景观特殊，生物物种起源古老，种类繁多，成分复杂。省内有众多的河流、港湾和辽阔的海域，是国际候鸟迁徙的主要停歇地、繁殖地和越冬地。据统计，全省陆栖脊椎野生动物有770种，其中兽类114种、鸟类504种、爬行类111种、两栖类41种。被列入国家一级重点保护陆生野生动物17种、二级保护陆生野生动物94种，省重点保护陆生野生动物76种（表4-3）。

（6）物候季相类

物候是生物长期适应温度条件的周期性变化，形成与此相适应的生长发育节律，通俗讲就是生物为了适应环境而做出的反应。例如，石门国家森林公园有着丰富的季相变化景观，在不同时节公园可观赏到不同的特色景观。春季，植物吐芽抽叶，林分绿色深浅、层次分明，浓淡相间，加上各式花朵竞放其中，一派生机盎然的景象。每年1～2月，青梅林开花，远远望去，似朵朵绒绒雪花，故有"石门香雪"之美名，与"流溪香雪"、"萝岗香雪"并称广州三"梅海"。在3月上旬至4月中下旬期间，是天然野生禾雀花的最佳观赏期。夏季，蝉噪鸟鸣，更显林海幽深，也是观赏林果花、品尝鲜果的最佳时期。秋季，木本果实繁多，壳斗科、茶科果实成熟，杜英、山乌桕、枫香叶子变红，点缀其间，林相色彩变化多样。至秋末初冬时节，枫香、山乌桕等树种叶子红色，形成层林尽染、万山红遍之景观。12月红花荷开花，红花开时，朵朵像红粉佳人，形似吊钟，娇俏迷人。在这个季节还可以欣赏到深山含笑、山杜鹃等各种时花。

4.1.1.4 人文资源

人文资源包括历史古迹、古今建筑、社会风情、地方产品及其他人文景观。

（1）园林主题类

岭南地区处于南岭山脉以南，为南亚热带气候，降水丰沛，植物常绿，造园条件十分优越。园林多为景观欣赏与避暑纳凉相结合，布局往往以大池为中心，绕以楼阁，高树深池，阴翳生凉。岭南园林的花木种植颇广，从青竹幽兰到热带的榕树木棉，与建筑小品

表4-3 广东省陆生野生动物资源调查和监测对象

兽类	短尾猴、猕猴、穿山甲、豺、狼、黑熊、林麝、黑麂、赤麂、水鹿、梅花鹿、鬣羚、豹猫、金猫、云豹、豹、华南虎、野猪、斑羚
鸟类	斑嘴鹈鹕、鸬鹚、黄嘴白鹭、白琵鹭、黑脸琵鹭、鸿雁、豆雁、小白额雁、灰雁、大天鹅、小天鹅、树鸭、翘鼻麻鸭、针尾鸭、绿翅鸭、花脸鸭、罗纹鸭、斑嘴鸭　鸳鸯、中华秋沙鸭、白眉鸭、琵嘴鸭、绿头鸭、赤颈鸭、雀鹰、松雀鹰、鸢、普通鵟、金雕、白尾海雕、灰脸鵟鹰、苍鹰、蛇雕、蜂鹰、游隼、燕隼、红隼、凤头鹃隼、白眉山鹧鸪、（中华）鹧鸪、黄腹角雉、白鹇、原鸡、勺鸡、灰胸竹鸡、白颈长尾雉、雉鸡、灰鹤、白骨顶、黑嘴鸥、绯胸鹦鹉、褐翅鸦鹃、小云雀、画眉、黑脸噪鹛
爬行类	巨蜥、蟒、王锦蛇、玉斑锦蛇、三索锦蛇、黑眉锦蛇、百花锦蛇、滑鼠蛇、灰鼠蛇、金环蛇、银环蛇、眼镜蛇、眼镜王蛇、尖吻腹蛇（五步蛇）、乌梢蛇
两栖类	大鲵、黑眶蟾蜍、中华蟾蜍、黑斑蛙、虎纹蛙、沼蛙、棘胸蛙

相映衬，更显得园林色彩浓丽。岭南园林发展历史较晚，吸取了江南园林之“秀”，也师道于北方园林风格，近代又受西欧造园技法的影响，结构简洁，轻盈秀雅。

例如，可园、梁园、余荫山房、清晖园都是岭南庭园的代表作。可园位于广东东莞城西，始建于1858年，面积仅2204m²。该园分为西南、东北两组，中隔庭院，布局高低错落，相互沟通，曲折回环，扑朔迷离。基调是空处有景，疏处不虚，小中见大，密而不逼，静中有趣，幽而有芳。加上摆设清新文雅，占水栽花，极富南方特色，是广东园林的珍品。梁园位于广东佛山，是清代岭南文人园林的典型代表之一，其布局精妙，宅第、祠堂与园林浑然一体，岭南式的“庭园”空间变化迭出，格调高雅。造园组景不拘一格，追求雅淡自然，如诗如画的田园风韵。富于地方特色的园林建筑式式俱全，轻盈通透。余荫山房又名余荫园，位于广东番禺市南村镇，清代同治六年兴建，距今130多年，全园建筑面积约2000m²，以小巧玲珑的独特建筑风格赢得岭南园林艺术精品的著称。游廊式拱桥把这座古庭园分为东、西两部。清晖园位于广东顺德大良镇，建于1800年。园内桥、廊、院、路都结合地形安排，是顺应自然布局的代表作。

（2）古今建筑类

建筑是人类文化的一个组成部分。世界上曾经存在过多种建筑体系，但其中有的或早已中断，或流传不广，如古埃及、古代西亚、古代印度的建筑。只有中国建筑、欧洲建筑和伊斯兰建筑一直延续至今，被称为世界三大建筑体系。其中尤以中国建筑和欧洲建筑延续时间最长，流传最广，成就更为辉煌。例如楼阁建筑、亭台建筑、塔式建筑、军事工程、史前人类活动遗存等类型。

（3）历史古迹类

人类社会的进步经历了漫长而又曲折的发展历程，取得了高度发达的现代社会文明。由于古代人类生活环境与社会发展水平的限制，古代人类的文化表现出不同于现代社会的成就。漫长而又曲折的人类社会发展历史，对现代人而言，充满陌生、神秘、奇特、有趣之感。于历史时间的久远，历史场景往往已经无法再现。而历史遗存忠实地记录了古代历史的文化状况和基本特征，是当时社会的真实再现。了解历史自然环境的演变，探索人类进步的脚步，追寻社会文明的真谛，逐渐成为现代旅游的主要动机之一。历史遗存旅游资源是现代人认识历史、理解历史的可靠媒介之一，能够化解旅游者的思古、忆古、怀古之情，满足增长历史知识的需要。

例如，遗址遗迹。遗址是古代某一社群居民日常居住活动范围内遗留下来的连续分布的不可移动的遗迹、遗物集合体。历史遗址大部分是有各种性质、功能不同的房屋及防卫、经济设施等组成的村社聚落或城址的废墟。遗迹是古代人类活动遗留下来的具有不可移动性的遗存。遗迹一般依据其功能或用途分类并命名，可分为城堡、废墟、宫殿、村址、居址、作坊址、寺庙址等，还包括山地矿穴、采石坑、窖穴、仓库、水井、窑址、壕沟、栅栏、围墙、界壕等。由于地域、时代及民族的不同，遗迹面貌也各不一样。一般遗迹中，均包含有数量不等的遗物。这些遗物有些是当时人们无意识地丢弃的，如在废弃的窖穴或壕沟中倾倒的生活垃圾和破损的陶器、工具等；有些则是人们有意识地放入的，如墓葬中的随葬品等。

（4）民俗风情类

民俗是指一个民族或地区的人们，在文艺、语言、信仰、服饰、饮食、居住、娱乐、节庆、礼节、婚恋、生丧、交通以及生产等方面，民间所特有并流行的喜好、风尚、传统和禁忌。民俗旅游是一种高层次的文化旅游，由于它满足了游客“求新、求异、求乐、求知”的心理需求，已经成为旅游行为和旅游开发的重要内容之一。民俗旅游已经成为全球化的一种表征，越来越成为人们娱乐休闲、摆脱生活压抑的一种方式，民俗风情旅游已经成为发达地区人们寻异猎奇的对象。随着民族国家内部地区间经济文化的差距日益凸显，也已经成为地区间文化想像的文化符号。

（5）宗教文化类

宗教是普遍存在的社会文化现象，是人类文化的重要组成部分。广东是佛教、道教、伊斯兰教、天主教和基督教五大宗教齐全的省份。全省宗教徒约160

万人，宗教活动场所2651处，县级以上宗教团体256个。宗教是构成岭南文化的一个重要内容。岭南历史上曾有过佛教、道教、伊斯兰教、天主教和基督教的传播，并且在中国宗教史上占据着重要的地位。首先，岭南为外来宗教传入中国的第一站，同时又是中外宗教文化交流的重要桥梁。在较长的历史时期内，岭南地区成为全国外来宗教势力最为强盛的地区之一。比较而言，在岭南流传的各种宗教中，道教和佛教更加为广大民众所接受，深入至民众的文化心理中。

宗教文化与现代旅游的关系十分密切。一方面，宗教建筑、宗教艺术和宗教活动对游客具有强烈的吸引力，在满足人们的精神需求、审美欲望与猎奇心理上有着特殊的功用。另一方面，宗教作为一种观念，深刻影响着人们的行为方式和旅游审美特点。

(6) 地方特产类

例如粤菜。西汉时就有粤菜的记载，明清迅速发展，20世纪随着对外通商，吸取西餐的某些特长，粤菜也推向世界。粤菜系由广州菜、潮州菜、东江菜三种地方风味组成。① 广州菜包括珠江三角洲和肇庆、韶关、湛江等地的名食在内。地域最广，用料庞杂，选料精细，技艺精良，善于变化，风味讲究，清而不淡，鲜而不俗，嫩而不生，油而不腻。夏秋力求清淡，冬春偏重浓郁，擅长小炒，要求掌握火候和油温恰到好处。② 潮汕菜故属闽地，其语言和习俗与闽南相近。隶属广东之后，又受珠江三角洲的影响。故潮州菜接近闽、粤，汇两家之长，自成一派。以烹制海鲜见长，汤类、素菜、甜菜最具特色。刀工精细，口味清纯。③ 东江菜又名客家菜，因客家原是中原人，在汉末和北宋后期因避战乱南迁，聚居在广东东江一带。其语言、风俗尚保留中原固有的风貌，菜品多用肉类，极少水产，主料突出，讲究香浓，下油重，味偏咸，以砂锅菜见长，有独特的乡土风味。

4.1.1.5 天象资源

天象资源包括雪景、雨景、云海、朝晖、夕阳、佛光、蜃景、极光、雾凇及其他天象景观。

(1) 日月星光类

观赏日出成为许多风景名胜区的重要景观。游客去北戴河度假，必登鹰角亭观日出，上泰山、黄山观日出，也是多数游客安排的活动项目。霞是日出日落时光线透过云层，由于散射作用，使天空的云层呈现出黄橙红等色彩的自然现象。霞光就是阳光穿过云雾射出的色彩缤纷的光芒。其主要形式有朝霞、晚霞、雾霞等。霞景的持续时间较短，瞬息万变，五彩迸发，对游人有很大的吸引力。鸡公山十景之一的“晚霞夕照”，江西彭泽八景中的“观客流霞”，贵州毕节八景中的“东壁朝霞”等都很有名。观赏落霞余晖是一种极易情景交融的美的享受。在黄山等地看晚霞，游人能感悟到“夕阳无限好”的美妙享受。

(2) 云雾景观类

云雾是由于空气中的水分凝结形成的。由于空气的流动性强，使得云雾浓淡、形态多变，配以山水林泉，形成优美的景色。我国的许多地方有云雾景，如“双峰插云”为西湖十景之一，“狮洞烟云”是蓬莱十景之一，而“罗峰晴云”构成峨眉山的主要景观。“山无云不秀”，在山地风景区中，云雾常构成绝妙的景观，是山地景物的重要组成部分。“黄山自古云成海”是黄山四绝之一。庐山的云更是堪称一绝，有人形容说：“庐山之奇莫若云，或听之有声，或嗅之欲醉，团团然若絮，蓬蓬然似海。”洞庭湖的雾景极富情趣。多雾还构成一些独特的地方景观特色，如英国的伦敦和我国的重庆都以多雾出名，是有名的雾都。

降雨不仅是江河湖泊等水体的主要补给来源、滋养世间万物的重要水源，而且还可形成可欣赏的自然美景。人们观赏的雨景往往指的是小强度降水所形成的景致，每年春季，我国南方地区常常有持续时间较长的阴雨天气，故形成了独特的雨景。雨景除了来自雨本身所具有的扑朔迷离的一种朦胧美以外，其观赏性主要还体现在它与地貌、植被等其他景观要素的相互配合上。所谓“雨中看山也莫嫌，只缘山色雨中添”、“残荷听雨”、“雨打芭蕉”说的就是这种配合产生的视、听觉效果。我国许多地方都有雨景胜迹，如蓬莱十景之一的“漏天银雨”，峨眉十景之一的“洪椿晓雨”，“漓江烟雨”等。一些特有的降雨现象也成为吸引游客的因素，如巴山夜雨，雅安天漏（多雨），台北的冬雨。

（3）冰雪霜露类

雾凇又名“树挂”，是一种聚集在地面物体表面，呈针状、颗粒状的乳白色凝结物。它的形成是因冬季多雾天气时，空气中的雾滴在运动中触及树枝、电线、房顶等，便急速冻结成冰粒，如此层层冻结下去，即形成绒毛状蓬松白色冰粒层。松枝、树丛结满了毛绒状的树挂，像一株一株巨大的白珊瑚。

初冬或冬末，从空中掉下来的液态雨滴落在树枝、电线或其他物体上时，会突然冻成一层外表光滑晶莹剔透的冰层，这就是“雨凇”。这种滴雨成冰现象的原因是，当靠近地面一层的空气温度较低（稍低于摄氏零度），而其上又有温度高于摄氏零度的空气层或云层存在时，从上层温暖空气中掉下来的雨滴进入靠近地面的冷气层时，雨滴便迅速冷却形成过冷雨滴，由于这些雨滴的直径很小，温度虽然降到摄氏零度以下，但还来不及冻结，便掉落下来，当其接触到地面冷的物体时，就立即冻结，变成了“雨凇”。庐山的“雨凇”很有名，深冬季节，有时漫山遍野银装素裹，被称作“玻璃世界”。

4.1.2 森林风景资源常用的调查方法

（1）资料收集分析法

几乎所有的调查都开始于收集现有资料，通过收集旅游资源的各种现有信息数据和情报资料，从中选取与资源调查项目有关的内容进行分析研究。这种基本的统计分析资料方法，对确定一个调查区的旅游特色和旅游价值具有重大意义，也是旅游规划和生态环境建设的基本依据。这种方法包括对现有资料的收集、预测和对调查过程中所取得的资料的统计、分析等。该方法适用于调查区资料较多且对于旅游资源分析有价值的区域。

① 地形图：小型森林公园图纸比例为1/2000 ~ 1/10000；中型森林公园图纸比例为1/10000 ~ 1/25000；大型森林公园图纸比例为1/25000 ~ 1/50000；特大型森林公园图纸比例为1/50000 ~ 1/200000。

② 专业图：航片、卫片、遥感影像图、地下岩洞与河流测图、地下工程与管网等专业测图。

（2）室内数据分析法

现代科技手段的应用为旅游资源的调查带来了许多方便。在进行野外实地考察的时候，使用现代声像摄录设备，如照相机、摄像机等，可以将野外考察过程全面地记录下来，真实地显现出旅游资源地的原貌。现代科技手段应用于森林风景资源调查主要采用遥感技术、全球定位系统（GPS）、现代测量技术、物探技术等。

遥感技术是采用航天遥感（卫星）、航空遥感测量技术，对地球进行测量观察而获得地学信息的一种手段，具有信息量大、覆盖面广、方位准确性高、所需时间短、费用较少、现势性强等优点，因而被广泛应用于众多领域，其中包括森林风景资源调查，并取得了较好的效果。通过遥感技术，有时还能得到其他调查手段无法获得的信息。GPS是一种空间定位技术，现代测量技术如全站仪（可用于测定地面的地物、地形，并能用符号表示在图上的一种测量仪器）等，都可用来测定调查区旅游资源的位置、范围、大小、面积、体量、长度等，在调查中用途很大。在森林风景资源调查中，应尽量充分运用各种现代科学技术手段，提高调查的准确性、精确性和科学性，但需要有运用专门知识和先进技术设备能力的人，才能够进行信息判读、解译和选择。

（3）野外实地勘察法

森林风景资源的分布位置、变化规律、数量、特色、特点、类型、结构、功能、价值的认知，只有通过现场综合考察，才能核实、获得各种资料，得出相关的旅游资源分析、评价意见。调查人员通过观察、踏勘、测量、登录、填绘、摄像等形式直接接触旅游资源，可以获得宝贵的第一手资料，通过专业人员的感性认识和客观分析，才能得到翔实可靠的结果。野外实地勘察要求一一核实所有已获得的资料，而且需补充将来开发工作所需的一切资料，因此要求工作周详、细致。调查者要勤于观察，善于发现，及时记录、填图，现场摄录，及时总结。野外实地勘察法是森林风景资源调查最常用的一种实地调查方法。

(4) 访问调查问卷法

询问调查是森林风景资源调查的一种辅助方法，调查者可用访谈询问的方式了解森林风景资源情况。应用这种方法，可以从资源所在地部门、居民及旅游者中及时地了解森林风景资源客观事实和难以发现的事物现象。通常可以采用设计调查问卷、调查卡片、调查表等，通过面谈调查、电话调查、邮寄调查、留置问卷调查等形式进行询问访谈，获取需要的资料信息。如果是访问座谈，要求预先精心设计询问或讨论的问题，且调查对象应具有代表性。如果是问卷调查，要求问卷设计合理、分发收回的程序符合问卷调查的规定，以保证其结果的有效、合理性。

4.1.3 森林风景资源调查的重点内容

森林风景资源调查的重点内容：森林风景资源的数量、质量、地域组合特征、空间结构与分布规律、时间演化规律以及形成环境的情况等。

4.1.3.1 地文资源

(1) 总体调查

调查森林公园所处区域的地质、地貌、土层、建设地段承载力；地震或重要地质灾害的评估；地下水存在形式、储量、水质、开采及补给条件；具有观赏、科普、游憩价值的特色地文资源。其中，地貌调查主要包括：海拔、面积、山势走向、母岩性质、坡向、坡位、平均坡度、最陡坡度、最缓坡度、植被覆盖物以及相对高差等。

① 坡向：某个景区或景点地面朝向，分东坡、南坡、西坡、北坡、东北坡、东南坡、西北坡、西南坡、全坡（无坡向）九个方位。

② 坡位：分山脊、上坡、中坡、下坡、山谷、平地、全坡七个坡位。

③ 母岩：石灰岩、红色岩（紫色土）、第四纪红土、玄武岩、浅海沉积物，上述以外的所有母岩称为一般母岩。

④ 山景：名称、位置、体态大小、生成原因、海拔、分布特点等。

(2) 专项调查

① 地层遗迹：调查地层年代、区域结构、特殊标准地层剖面。

② 构造遗迹：调查形成年代、构造形迹、景观特点。

③ 岩石遗迹：调查成因、形成年代、价值。

④ 生物化石：调查成因、种类、出土年代、历史价值和意义。

⑤ 灾变遗迹：调查成因、危害性。

⑥ 地貌遗迹：调查成因、特点和意义。

⑦ 地热温泉：调查成因、天然排泄量、温度、成分、利用价值。

⑧ 冰川遗迹：调查成因、形成年代。

4.1.3.2 水文资源

(1) 总体调查

江河湖海的水位、流量、流速、流向、水量、水温、洪水淹没线；江河区的流域情况、流域规划、河道整治规划、防洪设施；海滨区的潮汐、海流、浪涛；山区的山洪、泥石流、水土流失等。

(2) 专项调查

① 江河：调查江河数量、名称、位置、发源地、所属水系、宽度、长度、深度、季节变化、流量、流速、水质、河床状况、河边环境、平均坡度、洪水期、枯水期、警戒水位、相对高差、通航情况、水利设施等要素。

② 溪流：调查溪流数量、名称、位置、宽度、发源地、所属水系、长度、深度、季节水量变化、流速、枯水期、集雨区面积、水边环境、可否饮用、水质、坡降、是否为动物饮用水源、水利设施、有无排入污水等要素。

③ 泉井：调查泉井的数量、名称、位置、深度、效用、水温、年流量、水质、是否为动物饮用水源等要素。

④ 湖泊（水库）：调查湖泊的数量、名称、位置、建成时间、集雨区面积、涨落水位、形成原因、用途、沉积物、水质、是否有岛屿等要素。

⑤ 潭池：调查潭池的数量、名称、位置、深度、形成原因、枯水期、水质等要素。

⑥ 瀑布跌水：调查瀑布跌水的数量、名称、位置、形状、水源、形成原因、高差、宽度、母岩等要素。

⑦ 湿地景观：调查湿地的规模、名称、位置、形

状、组成物质、滩地岩性、海拔高度、最大坡度、坡向等要素。

⑧ 海湾海域：调查海湾海域的名称、位置、涨落面积、水质、季节变化、娱乐水质标准等要素。

4.1.3.3 生物资源

(1) 总体调查

调查依据为国家林业局《森林资源规划设计调查主要技术规定》和《广东省森林资源二类调查工作操作细则》。

① 森林资源：林种，各类土地的面积和林地权属，各类森林、林木蓄积和权属，森林、林木生长量和消耗量，森林植物生物量，林冠下天然更新，森林植被、立地类型、生长类型、经营措施，红树林湿地资源，林业用地沙化和石漠化状况等。

② 植物种类：植物种类、区系特点、保护种类等。

③ 森林生态状况：森林生态功能等级，森林自然度，森林健康度，林地土壤侵蚀类型和等级，森林景观等级，主林层森林植物群落类型，林地土壤储水量，森林植物储碳量，森林植物储能量等。

(2) 专项调查

① 古树名木：所处位置、生境、树种、年龄、树高、胸径、冠幅、长势及分布特点，编撰古树名木资源一览表。

② 珍稀植物：种类、分布范围及数量，保护级别，花期、果期、观赏部位（花、果、叶、根、皮）。

③ 动物栖息地：调查依据为《全国陆生野生动物资源调查与监测技术规程》、《广东省陆生野生动物资源调查操作细则》；调查对象为森林公园境内陆生脊椎动物中兽类、鸟类、爬行类和两栖类；调查的主要内容包括动物数量、分布及生境状况及其与栖息地生境的关系，是否为珍稀濒危动物，野生动物保护管理及研究状况，野生动物引种、驯养繁殖、经营利用，影响动物生存的主要因素。

④ 物候季相：特殊生物景观。

4.1.3.4 人文资源

(1) 广东民俗

衣食住行、岁月节时、婚育丧祭、社会礼仪、宗教信仰、生产民俗、社团组织、疍民民俗、文化娱乐、生活禁忌、俚语隐语方言、风情典故等。

(2) 岭南文化

岭南典籍、文化名人、广东历史、文学艺术、岭南画派、工艺美术、岭南盆景、饮食文化、岭南园林、岭南中医、岭南宗教、少数民族、侨乡文化。

(3) 民间文艺

民间工艺、民间谚语、民间歌谣、神话传说、民间艺人、生活故事、楹联、灯谜等。

(4) 文化遗产

民间美术、民间音乐、民间舞蹈、手工技艺、岁时节令、民间信仰、文化空间、民间知识、戏曲、曲艺、游艺、传统体育与竞技等。

4.1.3.5 气象资源

(1) 温度条件

年平均气温，旅游季节平均气温，极端气温及其出现的时间，河、湖海结冰期与冰层厚度，区域内小气候特征，可供疗养和避暑的季节等。

(2) 光照条件

各季节昼夜时数，光照最长、最短时间出现的日期及热量，常见的自然光学特异现象及出现的时期等。

(3) 湿度条件

森林公园内不同局部的湿度分布及年湿度最大、最小的月、旬、日等。

(4) 降水条件

多年平均降水量，各月降水频率（天数）和降水量，暴雨频率及多发月、旬，旱期，水体结冰，降雪情况，霜期及对景观的影像等。

(5) 风

主要风向，年平均风力，五级以上、八级以上大风日数及出现的月、旬及频率。

(6) 特殊的天气气候现象

调查年均舒适游憩期日数。

4.1.4 森林风景资源的评价

4.1.4.1 森林风景资源单体的评价

国家标准只对宏观层次提供了指导性分类，缺乏具体的微观分类。但对其分项并未做出具体的规定，不便于调查、分类和统计，并且对单体资源没有进行评价。森林风景资源整体的数量、质量、地域组合特征、空间结构与分布规律、时间演化规律、形成环境的情况，表析不明。

根据森林风景资源单体的特征，即其不同层次的评价指标分值和吸引力范围，评出风景资源等级。主要分为特级、一级、二级、三级和四级等五个级别。其划分标准如下：

① 特级：具有珍贵、独特、世界遗产价值和意义，有世界奇迹般的吸引力的森林风景资源；

② 一级：具有名贵、罕见、国家重点保护价值和国家代表性作用，在国内外著名和有国际吸引力的森林风景资源；

③ 二级：具有重要、特殊、省级重点保护价值和地方代表性作用，在省内外闻名和有省际吸引力的森林风景资源；

④ 三级：具有一定价值和游线辅助作用，有市县级保护价值和相关地区的吸引力的森林风景资源；

⑤ 四级：具有一定价值和构景作用，有本森林公园或当地的吸引力的森林风景资源。

4.1.4.2 森林风景的质量美感评价

基于对旅游者或专家体验的深入分析，建立规范化的评价模型，评价的结果多是具有可比性的定性尺度或数量值。专家学派认为，凡是符合形式美原则的风景就具有较高的风景质量，因而对风景的分析基于其线条、形体、色彩和质地等元素，强调多样性、奇特性、协调统一性等形式美原则在风景质量分级中的主要作用。其主要依据是形式美原则和有关生态学原则。

(1) 评价原则

定性与定量相结合的原则；可持续发展的原则；分层次综合评价的原则；综合考虑森林公园所在地区的社会、经济和旅游业发展动态的原则；以美学原则和开展森林旅游多功能需要的原则。

(2) 划分森林风景类型

根据森林公园的具体情况，可以将森林风景划分五类评价，重点放在森林美学的角度进行评价，而在规划设计时结合森林生态系统的完整性进行。根据森林景观的总体特征，沿着山脊线和森林植被现状图，参考森林景观的可视点，森林风景划分为五个类型：

① 水平郁闭型森林景观。由单层同龄林构成，水平郁闭度在 0.4 以上，林木分布均匀、能透视森林内景的森林。评价重点为：树种组成、水平郁闭度、透视度、树冠长度、色调对照和卫生状况。

② 垂直郁闭型森林景观。有复层异龄林组成，垂直郁闭度在 0.4 以上，林木呈丛状分布，树冠高低参差的森林。评价重点为：树种组成、垂直郁闭度、透视度、树冠宽度、色调对照和卫生状况。

③ 稀疏型森林景观。水平郁闭度在 0.1 ~ 0.3 之间，由丛状乔灌木或单株乔木构成，树冠发达的树林地的森林。评价重点为：树种组成、树冠宽度、树冠长度、树木配置、地被物和卫生情况。

④ 空旷型（边缘型）森林景观。指林中空地、草坪或水面和草地相连的空旷地，水平郁闭度低，周围有森林作背景的森林。处于森林与草地、水面相连的边缘地带或林中空地。评价重点为：空旷地形状、树木配置、周围林相、地被物、眺望条件和空旷地结构。

⑤ 园林型森林景观。由亭、台、楼、阁等建筑物或观赏植物综合配置而成，一般名胜古迹所在地段的森林。这类森林一般可进入性强，视野开阔，能眺望远景或俯视中远景，树种多样，季节变化明显。同时具备一些园林要素，如水体、山体或生物景观等，有一定的建筑设施或适合构筑园林设施。评价重点为树种组成、眺望条件、建筑物、道路状况、服务性设施和卫生状况。

(3) 分级标准

将每一类型的森林景观按照评价重点进行 2，1，0 三个级别打分，然后按照同一类型的森林景观划分小班数进行统计，各小班得分进行累计。累计分数在 10 分以上者为第 I 级；累计分数在 5 ~ 9 分者为第 II 级；累计分数在 4 分以下者为第 III 级。

(4) 综合评价

① 属于处于 II 级以下的林分需要进行景观改造，主要表现为树种单一、季相变化和色彩对比度不明显

等景观要素。

② 垂直郁闭型森林风景小班影响林中的透视距离，可进行风景伐。

③ 园林型森林风景可以弥补森林公园景观的不足，以此来创造有生命活力和意境的景观空间。

④ 稀疏型森林风景质量美感较低的林分，应进行改造。

森林风景质量美感是森林公园的“生命线”，森林公园的空间变化相对尺度大，便于各种森林游憩活动的空间造景。

4.2 城市生态环境调查

城市是人类社会的有机体，是社会政治、经济、文化中心，是庞大而又错综复杂的动态系统。城市化的快速发展，一方面有力推动了城市经济社会的全面发展，另一方面也给城市生态环境建设带来巨大的压力和挑战，特别是地处城市城区或城郊的森林公园，其生态系统受到频繁的干扰和破坏，导致森林生态功能下降，难以发挥应有的生态功能。城市化的结果，还将大规模改变土地、大气、水体、生物、资源、能源的性质和分布，引起城市自然地理环境的变化，以及资源形态、结构、功能的变化，给资源开发、分配和利用带来巨大的影响，甚至干扰城市生态系统的进化过程（杨士宏，1999）。客观地认识和了解城市生态环境质量的变化，对统筹整森林公园布局，提高森林公园服务城市的功能，改善生态环境质量，具有重要意义。

城市的生态环境状况可以通过政府公布的年度环境状况公报进行调查。以广东省为例，环境保护部门每年都要发布《广东省环境状况公报》，各地级市也会发布环境状况公报。城市生态环境调查的重点是：① 大气环境：城市空气总体质量和城市降水酸度，通过二氧化硫浓度、二氧化氮浓度、可吸入颗粒物浓度、降水酸度、酸雨频率等指标来反映。② 水环境：调查饮用水源、江河、跨市河流、湖泊水库、入海河口、近岸海域水质情况。③ 声环境：城市区域环境噪声源主要来自于生活和交通类声源。④ 辐射环境：有无发生过放射性环境污染事故。⑤ 生态环境：水土保持、农村农业生态、林业生态、自然保护区建设情况等。⑥排污状况：废水、废气、工业固体废物等。城市森林公园工程设计过程中，除了掌握城市生态环境整体情况外，重点要调查森林公园的生态环境状况。通过大气环境、水环境、声环境、辐射环境等环境因素的调查，为工程设计提供依据。

4.2.1 大气环境质量的调查与评价

影响城市森林公园大气质量的主要来源是机动车尾气、宾馆等服务设施以及周边工业设施排放的废气和烟尘。本研究采用国内空气质量监测常用的空气污染指数 API 值进行评价。主要监测 SO_2、NO_2 和可吸入颗粒物等三项指标，API 分级限值表和分级标准见表 4-4 和表 4-5。

API 值的计算公式为：

$$\text{API=MAX}\ (I_1\ ;I_2\ ;I_3)$$

$$I_i = \frac{I_{大} - I_{小}}{C_{大} - C_{小}}(C_i - C_{小}) + I$$

表4-4 空气污染指数API分级限值表

API	污染物浓度（mg/m³）		
	SO_2	NO_2	TSP
50	0.050	0.040	0.120
100	0.150	0.080	0.300
200	0.250	0.150	0.500
300	1.60	0.565	0.625

表4-5 空气污染指数API分级标准和分值

API	空气质量等级	得 分	空气质量	对健康影响
0～50	Ⅰ	0.8～1.0	优	可正常活动
51～100	Ⅱ	0.6～0.8	良	可正常活动
101～200	Ⅲ	0.4～0.6	轻度污染	长期接触，易感人群症有轻度加剧，健康人群出现刺激症状
201～300	Ⅳ	0.2～0.4	中度污染	一定时间接触，心脏病和肺病患者症状显著加剧，运动耐受力降低，健康人群中普遍出现症状
>300	Ⅴ	0～0.2	重度污染	健康人运动耐受力降低，有明显强烈症状，提前出现某些疾病

式中：I_i——第 i 种污染物的污染指数；

C_i——第 i 种污染物的浓度；

$I_大$与$I_小$——API 分级限值表中最贴近 I 值的两个值，$I_大$为大于 I 的值，$I_小$为小于 I 的值；

$C_大$与$C_小$——在 API 分级限值表中最贴近 C 值的两个值，$C_大$为大于 C 的限值，$C_小$为小于 C 的限值。

3 种污染物中污染指数的最大值即为被测区域的污染指数 *API* 值，该污染物即是区域的首要污染物。

4.2.2 水质量的调查与评价

水体质量是反映森林公园内水质等级的指标，包括饮用水源和娱乐水体的调查。水体质量依据《地面水环境质量标准（GB3838-2002)》进行评价。

4.2.3 空气负离子浓度的测定与评价

空气负离子是大气中带负电荷的单个氧气及氢离子的总称，是空气中组成部分之一。根据科学研究表明，空气中的负离子具有降尘、灭菌、清洁空气、增强人体能活力及防治疾病的功能，有益于人体健康，被誉为空气中的“维生素”和“生长素”。临床上采用空气负离子疗法（NATT）辅助治疗多种病症，有效率达 85% 以上。由于空气的清新和洁净程度与空气中负离子含量有关，空气负离子的含量在一定程度上反映了环境的舒适度。对空气负离子进行测定，作为空气质量评价参考指标之一，为森林公园规划提供科学依据。

（1）方法和内容

采用中国生物学会空气离子专业组监制的 DLY—3 型大气离子测量仪，对公园内不同环境代表点进行空气负离子测定，每测定点测定次数不少于 5 次，取其平均值，并记录测点的周边的环境和天气情况。

（2）评价方法

采用单极系数和安培空气质量评价指数进行评价，计算公式为：

$$q = \frac{n^+}{n^-} \tag{1}$$

$$C_i = \frac{负离子浓度}{1000} \times \frac{1}{q} \tag{2}$$

式中：q——单极系数；

$\frac{n^+}{n^-}$——空气中正负离子数之比；

C_i——空气质量评价指数。

（3）空气质量分级标准

采用安培等人提出的空气质量分级评价（表 4-6）。

4.2.4 天然外照射贯穿辐射水平的测定与评价

含有放射性的大气、水、碳渣和尘埃会产生电离辐射，这些放射性物质可以通过食物链（内照射）进入人的消化道或通过呼吸道进入人体，对人体产生危

表4-6 空气质量分级标准

序 号	等 级	空气质量	空气评价指数
1	A	最 清 洁	>1.0
2	B	清 洁	1.0 ~ 0.7
3	C	中 等	0.69 ~ 0.5
4	D	允 许	0.49 ~ 0.30
5	E	临 界 值	0.29

表4-7 不同海拔高度的空气吸收剂量率 单位：10^{-8}Gy/h

序号	海拔高度（m）	50	100	150	200	250	300	350	400	450	500
1	纬度 24。处 Dc 值	2.80	2.83	2.85	2.88	2.92	2.95	2.99	3.02	3.06	3.09

害。一般情况下，仅受某些微量元素轻度污染，并不会影响健康，但是，当放射性污染种类和数量超过一定的程度时，会出现头晕、头痛、食欲下降等现象，还有可能发生肿瘤、血液病或其他遗传障碍等放射性公害病。因此有必要掌握天然环境辐射水平以及估算人们所受的天然放射性的辐射剂量，为森林公园规划，森林旅游开发提供科学依据。

（1）测量仪器

较为常见的是北京核仪器厂生产的 BH3103A 便携式 X-P 剂量率仪。由中国原子能科学院进行刻度与修正。通常，使用前后均用检验源检验仪器的刻度，测量的高度为离地面 1m，距建筑物通常都在 10m 以上。对不能满足 10m 的要求时，则尽可能远离。

（2）测量点的选择

考虑人口密度的差异。对于人口密度较大的区域适当增加测量点，反之，则适当减少。计划开发作旅游的地区，适当增加测量点。考虑到本底辐射剂量率与地层组成成分有关，尽可能使每种较重要的不同性质的地层有一定数目的测量点。

（3）宇宙射线响应值及扣除

① 宇宙射线响应值（D_c）：D_c 是海拔高度和经纬度的函数，经度可忽略不计。D_c 值从表 4-7 给出。

② 宇宙射线响应值扣除（D_c'）：天然贯穿辐射主要是两部分组成，一是地面建筑物、水和空气中存在的放射性素发出的 γ 辐射，二是宇宙射线。为了求出 γ 辐射剂量率，就需从测得的值扣除宇宙射线响应值。

（4）γ 辐射及宇宙射线剂量率（D_r）

宇宙射线 γ 辐射剂量率 D_r 按下式计算，

$$D_r = x \times k \times \eta \times 0.873 - D_c'$$

式中：x——测点仪器的测量均值；

k——仪器的修正因子（$k = 0.93$）；

η——仪器的探测效率（$\eta = 1$）；

0.873——μ（R/h）转变为 μ（rad/h）的系数。

$D_{宇外}$即为 D_c。

（5）测量结果和分析

① 通过计算，确定 γ 辐射量率的范围，平均空气吸收剂量率与广东省平均值对比分析。

② 天然辐射和宇宙射线所致人均年有效剂量当量：

表4-8 γ 辐射的空气吸收剂量率 单位：10^{-8}Gy/h

序 号	地 域	全 国	广东省
1	Dr	8.0	10.3

表4-9 天然贯穿辐射和宇宙射线所致人均有效剂量当量统计表 单位：10^{-8}Gy /h

序号	剂量当量	天然辐射所致	宇宙射线所致	天然贯穿辐射所致
1	范 围	946.17 ~ 1361.30	213.20 ~ 219.98	1185.6
2	均值 ± 标准差	971.51	214.09	

表4-10 城市各类区域环境噪声标准

序 号	适 用 区 域	允许标准 dB（A）	
		昼 间	夜 间
1	特别安静区（医院、疗老院等）	50	40
2	居住、文教、机关为主区域	55	45
3	居住、商业、工业混杂区等	60	50
4	交通干线道路两侧	70	55

天然辐射 $H_{e\ (r)}$ 和宇宙射线 $H_{e\ (c)}$ 所致人均年有效剂量当量分别按下式计算：

$$H_{e(r)} = [D^{人}_{原}(1-q)+D^{人}_{宇内}q]\times 8760\times 0.7\times 10^{-2}\ (\mu \mathrm{Sv})$$

$$H_{e\ (c)} = [D^{人}_{宇外}(1-q)+D^{人}_{宇内}q]\times 8760\times 1.0\times 10^{-2}\ (\mu \mathrm{Sv})$$

式中：D——人原是人口加权均值（此处近似等于 D_r）；

q——人们在室内的停留因子，即人们在室内的时间与全天时间比值，农村取 0.7，城市取 0.8（取 0.7）；

8760———一年的小时数；

10^{-2}——μ （rad/h）转化为 μ （Sv）系数；

1.0 和 0.7——UNSCEAR 推荐的每 G_y 宇宙射线电离成分和环境天然 γ 辐射所致居民以 μ （Sv）为单位的有效剂量当量的平均值。

天然贯穿辐射所致人年均有限剂量当量应在《放射防护规定》（GBJ8-74）中居民的年限制剂量当量范围内。

4.2.5 环境噪声的测定与评价

在环境科学中，把干扰人们工作、学习和休息的声音，以及振幅和频率杂乱，连续或无规则的声振动统称为噪声。现代社会中噪声对人体健康的危害及对环境的破坏日益严重，噪声已被公认为一种严重的环境污染。为配合森林公园规划，为其提供科学的规划依据，对公园内不同环境代表点采用 AZ8921 型声级进行环境噪声监测。

（1）布点及监测方法

根据森林类型和环境进行选择布点，每个测点量按一定的时间间隔（5 秒钟）连续读取 100 个数据为该点的噪声分布，并在测量时判断和记录周围声学环境。根据监测数据进行统计、分析。

（2）测量数据统计结果

（3）结果分析

依据城市各类区域环境噪声标准（GB3069-93）对照，森林公园测量点的噪声是否达到国家特别安静区标准。适合人们休养、疗养、度假等，符合公园开发建设的要求。在森林公园开发利用后，由于噪声源的增加必然导致声级值上升，直接影响环境质量。

4.3 城市历史文脉的调查与分析

一个城市的形成总是要经历一定的历史沿革，在发展过程中积淀丰富的文化遗产，奠定深厚的文化底蕴。特别是对那些历史文化资源富集的城市，所拥有的资源禀赋、生态禀赋、人文禀赋、历史禀赋，历史文化遗产弥足珍贵。城市的文化特色就是一座城市独有的“魂”。城市中的历史遗迹、空间格局、建筑风貌等传承着城市文化，体现着城市地域特色。

从城市森林公园工程设计方面来看，历史文脉包括两方面：一是来自森林公园与城市所处的环境背景条件，这种环境背景凝聚了人类生存所具有的含义和特征，城市空间则是它们的载体和容器；二是来自历史文化方面，森林公园与城市同所在地域的文化关联，设计应当注重其所在的社会历史文化环境，反映其文化特征，体现场所环境的认同感，保持发展的连续性。

文化是民族的，是世界的，是永久的。一些森林公园的工程设计缺乏文化内涵，只满足设计规范所要求的基本使用功能。千篇一律的设计，与城市的脱节，往往难以产生持久的吸引力。最根本的问题是忽视对城市文脉的深入调查和挖掘，缺乏对文脉的提炼、阐释以及准确把握和定位。因此，在城市森林公园设计中，只有积极地从城市的历史文化中汲取营养、丰富工程设计的素材、增加公园的文化内涵，才能很好地延续和发展城市文脉，才能在快速发展的社会进程中，将城市的历史文化融到森林公园的建设中，提升森林公园的品位。

城市历史文脉调查的重点是：① 城市发展的历史、变迁，本地文化形成的历史原因；② 行政建制及区划、各类居民点及分布、城镇辖区、村界、乡界及其他相关地界；③ 城市文物、胜迹、风物、历史与文化保护对象及地段；④ 城市建筑、城市雕塑、城市形象定位等。

4.4 城市环境景观调查与分析

城市的环境景观主要包括城市道路绿化、绿化广场、城市雕塑、城市公园、风景名胜区、旅游景点、湿地公园、大型公共建筑、滨河景观带等内容。城市环境景观的形成既有自然的因素又有人为干扰的因素，从景观生态学的角度来看，有引进斑块又有残留斑块，具有镶嵌度高、景观元素类型多、异质性大的特点。这类景观把自然伸入到城市之中，开敞度大，以近自然的特色与魅力吸引人们去享受它、理解它，并提供游憩的功能。

① 对城市的环境景观要素进行调查，分析其形象定位、功能定位、文化内涵等内容。在森林公园的工程设计中，要充分考虑与城市其他景观要素的关系，要避免功能定位雷同、形象设计相似等问题的出现。

② 对同类公园或旅游景区进行竞争性分析，确立森林公园在交通可进入性、基础设施、景点现状、服务设施、广告宣传等各方面的区域比较优势，综合分析和评价各种制约因素及机遇。

4.5 公众意识与需求调查

公众意识与需求的地域特征决定着城市森林公园建设的功能定位和发展方向。城市森林公园的服务主体是城市居民和旅游者，因此要以城市为中心，分析城市的公众意识和游客地域特征，使森林公园的定位更具有针对性。公众需求调查就是通常所说的游客调查或客源市场调查。森林公园设计必须以服务的目标客源市场为依据。没有一定数量的游客，森林公园则不会产生良好的社会效益，客源市场大小决定着森林公园的建设规模和开发价值。

客源市场具有时空条件：空间区域，所能吸引的客源范围、辐射半径、吸引客源层面及特点，是由森林风景资源的吸引力和社会经济环境决定的；时间序列，客源的不均匀分布形成了旅游的淡旺季，这与当地气候季节变化有一定关系。

4.5.1 经营状况调查

调查森林公园（原林场、自然保护区）组织机构、人员结构、固定资产与林木资产、经营内容、年总产值、利润、税收、职工年平均收入等。旅游概况：调查森林公园已开放的景区（景点）、游憩项目、游人结构、人次、时间、季节与消费水平等。

4.5.2 游客特征分析

森林公园主要客源所在地的有关资料。各节假日到森林公园游憩的人数、组成、居住时间及消费水平。较长时间在本区内休养、疗养、度假人数，居住时间及消费水平。宗教朝拜的时间、人数及消费水平。港、澳、台、华侨和外国游客来本区的情况。主要包括以下：

① 地域结构：划分为省内、市内和当地县（区），进行地域分布调查。

② 时间构成：旅游旺季、旅游淡季、旅游平季。

③ 年龄构成：中青年、老年人、儿童。

④ 职业构成和文化水平。

⑤ 逗留时间：游客在公园的平均逗留时间。

⑥ 旅游组织形式。

⑦ 旅游吸引力特征。

⑧ 旅游目的组合：休闲度假型、观光型、保健疗养、探亲访友、商务会议等。

⑨ 重游率。

⑩ 近程游客、中远程游客。

⑪ 森林公园的知名度调查。

⑫ 森林公园的期望度。

⑬ 游客感知印象。

4.6 经济发展水平调查

4.6.1 经济环境

经济环境是指能够满足游客开展旅游活动的一切外部经济条件。包括经济发展水平、人力资源、物资和产品供应、基础设施等条件。经济发展水平决定着当地的客源数量及对旅游的保障条件。人力资源条件是指能够满足旅游经营和管理所必需的旅游从业人员，并提供完善优质的服务。物资和产品供应条件是指保证森林旅游资源开发、旅游经济活动正常运行所需的设备、原材料、食品、地方特产的供给情况。

经济环境调查的重点是：① 城市森林公园所在地的有关经济社会发展状况、计划及其发展战略；② 城市森林公园所在地的国民生产总值、财政、产业产值状况；③ 城市森林公园所在地的国土规划、区域规划、相关考察报告及其规划。

4.6.2 区位条件

区位条件包括城市森林公园所在地区的地理位置、交通条件及与周边旅游区旅游资源的关系。大量事实表明许多森林公园的吸引力并不与森林风景资源价值呈正比，而往往在很大程度上因其特殊的地理位置。区位条件还包括城市森林公园所在地的交通区位，即可进入性。一般与交通干线及辅助线距离愈近，其可进入性就愈强。如珠江三角洲地区深圳、珠海等由于毗邻香港、澳门，其优越的区位条件，使当地并不多的城市森林公园得到了充分开发和利用。相反，粤北地区具有非常丰富而且品位极高的自然和人文资源，如南岭国家森林公园、大峡谷景区等，由于地理位置不便，因而不利于开发和利用。一处森林公园和其所在地及周边地区其他相似功能景区之间，一般为互补或替代关系。它们可互映互衬，产生集聚效应，吸引更多的旅游者。但如果相邻的森林公园类型相似，则会相互竞争，相互取代，引起游客群分流。另外，森林公园周围若配合有名山、名湖、名城等旅游热点，则有利于资源的联片和成规模开发。

4.6.3 基础设施条件

基础设施条件是指城市森林公园所在地的交通、水电、邮电、通信、医疗及其他旅游接待设施。不少森林公园由于位于偏僻山区，基础设施不够完善或比较落后，直接影响了旅游的可进入性和旅游服务质量，不利于开发森林旅游和提高综合效益。

① 交通运输：森林公园与周围大、中城市及相邻风景名胜区或森林公园的公路、铁路、水路、航空交通现状，公园内部交通现状，记载其里程及技术等级。

② 通信设施：调查通信设施种类、拥有量、便捷程度等。

③ 供电设施：森林公园内的电源，现有输（变）电线路及供电设备，扩大供电的可能性及电力发展规划等情况。

④ 给排水设施：森林公园内的水源、供水设备、扩大供水的可能性及发展规划；调查排水及防洪设施情况等。

⑤ 旅游接待设施：森林公园及其可以依托的城镇的旅行、游览、饮食、住宿、购物、娱乐、保健等设施的现状及发展资料；现有宾馆、招待所、旅社分布

情况，接待能力（高、中、低档床位数）、床位利用率、分档次的效益，饮食及商品零售网点的现状以及服务人员的素质和服务质量等情况。

⑥ 其他基础设施：环保、环卫、防灾等基础工程的现状及发展资料。

4.6.4 工程技术条件

城市森林公园的建设开发还需考虑项目的难易程度和工程量的大小。首先是工程建设的自然基础条件，如地质地貌水文气候等条件，其次是工程建设的供应条件，包括设备、食品、建材等。评价施工环境条件的关键是权衡经济效益，对开发施工方案需进行充分技术论证，同时要考虑经费、时间的投入与效益的关系。只有合理地予以评价，才能既不浪费资金，又有可行的施工收益。

（1）土地利用情况

规划区内各类用地分布状况，历史上土地利用重大变更资料，土地资源分析评价资料。

（2）建筑工程情况

各类主要建筑物、工程物、园景、场馆场地等项目的分布状况、用地面积、建筑面积、体量、质量、特点等资料。

（3）环境资料调查

① 多发性气候灾害：暴雨、冰雹、山洪、强风暴、沙暴、尘暴、雪暴等气候灾害出现的季节、月份、频率、强度及对游憩、交通、居住的危害程度；历史上发生的重灾例、频率、灾情及其发生原因等。

② 突发性灾害：强烈地震、火山喷发、山崩、滑坡、泥石流等突发性等自然灾害出现的季节、月份、频率、强度及对游憩、交通、居住的危害程度；历史上发生的重灾例、频率、灾情及其发生原因等。

③ 其他：森林公园及其附近恶性传染病的病源、传播蔓延情况。不利于开展森林游憩的地方、民族风俗习惯及其他社会因素。

4.7 森林公园风景资源质量等级的综合评价

参照《中国森林公园风景资源质量等级评定》的规范执行。在确定城市森林公园开发利用价值时，应充分考虑单体森林风景资源的质量。当森林风景资源单体为特级、一级、二级、三级时，可以将其作为是否进行旅游开发的依据。

4.7.1 风景资源评价因子

城市森林公园风景资源分为地文资源、水文资源、生物资源、人文资源和天象资源 5 类。每类资源各包括五项评价因子，按评价因子间的相互地位和重要性确定评分值（表 4-11 至表 4-17），评分值之和为该资源类的权数。

① 典型度：指风景资源在景观、环境等方面的典型程度。

② 自然度：指风景资源主体及所处生态环境的保全程度。

③ 多样度：指风景资源的类别、形态、特征等方面的多样化程度。

④ 科学度：指风景资源在科普教育、科学研究等方面的价值。

表4-11　地文资源评分值

评价因子	权　值	极　强	强	较　强	弱
典型度	5	5	4 ~ 3	2	1 ~ 0
自然度	5	5	4 ~ 3	2	1 ~ 0
吸引度	4	4	3	2	1 ~ 0
多样度	3	3	2	1	1 ~ 0
科学度	3	3	2	1	1 ~ 0

表4-12 水文资源评分值

评价因子	权 值	极 强	强	较 强	弱
典型度	5	5	4～3	2	1～0
自然度	5	5	4～3	2	1～0
吸引度	4	4	3	2	1～0
多样度	3	3	2	1	1～0
科学度	3	3	2	1	1～0

表4-13 生物资源评分值

评价因子	权 值	极 强	强	较 强	弱
地带度	10	10～8	7～6	5～3	2～0
珍稀度	10	10～8	7～6	5～3	2～0
多样度	8	8～6	5～4	3～2	1～0
吸引度	6	6～5	4	3～2	1～0
科学度	6	6～5	4	3～2	1～0

表4-14 人文资源评分值

评价因子	权 值	极 强	强	较 强	弱
珍稀度	4	4	4～3	2	1～0
典型度	4	4	4～3	2	1～0
多样度	3	3	2	2～1	1～0
吸引度	2	2	2～1	1～0.5	0.5～0
利用度	2	2	2～1	1～0.5	0.5～0

表4-15 天象资源评分值

评价因子	权 值	极 强	强	较 强	弱
多样度	1	1～0.8	0.7～0.5	0.4～0.3	0.2～0
珍稀度	1	1～0.8	0.7～0.5	0.4～0.3	0.2～0
典型度	1	1～0.8	0.7～0.5	0.4～0.3	0.2～0
吸引度	1	1～0.8	0.7～0.5	0.4～0.3	0.2～0
利用度	1	1～0.8	0.7～0.5	0.4～0.3	0.2～0

表4-16 组合状况评分值

评价因子	极 强	强	较 强	弱
组合度	1.5～1.2	1.1～0.8	0.7～0.4	0.3～0

表4-17　特色附加分评分值

评价因子	极　强	强	较　强	弱
附加分	2～1.5	1.4～1.0	0.9～0.5	0.4～0

⑤ 利用度：指风景资源开展旅游活动的难易程度和生态环境的承受能力。

⑥ 吸引度：指风景资源对旅游者的吸引程度。

⑦ 地带度：指生物资源水平地带性和垂直地带性分布的典型特征程度。

⑧ 珍稀度：指风景资源含有国家重点保护动植物、文物各级别的类别、数量等方面的独特程度。

⑨ 组合度：指各风景资源类型之间的联系、补充、烘托等相互关系程度。

4.7.2 风景资源评价方法

对五类风景资源的评分值进行一次加权计算，计算出风景资源的基本质量评价分值。同时，对森林公园风景资源的组合状况用组合度进行评价。单体风景资源在国内外具有重要影响或特殊意义，按附加分规定分值进行评分（表4-18至表4-20）。

（1）风景资源质量评价计算

① 风景资源基本质量评价分值按下式计算：

$$B=\sum X_iF_i/\sum F$$

式中：B——风景资源基本质量评价分值；

X——风景资源类型评分值；

F——风景资源类型权数。

② 风景资源组合状况按满分1.5分对组合度（Z）评分。

③ 特色附加分（T）按满分2分评分。

④ 森林公园风景资源质量评价分值按下式计算：

$$M=B+Z+T$$

式中：M——森林公园风景资源质量评价分值；

B——风景资源基本质量评分值；

Z——风景资源组合状况评分值；

T——特色附加分。

⑤ 森林公园风景资源质量评价计算。

（2）森林公园区域环境质量评价

森林公园区域环境质量评价分值按指定环境要素进行评价获得，满分值为10分。

① 森林公园区域环境质量评价指标包括：大气质量、地表水质量、土壤质量、负离子含量、空气细菌含量。

② 森林公园区域环境质量评价分值（H）计算由各项指标评分值累加获得。

（3）森林公园旅游开发利用条件评价

森林公园旅游开发利用条件评价分值按指定开发利用条件指标进行评价获得，满分值10分。

① 森林公园旅游开发利用条件评价指标包括：公园面积、旅游适游期、区位条件、外部交通、内部交通、基础设施条件。

② 森林公园旅游开发利用条件评价分值（L）由各项指标评分值累加获得。

（4）森林公园风景资源质量等级评定

按风景资源质量评定分值划分为三级：

一级为40～50分，符合一级的森林公园风景资源，多为资源价值和旅游价值高，难以人工再造，应加强保护，制定保全、保存和发展的具体措施。

二级为30～39分，符合二级的森林公园风景资源，其资源价值和旅游价值较高，应当在保证其可持续发展的前提下，进行科学、合理的开发利用。

三级为20～29分，符合三级的森林公园风景资源，在开展风景旅游活动的同时进行风景资源质量和生态环境质量的改造、改善和提高。

三级以下的森林公园风景资源，应首先进行资源的质量和环境的改善。

表4–18　森林公园风景资源质量评价理想值计算

资源类型	评价因子	评分值	权数	资源基本质量加权值	资源质量评价值
地文资源 X_1	典型度	5	20 F_1	26.5 B	30 M
	自然度	5			
	吸引度	4			
	多样度	3			
	科学度	3			
水文资源 X_2	典型度	5	20 F_2		
	自然度	5			
	吸引度	4			
	多样度	3			
	科学度	3			
生物资源 X_3	地带度	10	40 F_3		
	珍稀度	10			
	多样度	8			
	吸引度	6			
	科学度	6			
人文资源 X_4	珍稀度	4	15 F_4		
	典型度	4			
	多样度	3			
	吸引度	2			
	科学度	2			
天象资源 X_5	多样度	1	5 F_5		
	珍稀度	1			
	典型度	1			
	吸引度	1			
	利用度	1			
资源组合 Z	组合度	1.5		1.5	
特色附加分 T		2		2	

注：$B = \Sigma X_i F_i / \Sigma F$　$M = B+Z+T$。

表4-19　森林公园区域环境质量评价评分标准

评价项目	评　价　指　标	评价分值
大气质量	达到国家大气环境质量（GB 3096—1996）一级标准	2
	达到国家大气环境质量（GB 3096—1996）二级标准	1
地面水质量	达到国家地面水环境质量（GB 3838—1988）一级标准	2
	达到国家地面水环境质量（GB 3838—1988）二级标准	1
土壤质量	达到国家土壤环境质量（GB 15618—1995）一级标准	1.5
	达到国家土壤环境质量（GB 15618—1995）二级标准	1
负离子含量	旅游旺季主要景点其含量为 5 万个 /cm³	2.5
	旅游旺季主要景点其含量为 1 万～ 5 万个 /cm³	2
	旅游旺季主要景点其含量为 3000 ～ 1 万个 /cm³	1
	旅游旺季主要景点其含量为 1000 ～ 3000 个 /cm³	0.5
空气细菌含量	空气细菌含量为 1000 个 /m³ 以下	2
	空气细菌含量为 1000 ～ 1 万个 /m³	1.5
	空气细菌含量为 1 万～ 5 万个 /m³	0.5

注：各单项指标评分值累加得出环境质量评价分值，满分值为 10 分。

表4-20　森林公园旅游开发利用条件评价指标评分标准

评价项目		评　价　指　标	评价分值
公园面积		森林公园规划面积＞500hm²	1
旅游适游期		≥ 240 天 / 年	2
		150 ～ 240 天 / 年	1
		＜ 150 天 / 年	0.5
区位条件		距省会城市（含省级市）＜ 100km，或以公园为中心、半径 100km 内有 100 万人口规模的城市，或 100km 内有著名的旅游区（点）	2
		距省会城市（含省级市）或著名旅游区（点）100 ～ 200km	1
		距省会城市（含省级市）或著名旅游区（点）超过 200km	0.5
外部交通	铁路	50km 内通铁路，在铁路干线上，中等或大站，客流量大	1
		50km 内通铁路，不在铁路干线上，客流量小	0.5
	公路	国道或省道，有交通车随时可达，客流量大	1
		省道或县级道路，交通车较多，有一定客流量	0.5
	水路	水路较方便，客运量大，在当地交通中占有重要地位	1
		水路较方便，有客运	0.5
	航空	100km 内有国内空港或 150 km 内有国际空港	1
内部交通		区域内有多种交通方式可供选择，具备游览的通达性	1
		区域内交通方式较为单一	0.5
基础设施条件		自有水源或各区通自来水，有充足变压电供应，有较为完善的内外通讯条件，旅游接待服务设施较好	2
		通水、电，有通讯和接待能力，但各类基础设施条件一般	1

注：各单项指标评分值累加得出风景旅游开发利用的评价值。

参考文献

[1] 陈奕成 .2001. 把中国大陆仅有的野生香根草区划为一块自然保护区 [J]，广东草业，1.

第5章 城市森林公园总体工程设计策划

5.1 总体工程设计策划的意义
5.2 总体工程设计策划目的
5.3 总体工程设计策划生态环境本底目标
5.4 城市森林公园功能布局策划
5.5 生态旅游功能策划
5.6 环境美的景观形态策划
5.7 安全系统工程设计的策划
5.8 解说系统的策划
5.9 基础设施工程的策划
5.10 管理系统策划的思路
5.11 工程设计项目规模

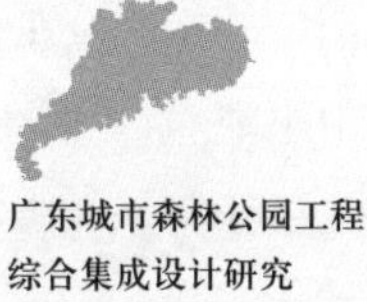

5.1 总体工程设计策划的意义

策划是一种超前性的人类思维过程，它是针对未来和未来发展及其结果所做的谋划，能有效地指导未来工作的开展，衡量未来可采取的最佳途径。

总体工程设计策划是根据森林公园项目建议书或总体规划以及城市规划的相关信息，经过现场对于风景资源、山形地貌调查后，对于主体功能和服务城市功能进行总体、全面、科学地谋划；同时，根据综合集成的思维，集多种学科、多种人员的智慧，找出事物的因果关系，定量与定性方法相结合、宏观与微观方法相结合；发挥整体决策的优势，衡量未来可采取的最佳途径，作为工程设计决策的依据。

5.2 总体工程设计策划目的

总体工程设计策划目的是营造三个环境：营造宜生物和谐情欲的空间环境；营造独特城市文脉的生态旅游环境；营造优越森林景观的视觉环境。

工业化、城市化初级阶段的环境已不是宜居的空间环境。紧张忙碌的城市生活使居民缺乏幸福感，人们不见鸟语花香；人和植物、动物得不到应有空间放纵自己的情和欲。《礼记·礼运》曰：七情：喜、怒、哀、惧、爱、恶和欲。《吕氏春秋·贵生》首次出现“所谓全生者，六欲皆得其宜者”。老人、青年、小孩、动物都希望有自己特点的区域，能够动、静分隔空间；向往回归大自然，放纵自己的情感。同时城市一般都是区域范围内的政治、经济、文化中心，其森林公园的设计一定要有相应的城市文脉、地域气候特点和民俗传统文化；在森林公园环境里阳光明媚、空气清新、山水清澈，充满了原始的荒野感，与城市的环境相比其乐无穷。在森林公园的环境中，森林景观绿色茸茸、山水一色、生机勃勃，让人心旷神怡；秋叶色彩斑斓，美丽之极！在这里休闲、旅游的人登高望远，视野开阔，如同仙境。

5.3 总体工程设计策划生态环境本底目标

森林是以乔木为主体的植物群落，森林包括林木、林地以及依托林木、林地生存的野生动物、植物和微生物。森林具有吸收二氧化碳、释放氧气、吸收有毒气体、除尘、杀菌、净化污水、降低噪声、防风固沙、保持水土、调节气候等多种功能。它是全球生态平衡的支撑，是温室效应的调节品；它能维护生态安全、减免水旱灾害，为人类提供优美的休憩场所。

总体工程设计策划首先要使城市森林公园生态环境本底的 8 个指标达到国家规定的标准：① 大气环境质量；② 水环境质量；③ 空气负离子浓度；④ 空气中细菌含量；⑤ 声环境质量；⑥ 土壤环境；⑦ 环境天然外照射贯穿辐射剂量水平；⑧ 旅游气候舒适度。如果在森林公园某个局部区域达不到某个指标，要在调查的基础上，分析原因，调整总体平面空间布局，就得考虑森林的植物群落，包括林木、林地以及依托林木结构，以及林地生存的野生动物、植物和微生物的环境或采用一些对策，以利于生态环境的建设。例如：如果城市干道紧靠森林公园，造成外部噪声、空气灰尘、污水源超标，就得考虑隔声、吸尘、空气中细菌含量、空气负离子的要求等问题；如果城市的污水源超标，就得充分利用工程、生物的对策，使森林公园内的各项标准达到国家级标准，让森林具有丰富的物种、复杂的结构、多种多样的功能。森林公园与所在空间的非生物环境有机结合在一起，构成完整的生态系统，为人类提供优美的休憩场所。

5.4 城市森林公园功能布局策划

5.4.1 功能空间布局策略

主要从实现城市森林公园主体功能和服务于城市的功能两大功能来考虑相应工程的具体策划。其中主体功能为：生态保育功能、环境教育功能、游憩与生态旅游功能。城市森林公园的建设要充分体现“人与自然和谐”相处，营造尊重自然、关心自然的场所，同时给人对自然的理解、认识和交流创造良好的空间和氛围，体现以人为本的设计理念，满足城市森林公园的休闲、生态游览功能。因此，工程设计前的功能布局策划主要考虑以下问题：

（1）根据城市的生态位，首先确定公园生态功能的主体区域

城市森林公园因其所处城市的特殊地理位置和环境，建公园前由于长期人为活动频繁，林地内的原生植物、野生动物保存率低，有的甚至基本丧失殆尽，现保存的大多为人工林和一些较常见的动物，珍稀的动植物更加稀少。因此，我们在功能布局时首先要对森林公园生态敏感区（图 5-1）进行认真地分析，确定生态功能的主体区域。生态工程主要从保护现存常见的及珍稀濒危的动植物，恢复生物多样性入手。生物多样性包括遗传（基因）多样性、物种多样性和生态系统多样性等三个层次。保护生物多样性就是要保护生态系统和自然环境，维持和恢复各物种在自然环境中有生命力的群体，保护各种遗传资源。

城市生态系统是一个结构复杂、功能多样、巨大而开放的自然、经济与社会复合人工生态系统，其本身具有的非独立性和对其他生态系统的依赖性，使城市生态系统显得特别脆弱，自我调节能力很小，城市生态系统所需求的大部分物质、食物和能量，要依靠从其他生态系统（如农田、森林、草原、海洋等生态系统）人为地输入。城市森林公园因地处城区或城郊，森林公园发挥生态作用的直接受益者是城市。因此，森林公园建设需完善和强化其原有的环境结构和生态系统，建立具有地域特征、本土特色的高品质的综合环境和形象，从而改善地带环境，提升区域环境质量景观品质，建设低碳城市，实现城市可持续发展。同时，

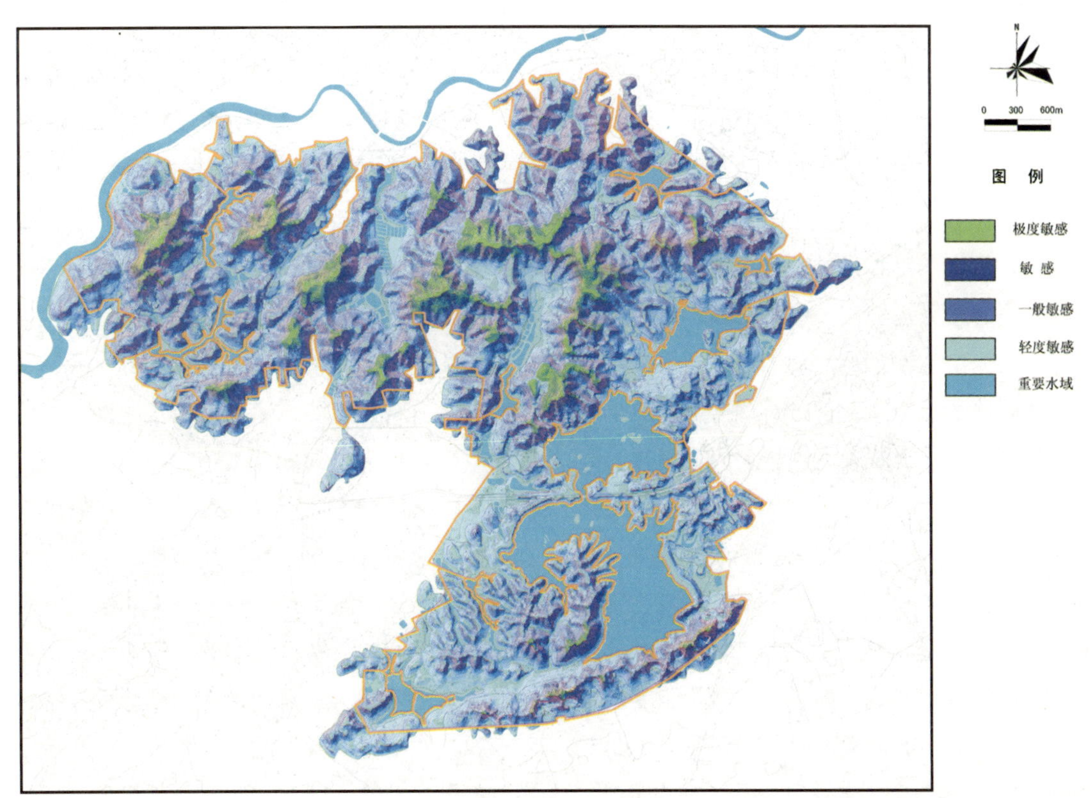

图5-1 生态敏感图

也进一步提高森林公园服务于城市的功能。

(2) 根据森林资源、物种及自然景观关系，确定生态教育的功能空间

为达到生态教育目标，城市森林公园可根据资源聚集程度划分出天然或建设人工的生态教育功能区，有利于游客及城市中小学学生等参观游览，集中传播森林、植被等相关知识，并提供相应的生态教育、安全教育的设施和服务。

城市森林公园森林茂密、物种多样又有景观变化的区域可规划为生态教育功能区，让游客了解森林生态文化，熟悉不同物种等相关知识并认知大自然的生物多样性保护的重要性，此区域是城市森林公园的主要区域，可形成观光与科普教育相结合的区域，让城市居民体验典型的森林生态休闲旅游。生态教育区可设置于生态核心区边缘与游览区的交界处，植物品种较多或古树名木比较集中的区域。根据该功能区森林植物、动物、湿地、地质等资源开展科普讲座，让旅游者参观植物园、动物园，旅游者进行标本采集等休闲旅游活动。

生态教育区可结合城市悠久的历史与自然地理以及生态旅游线路配以标示牌或配合多媒体等旅游解说服务，同时也可进行叶片等采集活动。科普讲座也可紧密结合植物园与动物园等动植物资源放映相应的科普教育影片。如东莞市大岭山森林公园花灯盏—鸡公仔景区景源丰富，森林郁郁葱葱，植被良好，既有优美的自然景观，又有一定数量的人文景观，尤其是鸡公仔水库的末尾有一条沟谷和一片水翁林，是森林公园中面积最大的原生湿地景观。基于此，利用区内丰富的景源，开展珍稀植物园、科普长廊、小学生学习基地等生态教育项目，为游人提供一个认知森林、认知环境的区域。

(3) 根据生态功能、教育功能的空间布局，组织生态旅游功能

① 以生态旅游功能流线组织空间。城市森林公园主要为城市居民提供生态旅游的场所，其功能区应体现旅游的功能，旅游功能则通过旅游线路和旅游活动组织来实现，最终再落实到各个功能区上面。因此，在功能区划分时，应当把旅游线路设计和旅游活动组织的要求作为工程设计策划的依据之一。

② 根据景源特点组织功能空间。景源是功能区工程设计最基础的依托，景源特点及其空间组合特征决定了各个功能区的功能方向和主题，因此是功能区划分最基本的依据。由于城市森林公园范围比较大，不同区域之间的植被状况、景观资源、建设用地的地形地貌、交通可达性等差异较大。因此，在功能区的空间组织结构上，侧重点应有所不同。从景区的整体功能和景区与外界的相互统一出发，应当使各景区在功能上相互配合，成为完整的整体。如将景观资源较好、敏感度相对较低的区域划分为游览活动区，开展以自然野趣为特色的休闲游览活动。游览活动区内以路径系统为基础，规划适宜的游览方式和活动内容，安排适度的游憩设施以及游客服务设施。根据需要本区须有完善的救援系统、标识系统、防灾系统。同时，应加强游人的安全保护工作，防止意外发生；将有待保护的特殊动植物之生育、栖息地以及生态破坏较为严重有待修复的区域划分为生态保育区，加强生态系统的保育和恢复工作；在生态系统敏感度相对较低、交通方便、便于建设的区域设置游客服务区，尽量减少对整体环境的干扰和破坏。服务区宜包括管理处、停车场、问讯处、售卖点、厕所及其他休息服务设施。

③ 从城市整体性考虑功能布局关系。城市森林公园基本位于城市规划区范围内或与城市规划区紧密相连，大片的城市森林公园绿地不仅改善城市所在区域的生态环境，同时将郊野绿地引入城市，也有利于城乡一体化，是大环境生态平衡的基础。森林公园功能区布局既要为将来的城市发展留足空间，又为城市的环境改善提供充分的绿化支持，才能使城市健康有序地发展。所以功能区布局应从城市整体的景观格局出发，尊重已有各类相关规划的合理内容，考虑城市森林公园功能区与城市景观轴线、主要景观节点及城市基础设施之间的关系（图 5-2）。如城市森林公园主入口景区、主要游览区及标志性景点等可考虑布置在城市景观轴线上，与城市其他景观节点相呼应，从而强化城市景观轴线；城市森林公园游客服务区应考虑布

图5-2 城市与森林公园空间分析图

置在靠近城市的区域，利用城市完善的基础设施，如供水管道、污水管道、电缆管线、信息高速公路等，从而使森林公园建设时能节约资源。

5.5 生态旅游功能策划

5.5.1 生态旅游的原则

（1）生态优先，保护第一原则

保护是森林公园设立的首要宗旨，其内容主要为通过物种及其栖息地保护以达到维护生态平衡、生态系统功能完整的目的。生态旅游资源中基本为不可再生资源。生态旅游资源的开发利用为满足生态旅游者的需求提供了可能，是生态旅游业生存和发展的凭借和依据。在生态旅游中，生态优先，保护第一原则。

城市森林公园是国家依法制定予以特殊保护的地域，有着重要的生态和科学意义。对森林自然景观和历史文化等进行了解、观察、欣赏和学习的旅游活动，是具有强烈生态保护意识的一种旅游类型，这种旅游活动不改变原有的森林生态系统，因此，维护其原生态是生态旅游建设的首要任务。

（2）适度开发与可持续发展原则

城市森林公园生态旅游的宗旨是：在保护森林的自然、文化资源的前提下，提供给生态旅游者高质量的旅游经历，并带动森林公园所在社区的可持续发展。不适当的旅游活动容易使旅游资源遭受不同程度的损害，为了保护人类的生存环境，为了保证旅游业的可持续发展，旅游活动必须以不破坏生态环境、适度开发为前提。坚持适度开发的原则，才能实现生态旅游的可持续发展。生态旅游与城市森林公园强调保护与开发的结合，是一种既利用自然资源和自然环境的原生态发展旅游业，又要求通过旅游活动维护和促进自然发展的双赢性的、特殊的新型旅游方式。因此，可持续发展必然是开展生态旅游所遵循的原则。

（3）参与性原则

生态旅游鼓励和支持当地社区居民积极参与旅游开发和开发，并分享其经济利益，从而为环境保护提供资金。参与式发展思想，就是要在生态旅游与城市森林公园建设中搞清自然与人文生态环境的基本情况，充分研究生态旅游诸多利益相关群体的需求，尤其要关注社区居民与旅游者。森林公园的建设离不开当地社区和居民，二者唇齿相依，互相促进，共同发展。因此，在生态旅游与城市森林公园建设中，坚持参与原则，包括社区的参与、旅游管理者的参与、游客的参与、当地群众的参与等。

5.5.2 生态旅游的策划

（1）生态旅游的功能

城市森林公园生态旅游具有多种功能，包括生态观光、科考、科普、度假、生态保健、生态娱乐、生态美食、体育、野营、夏令营、观鸟、观赏野生动物等。随着“人与自然和谐共处”“以文明为本”，不伤击其他生物生态环境的理念进一步深入，人们对旅游产品越来越强调生态模式。生态旅游策划时，城市森林公园的生态旅游功能主要体现对山水资源特点挖掘、对城市人文环境的挖掘及功能旅游景区的组织。

① 森林、山岳、水体的生态资源——确保生态永续。城市森林公园以森林植被为依托，其自然资源中的森林植物、山岳、水体等均为生态旅游开发可利用的资源。据此可开展的生态旅游项目有：森林植物景区、山岳生态景区、湖泊生态景区、漂流活动景区等。生态旅游形式包括游览、休闲、观赏、科考、探险等。

森林植物景区：以森林公园独特的森林植被开展森林氧吧、森林浴场、大型树屋、古树名木、生态观光、森林植物形态景观观赏、森林探秘等旅游活动，如鼎湖山生态景区观光。

山岳生态景区：以景区内的秀峰、奇岩、怪石、溶洞等为基础开展独特的地质地貌考察，组织自然生态考察、探险、生态观光、登山眺远、山体形态与天光、色彩、季节气象形态构成景观等。如广东西樵山利用七八千年前海底火山喷发出来的岩浆、岩块、火山灰形成的古火山丘开展生态观光旅游，南岭森林公园的登山活动等。

湖泊生态景区：利用森林公园内湖泊、水库、洲、湖心岛等开展休闲观光、游船、小沟谷游池游泳等生态旅游活动。如肇庆星湖游、增城白水寨南国天池游、鹤之洲景区游以及水体与山体、植物共同构成的形态景观等（图 5-3）。

漂流活动景区：利用森林公园内的高水位河流开展漂流活动。有的结合清泉、飞瀑等开展沿山谷探险、森林探秘的生态旅游活动。如从化响水峡森林公园利用流溪河源头开展原生态的河道漂流活动。

② 城市人文环境生态资源——天人和谐。主要体现对城市人文环境的挖掘，包括地域文化、历史名人、宗教古迹、生活习俗、地方特色美食产品、具有文化特色的建筑等。

原生态文化体验游：体验地方人文特色、岭南文化或少数民族多彩生活少数民族村寨游，如增城小楼人家旅游区，利用岭南田园风光与客家乡村风俗相结合，融历史文化古迹、都市农业生产基地、滨水休闲、农耕文化展示、农家乐、农贸古村落以及山林于一体形成乡村生态旅游区。

宗教文化体验游：以森林公园内寺庙、书院等宗教文化、历史遗迹开展旅游活动。如西樵山森林公园利用山上建有的白云寺、三湖书院、云泉仙馆、九龙岩景区的宝峰寺等多间寺庙开展宗教文化体验游；增城何仙姑景区以何仙姑家庙、仙桃、黄岩仙洞、何仙姑塔、千年仙藤园等开展以道教为主的宗教文化旅游。

特色建筑游：岭南建筑具有悠久的历史文化，广东建筑形式有岭南庭园建筑、竹筒屋民居建筑、梅州地区的客家围陇屋、开平的碉楼建筑、南昆山十字水度假村有用现代节能理念所建的生态建筑等，这些建筑反映了岭南建筑文化，反映了广东侨乡的文化，记录了广东人勇于开拓的历史。开展这些特色建筑游也

图5-3　生态休闲

是城市森林公园有意义的旅游活动。

天然绿色林产品：利用山区内的山珍野味、土特产、经济水果荔枝林等天然绿色林产品，开展生态水果现场品尝，输出天然绿色林产品等活动。

生态美食产品：广东以食为天，具有“吃在广东”的美名，广东有潮菜、粤菜、客家菜，特别是近代，广东城市不断引入川菜、湘菜、东北菜等，使广东的饮食文化丰富多彩，在森林公园局部地段，季节性地开展地方饮食文化活动也会丰富生态旅游、休闲活动（图 5-4）。

③ 功能旅游景区——确保发展永续。功能旅游景区主要以生态保健、生态娱乐、康体健身、保护环境、采集野果、珍稀动植物考察等功能为主开展生态旅游活动。

生态娱乐产品：在城市森林公园中开展野营、野餐、采集野果、野菜、田园采摘及生态农业主体活动等生态旅游。另外也可以把生态造景与生态游乐结合起来，用绿色植物进行造景或制造游乐项目，用绿色环境打造游憩模式，例如生态迷宫（花卉迷宫、树林迷宫、果蔬迷宫、湿地迷宫、水景迷宫等）、地面艺术、空中花园、花海世界等。

珍稀动植物科研考察：可以利用城市森林公园丰富的生物资源开发一些科研考察及观赏性的项目，如植物园、野生花卉园、动植物标本馆等。生态旅游形式包括观鸟、野生动物科考、狩猎、垂钓等，如车八岭森林公园的观鸟活动、上川岛的观猴景点等。

生态保健产品：利用森林公园内空气负离子浓度与人们身体健康正相关的新概念，打造极具旅游市场核心竞争力的森林生态环境（空气）质量的生态旅游资源，含金量高的森林空气生态旅游产品。如肇庆鼎湖山开发“空气负离子吸呼区”、静养场、康健步道等大众化生态旅游产品。

康体健身产品：利用城市森林公园内独特的自然地理环境开展自行车旅游、绿道游览、体育锻炼、跑步、球类等旅游活动项目。如增城市绿道网充分利用山水田园、森林景观、滨水景观等优美的生态资源，开发自行车健身游览绿道。

图5-4　岭南美食

5.5.3 森林景点的策划

游憩景点是各功能景区建设的基本单位，景点的策划直接关系到城市森林公园总体规划的效果。

（1）景点策划的内容

游憩景点是根据各功能区既有的风景自然资源、功能区的功能要求、视线的通视条件，根据环境美学、森林美学要求景观形态构成原理进行策划。策划的内容有：① 景点的构思包括景点的主题、特色、文化内涵；② 景点的平面布局包括功能关系要求、人流走向、通视条件等确定平面；③ 景点内的各种建设设施配套及占地指标包括面积、体量、风格、色彩、材料；④ 绘制景点平面布置草图。

（2）景点的组织策划

组景就是在设计师有主观意识下将多个景点有机地结合，以达到景点美学价值的目的。组景策划主要构思有以下要求：

① 总体布局要充分利用现有的风景自然资源，明确主、次景区层次，使功能与形式有机结合（图 5-5）。

② 突出城市森林公园主题，将城市有特点的文化传统与公园风景区相融合。

③ 根据总体功能布局，景区的空间设计必须动、静分区，以满足市民不同的空间要求及心理需求，使景点空间与总体环境相协调。

④ 根据景点的透视原理，合理地组织景点，突出森林、山体、水体等自然景观形态构成要素特点，突

出自然美、生态美特性。

⑤ 景点的构思应遵循景观形态构成的（基本形态、色彩、肌理构成和森林文化内涵）机理进行策划。在森林公园景点设计过程中，应将艺术美与自然美、生态美有机地融合。

⑥ 景点的空间序列布局策划方案：景点可沿着山势、河流水系、干道的走向结合功能展开，可凸显山水文化；森林植物景点可根据总平面布局的功能要求展开，突出亚热带森林群落特色及文化、突出季节色彩变化、肌理构成、山体间的小气候变化、生物多样性等森林美学特点；建筑空间（亭、台、楼、阁、廊与花架）设施应根据总平面布局的功能关系、人流走向要求、通视条件等要求展开，建筑的配套及包括面积、体量、风格、色彩、材料应满足历史文脉、环境美学的要求。

5.6 环境美的景观形态策划

为了提升服务城市功能，环境美的景观形态策划主要目标是：为营造宜生物和谐情欲的空间环境、营造独特城市文脉的生态旅游环境、营造优越森林景观的视觉环境。环境美的景观形态策划从环境美学高度，凸显城市森林公园的地域特点、传统风貌与乡土文化。广东主要存在客家文化源、潮汕文化源、西江文化源、番禺（老广州名）文化源，城市森林公园的组景必须与景区、景点布局统一构图，以自然景观为主，突出自然野趣。

拓宽森林公园景观形态环境美的创新思路从以下几个方面入手：① 中国山、水文化的内涵；② 森林群落群落文化及形态景观；③ 植于森林中的建筑空间文化；④ 森林共生文化。倡导从文化层面上进行景观艺术创作，以提升城市森林公园景观设计水平，提升城市旅游文化层次。在公众意识上产生以经济发展需求相适应的时代共鸣，要彰显岭南文化特色，提升生活质量、环境景观质量和艺术水平，服务于市民。

5.7 安全系统工程设计的策划

安全系统工程设计应将预防和保护放在首位，坚持以人为本的原则，确保森林公园在建设和经营过程

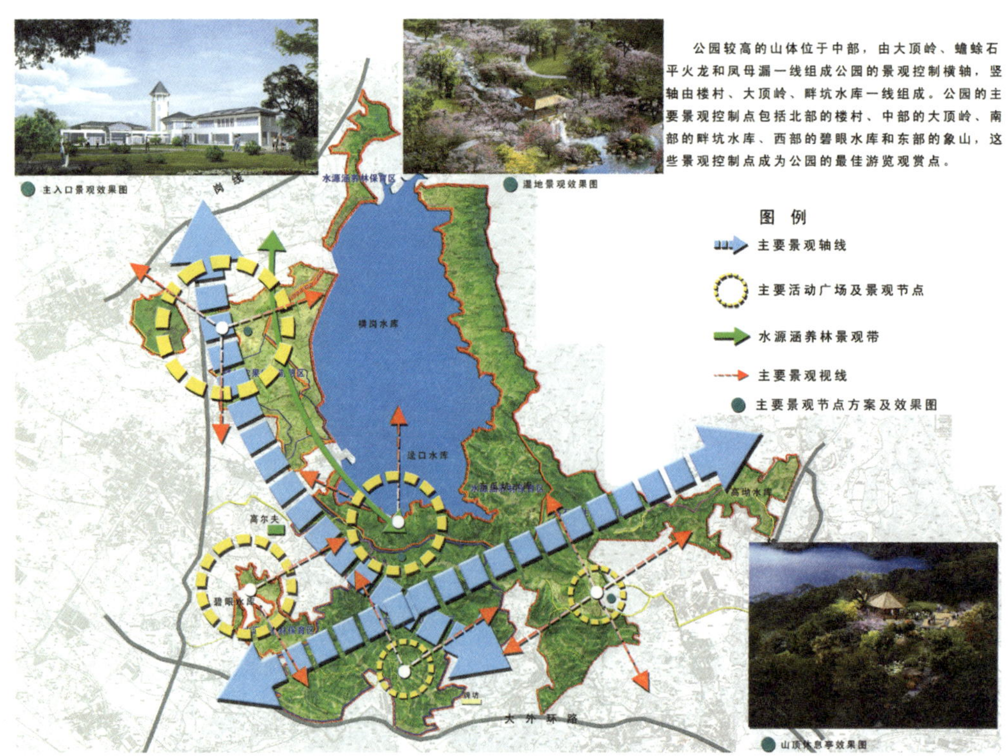

图5-5 景观组织策划图

中自然生态环境保持良性循环的安全局面，提高城市森林公园抗风险能力。安全系统工程设计应成整体、系统，它包括以下方面：

① 资源安全系统：防火、防外来生物入侵；

② 设施安全系统：防突发事件；

③ 环境安全系统：防灾、减灾；

④ 游客安全系统：以人为本；

⑤ 安全信息系统：建立安全预警、控制和救援系统。

5.8 解说系统的策划

解说系统要体现城市森林旅游景区的独特性，传承城市文脉和森林文化。① 体现解说对象特点；② 秉承师法自然思想；③ 管理中，传承“以人为本”理念；④ 发挥生态教育功能，宣传“以文明为本”的理念；⑤ 充分运用现代科技的表现手段。

景点的命名要具有知识性、新颖性、趣味性；主题要恰如其分，雅俗共赏。

5.9 基础设施工程的策划

在城市森林公园工程设计中，人与生物、人与自然、人与人、人与设施的建设关系中，应体现以下的设计理念：人进入现代文明的阶段，首先要克己、自律、文明、“以文明为本”，不应破坏其他生物的生态系统，才可保持生物的多样性，保持人可续发展的生存环境。森林公园基础设施工程的策划有以下思路：

① 综合考虑生物生境与保护，“生态优先”的原则（人与生物的关系）；

② 综合长远客流容量，体现“以人为本”的管理原则（人与管理的关系）；

③ 综合地形地貌和森林植被，优先安全、防灾的原则（人与自然的关系）；

④ 综合采用城市有利条件，优先节能减排的技术原则（人与设施的关系）。

5.10 管理系统策划的思路

城市森林公园管理应与时俱进。目前，我国城市森林公园现在主要是国有林场管理，同时也开始采用了股份公司经营管理到政府部门管理等管理模式，从旅游产业来讲经济效益都不错，但是从我国社会主义体制来看，我们也要研究新的机制，特别要把城市森林公园当作公共产品服务人民，所以要研究季节性收费，以及基于免费开放下的城市森林公园可持续发展对策。这是人与自然和谐的一种体现，特别让人们得到我国社会主义体制下的实惠。

5.11 工程设计项目规模

策划的一个重要内容是确定工程设计项目用地的规模，即根据城市森林公园类型、游客规模等内容，明确与森林旅游活动相关的基础设施、服务设施占地面积的大小及其建设标准。

5.11.1 森林公园用地指标

地、交通及附属工程用地、园地、耕地、水域、滞留用地、预留发展用地。土地利用应扩展森林风景游赏用地，有效控制管理及游览设施用地、居民社会用地、交通及附属工程用地，压缩园地，保护耕地。根据我们在广东城市森林公园多年实践经验，列出各类土地利用控制指标如表 5-1。

5.11.2 主要工程设计项目用地指标

(1) 交通及附属工程用地指标

从深圳、广州、清远等市选出 10 个城市森林公园，统计各公园的交通及附属工程用地面积，详见表 5-2。

从表中可以看出，交通及附属工程用地面积占公园总面积，最高比 5.8%，最低 1.5%，加权平均为 2.94%，为尽量减少开发带来的影响，因此，交通及附属工程用地指标范围确定在 2% ～ 5%。

(2) 管理及游览设施用地指标

以深圳羊台山、广州天鹿湖两公园为例，管理及

表5-1 森林公园土地利用控制指标

序号	用地名称	占总用地（%）	
		上限指标	下限指标
1	森林风景游赏用地	—	70
2	管理及游览设施用地	3	—
3	居民社会用地	◎	×
4	交通及附属工程用地	5	2
5	园地	◎	—
6	耕地	◎	◎
7	水域	—	1
8	预留发展用地	10	5

限定说明：1. 标记图标含义：不设置指标限—；禁止设置 ×；保留现状◎。
2. 用地比例为各用地类型占森林公园陆地总面积的比例。
3. 上限指标的含义为“≤”，下限指标的含义为“≥”。

表5-2 广东城市森林公园交通及附属工程用地现状情况统计表

公园名称	公园总面积（hm^2）	交通及附属工程占地面积（hm^2）	公路		游道		附属工程用地面积（hm^2）	交通及附属工程面积占公园总面积地比例（%）	加权平均值
			长度（km）	占地面积（hm^2）	长度（km）	占地面积（hm^2）			
1. 深圳市羊台山森林公园	2852.0	64.8	28.5	42.8	63.3	19.0	3.0	2.3	0.37
2. 深圳市三洲田森林公园	3793.0	73.3	40.6	60.9	29.8	8.9	3.5	1.9	0.41
3. 沙头角国家森林公园	541.4	31.2	15.62	23.4	19.35	5.8	2.0	5.8	0.18
4. 深圳市清林径森林公园	2886.9	65.7	38.32	57.5	17.26	5.2	3.0	2.3	0.37
5. 广东王子山森林公园	3070.0	92.3	49.88	74.8	43.45	13.0	4.5	3.0	0.52
6. 广东天鹿湖森林公园	880.0	47.2	23.06	34.6	26.02	7.8	4.8	5.4	0.27
7. 广东贤令山森林公园	1563.2	64.8	34.96	52.4	33.0	9.9	2.5	4.1	0.36
8. 广东风云岭森林公园	992.1	48.8	25.87	38.8	28.16	8.5	1.5	4.9	0.27
9. 广州市龙头山森林公园	335.2	15.9	6.8	10.2	14.1	4.2	1.5	4.7	0.09
10. 广州市九湾潭森林公园	872.4	19.8	7.77	11.7	16.94	5.1	3.0	2.3	0.11
合计	22423.4	523.8	320.82	407.1	336.9	87.4	29.3	2.9	2.94

游览设施用地面积统计情况如表 5-3。

其他森林公园管理及游览设施用地为：神光山国家森林公园 2.5%，贤令山森林公园 2.5%，王子山森林公园 3.0%，镇山森林公园 1.8%，同时，根据《广东省森林公园管理条例》规定，管理及游览设施用地面积占森林公园陆地总面积的比例不大于 3%，因此，确定管理及游览设施用地控制在 3% 以内。

（1）其他用地指标

①森林风景游赏用地指标确定必须满足总体生态规划的要求，用地指标应合理、科学。森林风景资源应科学开发与合理利用，指标最低不能低于 70%。

②居民社会用地上限指标是保留现状，不新设。即园内现有居民可参与森林公园开发建设和管理，形成社区共管模式；或居民尽量迁出。

③园地用地，主要指林地果树，由于一些历史原因，广东城市森林公园的林地中，沿山脚缓坡地种果

表5-3 城市森林公园管理及游览设施用地现状情况统计表

项 目	羊台山森林公园（hm²）	天鹿湖森林公园（hm²）	备 注
1. 餐饮、购物用地	3.8	4.0	
2. 野营、野餐用地	4.5	2.0	
3. 烧烤场用地	0.6	0.6	
4. 广场及入口用地	3.0	6.0	
5. 娱乐设施用地	22.0	0.1	包括剧场
6. 亭、阁、廊建设用地	0.2	0.2	
7. 管理建筑用地	0.9	0.5	
8. 庙宇建设用地		4.0	
合 计	35.0	17.4	
占公园面积比率（%）	1.23	1.98	

面积较大，大多数饮用水库周围也多为龙眼、荔枝。广东有些城市的政府部门要求退果还林，因此，城市森林公园中对现有果树可适当保留一部分，其他应尽量改造。

④水域面积指标，森林公园应有一定的水域，对已有的水域予以保留，对无水域或水域面积较小的城市森林公园，应按自然条件情况尽量规划一些山塘或水库，水域面积用地指标应不低于1%。

⑤耕地面积指标，只保留现状，不新设。

5.11.3 游客容量计算方法与确定

游客容量的计算方法：当前国标上主要是采用生态容量法和环境容量法 2 种方法的计算数据，并依此再计算出游客容量。本书综合考虑了森林质量、森林生态环境允许标准、游客心理标准、相关功能技术标准、碳氧平衡及使游客感觉舒适的耗氧量等因素，提出了舒适容量法。将以上 3 种方法计算出的游客容量进行优选，从而确定城市森林公园游客容量，然后再进一步确定年游客量，年游客量大小决定了森林公园内工程设施的建设规模。

（1）生态容量法

森林公园相关的规范、标准或管理办法中没有生态容量指标的计算方法和计算公式，因此，可参照中华人民共和国建设部《风景名胜区规划规范》(GB50298-1999)、中华人民共和国行业标准《自然保护区工程设计技术规范》(LYT5126-04)，计算城市森林公园的生态容量指标。

① 风景名胜区对一定规划范围的游客容量：应综

表5-4 游憩用地生态容量

用地类型 A_i	允许容人量和用地指标	
	P_i（人/hm²）	用地指标（m²/人）
（1）针叶林地	2～3	5000～3300
（2）阔叶林地	4～8	2500～1250
（3）森林公园	<15～20	>660～500
（4）疏林草地	20～25	500～400
（5）浴场水域	1000～2000	20～10
（6）浴场沙滩	1000～2000	10～5

表5–5 生态旅游区域生态允许标准

用地类型 A_i	允许容人量和用地指标	
	P_i（人/hm^2）	用地指标（m^2/人）
针叶林类	5～8	1200～2000
阔叶林类	6～8	1700～2000
疏林草地类	10～12	800～1000
草地类	200～250	40～50
湿地、水域类	200～250	40～50
沙滩类	200～250	40～50
遗迹类	130～500	20～77

合分析并满足该地区的生态允许标准、游览心理标准、功能技术标准等因素而确定。生态允许标准应符合表5-4的规定。表中的针叶林地、阔叶林地是森林公园中必有的类型，而疏林草地、浴场水域、浴场沙滩可能有此类型，故在森林公园工程设计中均可借鉴。

② 自然保护区对一定时期范围的游客容量：应根据分析并满足开展生态旅游区域的生态允许标准、游览心理标准、功能技术标准等因素确定。生态容量允许标准应符合表5-5的规定。

城市森林公园生态容量的确定应根据不同的景区功能、空间利用率等情况，综合考虑后进行优选，确定相应的指标，从而计算出合理的生态容量。

③ 生态容量法计算出的年游客容量（G_e）的计算公式为：

$$G_e=\sum A_i\times P_i\times C_i\times D$$

式中：A_i——不同用地类型的面积（hm^2）；

P_i——单位面积允许的游客容量，适用于风景名胜区和自然保护区；

C_i——综合分析本地区的生态允许标准、游览心理标准、功能技术标准等因素而确定的修正系数；

D——广东每年适宜开展旅游活动的天数，一般按300天/年计算。

（2）环境容量法

环境容量和游客容量分别有日环境容量、年环境容量、日游客容量、年游客容量。一般情况下，年环境容量和年游客容量计算是将日环境容量和日游客容量分别乘以每年适合开展旅游活动的天数（广东适宜开展旅游活动的天数一般按300天计算）。

① 环境容量。影响森林公园环境容量的因素有很多，主要为自然生态质量、景观生态安全格局、游客活动方式、旅游地的管理水平和技巧等。环境容量的测算对于森林公园的工程设计都具有重要意义。按公式计算得出的环境容量为森林公园最大环境容量，是风景资源开发和环境保护不可超越的阈值。

按中华人民共和国林业行业标准《森林公园总体设计规范》（LY/T5132-95）中定义，环境容量是指保证旅游资源质量不下降和生态环境不退化的条件下，一定空间和时间范围内，可容纳游客的极限数量。游客容量是在生态容量允许的范围内，旅游者在良好心理感应时的最适合游客容量。因此其游客最佳密度标准应小于旅游生态容量的最佳密度标准。

环境容量的测算方法及公式如下：

计算方法：一般采用面积法、卡口法、游路法等三种测算方法，可因地制宜加以选用或综合运用，但在各项具体方法使用时采用的计算指标方面缺乏研究和论证。而广东城市森林公园一般综合采用面积法和游路法测算环境容量；在游客规模预测方面，主要采用市场调查法。

卡口测算法：适用于溶洞类及通往景区、景点必须并对游客量具有限制因素的卡口要道。

游路测算法：适用于游人只能沿山路步行游览观光风景的地段。按 5 ~ 10m²/ 人。

面积测算法：除卡口法和游路法适用条件之外、游人可进入游览的面积空间，均可采取此法。

日环境容量计算公式有以下几种：

“游道法”计算公式：

完全游道法（环行游道及进口与出口不在同一位置的非环行游道）：$C=M/m \cdot D$。

不完全游道法（进口与出口在同一位置的非环行游道。即游客游至终点，必须按原路返回）：

$$C=[M/m+(m \cdot E/F)] \cdot D$$

式中：C——日环境容量（人次）；

M——游道全长（m）；

m——每位游客占用合理游道长度（m）；

D——周转率（D–游道全天开放时间 / 游完全部游道所需时间）；

E——沿游道返回所需时间（min）；

F——游完全游道所需时间（min）。

“面积法”计算公式：

$$C=A/a \cdot D$$

式中：C——日环境容量（人次 / 日）；

A——可游览面积（m²）；

a——每位游客占用合理面积（m²）；

D——周转率。

年环境容量计算公式：年环境容量计算是在日环境容量的基础上进行推算的。

$$C_y=C \cdot N \cdot K/10000$$

式中：C——日环境容量（人次）；

C_y——年环境容量（万人次）；

N——旺、平、淡季旅游天数（d）；

K——旺、平、淡季旅游系数。

② 游客容量。

日游客容量计算公式：

$$G=(t/T) \cdot C$$

式中：G——日游客容量（人次）；

t——游客游完某景区或某游道所需时间（min）；

T——游客每天游览最合适的时间（min）；

C——日环境容量（人次）。

年游客容量计算公式（邓立斌等，2007）：年游客容量计算依据测算的日游客容量，分别淡季、旺季、平季计算各季的游客容量，各季游客容量之和为公园年游客容量。

$$G_y=G \times N \times K \div 10000$$
$$G_y=(G_{bs}+G_{ss}+G_{os}) \div 10000$$

式中：G_y——公园年游客容量（万人次）；

G——旺、平、淡季游客容量（人次）；

G_{bs}——旺季游客容量；

G_{ss}——平季游客容量；

G_{os}——淡季游客容量；

N——旺、平、淡季旅游天数（d）；

K——旺、平、淡季旅游系数。

以上是森林公园中日游客容量和年游客容量的计算方法和公式。

风景名胜区和自然保护区游人容量计算也大多采用线路法和面积法。线路法是以每个游人所占平均道路面积计，为 5 ~ 10m²/ 人；面积法是以每个游人所占平均游览面积计。其中：主景景点：50 ~ 100m²/ 人（景点面积）；一般景点：100 ~ 400m²/ 人（景点面积）；浴场海域：10 ~ 20m²/ 人（海拔 0 ~ -2m 以内水面）；浴场沙滩：5 ~ 10m²/ 人（海拔 0 ~ +2m 以内沙滩）。

（3）舒适容量法

① 计算依据。森林氧吧是人类社会的共识，森林空气中的含氧量大小与游客所感知的舒适程度密切相关。

② 计算方法。常规森林公园游客容量的确定在环境容量基础上计算出来的，是公园实际应控制的游人

规模，但从游客舒适方面考虑，还应计算舒适容量指标。

根据广东省林业调查规划院推荐的森林公园游客舒适容量计算方法（李茂深，2009），按森林放氧量、考虑人的舒适建立的公式计算，以校核公园游客舒适的规模。

$$G_1=V\times P_1\times K\times O\times C/W\times(1+P_2)^n$$

式中：G_1——游客舒适容量（游客人数 / 年）；

V——森林活立木蓄积量（m^3）；

P_1——现有林分森林活立木材积年生长率（%）（广东省森林资源调查的数据确定：P_1 森林材积年生长率）；

P_2——现有森林林龄组到达成熟龄组材积年均生长率（%）（根据广东省森林资源调查的数据确定：P_2 森林材积年生长率）；

n——现有森林龄组到达成熟龄组所需年限（根据国家林业局《森林资源规划设计调查主要技术规定》确定）；

K——森林植物单位面积生物量与单位面积蓄积量的比值（t/m^3）（根据广东省森林资源调查的数据确定）；

O——森林植物每吨生物量放氧量系数（根据广东省森林资源放氧专题调查的数据确定）；

C——森林植物光合作用放氧量系数（根据森林生态学有关资料：取值为 3.33）；

W——游客人年均在森林公园旅游区内消耗氧数量（t / 人 · 年）。

（4）游客容量的确定

① 各种容量法计算方法的优缺点。生态容量法实质是根据面积计算，计算方法简单，技术可操作性强，但所计算的游客容量是最大值，没有考虑游客在各景区的可达性。

环境容量法虽然有 3 种，但常用的主要是面积法和游路法，面积法虽然考虑到了游客在各景区的可达性和空间的利用率，但指标数值的计算主要采用经验值，主观性较强；游路法主要取决于游览线路的长短和空间利用率的高低来确定游客的数量，忽略了生态因子对游客的影响。

舒适容量法吸纳了生态容量法和环境容量法的部分优点，充分考虑了生态因子对游客的影响，所计算的数值是游客最舒适的数值，以人为本，有利于生态环境的保护。

② 游客容量确定的方法和程序。本书确定城市森林公园游客容量的方法和程序如下：

分别以生态容量法、环境容量法和舒适容量法计算出森林公园的 3 个游客容量值。

根据服务于城市的功能和需要、总体布局和公园工程实施的可行性，综合取定各游客容量值的权重值 W_1、W_2、W_3。其中 $W_1+W_2+W_3=1$，W_1 为生态容量法计算出的游客容量值，W_2 为环境容量法计算出的游客容量值，W_3 为舒适容量法计算出的游客容量值。

城市森林公园的游客容量（G）集成公式计算如下：

$$G=W_1G_e+W_2G_y+W_3G_1。$$

（5）游客量预测

① 游客增长率的确定。选取已建的 3 ～ 5 个城市森林公园的近 3 ～ 5 年来的年游客量，计算出近几年游客量的平均递增率（%），以此数据为依据作为所建的城市森林公园的年均游客递增率（S）。选取原则为：地理区域相邻、森林风景资源质量等级划分不同一级别、公园面积与规模相近、周边目标城市消费水平相近、公园内外交通水平相近、公园内开发的内容具同质化的城市森林公园。

② 游客规模预测计算公式。

$$Q_{i+1}=Q_i\times(1+S)$$

式中：Q_{i+1}——森林公园在游客规模预测当年的年游客量；

Q_i——森林公园在游客规模预测前一年的年游客量；

S——森林公园年均游客递增率。

③ 游客量（也称游客规模）预测。依据（4）中所确定的年游客容量 *G* 作为所建森林公园年游客量的饱和值，再根据游客规模预测计算公式计算出每年的游客规模，当某年的游客规模达到年游客量的饱和值时，则这年及以后的各年直接将 *G* 作为年游客量的计算依据。

游客量主要为安全系统设施和停车场、道路、建筑、服务设施、给排水和供电等设计提供依据。

参考文献

[1] 王贵山 . 2008. 项目前期策划的重要性及前期设计阶段存在的问题与对策 [J]. 黑龙江科技信息，建筑工程 .

[2] 严明 . 2008. 城市滨水区景观前期策划研究 [D]. 南京林业大学学位论文 .

[3] 邓毅 . 2007. 城市生态公园规划设计方法 [M]. 北京：中国建筑工业出版社，91.

[4] 姚伟军，叶向阳 . 2007. 浅谈工程项目的前期策划 [J] . 广东建材，(9) .

[5] 邓立斌等 . 2007. 龙山国家森林公园环境容量调查研究 [J] . 西北林学院学报，181.

[6] 陈世清 . 2004. 生态旅游概念浅析 [J]. 广东林业科技，20 (4)：54-57.

[7] 吴章文等 . 2009. 生态旅游区生态环境本底条件研究 [J]. 中南林业科技大学学报，29 (5) .

第6章　城市森林公园生态工程设计研究

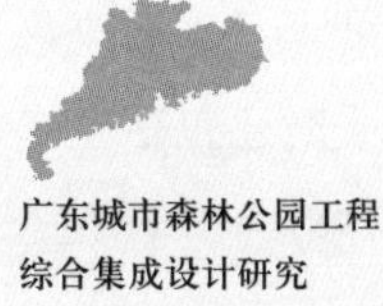

以气候变暖为主要特征的全球气候变化正在改变着陆地生态系统的结构和功能，威胁着人类的生存与健康。气候变暖的主要原因是大气二氧化碳浓度增加，森林因特殊的碳汇能力成为应对气候变化的必然选择，目前，正受到世界各国政府的高度关注。广东已建 185 个城市森林公园，共有 50.7 万 hm^2 的森林在城市生态效益方面起着不可估量的作用。在这种背景下，提出“生态工程设计”，将现代森林经理多功能理念与碳汇计量和城市森林生态建设的思维联系起来，为营造良好的公共活动生态环境、健康的游憩环境、增强市民的幸福感具有特殊的现实意义。

6.1 城市森林公园生态工程设计概述

6.1.1 城市森林公园生态工程设计的概念

6.1.1.1 生态工程

1962 年美国生态学家 H. T. Odum 首次使用了生态工程（ecological engineering，ecoengineering）的概念，即“为了控制生态系统，人类应用来自自然的能源作为辅助能对环境的控制”、“对自然的管理就是生态工程”。20 世纪 80 年代初期欧洲生态学家 Uhlmam（1983）、Straskraba（1984）与 Gnamsk（1985 ）提出了“生态工艺技术”，并作为生态工程的同义词，定义为“根据对生态学的深入了解，采用花最小代价的措施，对环境的损害又最小的环境管理技术”。1993 年，美国的 Mitsch 将生态工程定义为“为了人类社会及自然环境二者的利益，而对人类社会及自然环境进行综合的而且可持续的生态系统管理。它包括开发、设计、建立和维持新的生态系统，以期达到诸如污水处理（水质改善）、矿渣及废弃物回收、海岸保护等，同时还包括生态恢复、生态更新、生物控制等目的”。1987 年中国生态学家马世骏将生态工程定义为：“生态工程是利用生态系统中物种共生与物质循环再生原理及结构与功能协调原则，结合结构最优化方法设计的分层多级利用物质的生产工艺系统。生态工程的目标就是在促进自然界良性循环的前提下，充分发挥物质的生产潜力，防止环境污染，达到经济效益与生态效益同步发展”。熊文愈（1986）认为：“生态工程即生态系统工程，是系统工程和生态系统的结合，即利用分析、调整、决策、规划、模拟、预测、设计、实施、管理和评价等系统工程技术，对生态系统进行设计和管理的技术”。王如松（1997）在《中国科学报》海外版发表的《生态工程与可持续发展》一文中指出：“生态工程是一门着眼于生态系统的持续发展能力的整合工程技术。它根据生态控制论原理去系统设计、规划和调控人工生态系统的结构要素、工艺流程、信息反馈关系及控制机构，在系统范围内获取高的经济和生态效益。不同于传统末端治理的环境工程技术和单一部门内污染物最小化的清洁生产技术，生态工程强调资源的综合利用、技术的系统组合、科学的边缘交叉和产业的横向结合，是中国传统文化与西方现代技术有机结合的产物。”云正明等（1998 ）在《生态工程》一书中指出：“生态工程是应用生态学、经济学的有关理论和系统论的方法以生态环境保护与社会经济协同发展为目的（也可以理解为可持续发展），对人工生态系统、人类社会生态环境和资源进行保护、改造、治理、调控、建设的综合工艺技术体系或综合工艺过程。”

综上所述，生态工程既是“工程”，也是技术，是一门着眼于生态系统进行设计与管理以及生态系统持续发展能力的整合工程技术。

6.1.1.2 城市森林公园的工程属性

从行业角度来看，生态工程的主要类型有农业生态工程、林业生态工程、渔业生态工程、牧业生态工程等。

王礼先根据我国林业生态实践提出："林业生态工程是生态工程的一个分支，是根据生态学、生态经济学、系统科学与生态工程原理，针对自然资源环境特征和社会经济发展现状所进行的以木本植物为主体，并将相应的植物、动物、微生物等生物种群人工匹配结合而形成的、稳定高效的人工复合生态系统的过程，其目的在于保护、改善与持续利用自然资源与环境。"林业生态工程所包含的内容十分复杂，根据生态工程的系统构造和功能（包括生态功能和经济功能），林业生态工程可划分为四大类：生态保护型林业生态工程，如天然林保护、次生林改造、水源涵养林营造、自然保护区、森林公园、特种用途林等；生态防护型林业生态工程，如水土保持林、农田防护林、防风固沙林、河岸河滩防护林、护路林、沿海防护林、盐碱地造林等；生态经济型林业生态工程，如农林复合生态工程（含林粮、林药、林渔等复合）、竹林、用材林（含速生丰产林、短轮伐期纸浆林）、薪炭林、经济林（含果园）等；环境改良型林业生态工程，如城市林业生态工程、工矿区林业生态工程、劣地林业生态工程（含裸岩裸土、陡崖等严重退化劣地）（陈蓬，2005）。

按照以上分类，城市森林公园是森林公园的一种，属于生态保护型林业生态工程；同时，城市森林公园又是城市林业的一部分，所以，它也属于环境改良型林业生态工程。不管如何归并，城市森林公园都是林业生态工程。

6.1.1.3 城市森林公园生态工程设计

城市森林公园生态工程设计，是着眼于城市森林生态系统设计与管理以及持续发展能力的综合集成工程设计。它包括两个层面的含义，首先是把城市森林看作一个大的生态系统工程，城市森林公园是其中一个子系统。其次，把整个城市森林公园看作一个大生态系统工程，把构成城市森林公园的各个分部工程视为一个子系统工程来进行设计。对森林公园区域内的自然环境、经济、社会和技术因素进行综合分析，在现有的森林、山体、城市湿地等设计要素的基础上，合理进行天然林、人工林及景区、景点和廊道绿化等森林系统和城市湿地系统的设计，使它们在平面上形成科学地镶嵌配置，构筑以森林、城市湿地为主体的复合生态系统，充分发挥和提升城市森林公园的功能和作用。

城市森林公园生态工程设计主要内容包含森林生态工程设计与森林景观工程设计两大部分，森林生态工程设计（图 6-1）包括森林生态保育工程，生态修复工程，森林碳汇工程和湿地动、植物生态工程以及配套工程设计；森林景观工程设计包括森林景观设计和水体景观设计（图 6-2、图 6-3）。

（1）森林生态工程设计

①森林生态保育工程设计。明确森林公园森林生态保育的目的意义，以生态学理论为指导，以可持续发展和改善与维护城市森林公园生态系统平衡为宗旨，实行依法保育、科学保育、全民保育和分级保育，设计切实可行的生态保育措施，加强现有资源的保护，并做好污染物防治。

②生态修复工程设计。主要包括封山育林、废弃取土场和采石场、道路及边坡绿化、石炭岩山地绿化、野生动物招引等工程设计。

③森林碳汇工程设计。通过植树造林、植被恢复、科学经营等措施增加森林碳吸收，通过控制采伐、毁林、开发、防控森林火灾和病虫害，减少源自森林的碳排放；公园设施使用木质林产品，延长木材使用寿命，延长碳储存；通过利用木质林产品和林木果实及采伐剩余物，促进碳替代以减少碳排放。

④湿地动、植物生态工程设计。主要包括湿地恢复、水质生物维护和湿地植物种植工程设计以及动物栖息地的营造。

（2）森林景观工程设计

①森林景观营造：采用生态建园、文化建园和综合设计等手法，进行森林景观空间和平面布局及细部要素设计，营造森林景观的形态美、色彩美、肌理美和森林文化内涵。

②水体景观营造：充分利用森林公园内的自然水体，适当增设人工水体，并做好驳岸、木栈道设计和

图6-1 生态工程设计——森林/城市湿地生态系统

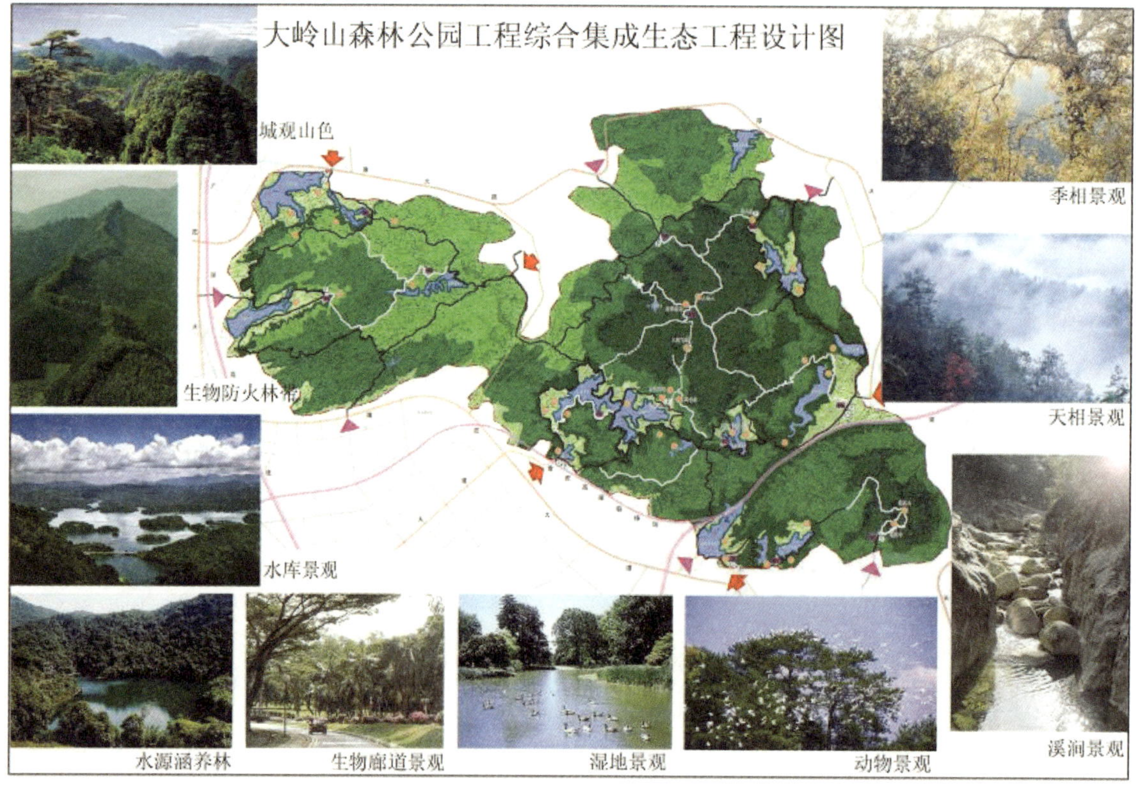

图6-2 生态工程设计——景观工程

图6 3 生态工程设计——森林功能空间

水景植物配置，以及水体生物维护；"活化"和丰富森林公园景观，提高生态效能。

6.1.2 城市森林公园生态工程设计的生态原理

生态工程技术将生态学原理与经济建设和生产实践结合起来，就是为了实现生物有机体与环境在有人工辅助的能量、物质参与下，实现生态学及生态经济学原理与现代工程技术的系统配套，以及生产过程中的物流和能流的合理循环。城市森林公园建设的目的既要提高林地的生产率，实现森林资源的可持续利用，又要提高整个人工复合或天然的生态系统的经济效益与生态效益，实现生态系统的可持续发展；关注的焦点既是木本植物与环境的关系、木本植物的种间和种内关系，以及林分的结构与功能、物流与能量流，又要关心整个区域人工复合或天然的生态系统中物种共生关系与物质循环再生过程，以及整个生态系统的结构、功能、物流与能量流；建设的技术措施既要考虑在林地上采用，也要考虑在复合或天然的生态系统中的各类土地上采用综合措施，建造起一个优化的森林生态群落结构。因此，城市森林公园生态工程设计必须遵循生态学的一些基本原理。

(1) 生态位原理

生态位是生态学研究中广泛使用的名称，通常是指生物种群所占据的基本生活单位。对于生物个体与其种群来说，生态位是指其生存所必须的或可被其利用的各种生态因子或关系的集合。每一种生物在多维的生态空间中都有其理想的生态位，而每一种环境因素都给生物提供了现实的生态位。这种理想生态位与现实生态位之差一方面迫使生物去寻求、占领和竞争良好的生态位；另一方面也迫使生物不断地适应环境，调节自己的理想生态位，并通过自然选择，实现生物与环境的世代平衡。在城市森林公园生态工程设计及技术应用中，要合理运用生态位原理，把适宜而有经济价值的物种引入系统中，阻止一些有害的杂草、病虫、有害鸟兽的侵袭，形成一个具有多样化物种及种群稳定的生态系统。充分利用高层次空间生态位，使有限的光、气、热、水、肥资源得到合理利用，最大限度地减少资源的浪费，增加生物量和繁衍后代的机会。

(2) 食物链原理

在自然生态系统中，由生产者、消费者、分解者所构成的食物链，从生态学原理看，它是一条能量转化链、物质传递链，也是一条价值增值链。绿色植物被草食动物采食，草食动物被肉食动物捕食，植物和动物残体又可为微生物、小动物和低等动物分解，以这种吃与被吃而形成了食物链关系。但是食物链并非单一、简单的一种关系，而是一种复杂的食物链网。太阳光能是地球上一切能量的来源，日光能被固定形成化学能，并沿着食物链的各个营养级传递，由于能量在转化过程中不可避免地消耗与损失，没有任何能量能够100%的有效转化为下一营养级的生物能。自然界的食物链很少有长达4个营养级之上，在人工生态系统中，食物链往往会进一步缩减，缩减了的食物链不利于能量的有效转化和物质的有效利用，同时还降低了生态系统的稳定性，并可以加重环境污染。因此，根据生态系统的食物链原理，在城市森林公园生态工程设计中，要避免缩减或断裂食物链，而应尽可能将各营养级因食物选择而废弃的生物物质和作为粪便排泄的生物物质，通过加环与相应的生物进行转化，延长食物链的长度，并提高生物能的利用率。

(3) 整体效应原理

系统是由相互作用和相互联系的若干组成部分结合而成的具有特定功能的整体，其基本的特性就是集合性，表现在系统各组分间相互联系、依赖、作用、制约的不可分割的整体，整体的作用和效应往往要比各部分之和还要大。城市森林公园建设要达到能流的转化率高、物流循环规模大、信息流畅、价值流增加显著——整体效应最好，就要合理调配、组装、协调林业、园林、城市规划、旅游等部门，采用生态、林业、环境、建筑学、森林经理等学科的理论、技术、方法，对城市森林公园进行生态工程设计，使整个系统的总体生产力提高，整体效应最好。

6.1.3 城市森林公园生态工程设计的基本原则

根据生态学的理论，生态系统主要分为森林生态系统、湿地生态系统、海洋生态系统与草原生态系统。城市森林公园生态工程主要包括森林生态、城市湿地生态两大系统。生态工程是从系统论出发，结合生态学、经济学和工程学的原理，综合运用现代科学技术、现代管理手段和工程专业技术经验，其设计应遵循如下原则：

(1) 遵循生态优先的原则

工程活动遵循生态优先原则，将森林、湿地生态系统保护置于首要位置。工程工艺系统要与区域的生态系统一致，保护生态系统的物种多样性，为不同生物提供生存繁衍的生态环境。要保证区域森林、城市湿地生态系统的再生恢复能力。

(2) 遵循生态过程的原则

根据城市森林公园所在的生态位确定工程建设模式，采用系统论的方法构建森林、城市湿地工程工艺系统，无论是过程输入、输出，还是每个过程的技术系统都应符合区域的生态规律；维护森林群落或湿地系统结构的整体性、稳定性。

(3) 良好的生态本底环境原则

坚持近自然林业的森林经营理念，良好的生态本底环境原则。森林与湿地的生态目标要接近自然，生态环境、安全等指标要达到国家规定的标准。

(4) 营造景观环境优美的原则

要营造优越的生态旅游环境，坚持景观环境优美的原则。生态景观环境追求艺术美、自然美和生态美；生态景观要有岭南城市文脉与森林文化内涵，给人美的视觉享受和身心的愉悦，增强幸福感。

(5) 综合优化持续发展的原则

在森林公园建设与调控过程中，要促进工程系统内的互补、互利协调发展，开发建设与生态环境建设相结合；资源利用与保护相结合；多功能与持续发展相结合的原则，将所追求的生态效益、经济效益和社会效益综合优化整体协调。

6.1.4 城市森林公园生态工程设计的方法

（1）生态思维的方法

所谓生态思维，也称绿色设计，是指将环境因素纳入设计之中，从而帮助确定设计的决策方向。生态思维要求在产品开发的所有阶段均考虑环境因素，从产品的整个生命周期减少对环境的影响，最终引导产生一个更具有可持续性的生产和消费系统。生态思维活动主要包含两方面的涵义，一是从保护环境角度考虑，减少资源消耗、实现可持续发展；二是从商业角度考虑，降低成本、减少潜在的责任风险，以提高竞争能力。

城市森林公园景观系统中，至少存在着四个层次以上的生态关系：第一种生态关系是城市森林公园景观内部各元素之间的水平生态关系，包括水流、物种流、营养流与景观空间格局的关系；第二种生态关系是城市森林公园景观元素内部的结构与功能的垂直生态关系，其结构是食物链和营养阶，其功能是物质循环和能量流动；第三种生态关系则存在于生命与环境之间，包括植物与植物个体之间或群体之间的竞争、共生关系，是生物对环境的适应及个体与群体的进化和演替过程；第四种生态关系则存在于城市的人与其环境之间的物质、营养及能量的关系。这四个层次的生态关系是城市森林公园景观得以可持续发展的基础，是城市森林公园建设必须维护的根本。因此，城市森林公园建设要注重生态工程设计，将自然生态系统的秩序和潜在的复杂性作为设计灵感的基础，将“生态因子”列入重要的考虑对象，将侵蚀控制、水质量控制、水土保持、湿地保护、动植物保护、低碳消费和绿色建园技术等贯穿于城市森林公园建设全过程。

（2）综合设计思维的方法

综合设计包含多层含义，包括将完全不同的元素放在一起从而产生解决矛盾的设计方法，也就是系统地考虑问题，思考出解决方法的“阶段－过程”模式途径，包括“发现问题－分析问题－综合思维－进行设计－执行设计”的过程，这个过程中的阶段可以重复和反馈。另外，综合设计也包括将不同利益、背景的专业综合到一起，分工协作，不仅与其他行业合作，还要与城市不同的部分，如混合的邻里、自然资源、基础设施以及不同权属间的合作（张文英，2008）。

城市森林公园生态工程设计要进行综合设计，一是要进行整体设计，对整体生态系统进行全面考虑，设计的目的是系统优化；二是要注重自然景观原有的自身和谐、稳定的结构和功能，人为的设计尽可能适应自然景观的原有“设计”，以保证整体景观结构和功能的自然性；三是联合多学科共同协作，保证整体生态系统的和谐与稳定。

（3）森林文化思维的方法

城市森林公园要有丰富的精神文化内涵，要能充分把握森林文化的主脉，提倡“文化建园”，充分挖掘植物与森林的文化，给森林公园加入人文和艺术气息，使森林公园具有亲和性、富有人情味、教育功能和精神享受。自古以来，人们就赋予植物思想和语言，如古人用桑梓代表故乡，用柳枝和牡丹代表爱情，用荷花和竹子代表高洁等等。现代社会，喜爱绿色植物的人越来越多，不仅仅是因为植物本身的价值，还因为它们可以表达不同的情感和寓意。所以，在森林公园建设的植物选择和配置上，也要注意植物相应的文化含义，利用具有文化代表性的植物作为不同景区景点的主要观景植物，既起到点题的作用，又能引人遐思和联想，体现地方文化和人文艺术价值，提高文化品位和档次。

6.1.5 城市森林公园生态工程设计的措施

城市森林公园设计和建设，在工程策划、实施过程中要采取相应措施，保护森林生态系统结构，保护生物多样性，保护森林生态系统的非生物环境，提升森林景观，提高碳汇能力。

（1）保护森林生态系统结构

森林生态系统结构及其生态过程决定森林生态系统功能，而生态系统的保护要从功能保护着眼，从系统结构入手（图 6-4 至图 6-8）。

① 保护森林生态系统结构的连续性。森林生态系统结构的连续性是森林生态系统维持其结构的完整性和稳定性的重要条件。城市森林公园建设的土建工程

图6-4 保护森林生态工程

图6-5 保护城市湿地生态工程

图6-6 保护生物多样性——栖息地的营造

图6-7 观鸟屋的设计

图6-8 湿地浮桥的设计

和路桥工程策划，要考虑生态系统的完整性和稳定性保护，避免或减少“岛屿化”和“分割”效应。林相改造工程中的补植技术措施要针对林相残破程度，根据林分内林隙的大小和分布特点，采用不同的补植方式，以促进群落的恢复，增加群落结构的连续性。

② 保护森林生态系统结构的多样性。包括群落结构保护、空间结构保护和时间结构保护。

保护群落结构。城市森林公园林相改造工程的清林作业和整地作业要强调保留目的树种的幼苗、幼树，保留珍稀濒危物种。林相改造时，树种选择要因地制宜确定针叶树种和阔叶树种、乔木和灌木的合理比例，选择多树种造林，防止树种单一化。更新造林时，要尽量保留、诱导能与更新树种共生的幼树，使之形成混交林，使针叶树与阔叶树混交、深根系树种与浅根系树种混交、耐阴树种与喜光树种混交、乔木与灌木混交，营造群落结构合理、稳定性强、综合效益最佳的混交林，以促进生态系统结构的完整性。

保护空间结构。森林群落的空间结构是由乔木层、灌木层、草本层、苔藓地衣层等构成的，并具有明显的分层现象。群落的空间结构，也称作群落的层次结构和复层次结构。森林群落复层空间结构的完整是森林生态系统稳定性的重要标志，间接地反映了功能、生产力的状态。城市森林公园林相改造工程要通过异龄和耐阴、喜光树种的交错促进林分群落结构的复层化，保护好林分复层群落的空间结构的完整性，利于林分内各种树种的合理竞争，利于提高森林生态系统功能和生产力，利于天然目的树种的生长发育、群落演替，利于木材资源和非木质林产品资源的可持续利用，利于增强森林生态系统的健康和抗逆性。

保护时间结构。生态系统结构随着时间的推移反映出在时间上的动态，称之为时间结构。一般有三个时间度量，一是长时间度量，以生态系统进化为主要内容；二是中等时间度量，以群落演替为主要内容；三是昼夜季节等短时间的变化。以群落演替为主要内容的时间结构，反映了群落的演替动态，在森林工程活动中要遵循群落演替规律，保护群落演替的时间结构的完整性，以保证和促进群落的正向演替。

(2) 保护生物多样性

① 优化植物、动物、微生物及环境之间的系统组合。利用食物链原理，建构低耗、高效的生态系统，通过种植蜜源植物和鸟嗜植物，保存枯死木，禁用农药等措施，招蜂、引蝶、引鸟，并促使森林生态系统的产品得到再转化和再利用，丰富生物多样性。

② 保护目的树种和珍稀濒危物种。城市森林公园的建设，要把保护林分中目的树种、珍稀濒危物种放在首位，同时保护林分中的母树、栖息树、经济价值高的物种，以诱导与更新树种共生，使之成为混交林。在工程施工作业时，应编制目的树种、珍稀濒危物种、经济价值高的物种目录和图谱，以供给工程作业人员和管理人员使用，最大限度地减少和避免对保护物种的伤害。

③ 保护生境。城市森林公园建设过程中，要注意以下几个环节的负面影响，要通过对工程策划、工艺设计，尽可能减少或避免对生物多样性造成破坏。

A. 路桥工程对动植物生境产生的“分割效应”和“岛屿化效应”，对野生动物通道、进食地和繁殖地的阻塞效应。

B. 清理林地方式对林地土壤理化性质的影响。

C. 工程作业产生的噪声、排气对野生动物的干扰。

D. 工程作业期间的砍伐、挖采等对生物多样性的影响。

(3) 保护森林生态系统的非生物环境

森林生态系统的非生物环境是森林生态系统生命的支持系统，城市森林公园工程活动要避免和减少下述影响效应：

① 伐木作业破坏植被，加大林地径流量和淋溶量，导致水土流失和土壤养分流失。

② 由清理林地和整地带来的对林地土壤理化性质的变化。

③ 路桥工程掘堑、挖沟、筑堤排水、壅土塞壑、取土弃土引起的水土流失、淤塞河床、污染水质，加上自然力的作用甚至出现滑坡、泥石流等自然灾害。

④ 工程作业产生的废水、废油、垃圾等对森林生态系统环境的污染。

(4) 提升森林景观

森林景观资源主要是指森林资源及其环境要素中诸如互惠共存、生态位、竞争、物种多样性化学互感作用等，以森林生态学原理为基础，环境美学为指导能引起审美与欣赏活动，可以作为风景游览对象和风景开发利用的事物与因素的总称。森林景观资源具有资源利用的多重性或多功能性。城市森林公园要依据景观资源的属性特征、景观特征及其评价级别，从景观资源及其相关条件（包括用地条件）出发，去寻找适应社会需要的有关接口，提出恰当的发展目标，并控制其容量和开发程度，合理开发利用，做到景尽其用、地尽其利，充分发挥景观资源的综合潜力，并使之得到不断改善。对可再生的景观资源，应努力使其增值、增量和增效，防止退化、破坏和流失，促其良性循环，对不可再生的景观资源，要在分级保护的前提下探讨适度利用、节约利用、综合利用，合理调节有限的景观资源的耗竭速度。提升森林景观资源的措施主要包括：

① 保护现有景观，使生态系统发挥功能。

② 重建退化的生态系统，如闲置的被污染的土地，如采石场等的改造利用和河流整治等。

③ 减轻潜在或已存在的生态退化进程，如针对石漠化采取的生态措施等。

④ 发明和应用环保新技术，减少不可回收废物的产生和排放。

(5) 提高森林碳汇能力

全球气候变暖已是不争的事实。目前国际社会关注的气候变化，主要是指由于人为活动排放温室气体造成大气组成改变，引起以变暖为主要特征的全球气候变化。政府间气候变化专门委员会第四次评估报告表明，大气中二氧化碳浓度已从工业革命前的280mg/L上升到2005年的379mg / L，超过了近65万年以来的自然变化范围，近百年来全球地表平均温度上升了0.74℃。森林树木通过光合作用吸收了大气中大量的CO_2，减缓了温室效应和气候变暖的速度，这就是森林的碳汇作用。森林生态系统是地球上除海洋之外最大的碳库，其碳贮量约为1146×10^9t，占全球陆地总碳贮量的46%。根据IPCC《2006年国家温室气体排放清单指南》和《IPCC土地利用、土地利用变化和林业优良做法指南》等相关文献，森林生态系统碳库主要包括：森林植物碳库、森林土壤碳库和木制品等碳库。

城市森林公园的森林不仅可以直接吸收城市中释放的碳，而且通过减缓热岛效应，降低热量，调节城市气候，减少城市空调使用次数，可以间接减少碳的排放。因而城市森林公园作为一个有生命的基础设施，不仅具有美化城市、满足游憩休闲的功能，而且对城市减碳降温也具有重大帮助。

森林的生长过程是光合作用的过程，吸收并固定二氧化碳，是二氧化碳的吸收器、贮存库和缓冲器。森林的碳汇能力取决于森林植物的生物量及其组成树种的含碳率。而森林植物生物量包括林木的生物量(根、茎、叶、花果、种子和凋落物等的总重量）和林下植被层的生物量。因此，城市森林公园要尽可能多地增加森林植物生物量，树种组成要选用高含碳率的种类。

6.2 城市森林公园森林生态工程设计

6.2.1 城市森林公园森林生态保育设计

6.2.1.1 生态保育的概念

生态保育（ecosystem conservation)，是一门以保护地球上的生物单一物种群体单位，乃至数个生物所依存的栖息地，可扩展到整个生态系统维护，甚至栖息地原住民文化维护的学科。生态保育主要是以生态学的观点，结合其他学科技术对生态系统进行维系，“保育”二字其实包含“保护（protection)”与“复育(restoration)”这两个内涵，前者是针对生物物种与其栖息地的保存与维护，而后者则是针对濒危生物的育种、繁殖与对退化生态系统的恢复、改良和重建工作。生态保育关系到人类对于生物行为、食物链乃至整个栖息地环境的了解，也关系到人类在环境经营上的模式与对于自然资源的利用和保护。生态保育区分为物种保育、栖息地保育与景观保育等。

虽然生态保育这一概念出现在现代社会，但自人类诞生以来，就与环境密不可分，人类有意识地认识如何保护和改善环境，已有几千年的历史（李丙寅，1990)。“无论科技水平的高低，人类期望资源永续利用的观念绝非始于当代”（刘翠溶，1999)。

我国先秦两汉时期，虽然没有产生现代意义上的“生态保育”概念，但是生态保育的观念已经形成，并且采取了一些有关生态保育的规制。先秦两汉时期生态保育观念的产生，最初源于对天的敬畏，后来发展为对民本民生的关照，再后来便杂以阴阳和合、五行相生相克思想。这一时期，人们的生态保育观念相当丰富，主要表现为顺时、节用和养长。不仅如此还陆续出现了与生态保育有关的制度，政府不但设有生态保育职官，而且颁布生态保育律令。此外，有些帝王还拥有自己的苑囿，在苑囿里采用独特的管理体制，于某种程度上也促进了生态保育（孙利玲，2008)。

6.2.1.2 森林公园森林生态保育的目的意义

（1）提高生态服务性

地球的生态危机已经敲响了警钟，城市作为人口最密集的聚居场所及社会形态的载体，其生态环境尤为重要。森林是一个稳定的生态系统而且具有丰富的物种、最大的生物量和环境维护功能。城市对森林的需求十分迫切，城市的生态恢复需要森林，城市的生物多样性需要森林，城市的空气清洁和热岛影响的消除需要森林，城市的水源涵养需要森林。城市森林公园的生态保育，有利于遏制急速发展的工业化、城市化对自然景观和生态环境的破坏，有利于提高森林对城市的生态服务能力，这也是当今城市建设的发展趋势。

（2）提高森林储碳力

气候变化引起干旱，干旱造成更严重的虫害和火灾，虫害和火灾又造成空气中积累更多的烟雾和二氧化碳，由此又加重气候变化，这个循环被科学家称之为“正反馈循环”。这个循环威胁到森林为人类提供的所有类型的环境服务。如果这种情况继续下去，未来的森林景观将完全改变。对此，我们必须通过对城市森林公园的森林保育，通过造林和低效林改造，来维持现在城市的碳贮存，通过强化对森林公园里所有植被的管理，提高森林抵御火灾和病虫害的能力，提高森林遭受灾害后的恢复能力，改善森林健康、实行森林可持续经营来提高碳吸收，通过城市森林公园建设过程中的生态设计减少能源消耗和对环境造成的污染，尽力减少碳排放。

（3）提高森林观赏性

随着社会和经济的高速发展，人民生活水平得到了显著提高，但是越来越多的市民在钢筋混凝土的包围中逐渐失去了和自然亲密接触的机会，紧张的工作和来自各方面的压力让人们身心疲惫。于是，越来越多的人开始走向自然，走进森林公园，以放松疲惫的身体，陶冶和启迪日益封闭的内心。体验森林已经成为现代人喜爱的旅游方式，以亲近大自然为主题的“森林生态旅游”方兴未艾。森林旅游在中国近几年迅速发展，呈现出强劲的发展态势和美好的发展前景。森林公园是森林旅游重要的物质载体，森林生态环境是森林生态旅游开发的基础，赏心悦目的高质量森林景观和良好的森林生态环境是可持续生态旅游的保障，只有创造良好的生态环境、保育好各种旅游资源，才能使城市森林公园生态环境得到永续利用。反之，如果生态环境受到污染，旅游资源受到破坏，环境质量恶化，其结果不仅危害游人及周围居民健康，破坏生物多样性和水系，同时也必然限制旅游的进一步开发利用与发展。因此，高度重视生态环境保育，搞好生态环境整治，是旅游业实施的前提。因而，生态保育在森林公园开发和建设中占有十分重要的位置，这是关系到森林公园能否实现其功能的最重要因素，生态保育的主要目的就在于保育绚丽多彩的森林，保育丰富的自然景观、鬼斧神工的峰林地貌、旖旎秀丽的山塘水库、令人震撼的奇峡飞瀑等，并提高其观赏性，在更大程度上满足人们日益增长的户外游憩需求。

6.2.1.3 城市森林公园森林生态保育指导思想

以生态学理论为指导，以可持续发展和改善与维护城市森林公园生态系统平衡为宗旨，以人与自然共生为目标，以求达到生态、经济和社会持续发展，确保生物和景观多样性持续利用。按照植被演替规律，依据不同立地条件类型，模拟地带性与非地带性顶极群落类型，规划植被生态与多功能复合森林生态系统。保护好现有植被资源，实行景观与功能相结合、植被观赏功能与生物多样性相结合、植被发展与旅游点建设相结合，有计划、有步骤地对现有天然次生林和人工林进行抚育、改造，不断提高植被的景观质量。

6.2.1.4 城市森林公园森林生态保育原则

（1）依法保育

依据《中华人民共和国森林法》、《中华人民共和国环境保护法》、《风景名胜区保护暂行条例》等法规，将保育工作纳入法制化管理轨道，实行依法保育。

（2）科学保育

城市森林公园要与有关科研单位建立长期合作伙伴关系，采用高科技、高效率的方法，促进森林生态保育，防止森林退化和生物多样性受损。

（3）全民保育

加强生态环境法规宣传教育，增强全民保护自然资源的意识，逐步在民众中形成热爱自然，自觉保护生态环境的良好风气。

（4）分级保育

根据城市森林公园内生态环境、生物多样性的特点，建立分级保护制度，制定不同管理措施。

6.2.1.5 城市森林公园森林生态保育措施

（1）以低影响开发（LID）的理念建设城市森林公园

城市森林公园周边环境脆弱，易破坏、难恢复，在实施城市森林公园开发建设过程中，要防止走“先污染，后治理”的老路，尽早制定可持续发展的战略规划和实施方案，将资源开发与生态环境保护有机结合起来。要按照“生活在外，旅游在内”的原则，严禁在森林公园内开设污染型和损害森林生态景观的生产、生活项目，严防污染环境和破坏生态。景区景点、饭店餐厅、交通设施和其他旅游服务设施的设计规划、开发建设都必须防止和杜绝建设性破坏。在城市森林公园建设项目施工过程中，应因地制宜充分利用自然地形地貌，进行土石方工程的合理设计和施工，避免大挖大填，尽量使土石方开挖和回填趋向平衡，开山取土和弃渣应按照指定的地点堆放，不得乱挖乱采和乱堆乱放。工程开挖、填筑等扰动地表较大的施工活动，应禁止在雨季进行，防止降雨形成的水力侵蚀造成水土流失。对于开山取土形成的部分裸露地表应及时绿化，减少水土流失，恢复自然景观。森林公园内推广节水、节电技术，减少废弃物，发展绿色交通，控制汽车、游艇尾气排放，建设环保停车场。在开展森林旅游时，提倡绿色消费，大力倡导文明旅游、环保旅游、卫生旅游，提倡游客在旅游全过程中讲究卫生、回收垃圾、保护动植物，使旅游者在享受大自然的同时了解大自然、保护大自然。

（2）实行分级保育

将森林公园内的生态敏感区、生态敏感的森林群落、水源涵养林、典型地带性植被地段定为一级保育区；一般生物群落和一般生态区为二级保育区。一级保育区不安排旅宿床位和固定餐饮服务，只允许设置基本的步行游览道和必要的防火、防灾等安全防护措施，禁止除了考察及管理保护工作用车之外的机动车辆进入，如有必要，在最敏感地点周围设护栏等保护措施。二级保育区不建设与风景保护与合理游赏无关的人工设施，允许配置必要的少量游览设施，严格控制新建人工设施的建设规模，新建筑须按规定的地点、用途、风格、样式、材质进行建设。

（3）加强现有资源的保护

①森林资源保护。森林资源是城市森林公园得以持续发展的物质基础，因此，要认真保护好现有森林资源。营造生物防火林带（图6-9），禁止开山取石、取土、埋坟葬墓、开荒种地，禁止破坏河滩、滩涂，禁止一切明显破坏地形地貌的活动。严格保护古树名木，不得以任何理由砍伐或移植，禁止任何对古树名木有害的行为。除必要的林业抚育性采伐外，所有林木严禁砍伐。加强管护，本着“防重于治”的方针，积极开展森林病虫害防治，进一步完善森林防火建设，预防和杜绝森林火灾发生。在开展生态旅游活动过程中，禁止乱采乱摘，不在非指定地点进行野餐、烧烤等活动，并配备消防器材、设施，防止森林火灾的发生。

②自然景观保护。保持水体、山体、植被等景观的自然风貌，严禁破坏性改造，特殊的自然景观要严格限制开发，不得破坏有保护价值的古民居和古迹遗址等历史文化遗产。城市森林公园必须建设的旅游设施，其格调与外观要尽可能与周围的自然景色相协调，

图6-9 生物防火林带

体现自然、古朴和野趣，使游客真正能从旅游中感受到回归自然、返朴归真的妙趣。

③生物多样性保护。生物多样性包含4层意思，即物种多样性、基因多样性、生态系统多样性和景观多样性。由于广东省处于热带、亚热带地区，特殊的地理位置使之成为我国生物多样性特别丰富的地域之一。广东城市森林公园开发建设过程中，要做好生物多样性保护，在进行植物景观建设时，应尽量选取乡土树种，避免一味追求植物观赏价值和经济利益而盲目引进外来物种，禁止开展狩猎等有害野生动物的旅游项目。对古树名木和珍稀树种应设立围护栏进行重点保护，防止游客的刻画、攀爬等行为损害树木，并进行挂牌，介绍其名称和特性等，增强游人保护的自觉性。

（4）做好污染物防治

①水环境污染防治。水上游乐船只应以非机动船或电动船为主，安排专人定期打捞丢弃在水体中的垃圾废物等。

对基础设施项目建设期间产生的含泥沙施工废水，在砂石料加工系统附近设置沉砂池，让废水停留60s；沉砂池后接沉淀池，让污水停留时间1.5h。施工过程中产生的机器设备洗涤废水，应先沉淀后再经隔油处理达标后方可排放，富集的废油可回收重复利用。废水经处理后，如果水质符合生产要求，应进行废水的循环利用。

对城市森林公园的生活污水采用人工湿地污水处理系统处理。在进行城市森林公园基础设施设计时，可结合水景设施建设将人工湿地布置于水景内，将生活污水经多级生化处理后用于人工湿地，使人工湿地和城市森林公园的水景融为一体。人工湿地类型可选择投资少、操作简单、运行费用较低的表面流类型，其一般工艺流程如图6-10。城市森林公园的人工湿地规模视污水产生量而定，可以根据其所能容纳的最大游客数估算。湿地植物可以选取芦苇、香蒲、菖蒲等。

对开展水上娱乐项目的城市森林公园要加强管理，各种水上游乐项目的开展应以不污染水体为前提，

②固体废物污染防治。根据《中华人民共和国固体废物污染环境防治法》，固体废物主要分为4类：固体废物、工业固体废物、生活垃圾和危险废物，在城市森林公园中主要有工业固体废物和生活垃圾2类。

建筑垃圾处理：项目建设产生的建筑垃圾应进行分类处置，严禁乱堆乱放或抛入水体。对于可循环利用的废旧建材、水泥袋、工业垃圾等，应予以回收利用或出售。建筑过程中产生的碎砖、砂浆块、混凝土块等固体废物，可经加工处理后在公路路基工程以及建筑工程地基加固与处理中予以应用。对于其他不可利用的建筑垃圾，应运至环境保部门指定地点进行集中妥善处置，防止污染环境。

生活垃圾处理：在关键地段设置一定数量垃圾筒，对于餐饮和住宿垃圾应该安排专人定期收集转运。目前生活垃圾的处理主要有卫生填埋、焚烧和堆肥3种方式。对于生活垃圾处理首先考虑的应是再利用，从而实现固体废物的“资源化”，对于无利用价值的生活垃圾可以采取卫生填埋处理，卫生填埋应做好防渗漏措施，以免固体废物对地下水造成污染。对环境潜在危害较大的有毒有害废物不适于卫生填埋，应运往专门部门处置。

③大气环境污染防治。项目建设阶段，对施工作业面范围内易引起扬尘和逸散尘的地表及运输道路，晴天干燥天气应定时洒水，并尽可能选择天气条件适宜（即无干热风）的时节施工，以减少粉尘污染危害。

发展绿色交通，建设环保停车场，限制机动车辆进入景区，控制汽车、游艇尾气排放，减少尾气带来

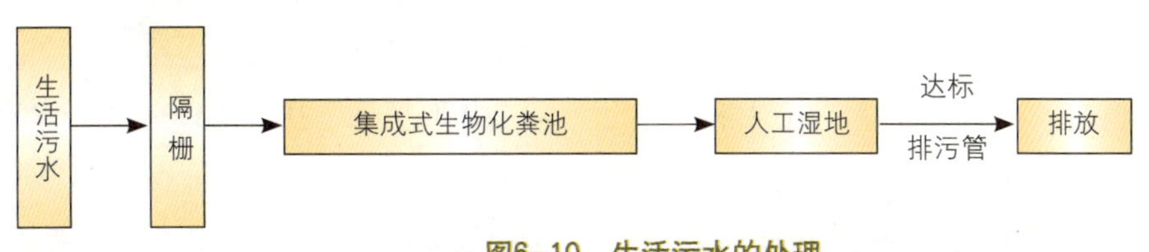

图6–10　生活污水的处理

的污染。

城市森林公园禁止燃煤烧柴，推广使用沼气或液化气等清洁能源，提倡使用节能锅炉、厨具，烹调间应安装油烟净化设施。

④声环境污染防治。在进行城市森林公园基础设施建设期间，施工单位应对噪声源采取减振、消声、隔音等措施，力求使施工场界噪声符合《建筑施工场界噪声限值》（GB12523-90）要求，以减少其对附近居民和动物的直接影响。

旅游活动产生的噪声主要包括机动车辆、船只噪声和卡拉 OK 等噪声污染，对于城市森林公园规模较大且周围有声环境敏感目标的，必须考虑噪声污染防治问题。具体措施有：合理设计公路路线，应尽量避开声环境敏感目标；选取降噪效果较好的树种，在机动车道两旁栽植绿化林带以减小交通噪声污染；卡拉 OK、歌舞厅包厢等应采取消声、隔音措施。

6.2.2 城市森林公园生态修复设计

生态修复是在特定的区域内，依靠生态系统的自组织和自调控能力的单独作用，或依靠生态系统的自组织和自调控能力与人工调控能力的复合作用，使部分或完全受损的生态系统恢复到相对健康的状态，使其可持续发展并为人类持续利用。生态修复包括恢复、重建和改进。城市森林公园生态修复主要内容有封山育林、道路及边坡绿化、取土场和采石场绿化、石灰岩山地绿化、野生动物招引等。

6.2.2.1 封山育林

城市森林公园的封山育林包括两个方面，一个是对森林公园内具有天然下种或者萌蘖能力的疏林地、无立木林地、宜林地、灌丛地实施封禁，保护植物的自然繁殖生长，并辅以人工促进手段，促使恢复形成森林或者灌草植被；另一个是对森林公园内低质、低效的有林地、灌木林地进行封禁，并辅以人工促进经营改造措施，以提高森林质量。人工促进措施主要如下：

① 人工促进整地。对封育区内乔、灌木有较强天然下种能力，但因灌草覆盖度较大而影响种子触土的地块，可进行带状或块状除草、破土整地，实行人工促进更新。

② 平茬复壮。对封育区内有萌蘖能力的乔、灌木幼树、母树，可根据需要进行平茬或断根复壮，以增强萌蘖能力。

③ 补植。对封育区内自然繁育能力不足或幼苗、幼树分布不均匀，立地条件较好的间隙地块，可按封育类型成效要求，通过补植乡土树种，优化树种结构。

④ 补播。对封育区内自然繁育能力不足或幼苗、幼树分布不均匀，立地条件较差的间隙地块，采用补播良种，提高森林质量。

6.2.2.2 道路及边坡绿化

城市森林公园道路边坡生态修复设计要根据当地的自然条件、道路宽度、边坡宽度及所处景区情况进行具体处理，一般可按以下要求进行综合设计。

① 边坡坡面绿化按坡度情况分为绿化和环境美化两类。险坡以绿化为主，其他则考虑环境绿化和美化，做景观绿化。

② 主要游览路线两侧、景点和服务设施周围，保持一定的透视景深，使游人的视线深入林层，其他部分主要结合地形和植被，与周围景观和谐。

③ 公园的主要景点和道路种植设计中以工程区的地形为基础，绿化种植要与道路宽度、路旁的建筑物高度及森林公园的绿化景观风格相协调。

④ 植物配置应以乡土树种为主要基调，采用乔灌草结合，注意应用灌木叶色，丰富道路景观。

⑤ 为了保证交通安全，道路交叉口、转弯处和环岛的绿化设计时，应留出足够的安全视距（图 6-11）。

⑥ 为了美化环境，满足游客观赏要求，道路边坡绿化可通过选择不同优势乔木树种或灌草植物，变换栽植方式，配植大量灌草花卉，以及在一定距离依地形设置艺术小品，丰富道路景观。

⑦ 树木株行距的确定。株行距要根据树冠及苗木树龄（苗木规格）的大小来确定（表 6-1）。要考虑树木生长的速度，一般在道路上种植的树木 30 ~ 50 年后就需要更新，壮龄期只有 10 ~ 20 年。需要考虑其他因素，如交通、景观通视，在一些重要建筑前不宜遮挡过多，株距应加大，或不种行道树，以显示出建

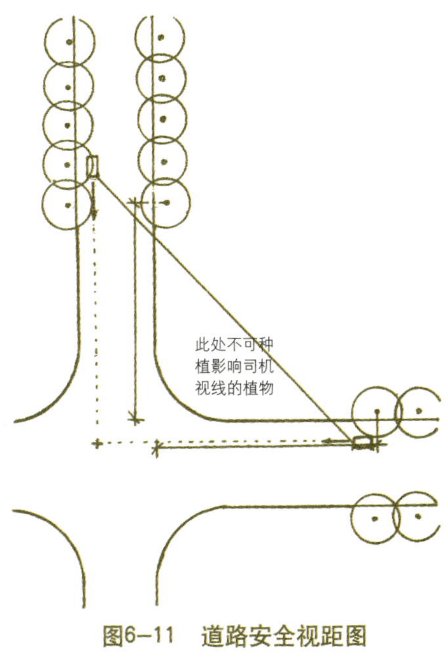

图6-11　道路安全视距图

筑的全貌。

⑧ 道路绿化的工程要求。在道路两旁进行绿化设计时，要充分了解行人、车流量、道路的宽度和结构、道旁的地质和土壤情况、电杆灯柱、架空线路、地下管道及电缆埋设物等情况，然后根据这些特点来选择绿化树种、配置方式和株行距、树干高度、绿带宽度及苗木大小等。应避免行道树和杆线在横断面上处于同一位置，否则，要设法选择合适的树种，以减小树枝与电线相互干扰的矛盾。在电线下种植的树种应是耐修剪、容易整形的树种。

6.2.2.3 取土场和采石场绿化

取土场和采石场因爆破和取土、采石，严重破坏了原植被的生态环境、自然资源和景观，造成山体缺损、水土流失。取土场和采石场生态修复，要根据取土场和采石场的地理位置、周边环境及其自身的自然特点，采用土建工程和植物合理配植的综合整治方法进行，以期达到了恢复自然景观的效果。

（1）工程技术方法。工程技术方法主要有台阶式整治、槽板式整治、燕巢式整治、喷播覆盖式整治等方法

① 台阶式整治。采用多排孔定向爆破形成阶梯平台，平台高差一般在10m左右，平台宽5～8m。外砌毛石档土墙，高度80～150cm，客土60～130cm。种植植物选择耐旱耐高温的爬藤植物种植在台阶边缘上攀下垂，如爬山虎、青龙藤等，在台阶上选择浅根系、耐贫瘠的乡土植物细叶榕、簕仔树等作为主体乔木，再配合种植耐旱、耐高温的花灌木如夹竹桃、大红花、簕杜鹃等作为景观植物，地表种植红毛草、类芦等固土草本植物。台阶式整治适用于开采时间长、开采规模大、石口开采面高差大、裸露面大、坡面陡立嶙峋、高差通常在60m以上的采石场。

② 槽板式整治。在石壁上人工安装种植槽，营造一个可存放土壤的空间，为植物的生长提供必要的生长环境。具体的措施是：预制板长宽为40～50cm的混凝土插板，基架用两条直径为20～25mm螺钢扎成，螺钢一边预留20～25cm外露，作插架用；在石壁面搭设施工脚手架；在壁面高差每3m建一排板槽，在壁上以45°角打钻一排深20～25cm的孔，预制板插入加注混凝土，槽内置优质生长基质，种植攀援藤

表6-1　乔木与灌木种植株距表

树木种类		种植株距（m）			
		游步道行列树	植篱	行距	观赏防护林带
乔木	喜光树种	4～8			3～6
	耐阴树种	4～8	1～2		2～5
	树　丛	0.5以上		0.5以上	0.5以上
灌木	高大灌木		0.5～1.0	0.5～0.7	0.5～1.5
	中高灌木		0.4～0.6	0.4～0.6	0.5～1.0
	矮小灌木		0.25～0.35	0.25～0.3	0.5～1.0

本植物爬山虎及大红花等灌木。槽板式整治主要应用在石场石壁陡立，坡度在 80° 以上，壁面光滑，缺乏附着存土的石面。

③燕巢式整治。利用石壁微凹地形或破碎裂隙发育环境创造植物生存的环境，回填种植土，种植小灌木或爬藤植物，有些洞穴较深的地方可种植耐旱、耐贫瘠的乔木如榕树、马占相思、台湾相思等。

④喷播覆盖式整治。在不太陡的边坡面上，可以应用喷播覆盖式技术。其原理是在岩质坡面上营造一个既能让植物生长发育而种植基质又不被冲刷的多孔稳定结构。它利用特制喷混机械将土壤、肥料、有机质、保水材料、植物种子、水泥等混合干料加水后喷射到岩面上。由于水泥的黏结作用，上述混合物可在岩石表面形成一层具有连续空隙的硬化体。一定程度的硬化使种植基质免遭冲蚀，而空隙内填有植物种子、土壤、肥料、保水材料等，空隙既是种植基质的填充空间，也是植物根系的生长空间。喷播覆盖技术不仅适用于所有开挖后的岩体坡面（如砾岩、砂岩、基岩、片岩、花岗岩、大理岩）的保护绿化，而且对于岩堆、软岩、碎裂岩、散体岩、极酸性土以及挡土墙、护面墙混凝土结构边坡等常规不宜绿化的恶劣环境都可使用。

(2) 绿化材料选择

采石场干旱、无土，选择绿化材料时应充分利用植物的特性，有目的进行选材和配置种植。主要绿化材料有：爬墙虎、薜荔、五叶地锦、炮竹花、蔓九节、鸡血藤、野葛藤、络石、使君子、木通藤、紫藤、葎草、老鸦嘴、牵牛花、霸王花、金银花、簕杜鹃等藤本植物以及附生植物。乔木树种用台湾相思、马占相思、尾叶桉、荷木、枫香、朴树、山乌桕、榕树等。

(3) 栽植方法

栽植方法主要有“四面埋伏、中间开花”和“栈道陈仓”等。

①“四面埋伏、中间开花”法。较小面积的采石场，在石壁上部及两侧种植藤本植物，下部栽附生植物，形成上垂下爬、左右夹攻之势。如石壁中间有石缝或石眼，可在其间植入榕树等乔木或灌木，形成飞榕和悬藤景观。石壁的四周表土泥口种上固土植物，如五叶地锦、蔓九节、薜荔等，降低水的冲刷侵蚀，防止水土流失，保护栽植的植物。

②“栈道陈仓”法。较大面积的石场，在以上方法的基础上，在石壁中找到适当的位置筑巢和装水泥栈木，使植物攀爬到一定高度时有一驿站依靠，生长稳定时它会继续往上攀登。

以上方法措施应因地制宜，根据资金等条件实施，石壁下的平地部分可选用以上介绍的树种作参考绿化，只要植物树种配置合理，可得到预想的绿化效果。

6.2.2.4 石灰岩山地绿化

石灰岩在广东有一定的分布，广东的森林公园也有石灰岩山地。石灰岩发育而成的石灰土，石头裸露，土层浅薄，洼地、谷地、台阶地、石隙、石缝交错分布，使大多雨水变成地表径流或伏流，造成雨过天晴、旱象继起。尤其是旱季，地面缺水十分严重，对林木生长极为不利，造林较难成活，有的地方多年造林不见林。因此，石灰岩山地虽然有一定的山体景观，但是森林景观和生态效益却受到影响。石灰岩山地绿化设计要点有：

(1) 因地选树

遵循适地适树原则，采用选树适地的办法，选择耐干旱瘠薄、耐地表高温、耐碱喜钙、少病虫危害、根系发达、穿透力强、萌芽力强且有一定经济价值的树种进行造林。选择树种时，要尽量选用当地有自然分布且生长良好的乡土树种，适当选择经引种驯化、试验成功的外来速生优良树种。适宜选用树种简列如下：

① 针叶树：杉木、湿地松、火炬松、马尾松、柏木、墨西哥柏等。

② 阔叶树：任豆、香椿、槐、樟、菜豆树、黄檀、石楠、光皮树、海红豆、桂花、泡桐、青冈栎、翻白叶、黄牛木、榔榆、藜蒴、麻栎、栓皮栎、南酸枣、柘树、枫香、枫杨、木荷、香槐、化香、苦楝、榕树等。

③ 经济树种：柑、橙、橘、柚、桃、李、梅、枇杷、黄皮、板栗、枣子、柿子、油桐、油茶、乌桕、桑、朴树、山棕等。

④ 竹类：麻竹、吊丝竹、毛竹等。

另外，适合选用的还有不少经济植物，如百合、玉竹、白芨、穿心莲、首乌、黄精、天麻、使君子、淮山、天冬、金缨子、鸡血藤、剑花等。

(2) 科学整地

石灰岩山地多是石头缝隙、山腰小台地和小凹地呈零星分布的片状或块状、带状山地，不能强调规格化，宜采用“见缝插针、照顾均匀”的办法布栽植穴。为避免水土流失，整地应尽量少破坏原生植被，宜采用穴垦。植穴规格为：一般树种 50cm×50cm×40cm，经济树种和竹类 80cm×80cm×80cm。整地于秋末冬初进行，最好是造林前的 3 个月，使土壤有一段时间熟化，以改良理化性状。

(3) 优质壮苗

果树用 1 ～ 2 年生嫁接苗，竹类采用次生枝育苗(要求每株有一枝新枝以上)，其他树种尽量采用 1 年生或半年生营养袋苗。不得不采用裸根苗时，要用泥浆浆根。苗木要求根系发达、顶芽饱满完整、高粗比适当、无病虫害和机械损伤。苗木要分级上山，尽量选用一级苗，控制二级苗，禁止三级苗上山造林。有条件的要采用以下 2 项新技术：

①接种菌根。菌根能帮助苗木吸收养分、水分和增强抗旱抗病能力，促进其生长。接种菌根的方法有多种，可将长有菌根的大树根系周围的土壤挖起与圃地的土壤混合，然后进行育苗；亦可将有菌根菌种的土壤做成营养土育苗；亦可使用外生菌根粉直接施用接种。

②应用 ABT 生根粉。为使苗木的根系在造林后早日恢复生长，以提高造林成活率，可使用 ABT 生根粉。如用裸根苗造林的，可采用浸根法，选 ABT 3 号 25mg/L 浓度的溶液浸根半小时或 12.5mg/L 浓度的溶液浸根 1 小时；营养袋苗造林的，可采用茎叶喷洒法，即在造林前 1 ～ 2 天内先向苗木茎叶喷洒 10mg/L 的生根粉溶液，然后才造林。

(4) 精心栽植

造林种植在冬末春初进行，以大寒前后为好，最迟不过惊蛰。这段时间苗木地上部分正处于冬眠状态，而且这段时间气温较低，水分蒸发少、降雨量则逐渐增多，有利于提高造林成活率和幼树生长。种植时要认真、精心，掌握如下技术要领：

①保持苗干垂直端正，防止树体倾斜弯曲；

②保持苗木根系自然、顺向，水平舒展，防止屈根；

③适当深栽(覆土层在苗木根颈以上 3 ～ 5 cm，大苗还应深些)，以提高幼树吸水、抗旱、防风动能力；

④分层回填细土并压实，使根与土紧贴；

⑤定植后在穴面加盖细碎松土 3 ～ 5 cm，以破坏土壤毛细管，减少水分蒸发，提高土壤保水能力；

⑥ 果树或大苗栽植时，在有条件的地方(如有水源)，可在栽植后淋足定根水；

⑦营养袋苗栽植时要撕去营养袋，但不能破坏营养土；

⑧萌芽力强的速生树种如任豆、香椿、酸枣等，大苗可截干造林，以减少水分蒸发和防止风动。

6.2.2.5 野生动物招引

花香鸟语、蜂飞蝶舞的盎然生机和自然美景，是城市森林公园生态景观的重要标志。没有野生动物的生态系统是不完整的，也是不健康的。没有蜂蝶类传粉和鸟类传播种子，没有天敌鸟类、微生物、蜘蛛、寄生昆虫等控制害虫的暴发，没有微生物等的分解作用，很多自然生态过程都无法完成。在这些生态系统要素缺乏的情况下，即使投入巨大的人力、财力和物力仍可能无法收到良好效果。可见，鸟类及蜂蝶是城市生态系统的重要组成部分，一定程度上也是城市森林公园的生态体现，它们可以提高城市森林公园的艺术感染力。因此，城市森林公园不能没有这些必要组分的参与，必须对它们加以保护和招引。

野生动物的招引、保护与管理工作是一项系统工程，除了在城市森林公园设计时需要注意一些技术问题以外，还需要在养护管理与规划等多方面得到林业、水利、城建等部门的密切配合与协调。

(1) 营造野生动物生存条件

野生动物的生存条件包括栖息地、活动空间和丰富的食物资源等。栖息地是野生动物主要的生活场所，多种类型的栖息地能满足不同生活习性的动物生存的需要；食物是动物生存的第一需要，食物数量的多少和质量的高低与动物的健康状况有着密切的关系。

①自然化养护管理。森林公园绿化养护管理，应改变城区园林一味追求整洁、精雕细琢的做法，而将自然保护作为基本目标，如保留枯枝落叶，尽量保留不明显影响或抑制其他植物的树木，适当保留枯立木、倒木、树桩；对不同草坪采取不同的刈割方式，甚至在部分关键区域改用手工方式；降低割草频率，并保留部分不割的地块以促进野生植物的自然散布；树林中应尽可能减少小游径的数量和密度。为鸟类蜂蝶等提供更多的觅食场所、储食场所，以及隐蔽、瞭望、繁育和休憩的场所。

②不使用化学药剂。尽量不使用农药，而是依靠天敌鸟类、微生物、蜘蛛、捕食性螨类、寄生昆虫等对害虫虫口数量进行调节。在必须使用化学药剂时，应为天敌创造栖息环境，增加适宜的用于转换食源的植物，以供天敌取食，不得已用药时应避免杀伤天敌。

③营造阔叶林和水边草地生境。阔叶林的生境最为复杂，空间层次明显、林木种类丰富、树冠枝叶茂盛且食物较丰富，因此，鸟类物种多样性一般也最高。水边草地便于鸟类饮水，且昆虫种类较多，部分地区杂草茂密，为鸟类提供了较为丰富的食物和栖息场所，物种多样性也较高。在林木配置上，宜采用多种高大乔木与多种灌木交叉、针叶树种与阔叶树种交叉的绿化模式，以充分利用空间资源，构建稳定的、多物种长期共存的复层、立体植物群落，提高环境的多样性和自然度，增加空间异质性和鸟类栖息地多样性。林地中部应以高树冠树种为主，同时注意植被中、下层的绿化，边缘以茂密灌丛为主。

④建设动物通道。借鉴复合种群和景观生态学理论，森林公园内各景区间以道路绿地、行道树带、河流绿地为基础形成廊道或跳板，并保持廊道高连通度，方便野生动物的迁移，并为其提供适宜的营巢生境。尽量避免破坏高大树木，选用一些冠大荫浓、盖度较好的树种；增加行道树带的树种数，避免树种的单一性；在环境条件允许的情况下，在现有树带内补充种植小乔木及灌木；尽量增大行道树带的宽度。

(2) 鸟类招引

①合理搭配鸟嗜植物。鸟嗜植物，包括鸟嗜食其嫩芽、果实或种子的树种，以及鸟营巢常喜选的树种和愿意栖息的树种，如榕树、女贞、苦楝、枸骨、冬青等。不同鸟类喜食的植物及取食的方式有所不同，同时其能吞食的最大果实受喙裂宽度的限制，因此鸟嗜植物配置中应注意果实营养、果形大小、果实在树冠上的水平和垂直分布、取食基质（树干、树枝或叶、空中、地面）等的多样性，以及干果与肉质果的合理搭配。有研究报道小果实植物吸引的鸟种数多于大果实植物，而以取食中小果实的鸟种数最多，因此，宜多种植中小果实植物。鸟嗜植物要合理搭配，以保证一年四季都能为鸟类提供丰富的食物。

②引入和放养关键鸟类。为了尽快形成稳定的鸟类群落，或使已经形成的稳定群落得以维持，必要时可参照本地带自然鸟类群落，在城市森林公园中人为引入和放养一些关键鸟类。

③冬季补充饲料。冬季补充饲料可以提高留鸟、食果实种子的鸟及杂食性鸟的越冬存活率，其基本方法是设置喂食台或自动喂鸟器，形式可多种多样，基本原则是地点要固定，可防风、防雨，鸟类有安全感。这些装置应挂在游人干扰较少、位置稍高或隐蔽性较好的树上。补饲食物种类，需根据鸟的种类和具体条件确定，如草籽、米糠、粉碎的玉米、高粱、谷子、大麦、燕麦、瓜子、花生米、核桃仁、野生浆果、干果、小鱼虾、面粉虫等，喂食台上可设饮水器。

④悬挂人工巢箱。悬挂人工巢箱可以招引许多鸟类，方法简单有效。具体应根据招引对象的体型大小和营养特点，分别制作不同类别的人工巢箱，巢箱的多样性可以增加鸟类的多样性。其式样很多，如竹节式、瓦钵式、捆绑式，用木板或木段制作的、枝条编织的、板皮制作的、树洞巢等。巢箱出入口直径应略大于招引对象胸部龙骨突处横截面的直径，过小影响鸟的自由出入，过大则会被非招引对象侵占。巢箱不能用有异味的材料，巢箱颜色以接近天然树洞背景的绿色或蓝色较好，应避免用红色铅油涂刷或编号。巢箱悬挂地点首先应考虑食物和水源问题，其次还应考虑鸟类的栖息习性的问题。考虑到群落中物种的多样性以及不同的鸟在群落中有不同的生态位，布设巢箱

时，可将不同类型巢箱混合配置，以增加可招引鸟类的种数，供不同鸟类使用的巢箱可以挂得相距近些，供同种鸟使用的则要挂得相距远些。鸟类对营巢的高度有一定的特化性，人工巢箱挂设的高度应以该种鸟自然营巢时选择的高度为依据。通常小型招引鸟类在林中以 4 m 为宜，中型鸟类要更高些，一般不低于 6 m。巢箱挂设时间要根据鸟类居留期的不同合理地确定，一般以当年 9 ~ 10 月至次年 1 ~ 3 月为宜。巢箱口以背风方向为宜，巢箱口最好可避风雨。

⑤电子招引。在有条件的情况下，可采用高科技手段，如在树上设置声控、光控的“电子鸟”来招引鸟类。有的城市在公园景区放置语音引鸟器，并在鸟类求偶比较集中的季节，由养护人员遥控开启求偶原声信号器来吸引鸟类，效果不错。

(3) 蜂蝶招引

除少数寄生蜂类以外，大部分蜂类都是植食性的。蜜蜂只能看见黄色、蓝绿色、蓝色和紫外线，喜采黄色和蓝色花，其次是紫色和白色花，但它们也采访红花。蜂类中有很多是在地下营巢的，在土中营巢的绝大多数种类都喜欢在植被稀疏、阳光充足的地方筑巢，少数种类在草丛及落叶下筑巢。因此，森林公园中应留出若干小块沙质土壤的空地以便蜂类筑巢。

蝶类易被红色、粉红、橙、黄、蓝、白、紫色所吸引，因此，森林公园中可有针对性地设置一些大的色块。与鸟类一样，蝶类也喜欢林缘地带和层次丰富的生境。它们喜欢避风处而忌讳大风。蝶类为了获取土壤中的盐类和矿物质，还喜欢聚集在泥泞的地方，这样的生境可以用河沙、砾石混以微量的堆肥来代替。有些蝴蝶喜欢在湿地、河滩吸水，有的吸食果汁，还有的吸食动物排泄物的汁液充饥。此外，它们要靠阳光提高体温，常常停在平坦的石头上或裸露的泥土上取暖。因此，森林公园中可在阳光充足的无风处，随意放几块平坦些的大石头供它们停息。另外，在林下应适当保留一些极茂密的灌丛作为蝶类取暖和避雨的场所。

从招蜂引蝶出发，植物选择应当是可以为蝶类幼虫阶段提供食物的寄主植物和为蜂蝶类提供食物的蜜源植物。蝶类是寡食性昆虫，每种蝴蝶都会固定选择少数几种甚至某一种植物，并在上面栖息、产卵，同时作为幼虫的食物来源，这类植物即称为蝴蝶的寄主植物。蝶类的生存与其寄主植物息息相关，不同种的蝴蝶幼虫所吃的植物不尽相同。植物种较多的地方，通常蝴蝶的种类也会较多。因此，应选择幼虫喜食的寄主植物以吸引雌蝶产卵。广义的蜜源植物包括产生花粉的粉源植物和分泌花蜜的狭义的蜜源植物，前者多为风媒花，而多数蜜源植物既有花蜜又有花粉。森林公园中应保证从春至秋都有蜜源植物开花。蜜源植物宜种植在林缘或草坪边缘阳光充足处，阳光的照射还有利于蜜源植物产生更多花蜜。

有利于动物招引的植物种植，详见本书主要森林类型的动物招引林等章节。

6.2.3 城市森林公园森林碳汇工程设计

6.2.3.1 广东气候变化的态势和影响

2007 年，政府间气候变化专门委员会（IPCC）发布了《第四次气候变化评估报告》。报告指出：2005 年的大气温室气体浓度为 379mg /L，远远超过工业革命之前的 280mg /L。预计未来 20 年，每 10 年全球平均增温 0.2℃，如温室气体排放稳定在 2000 年水平，每 10 年仍会继续增温 0.1℃；如以等于或高于当前速率继续排放，本世纪将增温 1.1 ~ 6.4℃，海平面将上升 0.18 ~ 0.59m。有些地区极端天气气候事件(如厄尔尼诺、干旱、洪涝、高温天气和沙尘暴等）的出现频率与强度增加。

根据广东省气候变化评估报告编制课题组提出的《广东气候变化评估报告》，近 50 年，广东气温升高与全球平均水平相当，其中珠江三角洲地区是主要增温区域，其次是东南部沿海地区（图 6-12 至图 6-15）。预计广东在 2011 ~ 2040 年、2041 ~ 2070 年和 2071 ~ 2100 年的年平均气温可能分别升高约 1.0、1.9 和 2.8℃。广东地区气候变化的特征主要表现在：

(1) 平均气温上升显著

广东省年平均气温自 20 世纪 80 年代后期开始振荡上升，90 年代后期以来，升温更趋显著。近 50 年

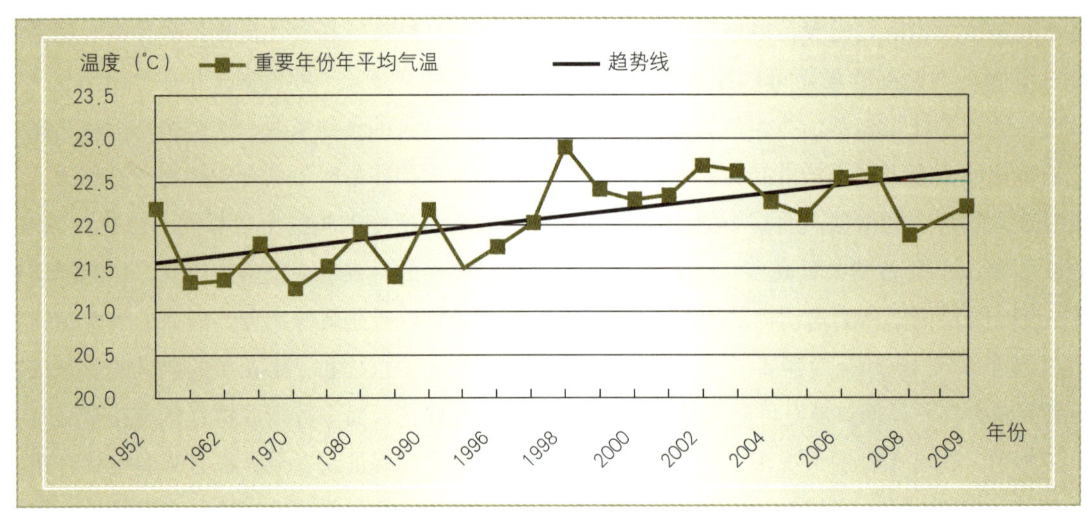

图6-12 全省年平均气温变化图

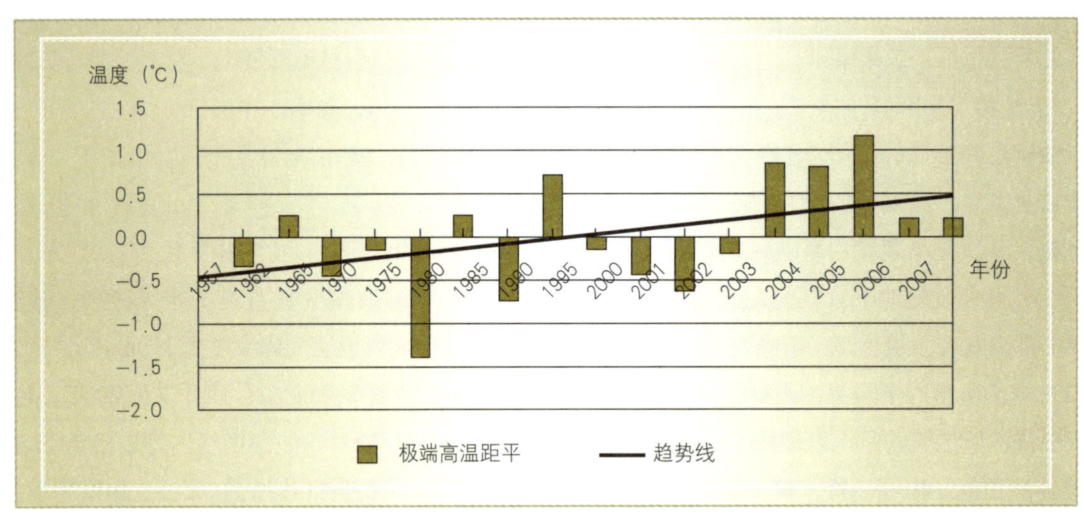

图6-13 全省重要年份极端高温距平图

广东年平均气温的增温速率为0.21℃ / 10年，气温上升速度明显高于全球，其中珠三角地区是主要的增温地区，气温增温速率已经达0.3℃ / 10年。

（2）夏季高温增多，冬季暖冬突出

广东夏季高温日数（日最高气温≥ 35℃）呈现出显著的上升趋势，上升幅度为2.7天 / 10年。高温日数在70年代最少，平均每年少于10天，1998年以后，高温日数显著上升，平均每年达到20天以上。在冬天，低温日数却在减少，冬季平均气温明显上升，暖冬突出，2000～2009年已出现了8个暖冬，尤其是2007年7月广东遭遇了历史同期高温日数最多（28天的高温酷暑）的一个月；2009年8月，广东省有26个市（县）月平均气温为有记录以来最高，61个市（县）为有记录以来最高的前3位，增温幅度远高出全国平均水平。

（3）极端降水频繁，总量平衡

尽管广东近50年来平均年降水总量没有显著增减，而只是存在较大的年际波动。但是，近年来，广东几乎每年都遭遇大洪水，2005年6月惠州市龙门县录得过程累积雨量1300.2mm，汕尾市海丰县、河源市、韶关市新丰县分别录得868.4mm、722.0mm、600.1mm过程累积雨量。2006年5月下旬至6月中旬广东的“龙舟水”累计达571.7mm，为1960年以来最重的一年。2007年8月，湛江市雷州半岛降了超百年一遇的特大暴雨，十年九旱的雷州顿成泽国。2008

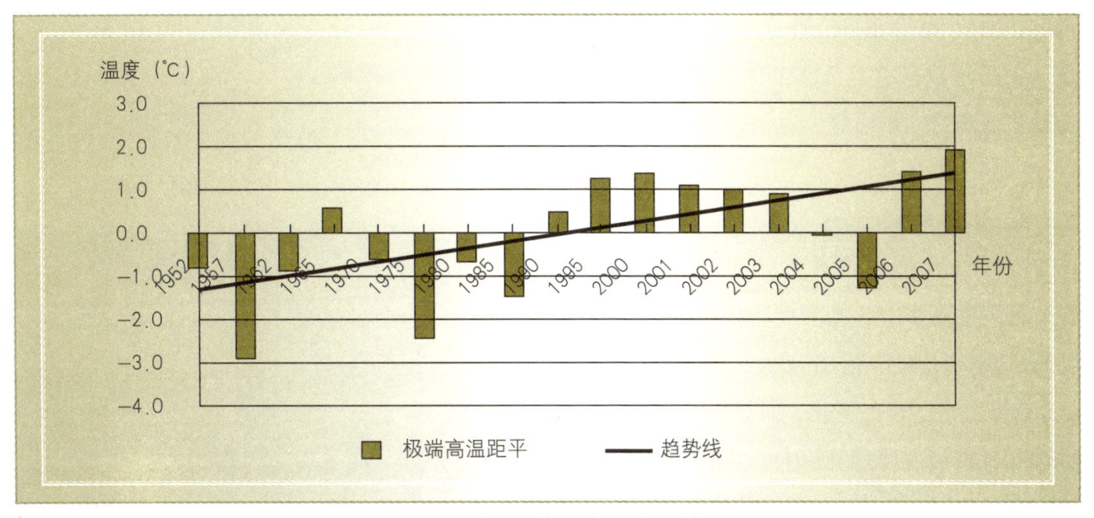

图6-14　全省重要年份极端低温均平图

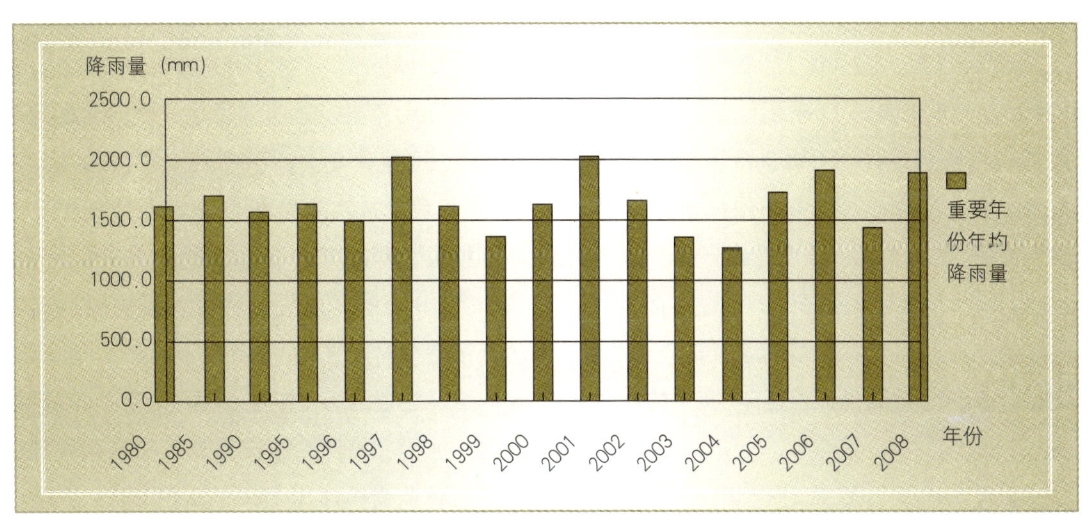

图6-15　全省重要年份年均降雨量图

年5月以来，广东持续遭受大雨到暴雨袭击，局部地区还出现雷雨大风天气。

（4）旱涝无常

2002～2004年，广东遭遇连年干旱。其中，广东全省大部分地区在2002年、2003年降水偏少10%～50%的基础上，2004年又有65%以上的地区降水偏少30%～40%，是1963年以来年降水量最少的一年。2009年，珠江作为中国水资源量仅次于长江的第二大水系，出现水资源严重短缺，旱情可以与1963年的大旱相提并论；省内80多座山塘水库干枯，鱼虾渴死；200多万亩（$1hm^2$ = 15亩）农作物受旱，农田龟裂，禾苗枯死；水泉干涸，溪河断流，船只受阻，20多万人饮水困难；作为供港水源地的东江流域，同样干旱，新丰江、枫树坝、白盆珠三大水库，月均入库总量每秒$211m^3$，比多年平均同期偏少近一半。

（5）海平面上升，咸潮海水入侵加剧

在全球变暖的背景下，广东沿海海平面的上升趋势加速，在过去近100年全球海平面上升约10～20cm，广东海平面上升速率为1.7mm/年，海平面上升会使海岸侵蚀加重，卫星观测得出南海近15年的海平面上升速率也是有加速的趋势。咸潮海水入侵加剧；温度上升可能使广东近海珊瑚礁生态系统退化，且变得更加脆弱；珠江口的咸潮上溯的现象可能更加频繁；广东沿海的赤潮可能更加频发。有专家预计在2050年左右，海平面将上升30cm，如果不采取任何措施，珠三角地区将有1153km^{2}的面积被淹没，其中位于低洼地带的广州市区、珠海市和佛山市将受到严重威胁。

(6) 台风表现异常

近10年，有6年登陆广东的热带气旋不超过2个。台风移动路径偏北，造成了登陆和影响广东的热带气旋数量减少，引起广东出现秋冬干旱和夏季高温。台风活动也发生了一些变化，如2006年台风“珍珠”登陆时间比常年初台登陆时间提早了40余天，并创下1949年以来5月登陆我国台风强度最高纪录。1996年9615号台风重创湛江，陆地测得的最大风速达每秒57m /s，属超强台风。2008年9月24日强台风“黑格比”登陆广东，其强度大、持续时间长、影响半径范围大，受此影响，广东阳江沿海地区出现10～11级大风，阵风14～16级。市区最大风速达到每秒34.6m，阵风达每秒52.5m。根据多年的统计数据，登陆珠江的热带气旋中强度达到强热带风暴和台风的比例占到70%多，但是2009年的只有3个达到台风强度。此外，以往台风旺盛的季节是7～9月，其中8月最多，9月开始减少，但是2009年的台风却集中在9月。

(7) 灰霾天气增多，日照时数减少

最近连续3年，广东省平均年灰霾天气日数都在70天以上，是20世纪80年代初的3倍。珠三角城市灰霾严重，年灰霾日普遍在100天以上，其中东莞、新会分别达到213天和228天。而且珠三角地区的灰霾范围，已开始向原本空气污染较轻的粤东西地区“挺进”。2008年，汕头灰霾天气从2003年的108天，增至2008年的156天，比同期深圳市的154天还要多；湛江从2003年的40天，增至2008年的121天。山区的新兴城市灰霾天气表现为增长过快，从2003年到2005年，连续3年河源一直都是全省最干净的核心区，但由于珠三角产业转移，2006年其污染就初露端倪，3年时间过去，这个过去全省最干净的地区，年灰霾日已接近60天。

(8) 极端最低气温变化不稳定

图6-16 低温雨雪冰冻灾害

近几十年来广东省共发生7次严重的寒害，其中20世纪50年代2次，70年代1次，90年代4次，其中90年代的4次寒害给广东农业造成了213亿元的经济损失，寒冷灾害不断加重。2008年1月中旬，中国南方19个省区发生了特大低温雨雪冰冻灾害。这次灾害持续时间之长、影响范围之广、危害程度之深、受灾情况之重为历史罕见。据统计，广东省重灾韶关、清远、河源、梅州、肇庆等5市和省直属林场、自然保护区林业受灾面积79.6万hm^2（1191.87万亩），占全省森林面积的8.2%，受灾林木蓄积量2802.9万m^3，受损毛竹1.27亿株，直接经济损失达74.06亿元，其中：林（竹）木损失71.30亿元，苗木损失0.67亿元，基础设施损失1.68亿元，其他经济损失0.41亿元，林业系统直接受灾职工20531人。这次灾害林业受灾最重，损失最大，影响最深远（图6-16）。

6.2.3.2 城市森林公园在应对气候变化中的作用

应对气候变化，最根本的措施就是降低大气中二氧化碳等温室气体的含量。针对导致气候变化的两大主要因素，国际社会正在采取两项战略措施：一是通过技术改造、提高能源利用效率、减少温室气体排放等措施进行直接减排；二是通过以森林为主体的生物吸收二氧化碳，将温室气体固定下来，减少大气中温室气体含量等措施进行间接减排。城市森林公园以森林为载体，其在应对气候变化中的作用主要体现在森林的固碳作用上，而森林固碳成本低、易施行、综合效益大，是目前应对气候变化最经济、最有效的途径。

（1）森林是最经济有效的吸碳器

森林通过光合作用吸收二氧化碳，并将其以生物量的形式固定下来，这个过程被称为碳汇。全球森林对碳的吸收和储量占全球每年大气和地表碳流动量的90%。科学研究表明：森林每生长1m^3的蓄积量，平均能吸收1.83t二氧化碳。在中国种植森林，每储存1t二氧化碳的成本约为122元人民币，而非碳汇措施减排每吨碳的成本则高达数百美元，二者形成鲜明对照（贾治邦，2008）。

（2）森林固定二氧化碳持久而稳定

木材及木制品只要不腐烂、不燃烧，固碳功能就会长期、稳定地持续下去，而森林公园的林木是不采伐的，森林固定的二氧化碳持久而稳定。

（3）森林固碳简易而高效

一是成本低、易施行。据测算，如果我国将煤的使用比重降低1个百分点，尽管二氧化碳排放量可以减少0.74%，但同时会造成GDP下降0.64%，居民福利降低0.60%，就业岗位减少470多万个。二是森林除了固碳作用外，还具有生态功能、经济功能和社会功能，对涵养水源、防风固沙、保护物种、调节温湿度、改善小气候、维护生态平衡具有不可替代的作用，同时还能为人类提供众多的林产品和林副产品，增加社会就业，促进经济发展，城市森林公园的森林还提供游憩、科教等服务。

6.2.3.3 城市森林公园应对气候变化原则

（1）坚持森林公园建设目标和国家应对气候变化战略相结合的原则

在建设城市森林公园时，要充分考虑国家应对气候变化战略，把增强森林减缓和适应气候变化的能力与森林公园其他功能有机统一起来。

（2）坚持可持续发展的原则

可持续发展是有效应对气候变化的目标和手段。在建设城市森林公园时，应当在可持续发展的框架下，统筹考虑森林公园所在城市的经济发展和区域协调，实现森林公园建设和城市发展，城市发展和应对气候变化的双赢。

（3）坚持扩大森林面积和提高森林质量相结合的原则

一方面要继续扩大森林公园的森林面积，加大公园内退化湿地的恢复和沙化土地的治理力度，增加林业碳汇；另一方面，要努力提高森林公园内单位面积森林的年生长量和固碳能力，通过科学经营森林，将生物量和碳密度较低的林分，逐步转变为生物量和碳密度较高的林分，全面增强城市森林公园现有森林的固碳能力和相关的综合效益。

（4）坚持增加碳汇和控制碳排放相结合的原则

一方面要尽量扩大森林公园的森林面积，并努力提高单位面积森林的年生长量，将生物量和碳密度较低的林分，逐步转变为生物量和碳密度较高的林分，以增加森林碳汇；另一方面，以低影响开发（LID）的理念进行森林公园建设，节能减排，并积极采取措施，保护森林资源，防止森林遭受破坏而导致储存在这些生态系统中的碳排放到大气中。

（5）坚持引导绿色消费与促进绿色发展相结合的原则

加大宣传力度，既要倡导绿色消费，引导社会公众的低碳生活，又要引导他们参与碳补偿，消除碳足迹，共同参与推进绿色发展。

6.2.3.4 城市森林公园应对气候变化措施

（1）减少森林碳排放

①通过科学规划，制定可持续发展的战略规划和实施方案，综合集成设计建设城市森林公园，因地制宜地充分利用自然地形地貌进行公园设施设计和施工，防止和杜绝建设性破坏，严格控制占用林地、林木，通过采取低强度、低影响的作业措施，保护林地植被和土壤，减少因对地被物和森林土壤的破坏而导致的碳排放。

②通过强化对森林公园中可燃物的有效管理，建立森林火灾、病虫害预警系统等措施，有效控制森林

火灾和病虫害发生频率和影响范围，减少森林碳排放。

③通过发展绿色交通，建设环保停车场，使用太阳能、沼气或液化气等清洁能源，使用节能锅炉、厨具，节能减排。

④在城市森林公园生态景观营建过程中，严禁炼山和全垦，而采用块状清理林地的方式，以减少植被和林地遭受破坏而造成的碳排放。

⑤加大森林公园内湿地保护力度和湿地恢复，减少因湿地退化或被占用、破坏而导致的温室气体排放。

(2) 增加森林碳吸收

①通过封山育林、采石场和边坡绿化，控制水土流失，保护林地土壤，促进和加速森林土壤发育，促使非森林土壤转化为森林土壤，提高森林土壤固碳能力。

②通过植树造林，将森林公园内的疏林地和无立木林地建成森林，增加森林面积。

③通过加强经营管理，中幼林抚育和林分改造等措施，将树种单调、林分郁闭度低、生态功能低的林分，培育为生产力较高的林分，增加现有森林植被的碳汇能力。

④通过林下套种、植物丛植等方法，改造林分空间结构，将单层林建成复层林，增加单位面积生物量，提高森林碳汇能力。

⑤森林生态景观营建中，树种尽量选用高含碳率的种类。

(3) 延长森林碳储存

①通过加强森林公园的森林保护，延长林木生命周期。

②公园设施建设中使用的竹木制品进行防腐处理，以延长使用寿命，从而延长碳储存。

(4) 促进木质品碳替代

①城市森林公园建设过程中，设施建设尽量以木代钢、以木代塑，促进木质品碳替代，减少钢材、塑料制品的使用量而实现碳减排。

②对于因设施建设而需要砍伐的竹木，采伐和加工剩余物经堆沤处理后作为肥料返回林地，增加林地土壤的碳储量，并减少化肥的施放量而实现碳减排。

6.2.4 湿地植物生态工程设计

根据《国际湿地公约》的定义，“湿地”主要是指天然的或人工的，永久的或暂时的沼泽地、泥炭地、水域地带，带有静止或流动、淡水或半咸水、咸水水体，包括低潮时水深不超过6m的海域。沼泽、泥炭地、湿草甸、湖泊、河流、滞蓄洪区、河口三角洲、滩涂、水库、池塘、水稻田以及低潮时水深浅于6m的海域地带等均属于湿地范畴。

根据由全国科学技术名词审定委员会的定义，“城市湿地”主要指城市及其周边地区被浅水或暂时性积水所覆盖的低地，有周期性的水生植物生长，基质以排水不良的水成土为主，是城市排毒养颜的肾器官，具有重要的水源涵养、环境净化、气候调节、生物多样性保护、教育科普等生态服务功能。

6.2.4.1 湿地生态系统平衡的设计理念

湿地生态系统平衡是指生态系统内两个方面的稳定：一是湿地生态的生物种类（生物、植物、微生物）的组成和数量比例相对稳定；二是湿地生态系统非生物环境（包括空气、阳光、水、土壤等）保持相对稳定。湿地生态系统的生态平衡是一种动态平衡。湿地生态系统平衡遭到的破坏往往是自然因素、人为因素共同作用的结果，而且通常是人为因素强化了自然因素，引起生态平衡的失调。例如：由于人为地进行排水疏干、环境污染、城镇化过程占用湿地等已经成为当前湿地生态系统遭到破坏的重要表现。城市森林公园的湿地工程的设计主要是围绕湿地生态系统内上述两个方面的稳定而进行。湿地保护是设计理念的基础，同时，还需要攻克湿地生态恢复、改良与新建关键技术，恢复退化了湿地的生态功能。

6.2.4.2 湿地恢复、改良与新建

存在于城市区域之内的湿地，它构成水陆过渡性质的生态系统，城市森林公园内的湿地多为城市湿地，要做好城市湿地的保护和恢复工作，主要有湿地恢复、湿地改良和湿地新建等措施，保护湿地生态系统完整性是湿地工程设计的一个原则。

①湿地恢复。人工恢复历史上的湿地是增加湿地面积的有效措施。湿地恢复是指重建受破坏前的水体

图6-17　湿地恢复

功能以及相关的物理、化学和生物特征，使湿地生态系统回到一个与受破坏前十分相似的状况。对生态功能减弱、生境退化的湿地采取以生物措施为主的途径进行生态恢复和修复（图 6-17），对类型改变、功能丧失的湿地采取以工程措施为主的途径进行重建。通常湿地恢复需要几个步骤：重构先前的物理环境；运用化学的方法调节土壤和水；生物管理（包括引进已消失的动、植物群）。主要恢复措施包括：填堵人工水渠，恢复自然弯曲的河道；填堵排水沟，把水留在湿地；在农耕区恢复湿地，引入当地物种，恢复物种多样性；建立生态缓冲带，为野生动物提供良好的廊道等。着重对浅水区的水生植物生长带、水陆交错的湖滨带和侵蚀区的陆生生态带进行生态修复，包括乔、灌木保护带，浮叶、沉水植物带，仿自然型堤坝改造工程、集水沟道及坡面工程等。

②湿地改良。湿地改良是通过调节一个存在湿地具体结构特征来提升它的一个或几个功能（图 6-18）。其主要措施包括用树头、木桩立在湿地上，让鸟有停歇的地方；营造多样化的地形，深浅不一的水面，让各种动物都有觅食地，有利于提高生物多样性；保留或人工种植各种农作物，为各种鸟类提供丰富的食物等。有的森林公园为了给每年迁徙至此的数万只候鸟提供充足的食物，先对鸟类数量及种类进行调查，结合不同鸟类的食物结构，对自然提供的食物进行精确计算，不足部分进行人工补充，向湿地投放玉米、鱼、虾等实物，以供候鸟食用。

③湿地新建。湿地新建就是在原来不是湿地的地方创造一块湿地，并且与已存在的湿地没有直接的关系（图 6-19）。如：将原有的地带或水渠填平，引入水源和湿地植物，人工创造了一处近自然的湿地生态系统。在新建湿地时，首先要注意生态补水。在充分考虑水资源承载能力的基础上，兼顾森林公园内生产、生活用水，采取工程措施，疏浚和整治引水渠道，引调地表水补充水量，并利用通过处理的生产或生活污水营建人工湿地。第二注意污染控制。控制周边农田废水、生活和工业污水的大量排入，合理利用沉水和挺水植物资源，每年有计划地收割湿地植物转移湿地营养物质，遏制水体富营养化。

6.2.4.3 水质生物维护

城市森林公园水质的生物维护，可分为初级和高级两种程度，其最主要目的是在水体中构建起一个类似大自然生物链的体系。初级手段是利用合理的水生生物、植物搭配，来形成一种相似于原生态自然的

图6-18　湿地改良

图6-19 湿地新建

图6-20 红树林景观

图6-21 芦苇景观

环境，基本形成一个自我消化系统，提高水体自净能力。高级手段则是通过引入菌种，加强对微生物的利用，来解决水质的维护问题。这种方式适用于较大面积的水体。生物维护是目前水环境技术研究开发的热点。天津大学曾使用过这种技术在校内的敬业湖、爱晚湖及天津动物园内的存水池做过研究，结果显示投菌后水质变清。在上海，华东理工大学也采用过生物和生态方式对上海植物园内的兰室和牡丹园进行过修复，修复效果于2002年通过了上海市科委组织的专家鉴定，且经济费用低，值得在人工湖治理中推广运用。专家认为，生物技术能从根本上治理景观水体的水质，从改善水体本身的缺陷着手，强化水体自净能力来治理被污染水体，是一种创新的技术路线，也将是未来的发展方向。

6.2.4.4 湿地植物种植

(1) 湿地植物的种植要求

①城市森林公园湿地植物的种植要与森林公园的整体布局和整体环境相协调。

②湿地植物的种植要以植物生态学为指导，顺应植物的生态习性，使其功能得到充分发挥，达到湿地生态平衡，保证水质的清洁，使水域的生物和谐共生。

③湿地植物的配置要形成一定的群植景观，要有疏有密，错落有致，体现一种自然、随意的情趣。

④湿地植物群落立体轮廓线要与附近配套设施的整体轮廓线及水体相协调，湿地植物在配套设施与水体之间要起到一个过渡作用，增添景观的层次感与情趣。

⑤湿地植物的配置要体现季节色相，使春季山花烂漫、夏季浓荫葱郁、秋季红叶斑斓。

(2) 湿地植物种植主要类型

①沿海滩涂型。沿海滩涂可以栽植红树植物，选用植物有桐花树、秋茄、木榄、红海榄、海桑、无瓣海桑、角果木、拉贡木、白骨壤、海莲、老鼠簕、海漆、卤蕨等（图6-20）。

②沙岸型。沙岸可以栽植木麻黄、桉树、台湾相思、大叶相思、湿地松、黄槿等。

③泥岸型。泥岸可以栽植落羽杉、池杉、水松、新银合欢、苦楝、大叶相思、台湾相思、柳树、桉树、蒲葵、青皮竹、青秆竹、大眼竹、撑篙竹、沙梨、荔枝、龙眼、黄皮、番石榴、芦苇、三棱草等（图6-21）。

④挺水型。挺水型水生植物可以选用荷花、黄花鸢尾、千屈菜，菖蒲、香蒲、慈姑、黄菖蒲、水葱、梭鱼草、花叶芦竹、香蒲、泽泻、旱伞草、芦苇等。

⑤浮水型。浮水型水生植物可以选用王莲、睡莲、萍蓬草、芡实、荇菜、水蕨、槐叶萍等。

⑥沉水型。沉水型水生植物可以选用黑藻、金鱼藻、眼子菜、苦草、菹草、小茨藻、红百叶、台湾水韭、水蕴草等。

⑦水边型。水边型植物可以选用蜈蚣草、竹叶兰、网草、亚尔麻拉水树、金丝草、菊花草、水芹草、水蕈、浮水仙、皇冠草、皱边草、西瓜草、金鱼草、宽叶水芋、短叶水芋、大叶水芋、粉红水芋、水兰、大叶水兰、青苔藻、水莲、柳叶草、香蕉草、龙须草、虎耳草、向心兰、绿柳、细巴戈、大柳、水蕴草、竹节草、阿比达椒草、柯达椒草、棕叶椒草、剑叶椒草、咖啡椒草、阿秀皇冠草、小木兰、绉边草、细叶水芹、发苔草等。

6.2.4.5 湿地动物栖息地的营造

为各种鸟类提供了丰富的食物来源和营巢、避敌的良好条件，在城市森林公园要营造湿地必须具有以下三个特征中一项以上的区域：第一，在周期性地以水生植物为优势种；第二，基质以排水不良的水成土

图6-22　湿地动物——栖息地营造

为主；第三，土层为非土质化土，并且在每年生长季节的部分时间被水浸或水淹。营造这种有水草丛生的沼泽环境，为方便鸟类或其他动物繁殖、栖息、迁徙、越冬的场所（图 6-22）。浅水池塘、缓慢流淌的小溪、芦苇石滩比较容易吸引游禽和涉禽。因此，要根据当地水鸟的种类，设计符合要求的水位和流速，或通过调节水位来保证一定深度的水体，并尽可能保护堤岸上的次生植被，尽量采用自然式驳岸，种植柳树、池杉、菖蒲、芦苇、千屈菜等喜水性的植物，种植睡莲等浮水植物，并适当放养鱼类、贝类等，为水生鸟类的取食、栖息、繁衍提供有利场所。

在城市湿地生活的动物主要有游禽和涉禽。游禽：如雁、鸭、天鹅等，喜欢在水上生活，脚向后伸，趾间有蹼，有扁阔的或尖嘴，善于游泳、潜水和在水中掏取食物，大多数不善于在陆地上行走，但飞翔很快。涉禽：是指那些适应在沼泽和水边生活的鸟类。它们的腿特别细长，颈和脚趾也很长，适应涉水行走，不适合于游泳，休息时常一只脚站立，如鹭类、鹤类等都属于这一类。广东主要有：丹顶鹤、东方白鹤、白鹤、琵鹭、黑脸琵鹭、火烈鸟、黑颈鹤、苍鹭、灰鹭等。

6.3 城市森林公园森林景观工程设计

6.3.1 森林景观设计

城市森林公园森林景观营建不同于我们通常所说的园林绿化，也不是传统意义上的造林，而是根据各类植物生态适应性和生态位，建设以乔木为主体，以植物群落为基本单位，构建乔、灌、草、藤复合群落，形成稳定、健康、和谐、优美又富有每个城市地域特色的森林，强化森林的生态功能和社会功能。

6.3.1.1 森林景观设计的指导思想

以自然为主体，以生态为核心，以地域为特征，以当地地带性自然植被为基础，建设自然森林群落，反映当地城市森林文化特色，以实现地带性森林景观为目标，适地适树，因城而异、因地而异、因林而异，选择多类型、多层次、多品种阔叶树，乔灌草结合，纯林与混交林结合，常绿树种与落叶树种结合，观赏与生产结合，乡土树种与外来树种相结合，绿化、彩化、美化、香化结合，营造健康的、近自然的林分，形成多样化景观格局，建设展示岭南城市地域风貌，满足人们休闲游憩，融生态旅游、科普教育于一体的近自然森林。

6.3.1.2 森林景观的近中远景布局

森林景观之美是多形态的、多成分的和多层次的（陈鑫峰，2001）。森林景观之美的层次有很多，其中物理空间层次最具有综合性和普遍性，在不同的观赏空间层次上，人们将感受到不同内容的森林植物景观美。国外有关学者将森林景观划分为 3 个空间层次，即近景、中景和远景。依据日本对风景调查的要求和区划标准：所谓近景是景致的形状和大小，质地和颜色以及各种设置的配合等都能清楚看到；所谓中景就乔灌木而言是指能够判别树木的叶群、叶形和颜色，林分树种以及与此相配合的建筑物和建筑群的形状、颜色等；远景是指远眺群山的形状，山与平地的配合，山与水的配合，树木与村屯的配合等（张杰坤，1998）。陈鑫峰认为，近景、中景和远景三者在于观察者所能感知的景观单元的尺度不同，近景，距观赏点 500m 内，观察者能从林木个体层次上感知景观的变化；中景，距观赏点在 500 ~ 3000m，观察者主要从斑块层次上感知景观的变化；远景，距观赏点 3000m 以外，观察者主要从整体层次上感知景观的变化（陈鑫峰，2000）。陆敏健认为，根据景观空间尺度不同，可以将森林景观划分为单株景观和斑块景观两种，观赏距离对单株的植物视觉影响主要在细部、颜色、树冠轮廓等方面，近景主要视觉感知植物的细部，清晰辨知植物的叶形、花形、叶色、花色以及其质地等；中景视觉强烈感知植物的整体色彩，主要是树冠层的色彩；远景，主要是远眺冠层与群山的轮廓，整体感知植被情况。观赏距离对斑块的视觉影响，主要是建立在单株的基础上的拓展，其主要影响方面也是形状与色彩，由于斑块里存在多株同种植物，其色彩的效果必然比单株要强烈，因此，视觉感知斑块色彩距离要比单株要远，其余的形状、质地、轮廓大致与单株的相同（陆敏健，2010）。

不管是近景、中景还是远景，都是相对的，随着游客的行进，远景可以变成中景，中景可以变成近景，而原来的近景逐渐远去而成为中景直至远景。当然，有些森林公园规模较大，某些地块游客不可达，无法接近而始终是中景甚至远景。因此，在森林景观布局上，应从实际出发，因地制宜，充分考虑游道、园路的设置和游客可达程度。

6.3.1.3 森林景观的点线面配置

根据森林的服务功能及人们对景观、文化等需求，将森林景观的点线面进行合理组织、协调发展，实现森林景观优化及美化。

点，即景点，是在外貌上与周围有所不同的一切非线性区域，如常绿阔叶林中的落叶阔叶林、针叶林、矮林、空地、草地、湖泊等。点与面形成镶嵌格局或包围、用线连通的格局。点的大小、形状可根据城市森林公园的实际情况而定，但要考虑生物多样性，同时考虑人的观赏、活动、文化等需求，创造多种类型林地，如空旷地、稀树草地、疏林地、郁闭林地及近自然湿地群落，构建多种植物和动物栖息地的湿地生态系统，形成景观多样性，保证景观的稳定性，创造人与自然和谐的空间。

线，是指与周围有所区别的带状区域，主要是森林中的溪流、河道、园路、游道等。城市森林公园应保留原有的河道，设计一些较宽的道路以利于动物生存、运动和方便游人观赏，同时适当设计较窄但互相连通的道路，把本来孤立的景点连接成为一体。道路尽量设计得弯曲自然，这样不但与整个森林景观和谐，同时使行走于其中的游人能产生一种曲径通幽和神秘的感觉。

面，可以理解为整个森林公园，也可以是某个景区，是森林景观中最大、连接性最完全的区域，在景观功能上起着优势作用。森林景观中的面设计以当地的主要植被类型为依据。

6.3.1.4 森林景观的层次布局

根据综合集成设计的总体思路，森林景观的设计应做到如下几点：

① 力求多样化。不同类型的森林风景不规则地交替出现，给人以“步移景异”的感觉。

② 保持一定的透视景深。难以透视的密林，使人产生单调感或压抑感，看不到森林的全貌。为此，在主要游览线路两侧和游人集中的人文景点附近，配置水平郁闭型、稀疏型和空旷型森林风景。可以把不同类型的森林风景分成几个层次，造成层层叠叠的景色。

③ 合理安排对景、透景、障景和隔景。对景是指风景的安排互相烘托，互为对景。例如天然溪流和游览小径可互为对景，小径可顺着溪流的方向转换。透景是在景物之间安排透视线，例如在两个对景之间安排水面、草坪等空旷型风景，使对景互相透视。障景又称“抑景”，一般配置在森林公园或园内景区的入口处，先将园内风景作适当遮障，以免一进园门便被一览无余，这就是所谓“ 犹抱琵琶半遮面”、“ 曲幻含蓄”的手法，使游人在情趣上释去急切的心情，然后再漫步寻幽览胜。垂直郁闭型森林、小山、巨石、丛植的小片密林均可作为障景的景物。隔景是由分隔景区或掩蔽有碍观瞻的生活、生产和旅游服务设施的需要，适当配置垂直郁闭型森林风景或由常绿小乔木构成的绿化带。

6.3.1.5 森林群落设计

森林群落是森林景观的主体，其结构反映了森林景观的生态功能、游憩功能和美学功能。城市森林公园森林群落设计要重视群落自身的特点及生长规律，考虑群落内植物之间的竞争、互生、共生等种间关系进行设计。森林群落设计内容包括森林群落的类型、大小，群落的树种选择及其树种数量、规格、配置方式等。城市森林公园森林群落设计应遵循以下的原理：

（1）森林群落演替原理

森林群落设计，以生态学的森林群落演替原理为依据，参照当地天然植物群落的结构进行。

（2）模拟自然原理

树种的选择、森林类型的确定都要以自然为原则，做到植物群落自然，生态目标接近自然，林分稳定优于自然，功能设置回归自然，做到宛若天成。

（3）生物多样性原理

树种选择以乡土树种为主，积极引进适生的、观赏性极佳的外来树种，同时模拟地带性森林植物群落的特性，在保护好原有林下植物的基础上合理选择和增植耐阴植物，形成乔、灌、花、草的复层结构，建立稳定和多样化的森林群落，建设不同类型的森林生态系统，增加森林物种多样性，提高森林生态系统的稳定性，为不同生物提供生存繁衍的生态环境，促进生物多样性保护和稀有物种的保护。

“面”的森林群落设计，要参照当地天然植物群落的组成和结构进行，一般要求有几个大型的森林群落以满足森林的主导功能和生物多样性需要，其总面积占整个森林公园的2/3左右。

“点”的森林群落设计，类型可以变化多样，面积大小可以不一，位置可以随意，以美观为原则，如草地、空地、矮林、纯林、观花林、观果林等，只要区别于“面”的植物群落都可以应用，还可根据文化和群落主题的不同进行设计。

一般每个森林群落要由4种以上树种组成，主导树种1种，伴生树种1～2种，还有灌木层和林下植被。树种配置方式以团状混交为主。以观赏为主的小片植物群落遵循园林植物的配置模式，沼生植物群落片植，以营造自然美的景观为前提。

6.3.1.6 风景游憩林设计

风景游憩林，是森林景观的主体。风景游憩林设计，包括树种选择、植物配置、空间配置、季相配置、抚育整形、更新改造、保护建议等（陆兆苏等，1994）。

Lien认为，胸径、栽植密度、树种丰富度对行道树景观会产生影响。Schroeder通过对公园内栽植密度与景观美学质量关系的研究，发现栽植密度与景观美学质量间呈倒“U”字形的关系。牛君丽、徐程扬（2008）认为，混交林的美景度比纯林高；森林美景度随着林分平均胸径的增加而提高；小径级林木越多，美景度越低；林分的林龄越大，美景度越高；林内可透视距离越长，美景度越高；林地的地被植物使林分美景度提高；较高的郁闭度使林分美景度提高；稠密的灌木层使美景度降低；采伐剩余物的存在降低了林分的美景度。

因此，风景游憩林的营造，要按有利于提高林分美景度的方向发展，如培育大径级林、改善林分状况、提高林窗景观统一度、丰富林内景观树种、营造混交林等。

对于已有的林分，若美景度不高，则要进行林相改造，主要是运用植物学和生态学原理，把生态功能脆弱、树种单一、林相单调、景观功能差的林分，改造成为复层、生物多样性高、景观多样的林分。

6.3.1.7 主要森林类型

（1）木本花卉观赏林

以乔木尤其是大乔木木本花卉为主体，选择在花形、花色、芳香等诸方面具特色，春、夏、秋、冬四季有花的多种乔木树种混交造林，达到繁花似锦、万紫千红、春色满园、四时不绝。树种选择以集绿化、香化、美化为一体的木兰科中的亚热带乡土树种为主，辅以苏木科、蝶形花科、金缕梅科、千屈菜科、木棉科、紫葳科和山茶科等木本花卉树种。

① 春夏花观赏林。春夏花观赏树种可选择二乔木兰、玉兰、红花木莲、海南木莲、乳源木莲、乐东拟单性木兰、云南拟单性木兰、观光木、鹅掌楸、金叶含笑等树种（木兰科）、凤凰木、腊肠树、中国无忧花（苏木科）、刺桐、海南红豆、紫檀（蝶形花科）、红苞木、红花檵木（金缕梅科）、大花紫薇（千屈菜科）、木棉、美丽异木棉（木棉科）、蓝花楹（紫葳科）等。

② 秋冬花观赏林。秋冬花观赏树种可选择火焰木、木蝴蝶、栾树（无患子科），猫尾木（紫葳科），红花羊蹄甲、白花羊蹄甲（苏木科），垂枝红千层（桃金

图6-23 彩叶观赏林景观

娘科），鸡蛋花（夹竹桃科），广宁红花油茶、白花油茶、大头茶（山茶科）等。

(2) 彩叶观赏林

彩叶林以构建满山红叶的景观林相为主题，由常年红叶林和季节红叶林构成（图 6-23）。

① 常年红叶林。常年红叶林树种可选用红枫、红花檵木、肖黄栌和五列木等树种。红枫和肖黄栌为落叶树种，除冬季外，春、夏、秋三季均呈艳红，红花檵木为常绿树种，需选用双面红的优良品种。为避免冬季期间红叶稀疏，可增加选用变叶木中叶呈红色的优良栽培品种美丽变叶木以及红桑、彩叶红桑等灌木作为下层木造林。由于常年红叶树种少，且多为小乔木或灌木，故常年红叶林树高偏矮，为增强层次感，可选用木棉、凤凰木、红花木莲等开红色花的大乔木树种，用单植、丛植或群植点缀于红叶林中。

② 季节红叶林。季节红叶林树种可选用具有季相变化的树种，如秋季红叶的枫香、山乌桕、漆树，抽梢期新叶红色的杧果、扁桃、红荷木、乐东拟单性木兰、云南拟单性木兰、红锥、黄杞、高山望、铁力木等树种。秋季红叶树种占60%，抽梢期红叶树种占40%。抽梢期红叶树种富季相变化，在季节红叶林中起到很好的点缀作用，使游客在春、夏季节也能观赏到绿中带红的森林景观。

③ 其他色彩林。其他色彩林可选用白楸、黄桐、翻白叶树、鼎湖血桐、金毛石栎、水东哥、银杏等树种。

(3) 针叶观赏林

松、杉、柏树种树干通直挺拔，树姿雄伟，树形多为尖塔形，树叶深绿或墨蓝，富有很强的观赏性，其中不乏世界级观赏树种（如南洋杉）和经典观赏树种，栽培历史千年以上。游客置身针叶林里，在松涛声中观赏到气势高昂、树梢直指九天的松、杉、柏，一种催人向上的感觉便会油然而生。针叶树种具有很强的杀菌能力，针叶林是理想的森林浴场，尤其适合老年人晨练、休憩。针叶观赏林营建，可选用观赏性强的松科、杉科、柏科、南洋杉科和罗汉松科树种，如洪都拉斯加勒比松、古巴加勒比松、湿地松、杂交松、南亚松、广东五针松、柳杉、南洋杉、垂柏、扁柏、侧柏、龙柏、罗汉松、竹叶松、竹柏等树种。松柏树种多为大乔木强喜光树种，难以形成复层林，故林内应保留原地被物，并在林下栽植变叶木类灌木以及红背桂、红草、紫苏等植物，以丰富森林景观（图 6-24）。

(4) 近自然观赏林

按照“师法自然”和适地适树原则，用壳斗科红锥、栲类、青冈栎、稠木，樟科的香樟、潺槁、楠类，杜英科的山杜英、高山望，大戟科的山乌桕，茶科的荷木、大头茶，金缕梅科的阿丁枫、枫香、米老排、红苞木，五加科的鸭脚木、幌伞枫等树种进行混交，林下植黄

图6-24 针叶林景观

图6-25 近自然观赏林景观

图6-26 竹子观赏林景观

牛木、车轮梅、雀梅、马樱丹、桃金娘、岗松等，组成多层次乔灌混交林，逐步形成南亚热带常绿阔叶林的森林景观（图 6-25）。

（5）竹子观赏林

广东有 20 属 150 多种竹，有单轴型散生竹、合轴型丛生竹和复轴型混生竹，结合当地地形地貌特征和竹子分布特色，以水土保持、提升景观特色为主要目的，进一步丰富地带性竹子种类，合理搭配，形成竹子观赏林，使各个层次鲜明，色彩以翠绿为主而又不失变化，微风吹过，竹海涌动，犹如轻涛拍岸，令人心旷神怡。主要树种选择：毛竹、人面竹、桂竹、水竹、紫竹、观音竹、金竹、撑篙竹、青皮竹、大头典竹、粉单竹、吊丝单竹、吊丝球竹、沙罗单竹、水黄竹、鱼肚腩竹、孝顺竹、茶秆竹、漫山爆竹、黄金间碧玉、佛肚竹等（图 6-26）。

（6）特色观赏林

为了丰富森林景观，还可以营建各种特色观赏林，如野趣植物观赏林，变色植物观赏林，芬多精植物观赏林，野菜野果观赏林，鸟类、蜜源观赏林等。

（7）动物招引林

有利于动物招引的植物群落配植，吴征镒、何平、苏雪痕等专家学者为华南地区推荐如下群落配植（王绪平等，2007）：

① 乐昌含笑（*Michelia chapensis*）+ 长芒杜英（*Elaeocarpus apiculatus*）—山茶（*Camellia japonica*）+ 东兴油茶（*C. tunghinensis*）+ 黄槿（*Hibiscus tiliaceus*）—萝芙木（*Rauvolfia verticillata*）+ 龙船花（*Ixora chinensis*）+ 玉叶金花（*Mussaenda pubescens*）+ 虾衣花（*Beloperone guttata*）—朱顶红（*Hippeastrum rutilum*）+ 鹤望兰（*Strelitzia reginae*）+ 地毯草（*Axonopus compressus*）；层间藤本——西番莲。其中，长芒杜英、西番莲为鸟嗜植物，果期 10 ~ 12 月、4 ~ 5 月；除萝芙木、朱顶红、鹤望兰、地毯草外，其他均为蜜源植物，总花期 2 ~ 12 月。

② 重阳木（*Bischofia javanica*）+ 深山含笑（*Michelia maudiae*）—鱼木（*Crateva formosensis*）+ 阳桃（*Averrhoa carambola*）—杜鹃（*Rhododendron simsii*）+ 黄蝉（*Allemanda neriifolia*）+ 狭叶水栀子（*Gardenia stenophylla*）+ 白龙船花（*Ixora parviflora*）+ 红纸扇（*Mussaenda erythrophylla*）+ 金脉爵床（*Sanchezia nobilis*）—砂仁（*Amomum villosum*）+ 红豆蔻（*A. galangal*）+ 地毯草；层间藤本——使君子（*Quisqualis indica*）。其中，重阳木、阳桃为鸟嗜植物，果期 8 月至次年 2 月；除鱼木、地毯草外，其他均为蜜源植物，总花期 11 月至次年 9 月。

③ 木棉（*Gossampinus malabarica*）+ 木莲（*Manglietia fordiana*）—大花紫薇（*Lagerstroemia speciosa*）+ 红花羊蹄甲（*Bauhinia blakeana*）+ 鱼尾葵（*Caryota ochlandra*）—含笑（*Michelia figo*）+ 鹰爪花（*Artabotrys hexapetalus*）+ 桃金娘（*Rhodomyrtus tomentosa*）+ 野牡丹（*Melastoma candidum*）+ 金丝桃（*Hypericum chinensis*）+ 锦绣杜鹃（*Rhododendron pulchrum*）+ 八仙花（*Hydrangea macrophylla*）—葱兰（*Zephyranthes candida*）+ 蜘蛛兰（*Hymenocallis americana*）+ 千年健（*Homalomena occulta*）；层间藤本——白花油麻藤（*Mucuna birdwoodiana*）。其中，木棉花可引鸟，花期 2 ~ 3 月，桃金娘、野牡丹为鸟嗜植物，着果期 7 ~ 12 月；除木莲、千年健和白花油麻藤外，其他均为蜜源植物，总花期 10 月至次年 8 月。

④ 蓝花楹（*Jacaranda mimosifolia*）+ 中国无忧花（*Saraca dives*）—大花五桠果（*Dillenia turbinata*）+ 龙牙花（*Erythrina corallodendron*）+ 木兰（*Magnolia liliflora*）—多花野牡丹（*Melastoma affine*）+ 白花杜鹃（*Rhododendron mucronatum*）+ 米仔兰（*Aglaia odorata*）—红花酢浆草；层间藤本——龟背竹（*Monstera deliciosa*）。其中，木兰、大花五桠果、多花野牡丹为鸟嗜植物，果期 5 ~ 12 月；除龟背竹外，其他均为蜜源植物，花期 2 ~ 10 月。

⑤ 复羽叶栾树（*Koelreuteria bipinnata*）+ 乐东拟单性木兰（*Parakmeria lotungensis*）—木荷（*Schima superba*）+ 洋蒲桃（*Syzygium samarangense*）—光叶决明（*Cassia floribunda*）+ 火红杜鹃（*Rhododendron neriiflorum*）+ 云南黄馨 + 软枝黄蝉（*Allemanda cathartica*）+ 大花栀子（*Gardenia jasminoides* var.

grandiflora）+ 海桐—穿心莲（*Andrographis paniculata*）+ 花叶艳山姜（*Alpinia zerumet* 'variegata'）+ 肾蕨（*Nephrolepis auriculata*）；层间藤本——麒麟尾（*Epipremnum pinniatum*）。其中，乐东拟单性木兰、洋蒲桃、海桐为鸟嗜植物，着果期 5 ～ 12 月；除穿心莲、肾蕨和麒麟尾外，其他均为蜜源植物，总花期 3 ～ 10 月。

⑥ 凤凰木（*Delonix regia*）+ 白兰（*Michelia alba*）—黄槐（*Cassia surattensis*）+ 紫羊蹄甲（*Bauhinia purpurea*）—夜合（*Magnolia coco*）+ 茶梅（*Camellia sasanqua*）+ 展毛野牡丹（*Melastoma normale*）+ 金铃花（*Abutilon striatum*）+ 凤凰杜鹃（*Rhododendron pulchrum* var. *phoeniceum*）+ 九里香（*Murraya paniculata*）—韭兰（*Zephyranthes carinata*）+ 黄花石蒜（*Lycoris aurea*）+ 紫三七（*Gynura bicolor*）；层间藤本——华南忍冬（*Lonicera confusa*）。其中，展毛野牡丹、九里香、华南忍冬为鸟嗜植物，着果期 7 月至次年 2 月；除韭兰、黄花石蒜外，其他均为蜜源植物，总花期 1 ～ 12 月。

6.3.1.8 主要植物造景

城市森林公园要有丰富的精神文化内涵，要能充分把握森林文化的主脉，提倡"文化建园"，充分挖掘植物与森林的文化，给森林公园加入城市文脉和艺术气息，使森林公园具有亲和性、富有人情味、教育功能和精神享受。

(1) 赏景种植

赏景种植指的是将植物配置在游人视线的焦点或空间转变处的位置，引起游人的注意，在形态、花色、叶形或造型上具有独特的、十分明显的特点，通常选用具有较高观赏价值的树木或花卉。其姿态、色彩要求优美、鲜明，能给人以深刻的印象。常见的赏景种植分为：赏形类、赏色类、赏果类、赏香类。赏形类要求植物的枝叶和树冠形状美观，如棕竹、龟背竹、垂榕、假槟榔、苏铁、三药槟榔、印度橡胶树等；赏色类一般以观赏花色的品种为主，但不只着眼于花色，也有的果实颜色很醒目，有的枝叶本身就是黄、红等色，如红桑、变叶木等；赏果类的植物主要是观赏大、多、奇、艳的果实，如佛手、金橘、石榴、香橼等；赏香类植物的香味有浓香、芳香和幽香 3 种，如素馨、洋子甲属浓香，桂花、茉莉属芳香，兰花、米仔兰属幽香。

(2) 花卉立体装饰

花卉立体装饰是相对于一般平面花卉装饰而言的一种装饰手法，即通过适当的载体，结合园林色彩美学及装饰绿化原理，经过合理的植物配置，将植物的装饰功能从平面延伸到立体，形成立面或三维立体的装饰效果，是一种集园林、工程、环境艺术等学科于一体的绿化手法。立体装饰的花材主要是垂吊蔓生植物和直立式植物，主要有使君子、炮仗花、簕杜鹃、盾状天竺葵、垂吊矮牵牛、大叶蔓绿绒、吊金钱、倒挂金钟、仙人指、豆瓣绿等。立体装饰能有效遮挡不雅物体或设备，充分展示植物材料的美化效果，成为栽植组合的中心主题和色彩焦点。

(3) 地被种植

地被种植一般用于掩盖裸露的地面，多采用低矮的灌木和花卉，密植于其他植物的下方，或单独形成一幅地被植物景观。利用地被植物造景时，必须了解该地的环境因子，如光照、温度、湿度、土壤酸碱度等，然后选择能够与之相适应的地被植物，根据选用的地被植物的生态习性、生长速度与长成后可达到的覆盖面积，乔、灌、草合理搭配，使各种植物各得其所。可选择的地被植物有：春羽、沿阶草、铁线蕨属、杜鹃属、非洲菊、中华常春藤等。

(4) 隔离带种植

隔离带种植一般用来分隔不同的空间，将不同功能分区通过植物分隔开来，形成一种相对隐蔽或半开敞的空间。带植法是一种常见的隔离种植形式，带植的植物常用小乔木、灌木和藤本植物，也可用草本植物，一般选用小乔木或竹类植物，列植或从植，如竹类、蒲葵、凤尾葵、南天竹等。

(5) 草坪配置

人们往往看重花木，却轻视小草，甚至认为草坪是西方园林艺术的产物，不符合我国国情。其实，园林草坪应用最早的是中国。早在公元前 100 多年，汉武帝在营建上林苑时，就已经配置了结缕草为主的草坪。在 18 世纪初开始营建的热河避暑山庄，配置了大片草坪，面积达500亩之多。乾隆皇帝为这片草坪立了石碑，有诗曰“绿毯试云何处最，最惟避暑此山庄，却非西旅织裘物，本是北人牧马场。”草坪在水土保持、净化空气、吸附灰尘等方面的作用十分显著。到欧美发达国家访问过的人，都会感叹他们的环境优美干净，没有灰尘。究其原因，除了人们从小培养起爱护环境的公德外，草坪绿地的建设发挥了重要作用。草坪的生态效益不容忽视。外国旅游者到我国森林公园或大型风景区观光以后，都觉得美中不足之处就是缺乏草坪，难以找到小憩和野餐的场所。在游人集中的景区，如能有草坪覆盖，下雨天就不会产生泥泞，刮风也不会扬起土尘。草本植物具有很强的杀菌力，特别是在刈割修剪时，释放出的杀菌素更多。根据草坪和草地与其他植物的组合关系，可营建空旷草坪、散生木草坪、疏林草地、林中草地、缀花草坪等景观。

在森林公园内，可配置以下一些草坪或草地：

① 游憩草坪：游憩草坪可配置在人文景点、水面、野营区附近。

② 文娱体育草坪：可在宾馆、生活区附近配置文娱体育草坪。

③ 观赏眺望草地：在适于眺望全景的地段，安排一定面积的草地，满足游人观赏眺望自然风光的需求。

④ 护岸护坡草地：护岸护坡草地主要发挥水土保持作用，同时也为自然景观增添绿色。

6.3.1.9 主要营林措施

(1) 更新改造

为提高森林的美学价值，需要对原有衰老的残次林分进行更新改造。为避免对森林景观产生不良影响，更新改造采用小面积孔状二次渐伐较为可行。实施步骤如下：

① 沿公路、河流和主要景点边缘设置宽度20m左右的保留带，在保留带内，不进行更新采伐。

② 在保留带以外，选择天然更新较好的林窗，以林窗为中心，实行强度择伐，把林窗面积进一步扩大，但一般不超过0.1hm^2，林窗内保留郁闭度0.3 ~ 0.4，林窗形状不求规整。

③ 对林窗内的天然幼苗加以抚育，清除妨害幼树生长的杂灌。

④ 进行人工补植。补植采用穴状整地，穴规格50 cm × 50 cm × 40cm，秋季整地，明穴回表土，穴施100g复合肥作基肥。造林苗木采用1 ~ 2年生营养袋苗，部分木本花卉树种为促进提早开花可用嫁接或扦插苗。为促进不同层次林相的形成，部分上层树种可选用绿化大苗，如木棉、凤凰木等，使其在展花期突出显眼，提升景观效果。造林时间于春季进行。

⑤ 待幼树生长稳定、幼林郁闭度达到0.5以上时，即可实行第二次采伐，伐除上层林木，完成更新过程。

(2) 抚育整形

过于茂密的林分，路边形成一道林墙，把人们的视线局限于林缘，难以观察到森林深处，适当的间伐和更新伐，可使森林景观多样化。在森林公园内除了密林以外还应有疏林、草坪和草地、水面、灌丛等不同层次和不同类型的自然景观，通过旅游者视线的反差对比，令人视野开阔、心旷神怡。为此，需要根据实际情况，对林分进行适当的抚育采伐。抚育采伐主要有以下几类：

① 卫生择伐。卫生择伐的对象是枯立木、病虫孳生的濒死木、风折木、倒木。对于枯立木并非一概清除，有些径级较大、枝干有洞的枯立木应适当保留，以供鸟类和其他野生动物栖息。

② 整形伐。整形伐的目的是在不改变景观类型的前提下，提高其美学等级。间伐的对象为影响目的树种生长的次要树种、有碍森林景观和谐气氛的乔灌木以及生长过密的林木。对于大径级的乡土树种应尽量保留，可通过修枝达到整形目的。

③ 透视伐。透视伐的目的是增加透视度，创造观赏森林深处或眺望远景的条件。通过不同强度的透视伐，把茂密的垂直郁闭型景观林改造成水平郁闭型景观林或稀疏型景观林。

④ 综合抚育伐。综合抚育伐适用于从未经过抚育的天然混交林。把林分内的林木划分为优良木、有益木、有害木、后备木4种。间伐对象是有碍优良木和后备木生长的有害木。综合抚育时可以把卫生择伐、整形伐、透视伐结合在一起。在进行透视伐和综合抚育伐

时，要采用定性和定量相结合的方法来确定采伐强度。陆兆苏认为，可以采用树冠系数法，其计算公式为：

$$N\text{（公顷）}=10000/(K\cdot\bar{H})^2$$

$$\text{或}N\text{（亩）}=666.7/(K\cdot\bar{H})^2$$

式中：N——单位面积保留木株数；

K——树冠系数，即树冠幅与树高之比；

$\bar{H}$——林分平均高。

$(K\cdot\bar{H})^2$ 实质上就是林分平均木的单株营养面积。

在施工前，先要设置标准地，分别树种及其龄级测定 K 值，同一树种处于不同风景类型的林分内，也有不同的 K 值。林分现实株数与用公式计算而得的 N 值相减，即可得采伐木株数（n）。计算所得之 n，尚须具体落实到林分，对采伐木进行标号，并针对林分实况，对采伐木株数进行调整，一般可把 n 值作为间伐强度的上限控制数。

（3）保护管理

森林公园的建设及森林旅游的开展，增加了不少破坏森林的潜在因素，加重了森林保护工作的压力。在已开发的森林公园中，潜在的危害因素有：

① 游人抽烟、野炊以及固定居住人口的生活用火，使森林火灾的潜在危险性增强。

② 基建工程和其他人为活动，引起野生动物转移、鸟类活动减少，影响到森林生态系统的平衡发展。

③ 生活和旅游垃圾增多、生活污水排放量上升，引起土壤恶化、地下水及河溪污染。

④ 旅游服务业兴起，外来人口激增，生活烧柴需求量大幅度增加，上山采樵者增多，小径木和幼树被采伐。

⑤ 蔬菜和副食品需求量增加，附近农民在森林公园边缘地带“蚕食”林地、毁林开荒。

⑥ 游人集中的景区和步行小道附近，土壤被踩踏而板结，地被物破坏，影响林木生长。

⑦ 某些游人随意采花摘果、攀折树枝、在树干上乱刻乱划等恶习，直接伤害林木。

针对上述潜在危害因素的不利影响，宜采取以下保护措施：

① 根据火险程度，划分火险区，实行因害设防，确定防火季节，规定和宣传护林防火守则，增强游人防火爱林的观念。

② 限制进入森林公园的人数，使排放的废物、污水不超过环境容量。

③ 设置人工鸟箱，招引益鸟。在松毛虫高发林区可驯养灰喜鹊，这不仅是一项生物防治工程，同时也是一种爱鸟爱林的科普活动，还为森林公园增添了观光内容。

④ 选择有代表性的地带性森林植物群落或野生动物栖息地，划出一定面积作为绝对保护区，实行全年封山。

⑤ 划定饮用水水源涵养区，禁止旅游活动和其他农副业生产活动。

⑥ 对古树名木和珍稀树种进行专项调查，建立技术档案，拟定特殊管护措施，严加保护。

⑦ 建立病虫害和森林火灾预测和监测体系。

⑧ 划分护林区段，保证每片林子和每段旅游线路都有专人巡视监护。

⑨ 设置一批固定标准地，进行长期观测，并定期对景观林进行调查和评价，及时掌握森林动态信息，为森林公园森林景观建设和经营决策提供依据。

6.3.1.10 森林细部要素设计

（1）林缘带设计

林缘带是指在林分边缘的由单排树木或小的树群形成的林带，能反映地形变化或植被的形状。城市森林公园的林缘带设计要自然，依地形和形状而变化，林带形状的突起和缺口设计成不规则的形状，并在分布上避免不自然的对称形式，形成高低起伏、结构丰富而视觉感受多样的林缘带景观。

（2）林间道路设计

道路是引导旅游者活动导向的最直接途径，林间道路的宽度、形状和走向，根据地形和森林内部空间状况不同而定，原则上以自然、弯曲为好。道路设计在线路选择上要避开生态脆弱地带，尽量选择生态恢复功能较强的区域，并尽量利用或选择自然现存的通道；在道路宽度等技术指标上，应考虑道路所通过的客流量与环境承载力之间的潜在关联；在道路施工上应尽量利用接近自然的无污染材质，如竹木、石板、卵石、沙子等，而尽量避免使用水泥、沥青、矿渣等对环境存在潜在影响的材料。

(3) 路边带设计

道路两侧的林地应该表现出连续的，由不同空间形式结合的优美景色。根据车辆行驶的平均速度，道路两侧的景观设计必须保证相应的宽阔视野。

(4) 休闲环境设计

林地中靠近或构成休闲环境的地方应当满足人们野外活动的需要，这些空间应当是连续统一而不是支离破碎的，景观应当是丰富多样的，能带给人们美的享受，林分构成要保证人们休闲娱乐和保护野生动物生存环境的需要。

(5) 溪流景观设计

溪流两侧应该有繁茂的自然植被以减少侵蚀和保护水质，溪流两侧的开阔空间应与溪流的形状相统一。

(6) 森林空间设计

森林空间的围合对人类休闲、活动功能和野生动物生存来说是一种多样化而有价值的资源。空间的边缘过渡应该有空间的变化，避免几何的和对称的空间形状。树木与灌木丛巧妙地在空间内组合在一起，由此所创造的兴趣点可以缓和竖直的林木线条同水平地面之间的冲突，并且可以有效地增加空间艺术感、多样性。

6.3.2 水体景观设计

6.3.2.1 水体在森林公园中的地位与作用

水是生命之源，人类从大自然的这一赐予中修养生息，领略其所带来的美，并得到智慧的启迪和心灵的舒放。乐水亲水是人类的天性，与人的精神世界密切联系。早在2000多年前，孔子便有“仁者乐山，智者乐水”的洞察。

水作为人类赖以生存的物质基础，自古以来就与人们的居住环境密切相关，山嵌水抱一向被认为最佳的成景态势，也反映了阴阳相生的辨证哲理。古人云：石令人古，水令人远；“石为山之骨，泉为山之血”，“无骨则柔不能立，无血则枯不得生”。水体既有静止状态的美，又能显示流动状态的美，水提供给人以听泉、观瀑、赏景、濯足、流觞、泛舟、漂流之享受。在中国园林的物质建构中，水作为园林“血脉”，是营造中国园林的一个重要元素，是园林四大要素之中最富魅力的一种。同样地，城市森林公园的景观建设也离不开水。

(1) 水是景观营建的要素

无水难成景，历来的风景名胜之地，美景多半因水而生，钱塘江大潮、珠穆朗玛雪峰、庐山迷雾、黄山云海、哈尔滨冰灯，都是水的换景变形。用地质的眼光来看，拔地而起的桂林山峰，鬼斧神工的云南石林，千沟万壑的黄土高坡，玲珑剔透的雨花石，处处都体现水的杰出作用。威尼斯、中国苏州也因水闻名，杭州西湖、扬州瘦西湖、北京昆明湖、武汉三镇、上海黄浦江、广州珠江，是水促成了环境美。太湖美，美就美在水。如今，水库、渠道成了人们重要的休憩场所；人造喷泉、报时的水钟，成了最吸引人的景点；游泳、跳水、冲浪、划船、漂流是人们最乐意的水上活动。因此，丰富而有特色的水体能为城市森林公园整体景观增添许多典雅活泼、高潮迭起的效果。城市森林公园水体景观，如溪流、喷泉、瀑布、池塘、水库、湖泊等，都是以水体为造景元素，不仅起着美化环境的作用，而且具有空间组织和层次划分的功能。水形、声、色、光的综合运用，富有无穷的诗情画意。

(2) 水能调节微气候

森林是陆地生态系统的主体，具有调节气候、保持水土、涵养水源、防风固沙、净化空气、吸碳放氧、转换能量、制造养分、哺育生命等功能，而水在调节微气候方面的作用也不能忽视。水蕴含并带来清新和郁郁葱葱的生命力，起着调节小气候的重要作用，并且为城市提供大量的氧气，有利于人们的身心健康。流动的水，尤其是瀑布、喷泉，能产生大量的负离子。

(3) 供水和排水功能

城市湖泊、河流等是居民生活用水的重要来源，各种活动都离不开水。生产用水范围很广，包括各种工农业用水，如工厂的生产、植物灌溉、水产养殖用水等。生产用水关系着一个城市的经济发展。自然排水系统是最经济有效的排水系统。城市森林公园的水体，具有为城市居民供水和排水的功能。

(4) 休闲功能

水体长期为我们实现最普遍的户外活动，如划船、钓鱼和游泳等提供了载体。可以认为，在长期规划中，所有的水面和50年一遇洪水可达的水边无一例外应成为公共领域。此种景观周边若有绿色植被覆盖并与区域开放空间相联系，则会是独一无二的休闲环境。

(5) 为观赏性水生动物和植物提供生长的环境

湖岸、河流边界和湿地一起形成了鸟类和动物的自然栖息地。各种荷、莲、芦苇等水生植物和湿地植物种植，金鱼、锦鲤、水鸟等的栖息和放养，给城市森林带了无限的生机，给城市居民带来无穷的乐趣。

(6) 交通运输功能

较大型水面，可作为陆上运输的补充，如游艇、交通船等。

(7) 防护、隔离作用

以水面作为空间隔离，是最自然、最节约的空间隔离方法，并具有生物防护、防火隔离等作用。同时，水面创造了迂回曲折的线路，隔岸相视，可望而不可即，具有另一种美感。

(8) 减灾防灾作用

救火、抗旱都离不开水。城市景观水体，可作为救火备用水，郊区水体、沟渠，是抗旱天然管网。

6.3.2.2 城市森林公园中水体基本表现形式

从景观的角度看，城市森林公园水体的基本表现形式可以分为静态水体和动态水体两大类型。

(1) 静态水体

中国传统园林中的静态水景设计，首先着眼于湖、池等形式，然后给以动态的利用，如观鱼游、蛙泳、龟蠕、观水草、赏荷、玩月、造影、游船等，这是人们利用静水使其动起来。而外在的自然因素如“风乍起，吹皱一池春水”是大自然的风使之变为动态，由此而产生那些富有观赏性、象征性、文化性、哲理性的人文精神的内涵，这是中国园林理水的传统特色。故静态的水，虽无定向，看似静谧，却能表现出深层次的、细致入微的文化景观。

(2) 动态水体

动态的水体则是以流动的水为主体，形式上主要有流水、落水和喷水3种。

①流水。流水包括河、溪、涧以及各类人工修建的流动水景，如运河、水渠等，多为连续的、有急缓深浅之分的带状水景。有流量、流速、幅度大小的变化。其蜿蜒的形态和流水的声响使环境更富有个性与动感。潺潺的流水声与波光潋滟的水面，给城市森林公园带来特别的山林野趣与悠然。

②落水。落水是水体由上向下坠落的一种自然表现形式，瀑布是最常见的落水。由于山石等的布局、位置、体量、高差以及落水面的不同，产生了各种各样的下落形式，典型的落水形式包括线落、布落、挂落、条落、多级跌落、层落、片落、云雨雾落、壁落等。不同的下落形式使游览观光者产生不同的心理及视觉感受，有刺激、恐惧、聆听、观赏、遐想等反应，成为诗情画意的启迪元素。

③喷水。喷水是指水体由下向上喷涌而出的一种水态，喷泉是最常见的景观水态。喷水形态变化万千，呈现动态的美，配以音乐，就构成一种美丽的舞姿，也就是现在受大众欢迎的音乐喷泉，给人以听觉和视觉的享受。喷水不管在白天或晚上都能产生十分迷人的水景画面。尤其是夜幕降临，周围一片黑暗笼罩，音乐喷泉衬映着五光十色、千变万化的水体似幻似真，给人以美的享受。

6.3.2.3 城市森林公园中水体景观设计要点

(1) 保持水体清洁、无污染

采取生化处理、物理处理，以及水位落差或柱状喷射等方法，使空气和水进行交换，保持水的含氧量，使水质得到改善。

(2) 注重水景与植被的优化配置

在水边铺草坪和种树，形成清新湿润、凉爽宜人的小气候和“梨花院落溶溶月，柳絮池塘淡淡风”的美丽景观。

(3) 节省建造成本和运行费用

毕竟，森林公园是以森林景观为主体，水体景观只是点缀和衬托，没必要花费大量的资金喧宾夺主，因此，水体景观设计要充分考虑节水、节能，尤其是水资源和能源紧张的地区，更要通盘考虑，尽可能利用天然的江河湖海水系，节省建造成本和运行费用。

(4) 因地循势

城市森林公园水体景观要根据自然环境的条件进行营建，有条件则做，没有条件则莫强求；水景的形式，可以是开挖湖、溪、池、塘，也可以是跌水、涌泉作点缀；水景的形成，可以是造景，也可以是借景。

(5) 宜小宜活

所谓小，是指面积、宽度小，或在林地边，或沿步道，面积不大，点到为止；所谓活，是指水体要流动，水体要连续，水体中要有植物，形成水体生态系统。

(6) 安全健康

城市森林公园的所有水体，不宜过分强调亲水性，而应该时刻把游客的身体安全和身心健康放在重要位置，设置安全设施和安全警示牌，危险地带还要设置安全围栏或护栏。

(7) 文化传承

水景是有文化传承的。首先，自然或人工形成的水体的形状可以不同。湖塘、河溪、跌水、瀑布、喷泉，形体各异，再加上堤岸可曲可直，使水形水势变化万千。其次，驳岸可以用土用石，或土石相间，也可以用水泥砌筑，风貌各异，情趣迥殊。再次，水边的花树植被、山石、亭台、雕塑小品、雨道、匾额题词（辞出而景生）等等都可因地而异、因园而异。上述种种，构成了文化传承的各个要素，使水有了文化性。我国在造园方面积累了丰富的经验，在造园文化艺术的宝库中有许多举世闻名的水景佳作，我们在城市森林公园水景营建时可借鉴。

6.3.2.4 水景植物的配置设计

水景植物能弱化水体与周围环境原本生硬的分界线，使水体的边缘显得柔和动人，使水体自然地融入整体环境之中。水景植物在水景中会带来丰富的视觉色彩和情感特征，而且也是保持水体自然生态平衡的关键因素。即使是非常正规、有着装饰性池沿的水池，适当点缀的水生植物也可以将其单调枯燥的感觉一扫而光。水旁的乔木可以遮阴、护岸、成景或构成框景，起到丰富水体景观和遮挡光照的作用。水旁的灌木、草皮和地被植物可以起障景、固水土、护驳岸、丰富水体色彩的作用。水景植物的配置要求和方法详见本书湿地植物生态工程设计等章节。

6.3.2.5 驳岸的设计

(1) 水景驳岸设计

驳岸与水线形成的连续景观线是否能与环境相协调，不但取决于驳岸与水面间的高差关系，还取决于驳岸的类型及用材的选择。一般来说，普通驳岸采用砌块（砖、石、混凝土），缓坡驳岸采用砌块、砌石（卵石、块石）、人工海滩沙石，带河岸裙墙的驳岸采用边框式绿化、木桩锚固卵石，阶梯驳岸采用踏步砌块、仿木阶梯，带平台的驳岸采用石砌平台，缓坡、阶梯复合驳岸阶梯采用砌石，缓坡种植保护。

(2) 生物驳岸设计

城市森林公园的驳岸设计，要尽量采用生物驳岸设计，即岸边不用水泥浇筑，而用卵石堆砌自然驳岸或保留原土自然驳岸，使其有利于植物生长和微生物栖息。水体底部遵从自然生态的设计，卵石、砂、多孔砖铺设水底使水体底部具有通透性。水岸上种植绿化带，恢复、加强与扩大水体岸带植物，充分发挥沿岸带的过滤、拦截、减少污染物进入水体的作用。

(3) 木栈道的设计

城市森林公园的水体边铺设木栈道或浮桥，可以为游客提供行走、休息、观景和交流的多功能场所（图6-27、图6-28）。由于木板材料具有一定的弹性和粗朴的质感，行走其上可比一般石铺砖砌的栈道更为舒适，也和森林公园的整体氛围比较融合。木栈道由表面平铺的面板（或密集排列的木条）和木方架空层两部分组成。木面板常用桉木、柚木、松木、冷杉木等木材，其厚度一般为 3 ~ 5cm，板宽一般为 10 ~ 20cm 之间，板与板之间宜留出 3 ~ 5mm 宽的缝隙，不采用企口拼接方式。面板不直接铺在地面上，而是与地面有至少 2cm 的架空层，以避免雨水浸泡，保持木材干燥通风。为了保持木质的本色和增强耐久性，确保在长期使用中不变形，木栈道所用木料必须进行防腐和干燥

图6–27 香港湿地木栈道

图6–28 城市湿地浮桥

处理,一般要求在使用前将木料浸泡在防腐液中6～15天，然后进行烘干或自然干燥，使含水量不大于8%，若条件有限，也可采用涂刷桐油和防腐剂的方式进行防腐处理。连接和固定木板和木方的金属配件（如螺栓、支架等）应采用不锈钢或镀锌材料。

6.3.2.6 引鸟水景设计

引鸟水景设计要充分考虑水生鸟类的食物、栖息、隐蔽等因素。柔和的淙淙水声，对鸟类有很大的吸引力，但急流飞瀑或大型喷泉的巨响却会让它们望而却步。引鸟小溪可以结合其他水景项目进行设计，不要求精巧、别致，但要求水流缓慢、水位较浅。小溪的宽度以60～150 cm为宜，深度在15 cm以内，尽量采用自然式驳岸，减少湖底和护坡的水泥硬化。为了更好地获得引鸟和观赏的双重效果，可放几块露出水面的粗糙的石头供小型鸟类饮水时停留，并在水边种些水生植物。对于岸坡光滑且竖直的景观水体，可设置环保型浮动栖息岛或栖息架供游禽栖息，其材料可用木材、竹材、废旧轮胎等。

参考文献

[1] 陈蓬 .2005. 中国林业生态工程管理机制研究 [D]. 北京林业大学学位论文 .

[2] 张文英 . 2008. 当代景观营建方法的类型学研究 [J]. 中国园林，(8)：59–68.

[3] 李丙寅 .1990. 略论先秦时期的生态保育 [J]. 史学月刊，1.

[4] 刘翠溶 .1999. 中国历史上关于山林川泽的观念和制度 [J]. 中央研究院中山人文社会科学研究所专书，1–42.

[5] 孙利玲 .2008. 先秦两汉之生态保育观念和制度 [D]. 兰州大学学位论文 .

[6] 广东省气候变化评估报告编制课题组 .2007. 广东气候变化评估报告 [J]. 广东气象，29 (3)：1–6.

[7] 贾治邦 .2008. 积极发挥森林在应对气候变化中的重大作用 [J]. 求是杂志，(4) .

[8] 陈鑫峰 .2000. 国内外森林景观的定量评价和经营技术研究现状 [J]. 世界林业研究，13 (57)：31–38.

[9] 陈鑫峰，王雁 .2001. 森林美剖析——主论森林植物的形式美 [J] . 林业科学，37 (2)：122–130.

[10] 张杰坤 .1998. 浅谈林区风景资源调查 [J]. 中国林副特产，11 (4) .

[11] 陆敏健 .2010. 南亚热带风景林景观观赏空间层次研究 [D]. 华南农业大学学位论文 .

[12] 牛君丽，徐程扬 .2008. 风景游憩林景观质量评价及营建技术研究进展 [J]. 世界林业研究，3：34–37.

[13] 陆兆苏等 .1994. 按照风景林的特点建设森林公园 [J]. 华东森林经理，8 (2)：12–17.

[14] 王绪平，李德志等 .2007. 城市园林中鸟类及蜂蝶的重要性及其招引与保护 [J]. 林业科技，43 (12) .

[15] 王如松 .1997. 生态工程与可持续发展 [N]. 中国科学报 .

第7章　城市森林公园碳汇与储能计量的研究

7.1 城市森林公园碳汇问题的提出

7.2 城市森林公园碳汇计测方法

7.3 城市森林公园植物生物量

7.4 城市森林公园植物含碳率

7.5 城市森林公园温湿效应

7.6 研究应用实例——东莞市大岭山森林公园

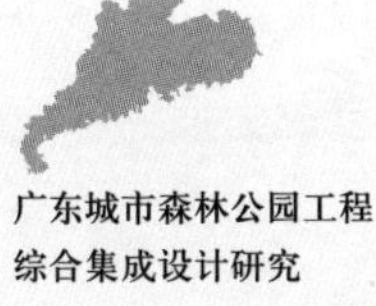

低碳的起因来自两方面：一是能源约束，二是气候变化。在工业化、城市化进程中，城市森林公园的建设，对改善城市生态环境能起到十分重要的作用。城市森林公园不仅具有减少大气污染、降低城市噪音、净化水质等生态功能，而且与其他城市基础设施相比较，其独特在于能利用二氧化碳、制造出氧气，储存城市能量、降低热岛效应。本章主要从吸收二氧化碳和减低热岛效应的角度出发，研究此类功能的计量技术与应用方法，以适应在城市森林公园中生态工程设计的需要，以适应在低碳城市建设中需要。

7.1 城市森林公园碳汇问题的提出

7.1.1 城市森林公园适应低碳城市建设需要

城市化是世界发展的潮流，也是人类社会进步的重要标志。城市在整个社会经济中，占有非常重要的地位，它贡献了全球主要的 GDP，使用了全球三分之二以上的能源，全球 70% 以上的小汽车、轿车在城市，城市人均消耗资源是农村的 3.5 倍以上。城市化也给世界带来了不少新问题。目前温室气体释放量 60% ～ 80% 由城市排放，其中二氧化碳占 75%，还有城市的热岛效应、环境污染、空气污染、交通拥挤等，所以城市化呼唤低碳经济，因为城市是能源消耗的主要地方，是温室气体排放的主要地方，它助推了全球的温室效应。因此，解决城市化带来主要问题的方法就是要建设低碳城市。

低碳城市，是指以低碳经济为发展模式及方向、市民以低碳生活为理念和行为特征、政府公务管理层以低碳社会为建设标本和蓝图的城市。低碳城市目前已成为世界各地的共同追求，很多国际大都市以建设发展低碳城市为荣，关注和重视在经济发展过程中的代价最小化以及人与自然和谐相处、人性的舒缓包容。自 2008 年初，国家建设部与世界自然基金会（WWF）在中国以上海和保定两市为试点联合推出“低碳城市”以后，“低碳城市”成为中国大陆城市自“花园城市”、“人文城市”、“魅力城市”、“最具竞争力城市”之后的最热目标。

低碳城市的建设，主要有四个着力点：一是调整产业结构，二是建筑节能低耗，三是生活低碳消费，四是采取措施增加碳汇（周国模，2008）。就当今社会的技术水平、产业结构和经济发展而言，大幅度减少当前二氧化碳排放量，必将对社会经济发展造成重大影响。作为城市当中重要的设施和元素，建设城市森林、提高森林面积与质量，让森林吸收并固定更多的碳，对低碳城市建设具有重大作用。低碳城市建设呼唤着城市森林，城市森林不仅可以直接吸收城市中释放的碳，而且通过减缓热岛效应，降低温度，调节城市气候，间接减少城市碳排放。因而城市森林作为一个有生命的基础设施，不仅具有美化城市、满足游憩休闲的功能，而且对城市减碳降温也具有重大帮助。

7.1.2 城市对森林公园碳汇能力的现实需求

碳是一切有机物的基本成分，也是构成生物体的主要元素，约占生物体干重的一半左右，碳循环及其空间分布与生态系统的维持、发展和稳定性机制有着密切的联系。在全球变化与陆地生态系统的研究中，最基础的和最受重视的是温室气体的“源（source）”和“汇（sink）”的问题，尤其以主要温室气体 CO_2 的源汇为重点研究领域。所谓“碳汇”，是指从大气中清除 CO_2 的过程、活动或机制。森林碳汇主要指森林植物吸收大气中的 CO_2 并将其固定在植被或土壤中，从而减少该气体在大气中的浓度。

森林的生长过程是光合作用的过程，森林吸收并固定 CO_2，是 CO_2 的吸收器、贮存库和缓冲器。根据植物光合作用分子式：

$$6CO_2+6H_2O \xrightarrow{\text{光}+\text{叶绿素}+2821.94kJ} C_6H_{12}O_6+6O_2 \quad (7\text{-}1)$$

利用 2821.94kJ 的太阳能，吸收 264g CO_2 和 108g H_2O，产生 180g 葡萄糖和 192g O_2，再以 180g 葡萄糖转化为 162g 多糖（纤维素或淀粉）。由此可见，林木生长每产生 162 g 干物质需吸收（固定）264g CO_2，释放 192g O_2；林木每形成 1t 干物质，需吸收（固定）1.63t CO_2，释放 1.2t O_2。森林的生长过程对维持地球大气中 CO_2 和 O_2 的动态平衡，减少温室效应，提供人类生存基础物质，具有不可替代的作用。2000 年 IPCC 发表的报告估计，全球陆地生态系统碳储量约为 2.48 万亿 t，其中 1.15 万亿 t 储存在森林生态系统中，森林是吸收固定和储存 CO_2 最主要的陆地生态系统。

现代城市生态学理论认为：伴随现代城市发展的标志不应只局限在经济水平的提高，更应重视社会的和谐与生态环境的保护，其主要目的是充实城市生态系统中所缺乏的自然生态功能。理想的物质循环过程是以其不给自然界造成污染为前提（刘贵利，2002）。20 世纪 90 年代以来，随着经济的发展，我国东南部沿海地区迅速城市化，快速工业化及城市化迅速改变原有森林景观，给城市森林的生长环境造成了巨大的胁迫效应（王如松等，2004）。城市森林群落不同于自然的森林群落，明显地受到人和人造环境的影响，强烈的人类活动和明显的环境改变影响了城市森林生态系统的服务功能。现代研究认为，城市森林的生物量和生长量远大于草坪、花坛和灌丛，其生态效益（释氧固碳、蒸腾吸热、滞尘减尘、杀菌减菌、降低噪声等）为一般草坪的 4 ~ 5 倍，生态服务功能明显强于城市其他类型绿地。但目前，我国城市森林的研究尚处于起步阶段，主要集中在理论探讨、森林结构优化及森林生态系统服务功能的价值研究三方面。城市森林公园其环境支持能力，特别是现阶段关注的热点——碳汇能力，应成为当前现代都市生态建设、特别是城市森林规划建设的重点研究对象。

7.2 城市森林公园碳汇计测方法

森林生态系统碳库包括三个部分：一是森林植被碳库，二是森林枯落物碳库，三是森林土壤碳库。因而对森林生态储碳量的估测分为对三个碳库储量的计测。其流程如图 7-1。

① 利用植物生物量方法估测森林植被碳储量是目前应用最为广泛的方法，其优点就是直接、明确、技术简单、实用性强。对森林碳储量的估计，无论在森林群落或森林生态系统尺度上还是在区域、国家尺度上，普遍采用的方法是通过直接或间接测定森林植被的生物现存量（W）与年净增长量（ΔW）计算森林碳储量（Tc）和森林年固碳量（Pc），再乘以植物体中的碳元素含量（含碳率 Cc）推算求得。

$$Tc=\sum_{i=1}^{n} A_i W_i Cc_i \quad (7\text{-}2)$$

$$Pc=\sum_{i=1}^{n} A_i \Delta W_i Cc_i \quad (7\text{-}3)$$

式中：Tc ——森林碳储量（t）；

Pc——森林年固碳量（t）；

A_i——第 i 种优势树种（组）的森林面积（hm^2）；

W_i 和 ΔW_i——第 i 种优势树种的单位面积生物现存量和年净增长量（t/hm^2）；

Cc_i——第 i 种优势树种（组）的含碳率（%）。

因此，森林群落的生物量及其组成树种的含碳率是研究森林碳汇的关键因子，对它们的准确估计是估算森林碳汇量的基础。森林群落的生物量的估测技术见本章第三节，植物含碳率的相关内容见第四节。

② 枯落物层碳储量估测方法采用枯落物的面积与单位面积储量乘积式进行计算，其公式：

$$L_D=f(h)\times L_C \quad (7\text{-}4)$$

式中：L_D ——枯落物碳密度（t/hm^2）；

L_C——枯落物有机碳含率，f（h）为单位面积枯落物储量与厚度间的关系函数；

h——枯落物厚度（cm）。

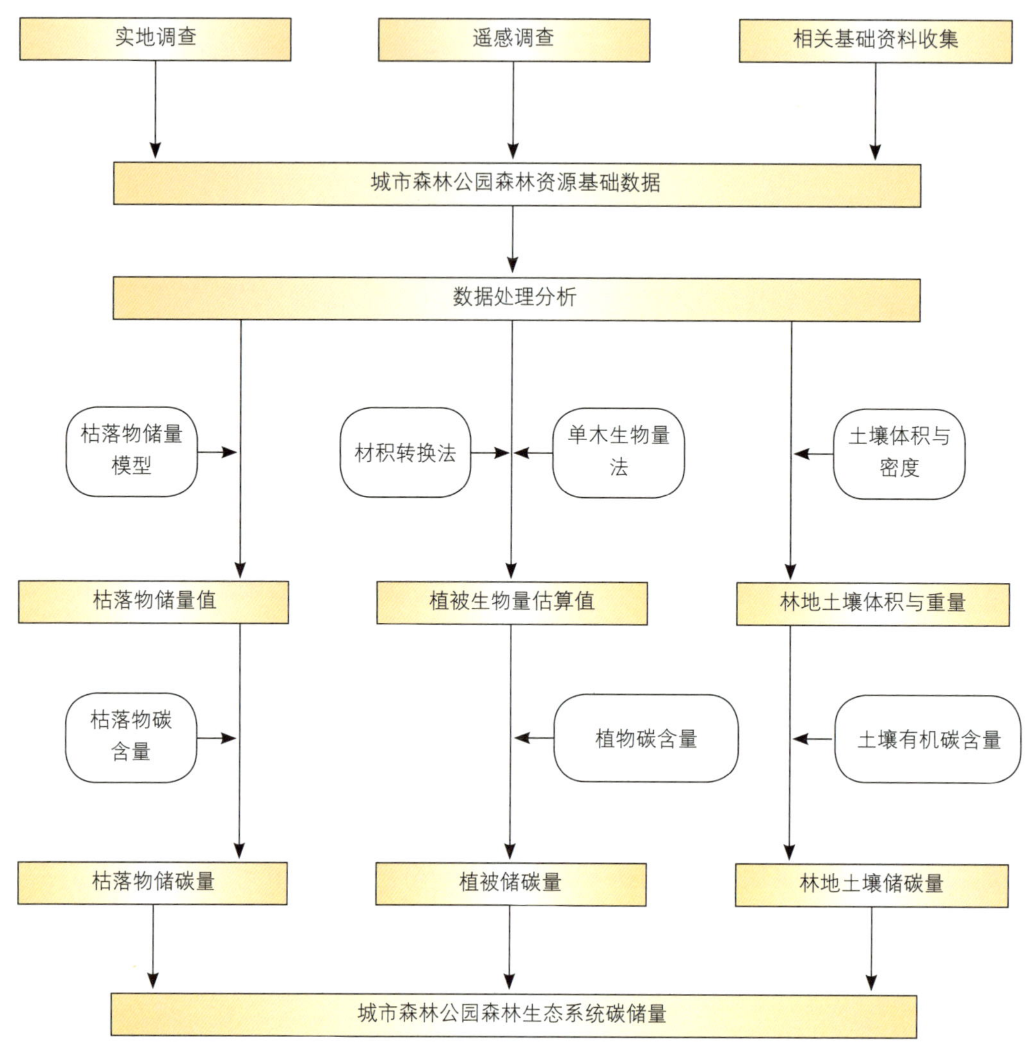

图7–1　城市森林公园碳储量计测流程

③ 森林土壤碳的估算方法是从具有代表性的土壤剖面采收样品，实验测定土壤的有机质。碳含量由有机质含量乘以 Bemmelen 换算系数（即 0.58gC/g SOC）求得。计算各土壤类型各个土层的碳含量，然后以面积、土壤剖面厚度作为权重，求得各土壤类型的平均厚度、平均有机质、平均密度、平均碳密度（在土壤平均厚度下的）。其计算式为：

土壤碳储量 =∑某类型土壤面积 × 某类型土壤平均厚度 × 某类型土壤平均密度 × 某类型土壤有机质平均含量 × 换算系数　　(7-5)

7.3 城市森林公园植物生物量

森林植物在水、热、气和土壤环境中，叶绿素吸收空气中的二氧化碳和土壤中的水进行光合作用，产生碳水化合物，放出氧气。植物合成的碳水化合物除维持其自身生存而消耗一部分外，剩余部分将转化成植物的干、枝、叶、花、果和根，表现为植物各部分组织不断地生长，生长过程中累积的绝对干重量统称为植物的生物量。森林的碳汇功能在很大程度上决定于森林生态系统的生物量和生产量。森林生物量是森林碳汇的主要载体，也是固碳能力的重要标志，作为评估森林碳收支的重要参数，是研究很多林业问题和生态问题的基础。

森林植物生物量包括林木的生物量（根、茎、叶、花果、种子和枯落物等的总重量）和林下植被层的生物量。从森林生态系统的层次结构组成，结合我国森林生物量调查方法，将植物生物量主要分为乔木层生物量、林下层生物量和枯落物生物量。其中，乔木层（含竹类）生物量包括地上和地下两个部分，分树干、树皮、树枝、树叶、种子（或花）、根系等器官分量；林下植被生物量指林下生长的灌木（含藤本）和草本的生物量，包括胸径小于调查起检要求（5cm）的幼小乔木；枯落物指矿质土层或有机土壤以上处于不同分解状态的所有枯死植物，包括凋落物、腐殖质及粗木质残体（枯立木、倒木、地表木质残体、死根和树桩）。对森林植物生物量的估测方法主要有单木模型法、材积转换法和遥感估算法。

7.3.1 单木模型法

单木模型法，是在研究区域内选取样木，伐倒后按器官称重，然后根据各器官生物量与测树因子（如胸径、树高）间的相关关系进行回归拟合，建立回归曲线方程（相对生长方程），以实测的胸径、树高，采用曲线方程推算林分的生物量，此方法也称为相对生长法。

在一定程度上，相对生长方程是描述生长过程的经验公式，但也是独一无二的并具有内在意义的模型，它能恰当地描述在大范围条件下，不同器官的生长关系。相对生长方程具有直接、明确、使用简单等特点，能充分利用当前我国森林资源清查的样地或小班的调查数据，简捷方便地估测调查范围内的森林植物生物量，在现代资源与生态监测以及相关碳汇研究工作中，具有较大的实用性和普遍性。

（1）乔木生物量模型

许多研究者利用多种模型来估计单木的生物量，模型形式主要有下列 3 种：

线性模型（加性误差）：

$$Y=\beta_0+\beta_1 X_1+\cdots+\beta_j X_j+\varepsilon \qquad (7\text{-}6)$$

非线性模型（加性误差）：

$$Y=\beta_0 X_1^{\beta_1} X_2^{\beta_2}\cdots X_j^{\beta_j}+\varepsilon \qquad (7\text{-}7)$$

非线性模型（乘性误差）：

$$Y=\beta_0 X_1^{\beta_1} X_2^{\beta_2}\cdots X_j^{\beta_j}\varepsilon \qquad (7\text{-}8)$$

式中：Y——生物量；

X_j——第 j 个变量；

β_j——第 j 个模型参数；

ε——误差项。

模型（7-6）通常使用最小二乘法的多元线性回归进行估算；模型（7-7）使用迭代参数估计法的非线性回归方程进行估算；模型（7-8）通常经过对数变换，转化为线性回归方程，形式如下：

$$\ln Y=\ln\beta_0+\beta_1\ln X_1+\cdots+\beta_j\ln X_j+\ln\varepsilon \qquad (7\text{-}9)$$

从 20 世纪 60 年代至今已发表的文献中可以发现，相对生长方程的拟合采用对数形式较多。其原因有两点：一方面对数转换后的数据容易进行统计处理；另一方面经对数转换后的数据能满足线性化的假设，可用线性模型理论估计生物量，使问题简化（胥辉等，2002）。常用的模型自变量或自变量形式有：胸径（D）、D_2、树高（H）、D_2H、材积（V），也有的模型加上树龄、树冠等变量。通过一定的扩展，描述林下植被的测定因子（基径、盖度、平均高）也已纳入建模的解释变量范围。

实际生产中，采用较多的回归关系式有：

$$W_i=aD_i^b \qquad (7\text{-}10)$$

$$W_i=a(D_i^2H_i)^b \qquad (7\text{-}11)$$

$$W_i=aD_i^bH_i^c \qquad (7\text{-}12)$$

$$W_i=aD_i^bH_i^cV_i \qquad (7\text{-}13)$$

式中：W_i——第 i 株林木生物量；

D_i——第 i 株林木胸径；

H_i——第 i 株林木树高；

V_i——第 i 株林木材积；

a、b、c——方程中的估计参数。

需要指出的是，单木生物量模型存在总量模型和5个分量模型，即各单木可研建单株总体、树干、树皮、树根、树枝和树叶等模型。并由此引发出相对生长模型理论上存在的疑点，即林木各部分生物量之和与整株生物量（总量模型）的关系问题。在以往生物量模型研究与应用中，各分量模型都是独立进行的，这种建模方式在生物量模型研建中导致各分量模型估计值之和不等于总量模型估计值，即各分量模型与总量模型不相容。为解决生物量模型相容性问题，唐守正、骆期邦（唐守正等，2000；骆期邦等，2001）等人作了大量的基础研究工作，提出了与材积兼容的生物量模型及估计方法，即非线性联合估计法，在相关区域得到了很好的试验，并取得了很高的精度。

目前已发表的单木模型大部分为描述乔木树种的生物量模型。对于森林生态系统而言，林下植物还存在一定的生物量比例，包括幼木、灌木和草本类（藤本）、枯落物等。因而从完整性地描述森林生态系统生物量的角度，林下植物生物量、凋落物生物量模型与单木生物量模型具有同等重要意义，因而应认真研究林下植物和凋落物生物量及其表达式。

（2）林下植物生物量

林下植物生物量的估测方法主要采用单株法或样方法，模型形式为相对生长方程式，林下植物高度 H、基径 DB、覆盖度 G 为自变量。

$$W = a \times DB^{b} \times H^{c} \times N \tag{7-14}$$

$$W = a \times DB^{b} \tag{7-15}$$

$$W = a \times G^{b} \times H^{c} \tag{7-16}$$

式中：W——植物生物量；

DB——下木基径；

H——下木高；

N——样方下木株数；

a、b、c——方程中的估计参数。

（3）枯落物生物量

枯落物是森林生态系统的重要组成部分。自20世纪60年代以来，国内外对森林枯落物的研究极为活跃。前期工作主要集中于枯落物的凋落量、分解速率、化学组分以及在物质循环中的作用；后期对枯落物的水文效益研究逐渐成为热点，但大多集中在对山地森林或防护林的研究，对城市森林群落枯落物的生态功能研究，特别是枯落物的碳功能涉及甚少。

对森林枯落物生物量的估测主要以单位面积法进行，单位面积枯落物重量与枯落物厚度呈现正相关。其模型形式如下：

$$W_i = a_i \times H_i \tag{7-17}$$

式中：W_i——第 i 种森林类型的枯落物重量；

H_i——第 i 种森林类型枯落物的样方平均厚度；

a_i——第 i 种森林类型枯落物模型参数（枯落物储量系数）。

（4）生物量估算式

在单木生物量模型方法基础上，森林生态系统生物量的计算方法如下：

$$W_{总} = W_{乔木} + W_{下木} + W_{灌木} + W_{草本} + W_{枯落物} \tag{7-18}$$

$$W_{乔木} = \sum_{i=1}^{m_1} a_{1i} d_i^{b_{1i}} h_i^{c_{1i}} v_i \tag{7-19}$$

$$W_{下木} = \sum_{i=1}^{m_2} a_{2i} db_i^{b_{2i}} h_i^{c_{2i}} \tag{7-20}$$

$$W_{灌木} = \sum_{i=1}^{m_3} a_{3i} db_i^{b_{3i}} h_i^{c_{3i}} \tag{7-21}$$

$$W_{灌木} = \frac{S}{Z} a_i G_i^{b_i} H_i^{c_i} \tag{7-22}$$

式中：m_1——样地内的乔木检尺株数；

d_i、h_i、v_i——样地内第 i 株样木的胸径、树高和材积；

a_{1i}、b_{1i}、c_{1i}——第 i 株样木对应树种生物量模型的参数；

m_2——样地内的下木株数；

db_i、h_i——第 i 株下木的基径和树高；

a_{2i}、b_{2i}、c_{2i}——第 i 株下木对应树种下木生物量模型的参数；

m_3——样地内的灌木株数；

db_i、h_i——第 i 株灌木的基径和树高；

a_{3i}、b_{3i}、c_{3i}——第 i 株灌木对应灌木种生物量模型的参数；

S——样地面积；

Z——建模的样方面积；

G_i、H_i——调查样方的草本覆盖度和平均高；

a_i、b_i、c_i——第 i 种草本对应的生物量模型参数。

因而根据（7-18）式，森林植物总生物量可以描述为：

$$W_{总}=\sum\left(\sum_{i=1}^{m_1}a_{1i}d_{i\ 1i}^{b}h_{i\ 1i}^{c}v_i+\sum_{i=1}^{m_2}a_{2i}db_i^{b_{2i}}h_i^{c_{2i}}+\sum_{i=1}^{m_3}a_{3i}db_i^{b_{3i}}h_i^{c_{3i}}+\frac{S}{Z}a_iG_{i\ i}^{b}H_{i\ i}^{c}+\frac{A_j}{n_j}\right) \quad (7\text{-}23)$$

$$W_{公顷}=\frac{W_{总}}{A} \quad (7\text{-}24)$$

式中：L——森林生态系统划分的森林类型个数；

A_j——第 j 个森林类型的森林面积；

n_j——第 j 个森林类型内的调查样地数；

A——研究区域森林总面积；

$W_{公顷}$——公顷植物生物量。

7.3.2 材积转换法

材积转换法是利用林分生物量与林分蓄积量之间的关系，推算森林植物生物量的方法。将依两者间的关系视为常数或函数关系，分为 2 种类型。

（1）转换因子常数法

生物量转换因子常数法是利用林分生物量与木材材积比值的平均值，乘以该森林类型的总蓄积量，得到该类型森林的总生物量的方法；或利用木材密度（一定鲜材积的烘干重），乘以总的蓄积量和总生物量与地上生物量的转换系数。在森林生物量的组成当中，树干（材积）只是其中的一部分，并且所占的比率因树种和立地条件不同而有很大的差异。因此，为了估算某一树种的生物量，还必须知道根、茎、枝、叶等部位的生物量。研究表明，树干的生物量与其他器官的生物量存在着很强的相关关系，用树干材积推算森林总生物量是可行的。

王效科等人（2001）提出了计算公式：

$$W=V\times D\times SB\times BT\times(1+TD) \quad (7\text{-}25)$$

式中：V——某一森林类型或省市的森林蓄积量；

D——树干密度；

SB——林木树干与乔木层生物量的比值；

BT——乔木层和群落总生物量（包括林下所有植物的生物量）的比值；

TD——地下部分生物量与地上部分生物量间的比值。

（2）转换因子连续函数法

生物量转换因子连续函数法是为克服生物量转换因子将生物量与蓄积量比值作为常数的不足而提出的。该方法是将单一不变的生物量平均转换因子改为分龄级的转换因子，更加准确地估算区域或国家的森林生物量。

方精云等（1998）基于收集到的全国各地生物量和蓄积量的 758 组研究数据，把中国森林类型分成 21 类，分别计算了每种森林类型的转换因子函数（BEF）与林分材积的关系：

$$BEF=a+b/v \quad (7\text{-}26)$$

式中：a、b——常数。

材积转换法将蓄积量转换为生物量，方法有效、可操作性强，成为近年来不同研究者研究区域生物量的主要流行方法。但该方法也存在不确定性。由于用于建立此模型、获得其参数的样地数量有限，而且不属于以某种方法抽样的样本，因而无法利用严格的数理统计方法对其参数的广泛代表性和稳定性进行分析。如何采用蓄积转换法将森林资源清查的蓄积量转化为生物量，是近年来的研究热点问题，尚需进一步从地域、树种上进行验证，全面系统地建立 B=f（V）关系，实现森林蓄积与材积的转换，提高材积转换法的实用性和有效性。

7.3.3 遥感估算法

主要是通过遥感技术和地理信息系统等先进手段

测定从林分到区域等不同空间尺度的森林生物量。植物的光合作用表现为对红光和蓝紫光的强烈吸收而使其反射光谱曲线在该部分波段呈波谷形态，因此植物的反射光谱特征反映了植物的叶绿素含量和生长状况。而植被的生物量是植被生长状况的直接反映，长势较好的植被固碳能力强，生物量大，而长势较差的植被固碳能力弱，生物量小。卫星遥感平台搭载的传感器可以接收地表植被发射的长波和短波辐射，植被的生物量信息都以光谱的形式被记录保存在卫星图片上。因此，通过对卫星图片进行信息提取，反推出地表植被生物量信息，这就是利用遥感估算植被生物量的最早思路。于是，许多生物量估算的统计模型相继出现。此类模型都有一个共同点，就是利用遥感数据提取出各种反应植被长势的生物量遥感因子，如归一化植被指数、缨帽变换绿度变量、叶面积指数等因子，与实测生物量值建立统计关系。随后，又出现将地形、气象等因子作为变量的综合因子估测模型。BP 神经元网络也被广泛应用于森林生物量的估算。

7.3.3.1 遥感模型分类

基于遥感技术的生物量模型主要包括以下 4 种：

(1) 经验模型

不涉及机理问题，是对观测数据进行经验性的统计描述或者是在对遥感信息参数和地面观测的森林生物量进行统计分析的基础上，建立两者的关系来估算生物量的一种模型。这类模型有线性、幂函数和对数等各种形式，而且自变量也各不相同。Dong 等（2003）利用 NOAA-VHRR 数据，建立了森林生物量与纬度间的拟合方程：

$$1/\text{Biomass} = a+b[(1/\text{NDVI})]/\text{Latitude}^2 - C \cdot \text{Latitude} \tag{7-29}$$

式中：Biomass——生物量；

NDVI——归一化植被指数；

Latitude——纬度。

郑光等（2006 年）利用 ETM+ 遥感影像，建立了实测叶面积指数（LAI）与实测生物量数据的回归关系：

$$\text{Biomass} = a \cdot \text{LAI} + b \cdot \text{AGE} + c \tag{7-30}$$

(2) 物理模型

为了克服经验模型的缺陷，许多学者提出了基于植被二向反射特性的物理模型，如考虑辐射传输的 3D 模型、几何光学的间隙率模型。由植被的结构特征和光谱特征计算植被 BRDF 是遥感的正向问题；由植被 BRDF 使用相应的计算方法生成植被结构称为反演问题。植被冠层的反演有 2 种方案：一是用多光谱信息反演即通过光谱变换得到各种植被系数，二是可通过多角度遥感信息进行反演。

(3) 半经验模型

综合了经验模型与物理模型的优点，通常使用的参数很少，但这些参数通常具有一定的物理学意义，例如 Roujean 模型、Verstraete 模型、Wanner 核驱动模型等，这种中和模型具有一定的应用前景。

(4) 机理模型

机理模型（或过程模型）是用以描述不同时空尺度下植被生长过程，如光合过程、呼吸作用、植物的分解与养分循环等，它是根据植物生理、生态学原理，通过对太阳能转化为化学能的过程和植物冠层蒸散与光合作用相伴随的植物体及土壤水分散失的过程进行模拟，从而实现对陆地植被生产力的估算。在这类模型中，不是仅对生物量作简单估算而是将其纳入全球变化和养分循环的模型之中，生物量只是模型输出量之一。代表性的有 CENTURY、CARAIB、TEM 等全球模型。这些模型的缺点是往往过于复杂，需要输入的变量较多。

与传统的生物量估算方法比较，遥感方法可快速、无损、相对准确地对生物量进行估算，对生态系统进行宏观监测。可以利用遥感的多时相特点定位分析同一样区一段时间后的干扰变化，使传统方法难以解决的问题变得轻而易举。其估算框架如图 7-2。

7.3.3.2 模型输入因子提取

模型输入因子的提取是森林植被生物量精确估算的关键，因此，森林公园进行总体规划时必须对森林植被进行调查。目前，模型输入因子主要是以遥感因

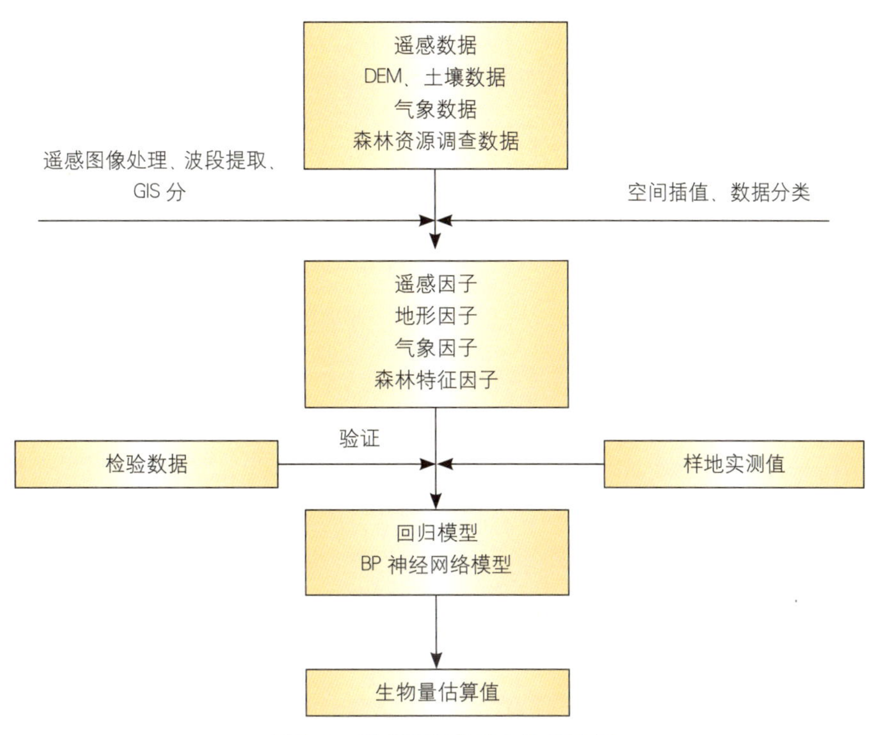

图7–2　遥感模型估算生物量流程

子为主，辅以气象、地形、森林特征等其他因子的综合因子。

（1）遥感因子提取

① 比值植被指数（RVI）。比值植被指数（RVI）是最早应用的植被指数，其表达式如下式：

$$RVI=\frac{DN_{nir}}{DN_{red}}或RVI=\frac{\rho_{nir}}{\rho_{red}} \tag{7-31}$$

式中，DN_{nir}、DN_{red} 和 ρ_{nir}、ρ_{red} 分别是近红外波段和红光波段的亮度值和反射率。

② 归一化植被指数（NDVI）。对于浓密植物，反射的红光辐射很小，RVI 将无界增长。需要将简单的比值植被指数进行非线性归一化处理，得到如下形式的“归一化差分植被指数”（NDVI），使其比值限定在 [-1，1] 范围内：

$$NDVI=\frac{DN_{nir}-DN_{red}}{DN_{nir}-DN_{red}}$$

或

$$NDVI=\frac{\rho_{nir}-\rho_{red}}{\rho_{nir}-\rho_{red}} \tag{7-32}$$

式中参数同式（7-31）。

在植被遥感中，NDVI 的应用最广泛。因为 NDVI 是植被生长状态及植被覆盖度的最佳指示因子，适用于全球或各大陆等大尺度植被动态监测等。

③其他植被指数。在因子转换过程中，所使用的植被指数还包括土壤调节植被指数、差值植被指数、垂直植被指数。

④缨帽变换。除了上述植被指数外，部分学者采用缨帽变换（KT 变换）技术提取的土壤亮度、绿度、湿度等遥感因子也是生物量估算模型中常用的自变量。缨帽变换是通过线性变换将多维光谱空间进行旋转，使植被、土壤信息投射到多维空间的一个平面上，在这个平面上植被生长状况的时间轨迹和土壤亮度值相互垂直。

⑤叶面积指数。叶面积指数（LAI）通常定义为单位面积上的叶面积投影。目前，最常用的叶面积定义规定，叶面积投影为总叶片表面积的一半，即“单边”叶面积指数。叶面积指数直接表征树木叶片能够接收到垂直太阳辐射的有效面积，直接反映树木进行光合作用的强弱。通常植被指数会随着植被覆盖度的增加而增加，但是这种变化是非线性的，当植被覆盖

度增加到某一特定值后，植被指数却没有明显变化，这种现象就是植被指数的“饱和”现象。因此，利用植被指数估算森林生物量在高植被覆盖时会估算值会偏低。尽管一般时候认为为 NDVI 和 LAI 为线性关系，但是显然在高植被覆盖时不会是线性关系，此时利用叶面积指数来表示植被生物量则更为客观。

(2) 其他辅助因子提取

① 地形因子。太阳辐射到地表的能量受到地形影响较大，地形相对平坦的区域对太阳辐射的反射较强，从而吸收的有效光合辐射也较高低起伏的区域小。因此，地形因子影响着植物长势，与森林生物量有着较密切的关系。

通常情况下，地表和大气温度随海拔升高而降低，平均每升高 100m，地表温度下降 0.8 ~ 0.9℃，气温降低 0.3 ~ 0.8℃。可见，海拔是对热量进行垂直分布的重要因素。部分城市森林公园是对城市中天然林区进行规划改造的，这就使得海拔可能会成为一个影响因此而存在。广州的帽峰山、白云山都具有一定的垂直跨度，海拔影响不可忽略。海拔因子通常可以由 DEM 获取，将 DEM 栅格影像重采样与遥感数据匹配的分辨率即可作为自变量输入模型。

坡度与坡向的计算稍微复杂，大体有四块法、空间矢量分析法、拟合平面法、拟合曲面法、直接解法等 5 种计算方法。研究表明，拟合曲面法是求解坡度的最佳方法。该方法是采用一定大小的窗口（3×3、5×5 等）对曲面进行分割，例如 3×3 窗口时，中心点的坡度计算如下式：

$$\text{SLOPE} = \arctan\sqrt{\text{SLOPE}_x^{\,2}+\text{SLOPE}_y^{\,2}} \qquad (7\text{-}33)$$

坡向的计算式：

$$\text{Aspect} = \arctan\frac{\text{SLOPE}_y}{\text{SLOPE}_x} \qquad (7\text{-}34)$$

式中：SLOPE_x 和 SLOPE_y 分别是 x 方向和 y 方向的坡度，分别是水平方向和垂直方向三次坡度值的平均值。

② 气象因子。气温、降水和太阳辐射是影响植被生长的重要因子，与植被生物量关系密切。气温、降水和太阳辐射等气象因子一般是通过连续观测得到长时间段的连续值，进而满足长期的实时生物量估测，掌握碳汇的及时动态状况。由于城市森林公园区域面积达不到气象观测的要求，因此需要在森林公园内分森林生态系统群落类型合理布置气象观测点，收集气象数据。采用空间差值方法得到空间可扩展的面状数据，重采样使其空间分辨率与遥感数据一致。

③ 森林特征因子。森林植被生物量还与立地质量、土壤厚度、林龄和植被种类等森林因子相关。立地质量评价指标多用立地指数来表示，立地指数是指该树种在一定基准年龄时的优势平均高或几株最高树木的平均高。在我国多采用地位级法来区分立地质量。它依据林分平均高与林分平均年龄的关系，将不同立地质量按相同年龄时林分平均高的变动幅度划分为若干个级数，将每一地位级所对应的各个年龄时的平均高列成表，称为地位级表。通过地位级表可以很方便快速地查找某一林分的地位级。

土壤厚度则与土壤有机质含量和土壤吸收或储存水分有关，将影响植物生长，从而影响植被生物量。植物生长满足“S”曲线，分幼龄、中龄、成熟阶段，不同的阶段生物量差别较明显。林龄则可以准确地反映森林植被处于何种生长阶段，有利于生物量的估算。种类不同的树种生长过程有差异，从而导致生物量的差异。森林公园通常树种较多，分布复杂，对生物量的估算产生重要影响。

以上森林因子都可以通过林业调查数据获取，地位级和土壤厚度一般较稳定，不随时间有较大变化，林龄和森林植被分布可根据不同时期的森林调查资料综合获取，可以满足实时估算生物量的要求。对每个森林因子数据都要进行空间扩展，获得和遥感因子数据分辨率相同的数据，一起参与估算。

7.3.3.3 遥感模型形式

(1) 逐步回归统计模型

设在研究区共有 n 个实测点，样地单位面积生物量观测值向量为，对应与生物量关系密切的各项因子组成的自变量空间维数为 m，其观测矩阵为 为系数向量，为随机误差项。于是可建立如下式的线性模型来估测生物量。

$$Y=\alpha_0+\alpha_1x_1+\alpha_2x_2+\cdots+\alpha_mx_m+\varepsilon \qquad (7\text{-}35)$$

相应的回归方程为：

$$E(Y|x=x_1,x=x_2,\cdots x=x_m)=\alpha_0+\alpha_1x_1+\alpha_2x_2+\cdots+\alpha_mx_m \qquad (7\text{-}36)$$

采用矩阵形式表示为：

$$Y=X\alpha+\varepsilon \qquad E(\varepsilon)=0$$

模型中的参数要满足以下几个条件：

（Ⅰ）$\varepsilon_{n\times1}\sim(0,\ \sigma^2I_{n\times n})$；（Ⅱ）var（$Y$）$\sim\sigma^2I$；（Ⅲ）cov（$\varepsilon_i$，$\varepsilon_i$）$=o_i\neq j$。则有下面结论：

$$E(Y)=X\alpha \qquad \mathrm{var}=\sigma^2I$$

这里需要指出的是，自变量个数的多少可根据实际所掌握资料灵活确定，尽可能提取出各种有效因子，因缺少资料而无法提取的因子则可以不提取。这就使得模型的应用不会受到掌握资料的限制，只需要遥感因子即可运用模型估算出森林生物量，当然，提供的自变量越多，越能选择出关系密切的自变量参与估算，会提高估算的精度。

（2）*神经元网络估测模型*

人工神经元网络（artificial neural network，ANN）是模拟生物神经网络功能的一种经验模型，由于其非线性、自适应性以及处理复杂系统的能力，已经广泛应用于模式识别和复杂控制等领域。ANN通常由输入层、隐含层和输出层组成，各层相互连接，每个神经元有多个输入，信息由输入层经过隐含层向输出层传递。D.E.Runmehart和J.L.Mcclelland等首次提出了多层前馈网络的反向传播算法（Back Propagation），简称BP神经元网络。每个神经元有R个输入，每个输入都通过一个适当的权值与下一层相连，网络输入可表示成：

$$A=f(\omega\times r,\ \alpha) \qquad (7\text{-}37)$$

式中：r为输入，阈值。BP网络传递函数均是可微的单调递增函数，通常采用sigmoid型函数，如logsig函数或tansig函数。有关BP神经元网络的具体介绍请参阅有关文献。

利用BP神经网络估算森林植被生物量的流程为：

① 通过不断实现测试，选择适合的网络模型初始参数，包括隐含层数的确定、隐含层节点数的确定、初始权重ω的确定及网络训练策略的选择等。以提取的各因子组成模型自变量向量作为BP神经网络的输入R，即$R==X_{m\times1}$，X为自变量因子，m为自变量个数，$X_{m\times1}$为自变量向量。

② 计算网络各层输出矢量和误差E。

③ 计算各层反传的误差变化并计算各层权值的修正值和新权值。

④ 再次计算权值修正后的误差平方和SSE。

⑤ 检查SSE是否小于期望误差最小值，若是，训练结束，否则转至②继续训练。

经过上述有限次训练，最后的输出就是模型估计的植被生物量值。其中SSE是决定训练是否结束的关键，它的计算公式为：

$$F=\mathrm{sse}=\sum_{i=1}^{N}\varepsilon_i^2=\frac{1}{N}\sum_{i=1}^{N}(Y_i-A_i)^2 \qquad (7\text{-}38)$$

式中：ε_i、Y_i和A_i分别为第i个样本的训练误差、目标输出和网络输出。

（3）*模型估测验证*

利用遥感模型进行森林生物量估算时，需要对模型估算结果进行验证，检验估算模型的可靠性。模型检验的一般方法是选择一定数量的未参与模型运算的检验数据与模型估算结果进行误差分析。对于n组实测值，通常选取p组实测值作为检验数据，余下的$n-p$组实测值参与模型的运算。然后比较运用模型估算的结果与检验数据的相对误差，从而了解模型的估算可靠程度。在回归模型中，利用回归后的生物量计算表达式计算出检验数据对应位置的生物量，计算其与实测值的误差。对于BP神经元网络模型，则是在网络完成训练输出结果后，利用网络sim仿真函数将剩余的p组检验数据输入网络，得出模型的反演结果，再与实测值进行比较，检验模型的精度。

7.4 城市森林公园植物含碳率

植物含碳率的数值大小是引起碳储量估算差异不容忽视的因素，由于植物既有低碳组织，又有高碳组织，部分学者对某些森林群落组成树种的碳含量进行了大量的直接测定，也有学者根据不同树种的化学组成及化学成分的分子式来确定不同树种的含碳率。因而含碳率的确定主要有 3 种方法。

7.4.1 常数值法

为简化计算，国际上常用的植物含碳率为 0.45 或 0.50，我国部分学者也采用 0.45（周玉荣等，2000）或 0.50（方精云等，2000），也有部分学者采用 0.44（林俊钦等，2004）。

7.4.2 直接测定法

此方法主要通过伐取各树种标准木，收集干（去皮）、干皮、枝、叶、根等样品，粉碎烘干，采用实验方法进行直接测定植物含碳率。较多学者针对不同地区或不同树种的含碳率做了大量的测定研究工作（附表 7-A ～附表 7-C），为森林生态系统的碳汇研究提供了直接的计量依据。木质样品中测定方法主要分为两种，即湿烧法与干烧法，湿烧法的误差一般为 ±2% ～ ±4%，干烧法的误差不超过 ±0.3%。干烧法采用有机元素分析仪进行样品分析，湿烧法采用重铬酸钾—硫酸氧化法进行样品分析，每次测 2 ～ 3 个平行样，测定结果取平均值。

2007 年，国家林业局启动了国家森林资源与生态状况综合监测广东试点项目，完成了主要植物种固碳参数的实验测定，测得了乔木 8 种、竹类 2 种、下木 3 种、灌木 4 种、草本 5 种的不同器官部位的含碳率和主要乔木植物枯落物含碳率（表 7-1 至表 7-3），为广东省森林资源碳汇监测和城市森林公园的碳汇能力估测提供了具体的计量依据。

7.4.3 分子式法

纤维素化学结构的实验分子式为（$C_6H_{10}O_5$）$_n$（n 为聚合度）。不论来源于何种植物，纤维素都具有同

表7–1　广东省主要乔木树种植物器官含碳率

树种	干	皮	枝	叶	根	平均
马尾松	0.5358	0.5646	0.5447	0.5756	0.5356	0.5513
杉木	0.5564	0.5533	0.5567	0.5612	0.5452	0.5545
湿地松	0.5559	0.5843	0.5723	0.5840	0.5532	0.5700
速生相思	0.5232	0.5622	0.5303	0.5644	0.5258	0.5412
桉树	0.5296	0.4413	0.5204	0.5638	0.5170	0.5144
藜蒴	0.5148	0.5156	0.5157	0.5608	0.5064	0.5227
硬阔	0.5201	0.5207	0.5195	0.5451	0.5136	0.5238
软阔	0.5176	0.5257	0.5212	0.5414	0.5101	0.5232
杂竹	0.5128		0.5046	0.4535	0.3819	0.4632
毛竹	0.5230		0.5245	0.4871	0.5038	0.5096

表7-2　广东省主要下木灌草植物器官碳含量

植物种类	植物种名	干	枝	叶	根	平均
下木	杉类	0.5174	0.5078	0.4923	0.5005	
下木	松类	0.5117	0.5163	0.4987	0.4981	
下木	阔叶类	0.4962	0.4936	0.4845	0.4752	
灌木	桃金娘			0.4805	0.4765	0.4785
灌木	岗松			0.4900	0.4922	0.4911
灌木	竹灌			0.4605	0.4877	0.4741
灌木	其他灌木			0.4890	0.4814	0.4852
草本	芒萁					0.4691
草本	蕨类					0.3973
草本	大芒					0.4736
草本	小芒					0.4527
草本	其他草类					0.4113

表7-3　广东省主要优势种枯落物储量参数与含碳系数

优势树种组	枯落物储量参数La（t/hm²）	含碳率Lc
杉　木	2.0222	0.6063
马尾松	2.1965	0.5797
湿地松	1.8653	0.6191
针叶混	1.9859	0.5457
桉　树	1.3021	0.5621
藜　蒴	0.6842	0.5575
速生相思	3.4054	0.6809
软　阔	1.6069	0.5609
硬　阔	1.1468	0.5032
针阔混	1.2262	0.5597
阔叶混	1.4339	0.5497
毛　竹	1.2982	0.4635
杂　竹	1.1394	0.4433

样的化学结构。半纤维素分子式为（$C_5H_8O_4$）$_n$，可用水或碱液直接从木材或从纤维素中提取。木质素在木材中的含量为 20% ~ 40%。木质素的结构单元是苯丙烷，同时确认了在苯环上具有甲氧基存在。作为木质素的主体结构，以苯丙烷为结构主体，共有 3 种基本结构（非缩合型结构），即愈创木基结构、紫丁香基结构和对羟苯基结构。不同树种的木质素的结构单元也不相同，如针叶树木质素以愈创木基结构单元为主，紫丁香基结构单元和对羟基结构单元很少或没有。因此，由树木得到的能量和化学产品都来自树木的组成物质，主要是形成木材的细胞壁的结构成分：纤维素、半纤维素和木质素。根据纤维素、半纤维素的分子式，以及分子式中各种元素的原子量、含有原子的个数，可以得到碳元素占纤维素重量的 44.4%，占半纤维素重量的 45.5%。根据木质素结构单元的不同，碳元素在分子中的含量分别为 82.2%（愈创基结构）、70.6%（紫丁香基结构）、86.4%（对羟苯基结构）。文中的木质素中的碳元素比重按愈创基中的碳元素比重计量。不同树种中，根据纤维素、半纤维素、木质素的含量，以及纤维素、半纤维素和木质素中碳元素所占比重，就可以得到不同树种的含碳率：

含碳率 = 纤维素含量 ×44.4%+ 半纤维素含量 ×45.5%+ 木质素含量 ×82.2% （7-39）

针叶混的含碳量取针叶树种含碳量均值，针阔混的含碳量取针叶树种和阔叶树种的均值，软阔类含碳量取杨树含碳量值，阔叶混的含碳量取阔叶树种含碳量均值（顾凯平，2008）。主要树种计算的含碳率列入附表 7-c。

7.5 城市森林公园温湿效应

1833 年，英国化学家 Lake Howard 在对伦敦城区和郊区的气温进行同时间的对比观测后，首次发现了城区气温比其四周郊区气温高的现象。这是人类首次有目的、有文字记载研究城市热岛效应这一特殊气候现象的开始，也是人类首次关注和研究城市这一特殊气候特征的开端。现在普遍认为，城市热岛是指城区气温高、郊区气温低的现象。在气象学近地面大气等温线图上，郊外的广阔地区气温变化很小，而城区则是一个明显的高温区，如同突出海面的岛屿，由于这种岛屿代表着高温的城市区域，所以就被形象地称为城市热岛。

“城市热岛”产生的原因主要有三个：一是温室气体二氧化碳浓度高；二是城市的下垫面性质特殊，以沥青、混凝土和各种建筑材料为主；三是工业生产、交通工具、人们生活等产生的废热。在夏季，绿色植物可以阻挡阳光，降低气温。据有关测算，14：00 即一天中的最高温出现时，裸土表面温度比气温高 6℃，水泥路面比气温高 9℃，沥青路面比气温高 20℃，而植物叶面温度仅比气温高 1℃。而且，高大乔木树荫下水泥路面温度与气温相当，树荫下气温比日晒条件下气温低 2 ~ 5℃。藤本植物也具有相当的降温作用，有爬墙虎覆盖的墙面，比裸露的墙面的温度要低 5℃。其次，通过蒸腾作用，吸收热量，调节城市空气温度。在夏季，绿化地区内气温较非绿化地区气温低 3 ~ 5℃，比建筑物地区低 10℃左右。相关研究表明，绿地面积每增加 1%，城市气温可降低 0.1℃。专家们忠告：全面给城市降温的最好办法就是多植树造林，建设城市森林。

7.5.1 森林降温增湿

（1）森林消光系数

森林降温主要由于森林层林冠的阻挡，林内获得太阳辐射能较少；空气湿度大，日间林外热空气不易传导到林内。森林林冠的阻挡能力可以用消光系数来表示。消光系数反映在给定的 LAI 下，光合有效辐射 PAR 在各层的削减程度。群落的消光系数与叶面积指数消光系数反映在给定的叶面积指数（LAI）下，光合有效辐射（PAR）在各层的削减程度。并非所有的入射太阳辐射都用于光合作用和生物量生产，用于光合作用的那一部分电磁辐射（400 ~ 700nm）被称之为光合有效辐射。PAR 约占太阳总辐射（直接辐射加散射辐射）的 50%，它随昼夜及季节的变化很小，其中植被冠层光合有效辐射（APAR）与 PAR 的比例为 FPAR，它取决于植被类型和植被覆盖状况。而叶面积指数是决定效应强弱的关键。具有一定规模的绿地内部温度日均降幅可达2℃，湿度增加4%左右。

植被的消光量以 $I_d = I_0 \times e\ (-K \times LAI_d)$ 计算。其中 I_d 是在植被中 d 处（从植被顶到 d 点的距离）的光照强度；I_0 是植被之上的光照强度；K 是消光系数；LAI_d 是积累的叶面积指数（从植被顶端开始测量）。

（2）森林蒸腾耗热

森林降温增湿效应主要由于植物的蒸腾机理，是植物从根部吸收水分通过叶面气孔的相变过程。蒸腾量的多少不仅受植物本身生理特性制约，而且受环境温度、湿度、叶面积、土壤温度、蒸腾时间等多种因素的制约。不同地区、树种之间差别很大，对于宏观的研究一般取其平均值。

① 森林植物的蒸腾强度。蒸腾强度采用公式计算，即：

$$E_m = E_0 \cdot LAI \tag{7-40}$$

式中：E_0——叶片的蒸腾强度〔g/（m²·h)〕；

LAI——叶面积指数（m²/ m²）。

② 森林的降温效应能力。蒸腾降温作用用公式测算，即：

$$\triangle T = Q/\rho c \tag{7-41}$$

式中：Q——植物蒸腾使其周围单位体积空气损失的热量（J/ m³·h）；

ρc——空气的容积热容量，其值为1256J/(m³·h)。

广东森林植物蒸腾耗热量 Q 的计算方法为：

$$Q = (L \times E_m)/1000 \tag{7-42}$$

$$L = 597 - 5/9 \times T \tag{7-43}$$

式中：T——叶面温度（℃）（假定取平均值32℃），597为0℃时的蒸发潜热(cal)（1 cal=4.18685J）；

L——为蒸发潜热[在温度 T 时，使1g水气化所需要吸收的热量(cal)]。

故 L=2425.1J/（g·℃）。

假定森林蒸腾强度为 E_m=682.12g/ (m²·h)，则蒸腾耗热量为：

$$Q = \frac{2425.1 \times 682.12}{1000} = 1654.21[\text{J}/(\text{m}^3 \cdot \text{h}) \cdot ℃]$$

则蒸腾降温增湿作用测算公式为：

$$\Delta T = \frac{Q}{\rho c}$$

ρc 为空气的容积热容量，取值为1256J/（m³·h）。

那么

$$\triangle T = 1654.21[\text{J}/(\text{m}^3 \cdot \text{h})]/1256[\text{J}/(\text{m}^3 \cdot \text{h})] = 1.3℃$$

上述测算结果表明，利用树冠单位面积的蒸腾量 E_m 计算出来的蒸腾作用，使周围大气降温增湿的数值是明显的。

热岛效应主要表现在局部温度高于周边温度，所以温度是热岛效应评价中的一个很重要的指标。而湿度与温度有着非常大的相关性，湿度的变化会引起温度在一个较大的区间内变动。因此，选取温度、湿度作为评价热岛效应强弱的因子。以下列公式计算城市绿地对热岛效应的减弱作用。

$$\text{温度变化指数}(\%) = (T_0 - T)\ T_0 \times 100\% \tag{7-44}$$

式中：T_0——非林区或非绿地平均温度；

T——林区或绿地区的平均温度。

$$\text{湿度变化指数}(\%) = (S - S_0)/S_0 \times 100\% \tag{7-45}$$

式中：S_0——非林区或非绿地平均湿度；

S——林区或绿地的平均湿度。

不同结构的绿地，热岛效应减弱的程度有所不同。乔木林的温度变化指数高达6.34，草地的温度变化指数仅为4.49，复合绿地为5.33。乔木林的湿度变化指数为11.64，草地和复合绿地则分别为8.87和9.59。无论是温度变化指数，还是湿度变化指数，乔木林＞复合绿地＞草地。绿地面积与温度变化指数和湿度变化指数都呈正相关，面积越大，变化指数越大。绿地面积与温度变化指数和湿度变化指数之间均为线性关系（王娟等，2006）。

另外，城市森林公园的遮阴、降温增湿等小气候效应在一定程度上延长了居民夏季户外活动时间，因而可以间接减少外来能量的需要和消耗，从另一个途径来缓解城市的热岛效应。

7.5.2 森林植物储能

植物光合作用固定的太阳能除被呼吸作用消耗外，其余部分以有机物形式积累后为植物生长提供生物化学能。该化学能量以热值来表示，即单位干物质所含的能量（kJ/g）。它比植物有机物更能直观反映植物对太阳能的固定和转化效率，是评价植物太阳能累积和化学能转化效率高低的重要指标之一。

国外对植物热值的研究已有几十年历史，中外学者借助热值指标研究生态系统物质循环和能量转化规律日趋广泛。在研究森林生态系统结构与功能方面，热值研究价值甚至优于群落生物量。将热值与干物质产量相结合可以有效地评价森林生态系统的初级生产力，热值已成为评价森林生态系统能量流及其对太阳能固定和累积效率的重要参数。我国对植物热值的研究始于20世纪80年代，研究对象涉及农作物如水稻、大豆和森林木本植物。随着生态系统功能过程研究的深入，植物热值尤其是森林植物热值越来越受到关注。

计算森林植物储能量的公式：

$$J=\sum_{i=1}^{n} Q_i W_i \tag{7-46}$$

式中：J——森林植物储能量（MJ）；

Q_i——某种森林植物每吨生物量热值（kJ/t），参见附表7-D至附表7-F；

W_i——某种森林植物生物量（t）。

热值的测定常采用氧弹法，其原理是将定量的试样在充氧的弹筒中燃烧，用燃烧后的水温升高计算试样发热量。热值分干质量热值和去灰分热值两种，其中干质量热值可用于生物量与能量之间的转化。由于种间各组分的灰分含量不同，为更全面地分析不同类群和生境中植物各组分的能量，应排除灰分，以获得更准确的单位干物质所含能量。

$$去灰分热值=干质量热值/（1-灰分含量） \tag{7-47}$$

植物体器官间热值存在差异，一般来说，各器官热值大小顺序为叶>枝>干>根，也有部分树种具体顺序略有不同。从植物解剖学和植物生理学角度看，叶是植物体生理活动最活跃的器官，含有较多的高能化合物如蛋白质和脂肪等物质，另外它自身还能合成高能有机物，因此，叶的干重热值一般较高。而根、干、枝均为支持器官，含纤维素成分多，故热值相对较低。其中根距离叶片最远，又主要担负吸收矿质营养和水分的功能，因而根的热值最低。另外，各器官热值大小除与各自有机成分相关外，还与营养物质的运输过程关系密切。光合器官合成有机物，沿枝送入茎干中，最后才流入根中。

7.6 研究应用实例——东莞市大岭山森林公园

东莞市大岭山森林公园位于东莞市南部，珠江口的东北部。地理坐标东经113°42′至114°28′，北纬22°50′至22°53′，总面积74.0km²。属南亚热带季风气候，全年暖热，植物种类较丰富，有维管植物105科247属346种，其中蕨类4科，4属6种；裸子植物5科，7属9种；被子植物86科，236属，331种。原生植被为南亚热带季风常绿阔叶林，由于长期的人为干扰和自然演替，现主要为南亚热带次生植被和人工植被，常见桉树、荷木、马尾松、南洋楹、杉木、湿地松、速生相思、荔枝等。现有林地面积6599.87hm²，其中乔木林4116.67hm²，经济林1562.51hm²，竹林1.32hm²，灌木林地703.07hm²。

7.6.1 森林植物生物量调查方法

（1）样地设置

在林地内，根据估测总体的大小，按调查精度要求（蓄积90%以上），采用随机布点、系统抽样或分层抽样方法布设符合样地数量要求的样地，作为植物生物量调查样地，样地方形，面积为667 m²，边长25.82 m。

以样地的西南角为起点，各边（边长均为

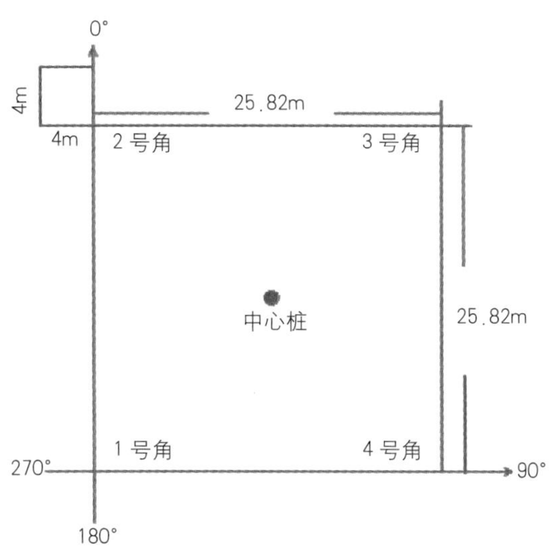

图7—3 样地设置

25.82m）的方位角分别为 0°（1-2）、90°（2-3）、180°（3-4）、270°（4-1），用罗盘仪测角，皮尺量距，各方位角设置识别复位标志，样地周界测量闭合差不得大于 1/200。并从 1 号角点（西南角）取方位角 45°，距离 18.26m，测出样地中心点。样地周界测量记录填于"样地周界测量记录表"。

在样地西北角正西、正北方向设一个 4m×4m 的样方，作为林下植被生物量调查样方。

（2）植物生物量调查方法

植物生物量包括乔木层、下木层及灌木层（含藤本）和草本层等四部分生物量。

乔木层：在样地内，根据乔木的大小分布，按一定顺序对达到检尺胸径（5 cm 以上）的林木逐一测量胸径，并调查树种名、树高，并测定其与样地中心点的方位和距离，以便复查时的定位。胸径检尺位置为树干距上坡根颈 1.3m 高度处，精确到 0.1cm；内业利用胸径、树高等因子，采用模型对生物量进行计算。

下木层：下木指胸径 5cm 以下的乔木幼树（含不够的检尺的幼林及未成林地）。在设置的林下植被样方内，分别按松类、杉类、阔叶类调查记录下木种名、平均树高、平均地径、样方株数，内业利用相应模型计算其生物量。

灌木层（含藤本）：在设置的林下植被样方内，调查确定灌木优势种类、盖度、平均高。灌木优势种类按桃金娘、岗松、竹灌、其他灌木等种类分别记载。内业利用相应模型计算其生物量。

草本层：在设置的林下植被样方内，调查确定草本的优势种类、盖度、平均高。草本优势种类按芒箕、蕨类、大芒、小芒、杂草等种类分别记载。内业利用相应模型计算其生物量。

（3）植物生物量复位调查

为研究估测植物生物量的年度变化或动态变化，常采用资源监测的方法开展生物量调查样地的复位调查。为保证数据的连续性和可比性，复位调查要求进行样地复位、样方复位和样木复位，调查方法与技术标准需与前期调查方法标准保持一致。

7.6.2 森林植物生物量估算

本研究采用单木生物量模型（广东省林业调查规划院多年的连续清查和科研试验成果）、材积转换因子连续函数法分别计算该森林公园的植物生物量。数据来源于 2008 年的森林资源调查资料。因缺少遥感数据，未采用遥感模型法进行对比分析。

（1）单木模型法

① 模型形式：

乔木层分器官部位：$W=a\times D^{b}\times H^{c}\times V$

下木层：$W=a\times DB^{b}\times H^{c}\times N$

灌木层：$W=a\times G^{b}\times H^{c}$

草本层：$W=a\times G^{b}\times H^{c}$

式中：W——公顷生物量（t）；

H——平均高（m）；

D——平均胸径（cm）；

V——公顷蓄积量（m^3）；

DB——平均地径（cm）；

N——公顷株数（株）；

G——平均盖度；

a、b、c——模型参数，乔木类参数见表 7-4 和表 7-5，下木层、灌木层和草本层生物量模型参数见表 7-6。

② 模型参数。

③ 竹类。竹类生物量的计算方法与乔木层生物量

表7-4 广东主要乔木树种干部和枝部生物量模型参数

树种组	干			枝		
	a	b	c	a	b	c
杉木	0.34015	−0.39239	0.40890	0.27140	1.07261	−1.69157
马尾松	0.29289	0.14621	0.0089524	0.12532	0	0
湿地松	0.20011	0.173698	0.086849	0.019166	0.62501	0
桉树	0.23719	0.31557	−0.022517	0.090123	−0.30267	0.019109
阔叶树	0.29700	0.21272	0.046734	0.54541	−0.27401	−0.16565

表7-5 广东主要乔木树种叶部和根部生物量模型参数

树种组	叶			根		
	a	b	c	a	b	c
杉木	0.510239	0.69072	−1.71327	0.46493	−0.32802	−0.28171
马尾松	0.079612	−0.35263	0.015724	0.48437	−0.62207	0.029132
湿地松	0.57342	−0.59891	0	0.46493	−0.61082	0
桉树	0.052637	−0.21666	0.014372	0.15553	−0.09897	0.0073208
阔叶树	0.22526	−0.38874	−0.21925	0.82032	−0.39686	−0.22275

表7-6 广东主要林下植被种生物量模型参数

植被类型	植物种	a	b	c
下木层	杉木类	0.000078366	1.7218	0.42311
	松木类	0.0000591648	1.7444	0.60238
	阔叶类	0.0000645384	2.12837	0.32853
灌木层	桃金娘	0.844764	0.57041	0.91788
	岗　松	0.20784	0.78701	0.55053
	竹　灌	0.0538344	1.18518	0.33621
	杂　灌	0.056928	1.25437	0.662068
草本层	芒箕	0.00541224	1.67967	0.56081
	蕨类	0.40302	0.501788	0.223902
	小芒	1.81704	0.23427	1.26045
	杂草	4.16892	0	0.91037

的计算方法类似。

干 $W=0.001\times N\times e^{3.27482-9.6724/D}$

枝 $W=0.001\times N/(0.685+12.8983\times e^{-D})$

叶 $W=0.001\times N/(1.056+48.5609\times e^{-D})$

根 $W=0.001\times N/(0.462+12.8510\times e^{-D})$

式中：W——公顷生物量（t）；

D——平均胸径（cm）；

N——公顷株数（株）；

e——自然对数底，取值 2.71828。

（2）材积转换因子连续函数法

根据大岭山森林公园的树种组成结构，选用 $B=aV+b$ 连续函数法计算林分生物量，其中，a、b 为参数列入表 7-7。

竹林以 47.86t/hm² 计算，经济林树种采用平均生物量 23.7t/hm² 计算，疏林和灌木林平均生物量值 19.76t/hm² 计算，利用乔木林（不含经济林）的总生物量与总蓄积比值与散生木、四旁树总蓄积乘积来计算其生物量。其公式如下：

表7–7　森林生物量与蓄积量转换模型参数

树种	参数 a	参数 b	资料来源
桉树	0.8873	4.5539	(8)
荷木	0.7564	8.3103	(8)
阔叶混	0.7437	30.5245	(9)
马尾松	0.6876	15.4263	(9)
南洋楹	0.8873	4.5539	(8)
杉木	0.4459	22.575	(8)
湿地松	0.5894	24.5151	(8)
速生相思	0.4754	30.6034	(8)
软阔类	0.4754	30.6034	(8)
硬阔类	0.7564	8.3103	(8)
针阔混	0.742	15.1333	(9)
针叶混	0.5894	24.5151	(15)

表7–8　东莞大岭山城市森林公园植物生物量

地类	面积（hm²）	蓄积（m³）	单木模型法（t）		连续函数法（t）	
			总生物量	公顷生物量	总生物量	公顷生物量
合计	6599.87	232224.11	310137.46	46.99	296645.73	44.95
乔木林	4116.67	231763.89	286745.35	69.65	240905.77	58.52
经济林	1562.51	39.74	6946.52	4.45	37031.58	23.70
竹林	1.32	3.00	71.35	53.87	63.39	47.86
其他灌木地	703.07	195.00	15342.00	21.82	13892.74	19.76
疏林地	11.81	203.48	190.89	16.16	233.37	19.76
苗圃	1.63	5.00	4.19	2.57	32.18	19.76
人工未成地	86.74	14.00	663.55	7.65	1713.97	19.76
暂难利用地	116.11		173.62	1.50	2294.35	19.76
散生木蓄积		460.22			478.37	

表7-9 东莞大岭山城市森林公园乔木林植物生物量

地类	面积（hm²）	蓄积（m³）	公顷蓄积量（m³/hm²）	公顷生物量（t）	
				单木模型法	连续函数法
合计	4116.67	231763.89	56.3	69.65	58.52
桉树	714.16	58358.27	81.72	67.83	79.21
荷木	58.78	7495.17	127.51	174	106.91
阔叶混	374.1	15987.94	42.74	59.77	64.46
马尾松	372.38	13735.48	36.89	35.63	51.82
南洋楹	17.4	2245.11	129.03	178.93	121.22
杉木	102.58	6884.1	67.11	50.45	63.53
湿地松	16.34	909.38	55.65	47.27	68.34
速生相思	1568.62	117879.09	75.15	108.57	68.48
软阔类	21.25	390.35	18.37	36.42	41.49
硬阔类	774.63	773.65	1	7.77	11.22
针阔混	52.09	3998.52	76.76	73.53	86.51
针叶混	44.34	3106.83	70.07	55.43	76.85

$$B_{散生木}=\frac{B_{乔木林}}{V_{乔木林}}V_{散生木} \qquad (7\text{-}48)$$

（3）估算结果

表 7-8 和表 7-9 是采用单木模型法和连续函数法估算的森林植物生物量。其中，2 种方法计算的公园植物生物量总量为29.66万t、31.01万t，两值十分接近，但乔木林公顷生物量存在一定的差异，单木模型法计算结果 69.65 t/hm² 要大于连续函数法的 58.52 t/hm²。

7.6.3 森林植物碳储量估算

为便于计算和不同地区的比较分析，本书采用 0.5 作为植物碳储量的计量参数。表 7-10 列出了东莞城市森林公园 2008 年的碳储量及碳密度，其中生物量的数值采用单木模型法的计算结果。

因缺少森林公园枯落物和林地土壤调查资料，本部分碳储量未纳入计算范畴。

7.6.4 森林植物碳汇量估算

为研究该森林公园的碳汇能力，选择 2005 年二类调查本底数值作为基础，计算得出该森林公园的碳储量与碳密度变化情况结果，见表 7-11。东莞大岭山城市森林公园年均储碳 8535.32t（折算成年净吸收二氧化碳 31296.28t），碳密度年均增加 1.28t/hm²，年均净增率为 5.94%。其中，乔木林年均储碳 8244.78t，碳密度年均增加 1.93t/hm²（每公顷森林年均净吸收二氧化碳 7.08t），年均净增率为 6.05%。

7.6.5 森林植物储能量估算

采用附表 7-D 至附表 7-F 中的部分植物种热值参数计算东莞大岭山森林公园的植物储能量，其结果见表 7-12。结果表明，该森林公园 2008 年森林植物储能总量 5772.08×10⁶MJ，平均每年增长 317.59×10⁶MJ；每公顷森林储能量平均为 876.21×10³MJ，每年增长 48.21×10³MJ。

表7-10　东莞大岭山城市森林公园森林植物碳储量与碳密度

地类		总生物量（t）	公顷生物量（t/hm^2）	碳储量（t）	碳密度（t/hm^2）
合计		310137.46	46.99	155068.73	23.50
乔木林	小计	286745.35	69.65	143372.68	34.83
	桉树	48441.47	67.83	24220.74	33.92
	荷木	10227.72	174.00	5113.86	87.00
	阔叶混	22359.96	59.77	11179.98	29.89
	马尾松	13267.90	35.63	6633.95	17.82
	南洋楹	3113.38	178.93	1556.69	89.47
	杉木	5175.16	50.45	2587.58	25.23
	湿地松	772.39	47.27	386.20	23.64
	速生相思	170305.07	108.57	85152.54	54.29
	软阔类	773.93	36.42	386.96	18.21
	硬阔类	6018.88	7.77	3009.44	3.89
	针阔混	3830.18	73.53	1915.09	36.77
	针叶混	2457.77	55.43	1228.88	27.72
经济林		6946.52	4.45	3473.26	2.23
竹林		71.35	53.87	35.68	26.94
其他灌木		15342.00	21.82	7671.00	10.91
疏林		190.89	16.16	95.45	8.08
苗圃		4.19	2.57	2.10	1.29
人工未成		663.55	7.65	331.78	3.83
暂难利用		173.62	1.50	86.81	0.75

表7-11 东莞大岭山城市森林公园碳汇能力

变化值		2005 年		2008 年		年碳汇能力		
地类		碳储量（t）	碳密度（t/hm^2）	碳储量（t）	碳密度（t/hm^2）	碳储增量（t）	碳密度增量（t/hm^2）	增长率(%)
合计		129462.77	19.65	155068.73	23.50	8535.32	1.28	5.94
乔木林	小计	118638.33	29.04	143372.68	34.83	8244.78	1.93	6.05
	桉树	18137.72	25.40	24220.74	33.92	2027.67	2.84	9.58
	荷木	4357.20	74.13	5113.86	87.00	252.22	4.29	5.33
	阔叶混	9347.75	25.52	11179.98	29.89	610.74	1.46	5.25
	马尾松	5475.34	15.00	6633.95	17.82	386.20	0.94	5.73
	南洋楹	1326.04	76.23	1556.69	89.47	76.88	4.41	5.33
	杉木	2205.26	21.49	2587.58	25.23	127.44	1.25	5.34
	湿地松	327.10	20.14	386.20	23.64	19.70	1.17	5.32
	速生相思	71908.97	46.18	85152.54	54.29	4414.52	2.70	5.38
	软阔类	305.22	15.42	386.96	18.21	27.25	0.93	5.53
	硬阔类	2555.03	3.31	3009.44	3.89	151.47	0.19	5.33
	针阔混	1645.81	31.02	1915.09	36.77	89.76	1.92	5.66
	针叶混	1046.90	23.61	1228.88	27.72	60.66	1.37	5.33
经济林		3255.48	2.05	3473.26	2.23	72.59	0.06	2.73
竹林		30.27	22.85	35.68	26.94	1.80	1.36	5.47
灌木林		7066.60	10.03	7671.00	10.91	201.47	0.29	2.79
疏林		87.00	7.44	95.45	8.08	2.82	0.21	2.74
苗圃		2.37	1.21	2.10	1.29	−0.09	0.03	2.25
人工未成		306.98	3.55	331.78	3.83	8.27	0.09	2.54
暂难利用		75.74	0.68	86.81	0.75	3.69	0.02	3.37

表7-12　东莞大岭山城市森林公园森林植物储能量

地类		热值 (KJ/g)	2005年		2008年		储能量年度变化 (10^6MJ)	公顷森林储能量年度变化（10^3MJ）
			生物量 (t)	储能量 (10^6MJ)	生物量 (t)	储能量 (10^6MJ)		
合计			258925.53	4819.31	310137.46	5772.08	317.59	48.21
乔木林	小计		237276.66	4417.43	286745.35	5337.90	306.82	75.10
乔木林	桉树	18.5	36275.43	671.10	48441.47	896.17	75.02	105.06
乔木林	荷木	19.71	8714.39	171.76	10227.72	201.59	9.94	169.15
乔木林	阔叶混	18.98	18695.50	354.84	22359.96	424.39	23.18	63.30
乔木林	马尾松	19.84	10950.69	217.26	13267.90	263.24	15.32	41.99
乔木林	南洋楹	18.34	2652.08	48.64	3113.38	57.10	2.82	162.11
乔木林	杉木	19.95	4410.51	87.99	5175.16	103.24	5.08	49.55
乔木林	湿地松	19.84	654.21	12.98	772.39	15.32	0.78	48.13
乔木林	速生相思	18.34	143817.94	2637.62	170305.07	3123.39	161.92	103.99
乔木林	软阔类	18.34	610.44	11.20	773.93	14.19	1.00	50.50
乔木林	硬阔类	19.27	5110.06	98.47	6018.88	115.98	5.84	7.57
乔木林	针阔混	19.43	3291.63	63.96	3830.18	74.42	3.49	65.74
乔木林	针叶混	19.88	2093.79	41.62	2457.77	48.86	2.41	54.40
经济林		18.98	6510.97	123.58	6946.52	131.84	2.76	1.74
竹林		19.82	60.54	1.20	71.35	1.41	0.07	53.93
灌木林		18.39	14133.21	259.91	15342.00	282.14	7.41	10.52
疏林		19.2	173.99	3.34	190.89	3.67	0.11	9.25
苗圃		18.39	4.74	0.09	4.19	0.08	0.00	−1.71
人工未成		18.39	613.95	11.29	663.55	12.20	0.30	3.52
暂难利用		16.31	151.48	2.47	173.62	2.83	0.12	1.08

附表7–A 主要乔木树种植物器官含碳率

树种	树干	树皮	树枝	树叶	树根	平均	变动系数	来源文献
柏木	0.5372	0.4832	0.4932	0.4861	0.5444	0.5088	5.8	(16)
橡木	0.4260				0.5080	0.4670		(17)
冬青	0.4775		0.4799	0.4836	0.4761	0.4793		(18)
栎类	0.4876	0.4576	0.4843	0.497	0.4781	0.4809	3.06	(16)
枫香	0.4470		0.4460	0.3960	0.3320	0.4050		(17)
国外松	0.5490	0.5420	0.5580	0.5590	0.5180	0.5450		(19)
火炬松	0.5244	0.516	0.5281	0.5442	0.5234	0.5272	1.98	(16)
巨桉	0.5179	0.4344	0.4968	0.4871	0.4987	0.487	6.46	(16)
桤木	0.5123	0.4483	0.4896	0.4481	0.5134	0.4823	6.75	(16)
苦槠	0.4670		0.4480	0.4270	0.4420	0.4460		(17)
栎林	0.5120	0.5230	0.4860	0.5210	0.4520	0.4990		(19)
麻栎	0.4600		0.4850	0.5260	0.4740	0.4860		(17)
马尾松	0.5117	0.5037	0.5144	0.5114	0.5464	0.5175	3.21	(16)
荷木	0.4720		0.4750	0.5610	0.4740	0.4960		(17)
桤木	0.4750		0.484	0.5120	0.4780	0.4870		(17)
青冈	0.4796	0.4481	0.43	0.5057	0.459	0.4645	6.29	(16)
青冈	0.4766		0.4834	0.4969	0.479	0.484		(18)
润楠	0.5141	0.4471	0.4627	0.4808	0.5363	0.4882	7.51	(16)
杉木	0.5465	0.5425	0.5164	0.5116	0.5266	0.5287	2.92	(16)
杉木	0.5060		0.5140	0.5230	0.4760	0.5050		(17)
杉木	0.4764	0.4994	0.458	0.5093	0.4785	0.4807		(21)
杉木	0.4740	0.5330	0.4910	0.5190	0.5100	0.5100		(19)
湿地松	0.5321	0.4879	0.5368	0.5456	0.4928	0.519	5.14	(16)
湿地松	0.5100		0.5470	0.5200	0.5060	0.5210		(17)
石栎	0.4867		0.4941	0.513	0.4840	0.4944		(18)
丝栗栲	0.5250		0.4830	0.483	0.479	0.4930		(17)
甜槠	0.5000		0.5069	0.4929	0.4766	0.4941		(18)
香樟	0.5095	0.4261	0.4800	0.4690	0.4929	0.4755	6.62	(16)
常绿阔叶林	0.4380	0.4164	0.4343	0.4425	0.4371	0.4337	1.25	(20)
樟树	0.4690		0.5120	0.5690		0.5170		(17)

附表7–B　不同灌草植物器官碳含量

植物种类	植物种名	茎	枝	叶	根	平均	数据来源
灌木	变叶榕	0.4761		0.5739	0.3945		(22)
灌木	岗松	0.3216			0.5029		(22)
灌木	鬼灯笼	0.6312		0.4025	0.3866		(22)
灌木	九节	0.3983		0.5627	0.5846		(22)
灌木	三叉苦	0.5587		0.5942	0.4308		(22)
灌木	山苍子	0.6017		0.4071	0.4182		(22)
灌木	桃金娘	0.4891		0.5659	0.3858		(22)
灌木	五指毛桃	0.4737		0.4709	0.4501		(22)
灌木	野牡丹	0.3118		0.3889	0.3884		(22)
灌木	玉叶金花	0.548		0.5271	0.4052		(22)
灌木	毛花连蕊茶	0.4806		0.4818	0.4831	0.4749	(18)
灌木	短尾越橘	0.4827		0.4878	0.4929	0.4851	(18)
灌木	灌木	0.4855		0.5210	0.5030	0.4990	(17)
灌木	油茶	0.4670		0.4720	0.4630	0.4670	(17)
草本	乌毛蕨		0.3763		0.4057		(22)
草本	芒萁		0.4795		0.3893		(22)
草本	其他草本		0.3866		0.3463		(22)
草本	草本		0.3767	0.3254	0.3748	0.359	(20)
草本	狗脊蕨		0.4638	0.4566	0.4494	0.4479	(18)
草本	苔草		0.4182	0.4447	0.4475	0.4213	(18)
藤本	藤本		0.3765	0.3749	0.4055	0.3856	(20)

附表7-C　各树种纤维素、半纤维素、木质素含量与含碳率

树种类型	纤维素含量（%）	半纤维素含量（%）	木质素含量（%）	含碳率
柏木	50.13	7.72	29.87	0.5034
油松	55.32	11.94	26.83	0.5207
马尾松	43.45	10.09	26.84	0.4596
云南松	49.89	11.42	28.91	0.5113
杉木	33.51	10.76	32.24	0.5201
水杉	42.19	9.05	32.92	0.5013
针叶混				0.5011
针阔混				0.4978
樟树	47.46	23.41	21.20	0.4916
楠木	48.79	21.88	22.71	0.5030
栎类	44.91	26.89	21.72	0.5004
硬阔类				0.4834
桉树	40.33	20.65	30.68	0.5253
木麻黄	42.55	17.94	27.66	0.4980
桐类	44.30	21.32	21.37	0.4695
软阔类				0.4956
杂木				0.4834
阔叶混				0.4900

附表7-D 部分乔木树种不同器官的热值（kJ/g）

树种	叶部	枝部	干部	根部	皮部	平均	资料来源
锥栗	19.85	19.59	19.18	18.49		20.14	(24)
荷木	20.29	18.56	18.89	16.60			(24)
厚壳桂	21.90	19.36	19.59	18.77			(24)
云南银柴	19.45	18.89	18.28	14.93			(24)
荷木	20.09	19.06	19.62	18.34			(24)
马尾松	19.99	19.38	18.75	17.53		19.84	(24)
杉木	20.75	19.35	19.52		19.40	19.95	(25)
山月桂	19.08	19.73	20.03		20.06		(26)
蔾蒴	21.14	19.46	19.53		19.21		(26)
荷木	21.14	19.46	19.53		19.33		(26)
大叶白颜	17.88	18.54	19.44		15.95	19.57	(26)
红锥	19.42	19.49	19.3	19.2	18.52		(28)
阴香	21.7	20.35	19.81	19.86	20.8		(28)
马占相思	22.07	20.05	18.75	19.4	20.93		(28)
火力楠	21.45	19.89	18.83	19.75	22.47		(28)
荷木	20.74	19.23	18.85	19.38	19.6		(28)
赤桉	20.53	18.59	20.48	18.83	18.34		(28)
窿缘桉	21.79	19.02	18.53	19.02	18.78		(28)
红荷	19.81	19.27	19.18	19.16	19.64		(28)
马尾松	21.01	20.5	19.26	19.83	21.44		(28)
杉木	22.57	19.59	19.03	20.18	20.16		(28)
栲树	19.66	18.29	18.55				(30)
米槠	19.45	19.17	19.19				(30)
荷木	20.17	18.76	19.95				(30)
锥栗	19.95	18.96	18.24	18.74	21.11	19.24	(29)
荷木	20.5	19.2	19.19	19.29	21.32	19.71	(29)
厚壳桂	22.28	19.57	18.77	19.68	20.05	19.94	(29)
黄杞	20.38	18.97	19.48	18.69	19.11	19.18	(29)
乌榄	19.55	18.25	19.48	18.96	18.48	18.76	(29)
肖浦桃	21.11	19.23	18.83	19.26	19.97	19.56	(29)
云南银柴	17.03	18.36	18.02	19.08	16.53	18.07	(29)
红车	20.28	18.79	18.12	18.67	18.62	18.84	(29)
华润楠	20.83	19.74	18.65	19.93	19.92	19.83	(29)
白颜树	20.64	19.06	18.99	19.04	20.33	19.46	(29)
光叶山黄麻	20.89	19	18.69	19.42	19.16	19.37	(29)

附表7-E 主要灌木树种不同器官的热值（kJ/g）

植物种名	叶	枝	干	根	平均	资料来源
鬼灯笼	20.49	19.68		18.58		(28)
梅叶冬青	22.19	19.09		19.2		(28)
桃金娘	21.55	18.91		18.67		(28)
黄栀子	19.04	19.22		19.55		(28)
山苍子	21.87	19.21		19.6		(28)
三叉苦	21.44	18.96		18.73		(28)
连蕊茶	18.26	19.32				(30)
山矾	15.25	16.29				(30)
马银花	19.24	18.82	18.40			(30)
白背瓜馥木	21.7	19.52		19.41	20.3	(29)
杖枝省藤	20.38	19.13		18.88	19.55	(29)
九节	19.27	18.73		19.09	19.05	(29)
罗伞	20.55	18.79		19.32	19.65	(29)
云南银柴	17.17	18.52		18.91	18.1	(29)
柏拉木	18.6	18.32		18.79	18.54	(29)
厚壳桂	22.26	18.64		19.09	19.86	(29)
桃金娘		18.23		17.84		(31)
变叶榕	18.88	16.18		16.84	17.3	(27)
岗松		17.56		16.5	17.03	(27)
鬼灯笼	19.53	17.48		17.48	18.16	(27)
九节	18.88	17.62		19.84	18.78	(27)
三叉苦	18.99	17.96		17.83	18.26	(27)
山苍子	19.77	18.42		17.62	18.60	(27)
桃金娘	20.01	17.3		17.54	18.28	(27)
五指毛桃	15.85	17.72		16.07	16.55	(27)
野牡丹	16.94	17.4		15.86	16.73	(27)
王叶金花	18.77	18.23		18.53	18.51	(27)
灌木平均	16.76	17.59		17.41	17.82	(27)

附表7-F 我国南方地区主要草本种的热值（kJ/g）

植物种名	地上部分	地下部分	平均	资料来源
乌毛蕨	17.36	13.03	15.2	(27)
双唇蕨	14.91	11.23	13.07	(27)
铁线蕨	17.62	13.54	15.58	(27)
芒萁	17.53	14.35	15.94	(27)
山管兰	18.19	14.13	16.16	(27)
其他草本	17.65	10.77	14.21	(27)
芒萁	19.6	18.16		(28)
乌毛蕨	18.85	13.9		(28)
淡竹叶	19.09	17.4		(28)
玉叶金花	20.93	20.78		(28)
金粟兰	19.18	18.51	18.91	(29)
沙皮蕨	18.78	18.31	18.59	(29)
山姜	19.42	18.65	19.12	(29)
芒萁	19.881	18.273		(31)
禾草	17.28	16.986		(31)

参考文献

[1] 周国模 . 2008. 森林城市——实现低碳城市的重要途径 [J]. 杭州通讯 .

[2] 刘贵利 .2002. 城市生态规划理论与方法 [M]. 江苏 ：东南大学出版社 .

[3] 王如松，王祥荣 .2004. 城市生存与发展的生态服务功能研究 [M]. 北京 ：气象出版社 .

[4] 胥辉，张会儒 .2002. 林木生物量模型的研究 [M]. 昆明 ：云南科技出版社 .

[5] 唐守正，张会儒，胥辉 .2000. 相容性生物量模型的建立及其估计方法研究 [J]. 林业科学，36（1）：19–27.

[6] 骆期邦，曾伟生等 .2001. 林业数表模型理论、方法与实践 [M]. 长沙 ：湖南科学技术出版社 .

[7] 王效科，冯宗炜，欧阳志云 .2001. 中国森林生态系统的植物碳储量和碳密度研究 [J]. 应用生态学报，12（1）：13–16.

[8] FANGJ Y，WANG G G，LIU G H，et al .1998. Forest biomass of China ：an estimate based on the biomass 2volume relationship [J] .Ecol .Appl，8 ：1984–1991.

[9] 杨昆，管东生 .2007. 珠江三角洲地区森林生物量及其动态 [J]. 应用生态学报，18（4）：705–712.

[10] DONG J R，KAUFMANN R K，MYNENI R B，et al .2003. Remote sensing estimates of boreal and temperate forest

woody biomass : carbon pools, sources, and sinks [J] .Remote Sens.Environ., 84 : 393–410.

[11] 郑光, 田庆久, 陈镜明等 .2006. 结合树龄信息的遥感森林生态系统生物量制图 [J]. 遥感学报, 10 (6) : 932–940.

[12] 周玉荣 .2000. 我国主要森林生态系统碳储量和碳平衡 [J]. 植物生态学报, 24 (5) : 518–522.

[13] 方精云 .2000. 中国森林生产力及其对全球气候变化的响应 [J]. 植物生态学报, 24 (5) : 513–517.

[14] 林俊钦, 邓鉴峰, 林寿明等 .2004. 森林生态宏观监测系统研究 [M]. 北京 : 中国林业出版社 .

[15] 曾伟生 .2005. 云南省森林生物量与生产力研究 [J]. 中南林业调查规划, 24 (4) : 1–13.

[16] 唐宵 .2007. 四川森林植被碳储量估算及其空间分布特征 [D]. 四川农业科技大学学位论文 .

[17] 王兵, 魏文俊 .2007. 江西省森林碳储量与碳密度研究 [J]. 江西科技, 25 (6) : 681–687.

[18] 李铭红, 于明坚, 陈启常, 等 .1996. 青冈常绿阔叶林的碳素动态 [J]. 生态学报, 16 (6) : 645–651.

[19] 阮宏华, 姜志林, 高苏铭 .1997. 苏南丘陵主要森林类型碳循环研究含量与分布规律 [J]. 生态学杂志, 16 (6): 17–21.

[20] 莫江明, 方运霆, 彭少麟, 等 .2003. 鼎湖山南亚热带常绿阔叶林碳素积累和分配特征 [J]. 生态学报, 23 (10): 1970–1976.

[21] 田大伦, 方晰, 项文化 .2004. 湖南会同杉木人工林生态系统碳素密度 [J], 生态学报, 24 (11) : 2382–2386.

[22] 方运霆, 莫江明 .2002. 鼎湖山马尾松林生态系统碳素分配和贮量的研究 [J]. 广西植物, 22 (4) : 305–310.

[23] 顾凯平, 张坤, 张丽霞 .2008. 森林碳汇计量方法的研究 [J]. 南京林业大学学报 (自然科学版), 32 (5) : 105–109.

[24] 任海, 彭少麟, 刘鸿先等 .1999. 鼎湖山植物群落及其主要植物的热值研究 [J]. 植物生态学报, 23 (2) : 148–154.

[25) 肖文发, 聂道平, 等 .1999. 我国杉木林生物量与能量利用率的研究 [J]. 林业科学研究, 12 (3) : 237–243.

[26] 李意德, 吴仲民, 曾庆波等 .1996. 尖峰林山地雨林主要种类能量背景值测定分析 [J]. 植物生态学报, 20 (1): 1–10.

[27] 方运霆, 莫江明, 李德军, 曹裕松 .2005. 鼎湖山马尾松群落能量分配及其生产的动态 [J]. 广西植物, 25 (1): 26–32.

[28] 曾小平, 蔡锡安, 赵平, 饶兴权 .2009. 广东鹤山人工林群落主要优势植物的热值和灰分含量 [J]. 应用生态学报, 20 (3) : 485–492.

[29] 旷远文, 温达志, 等 .2005. 鼎湖山季风常绿阔叶林各层次优势种热值研究 [J]. 北京林业大学学报, 27 (2): 6–12.

[30] 陈波, 杨永川, 周莹 .2006. 浙江天童常绿阔叶林内七种优势植物的热值研究 [J]. 华东师范大学学报 (自然科学版), 2 : 205–211.

[31] 管东生 .2001. 香港山坡地草本、灌木群落的植物能量生产 [J]. 应用生态学报, 12 (3) : 374–378.

第8章 城市森林公园服务设施工程设计

8.1 城市森林公园服务设施的概念及特性
8.2 影响服务设施设计的因素
8.3 服务设施设计的原则
8.4 服务设施设计的依据
8.5 服务设施的选址、总平面与单体设计
8.6 服务设施设计的生态观

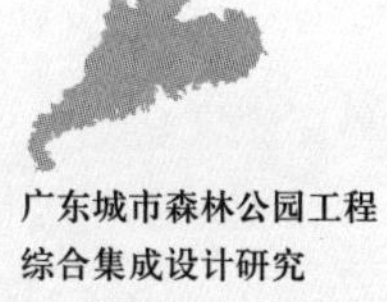

8.1 城市森林公园服务设施的概念及特性

8.1.1 城市森林公园服务设施的概念

城市森林公园服务设施从狭义理解，是森林公园为旅游者提供的各类活动设施的总称。从广义上，包含了所有满足旅游者在城市森林公园内游憩、宣传教育活动及相应生态环境所需要的配套设施内容，包括不同年龄层次的休闲和体育活动设施、住宿设施、饮食服务设施及动物设施、科学教育活动必要的设施等，这些设施分别从各个方面为旅游者提供服务。同时，随着“建设幸福广东”的新形势发展的需要，还会涌现出满足城市居民日益增长的文化活动项目以及设施。

8.1.2 城市森林公园服务设施的内容

本书介绍的城市森林公园服务设施工程主要包括：

① 游憩、生态旅游设施：游览所必需的导游、休憩、咨询、安全等配套功能设施。主要有公园入口标志、游客中心、游客服务点、亭台楼阁、水榭、桌椅等设施；表演场、漂流、攀岩、自行车运动等活动运动设施；庇护站、电话亭、治安亭等安全设施。

② 餐饮设施：为公园游客提供饮食服务的设施，主要有饮食点、快餐店、餐厅、野餐烧烤点、茶室等。

③ 购物设施：具有森林公园特点的商贸设施，主要有小卖部、商亭、购物街、商业点等。

④ 环卫设施：废弃物箱、公共厕所、垃圾收集站等。

⑤ 住宿设施：野营点，在城郊森林公园中可以考虑旅馆、度假村等。

⑥ 医疗保健设施：保健、救护、医疗、休疗养等。

⑦ 科普设施：中小学生植物园、科普园、科教展览设施等。

城市森林公园的服务设施既有分散设于独立地段的建筑单体，又有相对集中的建筑群体，甚至形成较大范围的游客服务区。

8.1.3 城市森林公园服务设施的特性

(1) 城市性

城市森林公园地处城市区域范围，完善的城市市政设施为森林公园服务设施提供良好的建设条件。城市森林公园具有服务于城市的功能，有时，它是城市绿道的节点，它扩展了城市的公共活动空间环境；创造了良好的森林生态环境；延伸了城市森林景观的视觉环境。它提升了城市形象、优化城市环境品质，其服务设施建设要结合城市居民的游憩活动、城市文化的要求，所以，在使用功能方面体现了“城市性”特征。

(2) 近自然性

“人离开自然，又要返回自然”，杰出科学家钱学森言简意赅地、辩证地道出了人与自然的关系（李金旺等，2006）。紧张城市生活节奏，叭叭的汽车噪声，窄小的城市视觉空间环境令人感觉自己就像生活在笼子里一样，城市人渴望返回到宽阔的田野、原始的森林之中。城市森林公园原生态的自然环境为城市居民创造了渴望的“理想环境”。城市森林公园服务设施依托森林、山水的自然环境为游客创造高品位的游憩环境，所以，它具有突出特征——近自然性。

(3) 文化性

城市森林公园由森林、山体、水体、建筑要素构成，它的形成承载了森林群落文化、中国山水文化、建筑文化及森林共生文化。森林文化作为以森林为背景的协调人与森林、人与自然关系的文化形态，本质上是一种生态文化。森林文化的基本特征表现为地域性、生态性和人文性，其本质和精髓体现为人与自然的和谐相处。具体表现为人类在对森林的认识、利用、开发过程中形成的生产及生活方式。原始厚重的文化积淀赋予了城市森林公园一道亮丽的光彩，它是人类处理人与森林、人与自然关系时思维方式、行为方式的综合反映，是人类与森林长期相处形成和发展的文明现象，既具有自然属性，也具有社会属性。城市森林公园在原生态的森林文化与历史阶段性鲜明的城市人文文化之间的撞击中逐渐形成了一种和谐的文化状态，体现了森林文化与城市文化结合的丰富性，同时，这种融合和包容正是值得提倡的一种生态文明。对森林文化的追求，是游客游览森林公园的需求之一。城市森林公园服务设施的建设应该赋予建筑等构筑物更多的森林文化属性，以体现这种生态文明，并将其传输给游人，让这种生态文化得以延续和发展。

8.2 影响服务设施设计的因素

8.2.1 广东岭南气候特征因素

岭南气候特征是影响服务设施的设计的重要因素。气候因素反映于建筑等构筑物之上，则映射出各地不同的建筑平面与空间组合，以及地方特色的建筑技术及风格。广东属东亚季风气候区，面临热带海洋，具有高温高湿、热量丰富、冬短夏长；降水量充沛，干湿季分明；夏秋季节多热带风暴等气候特点。而山地由于海拔较平原高，且较为空旷，气流、云层、雨水、阳光等因子变化快，使森林公园山地气候资源具有快速的动态变化特征。这些自然的气候因素是城市森林公园服务设施设计时所必须要考虑的因素。

阳光充足是森林公园山地气候特征之一，广东地处低纬度，北回归线横贯中部，年日照时数1500～2600h，年平均日照率为44%。一方面，光是表现建筑的常用元素之一，在设计中如能巧妙运用山地环境中变化丰富的光线，将可以使建筑更加精彩。但另一方面，充足的阳光同时也带来丰富的热量，广东年太阳总辐射每平方厘米41.5万～57.1万J，建筑设计也应同时考虑遮阳隔热和太阳能利用。

雨水充足是广东城市森林公园的另一特点，一方面，雨水给森林公园山地环境带来了生机。但另一方面，过多的雨水也是影响服务设施设计的因素之一，建筑设计应考虑避雨、挡雨措施。同时，频繁的雨水也使森林公园空气湿度较大，从而影响游人使用设施的舒适程度，故在森林公园服务设施设计中，应考虑增加自然通风或采用控制湿度的设备，尽量地提高服务设施的舒适度，以适应广东的气候。

8.2.2 地理位置和场地条件因素

在城市森林公园中，由于地形变化丰富，每一个建筑单体或建筑群体所处的地理位置和场地条件均有差别，每块具体场地的微气候可能会因为其地理位置和场地条件的变化而与整个大气候区的特征有所区别。地理位置的影响主要体现在城郊气候的差异上，森林公园的微气候可能会与市中心有明显区别，大中型城市中心由于“热岛效应”会比周边的森林公园气温明显要高。所以森林公园中服务设施建筑与市中心区的建筑在其通风策略上可以有所不同，例如可以用全自然通风代替机械设备通风。场地条件方面，不同的场地朝向、地势坡度、森林植被状况、地质条件等综合性的影响因素条件下都有可能形成不同的温度、湿度、蒸发量、风向和风速、太阳的辐射量等特定的微小气候状况。森林公园的这种其特殊的建筑地段上的小气候条件也将是服务设施设计所要考虑的因素。

8.2.3 森林公园风景资源及动植物资源

森林公园风景资源及动植物资源丰富，类型复杂，古老珍稀动植物繁多。森林公园独特的地理环境和气候条件造就了生物多样性，不同种类的生物构成了森林公园的独特风貌和生态系统。城市森林公园服务设施一方面应考虑保护和维持动植物资源的生态多样性；另一方面，在不破坏生物栖息环境的前提下，设计时如能将丰富的动植物资源融入到建筑的内部空间环境，重视建筑与森林环境的交流对话，将能创造优美的、有意境的森林建筑特有的宜居环境。

8.2.4 森林公园水资源及其环境因素

城市森林公园的水资源主要指地表水和地下水，

包括泉水、溪流、瀑布、湖泊及水库等具有生活饮用、农业灌溉、观赏览胜等水体类型。森林公园的水资源，由于区位偏、地势高，人为干扰少等因素，所以未受污染，水质较好。既是良好的饮用水资源，也是森林公园的一处胜景。在服务设施建筑设计中如果可以就近取水将解决生活用水问题，同时巧妙地将自然水源引入建筑内部空间，也可以把自然的活力引入建筑，为建筑增添新的特色。

8.2.5 森林公园自然能源

城市森林公园往往由于面积较大，其公园内的山地离城市能源设施较远，所以在部分景区服务设施存在市政能源缺乏的问题。特别是城郊型森林公园，其游览服务设施无法完全依靠城市市政供给。但是，森林公园蕴含着丰富的自然能源，如太阳能、风能、水能和地热能等，如果能合理地加以利用，不但可以缓解森林公园服务设施建筑缺乏市政能源的现状，同时也为生态建筑设计提供了条件。

8.2.6 地质灾害对服务设施的影响

有些城市森林公园范围内，在一些地质条件不良的地区也存在地质灾害因素。钟敦伦（1996）等认为：“山地灾害是山地环境在演化过程中伴生的，或人类不合理经济活动激发的，给人类生产生活带来不利影响的各种自然、人为事件的总称。如泥石流、山洪、高含沙洪水、滑坡、崩塌（以上属于突发性山地灾害），水土流失（属慢性进行性山地灾害）”。

在城市森林公园服务设施设计的过程中，应充分探明建筑所处的地理环境和地质条件，避免选址地质条件不良的区域，建筑布局也应尽量避免或者减少对原有山地环境的破坏，尽可能地保护森林环境，保持水土，防止水土的流失，避免地质灾害的出现。

8.3 服务设施设计的原则

8.3.1 尊重自然的原则

服务设施根据森林公园的流线总体布局，将其纳入其所在的自然环境里，并传承了城市的地域和传统文化，它们已经构成一种不可分割的自然系统整体。服务设施的设计要遵循尊重自然的原则，合理地利用土地资源及其他各种资源，人是高级生物，人要自律，行为要文明，不破坏森林、湿地等其他生物的生态系统，适度地开发。保护和尊重自然环境，建立生态文明、人性化的游憩环境（图 8-1）。

图8–1 建筑架空尊重自然

8.3.2 节能减排的原则

节能减排的原则可以从两方面来理解：一是降低服务设施建筑对物质与能量的消耗，提高能源利用效率，运用新材料、新结构及智能建筑体系等，从而降低建筑消耗的能量，最大限度地保护环境。例如，根据服务设施所在地区的气候特点，合理利用阳光、风能、雨水、地热等自然能源。合理进行建筑布局、单体设计，减少不可再生资源的损耗和浪费，提倡能源的重复循环使用等。二是建筑材料的无害化及建筑材料高效的利用。即材料的循环使用与重复使用，避免选择危害环境的建筑材料等。提倡在城市森林公园里，充分利用原有建筑加以改造再利用，既可使建筑造型富有趣味性、野性，也可节约资源。

图8-2　废旧材料重复使用节能减排

Luara C. Zeiher 在《建筑的生态》一书中指出："生态的基地设计努力提高和保护基地的自然资源及生物的多样性。这个过程不可避免地要影响环境，但同时要最大程度地尊重环境的文化及历史脉络。有环境意识的基地设计必须考虑与之相连的诸多问题，并从一开始的概念就要考虑它们"。如广东南昆山十字水生态度假村里的建筑设计，在选址及建造的过程中充分地考虑了节能减排的原则，度假村里的主要建筑材料都是当地的废旧材料重复循环使用，符合低碳城市建设的要求（图 8-2）。

8.3.3 视觉景观的原则

城市森林公园的开发要为人们营造一个优越的视觉休闲场所，服务设施是为游人服务的，城市的人群要到亭台楼阁的空间上，去欣赏美丽的森林、山脉、水体或动物景观。如果设计的服务设施不能提供良好的视觉景观，那就是失败的设计作品。所以，创造良好的视觉景观是建筑和构筑物等服务设施在选址、形体、竖向设计的原则（图 8-3）。

图8-3　优越的视觉条件

8.4 服务设施设计的依据

服务设施设计必须依据总体工程的功能布局，以生态旅游流线、森林风景资源、地形景观通视条件、竖向设计等因素。服务设施设计应遵循国家工程设计的各种规范。

8.4.1 服务设施设计主要遵循的设计规范

《森林公园总体设计规范》(LY/T5132—95)（已有修订计划）；

《公园设计规范》(CJJ48-92)；

《中华人民共和国工程建设标准强制性条文》(房屋建筑部分)(2002 年版)(建设部建标(2002)219 号)；

《建筑设计防火规范》(GB50016-2006)；

《建设工程设计文件编制深度规定》(2008 年版)(建设部建质 [2008]216 号)；

《民用建筑设计通则》(GB50352-2005)；

《疗养院建筑设计规范》(JGJ 40-87)；

《旅馆建筑设计规范》(JGJ 62-90)；

《城市道路和建筑物无障碍设计规范》(JGJ 50-2001)；

《建筑物防雷设计规范》(2000 年版)(GB50057-94)；

《公共建筑节能设计标准》(GB50189-2005)。

8.4.2 服务设施设计主要参考的设计规范

《风景名胜区规划规范》(GB50298-99)；

《城市公共设施规划规范》(GB50442-2008)；

《城市绿地设计规范》(GB50420-2007)；

《城市用地竖向规划规范》(CJJ83-99)；

《城市公共交通站、场、厂设计标准》(CJJ15-87)；

《办公建筑设计规范》(JGJ67-2006)；

《老年人建筑设计规范》(JGJ 122-99)；

《城市公共厕所设计标准》(CJJ14-2005)；

《城镇环境卫生设施设置标准》(CJJ27-2005)；

《建筑边坡工程技术规范》(GB50330-2002)；

《风景园林图例图示标准》(CJJ67-95)；

《建筑地面设计规范》(GB50037-96)；

《民用建筑太阳能热水应用技术规程》(GB50364-2005)；

《民用建筑节能条例》(国务院第 530 号令)；

《建筑采光设计标准》(GB/T50033-2001)；

《民用建筑热工设计规范》GB50176-93)。

8.5 服务设施的选址、总平面与单体设计

城市森林公园服务设施工程设计主要包括选址、总平面设计及建筑（构筑物）单体设计三大部分。

8.5.1 城市森林公园服务设施的选址

服务设施的选址必须符合森林公园总体功能的布局，并应充分利用森林公园山地的有利因素，避开山地区域的不利因素；考虑人工形成的各种因素等。总体来说，游览服务设施的场址选择应考虑：

(1) 避免选址于生态敏感区

生态敏感区是指在森林公园的自然生态环境中，当受到外界因素干扰时，容易被破坏且不易恢复的区域。

在森林公园森林生态环境中，服务设施的建设必不可少地会对植被造成一定的影响，故选址首要考虑是如何尽可能地减少对森林生态环境的破坏，避免选址于生态敏感区。宜选址于生态环境不完整或已经遭受了一定程度破坏的区域，如工矿企业废弃区、荒林地、废弃农田等区域。

(2) 宜选择交通方便、可达性高的地区

森林公园森林山地区域面积大，其交通的通达性较差，但是作为服务设施的建设与发展需要，基地选址需要与公园内的交通体系相接，即应选择可达性好的区域，以减少服务设施的建设费用，减少对公园森林生态环境的破坏，并满足游客的游览需要以及经营需求。

(3) 避免选择潜在地质灾害危险区

在服务设施选址时，为了保证游客的安全，避免不必要的经济损失，应避免选址于地质灾害易发区域以及容易诱使地质灾害发生的区域。一般选择在地势平坦或地面坡度不大的山坡地，一般在 30° 以下的坡地，地质灾害发生的可能性较小。另外，基地上方不应存在有崩塌、滑坡可能性的山体，也要避开可能产生泥石流的冲沟地带。

(4) 具有环境特色或眺望良好的地势

森林公园服务设施的服务对象为游客，而游客使用服务设施的心理需求是接近自然、享受自然，基于游客的游憩心理，森林公园服务设施宜选址于具有良好视觉景观的区域。

(5) 具有自然通风与充足阳光的地区

由于广东岭南地域气候潮湿闷热，城市森林公园服务设施的房间室内湿度过大，从而造成设施内装修易被腐蚀，房间用品易潮湿。顺畅的通风有利于给服务设施室内带来清新凉爽的空气，充足的阳光则可以降低湿度值，提高人的舒适度，并延长服务设施的使用周期。

(6) 具有相对完善基础设施的地区

城市具有良好的基础设施，如供水管道、下水管道、电缆管线、信息高速公路等设施，但是，森林公园面积大，市政基础设施不太完善。而这些基础设施是服务设施建设必须具备的条件，故在森林公园服务设施选址时，需要考虑基地周边是否有这些基础设施。

(7) 在地形制高点不宜设置大体量建筑

我国传统山地建筑的选址，追求“深山藏古寺”的模式，以达到天人合一的境界。由于山顶部分地理位置特殊，假如在山顶修建大体量的服务设施，则会改变原有的山地地貌景观，对周围景观及山体山势造成影响，破坏山体轮廓的完整性；同时，工程建设也会破坏山地的森林植被，容易造成水土流失。因此，

图8-4 建筑隐于山林中

建筑宜选择较隐蔽的山谷地，使建筑隐于山林中（图8-4）。

8.5.2 服务设施的总平面设计

8.5.2.1 总平面设计考虑的因素

总平面设计应以森林公园生态、游憩与科教主体功能的三大组成部分为主线，使建筑与森林自然环境融合和共生，设计主要考虑以下几点：

（1）根据工程总体功能布局，视觉景观和生态环境因素

森林公园服务设施总平面设计尽量地营造优美的景观视觉，创造舒适环境以使游客获得幸福感。服务设施与景观的关系是相辅相成，不可分割的。森林公园具有良好的山地自然景观资源，在总平面设计的时候，应首先分析建筑的朝向和景观的关系，建筑主要房间争取朝向优美的山水自然景观，尽量避免杂乱无章的场所映入游客的视线。在吸取良好景观的同时也要注意加强对自然景观资源的保护。

总平面设计中要创造高品质生态本底环境，提高服务设施外部环境的质量。对不同功能区进行噪音分区处理，尽量减少道路交通、设备产生的噪音；利用自然的水溪产生负离子；高浓度的空气负离子对改善大气环境指数起促进作用，使空气清新，加上植物的芳香气味，令人心旷神怡，以提高整体生态环境本底质量。

（2）尊重地形、地貌

森林公园服务设施的建设常常位于山坡地，建筑的规划设计常要面对复杂的地形、地貌。通常在城市建设区建筑的总平面设计中，往往是将场地进行平整，整个推平，然后再进行建筑布局。而生态建筑的设计则更提倡充分尊重地形地貌的自然特征，要使建筑物对基地的影响降至最小。同时也要创造出具有山地特色和文化的建筑。如 Renzo Piano 设计的位于意大利的 Vesima 工作室体现了建筑与地形的有机结合（图8-5、图8-6）。

（3）保护森林植被

森林资源是人类宝贵的生态资源，具有不可估量的生态价值。目前，旅游开发给森林公园带来了很多

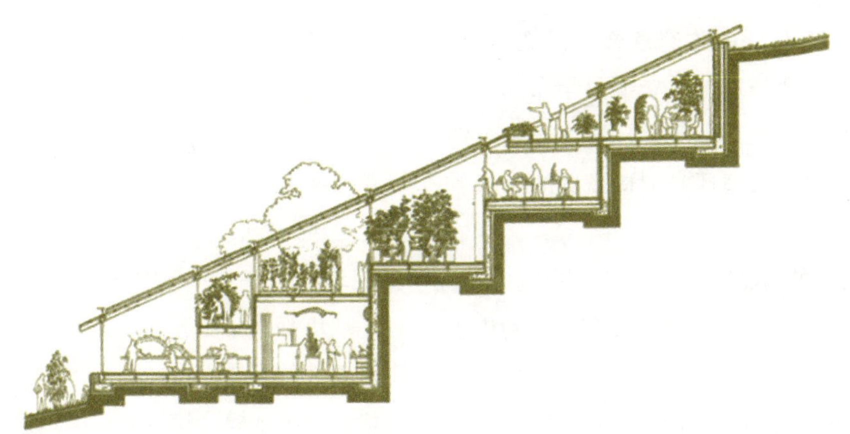

图8-5 Renzo Piano设计位于意大利的Vesima工作室体现了建筑与地形的有机结合

图8-6 Vesima工作室侧面图建筑与自然植被、地形的有机融合

生态环境和资源破坏问题，尤其在城市中的森林公园，其快速的发展与有限的资源承载力、脆弱的生态环境间的矛盾愈演愈烈。城市中心区的建设中，绿化植物都是当作点缀物，往往是在平整土地时将原有植被清除，待建筑建成后再配置绿化。生态学知识告诉我们，原生或次生植被一经破坏后在一定时间内是很难恢复的，需要消耗更多资源和人工维护。工业化和城市化进程中，人类对森林的过度采伐，造成森林面积的急剧减少，已给人类带来了一定的生态危机，它的深刻教训告诉人们一个严酷的规律：森林的丧失，将是人类赖以生存和发展基本条件的丧失。因此，某种程度上，保护原生植被比新种植绿化意义更大。尤其是服务设施往往在风景秀丽、森林景观优美的地段，周边森林植被是基地生态系统的重要组成部分，更应该加以保护，并尽可能将它们组织到服务设施的环境中。

（4）结合水资源

森林公园中水资源丰富，溪流、河道、湖泊、水库等水资源都具有良好的生态意义和景观价值。总平面环境设计应结合场地的水资源科学布局，尽量减少对场地原有自然水系的干扰，努力达到节约用水、保护水源、促进水循环并创造良好的小气候环境的目的。

结合水资源设计的措施有：有效利用降雨，进行贮留灌溉植被或直接渗透补充地下水；保护场地内水体和湿地，维护水体的蓄水能力和湿地的生物多样性；避免过多的硬质地面，尽可能保持原场地可渗透性。

（5）保护土壤资源

建筑环境建设中的挖填土方、土地整平、广场铺装、建造建筑和径流侵蚀等都会破坏宝贵的表层土。因此，为了在进行建筑环境的基地处理时发挥表层土壤资源的作用，在服务设施及场地建造之前应将挖填区的表土剥离，暂时贮存，在建筑建成后的场地建设时，再回填贮存的优质表土用于种植绿化，以达到维护地段生态环境的目的。

（6）分析山地日照环境

森林公园建筑日照分析受到地球纬度的影响外，还受到地形坡向的影响。山地的坡向变化复杂，一般按习惯分为东、南、西、北、东南、东北、西南及西北等八个坡向。从日照环境方面进行分析，南、东南及西南向坡为全向阳坡，东西向坡为半向阳坡，北、东北及西北坡为背向阳坡。其中，以全向阳坡为最好，半向阳坡次之，尽量不选择背向阳坡。因此，建筑布置应符合地形特点。总平面布局时，可在全向阳坡和半向阳坡布置主要建筑，而背向阳坡则作为配套用房、绿化、休闲场地、停车场等辅助用地。

（7）分析山地通风环境

由于森林公园山丘的地形、地貌复杂多变，使得吹向山丘的风在山丘的不同位置产生不同的风向变化，形成不同的风区：迎风区、顺风区、背风区、涡风区、高压风区和越山风区。其中以迎风区通风最好，风向垂直于等高线，建筑如果平行等高线或与等高线成一定角度斜交布置，则能获得良好的通风。与风向平行的顺风区，当建筑垂直或斜交等高线布置时，通风效果良好；当建筑平行等高线布置时，通风效果较差。涡风区、背风区一般通风效果较差，背风区的洼地、山坳夏季最闷热。而高压风区风压较大，不宜建高层建筑，以免背面涡风区产生更大的涡流。越山风区，风从山顶越过，夏季凉风较多，但冬季则要注意防止暴风的侵袭。

8.5.2.2 总平面布局

城市森林公园服务设施总平面由于受到山地自然生态条件的制约，布局随山形山势、场地条件、自然环境、设施规模、建筑位置等因素而变化。在总平面设计的诸多因素中，建筑是最重要的因素，建筑位置的确定基本决定了总平面的整体布局。一般小型的服务设施由于功能较为单一，在设计中，常顺应山地地形的变化，采用“点”状的分散式布局，小、隐、散的建筑可在一定程度上避免破坏原有植被；大型服务设施由于集中游客咨询、展览、游览、休闲游乐甚至餐饮、住宿等多种功能，这些不同的功能之间存在不同的组合方式，概括起来主要有分散式布局、集中式布局、混合式的布局。设计时宜根据不同的建筑功能、基地条件、地理位置和山地环境确定相应的总平面布局方式。总平面环境设计方面，要充分利用森林景观、山体景观和溪流、湖泊、水库等层层瀑布营造水景。通过服务设施景窗的借景、对景，囊括在游客的眼底。

(1) 分散式布局

分散式布局是指建筑的各个功能部分相对独立的分散布置在不同的位置，不同功能建筑按照功能分区分别建造，建筑多为低层，各个功能部分分别有单独的出入口，并通过场地的道路相互联系。例如广东南昆山十字水生态度假村的独立式建筑以“点”状分散布置于山地中（图 8-7）。分散式布局具有单体建筑依山就势布置，建筑与山地环境有机融合的特点，能有效适应广东气候特点和森林公园景观要求。这种布局适合功能上能相对独立的小型建筑单体。如果是功能复杂、联系性强且规模较大的服务设施，这不太适合采用这种布局方式，且也很难体现小型建筑隐没于山地丛林间的那种意境。分散式布局也存在某些不足之处，例如设备管线长、服务流线长、能源消耗增加，管理不便等。

(2) 集中式布局

集中式布局是将建筑各个功能单元集中在一起，往往共用一个主要出入口。各功能部分通过室内走道、连廊等水平交通或楼梯、电梯等垂直交通连接在一起。集中式布局分为垂直集中式和水平集中式两种。垂直集中式是建筑向竖直方向发展，通过楼电梯等垂直交通将各个功能组成集中在一起的布局方式。水平集中式是建筑在水平方向有序发展，各功能有机连接形成组合式的建筑群体。垂直集中式因为建筑体量过大，容易对山地环境造成破坏，所以，当服务设施规模过大时不宜采用。现在森林公园服务设施常采用水平集中式，各部分功能用房相对集中，通过连廊在水平方向连接，并按照功能关系、景观朝向、出入口与交通组织、空间体量组合等各方面因素有机结合为一体，庭院可穿插其中（图 8-8）。对于局部因为地形变化需要解决场地高差，水平集中式布局也可利用步级、楼梯、电梯等进行处理。总的来说，集中式布局流线缩短，能源消耗降低，便于管理，但相对于垂直集中式的管线仍较长。

(3) 混合式布局

混合式布局集分散式布局和集中式布局的特点于一体，适用于基地面积较大或建筑规划有高度限制要求的建筑，如综合展馆、度假村及旅馆等，一般采用服务用房、客房等小体量空间部分分散，公共部分相对集中的布局方式。这种方式对地形地势的要求较低，基本可以根据森林公园山体的原地势进行建筑设计，在森林植被较好或地势较陡的区域修建分散的小型建

图8-7 分散式的布局形式

图8-8 水平集中式的布局形式

筑，在地势平坦且植物稀少的地方修建集中的功能体。

总的来说，森林公园服务设施设计的出发点与城市建筑有所不同，在森林公园修建服务设施，必须考虑如何保护森林生态环境。分散式的布局，将各个功能体散落于山体的各个部分，避免大量的土石方工程，有利于减少对森林生态环境的破坏；同时，在服务设施用地比较宽裕的情况下，采用分散式的建筑布局，将服务设施的各个功能体单独成栋，建造时尽量保留原有高大乔木，使建筑置身于森林生态环境的“怀抱”当中，仿佛建筑与植被是难以割舍的整体，创造和谐统一、有机的整体环境，则能够更好地满足游客游览、休憩的心理需求。如果没有足够的平缓开阔的地形条件，也可选择在通风条件好、面积较大的缓坡地带或较宽的沟谷地带内，使各种服务设施的布局依山就势，形成高低搭配、错落有致的建筑群体布局。总之，在森林公园山地自然生态条件制约下，需要根据不同的地形地势条件进行考虑，设计时应结合森林公园山体形态、地段环境的景观特征、地质地貌及局部气候条件等进行综合分析。

8.4.2.3 外部空间环境设计

服务设施的外部空间环境应该是安全的，能防火、防水、防泥石流、防震；这个环境的活动项目应该丰富，有益于人的身心健康；景观环境既体现森林野味又有文化品味。它应是在提升城市文脉的环境品质、促进城市的生态文明建设等方面发挥重要的作用。

(1) 外部环境的空间组织

在游人使用服务设施外部环境空间方面，不同年龄、收入、职业、教育水平的游客需要不同性质的环境空间。中老年人喜欢群聚、聊天、表演等，需要规模合适的交流场所。青年人一般需要较为安静的场地，以便于休息和学习。少年儿童需要带有科普教育、游乐等活动场地，人员流动性强。因此森林公园服务设施外部环境建设要结合不同游客的活动特点，有明确的功能分区，形成动静分明、开敞和封闭相结合的多样的环境空间，以满足游客多种活动方式的需要。外部环境的空间组织要从外部环境的动静、开合、空间的节奏及层次四个方面考虑。

① 外部环境的动与静。人们在外部环境空间中的欣赏行为有动静之分，人的视点固定在一处的观赏属静态观赏，视点从一处空间转移到另一空间的欣赏为动态观赏，因此在外部环境的空间组织既要考虑功态空间的组织要求，也要处理好静态观赏的观景点、视线组织等问题。

② 外部空间的开与合。外部环境空间应同时组织好较开阔和较幽静的空间，因为有人使用的，充满生气的外部环境空间有两个特点：一是它部分被封闭；二是它部分开敞。一般认为，空间的开闭感与人的视仰度有关，仰角大则封闭、仰角小则开敞。开场空间中，人们感觉视野开阔，壮观豪放；闭合空间中，人们觉得环境较安静，四周景物呈现眼前，给人的感染力较强。

③ 外部空间的节奏。外部环境空间的划分应有主有从、有大有小、有开有合，有节奏地组织。在空间的组织过程中，首先明确集中的大空间，这个空间占据主导地位。小空间的划分要适当，不宜琐碎，并且与大空间之间要形成有机联系。空间划分可以结合场地地面的升降、植物的布置、铺地材料质感的变化以及建筑小品的运用，但要注意把握好“度”，关键是整体性，要以活动和场所取胜。

④ 外部空间的层次。外部环境空间的景色基本上有三个层次：近景、中景、远景。景区的设置应以200m 为限，6m 左右可看清花瓣，20 ～ 24m 可看清人的身份，这一范围通常组织为近景，它作为框景、导景，能增强空间的层次；中景约为 70 ～ 100m，可看清足球或人体的活动，一般为主景，要求能看清全貌、细部及色彩；远景为 100 ～ 200m，作为背景，起衬托作用，能看清轮廓即可。如东莞市大岭山森林公园厚街景区外部空间注重了空间的层次组织（图 8-9）。

森林公园服务设施外部环境空间设计要以静观视线变为动观视线，单一空间变为多样空间，从而创造曲折多变的空间景致，形成静观层次稳定，动观层次交替变化。此外，森林公园服务设施外部环境空间不是孤立的，它总是与周围森林、山体、水体等相连接

图8-9　大岭山森林公园厚街景区外部空间的处理

图8-10　服务设施外部空间的处理

的，这些空间是服务设施外部环境空间的延伸与连续，它们与服务设施外部环境空间同样重要，并互为衬托。因此在服务设施外部环境空间设计中，不能仅仅局限于孤立的服务设施外部环境空间，应对服务设施外部环境周围的其他空间作通盘考虑，从整体和谐的观点出发，力求做到基调清晰、主次分明，开、闭、聚、畅适当，大小尺度适宜，并具有严密的逻辑性、秩序性、有机性、完整性，以形成有机的空间序列（图 8-10）。

（2）广场铺地设计

传统的道路、广场的硬化地面设计主要关注其耐久性等技术性能指标及美观方面的要求，因而大量的使用非透水性铺装作为铺装结构，但是非透水性铺装存在明显的生态环境缺陷。下雨时，这样的地面完全阻止了雨水的渗透，使城市一遇雨天就到处积水，而不下雨时地面又极为干燥，尘土飞扬；其次，这样的地面会大量反射、保留然后释放太阳的辐射，增加了城市的热岛效应，使城市的环境舒适度大大减小，同时使空气中的悬浮颗粒物难以沉降。另外，此类地面阻断了雨水直接补充地下水的途径，使城市的地下水位难以回升，直接影响城市植被的健康，会进一步加重城市的干旱、缺水问题。与非透水性铺装相比，透水性铺装很好地体现了“与环境共生”的理念，它在营造良好的城市声、光、热等物理及生态环境方面具有独特的优势。森林公园服务设施外部环境应用透水性铺装，将能更好地发挥绿化、水体及铺装的生态环境的综合效益（图 8-11）。

① 卵石铺地。卵石通常按大小系数分级，供路面铺设用的通常粒径为 36 ~ 100mm。铺置卵石的方法有用木锤将卵石击入砾石基体中以及击入干砂、砾石、黏土的混合物或混凝土内，铺置需要用石填料作底基层。卵石、基体和石填料的总厚度随车流荷载和地基等情况而定，通常为 200 ~ 250mm。

② 黏土砖铺地。黏土砖是由胶接剂添加砂砾、砂土及黏土制作而成的，其中砂砾、黏土可根据材料的密实性及场地设计要求选用粗砂、细砂或重亚黏土、轻亚黏土等等。

③ 陶瓷地砖铺地。利用陶瓷生产中的废瓷、工业矿渣及其他成本较低的原料研制而成的陶瓷透水砖是目前在道路广场中广泛应用的一种材料。陶瓷砖具有良好的透水性能，且抗冻耐热性能优良。在其他方面，它可调节微环境，绿色环保、隔热、吸声和强度高、可再生循环使用等功能。但由于陶瓷砖的气孔率较大，强度就相对减小了，这就意味着要获得较好的透水性能，就得以牺牲强度为代价。由于埋置在砂浆垫层中的陶瓷地砖长时期后会有伸缩，在底部坚实的基层和上面勾缝的面层之间是会有变形差，因故而陶瓷地面在铺设时要作分块铺砌。如果它们是铺砌在连续浇筑的混凝底基层上的话，那么上面可以铺置较薄的块材。

图8-11 各种不同材质的铺地设计

另外，选用陶瓷产品时应注意其是否铅镉超标。

④ 沙砾砖铺地。由一定级配的天然彩色石子和特种胶结剂等材料构成，可分为外墙沙砾砖和地面沙砾砖，地面沙砾可广泛用于广场、人行步道、观景平台、休闲活动区域、轻型停车场等景观路面的铺设（其美观、质感、肌理可详见第 3 章）。与传统路面材料相比，具有如下优点：

自然降水能够迅速透过路面材料渗入地表，使地下水资源得到适时补充。提高地表的透水、透气性，保持土壤湿度，防滑、防噪、调节环境温度，保持城市生态平衡。吸收车辆行驶所产生的噪音，创造安静舒适的交通环境。吸附大量的粉尘，减少粉尘污染，防止路面积水，夜间不反光，改善车辆行驶及路人行走的舒适性、安全性、防滑性。路面具有较大的空隙率，能够使地面自由呼吸，有利于调节地表的湿度。而且平整凸出的沙砾可以给脚底非常舒适的按摩保健作用，同时又能起到防滑和自然排水作用。

⑤ 植草砖。被使用于停车场或道牙边的草坪砖多是由白水泥烧制成的嵌草预制砖。预制砖的垫层是由砂石或干灰土黏结层铺设，在预制砖的空隙中放入砂质种植土，提供草坪生长的条件。生长在嵌草砖内的植物可以很好地减轻太阳光或白色系材料的反光，如果与茶色或灰色系配在一起，会给人一种舒适、放松地感觉，而夏季还可以缓和硬质铺地的反射光。

⑥ 透水性混凝土。透水性混凝土是指空隙率为 15% ~ 25% 的混凝土，即无砂混凝土。它有利于地表水的渗入，提高地表的透气、透水性，具有调节城市地表温度和湿度、减轻市政排水设施负担等优点。彩色透水路面砖是透水性混凝土典型应用制品之一，以其多姿多彩的魅力，已越来越受到人们的青睐。彩色透水路面砖既满足现代人对保持生态和环保的愿望，也满足现代都市对色彩和文化气息的渴求，做到了实用性与欣赏性并重。

⑦ 大粒径透水性沥青混合料。大粒径透水性沥青混合料是指混合料最大公称粒径大于 26.5mm，具有一定空隙率，能够将水分自由排出路面结构的沥青混合料，其特色是多孔表面层由一种“无级配”的粒料构成，粒料内部的大颗粒之间的空隙将雨水渗透到下层土壤（“公称最大粒径”是指集料 90% 以上能通过的最小标准筛筛孔尺寸）。与不可渗透的沥青相比，大粒径透水性沥青混合料更易于排水，在潮湿的环境下有更好的摩擦力和外观，同时减少眩光和噪声。这种材料已经在从普通车道到高速公路的各种铺装的数百例实地应用中得到检验。现今道路中使用较为广泛的透水性沥青混合料有沥青马蹄脂碎石混合料（SMA），它是一种由改性沥青、矿粉、纤维稳定剂组成的结合料填充于间断级配的粗集料骨架中所形成的沥青混合料。成型的 SMA 具有较强的抗车辙能力和抗滑能力；较高的抗永久变形能力和透水能力；并且使路面不易积水，能降低路面的噪音及反光。

⑧ 木材铺面。与铺面有关的木材利用和木工技艺问题，是木栅栏和木挡板之类制造方法的延伸。木铺面的用料多半是铁路软枕和木质装饰物的再周转利用。木材的耐久性于木材的选料及产地有关。对于铺面工程的木材来说，要加以妥善的防腐处理，才能保证其具有抗湿抗腐 5 ～ 10 年以上的功效。耐久性及抗渗性较强的硬木有来自国外的红豆木、阿夫苏木、樟木等。一些软枕也可用花旗松或落叶松做成，它们通常都需要在柏油基的溶液中进行防腐处理。

木铺面平台起源于中国和日本的园林设计，是一种设置在地面以上的，支撑在中间构架上的楼面和平台的木结构建筑。在木铺面平台设计中，外露的平台做成自排水的。可以节省用胶合板、油毡和排水沟等做成防水铺面所需要的费用。铺面条板用非铁螺丝或螺钉固定在搁栅上，条板必须用没有裂纹的耐久性好的木料做成。考虑到木材资源保护政策，橡木或西非硬木可能是未来采用的木材品种木质材料属于天然材料，没有过多的化学添加剂，在森林公园服务设施外部环境中是一种可以美化环境的材料。其本身具有吸声、抗震的性能，但承重能力较差。而且要定期对其补充和更换，价格也相对较高，一般使用于小面积的观景平台或人行道的铺装上。

8.5.3 服务设施建筑单体的设计

8.5.3.1 建筑单体设计准则

(1) 建筑平面设计准则

① 建筑物规模及内部空间设计应根据城市森林公园最合适承载力确定设计容量，根据基本需求空间（m^2 ／人）确定建筑规模，并适当考虑未来发展空间。

② 服务中心内部空间配置包括行政空间、导游咨询、解说展示空间及相关必要设施空间。

③ 根据游客的游览路线，配置相应停车、候车、步道、休息点等设施。

④ 相关内容应符合国家建筑技术规范规定设置。

⑤ 亭台楼阁、水榭的体量应考虑所在区位的游客使用人数，在高密度游憩区，应有容纳多批游客共同使用、互不干扰的平面布置和桌椅配置。亭台楼阁、水榭设置的使用面积应依据游客人数确定，避免大面积的亭台，致使原有地形、地貌遭受破坏。

⑥ 公共卫生间应适度隐蔽，出入口应男女有别，并有明显标志。

⑦ 公共卫生间应设置工具间及拖布盆，以方便维护、清洁工作运行。

⑧ 公共卫生间内便器数量应根据游客数量进行估算设置（表 8-1）。

⑨ 无障碍公共卫生间、通道和设施应符合国家建筑技术规范规定。

(2) 建筑造型设计准则

① 建筑造型应与地形地貌、森林景观和山体的天际线相呼应。

② 造型应尽量简单，并能体现地域文化和地方特色。

③ 建筑物高度应根据建筑技术规范、国家森林风

表8-1 森林公园公厕设备数量估算表

游客人数 男／女	马桶数量（个）		小便器（个） （男厕）	洗手台数量（个）
	男厕	女厕		男厕／女厕
100/100	1	3	2	1 ／ 1
250/250	2	4	2	2 ／ 2
500/500	3	6	3	3 ／ 3
750/750	4	8	4	4 ／ 4
1000/1000	5	10	6	5 ／ 5
2000/2000	7	14	8	6 ／ 6

景资源评价委员会设定的标准进行设计。

④ 尽量能运用先进技术节能减排设计，如太阳能利用、自然采光、自然通风设计等。

⑤ 城市森林公园建筑应体现城市文脉，如传统建筑构造方式，反映当地的人文特色。

(3) 配套设施设计准则

① 应配合当地条件综合考虑交通、停车、供水、排水、污水处理、电力、电信等因素，并应尽量使用清洁能源。

② 游客集中地段应设有安全的户外开敞空间，以供突发事件时使用。

③ 服务中心应设有简易的急救设备，备有急救常识宣传，平时应定期进行演练。

④ 在设施设计上更应充分考虑人体工学，创造适宜的休憩空间，并考虑其耐用性及维护。主要休憩亭台，应考虑无障碍环境，以坡道代替阶梯，以扩大森林公园内的无障碍活动空间。

⑤ 栏杆、桌椅、台阶、照明、解说设施等配套设施，需满足安全、功能和美感的要求。

⑥ 公共卫生间内应设置挂钩、置物架、垃圾桶及供婴儿换尿布的婴儿置放架等设施，并应设置紧急通报铃或紧急对讲机等设备

⑦ 垃圾桶应考虑分类收集及标识，以方便游客识别。并应采用密闭式设计，以避免滋生蚊蝇。

8.5.3.2 建筑单体与环境的融合

完美的森林公园景观环境，不单在于其森林自然景观或人文景观，还在于人工与自然和谐统一美的表现力和富于变化的整体。服务设施建筑单体与环境的关系应该是人工和自然和谐统一的“天人合一”思想的体现。服务设施更多的应该是一种“环境建筑”，适应客观环境的要求，把建筑的空间与形态融入、渗透于森林环境之中，使建筑与自然“有机匹配”，和谐共存，而不与之冲突、对立（图 8-12）。

服务设施与环境共融表现：一方面为服务设施与山地肌理的协调，尽量减少对山地自然环境的破坏。任何一处服务设施建成后，都会是山地的一部分，不协调的服务设施建筑形体就像在流畅音乐中不协调的符号，会影响大地整体的美感，反之，协调的建筑符号则与大地和谐的融合为一体，无突兀之感，两者相映成色。最直接、最有效的方法是尊重自然，尽量保持山地的原有地形和地貌。设计时宜将建筑体量化整为零，分散布置，与森林环境相呼应；另一方面是服务设施与森林环境的融合，为游客创造舒适的游憩环境。游客到森林公园游玩，主要是追求与自然的交流。服务设施作为游人休闲使用的容器，应该在满足人类各种精神与使用功能的同时尽量满足其与自然交流的生态要求。因此，森林公园服务设施与环境的关系应主要注重尊重自然和创造舒适的游憩环境两方面：

图8-12 建筑与环境的共融

(1) 尊重自然的建筑设计手法

服务设施的建构不应构成对森林自然生态系统的威胁，而应作为自然的构成要素存在，并与自然建立和谐的关系。这种和谐的关系并非仅指那种形态上的相似，更主要的是指服务设施对环境的生态顺应性，即尊重自然的生态对策。森林公园自然环境要素中，有一些环境要素对外界的触动具有较为敏感的反应或它的存在对局部或整个地区或地段的生态稳定具有至关重要的作用。如脊状地、陡坡、岩石、树木、溪流、湿地、湖岸、树林以及灾害频发地带等。如果服务设施的基地确实需要选择在这样一些地段上，服务设施设计则必须采取尊重自然的生态对策，最大限度地对原森林生态地形环境给予保留，减少接触面积，避免对自然环境的破坏。具体的建筑设计手法有：架空、错层、收缩、平面避让、竖向跨让和局部穿孔等。

① 架空。服务设施的架空设计即设施底面完全脱离地面，建筑通过支柱支撑，完全立于支柱之上的建筑形式。架空型建筑是森林公园建筑设计中对森林山地自然生态环境破坏最少的形式，因建筑底部支柱所占土地面积小，且深入土层下的支柱不会隔断地下水的渗透作用，这样可以保证地表植物的存活，很好地保持了水土。广东城市森林公园地处南方亚热带、热带地区的湿热气候，架空设计的应用有得天独厚的地域条件。一方面，由于架空式建筑脱离地面，有利于建筑防潮，并能减少虫蝎等的干扰。另一方面，架空空间可遮阳避雨，提供适于交往的公共场所，也可以丰富建筑景观层次，森林景观从通透的架空层中穿过，形成广东地区建筑通透、轻巧的风格（图 8-13）。

② 错层。错层指在地形较陡的森林山地环境中，为了避免过多的土石方工程量以及更好地适应地形变化，将服务设施的内部空间布置于不同标高处，形成错层。错层的各层底面标高通常相差为一层或者半层，适于山地坡度范围 10% ~ 25% 的服务设施建设。错层手法的运用，不仅满足了地形的需要，同时利用地形的高差合理地区分、限定不同性质的使用空间。错层建筑的实现，主要依靠楼梯的设置和组织。如果两栋建筑高差不大，且距离不远，其高差处理可采用楼梯解决。如果两栋建筑距离较远，则可采用平缓坡道放坡处理（图 8-14）。

③ 收缩。森林公园服务设施建筑应对基地的环境现状作出反应，并结合建筑的使用功能创造出独特的建筑形象。当建筑基地可建范围较小，且又为了避免破坏基地周边有溪流、植物、巨石等，不宜对基地进行大面积开挖，常常采用收缩建筑基部或悬挑的方法加以解决。建筑底部逐渐缩小的形式，可以对周围的低矮灌木和地被植物给予最大限度的保留，同时下部在不影响建筑的使用的情况下适当托起以保持地面排水系统的完好（图 8-15）。

④ 平面避让。在服务设施单体平面设计时，为了保全基地内局部突起的石头或某棵大树，在建筑平面上利用空缺、凹凸、曲折等局部处理手法对需要保护的要素进行避让，牺牲局部以保护全局。

图8-13 建筑架空处理

图8-14 建筑错层处理

图8-15 建筑基部收缩处理

图8-16 建筑跨让处理

图8-17 建筑局部穿孔处理

⑤ 竖向跨让。在服务设施竖向设计时，为了对低矮且不宜变更的要素进行避让，常采用架空连廊、局部悬挑和局部架空的方法。此方法主要为了使服务设施躲避岩石、溪流和树木，建筑造型自由，并与森林生态环境形成有机和谐的关系（图 8-16）。

⑥ 局部穿孔。有些悬挑的建筑楼面或屋顶，在一定高度会碰到高大挺拔的树木枝干，为了保留树木甚至保持它们的自然姿态，可以在建筑局部留孔洞，避开树木主干（图 8-17）。

（2）创造舒适的游憩环境

服务设施与森林环境的生态关系不仅体现在尊重和保护上，更具有追求与自然交流的生态意义。到森林公园休闲游览的游人更渴望服务设施设计能给他们带来更多的活力。因此，服务设施建筑必须为使用者提供与自然界的真实交流，即为游客创造舒适的游憩环境。

传统的建筑为了抵御自然界风暴、寒流、雨水等恶劣气候的入侵，往往采用较为闭合的空间，居住者与自然的交流仅依靠门、窗洞口来实施。但在城市森林公园服务设施中，仅仅依靠作为采光和出入口的门窗已经不能满足游人与自然进行真正交流的生态要求了。服务设施作为一种人类在自然环境中的休憩场所，其设计的生态意义更为突出。服务设施的功能空间组织需要考虑在其基本功能不被破坏的前提下，进行开放性、无边界的设计，通过公共空间、过渡空间等让游人与自然进行充分地接触（图 8-18）。

① 森林资源要素的引入。森林资源要素中有些是可以作人为改变的，如植被、岩石、水体等，在服务设施的开放性设计中，将一些有利于反映自然景观及改善室内环境的森林资源要素有机地引入室内是体现

图8-18 融入环境的建筑设计

图8-19　将自然要素引入建筑内部

图8-20　建筑借助自然气流的处理

建筑环境与自然环境相融合的重要手段。例如，广东南昆山森林公园十字水生态度假区的服务设施将森林公园自然的植物、水体等巧妙地引入建筑室内空间，使室内环境更加生动自然，加强了人与自然的交流（图8-19）。

② 环境要素的利用。城市森林公园中，有些无法人为改变的环境要素，如阳光、气流、云雾等气象要素，这些要素随着自然界的昼夜和季节交替不断地发生变化，虽然无法人为改变，但也可以成为室内环境利用的对象。设计时可以考虑采用天窗将阳光引入内庭，增加建筑内部的光亮度；将服务设施屋顶和围护部分分离或利用围护结构本身的错位，形成足够的缝隙对自然的气流进行有效引导，从而改善室内闷热和潮湿的环境（图 8-20）。

8.5.3.3 建筑的空间体量设计

(1) 建筑体量及空间组合考虑的因素

① 服务设施的功能组成及服务设施的性质；

② 服务设施基地的地形地势等地理条件；

③ 基地周边的森林生态景观环境；

④ 游人使用的数量和频率。

(2) 建筑体量组合方式

城市森林公园服务设施建筑可根据服务设施体量之间的相互关系及其组合方式分为单体造型和体块组合型两类。

① 单体造型。森林公园服务设施设计中，因地形限制，多数的中小型服务设施在单栋建筑内已经可以满足其相对简单的功能需要。另外，单体造型的建筑多为小体量建筑，可以很好地与周边的环境融合，因此单体造型是服务设施建筑较为常用的造型处理方式。单体建筑造型并不是说建筑就是一个简单的四方体，单体造型建筑可以通过加、减的建筑手法对单一的造型进行雕凿，并可通过增加装饰细节的方法塑造建筑细部特征，或者可以通过强化这种单体造型因素，以简洁的单体体量与周围复杂环境进行对比，从而达到具有特殊的视觉效果。单纯从服务设施体量造型来分析，单体建筑造型主要包括长方体、圆柱体以及曲线体、折线体等形式。

在单体造型服务设施中，长方体形建筑较为常用，因房间的形状以方形最为经济适用；圆形建筑较少见，一般只在特殊的环境中才会使用；曲线形建筑多是顺应山形地势而成型，其弧度一般不宜过大，否则将影响内部房间功能的使用。

在单体造型中的排布方式通常分为以下 2 种：垂直功能分区与水平功能分区。现代建筑结构体系为服务设施单体提供了灵活多变的内部空间分隔体系，比如在以度假为主要功能的森林公园服务设施单体造型内部，可以在底层设置大堂、餐饮功能、接待功能等交通量大且嘈杂的功能体，而在建筑上部设计管理、住宿功能部分，以满足建筑的垂直方向的动静分区要求；水平功能分区则多用于依山就势发展的单体造型服务设施，各功能体顺着建筑体量的发展而逐步展开，靠近外部的建筑体量安排接待、餐饮部分，靠近内侧的体量安排住宿、后勤部分。

② 体块组合型。服务设施如果功能复杂，各功能房间又相对独立，建筑在造型处理时，常用的手法就是体块组合的模式，以不同的体量组合在一起，达到某种和谐的结构模式。多体量的穿插组合形式是建筑中常用的方式，并列、穿插、叠合、错位、解构、自然布局等都是体型组合的方式。并列式是建筑单元依次排列，通过重复的建筑单元产生韵律感；穿插式是两个或者几个建筑单元依山势相互穿插，连接而成建筑整体；叠合式是建筑单元在竖直方向层叠而上；错位式是建筑单元在竖直方向交错位叠合，依山而上，这种形式有时会形成新的大地景观；解构是现代建筑领域的一个分支，以其多变、不可度量的造型而有别于传统造型；自然布局实际是建筑的发展顺应山势，依山就势的自然形成建筑的总体造型。

(3) 山地建筑的天际线组织

建筑轮廓线是指，以建筑周围的环境为底、以所研究的建筑为图所形成的图底关系视觉界面中图与底相交接的边界。森林公园服务设施建筑设计与处于城市建设区中的建筑设计不同，因为在城市设计中，考虑的仅是建筑与天空的图底关系，而在森林公园山地环境中，需要考虑建筑、山体、天空三者共同的图底关系。森林公园服务设施的天际线不仅通过建筑立面上凹凸起伏变化的建筑造型来丰富图底关系，同时建筑的轮廓线、山体的轮廓线与天空的轮廓线还要相得益彰（图 8-21）。

图8-21 建筑与山体轮廓线的融合

(4) 建筑内部空间与外部环境的无边界设计

服务设施除了注意建筑外部形态以及景观视觉效果外，还考虑游人在建筑内活动时景观视线的好坏。设计时可以通过改变开窗的位置与大小，设置露台或室内装饰室外化的方式，将森林公园的美景尽收眼底，使人仿佛置身森林之中，达到服务设施内部空间与外部环境的无边界的效果。首先，尽可能地设计落地窗，扩大景观视野的范围。其次，通过内部装饰室外化的手段，利用植物和水体装饰使室内空间与室外空间相连，内景与外景互相融合，更加亲近森林生态环境。在环境允许的条件下，甚至可以取消封闭式的大门，采取开放式的格局，让自然的微风穿堂而过，送来清新怡人的阵阵花草芳香（图 8-22）。

8.5.3.4 服务设施建筑材料的选择

(1) 乡土建筑材料的选用

森林公园复杂的地质地貌环境孕育了丰富的资源，各民族在长期的实践与摸索中逐渐开发出了许多地方性建材：一类是木、竹、土、石、草、藤等天然材料；另一类是砖、瓦、石灰等人工材料。根据各种材料的物理性能和外观感受，结合广东地方气候灵活地运用于服务设施之中，具有极高的实用价值和美学欣赏价值。

例如，在广东南昆山森林公园十字水度假村内，传统的乡土建筑多用生土、石材、木材等自然材料，无污染、可循环，具有良好的生态效应（图 8-23）。环保型的可回收材料被大量使用，如步道的木板使用铁轨枕木，屋顶青瓦来源于附近村落的废弃房舍。当地砖、瓦、石、砂、木材的使用，使建筑材料得到了最大限度的合理利用。

(2) 石材的应用

石材是建筑常用的建筑材料，远在古希腊的时候，石材已经被广泛且熟练地应用于建筑，其历史源远流长，且留下了灿烂的石头文化。广东城市森林公园中多数盛产石材，在其服务设施建设中可以就地取材，节约建设成本。如大岭山森林公园中采用天然石材作为入口标志（图 8-24）。

图8-22　建筑空间的无边界处理

① 石材通常分为 3 类：火成岩、变质岩、沉积岩。火成岩主要是由火山材料形成，主要种类包括玄武岩、斑岩、花岗岩和蛇纹岩，建筑中最常用的就是花岗岩；变质岩是在高温高压下，矿物质混合后变质成为新种类的岩石，主要种类有大理石、板石，建筑装饰中常用大理石；沉积岩是有机体中的碎屑脱离出来，沉积形成的岩石，主要种类有石灰岩、砂岩、皂石河化石等。

② 石材的优点：自然的石材是美轮美奂的天然材质；具有坚硬永久的属性，石材具有良好的抗压性能及可长久保存的时间效应；耐腐蚀性，石材本身是自然的产物，能够抵御大自然的风风雨雨侵蚀，长久不变。

③ 石材在运用中需要注意的问题：石材抗拉、抗弯性能差，在使用过程中有一定的限制；使用石材应注重后期的养护，否则将影响石材外观美丽、内质优良的持续性；某些石材具有放射性，石材的放射性主要是因为石材中含有放射性元素，故在使用前需要对石材进行两方面的检验，一是石材本身电离辐射剂量的测量，二是石材释放出来的氡气污染空气程度的测量。

(3) 木材的应用

木材是可再生、又可多次循环利用的天然资源，是绿色生态建筑材料。树木借助于自然界的土地、水分、阳光而生长成材，而水泥、钢材、黏土砖要经采掘、冶炼、煅烧，从而消耗大量热能，造成环境污染；木

图8-23　石材在服务设施中的应用

图8-24 石材在大岭山森林公园入口标志中的应用

图8-25 木材在服务设施中的应用

材在建筑装饰的应用更是多方面的，如门、窗、地板、墙板、窗帘盒、家具等。森林公园中最丰富的资源就是木材资源，其优良的性能、柔和的质感在服务设施建筑中可以得到广泛应用（图 8-25）。

① 木材的优良性能如下：具有最佳质强比，利于减轻建筑的自重、减少建筑物的基础处理和提高抗震性能；木材是热的不良导体，木材和木制品作为墙体材料将大幅度降低建筑的冬季取暖和夏季空调耗能；木材是绿色无公害材料，木材可以多次循环利用，不会产生剩余物，造成环境污染。此外，经过加工的木材是水面或水下建筑所能使用的最佳建材之一。其弹性足以抗衡海水和船只的冲击，同时对海水的侵蚀破坏作用有天然抵抗力。

② 木材在建筑应用中的缺陷：变形与开裂，在干湿变化交替的环境下，木材易于变形与开裂，从而影响木材使用质量；木材的霉变和蛀蚀，木材极易造成蛀蚀，木材的吸湿和降解又易导致霉变，从而会引起木材强度降低，影响木材的使用和耐久性；易燃性，木材是一种可燃性材料，极易燃烧，因此，木材用于建筑应进行防腐、防火处理。

③ 木材在建筑应用中的处理和保护措施：木材的干燥处理，用于防止使用木材的收缩变形，分为自然干燥和人工干燥两种；木材的加压处理，用于防止木材被虫蛀蚀和腐蚀；木材的防火处理，木材的防火处理有化学渗透法、涂刷防火涂料法、复合法等，主要都是要达到阻燃目的。

8.6 服务设施设计的生态观

服务设施设计应以生态工程设计理念为指导。1969年，麦克哈格发表《设计结合自然》一书，该书强调了人类对大自然的责任，要求每个生态系统去找其最适合自己的环境，然后改变自己和改变环境去增加适合程度，把自然价值观带到城市设计上。麦克哈格认为，大多数的规划技术都是用来征服自然的，然而，自然是各种因素平衡的结果，因此，自然环境的破坏将对生态系统造成干扰。他认为设计应该与自然相结合而不是与自然相对抗。寻求建筑与环境之间的和谐关系，逐渐形成了一种独特的、区别于传统建筑设计的理念，如生态建筑、绿色建筑、可持续发展的建筑等。服务设施设计的生态观强调促进可持续发展的理念。

8.6.1 服务设施设计生态观的涵义

服务设施设计的生态观具有一系列内涵，主要包括两个方面：循环经济和保护森林生态环境。

（1）循环经济

“循环经济”是 20 世纪 60 年代美国经济学家肯尼斯·鲍尔丁（Kenneth Boulding）在他发表的一篇论文《一门科学：生态经济学》中提到生态经济时谈到的，受到发射到太空的宇宙飞船的启发来分析地球经济的发展，提出了他的“循环经济说”。他指出，在人、自然资源和科学技术的大系统内，在资源投入、企业生产、产品消费及其废气的全过程中，传统的资源消耗—产品—污染排放发展模式，是一种单一的线性式的经济发展模式。这终会导致资源的枯竭。他认为，人类的经济传动就该是利用、利用、再利用的一种循环状态。

循环经济理念要求按照生态规律组织整个生产、消费和废物处理过程。而服务设施设计生态观强调的是在保护森林生态环境、充分提高资源的利用率、实现良性循环，促进人与自然的和谐统一。那么只有将循环经济理念运用到服务设施设计中，才能得出一条科学的、资源消耗低、环境污染少、各项资源优势得到充分发挥的可持续发展道路。

循环经济具有 3 个原则：即减量化、再利用和再循环的“3R”原则。强调生产必须是减量的扩张，经济必须是排放最小的增长；不仅强调生产的投入和产出，更强调生产过程必须是清洁生产。

① 减量化原则（reduce）。用较少的原料和能源投入来达到既定的生产目的或消费目的，进而到从经济活动的源头就注意节约资源和减少污染。尽可能减少包括能源、土地、水、生物资源的使用，提高使用效率。设计中如果合理地利用自然的过程如光、风、水等，则可以大大减少能源的使用。新技术的采用往往可以数以倍计地减少能源和资源的消耗。即使基于现有的技术，有学者认为人类可以用比现在少一倍的能源和资源消耗而获得比现在高一倍的生活水平，即所谓的四倍数（factor four）。相似的观点认为，在全世界范围，只有将资源消耗量减少到 50%，而发达国家减少到 10%，地球的可持续目标才有可能实现。

② 再利用原则（reuse）。生物圈中的物质是有限的，原料、产品和废物的多重利用是生态系统长期生存并不断发展的基本对策。有些森林公园山体存在废弃的土地，废弃的工业厂房，如果能够加以利用，赋予其新的服务功能，则可以大大节约资源和能源的耗费。许多发达国家在城市景观设计中利用关闭和废弃的矿区或工厂加以生态恢复后成为市民的休闲地，已是较为常见的做法。早在 1971 年，景观设计师 Richard Hagg 就提出利用西雅图的煤气工厂遗址建成市民休闲公园，该公园于 1975 年开放。另一个例子是由德国景观设计师 Peter Latz 于 1991 年设计的位于德国钢铁重镇 Ruhgebiet 的 Emscher Landscape Park 景观公园，该公园占地 230hm^2，设计充分利用原有工厂设施，进行生态恢复，通过改造原工厂生锈的炉台、斑驳的断墙，把过去辉煌的工业历史展现给游人。国内在这方面也有不少例子，广州番禺东郊的莲花山风景区就是利用一处废弃的古代石矿场改造而成的市民休闲地；中山市一个始建于 20 世纪 50 ～ 60 年代的粤东造船厂，不是被彻底拆掉和推平用于地产开发，而是利用现有榕树、厂房和机器，设计成一个开放式的市民休闲场所——中山岐江公园（图 8-26）。

③ 再循环原则（recycle）。在自然系统中，物质和能量流动是一个由“源－消费中心－汇”构成的头尾相接的闭合环循环流，循环流中的每一个组合既是下一组分的“源”，又是上一组分的“汇”，因此，大自然没有“因”和“果”或废弃物之分。而在现代城市环境系统中，这一流是单向不闭合的。因此在人们消费和生产的同时，产生了大量垃圾和废弃物，造成了对大气、水体和土壤等自然环境的污染。

土地资源是不可再生的，但土地的利用方式和属性是可以不断循环改变的。从郊野、农田、城市密集区到郊区森林公园、边缘城市和高科技园区，随着城市景观的演替，大地上的每一寸土地的属性都在发生着深刻的变化。或许在将来的某一天，昔日城区的大面积铺装可能又会重新变为森林或农田，已经填去的河湖水系会被重新恢复。

（2）保护森林生态环境

图8–26　中山岐江公园

图8-27 大岭山森林公园适应场所的建筑设计

建筑的设计应强调与环境协调，尽可能地维护外部环境，并充分发挥环境效益。建筑的选址，平面、剖面设计都应遵循与环境共生的原则，充分利用原有的地形、地貌，并与环境特点与气候特征相适应。

① 适应环境特点。服务设施设计形式应以其所处环境的自然过程为依据，依据环境中的地形、森林植被、阳光、气流、水文、土壤及能量等，充分利用基地周边的自然条件，保留和利用地形、地貌、植被和水系，维系森林绿色空间，保持历史文化与景观的连续性，尽可能减少对自然环境的不良影响。如东莞市大岭山森林公园服务设施设计时注重与环境的融合，以适应环境特点（图 8-27）。

② 适应气候特点。由于气候特征是影响森林公园建筑设计的自然环境因素中具有明显地域特征且相对难以改变的设计参考因素。森林公园山地气候资源又具有快速的动态变化特征。而服务设施内部的能量消耗与其所在地区的气候又有直接关系，因此服务设施的形式、围护结构特点、对材料的选用等都应该充分考虑并适应广东地区地域性的气候特征。

8.6.2 服务设施设计的生态策略

由于城市森林公园服务设施的地理位置特殊，具有不同于城市区域的森林自然环境、气候特点及自然资源等，因此，服务设施设计应该强调生态策略。这一概念的设计策略强调的是：应用森林自然环境中的阳光、风力、气温、湿度的自然原理，尽量不依赖常规能源的消耗，针对森林中的建筑，以生态手法从建筑的规划、设计、环境配置等方面来改善和创造舒适的游憩环境。目的是尽量减少或者不使用制冷、供热及照明设备，并创造高质量的室内环境和室外环境，是顺应森林、湿地、山地的地形地貌自然的设计。

森林中建筑设计生态策略的内容包括了建筑设计从前期方案到后期施工以及运行的全过程。基本内容除了考虑建筑的选址、建筑的功能、平面布局、建筑形体、朝向、竖向设计以外，尚应考虑建筑的自然采光、自然通风、围护结构和供热、制冷、热能存储等一系列处理建筑内部关系及建筑与环境的关系的措施。

8.6.3 服务设施的自然采光与遮阳设计

8.6.3.1 自然采光

自然采光就是将光线引入到室内，并以某种分布方式提供比人工光源更理想更优质的照明，在减少人工照明需求的同时，也减少了电力使用以及相关的费用和污染。

8.6.3.2 自然采光设计

(1) 自然采光的意义

服务设施设计的生态策略有着很广泛的内容，除了追求对资源、能源的高效利用之外，也力图追求美学、健康、福利、生活质量等心理与生理方面的需求。自然光是一个非常吸引人的设计切入点，作为服务设施设计的一个重要部分具有以下多方面的意义：

① 自然采光可以用于照明并减少电量的消耗，从而减少对环境的影响。

② 自然采光可用于被动式采暖与制冷，阳光在带来光的同时也带来热量，建筑开窗获得太阳辐射的同时也带来了对流风，自然采光也是被动式太阳能设计的一个重要组成部分。

③ 自然光可以有助于人们的健康和安宁。它可以用于治疗特殊疾病或者是提供视觉上抚慰，在森林公园休疗养建筑中作用非常明显。

④ 自然光能帮助人们来感受时间，感受季节的变化和每天太阳的起落。

(2) 服务设施自然采光设计要点

① 采光问题的考虑应该先从总图设计和平面布局

开始。在现场考察时，对用地外障碍物、山形地势、建筑等要仔细调查。如果外部障碍物过于遮挡用地，则要适当考虑减少建筑的平面进深。

② 对人的心理舒适度而言，室内可看见的天空面积是一个重要的因素，而不仅仅是光线的照度。窗户的高度最好能使室内使用者看见更大面积的天空。

③ 窗户的数量和面积应该仔细考究。应根据建筑自然光照、自然通风、造型要求和能耗等问题综合确定。大面积的窗户允许透过更多的自然光，同时也可能带来更大的热损失或者热获得，增加室内热负荷。一般来说，比较合理的窗户面积最好是房间面积的20%左右。

④ 在普通的开窗情况下，一般日光照射深度为窗户高度的2.5倍。

⑤ 中庭和内院对进深大的建筑在采光方面有促进作用。

⑥ 屋顶天窗能提供更良好、更直接的自然光照，其照明面积是相同面积的立面窗户的3倍左右，但采用天窗的同时应注意室内热环境。

8.6.3.3 遮阳设计

在冬天和气候温和季节，采集阳光有助于抵消损失的热量，但夏天，在森林公园服务设施建筑中，避免采集多余的热量也同样重要。解决问题的办法主要靠遮阳设计。

(1) 固定遮阳方式

水平的固定遮阳装置如屋檐、遮阳板、花架等可以非常有效地对直射南边窗户的阳光进行遮挡。如东莞市大岭山森林公园游客服务中心局部利用架空廊进行遮阳（图8-28）。但在冬季某些需要采集热量取暖的时候，这样的遮阳方式也有其缺点，因为它遮挡了阳光。窗户的固定遮阳主要有水平方式和竖直方式，南面常采用水平遮阳，但当南面太阳的方位角超过8°时，水平的固定遮阳装置就不再有效。东南和西面由于太阳高度角较低，窗户的遮阳则需要采用竖直装置。

图8-28　大岭山森林公园游客服务中心利用架空廊进行遮阳

图8-29为约瑟夫·加特纳父子公司办公楼的中庭天窗，它在玻璃窗之外又额外增加了一套室外百叶来保护天窗，光敏元件和一套环境控制系统可以对天窗上侧的铝制百叶进行调节。

(2) 可移动遮阳方式

可移动遮阳方式主要有两个优点：

① 它可以根据室外条件的变化进行调整，能更充分地利用太阳能和阳光，同时又可以遮挡刺眼强光和

图8-29　顶部采光中庭的遮阳处理——约瑟夫·加特纳父子公司办公楼的中庭天窗

图片来源：《可持续建筑的自然光运用》

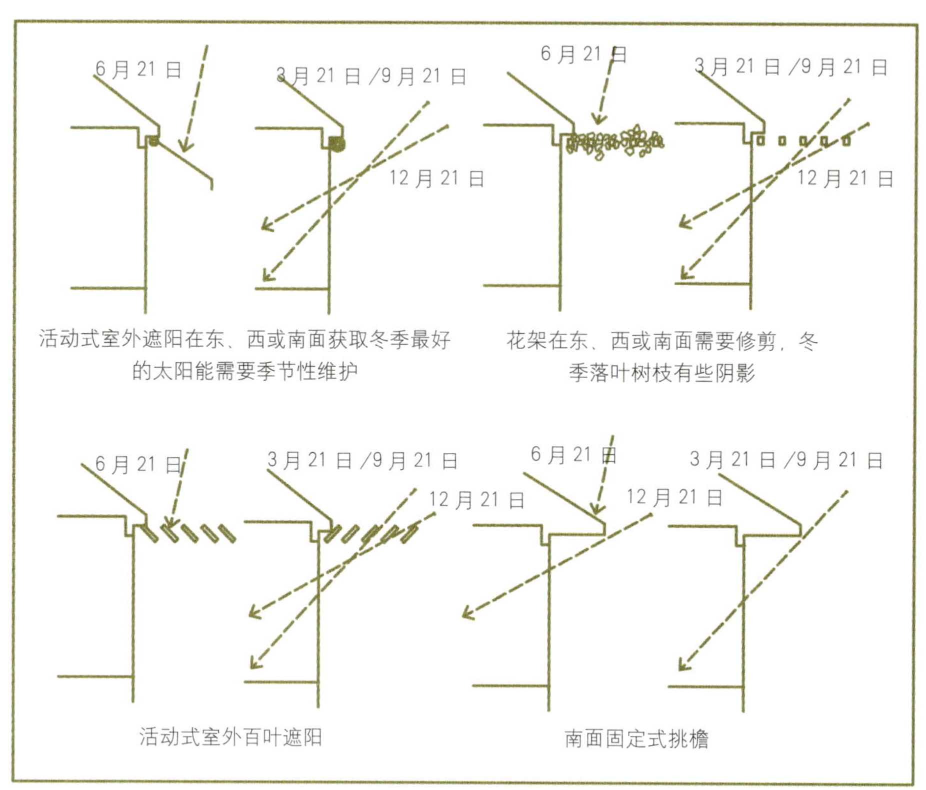

图8-30　窗上遮檐处理方式

多余的热量。

② 在冬天，遮阳装置可以关闭，以减少从建筑辐射到夜空而损失的热量。固定的遮阳装置则不具备这些优点。

(3) 植被遮阳方式

从环境的角度考虑，有机的遮阳方法常常是最佳途径。特别在森林公园中，植被遮阳方式更具有得天独厚的优势。例如，落叶乔木在夏天可以最大限度遮挡阳光，而在冬天它们的叶子脱落，使阳光可以穿越而过，照进室内。设计时应当对不同植物在不同季节的生长情况进行了解，以选择适当的植物来遮挡阳光。如大岭山森林公园游客服务中心利用原有几株南洋楹大树进行遮阳设计，树木高大的枝干使建筑的遮阳达到很好的效果（图 8-31）。

图8-31　大岭山森林公园游客服务中心利用植物进行遮阳

比较符合生态学的设计方法是，把松柏类树木栽种在整个场地边缘以挡风，落叶树木栽种在靠近建筑的地方，葡萄藤、树篱或者爬行植物则栽种在建筑的边缘，室内也可以在窗台和内部结构中栽种一些植物，以提高空气质量，改善背景视觉效果。

城市森林公园服务设施由于建筑的朝向、体量以及所处的环境各有不同，综合能源、舒适度和生物学等几个方面的因素，在森林公园服务设施建筑遮阳设计中，应灵活运用固定和可移动、实体和植被相结合的遮阳方式，以降低成本，提高效率。

8.6.4 服务设施的自然通风设计

8.6.4.1 自然通风

建筑应用自然通风技术的意义在于两方面：一是自然通风带来的被动式冷却可以减少能源消耗；二是

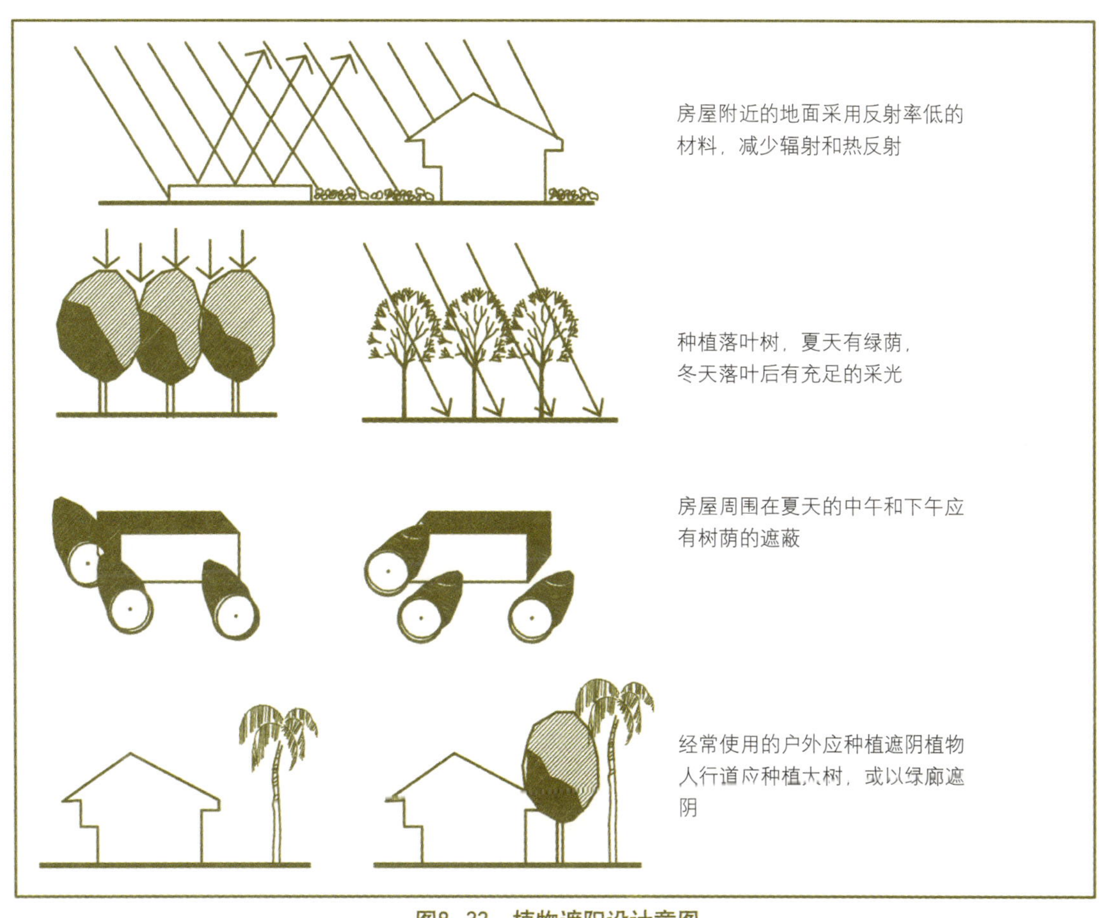

图8-32　植物遮阳设计意图

它可以清除潮湿和污浊的空气，提供新鲜清洁的天然空气，有益于人体的生理和心理健康。

在湿度较重的条件下，自然气流通风是获得热舒适的非常有效的方法。通过引入自然风到室内并提高室内空气的流速，能够增加人体皮肤表面的汗液蒸发，减少由皮肤潮湿引起的不舒适感觉，并加强人体与环境空气之间的对流，降低温度。在夜间，开窗通风还能够消除白天在室内建筑构件及家具上积聚的辐射热量。例如东莞市大岭山森林公园服务设施在建筑底部和上部设置通风口，利用风压有效组织自然通风，节约能源（图 8-33）。

图8-33　大岭山森林公园公共卫生间的自然通风设计

8.6.4.2 自然通风设计

（1）自然通风的基本形式

自然通风最基本的动力是风压和热压，它在实现原理上有风压通风、热压通风、风压与热压相结合以及机械辅助通风等几种形式。

（2）服务设施的通风策略

广东城市森林公园地处湿热气候地区。湿热地区建筑最大的难题是高温高湿，保温材料派不上用场，热压通风的效果也不明显。在这类地区主要的通风方式是风压通风，建筑呈现出一种“开放式的通风文化”，

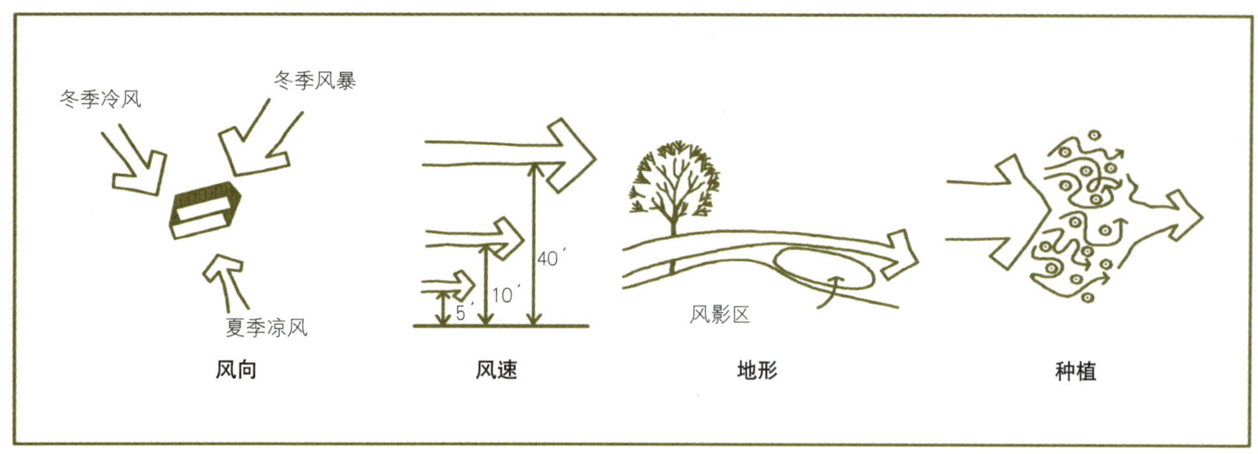

图8—34 风与建筑落位分析

森林公园服务设施宜设计为大屋顶，架空的干栏式，再配合深深的挑檐用来遮阳和诱导通风。建筑的通风策略以除湿为主要目的，降温则主要通过气流吹过人体产生蒸发带走热量的效果。

(3) 服务设施建筑布局与气流控制

在建筑的布局时，空气的流动是一个重要的气象因素，在任何地段上风的流动都会影响建筑内部的冷暖和内外气候环境。设计时可根据各地区的气象资料所提供的当地不同季节的主导风向和风速分析气流对建筑的影响。由于通风可增加建筑的散热，风压可增加建筑的渗透，夏天的穿堂风可使居室凉爽舒适，因此建筑布局应考虑热天利用通风使建筑降温，冬季则需要采取避风措施。影响气流的环境因素有地形、坡度、朝向以及当地的植被情况及相邻的建筑形态等，建筑在地段上的落位要充分利用自然地形条件，利用当地风效应的特点取得环境气候效益（图 8-34）。

风速随着距地面的距离而有所增加，也因地表面的摩擦而有所减低。较高的风速可为建筑带走部分热量，0℃的气流当每小时 48km 时为 -7℃静止空气 6 倍的降温效应。因此服务设施如果要创造舒适的建筑环境，就首先要控制建筑地段上空气的流动，控制气流的基本方法是降低流速和分解流向。降低流速可采用种植灌木丛、乔木林、人造地势或构筑物等方法设置风障。设置风障可分散风力或按照期望的方向分流，或越过风障以减低风速。另外，建筑体的尖角在冬季指向风吹来的方向，使其速度分解，使建筑能更好地抵御冬季的风暴。

城市森林公园服务设施由于地处森林环境中，利用植物作风障是其有利条件，由于树种和灌木的树形、树龄及高度的不同，可有效降低风速。风障可设置不同的高度和分块分片。分块布置有助于林木的防病，常青树种可常年有防风作用，不同树龄的树种可使新生代自然更替，建成持久性的风障。

(4) 服务设施建筑布局与自然通风

服务设施建筑布局受很多因素控制，其中影响布局的主要有阳光与风向。建筑布局对自然通风的效果影响很大。在考虑单体建筑得热与防止太阳过度辐射的同时，应该尽量使建筑的法线与夏季主导风向一致；然而对于建筑群体，若风沿着法向吹向建筑，会在背风面形成很大的漩涡区，对后排建筑的通风不利。为了消除这种影响，群体布置中的建筑法线应该与风向形成一定的角度，以缩小背后的漩涡区。由于前幢建筑对后幢建筑通风的影响很大，因此在整体布局中还应该对建筑的体型，包括高度、进深、面宽乃至形状等进行综合考虑。

(5) 建筑内部穿堂风的组织

广东地区的传统建筑非常重视穿堂风的组织，穿堂风是自然通风中效果最好的方式。所谓穿堂风是指风从建筑迎风面的进风口吹入室内，然后穿过建筑，从背风面的出风口吹出。建筑穿堂风的组织应重点考虑：

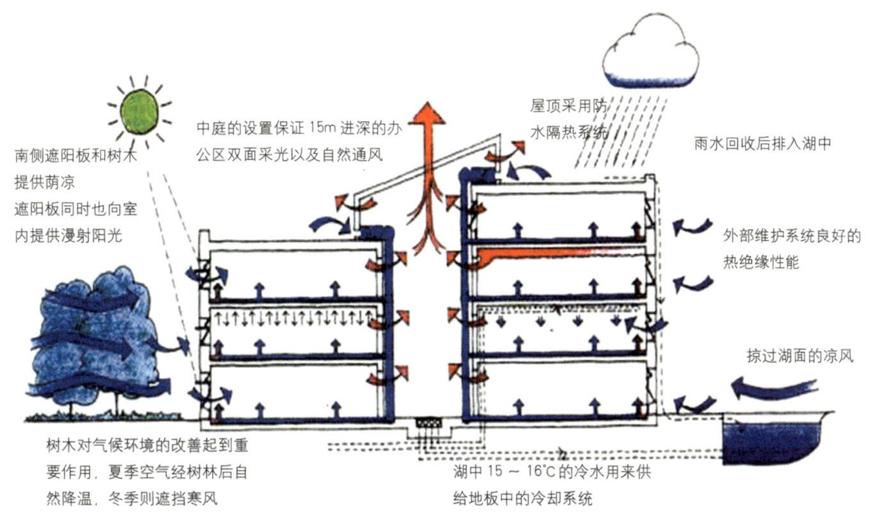

图8–35　巴克雷卡德总部办公楼剖面分析图

图片来源：《生态建筑——面向未来的建筑》

主要房间应该朝向主导风迎风面，背风面则布置辅助用房；利用建筑内部的开口，引导气流；建筑的风口应设置可调节装置，以根据需要改变风速风量。室内家具与隔断布置不应该阻断穿堂风的路线。另外，利用建筑中庭顶部突出屋面的部分组织自然通风，尤其是核心式和内廊式的中庭，在突出部分的侧面开窗作为气流出口，利用中庭积存空气，使之受热，以热压强化中庭的烟囱效应将热空气排出，也能使建筑有良好的穿堂风。如英国的巴克雷卡德总部办公楼（图 8-35）。

（6）围护结构开口的优化设计

服务设施建筑各房间的开口大小、相对位置等，直接影响到风速和进风量。进风口大，则流场大；进风口小，流速虽然增加，但是流场缩小。根据测定，当开口宽度为开间宽度的 1/3 ~ 2/3 时，开口大小为地板总面积的 15% ~ 25% 时，通风效果最佳。开口的相对位置对气流路线起着决定作用。进风口与出风口宜相对错开位置，这样可以使气流在室内改变方向，使室内气流更均匀，通风效果更好。

8.6.5 服务设施的能源利用方案

能源资源分为可再生能源和不可再生能源，前者包括太阳能、风能、地热、潮汐、核聚变等能源，后者包括煤炭、石油、天然气等。充分利用和发挥可再生能源是建筑设计中对能源利用的方法之一。

目前，建筑设计中可再生能源的利用有太阳能、风能、地热能等，其中以太阳能的利用最为广泛，技术也最为成熟。由于城市森林公园阳光充足，其服务设施建筑设计的生态策略应注重太阳能的利用。

8.6.5.1 太阳能的利用

（1）被动式太阳能加热和降温

太阳的辐射能量可直接进入居室或把热量贮存于其他领域散放或备用，利用各种建筑材料不同的传导、吸收、贮存热量的性能而使空气增温。被动式太阳能技术是运用天然热能的辐射、传导与对流的作用达到天然热能的收集、贮存与应用。简单的被动式太阳能降温和制冷需要把建筑从过热的太阳照射下遮蔽起来，设计通风良好的窗户，提高建筑的隔热性能，保持夏季室内的凉爽，该技术在大多数气候地区可有效地节约机械制冷的费用。被动式的太阳能供热技术是使用太阳能集热器和多种热贮存技术，可应用于各种类型的服务设施建筑设计之中（图 8-36）。

（2）主动式太阳能利用

① 太阳能热水。在建筑中设置太阳能热水系统，利用太阳能来使冷水加热，是一种无废无污、可持续利用的生态方法。太阳能热水系统由太阳能集热器、水箱、循环管道组成。在森林公园服务设施中，由于

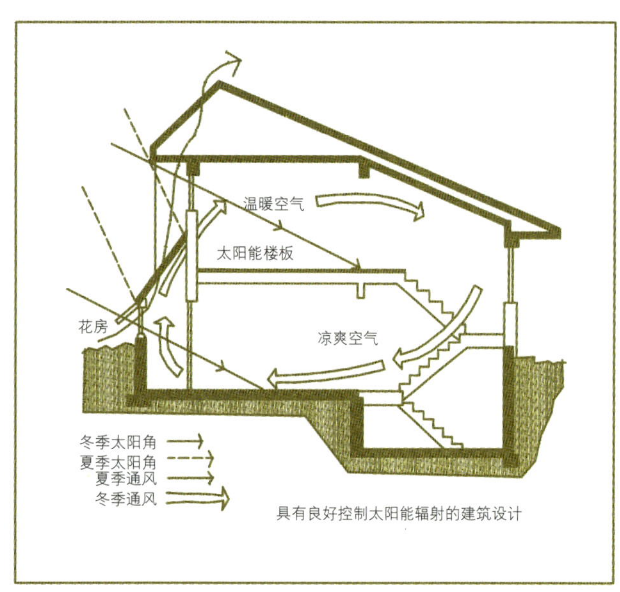

图8-36 被动式太阳能利用概念

远离城市能源设施，所以用太阳能集热器可以为人们提供沐浴、洗涤等生活用热水。

② 太阳能发电。在森林公园服务设施建筑中利用太阳能电池发电为建筑提供能源，既无污染又无噪音，是非常理想的供能系统。晴天时，太阳直射光照度一般总是比天空扩散照度大得多，广东地区的夏季是用电高峰，而往往也是一年之中太阳能最为丰富的季节，这时利用太阳能的效果也是最好的。这不但可以节约照明用电量，降低峰荷用电，缓解高峰缺电和季节性缺电，而且室内变化的太阳光还会增加视觉环境的情趣。

8.6.5.2 风能利用

建筑设计除利用风压来形成自然通风外，还可利用风力来发电。风力发电系统可以集中布置，也可分散使用。集中式的风力发电系统，以建筑群为单位，在建筑的上风处设立风车组，既丰富了景观，又提供了能源供应。随着生态建筑的发展，风能利用设备应可设置在建筑中，直接利用风能为建筑物提供能源，尤其在离城市的能源设施较远的城郊型森林公园游览服务设施，综合利用风能，有更重要的意义。

参考文献

[1] 李金旺，邢忠．2006．论城市中的绿色边缘区 [J]．重庆大学学报，(2)：28-32．

[2] 钟敦伦，王成华．1996．成都山地所山地灾害研究 [J]．成都山地研究，(5)．

[3] David Lloyd Jones．1999．Architecture and the environment：bidclimatic building．Calmann&King Ltd，16．

第9章　交通系统工程设计

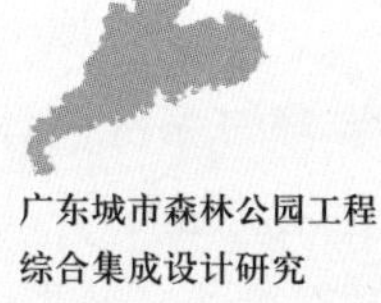

9.1 交通系统工程设计的目的、原则和内容

9.1.1 交通工程设计的目的

交通工程学（traffic engineering）是交通工程学科研究与发展的基本理论，是从道路工程学中派生出来的一门较新的学科，它把人、车、路、环境及能源等与交通有关的几个方面综合在道路交通这一统一体中进行研究，以寻求道路通行能力最大、交通事故最少、运行速度最快、运输费用最省、环境影响最小、能源消耗最低的交通系统规划、建设与管理方案，从而达到安全、快捷、经济、方便、舒适美观、节能及低公害的目的。

城市森林公园交通工程设计是指为了实现城市森林公园的主体功能，以生态学理念为主导，综合运用系统方法论、道路工程学、交通工程学理论，对城市森林公园的交通系统工程进行综合规划设计的过程。城市森林公园交通工程设计是体现其服务功能价值的必要条件，城市森林公园有别于城市公园，一般具有远离市中心区、占地面积较大、景点分散等特点，为了使市民能便利地享受森林公园的生态服务功能，必须具备完善的交通系统。

9.1.2 交通系统工程设计的原则

根据综合集合设计总体思路和交通工程的特点，交通工程设计的原则是：

① 系统原则。城市森林公园交通工程设计必须是完整的交通系统，同时还应与公园外的交通系统相衔接。

② 综合原则。城市森林公园交通工程设计是多学科的综合设计，包括：工程（engineering）、法规（enforcement）、教育（education）、能源（energy）和环境（environment）等。

③ 超前原则。城市森林公园交通工程设计必须具有超前性，要科学预测社会经济增长率并预测交通量的增长率，从而进行超前的交通设计。

④ 动态原则。森林公园的游客和交通量是个动态数量，随时间和季节而变化，交通工程设计必须考虑游客高峰期的承载力问题，从而进行必要的动态设计。

⑤ 美观原则。城市森林公园交通工程不同于一般交通工程，须满足游客视觉美观的要求，因此，路线设计和道路两旁的绿化美化设计应充分考虑美观要求。

9.1.3 交通系统工程设计的理论依据

道路工程设计的理论依据主要有汽车动力学、材料学、交通工程学、应用数学等。根据汽车行驶动力特征，通过路面的材料特性和平面几何线形进行道路设计，使汽车能在设计的道路上安全快捷舒适地行驶。

9.1.4 交通系统工程设计的内容

城市森林公园交通系统设计的主要内容包括：机动车道（含交通标志）、游览道路（含人行道、自行车道）、停车场、景观桥梁、简易码头等工程设计。由于城市森林公园具有地域的特殊性，因此每个城市森林公园的交通工程设计内容不尽相同，应根据实际情况进行对交通工程的内容进行取舍设计。

9.2 交通工程对生态环境的影响

交通工程建设与营运过程中，对道路沿线一定范围内的生态环境会产生不同程度的影响，主要表现在以下几个方面。

（1）*动物栖息环境改变*

道路建设对沿线地区的动物栖息环境会造成一定影响，如使一些有特殊要求的动物种群被迫向偏僻地方或其他地区转移，道路建设使动物的活动区域改变，生活领地被重新划分，有可能影响动物的生活习惯。

（2）水土流失

建设公路过程中，路基路面施工的采石、取土区和弃土堆放区，可能破坏公园的原有地形和地貌，破坏山体的自然平衡，引起边坡失稳、水土流失。

（3）河道淤塞

由于桥梁基础开挖、围堰施工以及河沟中的墩台对河床的挤压导致河水流速减慢，容易造成河道淤塞。

（4）环境污染

道路建设过程中，主要污染为汽车产生的噪音及排放的废气，施工机械产生的废水、废渣，将污染大气、土壤、水体及周围环境，影响道路沿线的植物生长。道路营运过程中，主要的环境污染为大气污染和噪声污染。

（5）植被破坏

森林公园道路建设选线不合理，会砍伐大量树木和铲除大量地表，造成森林公园植被的破坏，并对森林景观造成严重影响。

9.3 交通道路工程设计的要求

① 根据低碳城市的理念和城市森林公园的规模、环境容量、游客最大容量、交通流量、运营方式、服务性质和管理需要，综合确定道路建设标准和路网密度。

② 道路布设必须满足森林公园的景区景点、生态、旅游、宣传教育、环境保护及经营管理等多方面的需要。

③ 公园内部道路宜采用环形的路网，并与外部道路合理衔接，沟通内外部联系；有水运条件的地区，宜设计水上交通设施。

④ 道路线形应顺从自然，以曲线线形为主，充分利用地形，节约用地，尽可能少地破坏原有地形地貌。

⑤ 道路设计要综合地考虑防灾、护林防火及安全设计；道路不得穿过有滑坡、塌方、泥石流等危险的地质不良地段；通向游客集中地段的园路应有环行车道或回车场地。

⑥ 公园内游览道路应向景区景点布线，做到道路两侧有景可观，使游人有步移景异之感。

⑦ 森林公园道路设计应考虑野生动物的生境，在动物活动频繁区域需设计生物通道。

9.4 道路分类与技术标准

9.4.1 道路分类

森林公园道路分为机动车道和游览道路。机动车道和游览道路宜分开设置，受地形条件限制时，机动车道与游览道路也可混合设置。

（1）机动车道分类

森林公园的机动车道，是指森林公园内连接各景点和供机动车行驶的交通运输道路。机动车道分为主干道、次干道和森林防火通道，主要是用于游览车、电瓶车、消防车等机动车行驶。

① 主干道。在森林公园路网中起骨架作用的道路。主干道一般为双车道，路面不小于6m。

② 次干路。森林公园道路网中的区域性干路，与主干路相连接，构成完整的森林公园机动车交通系统。次干道路面宽度为3.5m，每隔300m左右设会车道。

③ 森林防火通道。是指供森林火灾、紧急救援、日常巡护、运送物资车辆使用或作为游客安全撤离的通道。防火通道宽度根据需要而定，条件好的地形应设双车道，条件限制的设单车道。

（2）游览道路分类及要求

游览道路是指连接停车场或机动车道与景点之间的道路，包括步道和自行车道，目的是用于满足游客游览和健身的需要。

① 游览步道。主要游览步道：要求宽1.5～3.0m，路面可采用片石、块石、碎石、混凝土预制块、卵石等路面。主路纵坡宜小于12%，纵坡超过12%的路段，路面应作防滑处理；纵坡超过18%时，应设台阶。

次要游览步道：要求路面宽1.0～1.5m，纵坡宜小于18%，纵坡超过18%，要设台阶。纵坡超过15%

的路段、路面应作防滑处理。

台阶踏步数每段超过18级时，应设计缓步平台，平台宽应大于2m。台阶踏步宽度一般为350～380mm，高度一般为120～170mm。台阶踏步宽度太大或太小，都不适应人的行走习惯。

步道设计尽量采用游览环路，避免尽端路；步道修建尽可能少破坏森林植被，特别不能破坏有价值的山、石、水等自然景点、景物，尽量保持原始自然状态，以保持山野情趣。

② 自行车道。城市森林公园一般面积较大，范围较广，游览项目较多，游客到森林公园的目的除了观赏风景外，同时也吸氧健身，因此骑自行车等有氧运动是森林公园应具备的基本服务功能。自行车道介于机动车道和人行道之间，一般设在水边或山坡脚。自行车道宜与机动车道分离，自成环状系统。森林公园自行车道设计行车速度不宜太大，一般为10～15km/h。平面线形根据地形变化而变化，沿地形等高线自然展线。在车流不大于1000辆/h时，自行车道宽一般为2m，但城市森林公园离城市不远，很多市民喜欢节假日到公园骑自行车健身，考虑骑车人数的增长，路宽一般设为3m。纵坡设计要有变化，不宜设长坡，最大纵坡不大于15%。

9.4.2 机动车道技术标准

城市森林公园机动车道路技术标准，参照交通部《公路工程技术标准》（JTG B01-2003）和现行道路设计规范以及国家林业局《自然保护区工程设计技术规范》LY/T5126-04要求和《林区公路工程技术标准》

表9-1 交通部各级公路设计行车速度

公路等级	三级公路		四级公路
设计速度（km/h）	40	30	20

表9-2 交通部标准公路技术指标一览表

公路等级		三、四级公路			
设计速度（km/h）		40	30	20	
车道数		2	2	2或1	
行车道宽度（m）		3.5	3.25	3	3.5
路基宽度（m）	一般值	8.5	7.5	6.5	4.5
	最小值			双车道	单车道
最小半径（m）	一般值	100	65	30	
	极限值	60	30	15	
停车视距（m）		40	30	20	
最大纵坡（%）		7	8	9	
最小坡长（m）		120	100	60	
不设超高最小半径	路拱≤2%	600	350	150	
	路拱>2%	800	450	200	
凸竖曲线半径（m）	一般值	700	400	200	
	极限值	450	250	100	
凹竖曲线半径（m）	一般值	700	400	200	
	极限值	450	250	100	
竖曲线最小长度（m）		35	25	20	

表9–3 林业部各级林区公路主要技术指标

项 目	单 位	干 道		次干道	
		林一级	林二级	林三级	林四级
设计车速	km / h	50	40	20	15
行车道宽度	m	6.0	3.5	3.5	3.0
路基宽度	m	7.5	4.5	4.5	4.0
极限最小平曲线半径	m	30	20	15	12
最大纵坡	%	7	8	9	12

表9–4 车行道技术指标

道路类别	公路等级	路面宽度（m）	路面材料要求	纵坡（%）	设计速度（km/h）
主干道	交三、林一级	6.0 ~ 7.0	水泥或沥青	≤ 8%	30、40
次干道	交四、林三级	3.5	水泥或沥青	≤ 9%	20

LYJ 5104-1998 规定综合考虑，选录如表 9-1 至表 9-3。

根据以上三个表的道路标准，结合林区道路设计的实践经验和森林公园的地形条件以及森林公园车流量情况，城市森林公园的道路建议采用表 9-4 车行道技术指标。

对于主干道，一般选用交通部三级或林区一级的标准进行设计，路基宽度一般为 7.5 ~ 8.5m，设计行车速度为 30km/h 或 40km/h，年平均日交通流量为 2000 ~ 6000 辆。对于次干道，采用交通部四级或林区三级标准，路基宽为 4.5 ~ 6.5m，设计行车速度为 20km/h，年平均日交通流量为：双车道 2000 辆以下，单车道 400 辆以下。

由于森林公园的车流量较小，在一些限制进入的区域，为了尽量减少对环境的破坏，在采取必要的安全措施的前提下，宜采用林区公路的低指标进行设计。

9.5 机动车道设计

9.5.1 机动车道主要功能

① 具备基本的交通运输功能。

② 具有抗灾功能，是保证消防、紧急联络及避难救助的通道。

③ 具有公共空间的功能，提供公用设施管线走廊空间（电力、给排水管等）。

④ 具有景物解说、提供游客良好的游憩体验等多元功能。

9.5.2 设计应考虑的因素

① 森林公园的规模，公园外部的交通情况（包括城市道路等级、公共汽车站等），森林公园的特点，游客的容量，机动车流量，道路的起讫点、平交的位置等。

② 森林公园的景点、自然环境、地形、地质等。

③ 路线方案与施工、养护、营运、管理等。

④ 安全、环保、可持续发展的理念。

⑤ 路线线型的美观，视线良好。

9.5.3 机动车道设计

机动车道参照交通部道路和林区道路工程标准要求进行设计，道路主要设计内容包括：平面设计、路基工程、路面工程、桥涵工程、排水与防护工程、交通设施工程、绿化工程、施工组织、概（预）算等。

9.5.3.1 路线平面设计

（1）平面设计的概念

路线平面设计是指按现行规范的要求确定路线空间位置和各部分几何尺寸的工作。路线由曲线、直线组成。曲线有缓和曲线、圆曲线、回旋线、卵形曲线等，传统的路线设计方法是：直线—缓和曲线—圆曲线—缓和曲线—直线模式，森林公园道路平面设计宜采用曲线线形，在曲线中间夹直线的方法，即回旋线—直线—回旋线，有利于使线形与地形相符，降低成本，少破坏自然环境。

平面设计包括地形测量（控制点测量）、选线两个方面。

（2）平面地形测量

平面地形测量是平面图设计的重要组成部分，详细的数字地形图是路线选线的必要条件。地形测量仪器采用红外线测距仪或全站仪，地形图采用绘图软件绘制而成。道路地形图是带状地形图，一般是指中心线两侧 200m 范围，比例为 1 ： 2000。

（3）道路选线

① 道路选线要综合考虑以下多种因素：

方案因素。应运用各种先进手段对路线方案作深入、细致的研究，在多方案论证、比选的基础上，选定最优路线方案。

综合考虑工程造价与营运、管理、养护费用等因素。路线平面设计应在保证行车安全、舒适、快捷的前提下，做到工程量小、造价低、营运费用少，并有利于施工和养护。在工程量增加不大时，应尽量采用较高的技术指标，不要轻易采用极限指标，但也要防止不顾造价大小，片面追求高指标。

占地的因素。道路选线时要严格控制农用地转为建设用地，而且尽量节约用地，注意路线同地形相结合。

选线以低碳经济的理念为指导，保护环境为前提，尽量节约用地，注意路线同地形相结合。

东莞大岭山森林公园道路中规划路线沿大水沥水库两个大坝顶经过，然后绕到一道很深的山沟里再绕出来与旧路相接。路线经过大坝、排洪道，需设桥跨过，路线增长，平面线形很差，经济上加大投资成本，生态上破坏植被严重。经过多方案论证，设置中桥跨越障碍，避开了绕大水沥大坝和溢洪道跨过；路线缩短 470m，在 K9+240 段设拱涵，填方段缩短路线 1200m；节省了投资，而且平面线形顺畅，减少了征地和破坏森林植被（图 9-1）。

环境景观因素。路线应与环境景观相协调，通过名胜、古迹地区的道路，应尽量保护名胜、古迹，道路构造物如桥涵等应与环境相协调。

工程地质和水文的因素。选线时应对工程地质和水文进行全面勘察，对不良地质路段，如滑坡、崩坍、

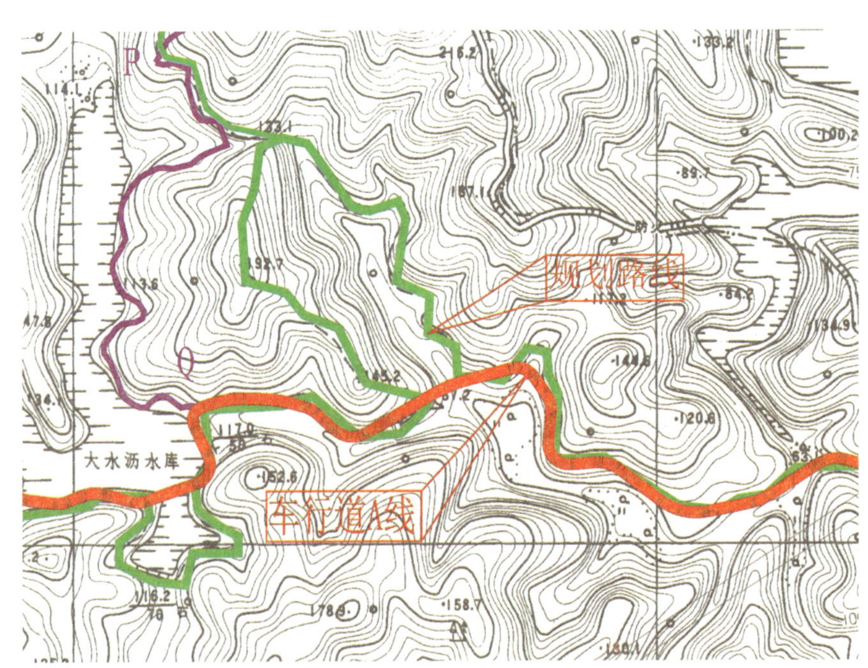

图9—1 东莞大岭山森林公园道路选线节约土地实例

表9-5 圆曲线最小径

设计速度（km/h）		40	30	20
最小半径（m）	一般值	100	65	30
	极限值	60	30	15
不设超高最小半径	路拱≤ 2%	600	350	150
	路拱 >2%	800	450	200

泥石流、岩溶、泥沼等特殊地区，应慎重对待，一般情况下应设法绕避。当必须穿过时，应选择合适位置，缩小穿越范围，并采取相应的工程措施及防灾措施。

生态环境保护因素。道路选线应考虑道路建设对珍稀植物、野生动物、水、气候、土壤等资源的影响。

② 道路选线的方法。路线平面设计一般采用纸上定线与现场定线相结合的方法。在只有小比例（1：10000）地形图的情况下，先在地形图上定线，根据平面控制网，用仪器把沿线的控制点测出来，录入 CAD 图中，通过道路设计软件在 CAD 图中进行平面线形设计。这是一种有效的定线方法，可以有效避开沿线的重要控制点，如房屋、河流、构筑物等，使路线走向合理，降低工程造价。在有大比例数字地形图（1 ： 2000 以上）时，直接用道路设计软件进行定线，然后到现场复核。

路线平面最主要的控制指标是平曲线半径，我国现行公路规范规定平曲线半径如表 9-5。表 9-5 是《公路工程技术标准》（JTG B01-2003）的规定，森林公园道路设计行车速度一般为 20km/h，最小半径为 30m，极限值为 15m。在实际的选线定线过程中，可能会使用极限值，如果采取足够安全的措施，换来自然环境免受破坏是值得的。

③ 道路线形与环境景观相匹配应注意的问题：道路选线要重视景观要求，对于森林公园的核心景区和重点游览区，道路以绕避为主。道路平面走向应能提供良好景观效果，力求与周围的风景自然地融为一体。充分利用自然景物如孤山、湖泊、大树等，或人工建筑物如水坝、桥梁、高塔、民房等使道路与自然密切结合。

路线平面设计是道路设计的重点，起着主导作用，路线选线的优劣关系到道路本身功能的发挥。影响路线平面设计除自然条件外尚受诸多社会因素的制约。

9.5.3.2 纵断面设计

纵断面设计是指在路线纵断面图上确定路线线位高低及坡度变化的情况，根据自然地形条件和平面线形情况设计纵断面线形的坡度、长度和半径，使道路空间符合汽车行驶要求。

纵断面设计的主要任务就是根据汽车的动力特性、道路等级、当地的自然地理条件以及工程经济性等，研究纵断面起伏的空间线形几何构成的大小及长度，以便达到行车安全迅速、运输经济合理及乘客感觉舒适的目的。

（1） *路线纵断面图构成*

纵断面图由地面线、设计线及文字资料组成。

① 地面高程：设计中线上地面点的实际高程。

② 设计高程：森林公园道路一般为路基中心的高程。特殊地段采用边线高程。

③ 路基填挖高度：横断面上设计高程与地面高程之高差。

④ 地面线：它是根据中线上各桩点的高程点绘的一条不规则的折线，反映了沿着中线地面的起伏变化情况。

⑤ 设计线：路线上各点路线设计高程的连续，它是经过技术上、经济上以及美学上等多方面比较后定出的一条具有规则形状的几何线，反映了道路路线的起伏变化情况。

⑥ 竖曲线：纵断面设计线是由直线和竖曲线组成。直线（即均匀坡度线）有上坡和下坡，用高差和

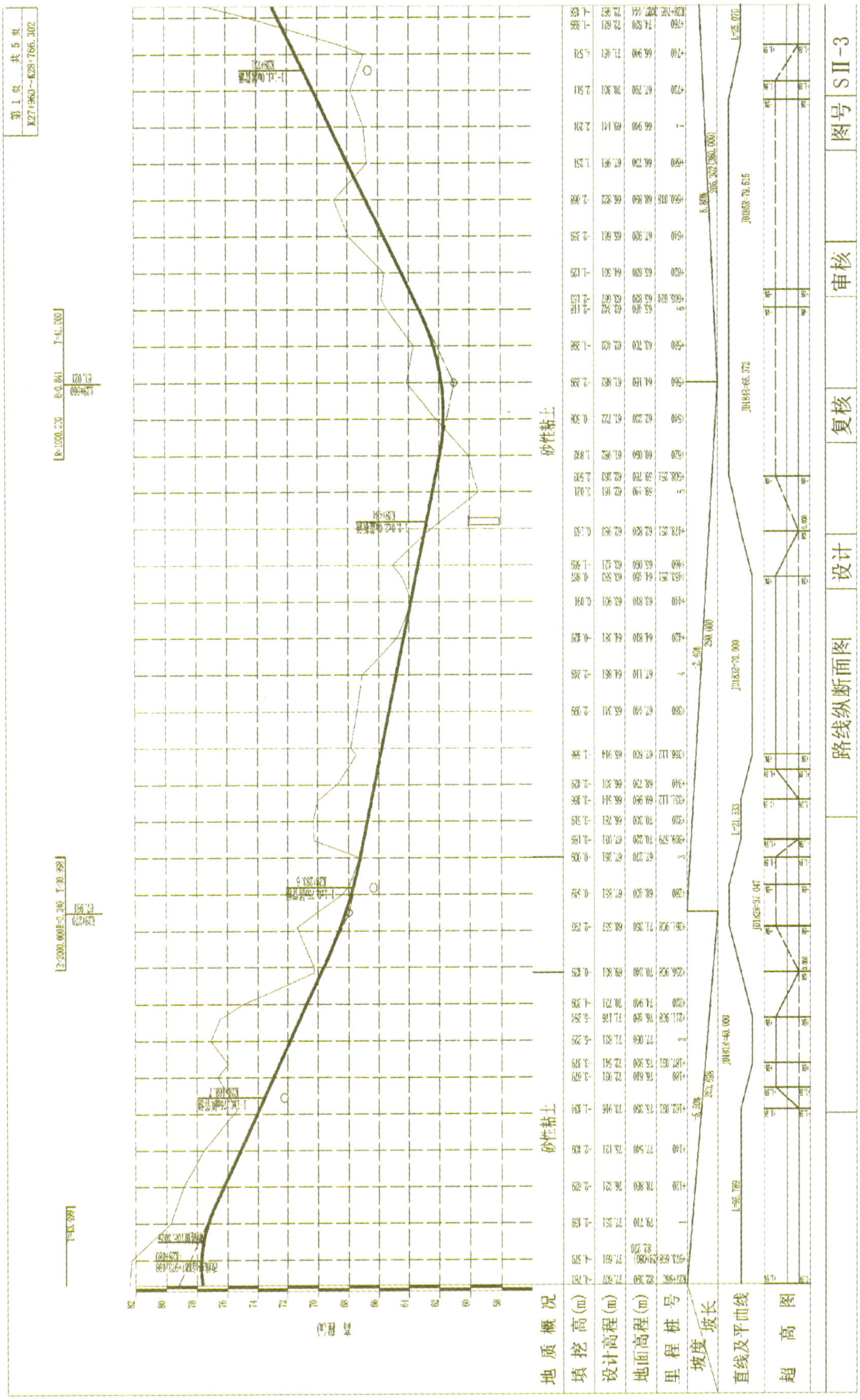
地质概况
填挖高(m)
设计高程(m)
地面高程(m)
里程桩号
坡度 坡长
直线及平曲线
超高图
砂性粘土
路线纵断面图
设计
复核
审核
图号
S II-3

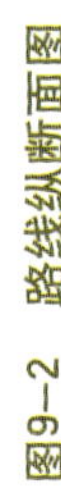

图9-2 路线纵断面图

水平长度表示。直线的坡度和长度影响着汽车的行驶速度和运输的经济以及行车的安全。在直线的坡度转折处设置竖曲线，按坡度转折形式的不同分别设为凹、凸形竖曲线。

⑦ 纵坡及坡长设计：纵坡和坡长设计直接影响道路工程的行车安全和工程量的大小，以不超过规范要求为标准。

⑧ 地质概况：在纵断面的挖方地段，应对地质情况进行调查并描述。

图 9-2 为路线纵断面示意图。纵断面图是道路纵断面设计的主要成果，也是道路设计的重要技术文件之一。

(2) 纵断面设计的要求

纵断面设计包括坡度、坡长和竖曲线设计，为使纵坡设计经济合理，应在全面掌握勘测资料基础上，结合平面线形、设计洪水频率和纵坡限制，经过综合分析、反复比较确定设计纵坡和竖曲线。

纵断面设计的一般要求：

① 为保证车辆能以一定速度安全舒适地行驶，纵坡应具有一定的平顺性，起伏不宜过大和过于频繁。尽量避免采用极限纵坡值，合理安排缓和坡段，不宜连续采用极限长度的陡坡夹最小长度的缓坡。连续上坡或下坡路段，应避免设置反坡段。越岭线垭口附近的纵坡应尽量缓一些。在转坡处应设较大的凸曲线或凹曲线来衔接，并满足视距的要求。

② 在地形起伏变化较大地区，在保证路基稳定的前提条件下，力求设计线与地面线相接近，既可以减少土石方工程量，又可以保持土基天然稳定状态。设计的最大纵坡不得超过规范要求，但也不宜设 0° 坡，避免路面排水不畅。

③ 纵坡设计应对沿线的管线、水文、地质、气候和排水等综合考虑，以保证道路的稳定与安全。

④ 山岭重丘区纵坡设计应考虑填挖平衡，尽量使挖方运作就近路段填方，以减少借方和弃方，以降低造价和节省用地。

⑤ 平原微丘区地下水位较高，池塘、湖泊分布较广，纵坡除应满足规范要求外，还应满足路基最小填土高度和防洪要求，保证路基稳定。滨河路及受水淹的路基，一般要高出设计洪水频率的计算水位 0.5m 以上。

⑥ 连接大、中桥和隧道两端接线引道及交叉口前后的纵坡应缓和，避免产生突变。

⑦ 进行动物生境调查，考虑设置动物通道的要求。

(3) 最大纵坡

最大纵坡是指在纵坡设计时各等级道路允许使用的最大坡度值。它是道路纵断面设计的重要控制指标。在地形起伏较大地区，直接影响路线的长短、使用质量、运输成本及造价。交通部《公路工程技术标准》(JTG B01-2003) 规定最大纵坡见表 9-6。

纵坡长度应符合以下规定：

① 纵坡的最小坡长应符合表 9-7 规定；

② 不同纵坡的最大坡长应符合表 9-8 规定。

(4) 平曲线与竖曲线的线形组合设计

① 平曲线与竖曲线应相互重合，且平曲线应稍长于竖曲线。

平竖曲线顶点重合，且平包竖。这种组合是使平

表9-6 最大纵坡

设计速度（KM/h）	40	30	20
最大纵坡（%）	7	8	9

表9-7 最小坡长

设计速度（km/h）	40	30	20
最小坡长（%）	120	100	60

表9–8 不同纵坡的最大坡长

纵坡坡度（%） \ 最大坡长（m） \ 设计速度（km/h）	40	30	20
3	——	——	——
4	1100	1100	1200
5	900	900	1000
6	700	700	800
7	500	500	600
8	300	300	400
9	——	200	300
10	——	——	200

曲线和竖曲线对应，最好使竖曲线的起终点分别放在平曲线的两个缓和曲线内，即所谓的“平包竖”。这种立体线形不仅能起诱导视线的作用，而且可取得平顺而流畅的效果。对于等级较高的道路应尽量采用这种组合，并使平、竖曲线半径都大一些才显得协调，特别是凹形竖曲线处车速较高，二者半径更应该大一些。

若做不到第一点，则宜可把平竖曲线分开相当距离（不小于3s行程），使平曲线位于直坡段或竖曲线位于直线上。

若平、竖曲线半径都很大，平、竖曲线位置可不受上述限制。如平曲线半径大于不设超高的最小半径，竖曲线半径相当于平曲线半径的10～20倍时。

② 平曲线与竖曲线大小应保持均衡。当竖曲线半径为平曲线半径的10～20倍，平曲线长度稍长于竖曲线时，平曲线和竖曲线的组合大小均衡，线形较佳。

③ 平、竖曲线应避免组合。平、竖曲线重合是一种理想的组合，但由于地形等条件限制，这种组合往往很难做到。如果平曲线的中点与竖曲线的顶（底）点位置错开不超过平曲线长度的四分之一时，仍然可以获得比较满意的外观。但是，如果错位过大或大小不均衡就会出现视觉效果很差的线形。

要避免使凸形竖曲线的顶部或凹形竖曲线的底部与反向平曲线的拐点重合。二者都存在不同程度的扭曲外观；前者会使驾驶员操作失误，引起交通事故；后者虽无视线诱导问题，但路面排水困难，易产生积水。

小半径竖曲线不宜与缓和曲线相重叠。对凸形竖曲线诱导性差，事故率较高；对凹形竖曲线路面排水不良。

计算行车速度≥40km/h的道路，应避免在凸形竖曲线顶部或凹形竖曲线底部插入小半径的平曲线，前者失去引导视线的作用，驾驶员须接近坡顶才发现平曲线，导致不必要的减速或交通事故；后者会出现汽车高速行驶时急转弯，行车不安全。

长的平曲线内不宜包含多个短的竖曲线；短的平曲线不宜与短的竖曲线组合。

（5）平、纵线形组合与景观协调

道路与景观协调包括内部协调和外部协调两方面。其中内部协调主要指平、纵线形视觉的连续性和立体协调性；而外部协调是指道路与其两侧坡面、路肩、中间带、沿线设施等的协调以及道路的宏观位置。

道路作为人工构造物，应将其视为景观的对象来研究，特别是森林公园内的道路，路线的走向与景观景点的配合尤其重要。修建道路会对自然景观产生影响，有时产生一定破坏作用。而道路两侧的自然景观反过来又会影响道路上汽车的行驶，特别是对驾驶员的视觉、心理以及驾驶操作等都有很大影响。

平、纵线形组合必须是在充分与道路所经地区的自然景观各人造景观相配合的基础上进行。否则，即

表9-9 路堤压实度

填挖类型	路面底面以下深度（m）	压实度（%）
		三、四级公路
上路堤	0.8 ～ 1.50	≥ 93
下路堤	1.50 以下	≥ 90

注：(1) 表列压实度系按《公路土工试验规程》(JTJ 051) 中重型击实试验法求得的最大干密度的压实度；(2) 当三、四级公路铺筑沥青混凝土和水泥混凝土路面时，应采用二级公路的规定值；(3) 路堤采用特殊填料或处于特殊气候地区时，压实度标准可根据试验路的状况在保证路基强度要求的前提下适当降低。

使线形组合满足有关规定也不一定是良好设计。对于驾驶员来说，只有看上去具有滑顺优美的线形和景观，才能称为舒适和安全的道路。

9.5.3.3 路基设计

路基设计之前，应做好全面调查研究，充分收集沿线地质、水文、地形、地貌、气象、地震等设计资料。路基按填挖类型分为填方路基和挖方路基(路槽)。填方路基设计时根据地质情况，对地质不良路段地基应作单独设计。

(1) 路基宽度

根据道路等级设计路基宽度，主干道路基宽一般为 7.5 ～ 8.5m，次干道路基宽 4.5 ～ 6.5m。

(2) 路基压实度

根据《公路路基设计规范》(JTG D30-2004) 规定，路面底面以下深 0 ～ 0.8m 范围为路床，二级公路路床压实度为 95%，三四级公路路床压实度为 94%。路堤压实度见表 9-9。

(3) 路基边坡

道路边坡坡度设计：边坡坡度的确定，不仅影响公路的边坡稳定性，而且影响工程造价，同时也影响森林公园的景观。边坡坡度应根据地质情况进行稳定性验算。

① 填方边坡：填方边坡形式和坡率应根据填料的物理力学性质、边坡高度和工程地质条件确定。

当地质条件良好，边坡高度不大于 20m 时，其边坡坡率应符合表 9-10 的规定。

② 挖方边坡：挖方边坡分为土质边坡和岩质边坡。

土质边坡：土质路堑边坡形式及坡率应根据工程地质与水文地质条件、边坡高度、排水措施、施工方法，并结合自然稳定山坡和人工边坡的调查及力学分析后综合确定。

边坡高度不大于 20m 时，边坡坡率应满足表 9-11 的规定值。

岩质边坡：岩质路堑边坡形式及坡率应根据工程地质与水文地质条件、边坡高度、施工方法，结合自然稳定边坡和人工边坡的调查综合确定。必要时可采用稳定分析方法予以验算。

边坡高度不大于 30m 时，无外倾软弱结构面的边坡按相关资料确定岩体类型，边坡坡率可按表 9-12 确定。

③ 地质不良地段和超高边坡路段，必须进行稳定性验算，方可进行边坡设计。为了少破坏地形地貌，

表9-10 路堤边坡坡率

填料类别	边坡坡率	
	上部高度（H ≤ 8m）	下部高度（H ≤ 12m）
细粒土	1 ∶ 1.5	1 ∶ 1.75
粗粒土	1 ∶ 1.5	1 ∶ 1.75
巨粒土	1 ∶ 1.3	1 ∶ 1.5

表9-11　土质路堑边坡坡率

土的类别		边坡坡率
黏土、粉质黏土、塑性指数大于 3 的粉土		1：1
中密以上的中砂、粗砂、砾砂		1：1.5
卵石土、碎石土、圆砾土、角砾土	胶结和密实	1：0.75
	中　密	1：1

表9-12　岩质上边坡坡率

边坡岩体类型	风化程度	边坡坡率	
Ⅰ类	未风化、微风化	H＜15m	15m ≤ H＜30 m
	弱风化	1：0.1～1：0.3	1：0.1～1：0.3
Ⅱ类	未风化、微风化	1：0.1～1：0.3	1：0.3～1：0.5
	弱风化	1：0.1～1：0.3	1：0.3～1：0.5
Ⅲ类	未风化、微风化	1：0.3～1：0.5	1：0.5～1：0.75
	弱风化	1：0.5～1：0.75	
Ⅳ类	弱风化	1：0.5～1：1	
	弱风化	1：0.75～1：1	

减少征地，可在路基下边坡设基脚挡墙。

（4）**路基横断面**

路基横断面有 3 种形式：填方路基、挖方路基、半填半挖路基，如图 9-3、图 9-4、图 9-5 所示。

路基横断面设计首先要逐桩测量横断地面线，再根据设计好纵断面中的每桩的填挖高进行“戴帽”，并逐桩检查，如有“帽子”边坡线与地面线交不上的情形，要考虑设挡土墙或调整纵坡，使工程量减小，路基稳定。路基横断面与纵坡的设计是相互制约相互影响的过程，既要满足规范要求，也要达到工程量最省、征地最小、填挖平衡的目的。

9.5.3.4 路面设计

（1）**路面的分类**

森林公园道路路面按使用品质可分为：高级路面、次高级路面、中级路面和低级路面。高级路面有水泥砼路面和沥青砼路面，次高级路面有灌入式沥青路面，中级路面有砂石路面，低级路面有泥结碎石路面、土路面等。

按路面结构力学特性可分为：柔性路面、刚性路面和半刚性路面。水泥砼路面是刚性路面，沥青砼路

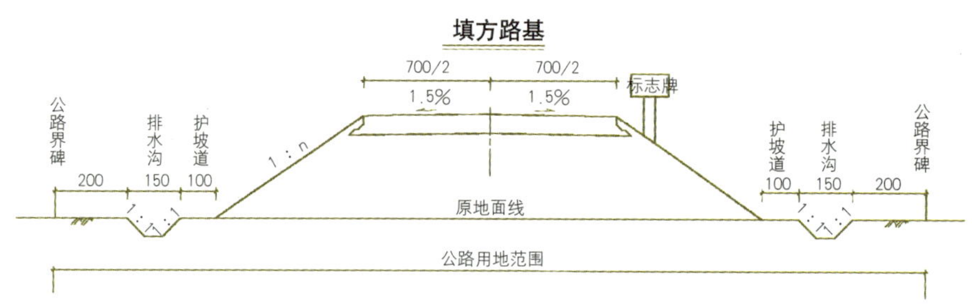

图9-3　填方路基

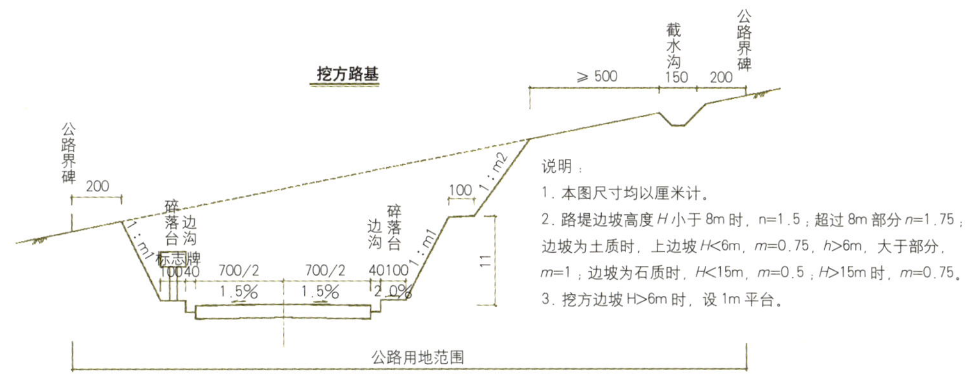

图9-4　挖方路基

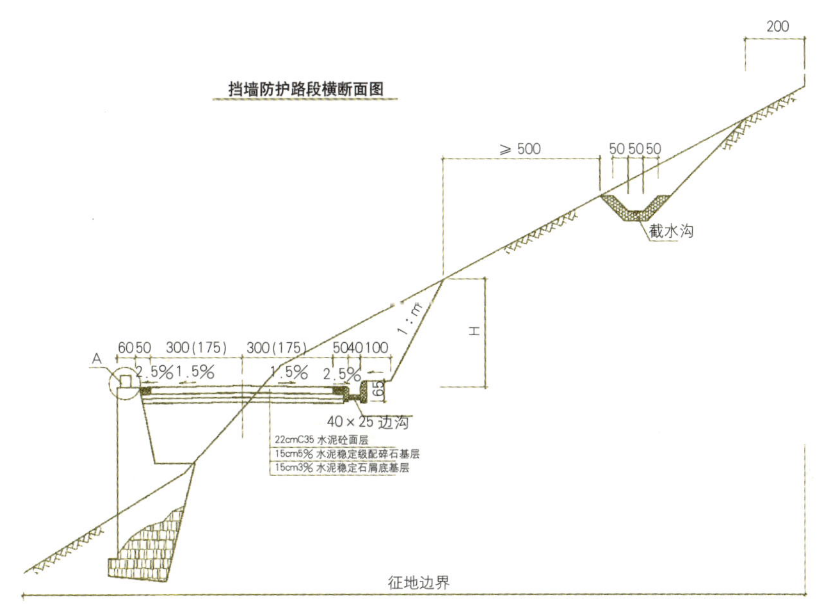

图9-5　半填半挖路基

面是柔性路面，水稳定粒料基层是半刚性路面。

(2) 路面结构类型选择

森林公园的主干道一般都采用高级路面，根据环境条件和施工难易程度，有的设为沥青路面，有的设为水泥路面。下面分别介绍它们的优缺点。

① 沥青砼路面。

优点：行车舒适性好，噪音小，平整度好，容易维护。

缺点：对石料的性质和规格要求高（碱性石料如玄武岩），施工复杂程度高，造价高，施工废料污染环境。

主要损坏形式：沉陷、车辙（永久变形）、推移、疲劳开裂、低温缩裂和反射裂缝、松散和坑槽等。

② 水泥砼路面。

优点：强度高，耐久性好，稳定性好，养护费用少，运输成本低，色泽鲜明，反光能力强，有利于夜间行车。

缺点：有接缝，噪音大，施工工期长（施工后不能立即行车），维护时间较长，容易断裂。

主要损坏形式有：断裂、碎裂、唧泥、拱起等。

根据2种高级路面优缺点的比较，针对不同森林公园的特点，选择适当的路面结构类型。对于平面线形较好、纵坡较小的主干道一般设计为沥青路面；在路线纵坡较大，平曲线较密的山地道路一般设计为水泥砼路面。由于施工难度的原因，次干道一般设为水泥砼路面。

(3) 路面宽度

① 为保持森林公园道路的整体性和行车的安全性，对于同一路线的车道应采用相同的宽度标准。

② 主要道路应以双车道（6 ~ 7m）为宜，但在受地形限制的区域或为减轻对环境的影响时，可改为单向的环状道路（4 ~ 5m）。

(4) 路面结构

主干道路面结构：一般设面层、基层和垫层（底基层）三层，面层采用水泥砼或沥青砼材料；基层一般采用水泥稳定粒料（粒料包括砂砾、级配碎石等）；底基层一般采用石屑或砂砾等。

面层：材料要根据地形条件和森林公园与外部交通连接条件等因素确定，由于水泥砼面层施工工艺成熟简单，强度大、耐久性好等特点，很多森林公园采用水泥砼路面结构形式，但主要缺点是噪音大。沥青混合料路面具有柔软性好、噪音小、行车舒适等特点，近年来受到人们的喜爱，但沥青砼施工技术要求高，施工场地要求大，森林公园运输条件受限等原因阻碍沥青砼路面在森林公园的推广。随着施工技术日益提高，沥青砼路面在森林公园中使用将会越来越多。

路面基层：基层材料一般为水泥稳定级配碎石或水泥稳定石屑（砂），施工要求采用集中拌和小型机械摊铺。

底基层（垫层）：在土方路基中湿地段，路面结构应增加垫层隔离毛细水，垫层材料一般用石屑或砂砾。图 9-6 为东莞市大岭山森林公园园区主干道路面结构设计图。

9.5.3.5 路肩及路缘石设计

(1) 路肩的作用

① 支挡作用。由于路肩紧靠在路面的两侧设置，具有保护及支撑路面结构的作用。

② 供临时停车。供发生故障的车辆临时停放之用，有利于防止交通事故和避免交通堵塞。

③ 增加有效行车道宽度。作为侧向余宽的一部分，能增进驾驶的安全和舒适感，这对保证设计车速是必要的，尤其在挖方路段，还可以增加弯道视距，减小行车事故。

④提供道路养护作业、埋没地下管线的场地。对未设人行道的道路，可供行人及非机动车等使用。

⑤能增加公路的美观，硬路肩采用彩色广场砖铺砌，达到引导行车和美化作用。

(2) 路肩设计

① 路肩分为土路肩和硬路肩，森林公园车行道若同时兼有人行道时，宜设为硬路肩。

② 路肩材料：若为土路肩，直接培土夯实即可；若为硬路肩，宜使用自然材料，如铺砌石料等，使道路与自然和谐。

③ 在自然度较高的地区，交通量较少，可采用草皮路肩，以增加绿化面积。

④ 路肩宽度范围为 0.5 ~ 1.5m，根据地形条件而定，边坡较陡，地形限制的，取小值。如果地形较好，

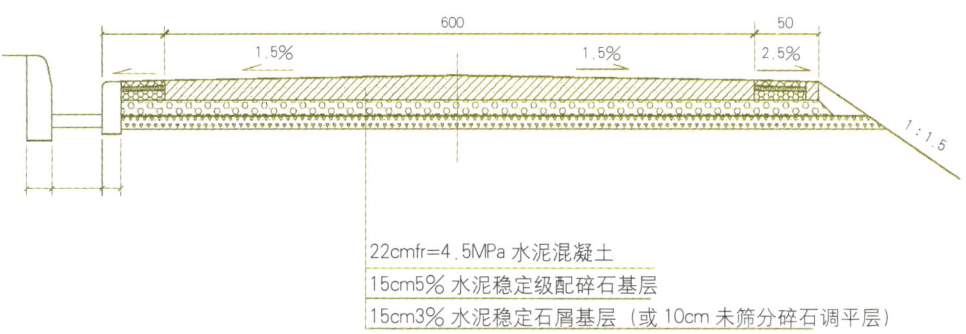

图9–6 水泥砼路面结构图

边坡较缓，为了行车安全舒适，取大值。一般取0.75m。

(3) 路缘石

可用以分隔车辆与行人或非机动车道，对引导排水也有帮助，并可界定道路的边界。在材料的选用上，可使用料石、砖、混凝土预制块等。

图9-7为东莞市大岭山森林公园园区主干道硬路肩和缘石设计图，路肩面层为6cm的红色砼预制广场砖，缘石为砼预制块。

9.5.3.6 桥涵设计

森林公园中机动车道桥涵主要是跨越障碍和排水作用，在一些动物迁徙区域宜通过设置桥涵作为动物迁徙通道。

森林公园道路涵洞设置要求一沟一涵，涵洞型式有石拱涵、箱涵、盖板涵和钢筋砼圆管涵等，根据施工条件和现场材料情况以及地质情况选用不同形式的涵洞。石质地基，石材较多的地方一般设为石拱涵，地势较平坦，地基承载力要求高的地方一般设计圆管涵。地质条件较差，地基承载力低的软基路段，要处理软基后才做涵洞，一般设箱涵或盖板涵。涵洞大小主要由区域集雨面积计算的洪水量确定。

在经过大的河沟时，需架设桥梁通过。森林公园内路线宜从河沟上游跨过，避免架设大桥，桥梁一般设计为石拱桥和简支梁桥。桥涵基础设计必须以地质钻探资料为依据。桥梁走向应服从路线走向。桥梁设计执行现行的公路桥设计规范。

9.5.3.7 道路排水与防护设计

(1) 排水设施

排水主要考虑下列2种情形：

① 路面排水：将路面径流的雨水予以排除。

横向排水：森林公园路面较窄，路拱横坡度宜为1.5%～2%；路肩横坡度应较路面陡，一般为2%～3%，草皮路肩则一般为3%～4%。

纵向排水：在车道或路肩以外的水道用以汇集雨水，称之为边沟（图9-8）。边沟的纵坡不宜小于2%，

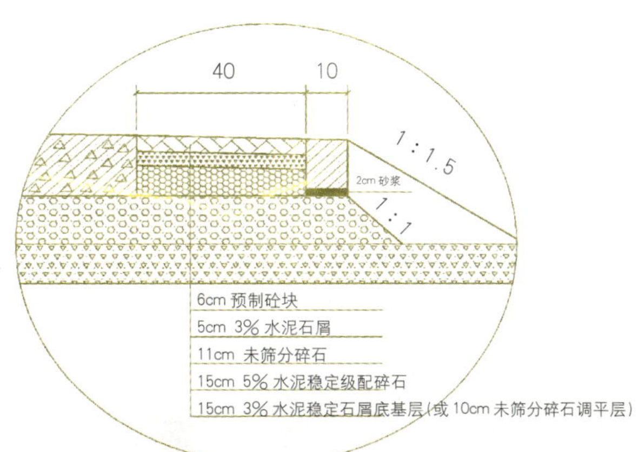

图9-7　硬路肩结构图

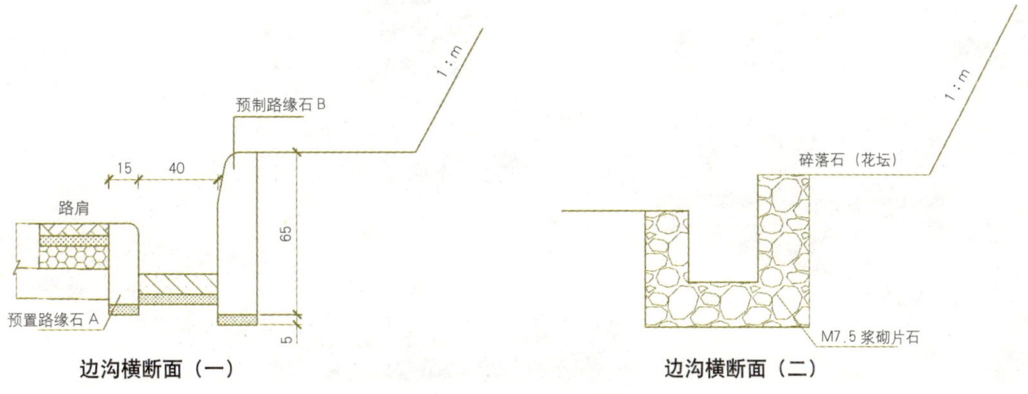

图9-8　排水边沟图

其形状可为矩形、梯形、“V”形、弧形与浅沟“L”形等，其深度在25cm以上，边沟材料一般为水泥砼预制块或浆砌片石。边沟排水经过排水沟汇集排到山体河沟中。边沟尺寸需进行集雨面积勾绘，计算最大流量，根据水文计算出最小的排水断面积，边沟不宜太宽，为了少征占林地，一般设为20 ~ 40cm，深度根据计算而定。

② 边坡排水：是指排除挖填方的坡面或自然斜坡的径流，以及渗透的地下水。排水设施有：

截水沟：设置在路堑上方纵向平缓山坡的梯形沟槽，沟宽至少0.5m，纵坡至少0.5%。

激流槽：设置能排泄截水沟或边沟的流水，横断面大小视流量、流速而定，一般为矩形激流槽。

排水沟：汇集路面、路基下边坡的排水设施，排水沟一般为梯形，根据材料情况可设为浆砌片石或水泥砼预块（图9-9）。

（2）防护设计

① 边坡防护：森林公园的道路，经常需要某种程度的整地措施，因此会产生坡面破坏、表土暴露等问题，应妥善处理，以避免景观遭受破坏和产生不安全因素。

边坡及挡土设施维护，不仅需考虑工程上的安全，更要考虑对生态及景观的影响，尽快恢复自然生态与美感。

护坡处理的方式以生态防护为主，即种草和边坡灌木等绿化植物（图9-10、图9-11）。

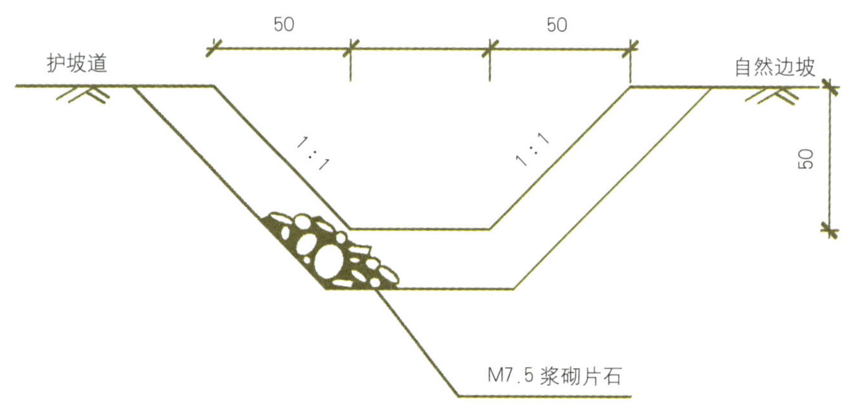

图9-9 排水沟图

图9-10 大岭山森林公园边坡生态防护（一）

图9-11 大岭山森林公园边坡的生态防护（二）

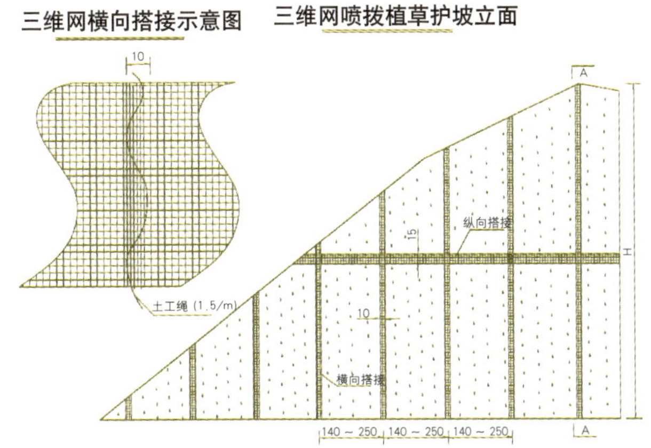

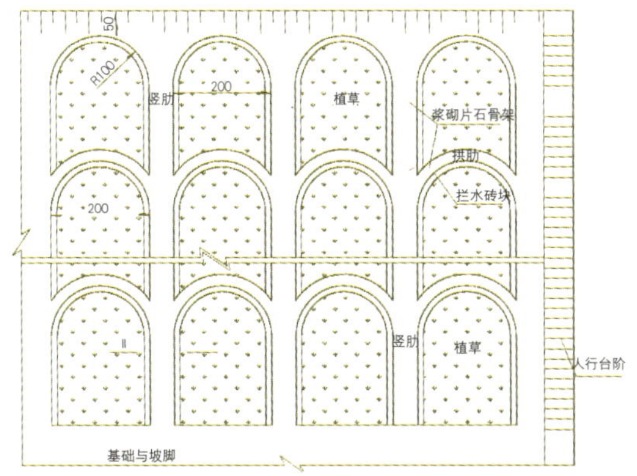

图9-12　拱架防护图和三维网植草防护设计图

完全由不易风化的岩石所组成的稳定边坡，由于其裸露地质景观可供欣赏，可不必绿化，如要绿化可利用蕨类植物、岩石植物、藤本植物等绿化坡面。

易受风化的岩石边坡，可使用加筋网格、方格混凝土护坡、浆砌护坡、挡土墙或石笼等结构进行边坡的保护，边坡较高地段可采用框架锚杆防护（图 9-12）。

在地质不稳定的上边坡路段，为了防止上边坡坍塌，往往采用多种防护结合的方式，如最上层采用植草防护，中间采用砼网格回植草防护，下面采用护面墙防护等。

② 防护栏：为了行车安全，有下列情况之一的，需在道路两侧设置防护栏：在平缓路段谷侧或临湖外侧；在急弯陡坡或长坡的下坡路段或较险峻路段；在高填方路基两侧。

护栏要求：保证行车安全，不影响视线和自然景观，尽量采用自然材料，与环境协调。

防护栏的形式主要有：波纹梁钢护栏、新泽西钢筋砼防撞墙、水泥防撞墩、钢绞线防护栏、石护栏、木护栏等。森林公园道路设计行车速度较慢，为了不影响自然景观，往往设计砼防撞墩，外侧贴石材或做成仿木表面，施工方便，经济美观。

9.5.3.8 指示标志（交通及地名标志）设计

指示标志位置及内容皆应考虑驾驶者阅读标志与反应时间，其位置与内容应明显清楚。

交通安全标志参照《道路交通标志和标线》(GB5768-1999)、《公路交通标志板等十七项》(JT/T 279、280、452.2、593 ~ 600—2004)、《广东省二、三、四级公路交通安全设施设计暂行规定》等进行设计。结合森林公园的特点，森林公园的地名标志设计应尽量能对游客起到提醒并产生愉悦的感觉，并与周围的自然环境相协调。标志牌的材料应尽量使用天然材料，如木材、石材等。

9.6 游览道路设计

9.6.1 自行车道设计

城市森林公园不仅是市民游览休闲的地方，而且是健身运动的好地方，在城市空气质量日益下降的情况下，引导人们进行有氧健身活动是时代的潮流，自行车运动正逐步成为时尚的健身运动。自行车道的设置成为城市森林公园的迫切需求，骑自行车进行有氧运动是城市森林公园为人们提供的另一种休闲服务。

9.6.1.1 功能

① 具有运动健身的功能。

② 具有休闲自助游憩功能。

③ 减少使用汽车，节能减排，符合当今提倡低碳生活的要求。

9.6.1.2 总体要求

① 连接众多道路的起止点，与机动车道和游览步

道为一完整的道路网络系统。

② 具备安全性、舒适性、趣味性及教育性。

③ 具有完善的服务设施。

④ 应避免与机动车道混合交通。

9.6.1.3 总体设计要求

① 一条完整的自行车道，应包含入口自行车租赁停放场、车道、中途休憩停留观景点等。

② 入口租凭停放场应配置有大众运输工具的转运停靠点、休憩等候集合广场、紧急联络设施及必要的环卫设施等。

③ 自行车道的设置除道路本身以外，尚包括边坡、护栏、排水、照明、道路植物种植、停车设备等。

④ 自行车道沿线应设置指示、警告、禁止标志等。

⑤ 景观休憩停留点应设置休憩座椅、遮阴棚和自行车停放架。

9.6.1.4 设计方法

（1）道路宽度

① 为保持森林公园道路的整体性，对于同一线的自行车道系统应采用相同的宽度标准。

② 森林公园的自行车流量一般不会很大，同时为了避免过多破坏环境，森林公园自行车道宽设为 3m。

③ 在车道转弯处，应根据地形条件，在自行车道转弯的内侧予以适当加宽。

（2）道路纵坡

① 自行车道纵坡不宜太大，应根据地形坡度走向展线。纵坡以不大于 5% 为宜，坡长应小于 300m。我国规定城市非机动车道纵坡宜小于 2.5%，大于或等于 2.5% 时，应按表 9-13 设计。

② 长斜坡自行车道应设置休憩平台或是水平车道，以提供骑乘者休息。

（3）设计行车速度

自行车行车速度一般为 5 ~ 30km，而时速 15 ~ 18km 是观景和保持交通流畅的最佳速度。设计行车速度一般为 15km/h。

（4）路面结构

① 路面有透水性及不透水性两种结构，在森林公园内以透水性铺设方式为优先考虑，一般采用砂砾垫层。但为了行车安全和道路维护要求，一般自行车道路面设计为不透水性的水泥砼和沥青路面。

② 在透水性不佳的地方，需在碎石层下增设一过滤沙层，并增加碎石配料厚度达 15cm 以上。

③ 采用不透水性材料铺设时，面层按机动车道路面结构设计，下设基层。

（5）路面材料要求

① 具耐久性、经济性及维护容易。

② 材料选用以就近为原则，避免远距离运输。

③ 根据自行车道环境要求，选用砂砾石、水泥混凝土、沥青砼。各种自行车道路面材料特性见表 9-14。

（6）缘石

① 缘石用来分隔自行车道与人行道、自行车道与机动车道，可引导视线，保护路面，也是排水沟的组成部分。

② 材料一般使用石块、砖、混凝土预制块等。

（7）排水

自行车道的排水设计应尽量采用自然排水，对边坡大的地段，应设排水沟。排水沟不宜过大过深，一般采用矩形 20cm × 20cm 为宜，对于集水面积较大地段，应通过计算流量设计边沟尺寸。

（8）植物种植

① 车道两旁植物的合理配置可营造自行车道骑乘空间的安全舒适。

② 与人行道的间隔可以种植绿篱或草本花、地被植物作为区隔。

③ 在主要浏览区内，种植植物应以草本花木为主，以免遮挡景观视线，在沿湖、沿江地段，应种植大乔木，同时乔木下应种绿篱，以增加安全感。

表9-13 非机动车道坡长限制表

坡度（%）	3.5	3	2.5
坡长（m）	150	200	300

表9-14　自行车道路面材料特性表

材料名称	特　性	优　缺　点	适用方式及范围	备注
砂砾石	1. 最廉价的材料之一； 2. 颜色从几乎纯白色至黑色（带点褐灰色）； 3. 颗粒以10mm左右为宜，不宜掺杂超过5cm以上的石块	优点： 1. 颜色与尺寸齐全，富有弹性变化； 2. 表面不积水，可渗透于底层泥土，利于排水； 3. 自然度高； 4. 成本低	适用方式： 适宜软铺	
		缺点： 1. 构造松散，需要其他材料来做边缘（如石材、木料）； 2. 清扫较困难； 3. 舒适度较差	适用范围： 1. 自然度高的自行车道； 2. 区域服务性自行车道； 3. 地方性自行车道	
沥青混凝土（柏油）	1.5cm厚的柏油，下铺设15～25cm厚的碎石底层，以利排水； 2. 以黑色为主，另配有其他颜色	优点： 1. 表面具弹性，骑乘舒适度高； 2. 施工简便快速	适用方式： 软、硬铺皆可	
		缺点： 1. 与环境结合度差； 2. 透水性沥青铺设，为防堵塞需定期洗净路面 3. 成本较高	适用范围： 1. 使用率极高的自行车道； 2. 自然度较低的自行车道	
混凝土	1. 最廉价的材料之一	优点： 1. 经济耐用，易维护管理； 2. 施工简便快速； 3. 耐压、耐磨度高	适用方式： 硬底铺设	
		缺点： 1. 日照反射率高； 2. 与环境结合度差； 3. 表面不透水 4. 成本高	适用范围： 1. 服务性自行车道； 2. 区域性自行车道	

资料来源：张杰等《森林公园规划设计原理与方法》。

(9) 停放设施

自行车道在需较长时间停留的休憩点或重要景点，应配置有自行车停放架。材料以金属的不锈钢为宜。

9.6.2 游览步道设计

城市森林公园的游览步道与城市公园的游览步道有所不同，城市森林公园更具有自然性，步道设计主要以近自然为主，在路线走向和材料选择上要注重自然、和谐与环保。路线宜曲不宜直，材料选用主要考虑耐久、舒适和环保，利用石材料或木材铺路是最佳的选择。

步道是满足游客游览森林公园景观的基本条件，凭借游览步道，游客才能与自然亲密接触，体验森林的野趣和生机勃勃的生态环境。

9.6.2.1 功能

① 连接森林公园区内各景点。

② 引导游客游览活动，规范游客游览路线，限制游客活动区域。

9.6.2.2 设计选线应考虑因素

① 尽量利用公园原有的道路，减少开辟新路线而对环境造成破坏，节省投资。

② 避免在经过景观资源脆弱处、野生动物栖息地、海岸移动性沙丘区及地质松软或岩石不稳、易于塌方之处。

③ 除登山步道外应尽量顺应地形、沿等高线方向设计，路线可采用自然展线，减少对景观资源的破坏。

④ 步道的设置应设有回路的环状系统，步道起点的进出应方便易找，应与公共交通或停车场相衔接。

⑤ 应考虑不同游客使用的强度要求及步道本身的环境条件的限制，设计步道类型，如主、次要步道、功能型步道（如健身步道、登山步道等），合理的定位能使步道发挥充分的效能。

9.6.2.3 与环境协调并引导游客安全旅游

① 建设与自然协调的道路，应考虑沿线的地质、地形及生态系统特性。

② 游览步道不宜太直，应蜿蜒曲折，以充分利用景区景点、历史文化、自然资源等。

③ 游览步道路径上的大乔木应予以原地保留。

④ 对动物迁徙地段，应设置迁徙廊道。

⑤ 游览步道除路面本体外，还包括排水设施、栏杆等相关辅助设施，应考虑各辅助设施与环境的协调性、结合度。

⑥ 游览步道设计应提供步道沿线的环境信息，增加游憩的趣味性及深度，良好的标识系统可使游客了解所在的位置及与全区的关系，有助于游客掌握时间及体能状况，也可减少因怕迷路所产生的焦虑。

9.6.2.4 设计方法

（1）平面

① 平面设计首先要考虑的是完成森林公园游览功能，路线走向符合总体规划要求。

② 步道路线设计要避开较陡的自然边坡和避免设长的直线路线，以曲径通幽为美。

③ 较陡的坡步道设置要以“之”字形展线设计，不可直上；并应尽量顺地形设置，或以植物提供掩护及保护。

（2）纵坡

① 森林公园游览步道的纵坡应尽量用台阶来消除，不宜设太陡的斜坡路，超过 18% 坡度的游步道应设置阶梯。

② 纵坡在 18% ～ 45% 的地区应采用“之”字形展线设计。

③ 纵坡大于 45% 的步道两侧必须设计防护设施。

（3）宽度

森林公园游览步道宽度以 1.2 ～ 3m 为宜，可根据游客量来确定步道宽度。森林核心区步道宽度一般为 1.2m 或 1.5m，一般游览区的步道宽 2m。在景观核心区，游人骤集的地方，步道设计宽度要大些，一般为 3 ～ 4m。步道的台阶踏步宽不应小于 36cm，不宜大于 45cm，高度在 12 ～ 17cm，台阶设计结构见图 9-13、图 9-14。

9.6.2.5 路面的结构要求

① 步道经过悬崖、陡壁或地质较不稳定地区，应设计栈道或栈桥跨过，设为木结构。

② 海滨型森林公园具有海浪侵蚀的问题，应强化临海面边坡的稳定工程，并采用硬底铺设，以避免地基遭大浪冲蚀而被淘空，设为水泥砼结构。

③ 山岳型森林公园的步道多为登山步道，应采用软底铺设，同时配合排水及边坡稳定设施，避免雨水

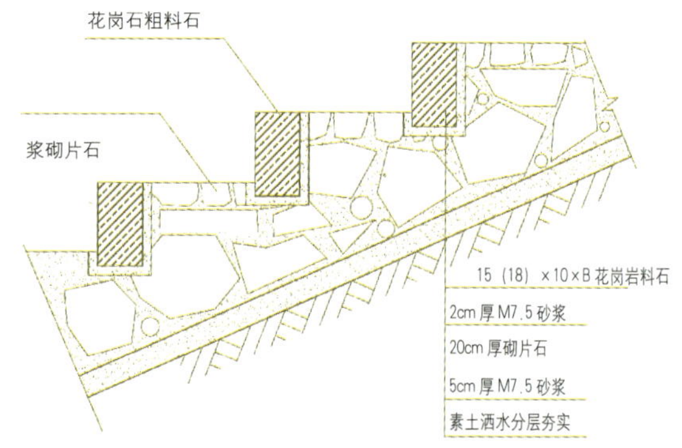

图9-13 步道台阶结构图（一）

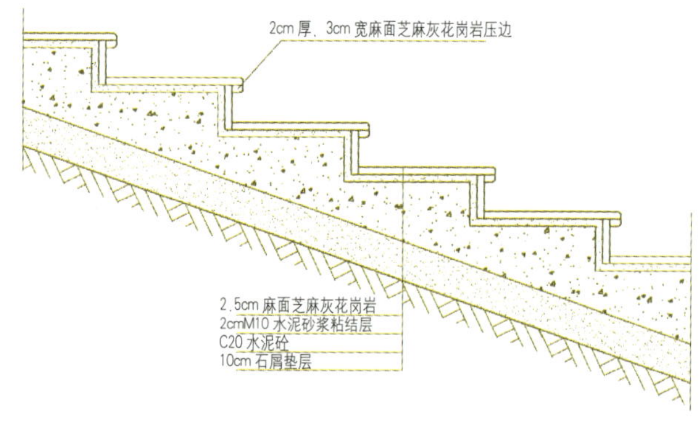

图9-14 步道台阶结构图（二）

冲刷造成路基土流失，设为沥青路面。

④ 湖泊型森林公园通常客流量大，游客使用步道的强度高，应针对主要旅游路线强化其耐用性，可采用水泥砼结构，在次要步道则可采用软底铺设（砂石路面），以避免大面积的硬铺面降低了土壤的透水功能。

9.6.2.6 路面材料

① 选取原则：强度高、耐久性好、排水性良好、与环境协调、耐候性佳、环保及易维护管理等。

② 使用的路面材料应能融合并保护当地的自然环境，不同的自然环境下，适用的步道铺面材料见表9-15。

③ 材料选用可为当地现有或当地常用材料。材料的获取可为当地开发的回收材，如开挖的碎石、拆除建筑物的回收砖等。

④ 材料本身特性，如膨胀系数、是否易生青苔等应能满足当地气候条件限制，不同游览步道铺面材料的特性见表9-16。

9.6.2.7 缘石

① 主要为界定步道范围、保护游览步道路面，在原始地区可根据情况取消设置。

② 宽度应大于等于10cm，一般为石料或砼预制块。

9.6.2.8 排水

森林公园游览步道的排水设计是必不可少的，如果不设排水设施，路基很快会被冲毁。排水系统包括步道的边沟排水、涵洞、表面截水沟等设施。

边沟排水有“U”形沟、矩形沟、梯形沟及自然排水沟等形式，在自然度高地区宜采用自然排水沟的方式，以增加生物栖息的空间。在景观核心区的步道，排水应设计成硬底预制块排水沟，以防冲刷。

边沟一般尺寸为20cm×20cm或20cm×40cm，由于流量较小，因此边沟的水排向坡外时，可以通过涵洞或设简易的PVC排水管排到山体外。在经过大的溪流和山沟时，需设计排水涵洞，涵洞埋设深度需达50cm以上，其出口处设消能坎池。

地表的截水沟应根据步道坡度情况一般在坡道的终点及弯道的起点设置。

9.7 景观桥梁设计

本节所讨论的桥梁是指旅游线路上，穿越公园的沟壑、环境敏感地区所必须设置的步道桥梁。常见的桥梁按结构类型有：简支梁桥、拱桥；按桥梁材料分有：石板桥、钢筋砼板桥、木桥。森林公园的桥梁既要满足跨越障碍、连接道路的作用，又要满足游人欣赏的需要，因此城市森林公园的桥梁一般都设计为外形美观的有特色的桥梁，如石拱桥、风雨桥、木桥或仿木桥等。

9.7.1 功能

① 具有连接两岸空间、跨越障碍的功能。

② 具有增添景观的功能。优美的拱桥是公园的人造景观特色。

③ 具有动物迁徙通道的功能。

9.7.2 桥梁选址、选型要求

① 在有沟壑的地点设置，包括有水的和季节性干沟。

② 在重要植物生长区、野生动物重要活动路径及地质松软或岩石不稳、容易塌方的地方设立桥梁。

③ 桥梁应与地形协调，减少对景观资源的改变或破坏，增加新的景观点。

④ 设计样式及材质应简单、构造简洁，小型简易桥梁，应尽量就地取材。

⑤ 对动物迁徙路径，设置简易桥梁，为动物穿越提供路径。

桥梁设计包括跨越的桥体、栏杆、桥头搭板等，各种结构应彼此衔接，材质及样式应和谐美观。

9.7.3 设计要求

(1) 宽度

① 为保持游览路线的整体性，桥梁与连接的游览步道应采用与路基同宽的标准。

表9–16 游览步道路面材料特性表

<table>
<tr><th>材料名称</th><th>特 性</th><th>优 缺 点</th><th>适用方式及范围</th><th>备注</th></tr>
<tr><td>砾石</td><td>1. 最廉价的材料之一；
2. 颜色从几乎纯白至黑色带点褐灰色调；
3. 颗粒以1cm以上为宜</td><td>优点：
1. 颜色与尺寸齐全，富弹性变化；
2. 表面不积水，可渗透于底层泥土，利于排水；
3. 自然度高；
4. 成本低
缺点：
1. 构造松散，需要其他材料来做边缘（如金属、木料）；
2. 不易保持其固定形状、维护与清扫较困难</td><td>适用方式：
适宜软铺
适用范围：
1. 自然度高的山间小径；
2. 适于闲逸情趣及不强调明确路迹的步道；
3. 原始地区的路径；
4. 冬季降霜雪的步道宜采此类设计</td><td></td></tr>
<tr><td>天然石材</td><td>1. 指在地表上或靠近地表所取的岩石；
2. 形态、大小不一，以不需切割或加工使用为原则。</td><td>优点：
1. 可表现出质朴的环境特质；
2. 经时间的累积可呈现历史感等人文特色
缺点：
1. 石块表面粗糙不平，难以衔接拼凑；
2. 石材表面特性不一，部分石材表面较光滑或易生青苔，不适合做步道材料。</td><td>适用方式：
软、硬铺皆可
适用范围：
1. 适用于闲逸的空间布置；
2. 半原始地区及一般自然区的路径；
3. 以石材为构造材料的人文特色区</td><td></td></tr>
<tr><td>鹅卵石</td><td>1. 经由流水或瀑布的冲蚀而成浑圆形状的石头；
2. 颜色多样，以黑白两色最多</td><td>优点：
1. 耐磨且硬度高，表面平滑但凹凸有致，具组合趣味；
2. 可做自然曲线形铺设；
3. 成本低
缺点：
1. 软铺时石材不固定，易遭儿童捡拾或任意弃置；
2. 若为硬底铺设（健身步道），宜避免尖端朝上，影响安全性</td><td>适用方式：
软、硬铺皆可
适用范围：
1. 适宜点缀型铺面或健身步道；
2. 高度开发区的路径</td><td>在森林公园作辅助性健身道路用</td></tr>
<tr><td>石板</td><td>1. 任何岩石，其岩层切削成的片或板（3～8cm）；
2. 可分割成不同形状（正方形、长方形等）、尺寸；
3. 平整，形状、色调繁多；表面有烧面、斩面、凿面及亮面等多种表现</td><td>优点：
1. 易与其他铺面材料，如砖块、水泥等混合使用，使空间产生变化；
2. 与自然环境结合度高，原始与非原始森林公园皆宜；
3. 较持久耐用，承载力及耐磨性高
缺点：
1. 亮面易滑，影响游客安全，户外不宜采用，或仅可为小面积的点缀；
2. 厚度较薄时，易碎性高，需采用硬底铺设；
3. 软铺时，使用太频繁的步道，石材容易松动不易固定；
4. 成本较高</td><td>适用方式：
软、硬铺皆可
适用范围：
1. 适合各类型步道；
2. 一般自然区、低密度开发及高度开发森林公园的路径</td><td>森林公园步道使用石板必须表面粗糙</td></tr>
</table>

（续）

材料名称	特　性	优 缺 点	适用方式及范围	备注
砖块	1. 颜色温暖亲切，以土红色最为普遍常见； 2. 可使空间表现出人情味； 3. 包括陶砖、清水砖、红砖、混凝土砖等	优点： 1. 具有标准模具，耐磨性及承载力较高，图案可多变化； 2. 渗水性良好，易产生与泥土结为一体之感，自然性高； 3. 除陶砖外成本低 缺点： 1. 在湿度高的地区易生青苔等易滑性植物，影响游客行走安全； 2. 混凝土砖较不宜使用在原始地区	适用方式： 软、硬铺皆可 适用范围： 1. 适合各类型步道； 2. 在多雨或湿度高的区域可为点缀性或作为收边铺设； 3. 低密度开发区及高度开发区的路径	混凝土砖使用时应避免复杂的图形设计并注意色彩的搭配
混凝土	1. 混凝土是由水泥、砂、碎石调配而成，其坚硬强度因成分配合比例不同而异，因此设计时须注意其配比； 2. 表面具粉光、斩石子、洗石子等效果	优点： 1. 持久耐用，适应各种用途，承载力强； 2. 施工便利，可与多种其他铺面材料配合使用； 3. 洗石子面色彩及自然度皆佳，为良好的表面材质； 4. 成本低 缺点： 1. 表面烨光的视觉感受较差，尤其在森林公园原始风味较浓的地区，给人冷冰、强硬、人工化的感觉； 2. 常是游客心里排斥的材料	适用方式： 适宜硬铺 适用范围： 1. 适合各类型步道； 2. 表面经洗石子或斩石子等质感处理，与环境的结合度较佳	必须使用混凝土步道时应采用露骨材混凝土形式，以增加质感
木质栈道	1. 为自然的原木切割或木料结合的材质； 2. 其硬度、颜色、质感、纹理，甚至香味因木料不同而异； 3. 容易引起人们的亲切感	优点： 1. 质轻、软硬适中，为良好的步道材质； 2. 与环境的结合度佳； 3. 减少对原始地貌的干扰及破坏； 4. 易限制游客的活动范围 缺点： 1. 需特别注意防腐处理； 2. 需经常注意保养及修护，一有损坏，需立即修理以免破坏程度趋于严重，也免于使游客受到伤害； 3. 成本高	适用方式： 1. 软铺； 2. 多为高架方式 适用范围： 1. 适用于土质松软，承载力小而又不易通行的地段； 2. 因自然环境资源本身具有相当特色，不容许践踏的地带	适用于湿地景观区，增加生态和谐的质感
土石步道	指原野中只使用当地土石作为材料，不经大量人工琢磨修饰的自然步道而言	优点： 1. 最富野趣、最经济、最省力； 2. 成本低 缺点： 1. 不适用于人群过于集中的地区； 2. 排水、环境的整洁、虫蛇的驱除等须特别注意	适用方式： 适宜软铺 适用范围： 1. 不适用于使用频率过高的旅游路线； 2. 不适用于地质不良，易生崩塌的地区； 3. 原始地区的路径	1. 不适于低湿积水地区； 2. 必要时可由土壤改良硬化剂处理

表9–17 桥梁铺面材料特性表

材料名称	特性	优缺点	适用方式及范围	备注
混凝土	1. 最廉价的材料之一	优点： 1. 经济耐用，低维护管理； 2. 成本低； 3. 施工简便快速； 4. 耐压、耐磨度高	适用方式： 表面经斩石子、洗石子等质感处理	强度高，耐久性好
		缺点：与环境结合度较差	适用范围：适用于一般开发区至高度开发区	
木材	1. 为自然的原木切割或木料； 2. 其硬度、颜色、质感、纹理，甚至香味因木料不同而异； 3. 具亲切感	优点： 1. 质轻、软硬适中； 2. 与环境的结合度佳	适用方式： 配合混凝土基座设置	耐久性较差
		缺点： 1. 需特别注意防腐处理； 2. 需经常注意保养及维护； 3. 成本较高	适用范围： 1. 适用于土质松软，不能承受重材料而又不易通行的地方； 2. 因自然环境资源本身具有特色，不允许践踏的地带	
金属材料	1. 包括不锈钢、铁钢、铜、铝等； 2. 表面可为金属光泽、毛丝面、烤漆、喷漆等	优点： 1. 造型容易； 2. 具有多种模具样式以供选择； 3. 耐用性强； 4. 费用由低到高，视样式及选用材质而定	适用方式： 1. 简单的造型及使用低彩度、低亮度的色彩； 2. 应与其他自然度高的材质结合使用	森林公园应谨慎使用，并须注意表面的细节处理，如组合螺栓的埋设、表面尖刺的去除处理等
		缺点： 1. 传导快，易受气温的影响，造成不舒适的体验； 2. 与自然结合度低； 3. 需防锈处理	适用范围： 适用于高度开发区，并应谨慎使用	
石材	1. 指在地表上或靠近地表所取的岩石； 2. 形态、大小不定，经初步加工以容易使用为原则	优点： 1. 可表现出质朴的环境特质； 2. 可呈出历史感及人文特色	适用方式： 1. 适用于各类型森林公园； 2. 适用于容易取得块石的地区	强度高，耐久性好
		缺点： 1. 石块表面粗糙不平，难以衔接拼合； 2. 运费贵，如在本地开采，破坏自然环境	适用范围： 1. 半原始地区及一般自然区的路径； 2. 以石材为构造材料的具人文特色区	

资料来源：张杰等《森林公园规划设计原理与方法》。

② 简易的跨越桥梁的宽度可根据具体情况调整，地形较好的应略宽于路基宽度，以便游客驻留、照相。

(2) 型式

景观桥梁设计具有以下特点：

① 应在具有传统建筑或民族特色地区，采用传统工艺或样式。如拱桥、风雨桥。

② 样式应能增加景区景点的功能。

森林公园景观桥梁型式常有：石拱桥、木栈道桥、钢筋砼仿木梁桥等。

(3) 建筑材料

① 选取原则：经济、自然美观、耐久性强。

② 应选用当地已有或惯用的材料。

③ 材料选用应能适应当地气候条件限制。各种桥梁铺面材料特性见表 9-17。

9.8 停车场设计

在城乡一体化的珠江三角洲地区，人民生活水平的不断提高，私家车的拥有量越来越大，自驾游成为出行旅游的重要组成部分。停车场的需求量越来越大，成为森林公园占地面积较大的服务设施。在设计停车场时，应考虑旅游的发展，满足未来汽车增长的停放需要，同时应尽量少占土地，最大限度地绿化美化停车场，使停车场掩没在森林中，与自然和谐。

9.8.1 功能分析

① 满足游客各种车辆停放的需要。

② 必要时可作为车辆紧急维修及暂时放置的场所。

③ 突发事件时可作为集结人员或物资的场所。

④ 停车场设计符合 GB50067-97《汽车库、修车库、停车场设计防火规范》要求。

9.8.2 停车场容量

各景点停车场空间的容量计算以最大日游客量为依据：

预计所需停车位数＝（旅客人次 × 使用该交通工具概率）÷（转换率 × 平均乘客人数）

转换率＝开放时间 ÷ 平均游览时间

根据所设定停车场的游客人数、使用交通工具的概率等决定停车场的容量，考虑假期及旺季的需求，同时考虑经济发展速度，汽车增长速度，保留一定的弹性停车空间。

9.8.3 停车场选址要求

① 为了方便与公园内交通工具接驳，一般选在公园的入口处，与公园游憩点、景点及交通旅游路线相互配合。

② 尽量选择平坦、排水良好的地方。

③ 避免选择在眺望视野的轴线上、自然资源脆弱之处、生态保护区或挖方量与填方量较大的地方。

④ 在允许车辆驶入的公园宜在景点附近设置停车场，以便减少游客步行时间。

⑤ 方便公园与外部交通网的连接。

9.8.4 停车场要与环境协调

① 森林公园内的停车场配置应随地形地貌变化调整，当地面坡度过大时，应考虑阶梯式停车场。

② 设置较大型的停车场时，应增加缓冲绿带隔离空间或分区设置，以免连续性大面积人工铺面对环境造成太大的影响，也不利于排水。

③ 停车场应恢复绿化，应采用植草砖等方式设计停车位，使停车场不会裸露太多硬底铺面。

9.8.5 配套设施

① 停车场应设置入口标志、指示牌、遮阴及隔离植物、照明、环卫设施等。

② 若为收费使用，则应考虑管理站、入口栅门、车位告示牌、取票设备、相关收费系统的机电设备及管线设施的设置。

③ 大型的停车场应设置公共电话、小卖店、休息亭等设施。

9.8.6 设计内容

(1) 车辆种类、车身尺寸

车辆种类可分为微型汽车、小型汽车、中型汽车、普通汽车及铰接车，其车身尺寸见表 9-18。

(2) 车位尺寸

车位尺寸以符合《城市道路设计规范》(CJJ37-90) 的车位尺寸为主，见表 9-19。

(3) 坡度

① 停车场的坡度应大于 1%，以便排水，但不宜大于 3%。

② 当坡度过大时，采用阶梯式停车场，连接各阶梯的坡道的坡度最大不得超过 1∶6。

(4) 停车方式及车道宽度

① 停车场的停车方式主要有与道路平行停车、垂直停车、45° 停车、90° 停车 4 种。

② 单车道宽度应在 3.5m 以上。

③ 双车道宽度应在 5.5m 以上。

④ 停车位角度超过 60° 者，其前方车道宽度应在 5.5m 以上。

(5) 铺面结构

① 由于停车场所占的面积较大，因此铺设方式应采用透水性软底铺设加植草砖铺设，以利于地表水下

表9-18 不同车辆的车身尺寸及回转半径分析表

车型	总长（m）	总宽（m）	总高（m）
微型汽车	3.2	1.6	1.8
小型汽车	5.0	1.8	1.6
中型汽车	8.7	2.5	4.0
普通汽车	12.0	2.5	4.0
铰接车	18.0	2.5	4.0

表9-19 机动车停车场设计参数表

停放方式		垂直通道方向的车位尺寸 ωv（m）					平行通道方向的车位尺寸 lp（m）					通道宽度 ωt（m）					单位停车宽度 ωu（m）					单位停车面积 Au（m^2/veh）				
		设计车型分类																								
		Ⅰ	Ⅱ	Ⅲ	Ⅳ	Ⅴ	Ⅰ	Ⅱ	Ⅲ	Ⅳ	Ⅴ	Ⅰ	Ⅱ	Ⅲ	Ⅳ	Ⅴ	Ⅰ	Ⅱ	Ⅲ	Ⅳ	Ⅴ	Ⅰ	Ⅱ	Ⅲ	Ⅳ	Ⅴ
平行式	前进停车	2.6	2.8	3.5	3.5	3.5	5.2	7.0	12.7	16.0	22.0	3.0	4.0	4.5	4.5	5.0	8.2	9.6	11.5	11.5	12.0	21.3	33.6	73.0	92.0	132.0
斜列式 30°	前进停车	3.2	4.2	6.4	8.0	11.0	5.2	5.6	12.7	16.0	22.0	3.0	4.0	5.0	5.8	6.0	9.4	12.4	17.8	21.8	28.0	24.4	34.7	62.3	76.1	98.0
斜列式 45°	前进停车	3.9	5.2	8.1	10.4	14.7	3.7	4.0	4.9	4.9	4.9	3.0	4.0	6.0	6.8	7.0	10.8	14.4	22.7	27.6	36.4	20.0	28.8	54.4	67.5	89.2
斜列式 60°	前进停车	4.3	5.9	9.3	12.1	17.3	3.0	3.2	4.0	4.0	4.0	4.0	5.0	8.0	9.5	10.0	12.6	16.8	26.6	33.7	44.6	18.9	26.9	53.2	67.4	89.2
斜列式 60°	后退停车	4.3	5.9	9.3	12.1	17.3	3.0	3.2	4.0	4.0	4.0	3.5	4.5	6.5	7.3	8.0	12.1	16.3	25.1	31.5	42.6	18.2	26.1	50.2	62.9	85.2
垂直式	前进停车	4.2	6.0	9.7	13.0	19.0	2.6	2.8	3.5	3.5	3.5	6.0	9.5	10.0	13.0	19.0	14.4	21.5	29.4	39.0	57.0	18.7	30.1	51.5	68.3	99.8
垂直式	后退停车	4.2	6.0	9.7	13.0	19.0	2.6	2.8	3.5	3.5	3.5	4.2	6.0	9.7	13.0	19.0	12.6	18.0	29.1	39.0	57.0	16.4	25.2	50.9	68.3	99.8

注：1. 表中Ⅰ类为微型汽车；Ⅱ类为小型汽车；Ⅲ类为中型汽车；Ⅳ类为普通汽车；Ⅴ类为铰接车。

2. 计算公式：$\omega u=\omega t+2\omega v$，$Au=\omega u\times lp/2$。

3. 表列数值系按通道两侧停车计算；单侧停车时，应另行计算。

渗，避免产生较大的地表径流，增加土壤的含水量，利于植草生长。

② 大客车使用的车位的基础层厚度须大于轿车。

③ 供假期及旅游旺季使用的临时停车场，利用现地平坦的空间，不需做面层铺设。

(6) 铺面材料

① 在不同功能的车道、车位及步道空间内，可运用不同形式及材料的铺面，以加强停车场内不同分区的空间感和多样性。

② 应选用耐候性、耐久性及易维护等特性的材料，首先应考虑天然材料，如石材、回收材料（如现地开挖的碎石、废弃枕木）等。

③ 停车场内的车道及人行步道铺面材料选用，以与联结道路材料相配合为宜。

④ 各种停车场铺面材料的特性见表 9-20。

(7) 排水系统

因地形不同，排水方向应顺应原始地形，可排向两边、倾斜于单边或集中于中央再汇集经地下排除。大型停车场应埋设排水管或设盖板沟排水。

(8) 边坡处理方式

① 平缓、土质稳定的边坡：利用植物美化，如植草、种灌木等。

② 平缓、土质尚稳定的边坡：砌卵石护坡，以增加停车安全性，可在护坡上方种植蔓藤植物，达到绿化效果。

③ 陡峭、开挖较高的边坡：为预防塌方，应通过验算边坡的稳定性，采用不同的处理方式，如挡土墙防护、预应力砼网格护、喷锚防护等。

(9) 轮阻

① 轮阻是阻挡车子避免其离开或超越车位的设施。

② 高度为 10 ~ 13cm，材料可用混凝土、石料或金属杆件。

9.8.6.10 绿化

① 停车场的绿应考虑遮阴性及与四周环境植物的配合。

② 在停车场出入口及转弯处，应选择较低矮灌木或草本植物或高大乔木，避免遮挡视线。

③ 用于停车场遮阴的乔木，应选择根系发达，不易倾倒、根比较深的树种，以免大风时倾倒压坏车辆和影响安全，同时避免根系露出地面破坏停车位。

9.9 简易码头设计

滨海森林公园、岛屿森林公园等都需要水上交通工具，码头是必不可少的基础设施。有的森林公园中如有河流、湖泊或水库，也应设计码头。所谓简易码头，是指停泊小型游艇、风帆、小木船等的小型简易游艇港。

9.9.1 功能

① 提供简易水域游憩设施的出入与停泊。

② 可进行水域机动设施的清理与维护。

9.9.2 游艇种类与使用功能

① 规划简易码头时，首先要决定该水域游憩区的利用方向与停放游艇种类。

② 目前使用的普通型游艇尺寸，见表 9-21。

9.9.3 选址

① 应选择具备 3 ~ 3.5m 的水深与弯凹地形，以确保水面的稳定。

② 码头水域应无暗礁、急流、无风向、风速急速变化等情况。

③ 码头建设地点要有良好地基承载力。

④ 码头邻近陆域与水域要应具备游憩景观资源和道路交通。

9.9.4 设计内容

(1) 总体设计内容

① 应总体考虑系船水面、停车场等配套性设施区位。

② 码头水域设施方面包括航道、泊地、服务浮台、防波堤、护岸等设备。

③ 码头系泊设施包括系船柱、浮桥、浮标等。

(2) 航道

表9–20　停车场铺面材料特性表

材料名称	特　性	优　缺　点	适用铺设方式	备注
天然石材	1. 指在地表上或靠近地表所取的岩石，如花岗岩类； 2. 形态、大小不一，可经适度切割或加工成适宜使用的尺寸，厚度宜8cm以上	优点： 1. 可表现出质朴的环境特质； 2. 可拼铺成各式图案； 3. 经时间的累积可呈现历史感等人文特质； 4. 耐候性强、与环境结合度佳 缺点： 1. 硬底铺设的舒适性及透水性较差； 2. 软底铺设难度较高，经常使用时易有石材松动之虞； 3. 成本高； 4. 浅色石材在大面积铺设时日照的反射率高	适用铺设方式： 软、硬铺皆可 适用范围： 适用于多功能使用的停车场	宜采用透水性软底铺设
沥青混凝土（柏油）	1.5cm厚的柏油，下铺设15～25cm厚的碎石底层，以利排水； 2. 以黑色为主，另配有其他颜色	优点： 1. 表面具弹性，行走舒适度高； 2. 成本低； 3. 施工简便快速； 4. 耐压及耐磨性高 缺点： 1. 与环境结合度差； 2. 透水性差 3. 夏季表面温度高	适用铺设方式： 软、硬铺皆可 适用范围： 1. 使用率极高的停车场； 2. 柏油路两侧的路边停车场	
植草砖	1. 最廉价的材料之一； 2. 具有各种孔隙的植草砖，孔隙间种植耐践踏草种	优点： 1. 经济耐用； 2. 成本低； 3. 与自然环境结合度较高； 4. 透水性佳 缺点： 1. 施工过程及排水设施宜妥善处理，避免植物死亡； 2. 耐压性较差； 3. 不利行走	适用铺设方式： 软底铺设 适用范围： 中、低度使用率的停车场	身心障碍者专用车位不适合使用
高压混凝土砖	1. 以高压混凝土砖为主，表面经各式处理具各种质感； 2. 具有各式形状、尺寸及颜色，厚度以8cm以上为宜	优点： 1. 经济耐用，易维护管理； 2. 成本较低； 3. 施工简便； 4. 可拼铺成各式图案，具多样变化； 5. 软底铺设的透水性佳 缺点： 1. 与环境结合度较差； 2. 色彩较为鲜艳，在自然度高的地区使用时，须注意色彩的搭配	适用铺设方式： 软、硬铺皆可 适用范围： 1. 适用各类型停车场； 2. 多功能使用的停车场	应采用透水性软底铺设

资料来源：张杰等《森林公园规划设计原理与方法》。

表9-21　游艇基本尺寸表

全艇长（m）	宽度（m）	满载吃水重（kg）	吃水深（m）	桅杆高（m）
3.05	1.21	70	0.30	5.3
3.66	1.45	120	0.47	5.8
4.27	1.70	210	0.53	6.4
5.48	2.16	570	0.73	7.7
7.32	2.88	1910	1.04	10.0
9.15	3.37	4140	1.35	12.4
10.97	3.73	7040	1.70	14.8
12.81	4.40	11800	2.02	16.9
14.63	4.47	17040	2.34	18.8

① 包括内航道、港口内的水路。

② 要有稳静水面与足够水深。

(3) 泊地

① 泊地是指一稳静水域，可供船艇在其中停泊。

② 泊地水深以游艇的吃水深作为考虑依据。

(4) 外围设施

包括服务浮台、防波堤、护岸等。

① 服务浮台可提供船艇加油、给水、充电、抽放污水及其他相关服务。

② 森林公园内的防波堤按形式分类应尽量采用斜坡型与桩型等形式。一般为抛石式与板桩式等结构。

③ 护岸是为防止浪潮对沿岸地基与土沙的持续侵蚀。护岸可分为斜坡式、直立式与混合式三种方式。

(5) 系泊设施

包括系船柱、浮桥、浮标等。

① 系船柱为管理停泊在泊地内船只的简易设施，将游艇用绳子固定于系船柱的中间或船尾用锚座、浮标联结固定。

② 系船柱的警戒点至少要露出水面 1.22m；如考虑暴风浪、洪峰来时，至少要超出水面 1.83 ~ 2.44m。

③ 浮桥为将游艇系泊于浮栈桥，可利用锚座、浮标或系船柱等系泊设施。

④ 浮标是为防止泊地内的船只被风、潮流与波浪影响而使用的设施，根据构造分为沉锤式、锚锁式、沉锤锁式 3 种。

参考文献

[1] 公路工程技术标准（JTG B01—2003）.

[2] 公路路基设计规范（JTG D30—2004）.

[3] 公路水泥混凝土路面设计规范（JTG D40—2002）.

[4] 公路路线设计规范（JTG D20—2006）.

[5] 城市道路设计规范（CJJ37—90）.

[6] 徐家钰，程家驹. 1995. 道路工程 [M]. 上海：同济大学出版社.

[7] 邓学钧，黄晓明 . 2001. 路面设计原理与方法 [M]. 北京：人民交通出版社 .
[8] 刘朝晖，秦仁杰 . 2003. 公路环境与景观设计 [M]. 北京：人民交通出版社 .
[9] 徐家钰 .2005. 城市道路设计 [M]. 北京：中国水利水电出版社，7.
[10] 自然保护区工程设计技术规范（LY/T5126—04）.
[11] 林区公路工程技术标准（LYJ 5104—1998）.
[12] 张杰，那守海，李雷鹏 . 2003. 森林公园规划设计原理与方法 [M]. 哈尔滨：东北林业大学出版社，5.

第10章　城市森林公园给水排水工程设计

10.1 森林公园给排水设计目的和意义
10.2 理论依据
10.3 设计原则
10.4 给水系统设计
10.5 城市森林公园排水系统设计
10.6 城市森林公园环保节水节能设计应用
10.7 城市森林公园排水工程的景观设计理念

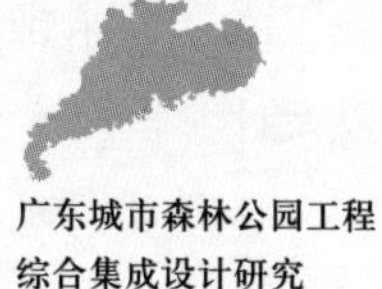

10.1 森林公园给排水设计目的和意义

设计的目的就是将社会的、人类的、经济的、技术的、艺术的、心理的多种因素综合起来，对实施对象的这种构思和计划技术就是我们所要从事的设计。设计有明确的功能目的，设计的过程正是把这种功能目的转化到实施对象上去。森林公园给水排水设计的主要目的就是：森林公园水资源可持续利用和保护、水的社会循环、水的生态循环、节水工作及相关给水排水的高新技术应用于森林公园建设技术等。

城市森林公园给水排水工程的重要意义：森林公园给排水设计要实现“以森林资源、水资源为本、适度开发、和谐生态、森林特色”的建设理念，坚持以保护森林自然景观为主的建设方向。为了更好地满足城市居民回归和谐自然的需求，利用综合集成设计理念合理开发利用森林水资源，促进森林旅游业的健康发展，寻求符合森林公园的可持续发展的给排水工程设计方法，这是森林公园设计中一件非常有意义、也是非常重要的工作。

10.2 理论依据

城市森林公园给水排水设计在综合集成设计理论的主导下，综合各专业理论为我们的设计提供理论依据。主要专业理论依据来自：普通化学、分析化学、工程力学、测量学、工程制图、微生物学、水力学、电工学、给水排水工程学科的基本理论和基本知识，以及计算机技术及绘图、污染物监测和分析、工程设计、管理及规划方面理论，水科学和环境技术领域的科学研究、工程设计和管理规划方面的专业，对森林水资源的开发、净化、输送、回收利用与应用的基本理论、基本技能、科研方法，给水排水工程的工艺设计、施工、管理和专业结构设计的相关理论，水资源控制与保护、节水等相关理论；相关的国家规范、法律法规等。

10.3 设计原则

以城市森林公园综合集成设计的总体要求，满足森林公园生态需要、城市游人的游憩需要，也要满足城市文脉的要求作为基本设计原则。结合森林公园的特点综合集成以下设计原则：

① 可持续发展原则：森林公园给水排水设计中，必须重视水生态、水环境的研究和保护。以保护为主，开发、建设与保护相结合。

② 主体原则：森林公园总体给水排水设计要突出以森林为主体的原则。因此在森林公园的开发中，对森林公园给水排水构筑物的景点的建设要有鲜明的侧重。

③ 个性原则：建设有特色的森林公园给水排水工程，关键是要利用好本区森林水资源，发挥森林水资源的优势，在充分保护好现有资源的基础上，设计有自己特色的给排水工程，并做到森林公园持续稳定的发展。

④ 经济原则：森林公园给水排水总体设计的经济原则主要体现在因地制宜、量力而行、因财实施的设计理念上。

⑤ 综合集成原则：以城市森林公园综合集成设计作为主要实施阶段的设计原则。

综上所述城市森林公园作为休闲、游憩、科普教育的场所，需要建设相应配套的给水排水工程设施。根据综合集成设计的总体思路，森林公园公园配套服务设施规划设计要尽可能保护好生态环境，减少人类活动对自然环境的破坏。如何达到生态、可持续发展、环保、节能、循环利用、和谐等目的，是我们设计人员在进行配套服务设施规划设计时必须认真思考和需要解决的问题。

城市森林公园给水排水系统的规划设计必须以可靠的资料为依据。设计人员接受设计任务后，需作一系列的准备工作，首先应了解研究设计任务书或批准文件的内容，弄清本公园项目的范围和要求，然后赴现场实地进行踏勘、勘察、核实、收集、分析、补充有关的基础设计资料，为城市森林公园给水排水规划设计做好准备。

10.4 给水系统设计

规划设计前期准备工作：收集公园周边市政给水管道敷设情况，给水体制，到本公园给水管道的供水能力及压力资料及变化情况，现有给水管道系统走向，接入口位置及高程，规划设计范围地形图，规划范围水源、溪流、江河湖泊及水库的水文地质资料，及各专业管线敷设的情况资料等。

10.4.1 城市森林公园给水系统特点

城市森林公园给水系统特点：用水类别多，某些用水定额较难确定，公园占地较大，用水点分散，建筑物和构筑物体量都较小，总用水量不是很大，设计范围地形复杂，给水系统标高变化大，给水系统竖向规划系统复杂，水源形式多样，供水系统形式多样。

10.4.2 城市森林公园给水水源分析

首先应开展详细的森林公园环境水资源勘察工作，详细勘测公园内和附近水源工程技术参数，收集水源各个不同季节的变化数据，水源的水量、水质，并对水源被利用后对水源本身及周边环境所造成的影响做科学、客观的评价，综合各方面因素经经济技术比较后确定给水水源。下面是常见森林公园设计常用水源：

(1) 市政自来水

市政自来水是理想的生活给水水源，可作为公园设计首选水源。在我们的设计实践中，多是靠近城区的公园入口及其配套服务设施才有条件引入市政给水水源，整个森林公园采用市政给水的情况不多，当然也可通过多级泵站提升供整个森林公园给水系统，但成本较大。

(2) 地下水

水质较好，一般经简单消毒就可直接用于给水系统。

(3) 泉水、溪流

水质较好，在广东城市森林公园中较常见，分布在公园不同区域，为给水利用提供了较好的条件，经简单过滤和消毒就可达到市政自来水水质。

(4) 河涌、河流

该类水水质差异较大，水量变化也大。水质较好的，经合适的给水处理达到市政自来水水质，为公园提供给水水源。

(5) 水库、湖泊

水质一般，但较稳定，水量较充足，可满足较大水量要求，一般经给水处理工艺后达到市政自来水水质。

(6) 中水、杂用水

中水是指污水经适当处理后达到一定的水质指标，满足某种使用要求的水。森林公园中水主要用于森林公园非饮用水，如用于林木灌溉、绿化、环卫、喷洒道路、冲洗汽车，以及“水景观”的环境景观用水。中水的合理规划利用，可有效保护森林水资源，缓解水资源紧缺的矛盾，是贯彻可持续发展的重要措施。污水的再生利用和资源化具有可观的社会效益、环境效益和经济效益。

10.4.3 森林公园给水用水水质标准

森林公园生活饮用水的水质应符合《生活饮用水卫生标准》(GB5749-2006)。森林公园的林木灌溉、绿化、环卫、喷洒道路、冲洗汽车以及“水景观”的环境景观用水的水质应符合中华人民共和国国家标准《城市污水再生利用城市杂用水水质标准》(GB/T 18920-2001)《城市污水再生利用景观环境用水水质》(GB/T 18921-2002)。

10.4.4 城市森林公园用水量标准确定

森林公园的给排水设计规模的确定主要依据森林公园游客接待能力，在这里有常态和非常态两种情况，常态即为普通工作日和普通周日，游客数量稳定，流量较少。非常态即为特殊节假日或公众长假期，游客数量会激增至常态游客数量的数倍，这种情况使设计的规模确定和设计有一定困难，完全不考虑非常态因素会造成公共安全和卫生事件，要按非常态进行设计又会造成较大浪费。所以根据各构筑物游客接待能力的大小设计给水排水工程。设计中主要遵循以下原则：舒适性建筑以公园常态游客接待能力设计，如宾馆饭店、住宅、办公、保健娱乐设施等。公共卫生安全构筑物应考虑一定的非常态游客接待能力设计，如出入口、公共厕所、餐厅等。

森林公园内各类型建筑和各服务设施生活用水量标准详见表10-1。

表10–1　森林公园各类建筑和服务设施生活用水量标准

序号	建筑	类别	单位	定额	备注
1	别墅	卫生器具设置标准（高）	升／人·日	200 ~ 350	别墅常态生活人数为基数
2	住宅	卫生器具设置标准（中）	升／人·日	130 ~ 300	住宅常态生活人数为基数
3	宿舍	卫生器具设置标准（低）	升／人·日	120 ~ 200	宿舍常态生活人数为基数
4	办公楼	机关事业单位办公场所、写字楼等	升／人·日	50 ~ 80	以职工人数为基数，为综合定额
5	旅游饭店	五星级大于 20000m^2	升／床·日	1900	以床位数量为基数，为综合定额
		三、四星级	升／床·日	1300	
		一、二星级	升／床·日	1000	
		旅馆	升／床·日	450	
6	零售业（综合零售）	面积：5000–20000m^2	升／人·日	110	以商店职工人数为基数，为综合定额
		面积：200–5000m^2	升／人·日	70	
		面积：小于 200m^2	升／人·日	30	
7	正餐服务	酒楼（或高档酒楼）营业面积在 2000m^2 以上，或三星级以上（含三星级）酒店	升／餐位·日	250	以餐位数为基数，为综合定额
		中型酒楼（或中档酒楼）营业面积 400 ~ 2000m^2，或一至二星级酒店	升／餐位·日	220	
		一般饭店 营业面积 400m^2 以下	升／餐位·日	160	
		西餐酒廊 以西餐为主	升／餐位·日	160	
8	快餐服务	以盒饭、小吃、粥、粉、面等为主	升／餐位·日	80	以餐位数为基数，为综合定额
9	饮料及冷饮服务	提供甜品、炖品、冷饮、茶水等	升／餐位·日	30	以餐位数为基数，为综合定额
10	理发及美容	美发／美容	升／位·日	180	以床位或座位数（不计为等候服务而设的座位及非顾客使用的座位）为基数，为综合定额
11	保健服务	桑拿、按摩、沐足	升／位·日	250	以床位或座位数（不计为等候服务而设的座位及非顾客使用的座位）为基数，为综合定额
12	公厕	城市森林公园	升／坑位·日	1100	以坑位数为基数，为综合定额
13	电影	电影院	升／m^2·日	12	以营业面积为基数，为综合定额
14	艺术表演场馆	剧院、大礼堂	升／m^2·日	10	以营业面积为基数，为综合定额

（续）

序号	建筑	类别	单位	定额	备注
15	体育场馆	体育场	升 /m²·日	2	
16	室内娱乐活动	酒吧、夜总会、歌舞厅等	升 /m²·日	50	以营业面积为基数，为综合定额
17	休闲健身娱乐活动	保龄球馆、台球馆、健身房等室内场所	升 /m²·日	15	以营业面积为基数，为综合定额
18	水景	喷泉、瀑布、涌泉、溪流	%	3 ~ 10	每日循环水量的百分数（%）
19	游泳池；水上乐园	室内	%	5 ~ 10	每日补充水量占池水容积的百分数（%）
		室外	%	10 ~ 15	
20	苗圃	珍贵观赏植物园区、木材生产、林副产品生产	升 /m²·日	2.0	灌溉区域面积为基数
21	绿化灌溉	林木、园林绿化	升 /m²·日	1.3 ~ 1.7	灌溉区域面积为基数
22	洒扫	广场、道路、停车场 环卫局综合	升 /m²·日	0.7	负责的公共区域面积为基数
23	洗车	轿车、微型客车、微型货车	升 / 辆·次	220	汽车分类按《中国汽车分类标准》（GB9417—89）

注：森林公园管网漏失水量和未预见水量按最大日用水量的 10% ~ 15% 计算。

本表数据来自下列规范和标准：《建筑给水排水设计规范》（GB50015—2003）《城市居民生活用水量标准》（GB/T50331—2002）《广东省城市公共服务业用水定额表》。

10.4.5 森林公园最高日用水量计算

最高日用水量应按下式计算：

$$Qd=(1.10-1.15)\sum Qd_i \qquad (10\text{-}1)$$

式中：Qd——森林公园最高日用水量（m^3/ 日）；

1.10 – 1.15——考虑未预见用水量的设计系数；

Qd_i——各类同时用水建筑的最高用水量（m^3/ 日）。

10.4.6 森林公园给水管网所需水压计算

给水管网所需的水压根据下式确定：

$$H=H_1+H_2+H_3+H_4 \qquad (10\text{-}2)$$

式中：H——给水管网引入管前所需的水压（米水柱）；

H_1——最不利配水点与引入管或水泵吸水井的标高差（m）；

H_2——管网内沿程和局部水头损失之和（米水柱）；

H_3——水表井水头损失或水泵房内水头损失（米水柱）；

H_4——最不利配水点所需工作水头（米水柱）。

计算结果可以复核市政管网供水压力是否满足使用需要，或可以作为水泵扬程计算结果，作为选水泵的扬程设计依据。

10.4.7 给水系统规划设计

在综合集成设计理念的指导下，根据森林公园各用水点对水质、水压、水量的要求，并结合用水点地理分布及地面标高的竖向要求确定给水系统。森林公园常用的 3 种基本给水系统是：生活给水系统、消防给水系统和杂用水（中水）给水系统。此外还有直饮水给水系统，现阶段直饮水给水系统较少布置在森林公园，但随着社会发展将会不断推广普及。

根据具体设计情况，在森林公园的给水系统规划设计中会将上述 3 种基本给水系统合并成组合的给水系统，例如：生活—消防给水系统和杂用水—消防给水系统等。

森林公园的各用水区域之间的高差变化有时会比较大，因此必须考虑给水系统分区问题，依据森林公园的具体情况，综合给水和消防系统使用要求和设备材料性能，以最低点用水设备处的净水压不超过 600kPa 为给水系统竖向分区一般依据。

森林公园常用给水系统介绍如下：

（1）直接供水方式（图 10-1）

优缺点：直接由市政给水管网供水，系统简单、投资少、安装维护方便，可充分利用市政管网水压，节约能源。公园内部无储备水量，外网停水时公园内部会立刻停水。

适用范围：森林公园靠近市政管网的用水区域，外网水压稳定，可满足公园内经常用水需要，用水建筑为单层和低层建筑。

（2）高位水箱供水方式（图 10-2）

优缺点：供水较可靠，利用外网水压或利用水源所在地地势高的优点直接供水，节省了水泵设备，节约能源。系统简单投资较省，安装维护较简单。内部有储备水量，公园给水供水安全性较高。

适用范围：外网水压有规律变化可满足高位水箱上水要求或有高位的森林山泉溪流水源。

（3）水池水泵和高位水箱供水方式（图 10-3）

优缺点：供水可靠，内部有储备水量，外网停水短时间不影响公园用水，供水压力稳定。公园给水供水安全性较高。供水设施和设备较多，系统维护较复

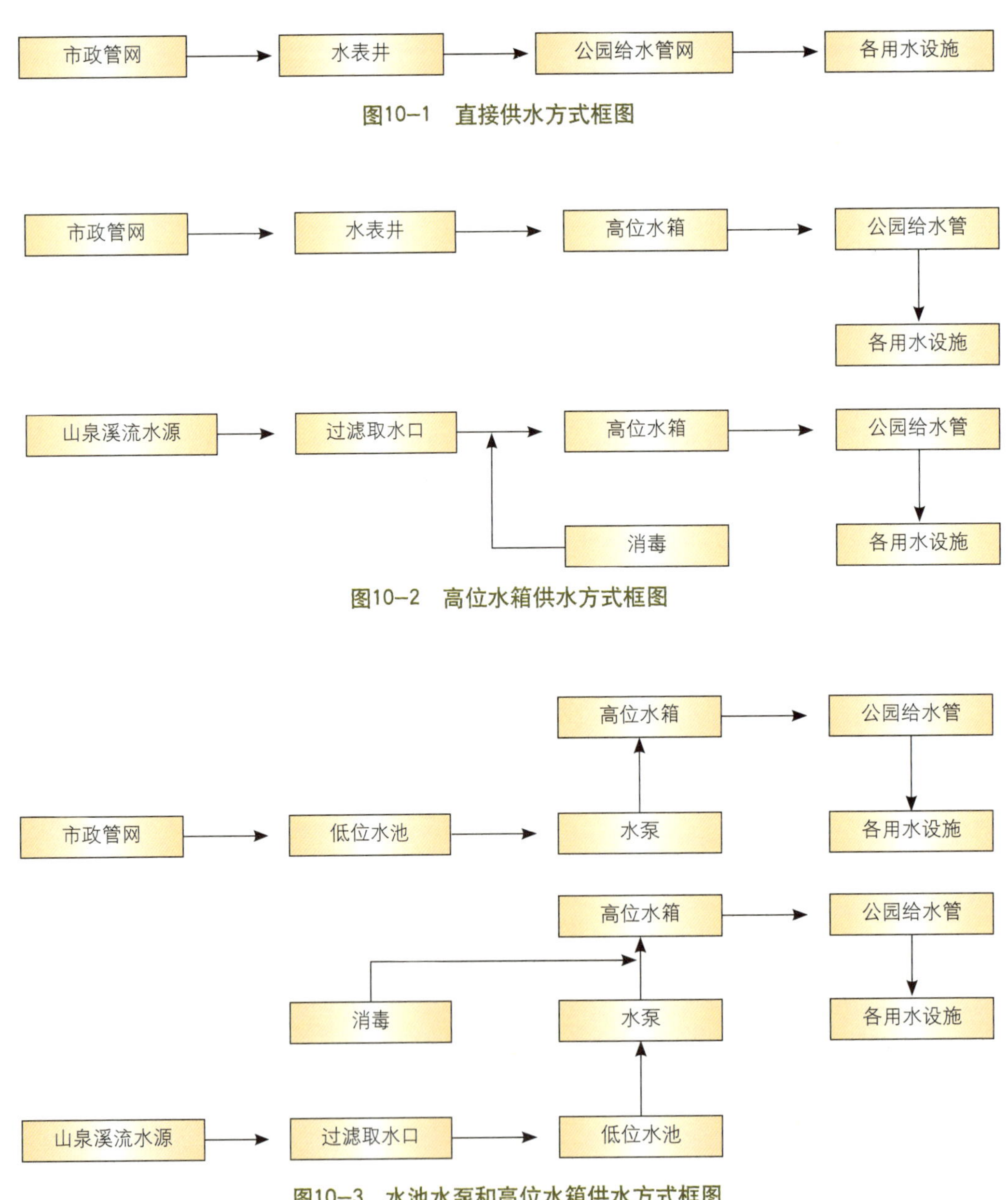

图10-1　直接供水方式框图

图10-2　高位水箱供水方式框图

图10-3　水池水泵和高位水箱供水方式框图

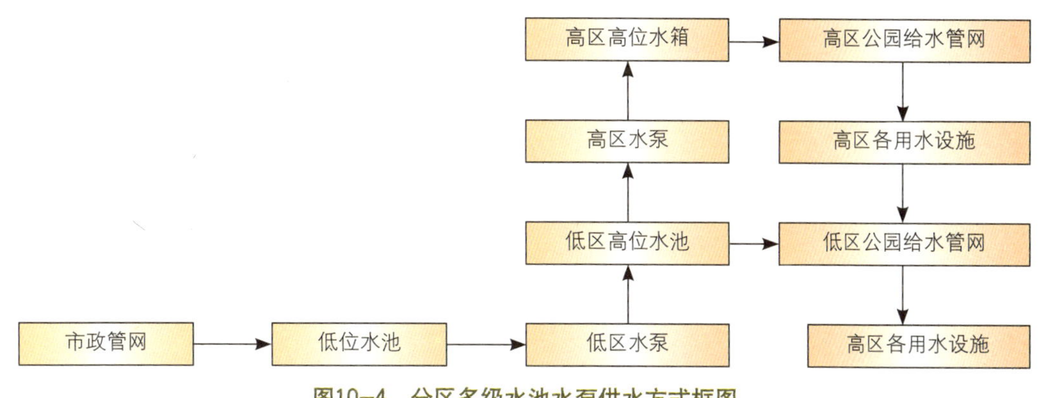

图10-4　分区多级水池水泵供水方式框图

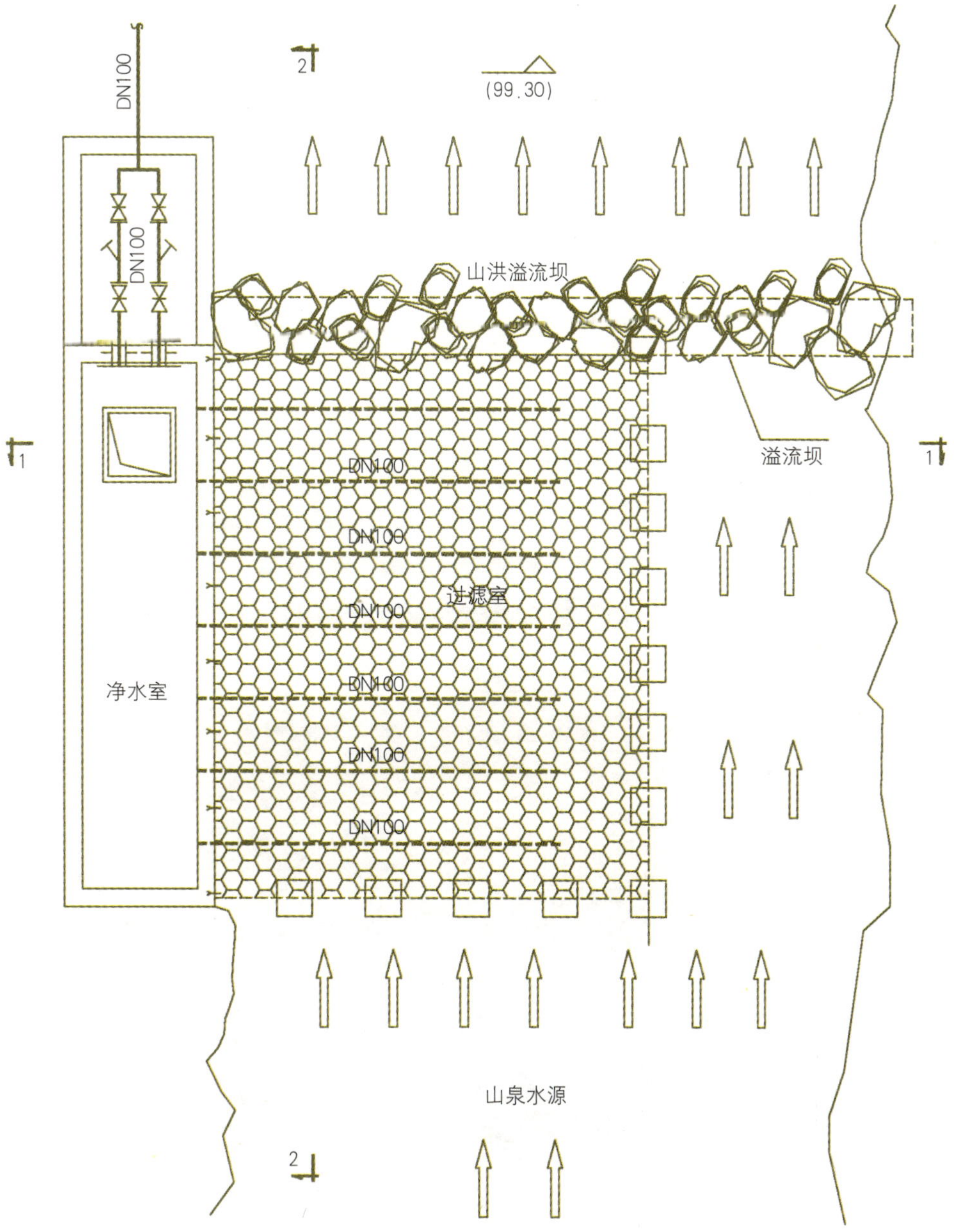

图10-5　水源取水口平面图

杂，投资较大。

适用范围：上述供水方式可满足森林公园内一般的给水供水要求，适用范围广。

(4) 分区多级水池水泵供水方式（图 10–4）

优缺点：多级提升可解决地势很高的山上建筑供水。该系统复杂，供水压力稳定。公园给水供水安全性较高。供水设施和设备多，系统维护复杂，投资大。

适用范围：该系统适合地势变化很大，且水源在低位市政供水的，山顶无水源的公园建筑供水。

10.4.8 城市森林公园给水管网布置形式

城市森林公园给水管网形式分为枝状管网和环状管网，以及两种管网形式的组合。

现阶段森林公园的给水管网建设受投资的限制，难以全区域采用环状管网式布置，一般以支状管网为主，在一些规模较小、开发深度较大的、要求供水安全性较高的公园，局部区域可以实现环状给水管网布置。

10.4.9 森林公园给水管网管材选用原则

埋地敷设预先选用塑料复合给水管材，有时给水管道在林地和道路两侧敷设为明敷时应考虑金属给水管材，因为考虑林木山火对水管的破坏，特别是消防给水管道应采用金属给水管材。

10.4.10 原生态型取水设施设计实例

我们采用综合集成设计理念专为东莞大岭山森林公园给水系统设计的水源取水口。该设施集从溪流河水中取水、并完成给水过滤处理并防雨水冲刷及安全排洪一体的原生态型水源取水构筑物，该水源取水构筑物非常适合森林公园（图 10-5 至图 10-7）。

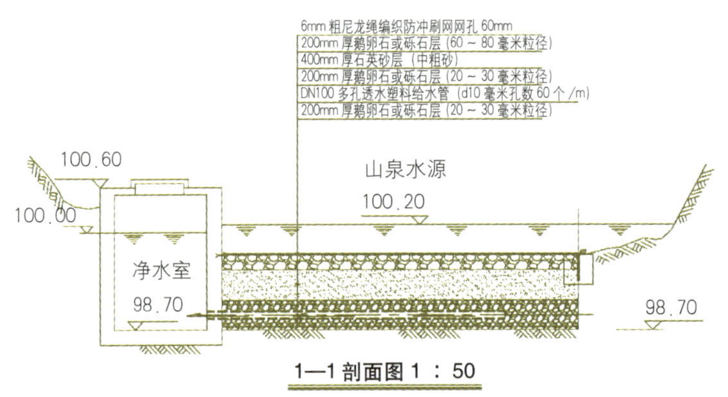

图10–6　水源取水口1–1剖面图

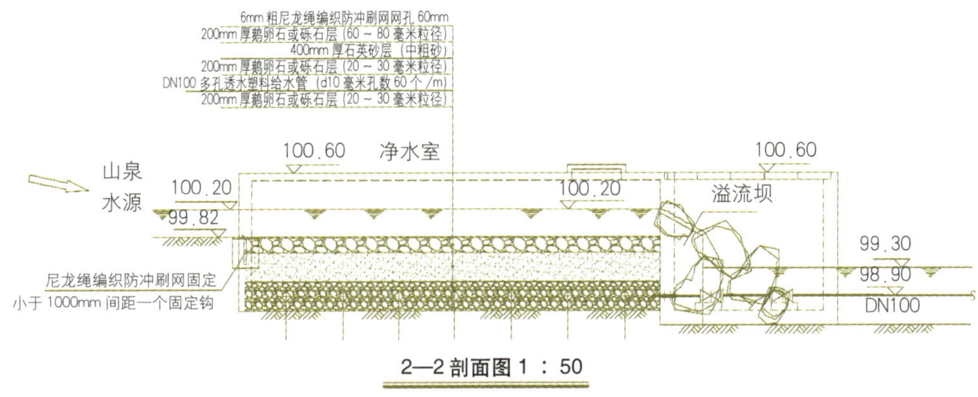

图10–7　水源取水口2–2剖面图

该水源取水口特点：集多功能为一体，设计小巧、结构简单、造价低廉、对溪流及环境的影响破坏很小，注重和周围环境的统一协调，小溪石坝自然唯美，水流的变化和水质变化对取水影响小，对森林公园生态环境破坏极小，是一个非常适合森林公园溪流取水的构筑物，也是实现使用功能和景观较完美结合的原生态型取水设施。

10.5 城市森林公园排水系统设计

10.5.1 城市森林公园排水系统特点

森林公园雨水排水特点是汇水面积很大，原设计流域有大量的沟涌溪水，需作大量水文地质勘察工作。设计雨水排水系统要重点考虑防洪排涝防灾设计要求，并要兼顾环境地貌的美观和谐。森林公园污水性质主要是生活污水，每个排水点污水量不会很大，一般没有工业污水。生活污水一般分散在各个功能分区，地形变化大，跨越林区面积大。集中收集处理和排放到市政污水管道基本不可能，在综合集成设计原则指导下，因地制宜的解决好污水处理，污水排放及综合利用就是我们主要研究的课题。

10.5.2 排水系统分类

在森林公园排水设计规划中一般是下面两个系统：

① 雨水排水系统；

② 生活污水排水系统。

10.5.3 雨水排水系统设计

规划设计前期准备工作：收集公园周边及规划范围内的雨水排水管渠、溪流、河涌的水文资料，防洪标准，排水体制，受纳水体的位置及环保要求，现有雨水管渠系统走向，排出口位置及高程，规划设计范围地形图，水文地质资料，及各专业管线敷设的情况资料。

雨水排水系统的任务就是及时地汇集并排除雨水形成的地面径流，防止公园服务及各功能设施受水浸

表10–2　广东省设计降雨强度表

序　号	市／地	qi 设计降雨强度（L/s · hm^2）
1	广州市	441.40
2	韶关市	474.84
3	汕头市	555.17
4	深圳市	586.05
5	佛山市	397.19

注：该表数值为依据各个城市暴雨强度公式计算得出；计算参数：设计重现期：2 年；设计降雨历时：5 分钟。

表10–3　设计地面径流系数表

序　号	地面种类	T 径流系数
1	屋面	0.90
2	水面	0.90
3	混凝土和沥青路面广场	0.90
4	块石路面	0.60
5	干砖碎石路面	0.40
6	非铺砌路面	0.30
7	城市森林公园疏林地	0.15
8	城市森林公园密林地	0.10

注：各种汇水面积的综合径流系数应加权平均计算。

淹，保证生命和财产安全以及公园正常活动秩序。

(1) 设计雨水流量（表 10-2、表 10-3）

应按下式计算：

$$q_y=q_j T F_w/10000 \quad (10\text{-}3)$$

式中：q_y——设计雨水流量，L/s；

q_j——设计降雨强度，L/（s · hm²）；

T——径流系数；

F_w——汇水面积，m²。

(2) 森林公园的雨水排水构筑物设计

① 近自然溪流。该种雨水排水构筑物在森林公园的建设以及园林建筑的设计规划中较多用到。本着综合集成设计理念，我们将该雨水排水构筑物在具备人造水景观的同时，也具备区域雨水排水功能，做到和原景观和谐统一，对环境影响较小。设计中一般尽量保留原地址的雨水排水溪水河涌，在此基础上修缮加固并增加一些人工制作的小品，使近自然溪流成为森林公园雨水排水的主要排水设施，这种设计方法最为安全和经济，既造出了小桥流水的意境也满足了雨水排水的需要。

② 浆砌石梯形明渠。这种明渠方式造价经济，排水量大排水效果好，一般用在服务区外围，郊野道路两侧，并可同时拦截山上流下的雨水径流和洪水。

③ 盖板暗沟。一般布置在建筑周边，运动设施场地周边，广场和停车场周围，道路两侧等地方。如果规划设计精心及制作精美也会有较好的效果，有一定的韵律和美感。

④ 雨水口和雨水排水暗管。这种雨水排水设施在城市市政排水中非常普及，大量设计在道路、广场及人员活动的各种区域。管道埋深较大，比较隐蔽，造价也较高。

10.5.4 城市森林公园污水排水系统

规划设计前期准备工作：收集公园周边市政污水排水管道情况，排水体制，污水处置方式，受纳水体的位置及环保要求，现有污水管道系统走向，排出口位置及高程，规划设计范围地形图，水文地质资料，及各专业管线敷设的情况资料。

森林公园生活污水主要由洗漱废水、粪便污水、厨房洗涤废水等组成。

(1) 公园生活污水水量

最高日用水量可以按下式计算：

$$Qwd=(0.80-0.85)\,Qd \quad (10\text{-}4)$$

式中：Qwd——森林公园最高日生活污水排水量（m³/ 日）；

0.80 － 0.85——生活给水使用转化为生活污水的设计计算系数；

Qd——森林公园最高日给水用水量（m³/日）。

公园污水排水系统设计：建筑内污水管道遵从粪便污水和生活废水分别管道排出的设计方法，粪便污水经化粪池处理后排入公园污水管道。厨房带油污废水经隔油池处理后排入公园污水排水管道。公园污水排水系统要满足《公园设计规范》（CJJ48-92）第 7.4.5 条“公园排放的污水应接入城市污水系统，不得在地表排放，不得直接排入河湖水体或渗入地下”的原则来规划设计污水排水系统。

(2) 城市森林公园常用生活污水系统规划设计

① 污水排入城市污水系统（图 10-8）。该方式为公园附近有市政污水管道，污水由市政污水处理厂统一处理，是公园污水排水系统非常理想的排水方式。该系统最简单，造价也是最经济的。

② 污水外运处理系统（图 10-9）。该方式适用于环境要求高，不可就地排放，污水水量小，无污水处理和利用价值，但交通方便的公园服务区域。

图10-8 污水排入城市污水系统框图

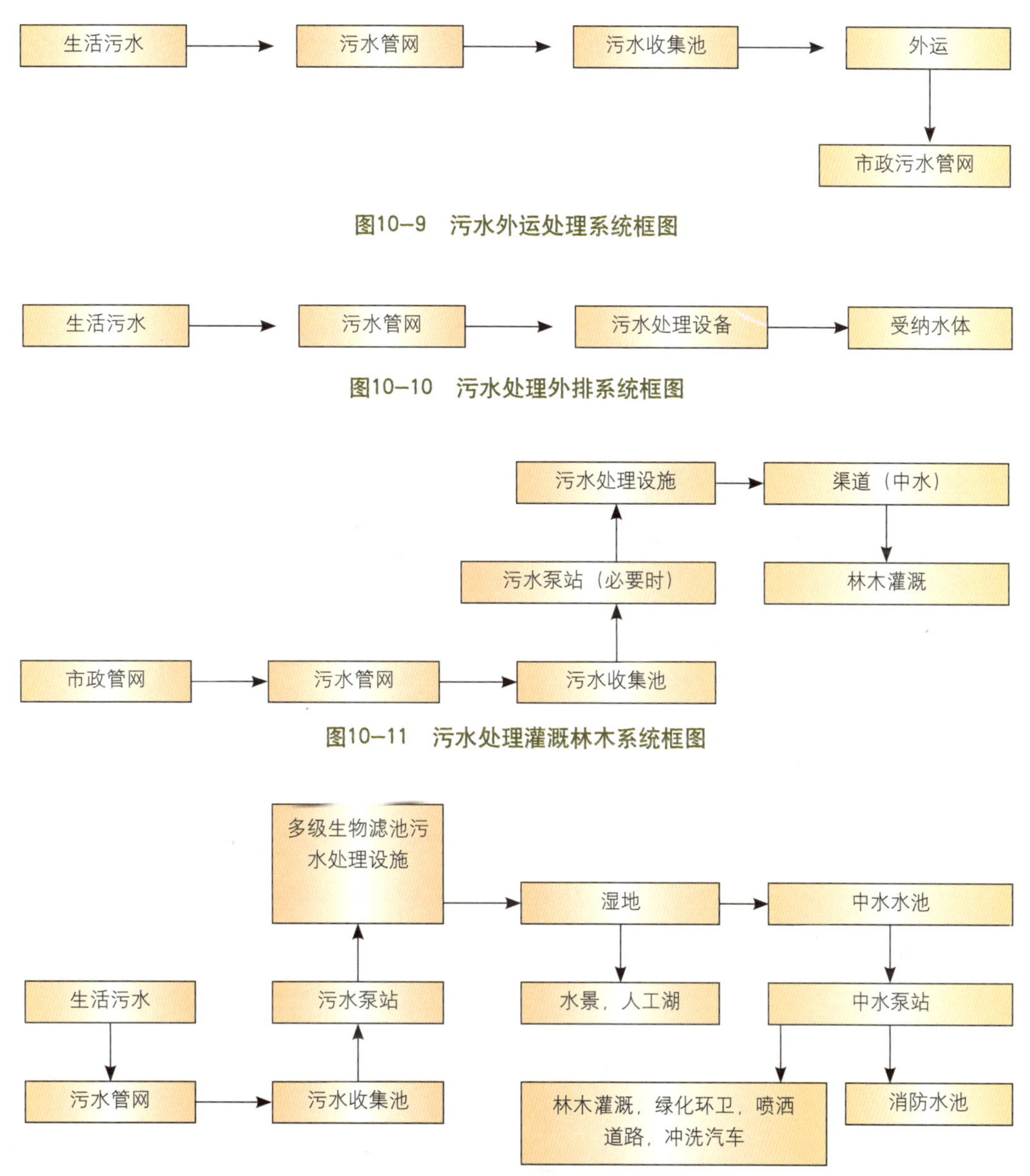

图10-9　污水外运处理系统框图

图10-10　污水处理外排系统框图

图10-11　污水处理灌溉林木系统框图

图10-12　森林公园污水处理综合利用系统框图

③ 污水处理外排系统（图 10-10）。该方式设计规划一套污水处理设施，污水处理到受纳水体规定的污水排放要求再排放，满足了环保要求。

④ 污水处理灌溉林木系统（图 10-11）。该系统利用综合集成设计手段，使用一套针对森林公园特点设计的污水处理设施，利用山区林地地理优势，可较好地解决污水处理和再利用的问题，是比较好的解决森林公园内部对环境景观有较高要求的污水处理方案。

⑤ 森林公园污水处理综合利用系统（图 10-12）。该方案利用森林公园能利用的元素，使用综合集成设计手法综合各个专业优势，使得我们的生活污水资源化，将生物处理设施处理后的水再利用湿地净化技术，采用水生植物来净化污水，使得污水再利用的设计理念水到渠成。这是建立在先进的科学技术基础和综合集成设计方法上的用水体系，有效地利用水资源，保护水资源，以适应城市化森林公园建设持续发展的需要。循环利用和节约用水的含义已经超过了节省用水的含义，它包括水资源（地表水和地下水）的保护、控制和开发，并保证获得的水得到最大的经济利用，是综合集成设计的成功，达到了文明使用自然资源并

保持可持续发展的目的。

10.5.5 工程实例

(1) 东莞大岭山森林公园污水处理零排放生态厕所设计实例

零排放生态厕所设计（图 10-13、图 10-14）。该环保厕所特点：本厕所是生物处理土壤渗滤系统处理技术厕所改良加强实例，该厕所为森林公园内公共厕所，主要是粪便污水，无洗涤剂成分。污水经化粪池的物理拦截及一级厌氧生化处理和调节后到达多级厌氧池生物处理池，然后经 200m 多梯阶糙面排水沟瀑气充氧后引入人工小型湿地，经湿地处理后用于林地灌溉林木。化粪池清理出的固体粪便和水处理活性污泥堆肥成熟后，作为林地有机肥料。该公厕和周围林地环境形成封闭式生态环境，从而实现厕所的污水零排放。该污水处理系统造价低廉，无需额外电力能源消耗，利用地势，完成污水处理并灌溉林木。该厕所适合森林公园规划实施采用。

(2) 东莞大岭山森林公园石洞餐厅污水处理实例

① 项目概况：东莞大岭山森林公园石洞餐厅位于大岭山森林公园内，餐厅日产生的污水约为 30 ~ 40m^3/ 天，主要为厨房污水和卫生间污水。该部分污水如不处理排放，将影响森林公园景区整体环境及公园水库水体水质。本研究就是着力于解决该问题，并且尝试污水处理利用在林木灌溉，以及污水处理设施园林化、景观化的设计构思。

② 目的：解决餐厅污水排放问题，通过合理的污水处理流程，水质处理达到灌溉用水水质，综合利用用于林木灌溉。

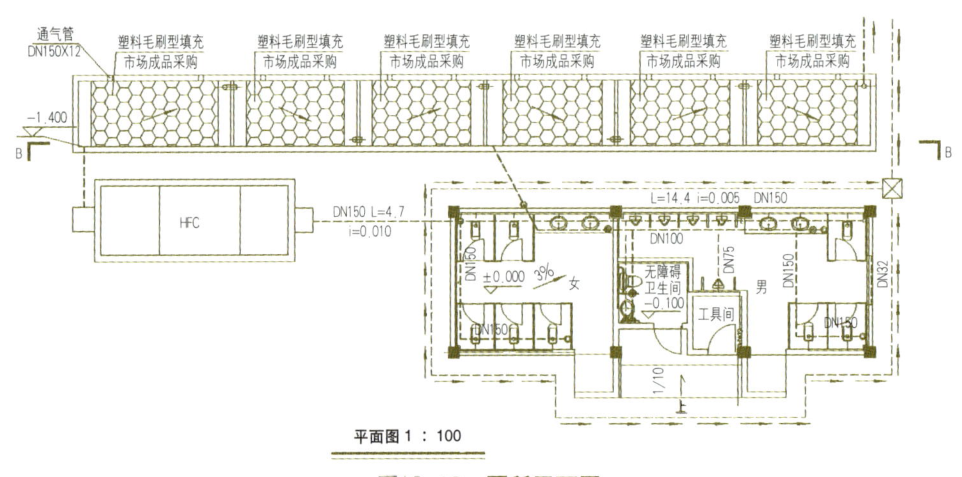

图10-13 厕所平面图

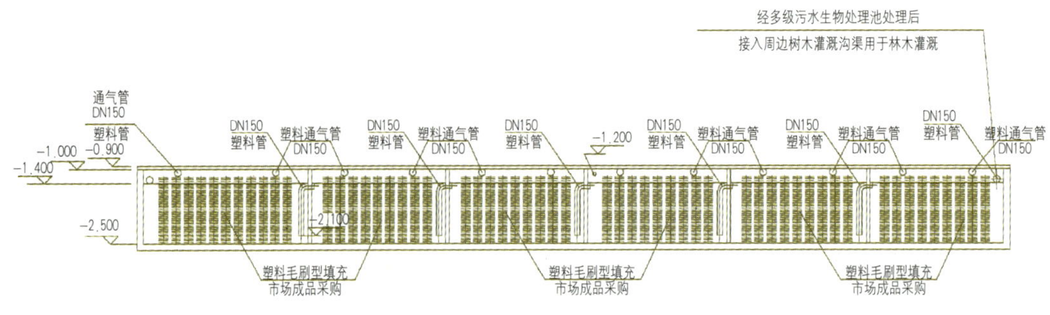

图10-14 多级污水生物处理池剖面图

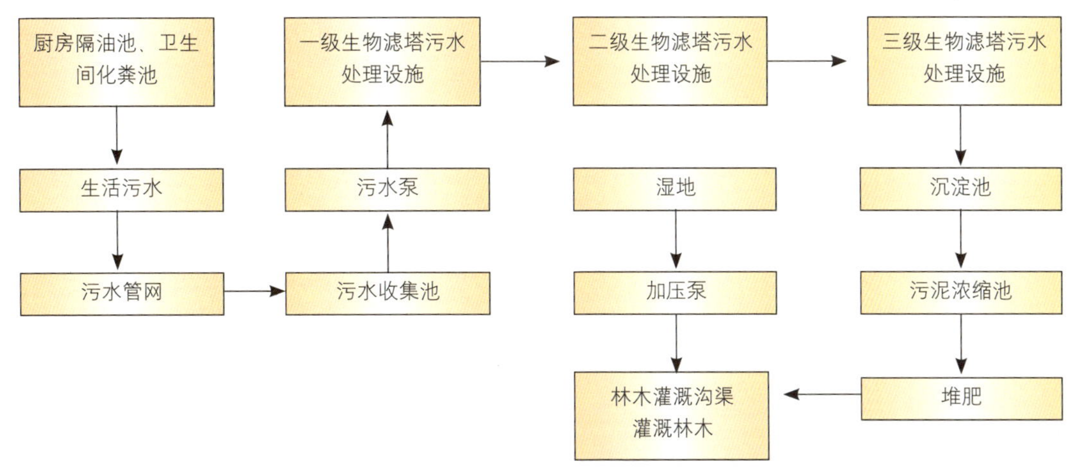

图10–15　污水处理综合利用系统框图

污水处理利用流程框图见图 10-15。

③污水水质：厨房污水经隔油池处理，卫生间粪便污水经化粪池处理，混合其他洗漱生活污水，该部分污水中含有大量有机物，如纤维素、淀粉、糖类和脂肪蛋白质等；也常含有病原菌、病毒和寄生虫卵；无机盐类的氯化物、硫酸盐、磷酸盐、碳酸氢盐和钠、钾、钙、镁等。总的特点是含氮、含硫和含磷高，该部分污水的可生化性较好，采用生物处理方法可行并且运行成本较低。

④ 污水水量：本餐厅排出的生活污水量为 40 ~ 60L/ 人次，正常平均日：30m^3/ 日；最大日将达 40m^3/ 日。

⑤ 污水收集池：钢筋混凝土水池：20 ~ 30m^3 容积，收集污水调和储存调节水量和均化水质，为污水泵提供安装工作空间。

⑥ 污水泵：采用耐腐蚀不锈钢污水潜水泵，带污物旋切功能，破碎生活污水中的一般污物，为污水处理做好前期准备。提升污水到生物滤塔。

⑦ 生物滤塔：是利用需氧微生物对污水或有机性废水进行生物氧化处理的方法。以人工滤衬等作为先填层，然后将污水以点滴状喷洒在上面，并充分供给氧气和营养，此时在滤材表面生成一层凝胶状生物膜（细菌类、原生动物、藻类、菌类等），当污水沿此膜流下时，污水中的可溶性、胶性和悬浮性物质吸附在生物膜上而被微生物氮化分解。

本构筑物为项目主要生物处理构筑物，双曲线塔身，内填充生物膜载体，滤塔外敷绿化，四季常青，又名“绿塔”。精心搭配合适开花植物可依季节变化成为“花塔”。三级生物处理均采用该处理构筑物。本构筑物采用低负荷设计，两层含义，流量低负荷，BOD、COD 低负荷，采用这样设计可以有效提高出水水质，有利于出水再利用。

⑧ 沉淀池：沉淀池是在生物滤塔生化后泥水分离的构筑物，为分离颗粒较细的污泥。 本沉淀池也称为二沉池，多为有机污泥，污泥含水率较高。主要分离污水经生物滤塔处理后的老化脱落的活性污泥和水。该构筑物设计为水平推流式沉淀池，排泥设计为重力排泥。该构筑物由绿化园林设计给予遮蔽美化。

⑨ 污泥浓缩池：将沉淀池排出的流态的污泥浓缩或脱除水分，转化为固态泥块的一种污泥处理构筑物。污泥经过脱水后，逐步实现污泥干化，干化污泥的含水率低于 10%。本工程我们采用的主要是自然干化法。

通过渗透和蒸发的自然干化法，含水污泥在该构筑物可以使污泥成为泥块。该构筑物由绿化园林设计给予遮蔽美化。

⑩ 堆肥场：经浓缩干化后的污泥块，经收集和储运至堆肥场地，污泥块利用微生物对其中的有机物进行代谢分解，在腐熟过程中进行无害化处理，最后生成有机肥料，经堆肥腐熟后，外运林地、农田等作为肥料。

⑪ 湿地：经生物处理后的水再引入湿地进行进一步处理，沼泽湿地像天然的过滤器，它有助于减缓水流的速度，当含有少量污染物和杂质（生化处理后生活污水）的流水经过湿地时，流速减慢有利于污物和杂质的沉淀和排除。种植的湿地植物能有效地吸收水中的污染物质，更进一步净化水质。沼泽湿地能够分解、净化环境物，起到“排毒”、“解毒”的功能，如氮、磷、钾及其他一些有机物质，通过复杂的物理、化学变化被生物体贮存起来，通过生物的转移（如收割植物、捕鱼等）等途径，永久地脱离湿地，参与更大范围的循环。

沼泽湿地中配置相当一部分的水生植物包括挺水性、浮水性和沉水性的植物，具有很强的清除污染物的能力，是污染物的克星。正因为如此，我们利用湿地植物的这一生态功能来净化污水中的污染物，达到净化水质的目的。

此外，湿地作为森林公园的新开发景点，供水生动物和鸟类栖息，在配套一些相关服务设施后，供游人参观游乐休憩。

⑫ 灌溉用水泵房：用于安置提升水泵提升灌溉用水到目的灌溉区，也即是从湿地将水加压到灌溉林区。

⑬ 林木区灌溉系统：系统由管道系统和灌渠系统组成。重力排水管道采用 UPVC 双壁波纹排水管，压力排水管采用给水塑料管。林木灌溉渠依山地等高线开挖整修。

⑭ 园林绿化及环境设计：本项目在满足污水处理和水质达标灌溉功能外，力求达到该项目的园林化和景观化。在总平面布置上，力求依据山地地形地貌，减少对原址景观绿化的影响。

本系统污水处理设施中，生物滤塔、沉淀池、污泥浓缩池和堆肥场等均会有不同程度的气味，对公园环境多少会有些影响，我们采取下列措施来减少气味

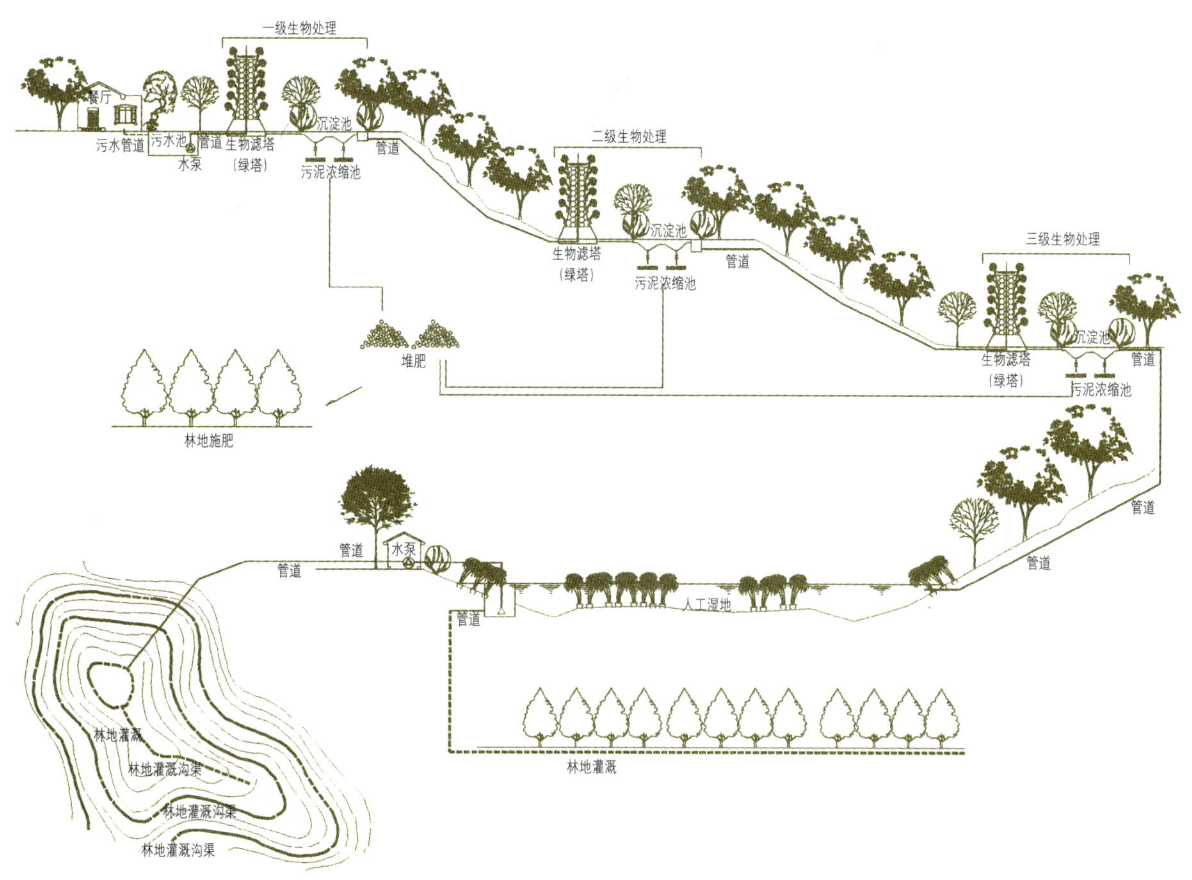

图10-16 污水处理综合利用竖向布置图

对公园环境的影响：在选址上我们将污水处理构筑物设计在游客相对稀少的区域，使气味对游客的影响降到最低；整个污水处理系统采用低负荷工艺参数设计，降低污水设备的处理负荷，最大限度地减少处理过程中挥发的气味；在处理构筑物附近种植可吸收气味的树种，最大限度地吸收污水处理气味，并在周围种植芳香植物中和掩盖不良气味，使污水处理设施对周围环境的气味影响降到最低。

通过污水处理利用建设污水收集、污水处理、生物降解、人工湿地、景观水体、绿化及林木灌溉等，充分发挥森林公园的系统优势。

该系统是针对森林公园特点设计的污水处理设施，利用山区林地地理优势较好地解决污水处理和再利用的问题，是比较好地解决森林公园内部对环境景观有较高要求的污水处理方案。

该系统科学地诠释森林公园的集约、环保、再生、可持续的用水体系，有效地使用水资源，保护水资源。它包括水资源（地表水和地下水）的保护、控制和开发，并保证获得的水得到最大的经济利用，也是和谐自然、适度开发、精心设计和文明使用自然资源并保持其可持续发展的根本目的（图10-16）。

10.6 城市森林公园环保节水节能设计应用

在森林公园给水系统设计中，由于用水点多而且分散，给水管线很长，单个用水点用水量较小，用水结合森林公园给水排水特点，采用下面的技术措施来达到节水、节能、环境保护的目的。下面是我们在综合集成设计思路指导下建议采用的适合森林公园的节水卫生洁具及节水环保技术措施。

10.6.1 防渗漏给水管材的选用

给水管道的泄漏是给水资源浪费的主要原因，选择好的管材是减少该项用水的有效措施，选择泄漏较少的给水复合管和选择给水管道的管道接口能实现该措施，适合森林公园的给水管材我们认为选用钢丝网骨架塑料复合给水管接口选用柔性或半柔性接口。

10.6.2 陶瓷密封片系列水嘴

该类型水嘴的密封性能好，耐磨、耐腐蚀，开关快速，运行30万次无漏水，开关时间短、不漏水。适合森林公园各类建筑和公共场所，而且较为经济。

10.6.3 感应式水龙头

全自动感应水龙头采用红外感应原理，具有自动出水及关水功能，清洁卫生，用水节约。适合森林公园公共卫生间使用。

10.6.4 磁控水龙头

磁控水龙头的开关动作为全封闭动作，具有耐腐蚀、密封好、水流清洁卫生，节能和磁化水功能，启闭快捷、轻便，克服传统龙头因机械转达而造成的跑、冒、滴、漏现象。适合森林公园高档场所。

10.6.5 红外线感应控制电磁冲水大便器、小便器

自动感应人员入厕出水及关水功能，清洁卫生，从而达到自动冲洗的节水效果。适用森林公园公共厕所及卫生要求较高的高档场所。

10.6.6 免水冲式小便器

免水冲式小便器的陶瓷表面采用杀菌釉和不沾水纳米材料，尿液不附着，无须用水冲洗，内部结构有一内藏式阻集器装置，里面装有油质阻集液，比重较轻，且不溶于水，起到油封作用，阻断下水道中的异味散发到空气当中。适合森林公园没有供水的卫生间使用，该设施日常维护简单，使用寿命长，阻集液可以定期更换。

10.6.7 电磁式沐浴器、红外传感式沐浴器

可以自动探测淋浴人员进入和离开，实现自动开关，其节水效果明显，和传统沐浴阀比较其节水效率

约在 48% 左右。

10.6.8 采用微喷灌、滴灌等节水灌溉技术

微喷灌比喷灌省水约 40%，节能 50% ~ 70%。节水节能效果显著，微喷灌、滴灌若设计施工得当可为森林公园花草树木等静态景物增加水动景观。

10.6.9 景观用水循环利用技术

森林公园水景用水会耗费大量水资源，在规划设计中一定要注重水源循环利用。利用湿地净化技术既采用水生植物来净化水，也结合污水回用技术用湿地技术进一步净化，构成污水处理、循环利用的景观用水系统。

10.6.10 机动车洗车节水技术

采用中水洗车、微水洗车和蒸汽洗车。并采用洗车用水循环利用技术，最大程度地节水减排。

10.6.11 免水冲生物厕所

免水冲生物厕所实行污水除便，主要借助如塑料袋、生物处理剂等辅助材料。适合森林公园没有供水的地区设置该类型厕所。

10.6.12 土壤渗滤系统处理技术厕所

土壤渗滤系统处理技术厕所是一种基于自然生态学原理，以节能、节省资源为指导原则的污水净化技术。该设施可以充分利用在森林公园地表下栖息的土壤植物、植物根系、微生物、动物以及土壤通过生物物理和生物化学的处理，将污水净化。森林公园公厕中的粪便污水经化粪池，直接进入厌氧调节池、生物滤池，然后进入土壤渗滤系统，处理收集后经引入林地灌溉，形成了公厕自身的封闭式生态系统，实现厕所的污水零排放。非常适合远郊和城际型的森林公园使用。

10.6.13 环保卫生型厕所

环保卫生型厕所包括沼气发酵池厕所、沼气池厕所。它适用于在上下水系统不完善地区的森林公园。该类型厕所产生的粪便可以自行处理达到卫生要求，而且粪便可以处理堆肥，加以利用。比较适合森林公园使用的沼气发酵池厕所就是典型的环保卫生厕所；沼气池厕所可以杀死病毒减少粪便污水污染，并可以肥田、肥林。

10.6.14 污水处理循环利用

城市森林公园的污水处理循环利用在整个公园规划前期就应该整体考虑，污水收集、污水处理、生物降解、人工湿地、景观水体、绿化及林木灌溉等。整个系统设计依据综合集成设计方法构成森林公园完整的污水循环利用系统。该系统有效利用生态环保科学理论，发挥森林公园各方面的有利因素，综合科学进行治理。随着经济的发展、森林公园游客数量激增的同时，由于森林公园给水排水规划的落后及污水处理循环利用技术推广不力而造成的水污染、水资源浪费现象日趋严重。综合集成设计处理污水方法和污水循环处理利用系统在森林公园得以应用，可以对森林公园供水排水系统和生态环境起到良性促进作用，从而达到节水的目的。这对于节约水资源、改善生态环境、推动森林公园可持续发展有着重大意义。

10.7 城市森林公园排水工程的景观设计理念

森林公园设计的不断发展和进步，对我们的设计水平有了更进一步的要求。在森林公园给排水设计中给排水构筑物的自然化、园林化和景观化设计就是我们追求的更高目标。

首先，我们在设计中采用和谐自然设计手法，将给水排水构筑物隐于青山绿水之间，通过外形美学处理和绿化遮掩，做到满足功能又完全遮蔽的效果。如溪水取水口、水泵房、水池、排水沟、排水口等。

其次，对给排水构筑物的园林化、景观化、景点化设计会收到更好的效果。如雨水口雨水沟条缝型设计；污水处理构筑物园林化设计：生物滤塔“绿塔”化和“花塔”化设计，使其成为一个亮丽景点，人工

湿地景点化设计除满足污水处理设计功能需要外，游客可以在湿地游览，也给动、植物提供额外的栖息环境，一举数得；高位水池、水泵房、排水的一些构筑物等结合景点雕塑景点化设计或和景观平台联合设计达到非常好的视觉和使用效果等。

依据相关法律、法规有：

①《生活饮用水卫生标准》(GB5749-2006)；

②《城市污水再生利用城市杂用水水质标准》(GB/T 18920-2001)；

③《城市污水再生利用景观环境用水水质》(GB/T 18921-2002)；

④《取水许可制度实施办法》；

⑤《城市居民生活用水量标准》；

⑥《广东省城市公共服务业用水定额表》；

⑦《城市节约用水管理办法》；

⑧《节水型产品技术条件与管理通则》；

⑨《建设项目水资源论证管理办法》；

⑩《中华人民共和国水污染防治法》；

⑪《中华人民共和国水污染防治细则》；

⑫《城市污水再生利用分类》；

⑬《粪便无害化卫生标准》；

⑭《森林防火工程技术标准》(LYJ127)；

⑮《城市公共厕所设计标准》(CJJ14)；

⑯《旅游厕所质量等级的划分和评定》。

参考文献

[1] 林业部调查规划设计院．1995．森林公园总体设计规范（LY/T5132—95）．

[2] 北京市园林局．公园设计规范（CJJ48—92）[M]．北京：中国建筑工业出版社．

[3] 上海市建设和交通委员会．室外给水设计规范（GB50013—2006）[M]．北京：中国计划出版社．

[4] 上海市建设和交通委员会．2006．室外排水设计规范（GB50014—2006）[M]．北京：中国计划出版社．

[5] 上海市建设和交通委员会．2003．建筑给水排水设计规范（GB50015—2003）[M]．北京：中国计划出版社．

[6] 中华人民共和国公安部．2006．建筑设计防火规范（GB50016—2006）[M]．北京：中国计划出版社．

[7] 给水排水设计手册编写领导小组．2001．给水排水设计手册（1—11 册）[M]．北京：中国建筑工业出版社．

[8] 陈耀宗，姜文源，胡鹤钧，张延灿，张森．1992．建筑给水排水设计手册[M]．北京：中国建筑工业出版社．

[9] 赵锂，赵振印．2005．建筑给水排水使用设计资料常用资料集[M]．北京：中国建筑工业出版社．

[10] 卢安坚．2006．美国建筑给水排水设计[M]．北京：经济日报出版社．

[11] 建设部标准定额研究所．2008．公共厕所设计导则[M]．北京：中国建筑工业出版社．

第11章　城市森林公园电气工程设计

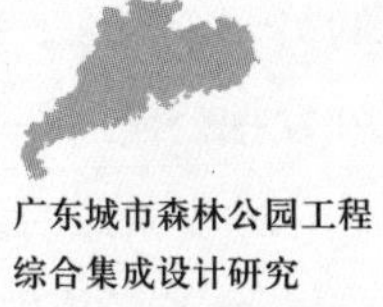

11.1 电气工程设计的目标和作用

根据城市森林公园的综合集成总体思路，实现其主体功能和服务于城市的两个功能，电气工程设计的目标是如何提升这两项功能作用的发挥。主要有以下几个方面：① 满足人们在森林公园活动的功能性需要，如照明工程、通信工程、演出音响工程等；② 提高人们在森林公园活动的舒适度和观赏性，如室内部分场所安装的空调工程、为景观设置的夜景照明工程等；③ 为确保公园内人员安全的电气设计，如防雷系统、火灾自动报警系统、公共广播系统、视频监控等；④ 节能减排措施。

11.2 设计原则

城市森林公园电气工程通常包含：供配电、照明、防雷接地等系统及公共广播、视频监控、通信、电子巡查、停车场管理、火灾自动报警系统等辅助电气系统。这些系统的设置应以不破坏景观和生态环境的前提下，按城市森林公园综合集成设计的总体要求，最大限度满足森林公园生态需要、游人的游憩需要为基本原则。电气工程设计应遵循如下设计原则：

① 生态、景观优先原则：电气工程作为城市森林公园的配套工程，应围绕生态、景观这一主体进行配套设计，起到衬托和点缀作用，避免与生态、景观发生冲突。

② 个性原则：森林公园的夜景照明能够展现公园的另一个侧面，使公园的时空得到拓展，设计时应充分发掘公园所在城市的人文历史题材，创作出具有个性化的夜景照明。

③ 长远规划与分期实施原则：森林公园电气系统的设置和取舍，应根据公园的总体规划和园址的供电、电信、电视、网络的接入条件，进行长远规划，并根据经济条件，因地制宜，分期实施。

④ 综合集成原则：以城市森林公园综合集成设计作为主要实施阶段的设计原则。

总之，城市森林公园作为休闲、游憩、科普教育的场所，为确保游人的安全，提升公园的舒适度，需要建设必要的电气工程设施。设施的设置应以不破坏生态环境为前提，把森林公园建成生态、环保、节能和可持续发展为目的。

11.3 供配电系统设计

11.3.1 城市森林公园用电负荷特点及负荷等级

城市森林公园用电负荷特点：一般公园面积较大，用电负荷分散，各用电点设备装机容量不大。负荷等级以三级为主，仅当大型城市森林公园设有消防控制中心时，消防加压泵及消防自动报警系统的相应消防设备才属二级负荷。

11.3.2 供电电压选择

城市森林公园供电电压应根据用电容量、用电设备特性、供电距离、供电线路的回路数、当地公共电网现状及其发展规划等因素，经技术经济比较确定。在森林公园设计之前，需对公园周边的电网现状做详细的调查，主要收集周边供电线路的电压等级、线径、距离及供电的富裕容量等参数，以确定本公园供电线路接入位置及电压等级。必要时可申请当地变电站提供一路专线供电。

城市森林公园离市区相对较远，若直接利用市政变压器 380/220V 作为供电电源，电压损失太大，一般难以满足用电设备要求，不宜作为森林公园的供电电源。通常需要采用10kV电压作为供电电源，公园内建设10kV变配电所（或箱式变电站），当用电负荷较大且较分散时，可设置多处10kV变配电房（或箱式变电站）。若当地公共电网的现状仅有35kV电压线路时，可直接采用35kV电压作为供电电源，选用35/0.4kV变压器降压后向380/220V低压电网供电。不同电压等级线路，具有不同的输电能力（包含距离和容量），常用电压等级线路的输电能力详见表11-1。

表中数字的计算依据：

① 架空线及6～10 kV电缆芯截面最大240mm^2，35 kV电缆芯截面最大400mm^2，电压损失≤5%。

② 导线的实际工作温度θ：架空线为55℃，6～10 kV电缆为90℃，35 kV电缆为80℃。

③ 导线间的几何均距Dj：10（6）kV为1.25m，35 kV为3m，功率因数均为0.85。

11.3.3 城市森林公园用电负荷计算

用电负荷计算是选择电器、导体的依据，也是变压器容量确定的依据。用电负荷的计算方法有：需要系数法、利用系数法、单位面积功率法、单位指标法、单位产品能耗法等几种。

城市森林公园用电负荷计算，一般采用单位面积功率法和需要系数法。在总体规划和可行性研究阶段，采用单位面积功率法；在初步设计和施工图设计阶段，采用需要系数法。两种计算方法介绍如下：

（1）单位面积功率法

本计算方法是根据森林公园需要建设的建筑物的建筑面积，乘以单位面积功率，即可得出建筑物需要的有功功率Pc。其计算公式为：

$$Pc=P'_eS/1000\ (\text{kW}) \qquad (11\text{-}1)$$

式中：P'_e——单位面积功率（又称负荷密度）(W/m^2)；

S——建筑面积（m^2）。

森林公园各类建筑物的有功功率、道路照明有功功率及其他户外用电设备的有功功率汇总后，即为公园设备总装机容量。

（2）需要系数法

① 用电设备组的计算负荷：

表11-1　各级电压线路的送电能力

标称电压（kV）	线路种类	送电容量（MW）	供电距离（km）	标称电压（kV）	线路种类	送电容量（MW）	供电距离（km）
6	架空线	0.1～1.2	15～4	10	电缆	5	6以下
6	电缆	3	3以下	35	架空线	2～8	50～20
10	架空线	0.2～2	20～6	35	电缆	15	20以下

注：本表摘自《工业与民用配电设计手册》（第3版）。

表11-2　公园常见建筑用房负荷密度指标

建筑类别	负荷密度（W/m²）	建筑类别	负荷密度（W/m²）
住宅建筑	50～100	剧场建筑	50～80
公寓建筑	30～50	医疗建筑	40～70
旅馆建筑	40～70	展览建筑	50～80
办公建筑	30～70	演播室	250～500
一般商业建筑	40～80	大中型商业建筑	60～120
游客服务中心	40～80	汽车库	8～15
公园入口广场	5	露天停车场	3

注：公园入口广场及露天停车场为本院设计采用的经验数值，其余摘自《工业与民用配电设计手册》（第3版）。

表11–3 公园道路照明用电负荷指标

道路级别	单位用电负荷（W/m²）	对应照度值（lx）
主干道	0.50	8
次干道	0.70	5
人行步道	0.80	3

注：①本表数值为广东省林业调查规划院设计采用的经验数值。
②表中仅适用于高压钠灯，当采用金属卤素物灯时，应将表中对应的单位用电负荷值乘以 1.3。
③主干道、次干道、人行步道的有关参数详见表 11–13。

表11–4 常用照明用电设备需要系数 *Kx*

建筑类别	需要系数 *Kx*	建筑类别	需要系数 *Kx*
办公楼	0.70 ~ 0.80	体育建筑	0.70 ~ 0.80
设计室	0.90 ~ 0.95	集体宿舍	0.60 ~ 0.80
科研楼	0.80 ~ 0.90	医疗建筑	0.50
展览建筑	0.70 ~ 0.80	饭堂、餐厅	0.80 ~ 0.90
学校	0.60 ~ 0.70	商店	0.85 ~ 0.9
游客服务中心	0.75 ~ 0.85	旅馆	0.60 ~ 0.70

注：①本表摘自：《工业与民用配电设计手册》（第 3 版）。
②表中仅适用于高压钠灯，当采用金属卤素物灯时，应将表中对应的单位用电负荷值乘以 1.3。
③主干道、次干道、人行步道的有关参数详见表 11–13。

有功功率 $Pc=Kx \cdot Pe$（kW） (11-2)

无功功率 $Qc=Pc \cdot tg\phi$ （kvar） (11-3)

视在功率 $Sc=(P^2c+Q^2c)^{1/2}$ (kVA) (11-4)

② 配电干线或变电所的总计算负荷：

有功功率 $Pc=K\sum P \cdot \sum (Kx \cdot Pe)$ (kW) (11-5)

无功功率 $Qc=K\sum q \cdot \sum$ (Kx.Pe·tg) (kvar) (11-6)

视在功率 $Sc=(P^2c+Q^2c)^{1/2}$ (kVA) (11-7)

以上各式中：

Pe——用电设备组的设备功率，kW；

Kx——需要系数，表 11-4 给出常用照明用电设备的需要系数，其他可查有关电气设计手册；

tgϕ——用电设备功率因数角相对应的正切值，查有关电气设计手册；

$K\sum P$、$K\sum q$——有功功率、无功功率同时系数，分别取 0.8 ~ 1.0 和 0.93 ~ 1.0。

城市森林公园用电负荷计算，需特别重视户外设备、设施的用电负荷，如游乐场所游乐设施的动力负荷、码头配套设备的动力负荷、园区灌溉泵房的动力负荷。这些户外设备、设施的用电负荷，因公园规划内容不同而千差万别，不能用单位面积功率法计算，而应根据实际项目设备的装机容量，采用需要系数法计算，具体设备的需要系数查相关电气设计手册。

11.3.4 供配电系统

城市森林公园通常离市区较远，一般采用 10kV 电压等级作供电电源，通常在公园内建设 10/0.4kV 变配电所（或箱式变电站），通过 380/220V 低压配电系统向园内用电设备供电。

11.3.4.1 10kV 供电系统

针对城市森林公园面积大，用电设备分散的特点，10kV 供电系统宜选用多台 10/0.4kV 小容量变压器的供电方案，使高压电源深入用电负荷中心，达到提高供电质量和降低电能损耗的效果。城市森林公园常用

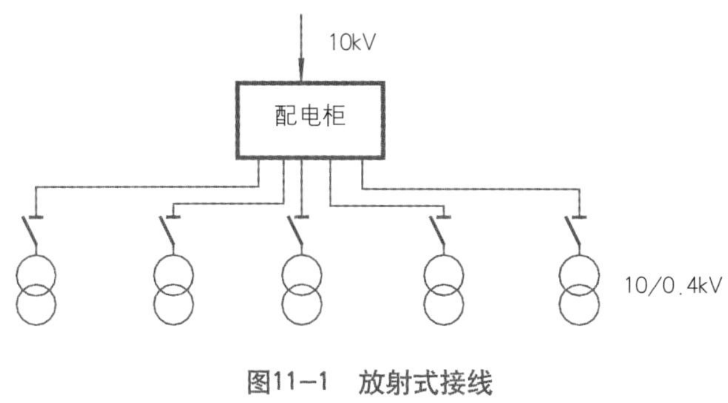

图11-1　放射式接线

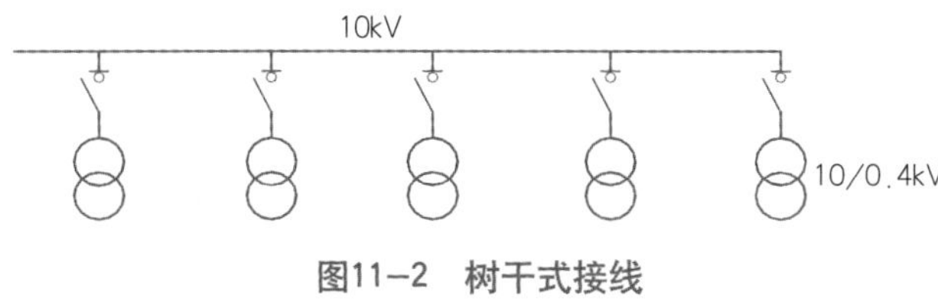

图11-2　树干式接线

的 10kV 供电系统，常采用放射式和单回路链式两种接线方式，其接线特点分述如下：

（1）放射式接线的优缺点

供电可靠性高，不会因某回路出现故障需要维修而影响其他回路的供电；不足之处是出线回路多，配电设备和线路投资大。适用于规模大、供电可靠性要求高，设有 10kV 高压中心配电房的森林公园（图 11-1）。

（2）单回路树干式接线的优缺点

高压电源从一台变压器的进线柜链接至下一台变压器的进线柜，接线简单，节省线路材料，投资费用低；不足之处是多台变压器链接在一条干线回路上，当干线需停电检修时，会影响其他设备的正常供电。适用于规模不大、供电可靠性要求不高的城市森林公园（图 11-2）。

11.3.4.2 380/220V 低压配电系统

（1）380/220V 低压配电系统制式

按带电导体的型式可分为：单相二线制、两相三线制、三相三线制、三相四线制。城市森林公园一般都采用单相二线制和三相四线制供电，当线路电流小于或等于 30A 时，采用 220V 单相供电；大于 30A 时，宜以 380/220V 三相四线制供电。

（2）接地系统的形式

接地形式分为：TN-S、TN-C 、TN-C-S、TT、IT 等多种形式，城市森林公园主要采用 TN-S、TN-C-S、TT 3 种接地形式，以下介绍这 3 种接地系统的应用特点。

① TN-S：电源端有一点直接接地，电气装置外露可导电部分通过保护导体（PE 线）连接到此点，中件导体与保护导体一直分开。当变压器设在本建筑物内时，宜采用本接地型式（图 11-3）。

② TN-C-S：电源端有一点直接接地，电气装置外露可导电部分通过保护导体（PE 线）或中性线连接到此点，系统中部分中性导体与保护导体是合一的。通常中性线与保护导体在建筑物的进户处重复接地，并由此分成独立的两根导线，不再会合。本接地型式适合于变压器不在本建筑物内，且供电距离较远的建筑单体（图 11-4）。

③ TT 接地型式：电源端有一点直接接地，电气装

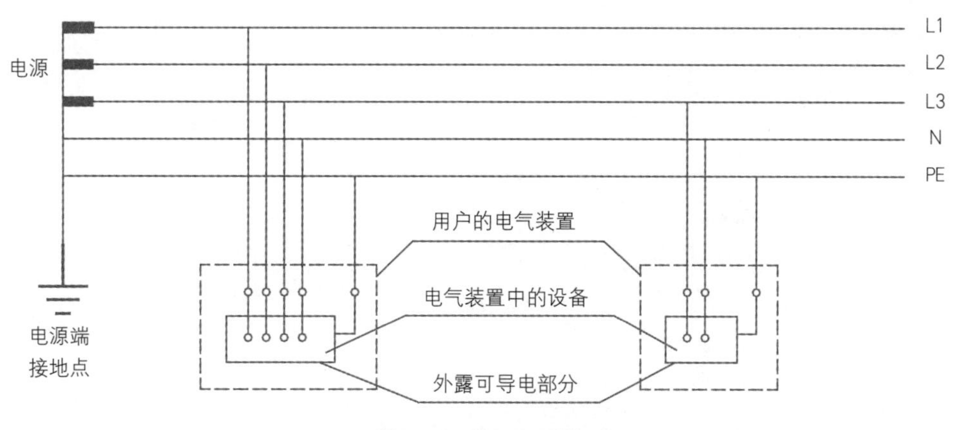

图11-3　TN-S 系统

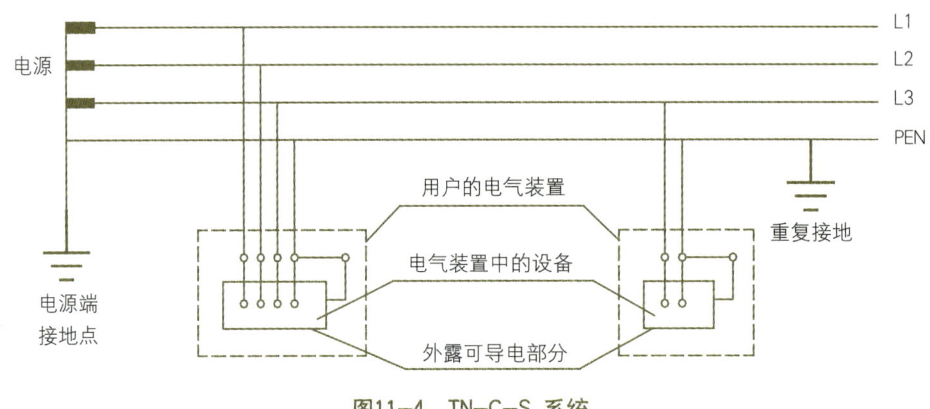

图11-4 TN-C-S 系统

置外露可导电部分直接接地，此接地点在电气上独立于电源端的接地点。由建筑物内引至室外露天用电设备的供电线路，宜采用 TT 接地型式。森林公园由室内引至露天照明灯具（庭院灯、草坪灯等）、景观喷水泵等用电设备，大多采用此接地型式，并在出线侧安装剩余电流保护装置，作为接地故障保护电器（图 11-5）。

森林公园设计时，需注意选用不同的接地系统，并采用相应的接地故障保护方式和保护电器。

（3）低压接线方式

常用低压配电系统的接线方式有放射式、树干式、变压器干线式、备用柴油发电机组式、链式等形式。城市森林公园常用放射式、树干式和变压器干线式接线，以下是这 3 种方式的接线图。

① 放射式接线：配电线路故障互不影响，供电可靠性高，配电设备集中，检修方便，但有色金属导体消耗多，投资大，适合容量大、负荷集中或重要的用电设备（图 11-6）。

② 树干式接线：配电设备及有色金属消耗少，系统灵活性好，但干线故障时影响范围大。适用于用电负荷不大、布置均匀，又无特殊要求的用电场所（图 11-7）。

③ 变压器干线式接线：除了具有树干式系统的优点外，接线更简单，能大量减少低压配电设备，但不宜用在有较大冲击负荷或者有对电压质量要求严格的设备的线路上。在城市森林公园路灯照明、厕所、小卖部等场所的供电线路，很适合采用这种接线方式（图 11-8）。

11.3.4.3 东莞市大岭山森林公园供配电实例

东莞市大岭山森林公园占地 $7km^2$，横跨虎门、厚街、大岭山、长安等四个镇，根据公园占地面积大和用电分散的特点，供电设计采用分散设置多处变电房，10kV 高压线路就近引入的供电方案，分别在虎门主入口、厚街主入口、大岭山主入口、大岭山次入口、

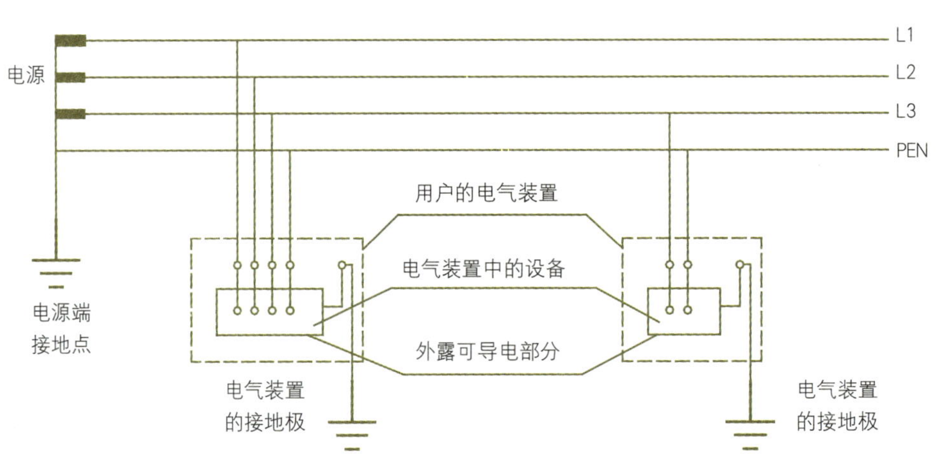

图11-5 TT 系统

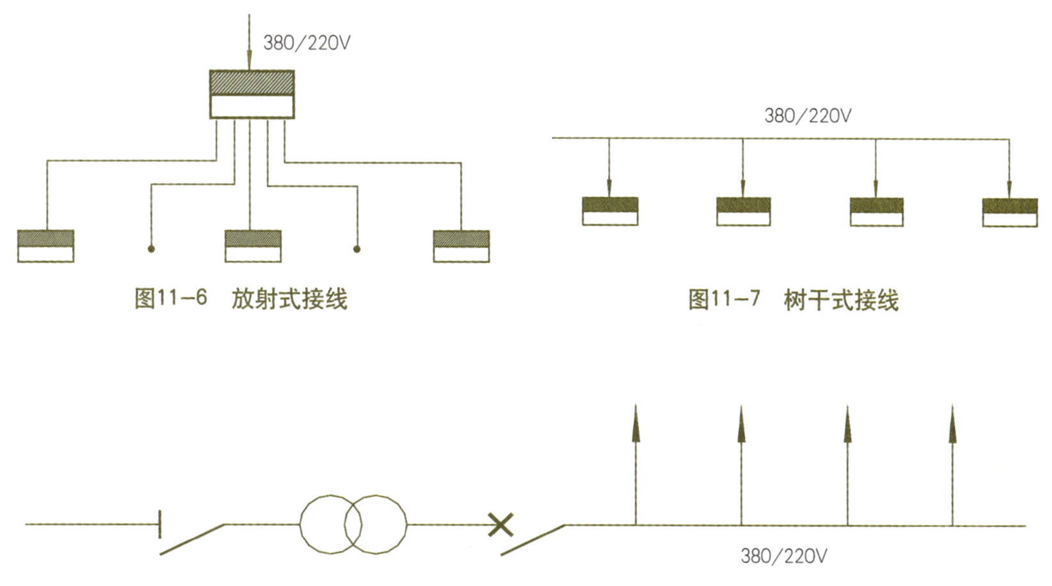

图11-6　放射式接线

图11-7　树干式接线

图11-8　变压器干线式接线

长安主入口、长安次入口等设7处变电房，达到缩短供电线路长度，减少线路电压损失和电能损耗，节省投资和提高供电质量的效果。

11.3.5 供电线路的敷设方式

供电线路分为架空、电缆（电线）埋地、电缆沟、电缆浅槽、电缆隧道、电缆桥架等敷设方式，但城市森林公园出于对游人的人身安全、环境的美观及减少对生态环境破坏的考虑，除长距离高压进线的供电线路采用架空线路外，其余宜采用电缆（或电线）线路埋地敷设。以下仅介绍森林公园常用的架空线路和电缆（或电线）埋地敷设线路：

（1）架空线路

① 架空线路路径选择应认真进行现场调查研究，综合考虑运行、施工、交通条件和线路长度等因素，统筹兼顾，进行多方案比较，做到经济合理、安全适用。

② 架空线路的线径不宜小于表11-5中数值。

③ 导线距地面的最小距离，在最大计算弧垂情况下，应符合表11-6的规定。

④ 导线距乔木（考虑自然生长高度）的最小垂直距离，应符合表11-7的规定。

⑤ 导线距乔木的最小水平距离，在最大计算风偏

表11-5　导线最小截面（mm^2）

导线种类	35kV 线路	3 ~ 10kV 线路	3kV 及以下线路
铝绞线及铝合金线	35	35	16
钢芯铝绞线	35	25	16
铜线	–	16	10

表11-6　导线距地面的最小距离（m）

线路经过区域	3kV 以下线路	3 ~ 10kV 线路	35 ~ 66 kV 线路
人口密集地区	6.0	6.5	7.0
人口稀少地区	5.0	5.5	6.0
交通困难地区	4.0	4.5	5.0

情况下，应符合表 11-8 的规定。

⑥ 导线距果树、经济作物或灌木的最小垂直距离，在最大计算垂弧情况下，应符合表 11-9 的规定。

⑦ 为了确保架空线路的运行安全，减少线路维护、巡查工作量，同时能够满足公园景观的需要，宜在架空线路下面种植矮化果树及灌木，不应种植速生树种。

(2) 电缆线路

① 电缆线路敷设路径选择。森林公园的道路沿山而建，弯多曲折，电缆线路沿道路敷设，可以给施工和维护带来交通便利，但大大增加线路长度；直线埋地敷设，可缩短线路长度，但会增加施工和维护的费用。因此，电缆线路路径选择需作综合分析和经济比

表11-7　导线距乔木的最小垂直距离（m）

线路电压	3kV 以下	3 ~ 10kV	35 ~ 66 kV
距离	3.0	3.0	4.0

表11-8　导线距乔木的最小水平距离（m）

线路电压	3kV 以下	3 ~ 10kV	35 ~ 66 kV
距离	3.0	3.0	3.5

表11-9　导线距果树、经济作物或灌木的最小垂直距离（m）

线路电压	3kV 以下	3 ~ 10kV	35 ~ 66kV
距离	1.5	1.5	3.0

注：表 11-5 至表 11-9 摘自《66kV 及以下架空电力线路设计规范》(GB50061-1997)。

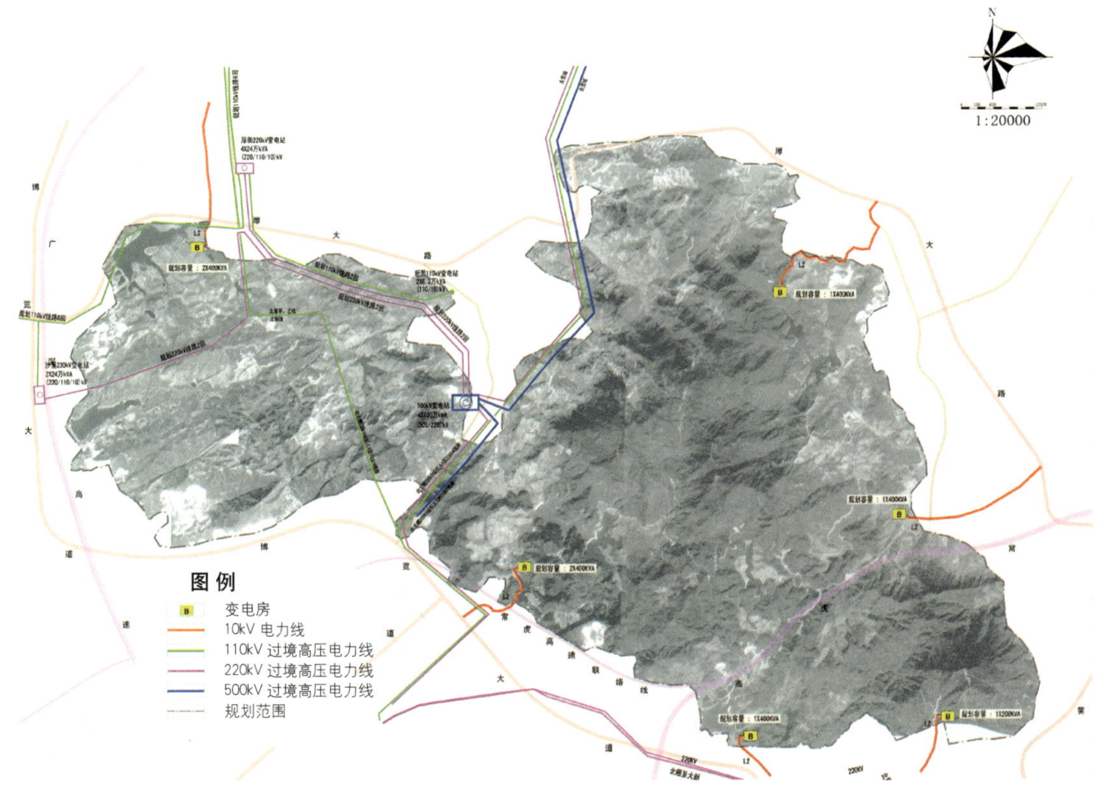

图11-9　东莞市大岭山森林公园供电总平面图

表11-10 直埋电缆距电缆、管道、道路、构筑物之间的容许最小距离（m）

电缆直埋敷设时的配置情况		平 行	交 叉
电力电缆之间或与控制电缆之间	10kV 及下电力电缆	0.1	0.5
	10kV 及上电力电缆	0.25	0.5
电缆与地下水管		0.5	0.5
电缆与排水明沟		1.0	—
电缆与建筑物基础		0.6	—
电缆与公路边		1.0	—
电缆与树木的主干		0.7	—
电缆与 1kV 及以下架空线电杆		1.0	—
电缆与 1kV 以上架空线电杆		4.0	—

注：本表摘自《10kV 电力工程电缆设计规范》(GB50217—1994)。

较，以作出最佳选择。

② 敷设方式。应视工程条件、环境特点、电缆数量等因素，以及满足运行可靠、便于维修和技术经济合理的要求选择。城市森林公园电缆线路多采用直接埋地和穿管保护两种敷设方式。

电缆线路直接埋地敷设：适合于土层较深、易开挖，没有水土流失，且没有化学腐蚀和杂散电流腐蚀的土壤。埋地深度为电缆外皮至地面不小于 0.7m，直埋电缆距电缆、管道、道路、构筑物之间的容许最小距离，应符合表 11-10 的要求。

电缆线路穿管保护敷设：当电缆线路经过有化学腐蚀和杂散电流腐蚀的土壤，或土层较浅、不易开挖时，宜采用穿管敷设。城市森林公园盘山道路的路基狭窄，沿盘山道路敷设的电缆线路易受到雨水冲刷而裸露，宜采用穿管埋地敷设。埋地深度不宜小于 0.5m，距排水沟底不宜小于 0.3m。

11.4 森林公园照明设计

城市森林公园照明可分为室内照明、道路和停车场照明、景观照明等三大类，其中室内照明包括：入口值班室、游客中心、游客服务中心、医疗救治站、小卖部、茶室、公共厕所、购物街、度假村、旅馆等配套建筑物的照明。恰当的照明，应该是以最小的照明功率满足人们夜晚正常生活的需求，同时能够完美地展示森林公园与白天迥然不同的景色，给人们带来美的享受。而不合理的照明，不但浪费能源，还会带来光污染，给生态环境造成不良影响。在森林公园照明设计实践中，需结合实际环境和景观需要，选择恰当的照明设计方案，以最小的照明能耗，既保证满足人们夜晚正常生活的需要，也能使景观的亮点得到充分的展示。

11.4.1 城市森林公园照明设计的特点

① 城市森林公园是人类与大自然、与动植物友好相处的平台，在这个平台上，照明使白天得到延续，满足了人类夜晚活动的需要，但破坏了动植物生息需要的暗环境。照明设计方案需兼顾两者的需求，尽可能减少照明，减少对生态环境的破坏。

② 森林公园一般远离市区，供电线路较长，应尽可能减少照明电能的使用，以减少电能在输送线路上的损耗。

③ 森林公园面积较大，地形复杂，用电点分散，供电线路敷设困难。但公园一般具有较丰富的太阳能和风能可供利用，因此供电困难而具备利用太阳能或者风能的用电点，可考虑采用太阳能或风能作为供电能源。

11.4.2 室内照明设计

（1）照明标准值及照明功率密度值的选择

室内照明应根据建筑物的实际使用功能，参照《建筑照明设计标准》（GB50034）中相应的照明场所，选择合适的照明标准值。需要注意的是表中的数值为对应参考平面上的维持平均照度，亦即照明装置使用到需要维护时，参考面上的最小照度值，而不是新安装时的照度。照明功率密度值是相应照明场所达到要求的照明标准值所允许的最大照明功率，该数值包含照明光源、整流器及变压器损耗的功率。照明功率密度值，属国家规范的强制性条文，必须严格遵守。表11-11、表11-12为森林公园常用建筑物的照明标准值和照明功率密度值。

（2）灯具及光源选择

为了同时满足照明场所的照度值和照明功率密度值的要求，灯具需选用高效率产品，光源应采用高发光效率的节能型产品。灯具及配套光源的选用应符合如下原则：

① 光学特性满足使用场所需求。要求光源色温与使用场所匹配，灯具形状与房间室形协调，配光合理，

表11—11　常用建筑照明标准值

照明场所		参考平面及其高度	照度标准值（lx）	统一眩光值（UGR）	一般显色指数（Ra）
居住建筑					
起居室	一般活动	0.75m 水平面	100	—	80
	书写、阅读		300*	—	
卧室	一般活动	0.75m 水平面	75	—	80
	床头、阅读		150*	—	
餐厅		0.75m 餐桌面	150	—	80
厨房	一般活动	0.75m 水平面	100	—	80
	操作台	台面	150*	—	
卫生间		0.75m 水平面	100	—	80
办公建筑					
普通办公室		0.75m 水平面	300	19	80
高档办公室		0.75m 水平面	500	19	80
会议室		0.75m 水平面	300	19	80
一般阅览室		0.75m 水平面	300	19	80
教室		课桌面	300	19	80
接待室、前台		0.75m 水平面	300	—	80
商业建筑					
一般商店营业厅		0.75m 水平面	300	22	80
高档商店营业厅		0.75m 水平面	500	22	80
收款台		台面	500	—	80
旅馆建筑					
客房	一般活动区	0.75m 水平面	75	—	80
	床头	0.75m 水平面	150	—	80
	写字台	台面	300	—	80
	卫生间	0.75m 水平面	150	—	80
中餐厅		0.75m 水平面	200	22	80

（续）

照明场所		参考平面及其高度	照度标准值（lx）	统一眩光值（UGR）	一般显色指数（Ra）
西餐厅、酒吧间、咖啡厅		0.75m水平面	100	—	80
多功能厅		0.75m水平面	300	22	80
门厅、总服务台		地面	300	—	80
休息厅		地面	200	22	80
客房层走廊		地面	50	—	80
厨房		台面	200	—	80
展览馆展厅					
一般展厅		地面	200	22	80
高档展厅		地面	300	22	80
公共场所					
门厅	普通	地面	100	—	60
	高档	地面	200	—	80
走廊、流动区域	普通	地面	50	—	60
	高档	地面	100	—	80
楼梯、平台	普通	地面	30	—	60
	高档	地面	75	—	80
自动护梯		地面	150	—	60
厕所、洗盥室、浴室	普通	地面	75	—	60
	高档	地面	150	—	80
电梯前室	普通	地面	57	—	60
	高档	地面	150	—	80
休息室		地面	100	22	80
储藏室		地面	100	—	60
	停车间	地面	75	28	60
	检修间	地面	200	25	60
其他					
排演厅		地面	300	22	80
治疗室		地面	300	19	80

注：1. 本表摘自《建筑照明设计标准》GB50034—2004。

2. 表中＊宜用混合照明。

各个角度的光强度均匀，保护角满足限制眩光要求。

② 光源发光效率高，灯具具有较高的效率和利用系数，满足该场所照明功率密度值的要求。

③ 外形美观，与使用场所相协调。

④ 灯具防护等级符合使用环境要求。

⑤ 在满足照度和美观要求的前提下，进行全寿命的综合经济比较，即综合考虑投资费用、运行维护费用，安装、维护方便性、使用寿命等因素，选择最经济的灯具方案。

（3）照明灯具的控制方式选择

森林公园室内场所种类繁杂，包含有办公、居住、商业、旅馆、餐饮等类型建筑物，但其灯具的控制方

表11-12 常用建筑照明功率密度值

照明场所	照明功率密度值（W/m2）		对应照度值（lx）
	现行值	目标值	
居住建筑			
起居室	7	6	100
卧室			75
餐厅			150
厨房			100
卫生间			100
办公建筑			
普通办公室	11	9	300
高档办公室	18	15	500
会议室	11	9	300
营业厅	13	11	300
商业建筑			
一般商店营业厅	12	10	300
高档商店营业厅	19	16	500
旅馆建筑			
客房	15	13	–
中餐厅	13	11	200
多功能厅	18	15	300
客房层走廊	5	4	50
门厅	15	13	300
其他			
治疗室、诊室	11	9	300
教室、阅览室	11	9	300

注：1. 当房间或场所的照度值高于或低于本表规定的对应照度值时，其照明功率密度值应按比例提高或折减。
2. 表中给出的现行值为设计必须满足的限值，目标值为尽量追求达到的数值。
3. 本表摘自《建筑照片设计标准》（GB50034—2004）。

式都应遵循如下的原则：

① 空间大、灯具多的场所，应采用集中分组控制，分组方式：有自然采光的场所，按平行于窗户的灯列进行分组；对于报告厅、会议厅、多功能厅、电化教室等场所，按离讲台的远近进行分组；不同种类的灯具应按上述方法编入不同的开关组别。

② 旅店的门厅、电梯大堂和客房层走廊等场所，宜采用夜间定时降低照度的调光控制方式。

③ 装有多灯的单间办公室，每灯宜独立控制。

11.4.3 道路和停车场照明设计

(1) 城市森林公园道路照度值的选择

本书对森林公园通行机动车道路技术标准的指标作了规定，如表 11-13。

参照《城市道路照明设计标准》，结合城市森林公园车行道及人行步道的照明特点，本研究项目实际设计工作中按表 11-14 的照明指标数值，进行车行道及人行步道的照明设计。

(2) 城市森林公园道路照度灯具选择及布灯方式

① 以庭院灯具为主。由于森林公园设计车速较慢，选择低矮的庭院灯作路灯，具有良好的安全性和防范性，同时可以通过精心设计灯具的外观造型，很好地与公园的整体景观融为一体。

② 宜采用截光型灯具，尽可能把光线限制在被照路面上，减少眩光，同时减少对周围环境造成光污染。

表11-13　车行道及人行步道建设控制性技术指标

道路类别	公路等级	路面宽度（m）	路面要求	坡度（%）
主干道	林一、林二级	6.0 ~ 7.0	水泥或沥青	≤ 8
次干道	林三级	3.5	水泥或沥青	≤ 9
森林防火通道	林三、林四级	3.0 ~ 3.5	沥青或碎石	≤ 9 ~ 12
人行步道		0.8 ~ 3.0	毛石或碎石	≤ 12 ~ 18

表11-14　车行道及人行步道的照明指标

道路类别	路面亮度		路面照度（lx）		眩光限制
	平均亮度 Lav（cd/m^2）维持值	均匀度 U_0 最小值	平均照度 Eav（lx）维持值	均匀度 U_E 最小值	
主干道	0.5	0.3	8	0.3	宜采用截光型灯具
次干道	0.3	0.25	5	0.25	宜采用截光型灯具
人行步道	–	–	3	–	宜采用截光型灯具

注：1. 表中平均亮度（照度）为维持值，新装灯具的初始亮度（照度）值应比表中数值高出 30% ~ 50%。具体数值应视灯具的密封性、环境污浊程度及灯具清扫周期等情况而定。

2. 表中的平均照度值适用于沥青路面，若系水泥混凝土路面其平均照度值可相应降低 30%。

③ 布灯方式。路宽 6 ~ 7m 的主干道路，宜采用双侧对称布灯；3.5m 以下次干道路，宜采用单侧布灯。转弯处的灯具不得安装在直线段灯具的延长线上，以免误导司机认为道路向前延伸而导致事故。急转弯处，应加密布灯，以提供足够照明，避免事故发生。

（3）停车场照明设计

森林公园停车场一般设在入口大门或园区服务中心附近，大多为露天园林式停车场，这类停车场目前尚没有制订国家或行业的照明设计标准。已建成的停车场，主要选用的灯具有高杆灯、路灯、庭院灯、草坪灯等。根据我们的经验，大门及服务中心等较大型停车场建议采用庭院灯，道路旁临时港湾式停车场，可采用草坪灯。这样的灯具既能满足泊车安全要求，节约运行费用，又避免高照度对周边环境造成光污染。停车场照度宜与附近道路相适应，水平平均照度可取 3 ~ 5lx。为应付如重阳节等重大节日可能出现的特大车流，可临时性设置投光灯加以解决。

11.4.4 森林公园景观照明设计

森林公园景观照明的对象主要包括：入口区及入口标志照明、园区标志性景点照明、雕塑小品照明、游客中心等主要建筑物立面照明等。景观照明是借助灯光对森林公园景观的进行再创作，但应做到少而精，务求所选择进行景观照明的景点，能给游人留下深刻印象。景观照明方式主要有：泛光照明、轮廓照明、内透照明、特种照明等等，可以根据照明对象的风格、特点，选择一种或多种照明方式的组合灵活运用，以期达到理想的创作效果。景观照明一般应遵循如下设计原则：

① 灯光的设计要以景观作为依托。选择的照明对象应能够充分体现本公园特色和地域人文特征的标志性景点，景点选择宜少而精。景观照明设计应在充分理解景观设计师的设计风格和意图的基础上，追求个性化设计，以求达到使人耳目一新的效果。

② 抓住景观亮点，利用灯光照射物体同时产生光和影的特性，对灯光的色温、光强、光束角、入射角、安装点等因素进行精心研究，让设计的灯光使景观亮点得到强化和提升，对不雅部分加以遮盖，让白天看到的景观在夜晚显得更加绚丽。

③ 照明灯具应尽可能隐藏，灯具的设置不能影响白天的景观效果。好的照明方案应具有只见光而不见

图11–10　窄配光角灯具在低矮围墙上安装的照明夜景

图11–11　窄配光角灯具在低矮围墙吸壁安装图

灯的效果，灯具尽可能嵌入建筑物内或隐藏于植物丛中。当灯具无法隐藏时，应选择合适的灯具造型和颜色，使灯具与景观风格协调一致，甚至成为景观的一部分。

④ 节约能源。景观照明有多种方式，同一种照明方式也可选择不同的光源，当多种照明方案可达到相同照明效果时，应进行比选，找出最节能和运行费用最低的设计方案，达到节约能源的目的，有利于全社会的“节能减排”。

⑤ 电气设施安全可靠。景观照明大多在露天场所，有些安装在有人可以接触到的场所。因此景观照明灯具和电器，应选择安全防护等级高、使用寿命长、维护保养方便的产品。

11.4.5 照明设计实例

森林公园大多采用低矮通透式围墙，且受场地限制，很多时候步行道紧挨着围墙边布置，在这种场合，选用庭院灯和草坪灯作步行道照明设计都可能与周边环境不协调，影响景观。图 11-10 是选用小功率光源窄配光角灯具在低矮围墙上吸壁安装的照明实例。

该方案采用遮光角较大、配光角较窄的灯具，配小功率暖色温紧凑型节能灯（13W，色温 2700K），沿围墙低位（1.4m）吸壁安装，灯距为 7.2m。既满足了道路的照明要求，避免眩光，又节省照明功率，低碳节电。投入使用后的效果是，灯光大部分洒落在路面上，形成一条近乎连续不断的灯光视角长廊，合适的照度和色温，营造出温馨和宁静的气氛，令人流连忘返。

11.5 防雷击系统设计

广东地处亚热带地区，高温多雨，属雷电活动强烈地区。森林公园大多位于郊野空旷地方，具有面积大、建（构）筑物少的特点。在雷雨季节，如果疏忽了避雷设施的设计，游人或设施可能会受到雷电的伤害，因此森林公园应注重防雷设计，避免雷电给游人带来人身伤亡和财产损失。

11.5.1 建筑物的防雷等级分类

森林公园建筑物的防雷设计应执行《建筑物防雷设计规范》(GB50057)。该规范根据建筑物的重要性、使用性质、发生雷电事故的可能性和后果，将建筑物按防雷要求分为 3 类。

第一类防雷建筑物主要是制造、使用或储存炸药、火药、起爆药、火工品等大量爆炸物质的建筑物，因电火花而引起爆炸，会造成巨大破坏和人身伤亡。

第二类防雷建筑物主要是国家级重要建筑物；预计雷击次数大于 0.06 次 / 年的省、部级办公建筑物及其他重要或人员密集的公共建筑物；预计累计次数大于 0.3 次 / 年的住宅、办公楼等一般性民用建筑物。

第三类防雷建筑物主要是省、部级重要建筑物；预计雷击次数大于 0.012 次 / 年，且小于或等于 0.06

次 / 年的省、部级办公建筑物及其他重要或人员密集的公共建筑物；预计累计次数大于或等于 0.06 次 / 年且小于或等于 0.3 次 / 年的住宅、办公楼等一般性民用建筑物；在平均雷暴日大于 15d/ 年的地区，高度在 15m 及以上的烟囱、水塔等孤立的高耸建筑物；在平均雷暴日小于或等于 15d/ 年的地区，高度在 20m 及以上的烟囱、水塔等孤立的高耸建筑物。

城市森林公园的建筑物主要属第二和第三类防雷建筑物。

11.5.2 建筑物的防雷措施

由于森林公园的建构筑物主要属第二、第三类防雷建筑，以下仅介绍这两类建筑物的防雷措施。

(1) 第二类防雷建筑物的防直击雷措施

宜采用装设在建筑物上的避雷网（带）或避雷针或针与网的混合体组成避雷接闪器。避雷网（带）应装设在屋角、屋脊、屋檐和檐角等易受雷击的部位，并应在整个屋面组成不大于 10m×10m 或 12m×8m 的网格。所有避雷针应采用焊接方式与避雷带连接贯通。防雷引下线不小于两根，并应沿建筑物四周均匀或对称布置，其间距不应大于 18m。每根引下线的冲击接地电阻不应大于 10Ω。

(2) 第三类防雷建筑物的防直击雷措施

宜采用装设在建筑物上的避雷网（带）或避雷针或针与网的混合体组成避雷接闪器。避雷网（带）应装设在屋角、屋脊、屋檐和檐角等易受雷击的部位，并应在整个屋面组成不大于 20m×20m 或 24m×16m 的网格。所有避雷针应采用焊接方式与避雷带连接贯通。防雷引下线不小于两根，但周长不超过 25m 且高度不超过 40m 的建筑物为可只设一根引下线。引下线应沿建筑物四周均匀或对称布置，其间距不应大于 25m。每根引下线的冲击接地电阻不应大于 30Ω，但对于预计雷击次数大于或等于 0.012 次 / 年，且小于或等于 0.06 次 / 年的省、部级办公建筑物及其他重要或人员密集的公共建筑物，则不宜大于 10Ω。

(3) 森林公园孤立的亭、阁、塔的防直击雷措施

对于孤立的亭、阁、塔类建构筑物，若等级设防标准的，按相应等级标准进行防雷设计。对尽管预计雷击次数达不到最低防雷等级——第三类防雷建筑物标准，建议仍然按第三类防雷建筑物标准的措施进行防雷设计。这是居于如下两方面因素的考虑：其一，这类亭、阁、塔体量有限，按第三类防雷建筑物标准进行防雷设计所增加的投资费用不多；其二，下雨天这类建筑物内可能挤满了避雨的游人，若不采取防雷措施，万一遭到雷电袭击，可能会造成游客的伤亡事故，给园方带来经济损失。

(4) 名木古树的防直击雷措施

在以人为本，日益重视人身安全的今天，建筑物的防雷问题日益受到人们重视，并采取相应的预防措施。但在森林公园里，我们很少看到人们对名木古树采取防雷保护措施，很显然管理人员还意识不到树木需要防雷保护。其实在国外，比如在新加坡的一些森林公园里，常常可以看到一些高大树木都装设了避雷针，正是这支不显眼的避雷针，对古树名木起到很好的保护作用。通常树龄较长的树木，部分枝干长势不好，部分可能已干枯，遭到雷击时可能会折断，甚至造成森林大火，当树下有游人时，还可能造成人员伤亡。可见对孤立的高大树木采取防雷保护是很有必要的，应引起足够的重视。

大树装设避雷保护装置的具体做法：在树干顶部装设一支直径 12mm，长约 1m 的避雷短针，针尖高出树顶最高处 400 ～ 600mm；通过直径 8mm 的镀锌圆钢作引下线与接地网连接，要求冲击接地电阻不大于 30Ω。

11.6 辅助电气系统设计

11.6.1 公共广播系统

森林公园公共广播系统特点：扬声器既有安装在室内的游客中心，也有安装在室外的广场、人行步道；背景音乐与广播合用扩音系统，平时播送背景音乐，发生紧急情况时，作应急广播用；森林公园面积大，扬声器数量多，传输线路距离长；对声压级的要求不高，音质要求以中音或中高音为主。

(1) 公共广播系统构成

公共广播系统由节目源（各类话筒、卡座、CD、LD、DVD、MP3 等）、调音台（各声源的混合、分配、调音润色）、信号处理设备（周边器材或数字音频处理器 DSP）、功率放大器和扬声器系统组成。其工作过程为：将声音转换成电信号，经放大、处理、传输，在需要的场所再转换成为声信号广播（图 11-12）。

(2) 公共广播系统设计选型

① 传声器（话筒）选择。应选用有利于抑制声反馈的传声器；传声器类别需与扩音设备匹配；当传声器的电缆线路超过 10m 时，应选用平衡、低阻抗型传声器。

② 功率放大器选择。针对扬声器数量多而分散，传输线路距离长，一般采用定电压（高阻）输出（70V 或 100V），使远、近距离的扬声器都能获得较稳定均衡的功率输入。功放设备按照平均声压计算得出电声输出功率后，需再考虑功放的储备裕量，以免失真。对于语言扩音，裕量取 2.5 倍以上；音乐扩音时一般为 10 倍以上。森林公园背景音乐，以中、高音为主，选择 10 倍左右的裕量已足够。

③ 扬声器选择。由于以中、高音为主，采用小口径的扬声器已能满足要求。通常办公室、客房 1 ~ 2W 扬声器；走廊、门厅、小卖部、茶室采用 3 ~ 5W 吸顶式安装扬声器；人行步道及绿化广场宜采用 10 ~ 20W 草坪扬声器或灯柱式扬声器。

11.6.2 视频监控系统

视频监控系统能够扩大保安人员的视野，并可以记录一段时间的视频信号，对确保游客的安全，具有重要作用。

(1) 视频监控系统的构成

视频监控系统由前端摄像设备、传输部件、控制设备、显示记录设备四个主要部分组成。对应的设备有：各种摄像机、电缆或光缆及光端机等传输设备、矩阵切换器及云台 / 镜头控制器等控制设备、监视器及硬盘录像机等显示记录设备。

(2) 摄像机的选型

① 彩色或黑白机型的选择。如果监视目标照度不高，而对监视图像清晰度要求较高时，宜选用黑白录像机；对景物色彩和细部都要求较好的监视场合，宜选用彩色摄像机。

② 清晰度（分辨率）。清晰度是表示摄像机分辨图像细节的能力，通常用电视机线（TVL）来表示。监控系统使用的摄像机，水平清晰度要求彩色摄像机 270TVL 以上，黑白摄像机在 400TVL 以上。

③ 灵敏度(照度)。在镜头光圈大小一定的情况下，摄像机获取规定信号电平所需的最低靶面照度，称作该摄像机的灵敏度。一般选取摄像机的灵敏度为被摄物体表面照度的 1/50。

④ 信噪比。即摄像机图像信号与噪音电压的比值。摄像机信噪比的典型值在 45 ~ 55dB，信噪比越高画面干扰越小，监控系统使用的摄像机，一般要求信噪比在 40dB 以上。

⑤ 正常工作照明条件下系统图像质量指标：

模拟复合视频信号应符合：

视频信号输出幅度　1VP-P ± 3dB VBS

实时显示黑白电视水平清晰度　≥ 400TVL

实时显示彩色电视水平清晰度　≥ 270TVL

回放图像中心水平清晰度　≥ 220TVL

黑白电视灰度等级　≥ 8

随机信噪比　≥ 36dB

数字视频信号应符合：

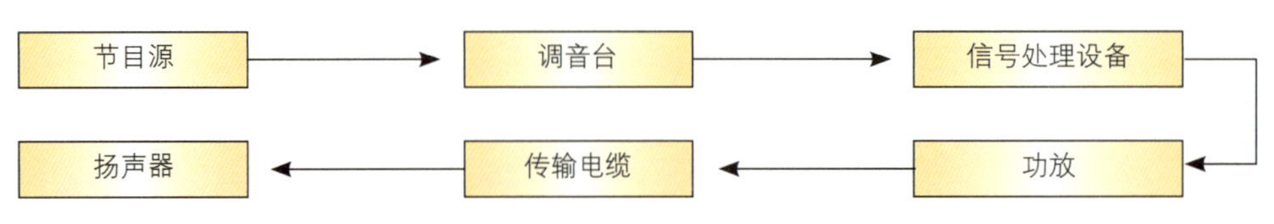

图11–12　公共广播系统框图

单路画面像素数量 ≥ 352x288（CIF）

单路画面帧率 ≥ 25 fpS

（3）摄像机的布置

森林公园摄像机一般布置在如下场所：公园出入口、入口广场、停车场的出入口、游客中心及其他需要监视的人流密集区。设置要求：① 摄像机安装在监视目标附近不易受外界损伤的地方，安装位置不应影响现场设备运行和人员正常活动，室内安装高度宜为2.5m，室外应离地面3.5m；② 摄像机镜头应避免强光直射，保证摄像机靶面不受损伤，镜头视场内，不得有遮挡监视目标的物体；③ 摄像机应从光源方向对准目标，并应避免逆光安装，当需要逆光安装时，应降低监视区域的对比度。

（4）硬盘录像机

该机器是保存已转换成数字信号的画面的载体，其容量可根据需要选择，通常森林公园监控储存容量可选择为3～6个月的摄像量。

11.6.3 通信系统

公园需要设置足够的电话通讯线路，以满足公园对外以及内部部门之间的通讯联系。同时为方便游人对外联系，确保游人安全，森林公园应能够为游客提供便利的通讯条件和通讯设施，通常最常见的是设置公共电话和确保足够强度的移动通讯信号。

（1）公共电话的设置

通常在公园出入口、停车场、游客服务中心及其他人员集中场所，设置适当数量的插卡式公共电话机；有条件的公园，可在行车道路设置适当数量的报警电话机，可作为交通事故和森林火灾报警电话。

（2）移动通信机站的设置

森林公园由于地处郊野，又有山岭的阻隔，在某些山背和谷地，可能移动通信接收信号很弱，且不稳定，而这些谷地又往往景色优美，是游人常去的地方，因此在公园规划设计之前，需对公园范围移动通信信号覆盖的强度分布进行测试。并在测试基础上，结合旅游线路规划，在信号不良区域规划建设移动通信信号发射机站，以求最大限度保证游客对外通信的畅通。

11.6.4 电子巡查系统

电子巡查系统又称保安巡更系统，实际上是一套对保安人员巡查的电子记录系统。

（1）电子巡查系统构成

该系统由控制主机、巡更棒、巡更点读卡器组成。分在线型和离线型两种形式，在线型能够实时监测到保安人员已到达巡更点的位置，离线型只能把巡更完毕的巡更棒内数据输入控制主机，才能确认保安人员何时到达巡更点。

（2）电子巡查点的设置

电子巡查系统的目的是确保保安人员在规定的时间出现在规定的巡查点，由于保安人员的出现，对歹徒起到威慑作用，减少公园的发案率，为游客提供人身安全保障。该系统关键在于巡更点的设置，其设置原则：在多发案的地段设置为巡更点，在多发案的时间段设为巡更时间，以确保保安人员在危险时段，出现在巡更点。管理人员可视公园及当地的治安情况，不定期对巡更点和巡更时间做调整，避免歹徒掌握巡更规律。为节省投资，森林公园一般可选用离线型巡查系统。

11.6.5 停车场管理系统

（1）停车场管理系统的构成

停车场保管及收费系统，一般包含：管理主机、读卡器、出票机、栏杆机、控制器、地感线圈、车位显示器、摄像机等设备。

（2）停车场管理系统的设置

森林公园是否设置停车场管理系统，可视车辆的数量、是否提供收费服务、投资额及当地治安条件等情况而确定。

11.7 电气工程的城市文化品性与节能措施

不同地域、不同城市，由于历史和文化沉积的不同，自然形成各自城市的文化品性，不同城市森林公园的电气工程设计，应最大程度把握设计对象的城市文化品性，使设计方案更充分体现其文化品性，避免千城一律，千园一律。

电气工程设计的另一个需要引起重视的问题是，节能问题。目前存在一个不好的倾向，就是电气工程设计的单位面积能耗需求越来越大。一方面是因为人们使用的电器设备越来越多的缘故，更重要的是人们认识的偏差，以为空调温度越低越显得该场所地位高级；更有甚者把景观照明，直接称为："光亮工程"，以为越光亮越高档次，殊不知如此一来，既浪费能源又造成光污染。作为设计人员，设计方案中应充分考虑节能措施。

地球气候变暖、冰川融化、海平面上升，给人类社会造成的灾难性后果，已引起人们的重视。全世界所有国家都在采取措施，一方面，千方百计节约使用能源，减少二氧化碳的排放；另一方面，想方设法扩大森林面积，充分发挥森林的固碳作用，以减缓气候变暖的过程。

作为生态型休闲场所的城市森林公园，更应当发挥其生态建设的示范作用，在设计过程中，应精心做好节能设计，让人们在休闲、旅游的过程中，认识到节能减排的重要性和可作为，提高人们对节约使用能源的观念和意识，自觉地以自己的实际行动，为建设生态型可持续发展型社会而努力。

根据公园的自身特点和条件，在电气工程设计中，可采取如下相应的节能措施：

(1) 充分利用森林公园的自然条件减少对能源的使用

① 建筑设计时，尽可能采用南北朝向，充分利用自然采光和通风以减少照明和制冷的电能消耗。

② 尽可能利用森林公园高位自然水体作为公园内的灌溉用水，甚至作为生活用水，减少市政自来水的使用，从而减少自来水处理和输送过程的能源消耗。

③ 在屋顶上装设太阳能热水装置，为游客和工作人员供应必要的热水，可节省更多因长距离电力输送和燃油运输的能源消耗。

④ 在供电困难、而风力资源丰富的用电点，装设风能发电机组，获取清洁的风能。

(2) 供电系统设计的节能措施

① 高压供电线路深入到用电负荷中心。森林公园具有用电负荷较分散，供电线路长的特点。供电系统设计时，尽可能把高压供电线路深入到用电负荷中心，缩短低压供电线路，从而减少输电过程的电能在供电线路损失，并可提高供电质量。

② 选用节能型供配电设备。近年来变压器和开关、接触器等供配电设备及电器的制造技术水平有了大幅度的提高，使这些产品工作过程，其自身电能消耗得到大幅度的减低，设备选型时，应优先选择节能低损耗型产品。

③ 无功功率就地补偿。采取补偿措施将无功功率就地补偿，减少无功功率造成的电能损失。

(3) 照明设计的节能措施

① 严格执行国家规范和标准。为了推进全社会的节能建设，国家规范和标准对各种照明场所允许的功率密度值，以强制性条文作了规定，设计时必须严格遵守。

① 坚持选用绿色照明产品的原则。绿色照明产品是经济、节能、健康、安全、寿命长的产品。比如：电子型或低损耗型镇流器的荧光灯、紧凑型节能灯、LED 灯等都属绿色环保产品。设计时应优先选用，不得选用淘汰型照明产品。

② 设计中应重视节能运行模式的运用。景观照明方案应具有节日模式、隆重节日模式和节电运行模式等运行模式，以达到节约用电、经济运行的目的。

③ 景观照明应从观念上走出片面追求光亮化、过度照明的误区。很长时间以来，人们对景观照明的认识有很大的误区，总认为把照明对象照得通亮，照得五光十色就是好的景观照明。无论城市景观照明，还是公园景区景观照明，一个比一个照度高，一个比一个照得亮，一个比一个能耗大，整个城市，整个公园被照得如同白昼，以为这样就是国际大都市。殊不知如此一来，各城市各景点的照明雷同，毫无特色，也造成严重的光环境污染，有些景观照明甚至成为城市和景区沉重的经济负担。我们应该提倡，追求经济、环保、节能的个性化景观照明，使景观照明步入可持续发展的正路。

参考文献

[1] 机械工业部第二设计研究院 .1995. 供配电系统设计规范（GB50052—1995）[M]. 北京：中国计划出版社 .

[2] 中国航空工业规划设计研究院 .2005. 工业与民用配电设计手册（第 3 版）[M]. 北京：中国电力出版社 .

[3] 北京劳动保护科学研究所 .1993. 系统接地的形式及安全技术要求（GB14050—1993）[M]. 北京：中国计划出版社 .

[4] 辽宁电力勘测设计院 .1997. 66kV 及以下架空电力线路设计规范（GB50061—1997）[M]. 北京：中国计划出版社 .

[5] 电力部西南电力设计院 .1994. 10kV 电力工程电缆设计规范（GB50217—1994）[M]. 北京：中国计划出版社 .

[6] 中国建筑科学研究院 .2004. 建筑照明设计标准（GB50034—2004）[M]. 北京：中国建筑工业出版社 .

[7] 中国建筑科学研究院 .2006. 城市道路照明设计标准（CJJ45—2006）[M]. 北京：中国建筑工业出版社 .

[8] 中华人民共和国机械工业部 .2001. 建筑物防雷设计规范（2000 年版）（GB50057—94）[M]. 北京：中国计划出版社 .

[9] 中国建筑东北设计研究院 .2008. 民用建筑电气设计规范（JGJ16—2008）[M]. 北京：中国建筑工业出版社 .

第12章　安全系统工程设计

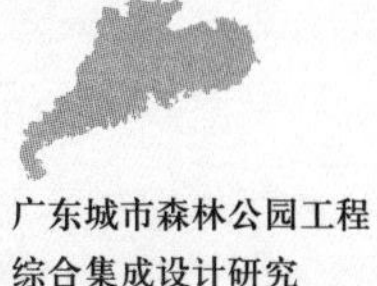

安全系统工程（security system engineering，SSE），是指在系统论思想指导下，运用先进的系统工程理论和方法，对安全及其影响因素进行分析和评价，建立综合集成的安全防控系统并使之持续有效运行（霍宪丹等，2005）。保证安全最好的办法就是从工程建设之前就开始进行相关设计，排除导致安全隐患的各种因素。城市森林公园安全系统工程是以森林公园建设或运营中可能发生的各种事故为主要研究对象，综合运用自然科学技术等手段，辨识和预测存在的不安全因素，并为有效的控制和防止事故发生或减轻事故损失所采取的工程措施。

12.1 安全系统工程设计的内容、原则和方法

12.1.1 安全系统工程设计的内容

城市森林公园在建设和经营过程中，存在着很多不确定的风险因素。要提高森林公园的安全性，使其不发生或少发生事故或发生事故时将其损失降低到最低，前提条件就是预先发现可能存在的危险因素，全面掌握其基本特点和变化规律，明确其对森林公园安全性影响的程度。只有这样，才有可能针对森林公园建设和经营过程中可能存在的主要危险，采取有效的安全防护措施，以改善森林公园的安全状况。这里所强调的“预先”是指在森林公园工程设计阶段进行系统的安全分析，发现并掌握系统的危险因素，有针对性采取相关工程措施，使系统可能发生的事故得到有效控制，并使系统安全性达到最佳的状态。

根据系统论的基本原理，对城市森林公园安全系统而言，组成系统的基本要素主要有五个方面，即：旅游吸引物（森林风景资源、森林生态环境、文化资源）、设备与技术（基础设施、服务设施、游憩设备）、当地社会环境（社会条件、生态环境、治安状况）、人（游客、森林公园管理者和服务者、当地居民）和信息（当地旅游安全形象、旅游环节安全状况、游客安全偏好与认知）。安全系统的状态是由系统的构成要素、要素之间的关系以及结构决定的。因此，森林公园安全系统工程设计主要围绕五个构成要素进行，具体包括：资源安全系统工程、游客安全系统工程、设施安全系统工程、环境安全系统工程和安全信息系统工程。每一部分就是该系统的一个子系统（图 12-1）。

（1）资源安全系统

森林风景资源及其生态环境是开展森林游憩活动的物质基础和前提条件。对于该子系统，不仅要从森林风景资源的起源、结构、规模、质量、功能、形态、稳定性、游憩价值以及可持续发展等方面考虑其安全性，而且要考虑到开发建设、经营管理、游客活动对

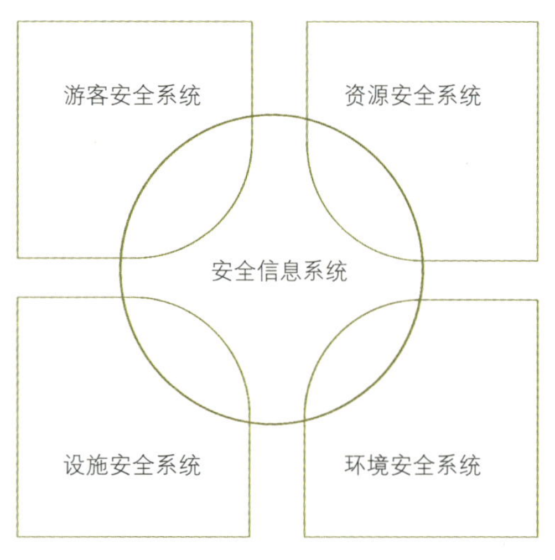

图12–1　城市森林公园安全系统构成示意图

注：本章图片由陈寿坤处理。

其可能产生的负面影响，从规划、设计和管理等方面提出具体对策和要求。资源安全系统的设计重点是：加强生物多样性保护、预防和治理外来生物入侵、预防和扑救森林火灾、预防和治理森林病虫害的发生、提升森林风景资源的质量，实现森林风景资源的可持续利用。

(2) 设施安全系统

旅游设施是游客进行森林游憩活动的载体。该子系统的安全关系到森林公园的基础设施、服务设施、游憩设备等是否具有安全性，是否符合相关的国家标准。这就要求森林公园的基础设施和服务设施从工程设计阶段开始，就要进行安全性设计，消除潜在的不安全因素。设施安全系统设计的重点是提高建筑设施、道路设施、消防设施、卫生设施、游乐设备（漂流设施、探险设施、野营设施、水上游览设施）的安全设计。

(3) 环境安全系统

森林公园所在地的自然地理条件、社会治安状况、生态环境保护状况、自然灾害发生频率等都是导致安全事故发生的潜在影响因素。对于该子系统，工程设计应因地制宜，协调好森林公园与附近社区的关系，将提升附近社区生活水平、改善社会治安状况、防止环境事件发生作为重点，为森林公园营造良好的外部旅游环境。环境安全系统设计的重点是通过科学地规划、设计、协调人的活动，在遵循自然规律的前提下，发挥人的积极作用，尽可能消除、削弱或回避灾害源，调节、控制或疏导灾害载体，保护、转移受灾体或提高受灾体的承灾能力，减少人为因素诱发的灾害源，达到避免灾害的发生和减轻灾害损失的目的。

(4) 游客安全系统

游客是森林公园服务的对象，也是安全系统工程保护的主要对象。该子系统的安全与否涉及到人的生理和心理因素，以及基础设施设计、管理系统设计等是否适合人的特性、是否易于为人们所接受的问题。设计时不仅把人当做“生物人”，更要看作“社会人”，必须从社会学、人类学、心理学、行为科学角度分析问题、解决问题；把人当做自尊自爱、有感情、有思想、有主观能动性的人，进行有效的安全引导和管理。游客安全系统的设计重点是“以人为本”进行科学的游客安全管理和救护设施的配置。

(5) 安全信息系统

安全信息的获取贯穿于森林公园为游客提供的食、住、行、游、购、娱等所有环节之中。但是，在实际的森林游憩活动当中，游客和旅游企业获取信息的渠道是有限的，安全信息的获取往往还受到一些主客观条件的限制。对于该子系统，应建立有效的安全信息系统，包括搜集、分析、发布相关安全信息等，警示游客和旅游服务企业，这对于增加旅游安全意识、提高安全防范起着重要作用。安全信息系统设计的重点是建立安全预警系统、控制系统和救援系统，形成游客安全系统、资源安全系统、设施安全系统、环境安全系统之间的良性互动，使安全信息得到有效的传递和反馈。

12.1.2 安全系统工程设计的原则

安全系统工程设计应将预防和保护放在首位，遵循系统性原则、生态功能优先原则、预防为主和防治结合原则以及以人为本原则，确保森林公园在建设和经营过程中自然生态环境保持良性循环的局面，充分发挥城市森林公园区域生态功能的作用。

(1) 遵循系统性原则

森林公园安全系统主要五个构成要素：资源安全系统工程、游客安全系统工程、设施安全系统工程、环境安全系统工程和安全信息系统工程。每一部分就是该系统的一个子系统。如：珍稀动植物的保护又是资源安全系统一个子系统，它们的安全因素之间具有关联性、系统性。

影响森林公园生态安全的因素较为复杂，各种保护性、预防性工程设施较多，有一些还有重复和交叉。设计过程中应以系统性的思维方式去设计生态安全设施，提供整体的生态安全保障系统，最大程度减少建设项目内容设施重复建设，充分发挥设施的综合效应，减少设施的维护经营成本。

(2) 遵循生态功能优先的原则

生态安全设施工程要遵循生态优先，采取谨慎的、积极的森林生态恢复和保育措施，维持现有自然资源、生物群落及物种的自然状态，保护好森林景观及其森林生态状况，逐步恢复森林的等级群落，突出森林公园的生态功能，发挥“绿肺”的作用，为实现森林风景资源的可持续发展提供必要条件。

（3）遵循预防为主的原则

森林公园生态安全一旦遭到破坏，往往具有不可逆性，特别是森林火灾、地质灾害和环境污染。例如，游客在森林公园的活动时因不慎引起的森林大火，会毁灭大片的树木及其范围内的建筑物和构筑物；迅猛的洪水能冲毁大片的庄稼和居民点的人工设施等。因此，设计时应重在采取措施防止事故的发生，而一旦事故发生又能在最短的时间内得以恢复或将损失降到最低。

（4）遵循以人为本的原则

安全设施要突出人本关怀，让游客能在安全的旅游活动中得到良好的体验。要为不同旅游动机、不同类型和特殊群体的游客考虑，如游览道路的长短、形式和难易度，无障碍设计，野餐点、休息点的设置，旅游安全设施等，最大限度地保证游客的旅游体验和人身安全。

12.1.3 安全系统工程设计的方法

安全系统工程是以预测和防止事故发生为中心，以识别、分析、评价和控制安全风险为重点所形成的安全理论和方法体系。它将工程、系统中的安全问题看做一个整体，应用科学的方法对构成系统的各个要素进行全面的分析，判明各种状况下危险因素的特点及其可能导致的灾害性事故，通过定性和定量分析，对系统的安全性做出预测和评价，将系统事故发生的可能性降至最低。安全系统工程设计的主要方法是：系统安全分析、系统安全评价和系统危险控制。

（1）系统安全分析

根据城市森林公园安全系统的构成要素，使用系统工程的原理和方法辨别、分析系统中存在的危险因素，并根据实际需要对其进行定性、定量描述。主要分析森林公园安全系统的自然和人为影响因素。

① 运用工程逻辑，确定所有不安全因素。从系统工程的观点出发，用逻辑学与哲学的一般思维方法进行系统的探讨和应用，同时把符号逻辑作为重要内容。

② 运用工程分析，解决所有不安全问题。运用基本理论，系统地有步骤地解决各类工程问题。采取的步骤包括：弄清问题、选择解决问题的恰当方法、实施、分析、总结。在设计过程中还需要正确地运用数学方法。

（2）系统安全评价

以系统安全分析为基础，通过了解和分析掌握系统存在的危险因素（图 12-2）。系统安全评价不一定要对所有危险因素采取措施，而是通过评价掌握系统的事故风险大小，以此与预定的系统安全指标相比较，如果超出指标，则应对系统的主要危险因素采取控制措施，使其降至安全标准以下。

① 危险因素及重大危险源辨识：根据各种安全事件案例，对森林公园可能发生的安全因素进行识别，确定危险危害因素的分布、存在的方式，事故发生的途径及其变化的规律，进行重大危险源辨识，确定重大危险源。

在森林公园的安全系统评价工作中，危险源的辨识是非常重要的一步，可根据游客的游憩活动和经过的场所为线索来进行危险源的辨识。对辨识出来的危险源应当进行分类管理，有些可通过制定和执行日常的运行程序加以管理，有些需制定专门的管理方案，如大型活动、节假日的游客接待等，并根据危险源可能引发的安全事故或事件制定相应的应急预案。

② 重大危险源危害后果分析：选择合适的分析方法，对重大危险源的危害后果进行模拟分析，为森林公园建设、经营管理制定安全对策措施和事故应急救援预案提供依据。

③ 定性及定量评价：根据安全系统的各子系统，对工程、系统中存在的事故隐患和发生事故的可能性和严重程度进行定性及定量评价。

④ 提出安全对策措施：从工程技术和经营管理层面提出消除或减少危险、危害因素的对策措施及建议。

（3）系统危险控制

任何一项系统安全分析技术或系统安全评价技

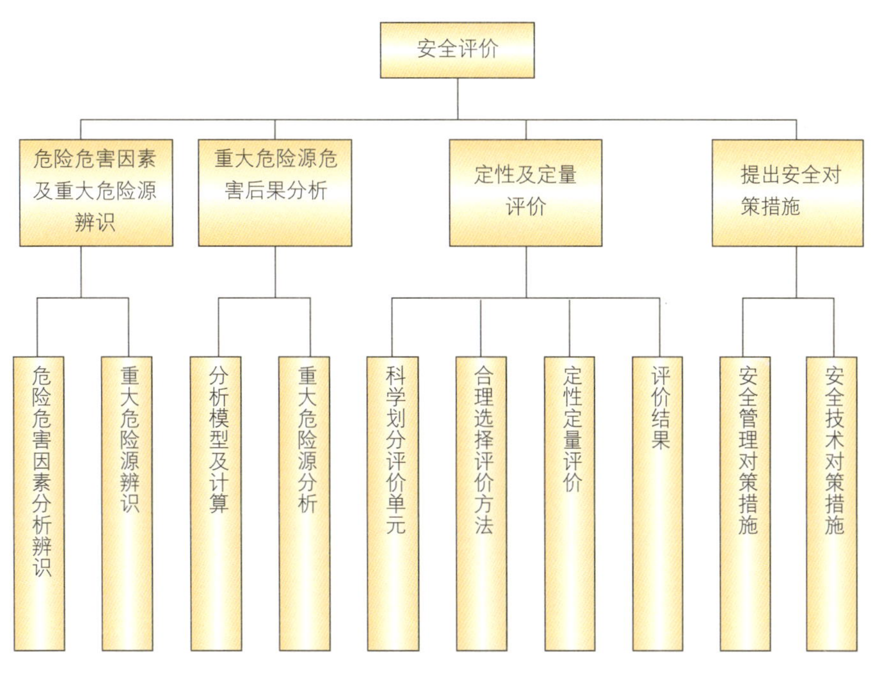

图12-2　安全评价的基本内容

术，如果没有一种强有力的控制技术和管理手段，就不会发挥其应有的作用。因此，在进行系统安全分析和系统安全评价的同时，也出现了系统危险控制技术。其最大的特点是要求从系统的完整性、相关性、有序性出发，对系统实施全面、全过程的危险控制，以实现对系统的安全目标管理。

① 运用统计理论与概率论，判断潜在的不安全因素。在系统工程中经常用到统计理论与概率论，这是由系统工程的数学特点所决定的，即系统的输入量与输出量带有很大的随机性，并且，在复杂的系统工程中常常会遇到随机函数问题。

② 运用运筹学原理，使设计更有针对性。指有目标地、定量地做出决策，在一定的制约条件下使系统达到最优化。目前，一般认为运筹学是系统工程最重要的技术内容与数学基础。在实际设计中，根据所研究对象的复杂程度，确定采用运筹学的内容。

安全系统工程的研究方法必须从系统的整体性观点出发，从系统的整体考虑解决安全问题的方法、过程和目标。在系统研究过程中，子系统和系统之间的矛盾以及子系统与子系统之间的矛盾，都要采用系统优化方法寻求各方面均可接受的满意解。同时要把安全系统工程的优化思路贯穿到系统的规划、设计、管理和使用等各个阶段中。

12.2 影响森林公园安全系统的因素分析

影响森林公园安全系统的因素非常复杂，表现在人口、资源、环境、生态、自然灾害等内容，但总的来说可以分为自然因素和人为因素。自然因素是自然资源对森林公园发展的限制性和自然灾害对森林公园安全的威胁；人为因素是人类在利用、改造以及开发森林风景资源过程中会对森林公园生态系统产生影响，如果超过了该系统的承受能力或环境容量，就会造成生态环境的恶化，影响森林资源乃至整个生态系统的可持续利用。

12.2.1 自然影响因素分析

自然影响因素主要是指各种自然灾害、风景资源条件和外部环境因素，其中自然灾害的危害性最大（图12-3）。自然界的灾害有许多种类，如火灾、水灾、风灾、地震等灾害。有些灾害往往还会互相影响，相互

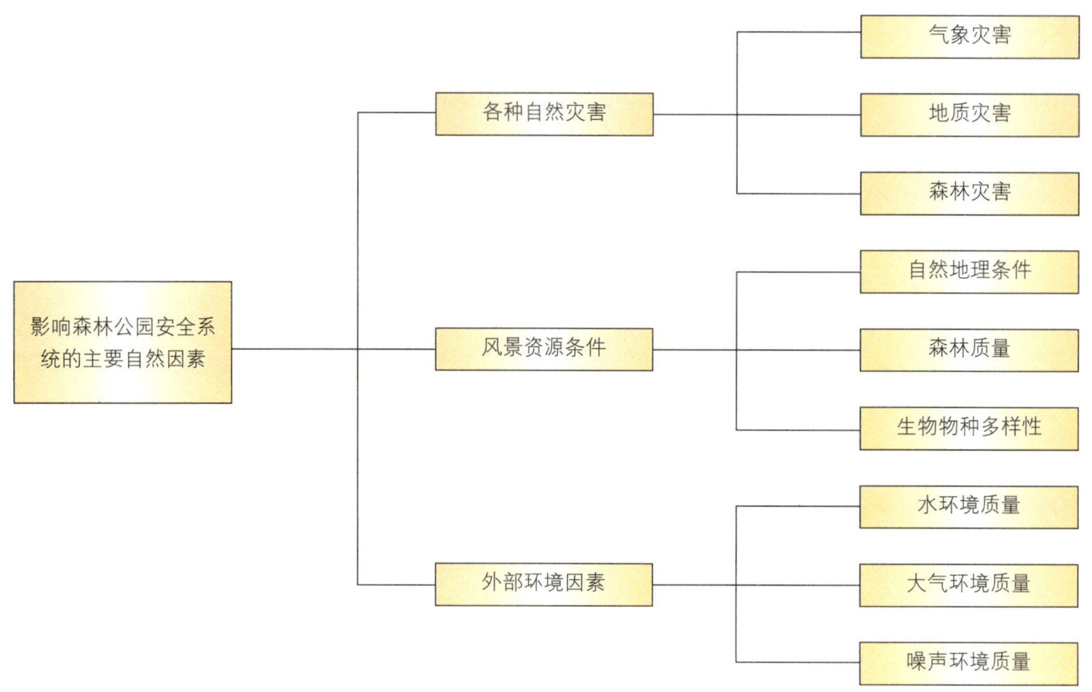

图12-3 影响森林公园安全系统的主要自然因素

并存。如台风季节中常伴有暴雨，造成水灾、风灾并存；又如在较大的地震灾害中往往使大片建筑物、构筑物倒塌，常会引起爆炸和火灾。受到森林公园所处的自然地理环境等条件限制，对自然灾害的预防和控制难度相对较大。

12.2.1.1 自然灾害影响因素

常见的骤发自然灾害包括地震、塌陷、地裂、崩塌、滑坡、泥石流、暴雨、洪水、气旋流、沙暴、尘暴、有毒气体污染等。归纳起来主要有三种：气象灾害、地质灾害和森林灾害。这些自然灾害组合构成了森林旅游自然环境的不安全状态。一旦森林旅游活动面临自然灾害尤其是骤发性自然灾害时，安全事故将不可避免地发生。部分凶猛野生动物、有毒植物、昆虫等也对游客形成一定威胁。

(1) 气象灾害

气象灾害是指台风、暴雨（雪）、寒潮、大风（沙尘暴）、低温、高温、干旱、雷电、冰雹、霜冻和大雾等所造成的灾害。气象灾害一般包括天气、气候灾害和气象次生、衍生灾害。天气、气候灾害，是指因台风（热带风暴、强热带风暴）、暴雨（雪）、雷暴、冰雹、大风、沙尘、龙卷风、大（浓）雾、高温、低温、连阴雨、冻雨、霜冻、结（积）冰、寒潮、干旱、干热风、热浪、洪涝、积涝等因素直接造成的灾害。气象次生、衍生灾害，是指因气象因素引起的山体滑坡、泥石流、风暴潮、森林火灾、酸雨、空气污染等灾害。

气象灾害是自然灾害中最为频繁而又严重的灾害，具有种类多、范围广、频率高、持续时间长、群发性突出、连锁反应显著的特点。广东是自然灾害发生十分频繁、灾害种类甚多，造成损失十分严重的省区。每年都由于干旱、洪涝、台风、暴雨、冰雹等灾害危及到人民生命和财产的安全，也使国民经济受到了较大的损失。气象灾害对森林公园的森林风景资源安全、设施设备安全和游客人身安全具有极大的破坏力，是森林公园安全系统重点防范的自然灾害类型。例如，2008 年 2 月在粤北地区发生的 80 年一遇的重大冰冻雨雪灾害，使该地区的森林资源受到整体性、毁灭性破坏，连片的森林乔木被折断，大量国家野生动物被冻死冻伤，许多国家重点保护植物遭毁坏。其中，天井山国家森林公园林木损毁率超过 95%，受灾严重的区域林木树冠层彻底损毁，地表全是残枝、树干和树叶，森林风景资源受到毁灭性的破坏。旅游交通道路、通讯、供电等基础设施也损毁严重，森林旅游被迫停止营业。

(2) 地质灾害

地质灾害是指在自然或者人为因素的作用下形成的，对人类生命财产、环境造成破坏和损失的地质作用（现象）。如崩塌、滑坡、泥石流、地裂缝、地面沉降、地面塌陷、岩爆、坑道突水、突泥、突瓦斯、煤层自燃、黄土湿陷、岩土膨胀、砂土液化，土地冻融、水土流失、土地沙漠化及沼泽化、土壤盐碱化，以及地震、火山、地热害等。

森林公园中常见的地质灾害主要有：崩塌、滑坡、泥石流、地面塌陷和水土流失等。① 崩塌：是指较陡坡上的岩土体在重力的作用下突然脱离母体崩落、滚动堆积在坡脚；② 滑坡：是指斜坡上的岩体由于某种原因在重力的作用下沿着一定的软弱面或软弱带整体向下滑动；③ 泥石流：是山区特有的一种自然现象。它是由于降水而形成的一种带大量泥沙、石块等固体物质的特殊洪流；④ 地面塌陷：是指地表岩、土体在自然或人为因素作用下向下陷落，并在地面形成塌陷坑；⑤ 水土流失：水土流失又称土壤侵蚀，是一种累进性或渐变性的地质灾害，它所造成的危害是很严重的。一些地质灾害具有可控性和预防性。主要涉及建筑选址、道路选址、游线设计等方面。例如，森林公园的地质环境有些本来就不适宜建筑和道路选址的，一旦发生山体滑坡，灾难的后果非常严重。不科学的建筑、道路施工可能造成山体崩塌，后果也较为严重。

(3) 森林灾害

森林灾害也称森林生物灾害或林业生物灾害，常见的森林灾害有森林火灾、森林病害、森林虫害和外来生物入侵等。森林灾害的可控性最强，通过科学管理和综合防治，可以降低其发生的概率。

① 森林火灾：森林火灾是指失去人为控制，在林地内自由蔓延和扩展，对森林、森林生态系统和人类带来一定危害和损失的林火行为。森林火灾的发生，人为是最主要的因素，其次长期的天气干燥也可能导致地面温度持续升高，森林物质易引起自燃，雷击也可以导致火灾的发生。森林火灾是一种突发性强、破坏性大、处置救助较为困难的自然灾害。特大森林火灾多为干旱、高温、大风或雷击等特殊气象条件所引起，又往往因估计不足而失控，一旦形成大火又非人力所能及时遏制。

对于城市森林公园而言，发生森林火灾将会对森林风景资源和游客人身安全构成致命的打击。森林火灾破坏森林生态系统平衡，火烧后森林生态系统难以恢复，如高强度、大面积的森林火灾，对森林资源和整个森林生态系统可以造成毁灭性的破坏，更严重的会对游客、当地居民的财产、交通、大气环境和人们日常生活造成影响。同时，扑救森林火灾需耗费大量的人力、物力、财力，给国家和人民生命财产带来巨大损失，扰乱了森林公园所在地区经济社会发展和人民生产、生活秩序，直接影响社会稳定。

② 森林病虫害：是指森林、林木、种子、苗木及木材发生的病害、虫害及鼠害等。森林病虫害主要分为森林病害、森林虫害和森林鼠害。

森林病害是指森林植物在其生长发育过程中或其产品和繁殖材料在储存和运输过程中，遭受其他生物的侵染或不适宜的环境条件影响，生理程序的正常功能受到干扰和破坏，从而导致植物生理上、组织上和形态上产生一系列不正常的状态，生长发育不良，甚至整株死亡，最终引起人类经济损失和其他损失的现象。

森林虫害是一种非常普遍的自然灾害，是昆虫在繁殖生长的过程中，取食林木的营养器官或吸食林木的汁液，造成林木所生产的营养减少或林木的营养物质被林木害虫取食，造成林木生长不良，使木材及林副产品的产量下降，甚至使整株林木死亡。

森林鼠害是由森林害鼠引起的一类森林灾害，是我国主要的森林生物灾害之一。森林害鼠属于啮齿类动物，它们种类多、数量大、分布广，通过啃食针阔叶乔灌木的树皮、树干及根、茎等部位造成树木死亡。由于个体小、食性杂、繁殖力高、适应性强，在条件适宜时它们能够迅速增殖，暴发成灾，使大面积的林木毁坏、枯死，对森林构成极大的威胁。

由于地理环境和森林因子等因素的影响，广东常见的森林害虫有900多种，病害有200多种，其中林业检疫性有害生物9种，占全国的42.9%（按新公布的21种计），具体是：松材线虫病、椰心叶甲、双钩异翅长蠹、松突圆蚧、薇甘菊、蔗扁蛾、红棕象甲、红火蚁、刺桐姬小蜂。这些造成严重危害的森林病虫害大部分是外来入侵物种。

③ 外来生物入侵：是指那些出现在其过去或现在的自然分布范围及扩散潜力以外的物种、亚种或以下的分类单元，包括其所有可能存活、继而繁殖的部分、配子或繁殖体。

外来入侵物种是对于一个生态系统而言，在该生态系统中原来并没有这个物种的存在，它是借助人类活动越过不能自然逾越的空间障碍而进来的。外来物种在新的生态系统中，如果温度、湿度、海拔、土壤、营养等环境条件适宜，就会自行繁衍。许多外来物种虽然可以形成自然种群，但多数种群数量都维持在较低水平，并不会造成危害。有些入侵物种的危害性极大，可能引发一系列的生态问题，如：直接减少物种数量，间接减少依赖于当地物种生存的物种的数量，改变当地生态系统和景观，对火灾和虫害的控制和抵抗能力降低，土壤保持和营养改善能力降低，水分保持和水质提高能力降低，以及生物多样性保护能力降低等。

以珠江三角洲地区为例。该地区外来生物入侵较为严重，是全省入侵物种最多的地区之一。外来有害生物主要有：松材线虫病、松突圆蚧、薇甘菊、桉树枝瘿姬小蜂、刺桐姬小蜂、双钩异翅长蠹、椰心叶甲、褐纹甘蔗象、红棕象甲、蔗扁蛾、红火蚁等。危害性最大是松材线虫病、薇甘菊、桉树枝瘿姬小蜂、松突圆蚧等（表12-1）。

目前全省主要林业有害生物分布面积100多万 hm^2。据统计，2008年松材线虫病在全省8个市22个县（区），发生面积1.64万 hm^2。虽然在局部地区取得明显防治成效，但总体上仍在扩散蔓延，发生区范围在扩大，新的疫点跳跃式出现；松突圆蚧自1982年发现以来，已分布到18个市74个县级行政区域，有虫面积101.21万 hm^2，发生面积27.66万 hm^2，每年都有数千公顷受害松林枯死；湿地松粉蚧已分布18个市85个县级行政区域，分布面积28.79万 hm^2，发生面积6.61万 hm^2，严重影响松树生长。在流脂病和松褐天牛等共同危害下，国外松林死枯的现象也相当严重；萧氏松茎象是近年发现危害人工松林的蛀干害虫，初步调查全省该虫分布面积约1.45万 hm^2，松树

表12-1 珠江三角洲地区主要外来林业有害生物统计表（hm^2）

市别	松材线虫病		薇甘菊		松突圆蚧		桉树枝瘿姬小蜂		四种外来有害生物合计	
	分布面积	发生面积	分布面积	发生面积	分布面积	发生面积	分布面积	发生面积	分布面积	发生面积
合计	14038.8	14038.8	31287.7	27332.3	237371.2	15598.6	75.8	75.7	282773.5	57045.4
广州	4360.0	4360.0	6333.3	6333.3	28586.7	3146.7	16.7	16.7	39296.7	13856.7
深圳	667.5	667.5	9051.3	9051.3	820.0	–	–	–	10538.8	9718.8
珠海	–	–	734.1	418.7	1227.0	1227.0	–	–	1961.1	1645.7
佛山	–	–	128.2	123.5	13800.0	–	–	–	13928.2	123.5
惠州	8058.0	8058.0	11980.1	10173.5	106220.0	773.3	5.3	5.3	126263.5	19010.1
东莞	492.4	492.4	2746.7	1040.0	2646.7	66.7	–	–	5885.7	1599.1
中山	–	–	160.0	160.0	1000.0	1.3	–	–	1160.0	161.3
江门	–	–	153.9	32.0	13613.3	2780.0	52.7	52.7	13820.0	2864.7
肇庆	460.9	460.9	–	–	69457.5	7603.6	1.0	1.0	69919.5	8065.5

注：数据来源于广东省林业局《珠三角地区林业生态建设一体化规划（2010–2020年）》(2009年)。

被害后影响林木生长量和松脂生产，严重时可造致松树死亡；传统害虫马尾松毛虫发生面积 2.83 万 hm^2，局部地区危害严重；竹林害虫发生面积 1.56 万 hm^2，在竹子产区造成不同程度危害；阔叶树害虫发生面积 3.54 万 hm^2，对速生丰产桉树林、锥树、藜蒴等阔叶树的生长造成一定影响；有害植物薇甘菊分布 11 个市、27 个县级行政区，在珠江三角地区严重影响景观林和经济林。这些林业有害生物不但在分布区内造成严重危害，而且不断向外扩展。危害棕榈科植物的椰心叶甲、红棕象甲、褐纹甘蔗象也在部分地方发生，存在扩散蔓延的态势。此外，马尾松毛虫仍在局部地区周期性暴发成灾；松茸毒蛾、黄脊竹蝗、木麻黄星天牛、木麻黄青枯病、松梢枯病、松针褐斑病、桉树赤枯病、阔叶树虫害等在局部地方时有发生，并造成不同程度的危害。微甘菊已在珠三角地区造成较为严重的灾害，并有向全省各地蔓延的趋势；金钟藤在广州、惠州有分布，在广州市郊区和龙洞国有林场造成了较严重的灾害；飞机草已在湛江地区蔓延。这些林业有害生物已严重损害广东省造林绿化和生态环境建设成果，对林业建设的发展和森林生态安全造成不良影响。

12.2.1.2 风景资源条件影响因素

森林风景资源质量和结构是影响森林公园安全系统的另一个重要因素，包括森林公园所在地的自然地理条件、森林质量、生物物种的多样性等。

(1) 自然地理条件

自然地理条件是指森林公园的地质、地形、气候、水文、植被、动物和土壤等自然要素相互联系、相互制约、有规律地结合成的统一整体（图 12-4）。森林公园内的景区可能位于地势险峻的山地，也可能是水流湍急的江河上游；有的地方还可能发生滑坡和泥石流；还有自然现象独特、但地质结构极不稳定的火山、地震活跃区域；或者是雷电、暴雨和野生动植物带来致命威胁的热带雨林。因此，森林公园的安全系统面临诸多复杂的自然因素，这些因素是景区固有的、不可改变的，有的甚至是重要的森林风景资源，这就需要采取积极有效的游客安全管理策略和手段来预防和减少这些安全事故的发生。对于森林公园而言，自然地理条件决定了安全系统的复杂程度，自然地理条件越复杂，影响安全的因素就越多，安全控制的难度就越大。

(2) 森林质量

森林质量是指森林风景资源整体的数量、质量、地域组合特征、空间结构与分布规律、时间演化规律和形成环境，森林质量的好坏直接影响到森林生态系统的稳定性。森林公园的森林属于自然资源的范畴，是以森林资源为主体的自然资源，具有有限性。森林及其生态环境是开展森林游憩活动的物质基础，它是一个完整的生态系统，具有完整性。森林生态环境中的一个要素发生变化，会影响到整个森林公园自然生态系统的变化。对于森林公园安全系统而言，森林风景资源的质量就是森林是否保持健康的状态。这种状态就是要使森林具有较好的自我调节并保持其系统稳定性的能力，从而使其最大、最充分地持续发挥生态、社会和经济效益。换言之，森林质量越高、森林生态状况就越稳定，森林风景资源的安全性就越高。

当前，广东很多森林公园森林资源存在的主要问题是：森林群落结构简单，树种组成不合理。简单概括为“四多四少”，即：中幼林多成熟林少，纯林多混交林少，针叶林多阔叶林少，单层林多复层林少。

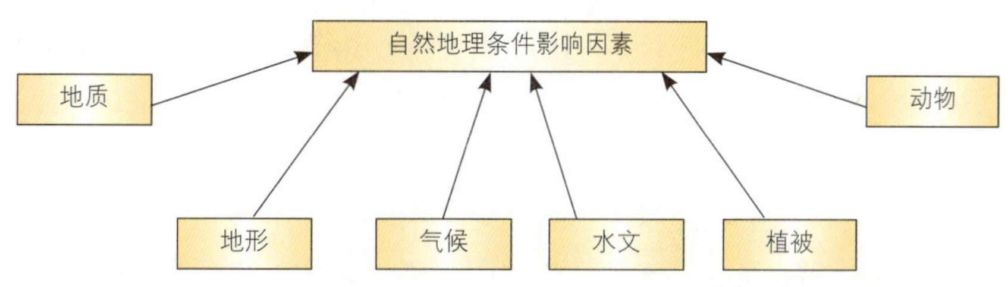

图12-4 森林公园安全系统的自然地理条件限制因素

从安全的角度来看，中幼林相对成熟林而言，自我更新能力差，抵抗自然灾害能力较弱；纯林相对混交林而言，更容易发生病虫害；针叶林相对阔叶林而言，更容易发生森林火灾；单层林相对复层林而言，森林生态功能单一，森林生态系统不稳定。

2003年国家林业局颁布的《森林资源规划设计调查主要技术规定》，从森林的起源、林层、群落结构、自然度、优势树种（组）、树种组成、平均年龄、平均树高、平均胸径、优势木平均高、郁闭/覆盖度、每公顷株数、散生木、每公顷蓄积量、枯倒木蓄积量等因子对森林质量进行反映。该规定和方法更注重于森林的木材生产能力。在《广东省森林资源二类调查与森林生态状况调查工作操作细则》中，补充了森林生态功能等级、森林自然度、森林健康度、林地土壤侵蚀类型和等级、森林景观等级、主林层森林植物群落类型、林地土壤储水量、森林植物储碳量、森林植物储能量等指标，综合地反映了森林质量及其生态状况。

（3）生物物种的多样性

生物多样性是生物及其与环境形成的生态复合体以及与此相关的各种生态过程的总和，包括三个层次：基因多样性、物种多样性和生态系统多样性。生物物种的多样性意味着生态系统的结构复杂，网络化程度高，异质性强，能量、物质和信息输入输出的渠道众多而密集，纵横交错，畅通无阻，因而流量大、流速快、生产力高。即使个别途径被破坏，系统也会因多样物种之间的相生相克、相互补偿和替代而保证能量流、物质流、信息流的正常运转，使系统结构被破坏的部分迅速得到修复，恢复系统原有的稳定态，或形成新的稳定态。生态系统的稳定性是指生态系统所具有的保持自身结构和功能相对稳定的能力，以及在受到一定的干扰后恢复到原来平衡状态的能力。它包括：① 抵抗力稳定性，表示生态系统抵抗外界干扰和维持系统的结构和功能保持原状的能力；② 恢复力稳定性，表示生态系统在受到外界干扰后恢复到原来状态的能力。对于森林公园安全系统而言，生物物种多样性越丰富，森林生态系统的稳定性越强，抵抗外部环境影响的能力就越强。但是，我们同样看到，生物多样性越丰富，野生动植物的丰富度就越大。这些可爱的动植物会给游客的旅途带来很多乐趣，但同时也会给游客带来潜在危险。例如可能发生野兽、毒蛇、毒虫伤人事件，游客误食有毒植物等。

12.2.1.3 外部环境影响因素

环境污染、核辐射、传染病等环境因素引起的疾病危害着旅游者，影响着旅游者的人身安全。如肝炎、疟疾、登革热等传染病以及长时间旅行带来的“经济舱综合症”等。森林公园所在地发生的水环境污染、大气污染以及噪声污染等都是潜在的危险因素，特别是水污染，危害性较大，会导致某些生物资源遭受毁灭性的破坏。

12.2.2 人为影响因素分析

森林公园内的人为影响因素主要是由进入森林公园的人引起的。主要包括景区犯罪，如盗窃、抢劫和人身攻击等；游客发生的各种意外事故；各种疾病和其他意外事故（图12-5）。全面掌握森林公园内游憩安全事故的类型，以便制定相应的对策。

12.2.2.1 经营管理水平影响因素

（1）当地居民的支持程度

森林公园投资者和从业者的大量进入，会对当地居民生活产生一定影响，比如可能增加就业机会，也可能因为岗位竞争造成新的失业；可能增加居民收入，也可能使居民生活水平下降。当地居民对森林公园建设的态度决定了森林公园在当地的发展及前景。如果森林公园给当地经济增长有较大帮助，居民对森林公园建设的支持率会很高，当地居民就会自觉投身于维护当地旅游安全形象、综合改善治安状况、防灾减灾等行动。否则，如果当地居民对森林公园的建设持反对态度，就会引起公园周边社会环境的恶化，有可能引发针对旅游者的各种犯罪活动增加，尤其在旅游旺季时表现更加明显。包括抢劫杀人、敲诈勒索、行窃、诈骗、色情、赌博等在内的各种犯罪活动极大地威胁到游客的生命财产安全。

（2）客流量及环境容量

客流量过大或环境容量超载是影响森林公园安全

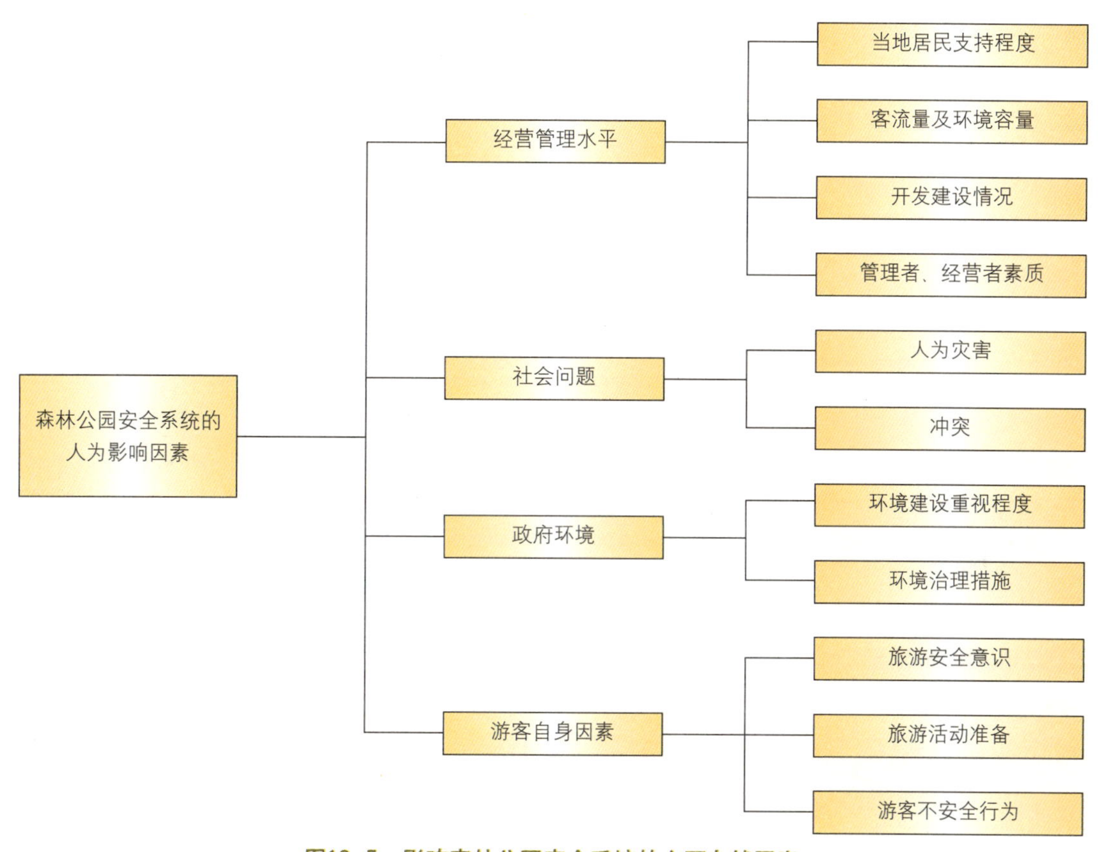

图12-5　影响森林公园安全系统的主要自然因素

系统的一个重要因素。由于一些森林公园的开发与管理存在短期效应，片面追求经济效益，轻视规划保护，忽略了对森林风景资源的保护，导致景区长期处于超载状态，生态环境和接待设施破坏严重。主要表现在：①客流量过大将会严重破坏森林公园的生态环境，影响森林风景资源的可持续发展。由于大量的游客同时进入森林公园，产生大量的生活垃圾和对自然景观造成践踏破坏，影响生态环境。②环境容量超载容易损坏旅游吸引物和森林公园的接待设施，使一些旅游吸引物受到破坏，特别是历史遗址遗迹，一旦损毁，将难以复原。另外，森林公园的接待设施如果长时间处于过度使用状态，容易受到磨损，降低对客服务的质量，同时也会带来一些安全隐患。③游客超载使森林公园难以实现安全的科学管理，限制了森林旅游产业素质的提升。景区旅游超载对景区的发展具有极大的负面影响，经常处于旅游超载状态的景区，难以进行安全的科学发展和管理。

(3) 开发建设情况

森林公园的开发建设在一定程度上对山体、水体、大气、动植物群落及其他生态环境产生影响，如果控制不当，则会引起自然灾害的发生。如建筑工程开挖引发山体滑坡、岩石崩塌；旅游设施建设中大量砍伐树木导致水土流失加剧，遇上暴雨最终形成泥石流等。这些自然灾害已成为旅游活动中的安全隐患。在部分特殊景点或地段处，如悬崖、桥梁、湍急河流边等一切可能威胁到人身安全的地方，任何防护设施的不完善或疏于管理均会诱发部分游客越过安全限定范围，使游客处于危险境地。

(4) 森林公园管理者、经营者素质

森林公园的管理者和经营者安全意识不强、安全管理工作存在漏洞等原因也会导致安全事故的发生。虽然森林公园都制定了游客安全管理的具体政策和执行办法，但在实际操作过程中仍存在诸多问题，主要表现在管理部门缺乏安全管理意识，游客安全管理体制不完善，安全防范工作不到位，运用的科技手段不够先进等，结果造成一些本可以避免的安全事故发生。

12.2.2.2 社会因素导致的安全事件

社会环境的不安全状态主要来源于社会与管理灾害。这包括战争、恐怖主义、社会动乱、犯罪活动、群体性事件、火灾、旅游设施管理差错等引起的灾难或损害。火灾和旅游设施管理失误也会带来安全事故。近年来，重特大火灾不断出现。2000 年 12 月 25 日洛阳一家歌舞厅发生大火，309 人同时葬身火海。至于因各种旅游交通工具引发的交通事故、游乐设施等造成的安全事故更是时有发生，不胜枚举。

12.2.2.3 所在地政府的环境因素

森林公园旅游活动与当地生态环境之间有着密不可分的关系。区域性生态破坏和环境污染，既破坏了森林公园赖以存在和发展的自然资源基础，也降低了旅游质量。所在地政府对环境保护的重视程度主要包括：① 对区域环境保护的投入力度；② 对森林公园周边发展工业等产业的限制；③ 对森林公园周边环境的治理力度；④ 对森林公园基础设施建设的投入力度。所在地政府对森林公园环境保护的重视程度越高，森林公园受到外部环境恶化威胁的可能性就越小。

12.2.2.4 游客自身影响因素

(1) 游客在旅游过程中容易放松安全防范

城市森林公园的游客活动以观光、休闲为主。游客一般都怀着轻松的心情，希望得到愉悦的旅游体验。他们离开原来熟悉的自然与人文环境，心理上会摆脱种种束缚，对原本很注意的隐患放松警惕。这就产生了旅游本质与旅游安全的悖论：一方面，旅游的流动性、异地性、暂时性使旅游者在旅游活动中置于一种完全陌生的环境中，从而产生不安全感，对安全的需求必然上升；另一方面，旅游本质决定旅游者的目的是追求精神愉悦与放松，致使旅游者容易放松安全防范，在原本不该发生事故的环节出现问题，导致安全问题增加。

(2) 游客在进行旅游活动前准备不足、盲目乐观

有的游客甚至缺乏足够的体能锻炼和基本的野外探险常识就进行徒步穿越、野外露营等探险活动；同时，部分游客刻意追求高风险旅游活动，如极限运动、峡谷漂流、探险旅游等在内的一批惊、险、奇、特旅游项目。这类高风险活动对游客和旅游经营者均有极高的要求，游客自身失误或任何一丝管理疏忽即可导致人身伤亡事故的发生。近年来此类事故发生较为频繁，如 1994 年 10 月 2 日，广东从化市天湖公园铁索桥因游客严重超载使其铁索链断裂，致使 38 名游客落水身亡；2000 年 8 月 26 日浙江天目溪漂流事故导致一人死亡；同年 10 月 5 日，江西三爪仑森林公园漂流事故造成一名大学生游客溺水身亡。

(3) 游客无意识进行的一些不安全行为

游客缺乏足够的安全意识或者一些不安全的行为也容易导致安全事故的发生。如游客随意扔弃烟头、干旱季节里的野炊、野外烧烤等行为引发山林大火；误入泥泞沼泽地、有瘴气的山谷或大型食肉动物、毒蛇及部分猛禽经常出没地方而意外身亡；误食有毒的植物果实而导致意外发生。

12.2.3 森林公园安全事故（事件）的特点

(1) 形式多样性

森林公园的游憩活动由于其综合性较高，自主性强，活动形式多样，因此其安全问题的表现形式也较为复杂、多样。特别是户外游憩活动，发生安全事故的几率较高。在城市森林公园内，常见的户外游憩活动主要有徒步穿越、登山、攀岩、岩降、横渡、溯溪、攀瀑、溪降、漂流、越野活动、山地公路自行车、滑翔、洞穴探险、滑草、定位与定向、丛林探险、丛林宿营等类型，受到自然地理条件的限制，这些户外活动更容易发生迷失、外部创伤、机械事故、崩塌、滑坠、山洪、泥石流等安全事故，安全事故的形式多样，给防控带来一定困难。

(2) 危害性较大

由于森林公园森林风景资源多样、自然地理条件复杂、救援条件有限等因素，一旦发生安全事件，很容易造成严重的后果。例如，在游客人身安全保护方面，由于游憩设施的安全性不强、游览道路设计不合理、救护设施配置不足等因素都可能会威胁到游客的人身安全；在森林风景资源保护方面，由于森林火灾、

森林病虫害、人为破坏、设施建设等因素都可能会导致森林风景资源受到破坏，造成某种景观资源的消失或者某个物种的灭绝，特别是森林火灾，危害性最大，会使森林风景资源遭受毁灭性的破坏。

（3）防控困难性

由于城市森林公园自然地理条件复杂、活动内容丰富以及森林旅游的自主性与随意性，其活动一般不依靠旅行社组织安排，很多活动超出了有组织接待的安全保障范围，这使得森林公园管理部门很难采取有针对性的管理办法和措施进行安全保障，在旅游安全问题的防控上存在着很大的困难。

（4）救援滞后性

森林公园户外活动的地点大多较为偏僻，比如说人迹罕至的原始森林、沙漠、海滨、湖滨等，在这些区域一旦发生旅游安全事故则需要借助精确的卫星导航定位与先进的GIS技术，而我国目前在这方面的应用发展相对薄弱，因此一旦发生安全事故，往往无法及时进行施救，旅游救援表现出较强的滞后性。

12.3 资源安全系统工程

12.3.1 森林消防工程

森林消防工程是防止森林公园发生重大森林火灾或将森林火灾危害减少到最小所采取的设施。特别是那些处于开发初级的森林公园，森林火灾的预防显得尤为重要，在建设过程中，如没有配备专用的机动车道和消防队伍，一旦发生火灾，消防人员无法对本区进行消防工作，森林防火工作处于被动状态。为了保证森林资源安全和游客游憩安全，必须将消防工程作为重点工程进行建设。森林公园必须贯彻“预防为主”的方针，从消防设施、消防通信、消防通道、消防队伍、消防扑救和消防管理等各个层次各个方面入手，建立一套完善的消防工程体系，才能保护森林资源和保证游客的游憩安全。

（1）消防设施系统设计

由于森林公园地处丘陵山地地貌，山上没有车行道，给消防带来很多困难。为了保证在发生森林火灾时游客的生命安全，在森林公园修建专用的消防通道，并设立管理站卡。消防通道为单车道行驶，完善消防给水系统，沿消防通道两侧修建一定数量的消防蓄水池，用收集自然降水和定期充水的办法保证消防供水，并设立明显的标志，保证消防工作人员能够快捷取水。在地势稍微平缓的地区，将布置一定规模的消防栓，建设不小于5m的消防通道以保证消防车可以驶近取水，建设投资可纳入城区消防系统建设之中。有条件的森林公园可以修建直升机停机坪和专用停车场，为森林消防和游客救援提供方便。充分利用公园内的基础设施、服务管理设施，如各景区的主入口及次入口的停车场和广场，作为发生火灾时游客临时避难的紧急庇护场所，并配备一定数量的扑救设备。

（2）消防通信系统设计

一般的森林公园的消防通讯设备缺乏，不能满足一旦发现火头、迅速通知消防队的要求，森林公园引进先进的呼救和求救系统，与通信工程结合起来，保证一旦发现火灾就能第一时间和森林防火指挥中心取得联系，同时，对被困在山上的人员进行及时的救助。森林消防通讯设施还包括：山顶瞭望站、无线对讲机、移动电话、火警专线（与城区消防局联网），同时建立火警通讯设备和器材的保养制度，保持其完好，确保通讯畅通，提高这些装备的使用效率，发挥其最大的作用。

（3）消防队伍系统设计

现在的森林公园消防主要依赖于当地消防部门和农林部门，没有专职的消防队伍，没有专业的消防设备。为了改善这一状况，必须将当地消防专业队伍纳入到森林公园的消防体系中来，加强联系和沟通，进行专业的训练和演习。同时，将森林公园内的从业人员作为兼职消防人员，定期进行森林灭火与建筑灭火等专业技术的培训，配备爬坡性能较好的轻型水罐消防车，引进重要的救生和灭火设备。有条件的森林公园可成立专职消防队伍，使之成为重要的消防力量。要做到消防器材登记造册，专人管理，定期检查，消防车辆应及时维修保养，专车专用，做到不因长期无火灾而麻痹松懈，随时保持警戒状态，一旦发生火灾，能及时出动，扑灭火险。

(4) 消防扑救系统设计

景区内发生火灾时，应尽快组织各种消防力量参与灭火。景区内的灭火除了由护林消防队外，应充分利用各城区的现状及消防站。景区发生火灾后，城市内的消防队伍可直接经各城区方向的主入口及次入口上山救火，但仅限于发生大火的情况，小火必须依靠景区的消防队，在消防车不能靠近的地方发生森林大火，必须依靠广大人民群众、武警战士和消防员共同将火患扑灭。

(5) 消防管理系统设计

① 游览景区的防火管理。森林公园各景区实行消防分区，将现状植被茂密、游览景点稀少、游客罕至的地区划定为严格的森林防火保护区；而目前景点丰富、旅游设施较完善的规划景点建设用地则划定为游览防火区。森林防火保护区应严格控制游览人数，严禁烟火；游览防火区应重点加强防火、灭火设施建设，加强游客的安全用火宣传和管理。在森林防火期内，禁止在林区野外用火；在林区设置防火设施；发生森林火灾，必须立即组织当地军民和有关部门扑救。

② 景点服务设施的防火管理。森林公园景区内规划的餐饮服务设施，必须加强森林防火隔离带的建设及上岗人员的防火培训，同时加强防火监督和管理；有火种的服务设施应加强火种管理，清除隐患；景区内服务设施必须建立安全用电制度，保证用电安全，避免因违章用电引起的火灾，加强宣传教育，提高游客的防火意识，另须制定林木防火管理办法，重点部位禁烟禁火的标志应醒目，并有专人监督管理；严惩随地丢弃烟头以及在指定地点外烧烤、焚香、生火的行为。

③ 公园周边地区的防火管理。建设公园与周边地区的隔离带，加强对周边居民、工厂相关人员的消防教育，联合政府消防部门定期进行生产设备与工作环境的消防安全检查，不符合消防规范的应坚决予以关闭，以避免因这些厂房的火灾引发公园的森林火灾。

12.3.2 森林生物防火林带工程

森林防火系指森林、林木和林地火灾的预防及扑救。火灾是森林的最大危害。目前，在广东森林乔木林分优势树种结构中，以马尾松、杉木、湿地松、桉树、相思等为主，森林树种结构中存在纯林多混交林少、针叶林多阔叶林少的情况。在全省城市森林公园中，树种结构比较单一，纯林特别是针叶纯林面积比重大，而阔叶树林和针阔混交林的比重较小，既不利于森林的防火工作，也不利于森林生态系统的稳定。随着城市森林公园的建设，人们在公园内的活动会愈来愈频繁，给森林公园带来的火灾隐患越来越大，这无形中加大了森林防火的压力。

(1) 设计思路

根据城市森林公园工程综合集成设计总的思路，科学营造防火林带是森林生物防火的一项战略措施。建设绿色防火屏障，不仅可以有效阻隔森林火灾蔓延，切断引发火源；而且可以改善林分结构，防止和减少森林病虫害；同时还能提高森林景观等级。因此，森林公园建设中要科学地做好森林生物防火工程建设，它对于预防森林火灾、保护森林资源、提高森林经营水平、建设比较完备的林业生态体系有着重要的意义。

(2) 生物防火林带设计原则

城市森林公园防火林带建设有两个重点。一是结合森林景观建设选择山脊线配置生物防火林带，阻止火灾的蔓延（图 12-6）；二是控制火源，选择山脚田边林缘地带营造生物防火林带，力求防火功能与生态景观相结合（图 12-7）。

开展森林生物防火设计时，首先要以森林公园为单位，对防火林带现状进行全面普查，摸清现有林带防火树种分布以及河流、公路等天然防火阻隔系统情况，并根据总体规划和具体实施方案，突出重点，优先营造。列入重点的主要是：县、乡、村行政区界和国有林场经营区分界线；能起关键阻火作用的主山脊；重点火险部位、山脚田边、宅旁、路旁和村旁人为活动频繁的火险地带；其他则采取填平补齐，分步推进，完善配套的方法，使防火林带与自然隔离带逐渐形成科学的防火阻隔网络系统，发挥最大作用，减少火灾损失，保护森林资源。

(3) 设计内容

森林生物防火设计主要内容主要包括管理措施和

图12–6 山脊防火林带图

12–7 山脚宅旁、村旁防火林带

工程技术措施。

① 管理措施主要有：群众性宣传教育、建立群众性的防火组织和制度等。

② 工程技术措施主要有：设置防火线、防火林带、火情瞭望台，配备防火工具、器材器械，修筑防火道路、建立防火物资储备仓库，推行防火预测预报等（图12-8 至图 12-12）。

火情瞭望台的设置，必须通视良好，视野宽阔，控制范围广。设置位置、结构形式和高度，均应顺应自然地形条件和需要确定。

在有火险的地段，应设防火隔离带（防火线）。隔离带宽度一般为 20 ～ 30m。最低宽度不应小于一倍半树高。

对现有林的防火林带设置，其天然林采用人工促进天然更新方法，促其成为防火林带。人工林在主山脊、林缘采伐针叶林，重新营造标准的防火林带。

在林缘的山脚田边种植果茶林带，不宜营造林带的地块，实行开设生土带与之形成闭合圈，有效切断引发火源。

防火林带的结构：防火林带的垂直结构可分为单层结构、复层结构或矮林结构。林带的垂直结构影响到阻火功能。乔木防火林带可以阻止树冠火（结合清理林带下的枯枝落叶措施也可阻止地表火），灌木和草本植物防火带仅能阻止地表火的蔓延。复层结构的防火林带具有乔木和灌木防火林带的双重特点，可以阻止树冠火和地表火的蔓延。

林带的水平结构指林带树种在平面空间的配置方式。水平配置有 3 种类型：① 方形配置常用于单层结构林带；② 二角形配置，常用于不同树种混交的防火林带，以形成紧密型树冠结构；③ 混合型，既有方形，也有二角形配置。

（4）防火树种的选择

植物的燃烧性和抗火性存在着各因素之间不同层次和错综复杂的因果关系。所谓燃烧性泛指燃烧的难易程度和燃烧速度。根据燃烧理论，植物的燃烧性受树种理化性质、生物学和生态学特性以及火环境等因素的综合影响。防火树种要求具有抗火性和耐火性，并要求具有一定的生物学特性和造林学特性。抗火性是指不易燃烧和阻止林火蔓延的能力。植物的抗火性由燃烧性和生物学特性等因素决定，抗火性强的树种多为常绿阔叶树种，具有枝叶含水率高，含油量少，不含挥发油，一氧化硅和粗灰分物质较多，树叶多，叶大、厚，树枝粗壮，燃烧热值低，燃点高，自然整枝力弱，枯枝叶易脱落，树形紧凑等特点。树种的耐火性是指树木遭火烧后的再生能力，主要指其萌芽能力。能在树蘖处产生萌芽和由根部产生萌条（根蘖）的树种具有较强的耐火力，耐火树种还具有树皮厚、芽具有保护组织的特点。植物生物学特性影响到植物的燃烧性、抗火性和耐火性。植物的生态学特性指对立地条件的反应和适应能力，因此，应根据立地条件选择适应性较强的作为防火树种。

防火树种的选择条件为：① 常绿；② 生长快；

图12-8 森林消防车

图12-9 森林防火物资仓库

图12-10 森林防火队伍

③ 栽培容易；④ 环境适应性强；⑤ 树冠浓密连续；⑥ 枯落物易于分解；⑦ 枝下高低；⑧ 抗火性强（根深、皮厚、含水率高）；⑨ 抗病虫害能力强。

目前，广东地区主要防火树种有：荷木（*Schirna superba*）、银木荷（*S. argentea*）、红荷（*S. wallichii*）、火力楠（*Michelia macclurei*）、深山含笑（*M. maudiae*）、台湾相思（*Acacia confusa*）、马占相思（*A. mangium*）、大叶相思（*A. auriculiformis*）、米老排（*Mytilaria laosensis*）、珊瑚树（*Viburnum odoratissimum*）、桤木（*Alnus cremastogyne*）、高山

图12-11 森林防火器械

图12-12 森林防火设施

栲（*Castanopsis delavayi*）、杨梅（*Myrica rubra*）、山杨梅（*M. rubra*）、山桐子（*Idesia polycarpa*）、青冈栎（*Castanpsis glauca*）、苦槠（*Castanopsis sclerophylla*）、柑橘（*Citrus nobillis*）、女贞（*Ligustrum lucidum*）、乌墨（*Syzygium cumini*）、竹柏（*Podocarpus nagi*）、格氏栲（*Castanopsis kawadamii*）以及茶树（*Camellia sinensis*）、油茶（*C. oleifera*）、柃木（*Eurya japonica*）、冬青（*Ilex chinensis*）等乔灌木（图12-13至图12-15）。

图12-13 红荷防火林带幼林

图12-14 米老排防火林带幼林

图12-15 荷木防火林带

12.3.3 森林病虫害防治工程

12.3.3.1 森林病虫害防治工程建设

对森林病虫害防治应贯彻“预防为主，综合防治”的方针，采取有效措施把森林病虫害消灭在萌芽状态。适时开展卫生采伐，对容易产生病虫害的枯立木、病腐木进行处理，防治病虫害感染蔓延，重点应加强区域性常见森林病虫害的防治工作。城市森林公园内应设置多处森林病虫害监测点，配备必要的监测设备。

加强对外来入侵物种识别、防治技术、风险评估技术、风险管理措施的培训，提高对外来入侵物种的防范意识；开展公园内外来入侵物种调查，查明外来物种的种类、数量、分布，并纳入有效的监测系统之中；分析外来物种对公园森林生态系统和物种的影响，建立对生态系统、生境或物种构成威胁的外来物种风险评价指标体系、风险评价方法和风险管理程序；建立城市森林公园相关规章制度，对无意或有意引进外来入侵物种的情况进行防范和管理。

（1）充分利用区域综合防控指挥中心进行监测

全省目前已经建成或正在建设的区域性综合防控指挥中心，是全省综合防控体系的基础和核心，是指挥和协调防控工作的场所。城市森林公园的森林病虫害防治应及时将收集的监测数据、检疫结果，与相关主管部门及时沟通，根据病虫害或突发疫情及时制定防控方案、指挥防治工作。

（2）检疫检验和除害处理系统建设

本系统一方面是防止有害生物传入区内，另一方面是防止区内有害生物向外传播。要控制林业有害生物的传入和传出，着重抓好调入调出的苗木和木材的检疫。从目前全省及周边省份林业有害生物发生情况来看，一些有害生物种类能够对森林资源造成非常严重的危害，如松材线虫病、松突圆蚧、萧氏松茎象等，一旦传入重大防控区将会对区内的森林资源构成严重威胁。为防止这些危险性有害生物传入，建立健全林业有害生物检疫御灾体系是十分必要的。

①建立危险性林业有害生物档案。收集森林公园内以及周边地区实际发生的林业有害生物种类，对照本项目区域内的林分资料和名木古树资源信息，确定需重点防范的林业有害生物名单，继而建立由重点林业有害生物的实物标本、生物学信息、现分布地、传播扩散方式等信息构成的有害生物档案，并据此制定相应的应急防控预案。

②建立林业有害生物检验检疫实验室。有条件和森林公园应针对确定的重点林业有害生物种类，配备相应的检验检疫设备，如松材线虫病的检疫就应配备线虫分离设备、显微镜、培养箱、基础实验设施等，建立完善林业有害生物检验检疫实验室。负责对林业有害生物样本进行检疫鉴定，及时向区域防控指挥监控中心通报鉴定结果。

③进一步健全现场检疫网络。以现有的林业检疫网络为基础，在花卉种苗集散地和木材及其制品集散地增设检查点，以便及时掌握进入项目区域范围的花卉种苗、木材及相关制品等信息，及时进行取样；同时增加复检密度，配备和更新现场检疫设备，如检疫工具箱、病虫害快速检测设备、手提电脑、数码相机等；加强检疫执法力度，对进入森林公园内的所有活体植物、木材及相关制品进行取样检疫，严防有害生物进入景区。

(3) 综合治理和应急处治系统建设

林业有害生物综合治理和应急处治系统主要有两方面作用。首先是对目前现有的主要林业有害生物进行综合治理，全部采用无公害防治，减轻危害，保护林木资源；其次是当出现危险性大的新疫情尤其是外来有害生物出现时应马上启动应急预案，采取各种措施进行杀灭和封锁，配备车载式布撒器、便携式布撒器、多功能背负式机动植保机、机动喷烟雾机、车载喷药设备、喷药车等设备，确保防治工作的全面和有效。

(4) 充分利用远程诊断系统进行森林病虫害的防控

全省林业主管部门已经建立起有害生物远程鉴定平台，可以将森林公园内采集的有害生物种类有关数据，通过视频系统、视像系统进行远距离数据图像传输，进行远程诊断。通过网络通信技术和计算机多媒体技术实现区域森防检疫站与专家直接远程视频对话，实时提供远程咨询和鉴定，提高对有害生物发现、识别的速度，为及时采取防治措施提供决策。

主要设备配备应该有：视频系统、视像系统、智能中央控制系统、数字显微镜、数字解剖镜和视频终端、集线器、图形工作站、视频采集卡和分析系统、台式电脑、交换机、UPS 电源、除湿机、摄像头、专家系统（WEBGIS 子系统、病虫害诊断子系统、数据库子系统、专家知识整理与加工）、液晶电视机等。

12.3.4 生物多样性保护工程

生物多样性是指所有的动植物和微生物及其所构成的生态系统，以及物种所在的生态系统中的生态过程，包括物种多样性、景观多样性和生态系统多样性。森林生物多样性是自然界赐予人类的财富，是森林公园内的主体生物资源。通过采取森林生态保育、森林生态恢复的技术措施，使现有的次生林植被群落及野生动物栖息的场所得到保护，增加物种的多样性、景观多样性和生态系统的多样性。

生物多样性保护坚持“保护为主，适当利用”、“局部利益服从整体利益，长短利益相结合”、“生物多样性资源的可持续利用”的原则。具体内容包括通过评价物种的濒危状况，确定物种的保护级别，制定合理的措施，保护种群、群落和生境来保护物种多样性；通过对原始风貌的保护、培育和改善森林景观等的技术手段来保护景观多样性；通过改善森林生态质量，防止外来种的入侵和疾病的扩散，防止过度开发利用和野生动物栖息地的消失，维护生态系统多样性，最终达到实现城市森林公园可持续发展的目的。

(1) 科普宣传设施设计

科普教育是森林公园的一项重要功能。由于森林公园具有完整的森林生态系统，栖息着各种动植物和微生物，保存着各个历史时期形成和遗留下来的地质遗迹、自然现象，人们通过游憩活动与大自然接触，亲身体验和观察，直接在森林大自然中找到教材与答案，比任何一种学习方式更生动、更持久、更有效。中小学生可以通过自然科普夏令营、假日野营等活动，认识、理解食物链、生态系统的演替、野生动物的习性、生存条件和空间以及一些自然现象与过程。游客也可通过导游、牌示、文字材料、游客中心、宣传手册等解说服务，获取生物学、地学、天象、水文、生态等自然知识。在森林游客中心增加生物保护宣传的内容，通过观看科教片、参观科普展廊，举办与动植物保护有关的各种活动，培养游客热爱自然的自觉性，进行潜意识的生态文明教育。

（2）设立特殊地段，进行重点保护。

加强对森林公园野生动植物的科学研究工作，投入专项资金进行摸底科学考察，建立基因库，并对濒危物种进行就地保护。在桫椤分布的主要沟谷两侧的区域进行划圈保护，规划期内，禁止游客进入，待时机成熟时，在采取必要的保护措施的前提下，逐步对游客进行限制性的开放；在土沉香主要分布的区域进行划圈保护，杜绝游客刮树皮、采集枝条等行为；游览步道两侧设立护栏等防护措施，禁止游客进入到生态环境脆弱的地段；对珍稀植物和古树名木进行挂牌解说，对容易遭到破坏的植物，修建防护设施。

（3）加强森林资源保护

森林风景资源是森林公园的生命线。作为森林公园，确保生态安全必须提高森林质量。在保持好现有植被的基础上，采用营林技术，调整林分树种结构，改善森林生态环境，提高森林的美学观赏价值。

森林景观改造遵循以下原则：以保持现有植被的自然状态为基础，采用人工促进天然更新为主，人工补植为辅的方法，采取补植、套种等措施；以完好的天然次生阔叶林为模式，采取针叶—针阔—阔叶林的人工更新和人工促进天然更新的技术路线；树种的选择以乡土树种为主，乔、灌、草相结合，最后达到多树种、多层次的目标。

对常绿季风阔叶林采取以封山育林为主的措施，尽可能减少人为因素对群落自然演替的负面影响，促进群落的正向演替；对果林（坡度25º以上）、针叶林和针阔混交林，间伐现有林中不稳定林木，适当增加乡土阔叶林树种，增加森林群落的多样性，通过人为干扰，加快森林群落从针叶林到针阔混交林到常绿阔叶林的正向演替速度，形成与自然生长状况和演替规律和谐的顶级群落；对游览步道两旁的景观进行抚育改造，增加林中空地、疏林景观和低矮灌木，形成不同类型的自然景观，促进森林景观多样性。

（4）防止建设性破坏森林风景资源

对公园内的保护植物应设置保护标示牌，对珍稀植物应根据各自特点，分类分级制定保护措施；在公园内进行标本收集等科普学习活动，必须经过管理机构许可，并在指定地段内限量进行；引入外地植物必须经过严格的论证和检验检疫，以防携带病虫害和干扰乡土植物生长；对于古树名木、数量不多或逐渐减少的珍贵植物，应根据各自特点，确定适宜的恢复和发展措施；城市森林公园工程建设，不得干扰破坏和影响自然植被的生长、繁衍环境，在天然次生林中，严禁大面积毁林开路，兴建旅游景点和设施，同时，加强巡山护林工作，防止砍伐、破坏森林，捕猎野生动物的行为。

（5）野生动物资源保护工程

野生动物资源的保护应该贯彻“加强保护、异地救治、合理开发利用”的方针。针对城市森林公园建设的具体情况适度开发关于野生动物方面的游憩活动。

对公园内的野生动物实行全面保护，严禁乱捕滥猎和进行其他妨碍野生动物生息繁衍的活动；对野生动物繁殖地、栖息地实行专门保护，埋设界桩，设立警示牌；对影响野生动物活动的道路，应开设动物通道，而且道路网设计不能过密；引进野生动物必须谨慎，须经过专门认证，以不影响本区域野生动物的正常活动为准；在公园开发建设中，应加强监测环境对野生动物的影响，加强野生动物救护站和救护中心建设，便于对需要救护的野生动物开展及时、高效圈养和救治工作。

12.4 设施安全系统工程

森林公园旅游设施是指为旅游活动提供直接或间

接服务的所有功能设施，包括旅游基础设施与旅游服务设施两部分。基础设施是指森林公园提供间接服务的公共基础设施，包括交通与道路、给排水、供电、邮电通讯等。旅游服务设施是指专门或直接为旅游业提供服务的设施，包括旅游交通、旅行社、宾馆饭店、餐饮服务、旅游购物、旅游信息服务等。

12.4.1 建筑设施的安全设计

12.4.1.1 山地建筑的选址

山地建筑的选址应避开地质灾害（地震、崩塌、滑坡、泥石流、水土流失、地面塌陷和沉降、地裂缝、土地沙漠化、煤岩和瓦斯突出、火山活动等）多发区。在空间形态、建筑布局设计上尽量减少安全隐患。山地建筑的空间形态组织与地形的特征紧密联系，随地形变化形成了丰富的表现形式：线网联系型、踏步主轴型、空间主从型、层台组合型、空间序轴型和空间穿插型。布局应依山而建，减少对建筑稳定性的破坏。

城市森林公园地质灾害主要为滑坡、崩塌与泥石流，它们的关系十分密切。易发生滑坡、崩塌的区域也易发生泥石流。崩塌和滑坡的物质经常是泥石流的重要固体物质来源。滑坡、崩塌还常常在运动过程中，只要有水源条件既可生成泥石流。即泥石流是滑坡和崩塌的次生灾害。建筑或构筑物的基础建在这些易发的土段上，是十分不安全的。

山地建筑位于山地环境中，其布局方式对山地景观具有重要的意义。“小、散、隐”的布局方式是建筑融于环境中的有效方法；而在一定条件下，面对大规模的山地建设，集中式布局的山地建筑在使用、经济、技术、生态方面都具有明显优点，采用合理的建筑布局以及结构形式使之与自然环境协调，以获得美好的山地景观，如共构手法等。同时，也有利于山地建筑的抗震。

12.4.1.2 建筑的防震设计

抗震设计的目的是减少地震造成的伤亡和财产损失，同时使地震发生时诸如消防、救护等不可缺少的活动得以维持和进行。我国规定地震基本烈度为6°或6°以上的地区为抗震设防区，低于6°的地区称为非抗震设防区。广东地区基本为抗震设防区，所以在广东城市森林公园服务设施设计中，应充分考虑建筑的抗震要求。

（1）抗震规划设计基本原则

① 选择服务设施项目用地时应考虑对抗震有利的场地和地基。

② 规划布局时应考虑避免地震时发生次生灾害。

③ 在单体建筑方面应选择技术上、经济上合理的抗震结构方案。

（2）抗震规划设计的措施

① 在进行城市森林公园规划布局时，注意设置广场、安全的绿地、道路等空旷地，可作为震灾发生时的临时救护场地和灾民的暂时栖身之所。

② 规划的路网应有便利的、自由出入的道路，城市森林公园人群众多的场所内至少应有两个对外联系通道。

③ 供水水源应有一个以上的备用水源，供水管道尽量与排水管道远离，以防在两种管道同时被震坏时饮用水被污染。

④ 多地震地区不宜发展燃气管道网和区域性高压蒸汽供热，少用和不用高架能源线，尤其绝对不能在高压输电线路下面搞建筑。

12.4.2 道路设施的安全设计

森林公园道路设计应符合现行道路相关规范的要求，设计应遵循安全、适用、经济和美观的要求。道路安全设计就是使道路能满足车辆行驶安全要求，使游客感到舒适。道路安全设计包括技术安全和生态安全对策两个层面。技术安全是指道路的结构安全和路线设计指标的安全；生态安全对策是指在道路建设过程中，在对地形地貌不可避免地破坏情况下，采取必要的技术措施，对道路沿线两侧进行生态修复，以不破坏森林公园生态系统目的。道路技术安全设计应符合以下标准、规范要求。

（1）设计依据

①《公路工程结构可靠度设计统一标准》（GB/T 50283-1999）；

②《公路隧道交通工程设计规范》(JTG/T D71—2004)；

③《道路交通标志和标线》(GB5768-1999)；

④《高速公路交通安全设施设计及施工技术规范》(JTJ 074-94)；

⑤《广东省二、三、四级公路交通安全设施设计暂行规定》(广东省交通厅粤交基 [2003]1893 号)。

(2) 道路安全设计原则和要求

森林公园园区道安全设计应遵循以下原则：

① 以人为本，安全第一的原则。森林公园道路包括车行道、自行车道、人行道等，道路承载着游人与环境亲密接触的作用。道路设计的安全性应是首要因素，森林公园道路尽量使人车分流，使游客感到舒适，道路设计必须满足行业规范的要求。

② 森林生态系统安全的原则。园区道路生态系统安全包括两方面：一是指园区道路两侧一定范围内，人流及交通量等人类活动不超过公园的承载力，保证生态系统结构的完整，尽量减少生态系统功能损失。二是道路建设必然会破坏地形地貌，给森林公园的环境带来一定的影响，必须对森林公园的生态状况进行调查，使森林景观与生态受到的破坏最小，因此要求道路选线进行多方案比较时，必须考虑生态系统的安全因素。

③ 建设经济效益原则。道路安全设计必须讲究经济效益，怎样才能使道路既满足公园的交通功能需要，又要保证道路的安全性，而且道路造价最经济，要求道路设计要找到三者的相交平衡点作为最佳道路设计。

(3) 道路工程的结构安全设计依据

公路工程结构可靠度：结构在规定的时间内，在规定的条件下，完成预定功能的概率称为结构可靠度。公路工程结构必须符合下列功能要求：① 在正常施工和正常使用时，能承受可能出现的各种作用；② 在正常使用时，具有良好的工作性能；③ 在正常维护下，具有足够的耐久性能；④ 在预计的偶然事件发生时及发生后，仍能保持必需的整体稳定性。

公路工程结构的设计基准期 T：桥梁结构 100 年；水泥混凝土路面结构不大于 30 年，沥青混凝土路面结构不大于 15 年。

公路工程结构的设计安全等级，应根据结构破坏可能产生的后果的严重程度划分为三个等级，见表 12-2。

森林公园道路一般为三、四级公路，路面结构与桥涵结构均采用二级公路标准，因此，园区公路工程结构的设计安全等级宜为三级。

(4) 道路技术安全设计内容

道路安全设计的主要要素为平曲线半径、最大纵坡、停车视距、最小坡长、竖曲线半径和长度等，见表 12-3。此外道路安全设计还必须要考虑：平曲线与竖曲线的组合、交叉路口密度、沿线交通工程设施、交通工程设施与道路线形设计的适配性、道路防护设施、道路照明条件、生物通道等。

① 道路平面安全设计。在平面线形设计中，直线是最常用的线形，其优点是勘测、设计简单，方向明确，距离短捷。但长直线拘谨、呆板，简单乏味，驾驶人员易产生厌倦、疲劳，降低集中力，不利于行车安全。一般直线最大长度为 20 (V+ΔV)，其中 V 为设计行车速度，ΔV 为通常在直线段的实际行驶速度与设计行车速度的差值，森林公园道路设计行车速度为 20 ～ 40 km/h。在实际设计中，要充分利用地形，宜直则直，宜曲则曲。曲线线形要适合地形的变化，并能圆滑的将前后线形连接以保持线形的连续性。在

表12–2　公路工程结构的设计安全等级

安全等级	路面结构	桥涵结构
一	高速公路路面	特大桥、重要大桥
二	一级公路路面	大桥、中桥、重要小桥
三	二级公路路面	小桥、涵洞

表12-3 园区道路安全设计技术指标表

公路等级		三、四级公路			
设计速度（km/h）		40	30	20	
车道数		2	2	2 或 1	
行车道宽度（m）		3	3.25	3	3.5
路基宽度（m）	一般值	8	7.5	6.5	4.5
	最小值			双车道	单车道
最小半径（m）	一般值	100	65	30	
	极限值	60	30	15	
停车视距（m）		40	30	20	
最大纵坡（%）		7	8	9	
最小坡长（m）		120	100	60	
不设超高最小半径	路拱≤2%	600	350	150	
	路拱>2%	800	450	200	
凸竖曲线半径（m）	一般值	700	400	200	
	极限值	450	250	100	
凹竖曲线半径（m）	一般值	700	400	200	
	极限值	450	250	100	
竖曲线最小长度（m）		35	25	20	

路线曲率变化处应加入缓和曲线，驾驶员容易感到线形连续，视线平顺，并能缓和人体对离心力变化的不适，易于驾驶员操作。在平曲线的组合中，除特殊情况，尽量避免或少采用反向曲线、断背曲线和复曲线。圆曲线的曲率半径尽可能大些，不宜突然采用小半径曲线；一般避免采用极限最小半径。同向曲线间应设有足够长度的直线，不得以短直线相连。

在较小半径弯道上，应该设置超高，超高不能太小，也不能太大，应该根据弯道半径以及道路等级、所在地区的寒冷积雪程度、地形状况等综合考虑。超高、加宽不足往往是引发交通事故的直接原因。曲线转角对公路交通安全也有影响。小偏角（＜7°）曲线容易导致驾驶员产生急弯错觉，不利于行车安全。因此，在公路设计中合理确定路线转角十分重要。

② 道路纵断面安全设计。道路的纵断面线形不仅决定着视距，而且决定着汽车动力性能的发挥。多数长、大纵坡都是事故易发路段。长、大纵坡对载重汽车、功率小的汽车、超载汽车行驶有影响，上坡会使车速减慢，妨碍后续的快速车辆，使超车需求增多，同时也会影响其他动力性能较好的车辆，由于无法忍受低速，动力性能较好的车辆往往会在视距、道路、通行条件不允许的路段强超硬会，增加下行车的制动次数，使安全性降低。而连续下坡会使刹车过热，制动效能减弱，更易发生交通事故。调查表明：有很多事故是由于车辆在超车视距不足的长、大纵坡上临时停放，加水、凉闸、故障修理或等待救援，被下坡车辆追尾所致；另外下坡路段的事故原因分析表明，超过半数的肇事车辆是由于不能充分估计到长、大纵坡的坡度与长度，连续制动导致制动失效引起的。园区道路设计中应该注意纵坡坡度尽量不采取极限值，在不得已采取了极限值时，应该设置警告标志和坡长、坡度的预告标志，让司机提前降低车速，低挡位行驶，控制好车速，防止制动器失灵。同时加宽路肩和紧急停车带，在路侧设置摩擦系数很大的减速条来缓解制动器，在路侧设置安全碰撞措施或者是靠崖停车区域，在长、大纵坡下坡段设置避险车道（反坡）等，防止失控的

车辆造成更大的事故。

③ 道路平纵组合安全设计。行车安全性的大小与不同线形之间的组合是否协调有密切的关系，不良的线形组合往往是导致交通事故发生的主要原因。道路路线设计时，必须注重平、纵面的合理组合。平纵组合设计，应在视觉上能自然地诱导驾驶员的视线，并保持视觉的连续性；平纵面线形的指标应大小均衡，使线形在视觉上、心理上保持协调；应避免长直线上设置陡坡；避免两个同向弯道间插入短直线；避免在凸形竖曲线顶部或凹形竖曲线底部插入小半径平曲线，若接近极限值应考虑在小半径平曲线上设置较大高度的导向设施以弥补视距不足；避免小半径平曲线与陡坡相重合；设计合成坡度应该注意不设计急弯和陡坡相重叠的线形；平竖曲线重叠时，平曲线应该稍长于竖曲线做到“平包纵”；凸形竖曲线顶部和凹形竖曲线底部应防止出现反向平曲线的拐点；直线上的纵断面线形防止出现驼峰、暗凹、跳跃等使驾驶员视线中断的线形。总之，看起来扭曲的路段，破坏了线形的一致性，造成驾驶员心理、视觉不舒服，对线形变化不适应，使视觉诱导紊乱，往往是行驶上危险的路段。平纵组合设计应综合考虑汽车动力学、驾驶员视觉和心理方面要求、路面排水要求等，以提供给道路用户良好的驾驶环境。

④ 道路安全视距设计。视距是驾驶员在公路上能够清楚看到前方道路最远点的距离，是公路几何设计的重要因素，是保证交通安全的必要条件。足够的视距对保证行车安全，提高通行能力将起到重要作用。在行驶过程中，路况信息要有足够的时间来处理，就要选择足够的行驶距离来完成。在视距设计过程中，反应时间的取值要大于所有驾驶员的正常平均值，反应时间一般应大于 2.5s。

同时，在设计平曲线时，为了保证有足够的视距，应注意清除曲线内侧障碍；在设计交叉口时，应保证在视距三角形范围内通视；在设计凸形竖曲线时，应选择能满足视距要求的竖曲线半径。

根据事故率与行车视距的关系调查统计表明，事故率随视距的增加而降低。设计中应该注意停车视距、会车视距、错车视距、超车视距的设计与计算。

⑤ 道路交通安全设施设计。交通安全设施指的是为保障行车和行人的安全，充分发挥道路的作用，在道路沿线所设置的人行地道、人行天桥、照明设备、护栏、警示柱、交通标志和标线等设施的总称。

交通安全设施包括：交通标志、标线、护栏、隔离栅、轮廓标、诱导标、防眩设施等等。均在道路沿线敷设，对确保公路行车安全、减轻事故严重程度、美化道路景观、平滑交通流、提高行驶舒适性起到十分重要的作用。

森林公园道路等级一般比较低，但地形比较复杂，曲线多，因此交通安全设施设计应按需要设置，特别是交通标线、交通标志中的指示标志、警告标志、禁令标志、指路标志等必须与道路的地形、线形相匹配。在园区道中的急弯或回头弯路段，由于视线不好，应在拐弯处设置凸反光镜。

道路沿线的地形较陡地段和挡土墙顶要设置护栏。护栏形式有柔性护栏、半刚性护栏和刚性护栏三类，分别有钢索护栏、波纹梁护栏和新泽西钢筋砼防撞墙。森林公园道路护栏一般建议用柔性护栏、半刚性护栏，以保证车辆和人员的安全。

城市森林公园园区道路应设照明设备，目的是保障夜间行车安全和游客的人身安全，良好的照明设计应满足路面平均亮度、亮度均匀度、眩光限制和诱导性的要求。照明能源最好采用太阳能、风能一体的自

表12-4　路基、桥涵设计洪水频率

公路等级	路　基	特大桥	大　桥	中　桥	小　桥	涵　洞
二级公路	1/50	1/100	1/100	1/100	1/50	1/50
三级公路	1/25	1/50	1/50	1/50	1/25	1/25
四级公路	按具体情况确定	1/50	1/50	1/50	1/25	不作规定

然能源，满足节能环保的要求。

⑥ 会车道设计。园区道路等级比较低，特别是支线，只有单车道，路基宽 4.5m，路面 3.5m。单车道的行车安全性比较差，必须在适当的地方设置会车道，并且有足够的指示标志和管理措施，以保证行车安全。

⑦ 道路防洪安全设计。森林公园道路路基、桥涵设计洪水频率应符合表 12-4 规定。

路基高度设计，应使路肩边缘高出路基两侧地面积水高度，同时考虑地下水、毛细水和冰冻作用，不使其影响路基的强度和稳定性。

沿河及受水浸淹的路基边缘标高，应高出表 12-4 规定设计洪水频率的计算水位加壅水高、波浪高和 0.5m 的安全高度。

桥涵孔径设计必须保证设计洪水以内的洪水及流冰、泥石流、漂流物等安全通过，并应考虑壅水、冲刷对上下游的影响，确保桥涵和附近路堤的安全。

(5) 道路安全设计生态对策

道路是带状构造物，建设过程是不可逆的，道路的建设必然会破坏原来的自然环境，分割和阻断动物的活动空间，破坏生态系统中的食物链，如果没有采取必要的措施，会影响森林公园的生态环境。园区道路环境生态环境是指园区道路中心线两侧各 100m 范围内的自然保护区、水源保护地、森林、草原、湿地和野生生物及其栖息地等。

① 在道路勘测设计前期，必须对沿线的生物活动路径进行调查，道路尽量绕开动物的活动区域，如果不能避开的，路线在经过生物活动路径的地方设计生物通道，一般设计为小桥或盖板涵洞，生物通道两端不宜有大的陡坎和跌水，通道内的地面铺装不宜硬底化，宜用砂土铺设，以便动物通过，确保动物通道的安全。

② 为了使人与动物和谐相处而又不影响各种动物的生活习性，在必要的地方需采取隔离措施，隔离道路与动物活动空间，以保障游客与动物的安全，维护森林生态系统的完整性。隔离措施有生物隔离和工程隔离两种。生物隔离是指在道路两旁种植绿篱等灌木，使人、汽车与周围隔离开来，使人与动物互不干扰。工程隔离是指人为建筑隔离墙（或隔音墙），将道路与动物活动空间隔离开来，也减少噪音对环境的影响。目前，森林公园内生态敏感区道路两侧一般是用生物隔离方法加上铁丝网等措施来对动物的保护，确保游客与动物的安全。

(6) 确保公园内生物及其栖息地环境安全的生态对策

① 园区道路中心线距重要景观自然保护对象边缘不小于 100m。

② 园区道路通过林地时，严格控制林木的砍伐数量，严禁砍伐园区道路用地范围之外树木。

③ 园区道路边坡应进行恢复绿化。对园区道路两侧各 30 ～ 50m 范围内进行景观林相改造；取、弃土场地应进行恢复绿化。

④ 园区道路经过草地时，注意保护原始植被。

⑤ 园区道路进入水库、鱼塘等湿地时，工程方案采用砼或石砌挡土墙、架设桥梁。

⑥ 在有国家保护的野生动物出没路段，设置预告、禁止鸣笛等标志，并为动物穿越园路设置生物通道。

(7) 确保公园水资源的安全对策

① 调查和搜集园区范围内的地表水资源分布、容量以及水体的主要功能，在初步设计阶段绘制水系图。

② 路面径流不得直接排入饮用水体和养殖水体，设置沉淀池或漫流沟渠。

③ 不得占用园区水库的饮用水体；当路基边缘距饮用水体小于 100m、距养殖水体小于 20m 时，采取绿化带或者其他隔离防护措施，把园路与饮用水体隔开。

④ 园区道路在湖泊、水库等地表径流汇水区通过时，采取桥涵、导流堤等措施，防止园区道路对地表径流的阻隔。

⑤ 园区道路通过瀑布上游、温泉区等特殊水体时，按国家现行的有关规定，避让距离 200m。

⑥ 在饮用水的地下水水源保护区设置的排、渗水构造物可能造成地下水水质污染时，采取污水集中处理措施，隔离地表污水。

⑦ 注意保护自然水流形态，做到不淤、不堵、不

留工程隐患；跨越溪、河、沟的桥涵的过水断面，保证泄洪能力；园区道路跨越山谷时，根据山谷宽、深及汇水面积等选择通过方式，有条件时优先采用桥梁跨越。

(8) 确保公园水土流失最小的生态对策

① 充分调查沿线的工程地质、地形地貌、气候条件、植被种类及覆盖率、水土流失现状等，综合采用生物防护和工程防护措施，做好水土保护工作。

② 在园区道路地质病害地段，应采取生物防护和工程防护措施进行综合治理。

③ 山区、丘陵区园区道路尽可能与原有地形、地貌相配合，减少开挖面、开挖量，注意填挖平衡。

④ 弃土场应做好排水防护设计和绿化设计，以避免成为新的水土流失源。

⑤ 暴雨强度较大、岩体风化严重、节理发育的石质挖方边坡或松散碎（砾）石土填方边坡地段，采用植物与工程综合防护措施。如土质路段，采用浆砌片石网格防护、网格内植草或三维网喷草籽等措施；石质路段，采用喷射砼防护、锚杆防护、石砌护面墙防护等措施。

⑥ 做好园区道路综合排水设计，充分利用地形和天然水系将路界范围内地表径流引入自然沟中。各种排水沟渠的水流不直接排放到水源、农田、园林等地。

⑦ 注重园区道路绿化设计，选用适合当地生长的花草、灌木、乔木等植物，对路堤边坡、弃土等进行绿化，防止水土流失。

12.4.3 防洪设施的安全设计

城市森林公园防洪设计的主要任务是：根据森林公园建设用地选择的要求，对可能遭受洪水淹没地段，提出技术上可行、经济上合理的工程方案，以达到改善建设用地或确保城镇人民生命财产安全的目的。

总体规划阶段，防洪工程设计的主要内容是在收集资料基础上，进行设计洪水流量计算和比较粗略的水力计算，确定防洪标准，提出技术先进、经济合理、切实可行的工程规划方案。

(1) 设计原则

城市森林公园的防洪工程设计与所在城市的总体防洪工程规划有着直接的关系，因此，必须从城市全局着眼，在大的方案、布局上下功夫，使森林公园防洪设施能够和整个城市规划紧密地、有机地结合起来，做出经济合理的防洪措施布局。在制定防洪措施时，一般应遵循以下原则：

① 城市森林公园防洪工程的布局应与公园周边城市区域的建筑物、铁路、航运、道路、排水等工程设施的布局综合地考虑确定；

② 森林公园防洪措施应与农田灌溉、水土保持、园林绿化等相结合；

③ 充分利用洼地及山谷、原有的湖塘等有利地形，修建泄洪塘库，搞好河湖防洪系统的建设，同时应注意到溃堤后对城市居民点或乡办企业、农田区域等所产生的影响和应采取的相应的措施；

④ 防洪工程应尽量避免设置在不良地质的区域内。

(2) 防洪标准

城市森林公园防洪工程以抗御的洪水大小为依据。洪水大小在定量上通常以某一频率的洪水流量表示。也有用“重现期”一词来等效地代替之。洪水的重现期等于其相应频率的倒数。如：洪水的重现期是50年一遇，其频率即为2%；同样，某城市防洪标准为20年一遇，其频率为5%。

确定防洪标准的依据是：

①森林公园所在城市的规模；

②森林公园所在城市的政治、经济地位的特殊性，国家经济技术条件的可能性；

③位于大中型水库下游的城市森林公园，应考虑到出现溃堤后的洪水泛滥，确定防洪标准时应有应急措施。

(3) 防洪措施

① 调节径流：在河流的上游修筑水库，调节径流，把洪水季节河流截面不能承担的部分蓄起来，以削减洪峰，同时还可利用其进行农田灌溉、发展水产、搞园林绿化、修建电站等，使其化害为利。但是应注意以下几点：要选择水文、地质条件可靠，天然地形良好的地区；要注意到池塘、水库修建后，其上游水

位升高对工农业、交通运输的影响；靠近城市较近的（≤ 3km）池塘，水库的水深不宜小于 2m，以利于城市卫生及综合利用；池塘和水库进、出水在可能条件下，要与城市原有河流、水沟、洼地等死水地段结合起来，变城市死水为活水，改善城市卫生。

② 整治河道：疏浚河道：通常是把平洼的河床挖深，而不是加宽，目的是增大排泄能力和防止河床的淤积。取直河床：目的是加大水力坡度，提高河床排泄能力，使洪水位降低。

③ 截洪沟：受到山坡方向地面径流威胁的森林公园服务设施区域，多采用截洪沟截引山洪泄入河中。设计时应注意以下几点：要与农田水利、园林绿化、水土保持、河湖系统规划结合考虑，做到防治结合；截洪沟应因地制宜地布置，尽量利用天然沟道，一般不宜穿过建筑群；坡度不应过大，若必须设置较大纵坡时，则此段应设计跌水或陡槽，但不可在弯道处设置。

④ 筑堤：筑堤是我国目前防止建筑区大面积被淹没的常用办法。

⑤ 填高被淹没用地：填高被淹没用地是防止水淹较简单的措施。

⑥ 整治湖塘，有如下优点：调节气候，美化环境；可蓄积雨水，作为地面水的排放水体，灌溉园林农田；可利用修建福利设施，增加文化休息的活动场所。

⑦ 整治湖塘：常用下列方式：在小河、小溪或冲沟上筑坝，叫坝式池塘；在河漫滩开扩地段筑围堤，或者挖深，形成一个较大水面，叫围堤式池塘；整治原有雨水池塘，开出水口，变死水为活水。

12.4.4 消防设施的安全设计

森林公园消防主要针对人员较为集中的游览区、服务区及生活区和森林公园中森林防火等方面进行设计。这些区域由于要满足游客休闲需要布置了许多建筑和设施，而且一般与森林紧密相连，一旦起火，就会形成较大面积的火灾，可能造成巨大损失。

为安全起见，在森林公园规划和建筑设计中应贯彻“预防为主，防消结合”的方针，采取防火措施，防止和减少火灾危害。建筑防火设计，必须遵循国家的有关方针政策，从全局出发，统筹兼顾，正确处理生产和安全、重点和一般的关系，积极采用行之有效的先进防火技术，做到促进生产，保障安全，方便使用，经济合理。

（1）设计原则

① 在进行城市森林公园设计时，对森林公园服务区附近易燃易爆的工厂、仓库、汽车加油站、燃气调压站等项目或设施，严格按照国家有关防火间距规定进行控制；

② 结合森林的林相改造，增加水源，拓宽消防通道，为迅速灭火创造条件；

③ 对古建筑和重点文物单位采取防火保护措施；

④ 合理设置消防站。

（2）消防站设计

① 分级。城市消防站分级按占地面积和装备状况一般分为三级：一级消防站：拥有 6 ～ 7 辆消防车，占地 300m^2 左右；二级消防站：拥有 4 ～ 5 辆消防车，占地 2500m^2 左右；三级消防站：拥有 3 辆消防车，占地 2000m^2 左右。森林公园消防站可在此基础上根据实际情况适度放宽要求。

② 主要内容。消防站内建筑应包括车库、值勤宿舍、训练场、油库和其他建筑物、构筑物。值勤宿舍面积 消防队（站）长面积为不小于 10m^2/ 人；消防战斗员面积为不小于 6m^2/ 人。训练场面积 应根据消防站的规模、车辆数确定，一般应符合表 12-5 的要求。

③ 设计原则。森林公园消防站的规划布局首要原

表12–5 训练场地面积表

车辆数（辆）	2 ～ 3	4 ～ 5	6 ～ 7
训练场地（m^2）	1500	2000	2500

图12–16　室内消防栓

图12–17　室外消防栓

则是，消防队接到火警后要能尽快地到达火场。具体地说，发生火灾时，消防队接到火警 15 分钟内要能到达责任区最远点。这一要求是根据消防站扑救责任区最远点的初期火灾所需要 15 分钟消防时间而确定的。根据我国通信、道路和消防装备等情况，15 分钟消防时间可以扑救砖木结构建筑物初期火灾，有效地防止火势蔓延。

森林公园消防站布局要根据公园规模、游人密度、重点单位、建筑条件以及道路交通、水源、地形等条件确定。其责任区面积，一般为 4 ～ 7km^2。

④ 消防站的位置。应位于本责任区的中心或靠近中心的地点；必须交通方便，利于消防车迅速出发的地点；应与医院、小学、幼儿园、托儿所等单位保持不小于 50m 的距离，以防相互干扰，保证安全、迅速地出车；应设置在易燃、易爆的建筑（设施）上风（或侧风）向不小于 200m 以外的位置。

⑤ 消防栓设置。消防栓的间距应小于或等于 120m。消防栓在沿道路设置时应靠近路口，消防栓距建筑墙体应大于 50m。当路宽大于 60m 时，宜双侧设置消防栓。

⑥ 建筑消防设计。场地消防要求：建筑应有满足消防车通行的能力，道路宽度宜大于 4m，建筑周边预留场地构成建筑的消防通道。建筑之间的防火间距应大于 6m。疏散出口：疏散楼梯和出口均须满足消防要求。建筑设置不少于两个安全出口，疏散出口和疏散走道的最小净宽均不小于 1.4m。室内外消火栓系统：建筑设置室内和室外消火栓给水系统，室内外消火栓用水量均为 30L /s。在出入口及走道等处设置单出口消火栓箱，局部为双出口消火栓箱，以保证有 2 支水枪的充实水柱同时到达室内任何部位，其间距不大于 30m。消火栓箱均采用带自救水喉及手提灭火器的消火栓箱（图 12-16、图 12-17）。

12.5 城市森林公园消防给水系统

森林公园消防任务是为了防止和减少建筑火灾危害和森林火灾危害，保护人身财产和珍贵动植物自然资源安全。设计怎样一个消防系统对于城市森林公园是安全、可靠、经济可行的，这是我们需要考虑和解决的设计问题。在综合集成设计理念指导下，消防给水的设计研究是本章重点研究的设计问题。在森林公园中最好的灭火介质就是水。我们设计理念中的消防给水系统就是安全可靠、经济合理的消防供水的系统。

12.5.1 城市森林公园和森林消防设计特点

城市森林公园中的建筑物的高度、体量、和密度都相对较小，火灾的危害和火灾危险性相对较小。外加一些广场、停车场和其他配套服务设施，按《建筑设计防火规范》（GB50016-2006）配套设计消防系统，基本就没有问题。

广东地处南方地区天气炎热，森林火灾的发生比较常见，如何应对森林火灾是我们设计研究的一个课题。在综合集成设计原则的指导下，我们对城市森林公园内消防系统的规划设计以及灭灾、减灾设施的建设作一个初步性的研究。本节森林公园内的消防设计是森林公园设计的研究就是我们的研究重点。广东省城市森林公园林地火灾危险性较大，森林火灾发生频繁，火场分布地域广，火势发展快。由于可燃物多、火点多、火场面积大、火线长，消防历时也非常长。森林火灾的消防灭火就困难很多，配合森林公园灭火的完善的消防给水系统的建设也是非常有难度的。

(1) 城市森林火灾

它是指失去人为控制，在林地内自由蔓延和扩展，对森林、森林生态系统和人类带来一定危害和损失的林火行为。森林火灾是一种突发性强、破坏性大、处置救助较为困难的自然灾害。

(2) 森林防火工作

它是我国防灾减灾工作的重要组成部分，是国家公共应急体系建设的重要内容，是社会稳定和人民安居乐业的重要保障，是加快林业发展，加强生态建设的基础和前提，事关森林资源和生态安全，事关人民群众生命财产安全，事关改革发展稳定的大局。简单地说，森林防火就是防止森林火灾的发生和蔓延，即对森林火灾进行预防和扑救。预防森林火灾的发生，就要了解森林火灾发生的规律，采取行政、法律、经济相结合的办法，运用科学技术手段，最大限度地减少火灾发生次数。扑救森林火灾，就是要了解森林火灾燃烧的规律，建立严密的应急机制和强有力的指挥系统，组织训练有素的扑火队伍，运用有效、科学的方法和先进的扑火设备及时进行扑救，最大限度地减少火灾损失。

(3) 森林火灾消防灭火人员组成

通常是地方林业防火部门、地方专业扑火队、武警部队、民兵预备役、群众扑火队及航站人员等多种力量共同参加的联合扑火行动。

(4) 灭火人员配备消防灭火设备情况

打火棒、风力森林灭火机、细水雾森林灭火机、串联型森林灭火水泵及各类消防水泵、水枪和水龙带、各类型消防车（载水量 3 ~ 15t）、干粉灭火弹、灭火炮、飞机和直升机等。这些灭火设备中用水进行灭火的有：细水雾森林灭火机、串联型森林灭火水泵及各类消防水泵、水枪和水龙带、各类型消防车（载水量 3 ~ 15t）、飞机和直升机（载水量 6t 左右）。

现阶段我国森林火灾灭火现状：在我国以人力打火为主，以坚持“打早、打小、打了”的基本原则。大的森林火灾扑救非常困难，以控制和隔断战术和森林火灾打消耗战，主动扑救不易，待森林火灾变小后实施扑打，打火扑灭余火的灭火策略。由于水并非随处可得，在解决森林公园特定条件下水的载运、输送和喷洒配套设备的问题之前，水灭火技术便难以推开。因为水在火场输送运输的困难，系统用水扑灭森林火灾的很少。用水灭火是林业发达国家首选的林火扑救方法，然而水灭火在我国森林防火中至今未能普及。在不断有成熟的森林水消防设备的不断投入使用，包括轻型消防泵、车载可卸式森林消防装置、轮式和履带式森林消防车，以及便携式长距离山地供水灭火系统等一系列用水灭火的森林消防设备的利用。 加大力度推广和普及水灭火森林消防技术，规划设计森林公园消防给水系统成为我们应该面对的研究问题。

12.5.2 森林公园消防给水系统设计存在的关键问题

森林公园消防给水系统设计没有规范可作依据，所以森林公园消防给水系统在没有规范的情况下应如何设计？城市森林公园特别是林木火灾有自己特点这样消防给水量如何确定？以及城市森林公园消防给水系统结合现阶段经济发展的水平的设计规模如何确定？在这里作为探讨研究提出来供大家借鉴。

12.5.3 森林公园消防水源

消防给水可由市政给水和天然水源供给，森林公园内合理建设消防水池是保证消防用水的根本措施。给消防水池提供水源的可以是市政给水，或是山泉、

表12-6　森林公园室外消防用水量按确定（GB50016-2006第8.2.3条）

类别规模（V：m³）	室外消防水量	消防历时	备注
民用建筑 V ≤ 1500	10	2.0	
1500 < V ≤ 5000	15	2.0	
5000 < V ≤ 20000	20	2.0	
20000 < V ≤ 50000	25	2.0	
V > 50000	30	2.0	
森林、林地	60	10.0	参照《建规》(GB50016-2006)第8.2.3条确定

注：室外消防用水量按消防用水量最大的一个消防目的物计算。

溪流、河流、湿地、人工湖、水库、污水处理后的中水（杂用水）等。

12.5.4 室外消防水量确定

森林消防水量计算：

$$60 \times 3600 \times 10/1000=2160m^3$$

城市森林公园消防给水系统设计规模确定（表12-6）：森林林地室外消防用水量的确定，确定了消防给水系统喷水灭火的规模，我们确定的数据可以保证我们设计的消防给水系统在林木火灾时，保持 12 支水枪 10h 不间断的喷水灭火。每只水枪控制 40m 宽火线，总共 12 支水枪可以控制约 500m 宽的林火火线。 按每 $4L/m^2$ 强度喷湿树木地面，可控制保护浸湿 $500000m^2$（即 $50hm^2$）林地。这样的消防规模在现在经济条件下，也是比较可行的。该规模意味着建造约 12 座 $200m^3$ 高位消防水池，配套消防给水管网若干，再配备适量的消防设施，整体给水消防系统总造价可以接受。再配合低位的人工湖、水库、河流等可以组成一个比较适度的维持相当时间的给水消防灭火系统。

12.5.5 消防给水系统工程

消防给水系统的高位消防水池依据消防水源的情况，力求均衡布置在森林公园内部，一般应靠近水源以利于消防补水，靠近公园道路和林木防火带附近，以利于消防供水和取水，因为消防给水管网和消火栓都布置在公园道路旁和防火带上。现阶段的森林消防给水系统不能像建筑消防那样是全覆盖式设计，是有选择和重点布置消火栓给水系统。一般原则为：水源取水方便，交通方便，地理位置重要，人员活动较多，重要林业资源地块等优先考虑规划给水消防系统。消防管道和室外消火栓也是布置在道路两边和林地防火带上，因为森林火灾灭火的主力机械和人员都是以道路和防火带为活动增援的主要通道。

下面以东莞市大岭山给水系统设计为例简要介绍其消防给水系统工程的设计情况。

（1）高位消防水池消防给水系统

森林公园的消防给水系统可以由多个这样的系统共同组成（图 12-18）。

（2）水泵加压高位消防水池消防给水系统（图12—19）

（3）多级水泵加压高位消防水池分区消防给水系统

在东莞大岭山多级水泵加压消防分区给水系统设计实例中，图 12-20a/b 为一个两级水泵提升分区消防给水系统工程实例。

（4）森林公园各功能分区消防系统设计

林区：设计林区室外消防系统。

游览区、游乐区、生态保护区、生产经营区、狩猎区、野营区等设计室外消火栓系统。

接待服务区、休、疗养区、宾馆、旅店、车库等建筑设计室外消火栓系统、室内消火栓系统、自动喷水灭火系统和灭火器系统。

居民生活区、行政管理区、办公楼、仓库、停车

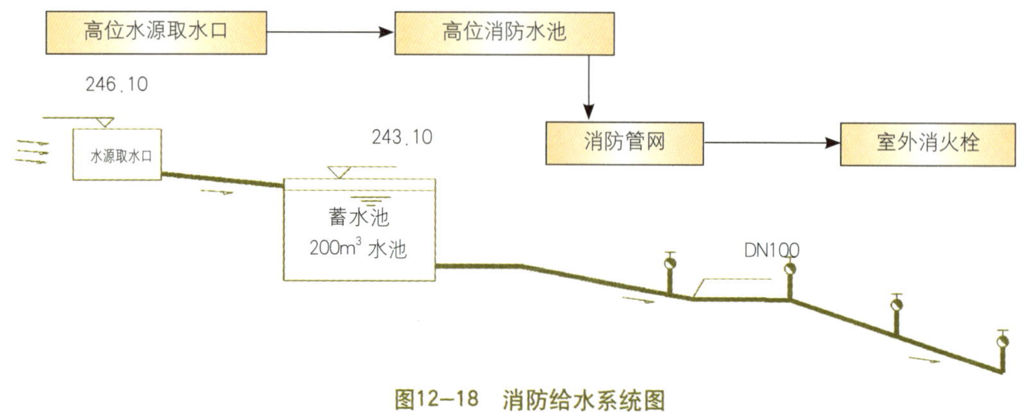

图12-18 消防给水系统图

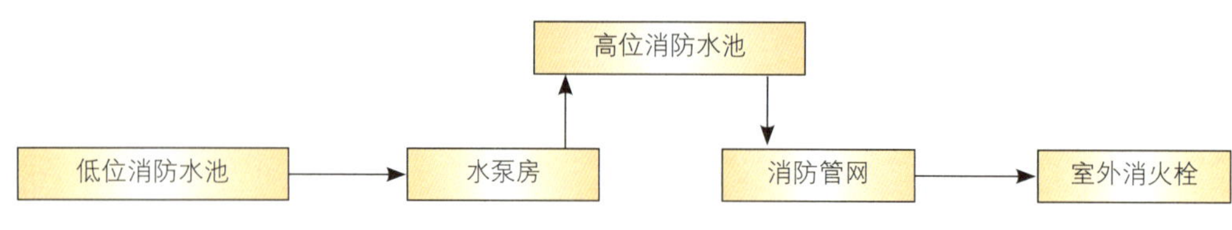

图12-19 水泵加压高位消防水池消防给水系统图

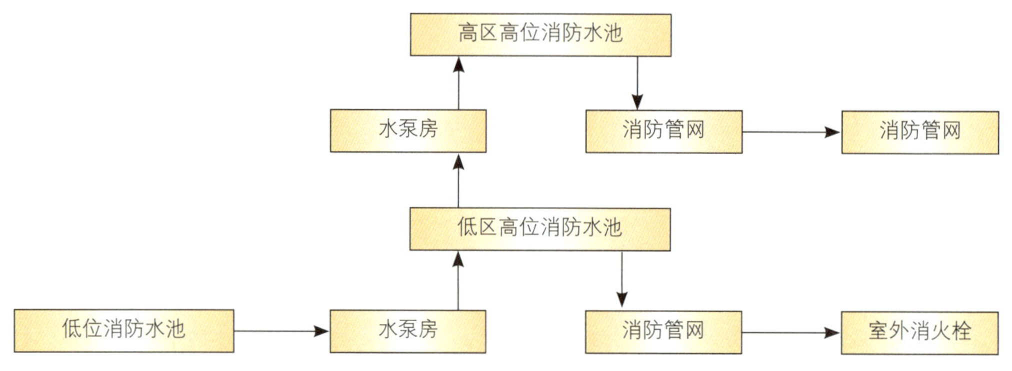

图12-20a 多级水泵加压高位消防水池分区消防给水系统

场等建筑设计室外消火栓系统、室内消火栓系统和灭火器系统。

12.5.6 消防配套建筑和构筑物及消防设备

(1) 消防水池

低位消防水池：400 ~ 1000m³，提供消防水泵取水和提供消防车取水。

高位消防水池:200 ~ 300m³，供室外消火栓用水，供各功能区建筑室内外消防用水、各森林消防部队用水设施用水。

(2) 室外消火栓

供各功能区建筑室外消防用水，各森林消防部队用水设施用水，消防车取水、消防水泵取水等。

(3) 消火栓箱

箱内配消防水枪和水带，提供消防人员取用的直接的灭火扑火工具。

(4) 森林火灾消防指挥调度中心

包括消防控制值班中心、停车场、回车场、消防水池、消防管网、室外消火栓。 该调度中心应该规划在森林公园中心地带，场地开阔，交通发达。

(5) 水库，人工湖

直升机灭火取水点，消防车取水。

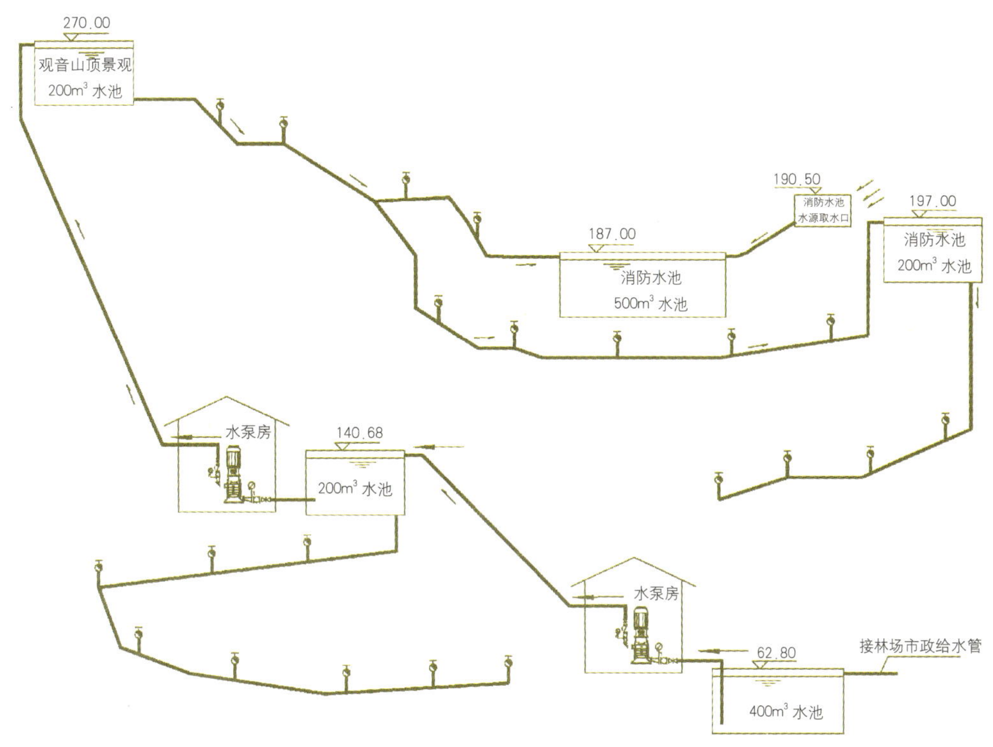

图12-20b 分区消防给水系统图

12.6 游客安全系统工程

游客安全系统工程设计包括：游憩安全警示系统设计、游憩安全控制系统设计和游憩安全救援系统设计三部分内容。

12.6.1 游憩安全警示系统设计

12.6.1.1 旅游安全警示标志设计

旅游安全警示标志是指游览线路中为游客传递路线、景点、安全警示、服务等信息以及传达景区发展理念的标识（牌）或标识物。安全警示标志的位置，应根据森林公园的游览线路，在相关的景区、景点、设施或设备上标明。游客初次来到森林公园，对景区环境缺乏一定的把握感，安全需要尤为强烈，因此很有必要在景区游览线路上设置一系列的导向牌，在危险区域设置安全警示牌，最大限度地减少安全事故的发生，森林公园有责任和义务保证每个游客在游览过程中的人身安全。完善的警示标志提高了游客的行动能力，并且能简捷、快速、准确地为游人提供各种旅游信息，使游客高兴而来，满意而归（图 12-21）。

(1) 设计原则

① 旅游安全警示标志的设计应充分体现人性关怀，使游客感受到文明、亲切、尊重、友好的游览气氛，既满足了游客精神需求，又加深了对景观美的认识、理解，激发游览兴致。

② 旅游安全警示标志的设计力求色彩、造型与周

图12-21 紧急疏散标志设计

图片来源：何伟嘉等《全方位、多资源的奥林匹克森林公园消防系统工程》(2008 年)

围景观协调，且采用生态性材料制作，标识的文字、图示规范，用语和气。安全警示标志应与其他服务设施一道共同构成具有特定内涵和丰富性的旅游环境。

③ 应充分体现森林公园的生态旅游理念、可持续发展理念。把旅游安全警示标志系统的健全、优化构建在“行、游、住、食、购、娱”六大构成要素的综合载体上，提供人性化服务。

④ 有利于观赏风景，有利于保持特色，有利于生态安全。在研究自然景观和人文景观的基础上，依据所传达信息的功能要求，赋予标识以特定的形态、色彩以及造型装置，并以系列性、连续性的方式，设置在各种空间环境之中。

(2) 设计要求

① 将旅游安全警示标志作明确分类，并与森林公园的环境标识系统协调统一，包括景观名牌、说明牌、游道导向牌、公共设施标志牌、宣传牌等。

② 旅游安全警示标志应以景观、游道为载体，规划好标牌的类别、数量、位置，突出精品旅游线路和景观。

③ 旅游安全警示标志系统与公共设施（座椅、垃圾筒、小卖部、电话亭、公厕）协调，使其合理、和谐、美观。

④ 将旅游安全警示标志设计与景区“旅游品牌”形象宣传相一致，全方位展现森林公园的发展理念。

12.6.1.2 旅游安全的预警系统设计

(1) 治安预警

治安预警是一种危机应对手段，是治安管理行政机关针对影响社会治安的警情和紧急、突发事件采取的事先防范和应对措施。森林公园要协同当地治安部门，根据治安形势分析，在大型旅游活动期间或者节假日，做好内部企业单位、游客随身携带财物、汽车财物、酒饭店顾客财物、商业网点、停车场等的治安安全警示，提醒游客做好防范工作，防止案件发生。

(2) 健康预警

对森林公园所在地的自然灾害、发生的重大动植物病疫、地区性流行病进行健康预警。森林公园管理部门与气象、水利、地质等部门通力合作，及时准确地获取洪水、泥石流、火山爆发以及大风、暴雨、冰冻等各种灾害性天气预报，并预估由此可能引发的各种严重危及旅游安全的自然灾害。管理部门在积极采取安全保障应对措施的同时，把自然灾害可能会给旅游活动带来的不便和危险告之旅游者，使之提高警惕，减少各种安全事故的发生。

(3) 容量预警

森林公园应根据景区容量合理控制游客接待数量，在高峰期设立游客安全疏导缓冲区。确因游客数量超过容量时，及时通知各入口劝退游客或采取分段放行的形式减少森林公园的容量压力。

12.6.2 游憩安全控制系统设计

森林公园针对饮食安全管理、住宿安全管理、旅行安全管理、游憩安全管理和设施安全管理等方面，建立安全管理队伍和相应的一系列防控、管理的措施。

① 设置公园治安管理机构，配备管理人员，加强公园内的治安管理。注重发动周边群众的力量，加强与周边地区的派出所、治安联防队建立紧密的联系，实施社会治安的综合治理，建立 24 小时的警务制度。

② 利用森林公园的自然地形，修建必要的防护设施，增强对森林公园各种出入口和通道的控制能力，并鼓励和引导当地居民和社区积极参与。

③ 在主要的出入口、重要的公共活动空间、管理中心、停车场等地方配备高清晰摄像头，增强对景区内的突发治安事件的安全监控能力。

④ 修建森林公园安全防护巡逻通道、森林火灾疏散通道、暴雨紧急庇护所。

⑤ 对游客的游憩活动进行防控与管理。在游客高峰期，必要时采取限制游客数量的措施。

⑥ 对森林公园内的风景资源安全、游憩设施设备安全进行防控与管理。

⑦ 对森林公园内的住宿安全、饮食安全及卫生安全进行防控与管理。

12.6.3 游憩安全救援系统设计

森林公园的游憩活动多发生在野外，受到自然条件限制等因素，发生的游憩安全问题较多，其游憩安全管理的主要内容包括对森林公园进行微观的安全管理、建立有效的安全组织与安全网络、制订游憩安全经营管理措施、配置游憩安全设施，以及建立游憩安全救援系统。

12.6.3.1 救援通道

（1）救援通道的类型

救援通道分为机动车救援通道和步行救援通道。

① 机动车救援通道。要充分利用现状道路，改造部分与各个游览区的相关支路，在不影响景区环境以及条件允许的情况下，提高支路通达深度，使机动车救援通道能尽量靠近游览区域。

② 步行救援通道。依据游览线路通道困难危险级别、活动频繁程度以及步行救援通道覆盖率，步行救援通道分为一级步行救援通道与二级步行救援通道：一级步行救援通道为相对快速救援通道，覆盖森林公园的大部分范围，能相对快速地引导救援人员到达事故点；一级步行救援通道外的所有通道为二级步行救援通道。

（2）救援通道的布局模式

救援通道设计的总体要求是游览区域与公园主干道交通系统的有效连接，即形成互通、顺畅的通道。主要有 3 种模式（图 12-22）：干线为环状，支线为枝状；干线为枝状，支线为环状；干线为立交，支线为枝状或环状。

12.6.3.2 求救点

（1）固定求救电话

在游览线路建设固定求救电话，能够在发生森林火灾或游客人身安全事故时，向森林公园准确报名自己的位置和坐标。

（2）太阳能求救杆

在较为偏僻的景区适量设置太阳能求救杆（图 12-23）。太阳能求救杆高 6 ~ 8m，灯杆的底座为太阳能蓄电池，6 天中只要有一天有阳光，就可以保证蓄电池的电力供应。底座的上方为手机充电接头，方便游客手机没电时及时充电。充电接头往上的位置将设立一个标志牌，注明灯杆编号或者 GPS 坐标点，游客迷路后，可以将所处位置的灯杆编号报告警方求救，警方可根据灯杆标号在第一时间找到迷路游客。灯杆的最顶端为警示灯，将在夜间频闪发光，为游客指路。

12.6.3.3 救援点

（1）救援点类型

救援点分两个级别进行布置，与游览区相接的一级救援点以及游览区内部的二级救援点。救援点将加强对游览区的管理、提高户外救援的组织及转换效率，使救援进行更加顺利、快速、有效。

一级救援点的位置为主要游览线路的起终点处。要求 25m² 单层建筑作为管理室，配备紧急医疗及消防设施；如相接道路较窄而无掉头及停车的区域，应增设停车场。

二级救援点的位置在主要活动通道交点处以及较长活动通道的适当处。要求 25m² 休息营地及雨棚、配备紧急医疗及消防设施和可能的水源供应。

（2）救援点设施配置

干线为环状，支线为枝状

干线为枝状，支线为环状

干线为立交，支线为枝状或环状

图12-22　救援通道的设计模式

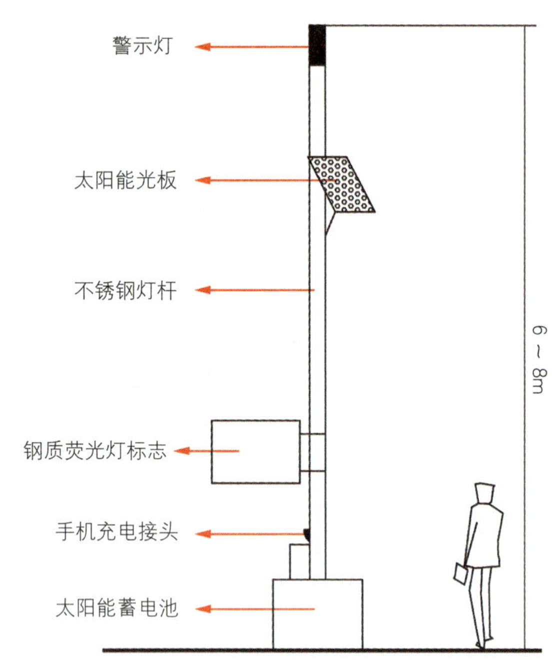

图12-23 太阳能求救杆示意图

① 一般 10km² 左右的活动区域必须配置抢险、救援、大功率 4 轮越野车一辆。

② 一般 10km² 左右的湖面必须配置工作、交通、水面救护高速艇至少一艘 （85 马力），要求 10 分钟救援人员能够到达湖面任何地点。

③ 湖面所有的营业和工作船只必须按交通部海事要求配置足额救生衣．救生圈和其他标准救生器材。

④ 野营基地设立大功率景区无线电对讲通讯中心。

⑤ 登山活动配置（通话半径 50km）手持对讲机。

⑥ 登山救援专用绳索和器材。

⑦ 急救箱、急救包、急救食品。

⑧ 在山地自行车道路临湖及悬崖边设置安全保护护栏。

12.6.3.4 快速救援

空中直升机及水上快艇救援是户外救援中的快速救援方式，是将来户外救援中极为重要的救援方式，水上快艇一直在充当首要角色。对于出入条件困难的森林公园，应建设直升机停机坪，与当地的 120 急救中心构建游客意外事故救援体系，使游客在 30 分钟内得到及时的救助。直升机停机坪位置宜设在山顶，同时配套野外事故急救中心、消防站、标识设施（引导、定位、管理设施）、安全防护设施、信息监控及收集设施以及休息营地等；加密通讯基站以使通讯信号覆盖森林公园绝大部分区域，以及进行相应的固定求救电话规划。

12.6.4 游乐设施的安全设计

（1） 成人游乐设施的安全设计

成人游乐设施的安全设计应符合《游艺机和游乐设施安全》（GB 8408-2000）、《游艺机通用技术条件》（GB 18158 ～ 18170-2000）、《游乐设施安全规范》（GB 8408—2008）等国家相关标准的规定。

（2） 儿童游乐设施的安全设计

安全问题是建设一个好的游乐场的首要问题，包括设施本身对儿童所造成的伤害。一些刺激而高速运转的游乐设施可能会导致意外，如高空坠落、摔伤或者轧伤。一些水上游乐设施可能会让孩子在游玩时因戏水而落水。所以，在设计儿童游乐设施时要充分考虑到安全问题，以确保不对玩耍的儿童造成伤害。

① 设计尺度：儿童由于生性好动、活动范围广、好奇心强、喜欢尝试新鲜事物，所以发生跌伤的几率较高。在设计中，考虑到高度的决定因素，不同跌落高度所造成的损伤类型和严重程度差别比较大，儿童游乐设施的尺度必须适应 3 ～ 18 岁年龄段。为使 3 岁以下儿童远离为较大年龄段儿童设计的器械，应将最低的台阶设为 40cm 高，这样在无人协助下他们就无法攀登；在高度超过 1m 的地方，应设置栏杆作为保护，栏杆间距应小于 13cm，窄于儿童头部的宽度；另外，在设施下方，要有保护儿童跌落的区域，该区域表面应当是由保护性材料建成的（如沙子、树皮屑、橡胶垫或充填橡胶）；如有戏水池，深度的设计也应接近 30cm，以防儿童嬉水时发生溺水。

② 地面类型：地面类型是另一个安全因素。混凝土地面使儿童受伤的几率明显高于革质和橡胶地面。设计中力求软性地面占据最广阔的地面面积，以增加安全性；在心理上，儿童喜欢柔软的沙坑、地毯，光

滑的水面，那么在行为上这种措施也确保了安全性；在空间尺度上，开阔的空间使儿童放松，也避免了相互碰撞造成的身体伤害，在设计时要尽量将上述两者结合起来。

③ 设施材质：儿童游乐设施的设计应该充分考虑材质。温馨平和的触感，可以缓解游戏造成的激动情绪，在孩子内心可以产生亲和力，材质中是否含有对儿童有害的化学物质以及是否可进行重复再利用都是相当重要的。

12.7 环境安全系统工程

12.7.1 大气保护工程

(1) 保护目标

城市森林公园内环境空气质量达到《环境空气质量标准》(GB 3095-1996) 一级标准，空气负离子含量应在保持现有水平的基础上争取有所提高。

(2) 保护措施

城市森林公园内的公路路面必须硬化，以减少尘埃，限制机动车辆的进入，对大量进入景区的游客，可以通过景区统一的环保汽车或电瓶车解决交通问题，对重点生态保护地区，严格禁止机动车进入；大力发展清洁能源，如建立以电、天然气、太阳能为主的能源体系，减少煤的使用量；认真做好区域内大气环境监测工作，一旦发现超标要及时治理；公园附近禁止建设废气排放污染严重的工矿企业；在停车场、道路两边栽种抗菌性强、吸附能力大的植物，净化空气，扩大绿化面积、提高环境质量。

12.7.2 水环境保护工程

(1) 保护目标

城市森林公园内的水资源达到《地表水环境质量标准》(GHZB1-1999) 中的 I 类标准。

(2) 保护措施

森林公园内的水资源是重要的景观资源，生活污水和厕所污水必须经过严格处理，采用无动力厌氧污染处理装置 (SBR) 进行处理，达到国家《污水排放标准》(GB7978-1996) 的要求后，通过暗渠排放到林地或用于灌溉，排放前需经环保部门检查批准；新开辟的消防通道、游览步道经过水流区域，修建步行桥，破坏山体部分修建护坡设施，防止水土冲刷引起的水体污染；在森林公园内建立生态定位监测站、气象观测站、水文水质监测点等，协同有关职能部门，加强水质监测和管理；公园内饮用水设法提高水体自净能力，可采取沉淀法、化学凝聚法、微生物分解法等净水。应提醒森林旅游者，严禁将垃圾、纸屑等丢入溪流或河水中，用作饮用水源的水库不开展水上游乐项目，禁止进行划船、游泳，严格控制使用动力船；加强水源涵养林的建设，改善林分结构，不断提高其水源涵养能力等。

12.7.3 声环境的保护

(1) 保护目标

城市森林公园的噪声符合《城市区域环境噪声标准》(GB3096-1993) 的 I 类标准，力争达到 0 类标准，即昼间不超过 50dBA，夜间（零点以后）不超过 40dBA。

(2) 保护措施

公园内的各种设施噪音不得超过国家规定的标准，尽量使用电瓶车；严格限制广播的使用和禁止汽车使用喇叭，在游客密集地和停车场建立隔音林带；在游乐场所应采取有效措施，减轻或消除噪声对周围环境的影响。

12.7.4 固体污染物的处理

(1) 保护目标

城市森林公园的公共场所卫生达到《公共场所卫生标准》(GB16153-1996) 中的 I 类标准。旅游垃圾和生活垃圾无害化，不妨碍环境和景观质量。

(2) 环境卫生

为搞好公园的环境卫生，应做好主要旅游景区、景点和主要游道环境卫生工作。对公园内主要景点设置的餐饮、茶室、野营、野餐等服务设施，一定要做好垃圾收集和污水处理工作，对生活污水进行收集统一处理或排入市政污水管道，防止污水和各种生活垃圾对环境的污染和破坏。

(3) 旅游厕所

旅游公厕分为独立式、附属式和活动式3种形式。其中，独立式的公共厕所应按照《城市公共厕所规划和设计标准》(CJJ14-87)设计和建造，附建式公共厕所应结合主体建筑设计和建造。标准按照《旅游厕所质量等级的划分与评定(GB/T18973-2003)》的标准考虑不同星级来建设。在游客和设施集中的地方，采用水冲式公厕，在公园中游人相对分散的森林游览观光区，采用免水冲生态公厕。为了配合组织大型活动或节假日游客高峰的需要，配备必要的活动式厕所的同时配备一定数量的流动厕所，应对游人高峰期的需要。

(4) 垃圾处理

森林公园产生的固体垃圾采用建立环保站，设立垃圾转运站，园外处理的方法。配置专人负责对公园内的垃圾进行清扫，并配置适当运输工具，将生活垃圾及时清运出公园；在游客较集中的景区，景点设置垃圾桶，并由环卫人员进行定期的清洗、消毒；垃圾桶的造型应与环境相协调，并与周边环境融为一体；对公共厕所有专人定时清理，维护公厕的干净卫生；在游道、森林浴场、露营区、烧烤场、森林小屋等公共场所设立分类式垃圾箱；在垃圾处理过程中，应按环卫部门要求定点分类处理；认真做好卫生宣传工作，在游客集中的地方设立多种形式的广告牌，提高游客的爱卫生护环境意识。

12.8 应对突发事件工程

12.8.1 应对突发事件工程的功能和特点

城市森林公园是指以自然和人工植被为主要地表主体存在形态的城市用地，其应对突发事件工程的主要功能是供避难者避难及紧急救援，具体包括：① 减轻或防止突发事件的发生与蔓延；② 提供安全通道及救灾物资运输条件；③ 提供临时集中地或较长时间的避难场所；④ 为避难者提供基本的生存、生活条件；⑤ 实施消防、救援、医疗救护、防疫等相关工作；⑥ 开展灾后恢复工作。

城市森林公园作为应急突发事件场所，具有3个特点：

① 城市森林公园平时作为居民休闲游憩的场所，应对突发事件时又可提供应急通道和较长时间的避难场所。体现多种用途、平灾结合的特点。

② 城市森林公园以绿化种植用地和湖池水体为主，植被具有一定的防火防风、隔离有害气体等作用，且易于按避难需求临时改造。具有空间柔性高、安全性高等特点。

③ 近年来全国上下在城市森林公园方面做了巨大的工作，大中城市和有条件的小城市，乃至村镇都制定了较为合理的森林公园系统规划，并结合城市综合公园、街旁绿地等层级结构构筑了覆盖比较全面的绿地服务网络，提供不同层次的游憩服务，在应对突发事件的过程中也便于统筹安排不同内容的救援任务，迅速组建应急救援网络。

12.8.2 城市森林公园应对突发事件场地设计

考虑作为城市防灾减灾体系的一部分，在城市森林公园建设中，应考虑其转化为应对突发事件应急场地提供必要的基础条件，包括场地条件、设施条件等。

(1) 城市森林公园应对突发事件体系的分级

根据城市应急避难时序和空间要求，城市森林公园应对突发事件体系可分为4个层面：① 应对突发事件救援基地：面积通常在10hm^{2}以上，用作一个防灾片区的区域性避难场所，依据灾害的情况、防灾设施的配置；② 临时（突发事件）避难场所：灾害发生时用作紧急避难和安置的公园绿地，面积应在1hm^{2}以上；邻近的有紧急逃生功能的公园绿地：面积宜在0.5hm^{2}以上；③ 救援通道：具有应急安全通道功能的公园绿地，其宽度应在10 m以上；④防护隔离带：以应对突发事件为主要目标的防护林带或生态绿地。

(2) 城市森林公园应对突发事件场地的布局

① 城市森林公园应对突发事件场地必须结合城市防灾绿地的总体规划进行统筹安排。除城市森林公园外，可以用作应对突发事件避难场所的开敞空间还有

城市综合公园、广场、体育场馆、学校操场、停车场、人防工程、宗教场所等，城市森林公园应对突发事件场地应着眼于各类避难场所的综合防灾、统筹规划，各类避难场所合理分工，明确各自的功能定位，确保应对突发事件避难场所的总面积和各类应急防灾设施能满足城市居民避难的需求。

② 应对突发事件场地的布局应尽量均匀分布。由于应对突发事件发生的时间和地点无法预测，城市居民滞留点较分散，各种类别的绿地和开敞空间都可能在应急防灾过程中发挥作用，防灾体系中各类城市绿地的服务半径并非严格按照空间区域来划定，更多是根据片区的地形地貌、周边环境等具体情况来确定。采用模糊划分的方法，充分考虑服务半径、地形地貌、城市主干道及人口行政管理的等因素，制定城市森林公园防灾场地的布局。

一般而言，应对突发事件避难场地应提供人均 2 ～ 4m^2 的避难空间，紧急避难和紧急逃生场地机能的公园绿地，应位于步行范围内，不宜超过 500m，也不宜跨机动车道，其中 2hm^2 以上的绿地应设置的给排水及电力电线等设施；具有区域避难场地机能的城市森林公园防灾场地，通常也用作消防、救援的据点，其服务半径不超过 2000m；作为广域防灾据点的城市森林公园防灾场地可因地制宜，根据城市的实际建设情况设置，服务半径不作限制。

③ 针对人口稠密的地段因地制宜布局。由于城市市区容易产生地震次生火灾，并且人口密度高，所以处于此区域的城市森林公园要重点设置应对突发事件场地，对于能够在应急避难第一阶段发挥紧急逃生、紧急避难作用的城市森林公园防灾场地，其布局应与社区形态紧密结合，以提高布局及用地形状的针对性和适应性。

④ 确保防灾场地安全通道保持畅通。城市森林公园防灾场地至少应保证有两条应急安全通道，其基本宽度为：消防车通道 4m，双向机动车道 7m，人行道 2m，通道可以是利用现有道路，也可以是绿地，但通道红线内只能采用地被绿化的形式。

(3) 应对突发事件场地的设计

用于应急的城市森林公园应对突发事件场地，对场地条件和基本设施都有一定的特殊要求。

① 场地条件要求。城市森林公园防灾场地应确保自身的安全性，对于容易发生液化和松软的地基采取有效措施进行改良，优化布局结构，即使局部场地受灾也不会严重影响整个防灾场地的防灾功能。场地周边要留出开敞空间，控制建筑高度，保证场地防灾（突发事件）避险功能的实现。场地的植物安全性也是考虑的重点，如南方沿海地区的防灾绿地，其绿化树种必须满足抵御台风的要求，宜选用树冠高大浓密、根系深广、截留雨量能力强的树种；地震较多地区及旧城区等建筑密度高的区域，为防止火灾蔓延，宜选用不易燃烧的树种；10hm^2 以上的公园应规划一定面积的水面，平时作为公园景观，应急防灾时可作为消防用水或安全用水。

② 基本设施要求。防灾设施是应对突发事件功能的基础和保障，主要的防灾设施有基础设施（临时水电、卫生设施、抗灾贮水槽、散水设备等）、情报设施（广播设备、通信设备、标识系统等），在具有区域避难场地功能的城市森林公园防灾场地，应合理配置防火林带、避难广场、应急安全通道等主要防灾空间，设置防灾指挥中心、服务中心、储备及临时储备救灾物资的仓储空间、警卫治安维护中心、医疗场所、居民临时聚集和交换咨询的场所、直升机停机坪、救灾车辆放置场及其他弹性开放空间，应急安全通道的宽度为 8 ～ 15m 或更宽（图 12-24）。

图12–24　应对突发事件场地设计

12.8.3 城市森林公园山地灾害防治设计

城市森林公园的开发不可避免地带来一定程度的建设，森林公园服务设施作为构成城市森林公园景观的一种客观实体，是森林公园山地生态系统的成员之一。森林公园服务设施的形成与发展需遵循山地生态系统的客观运行机制，与构成山地自然景观的诸多要素（如地质、地形、植被、肌理等）之间的关系是相互依存、相互制约的。在森林公园服务设施设计的过程中，不应为了建筑的个体因素而影响山地整体环境，从而导致山地灾害出现的可能性增加，应避免或者减少对原有山地环境的破坏，尽可能地保护环境，避免山地灾害的出现。

(1) 山地灾害分类

① 崩塌。崩塌是山地常见灾害，是由于山地斜坡的岩土块体，在重力作用下，最终发生断裂、倾倒的块体运动现象。多数崩塌发生在坡度大于 50° 的陡峭斜坡上，并且大多数崩塌都发生在相对高度大于 20m 的斜坡上，坡度越陡，高差越大，崩塌发生的几率越大。故在宾馆选址之时，应尽量避免选在陡峭的坡地，并且避免选址于高差较大的位置。

② 滑坡。滑坡是指构成斜坡的岩体在重力作用下失稳，沿着坡体内部的软弱面，发生剪切而产生的整体性下滑现象。山区所有斜坡都可能发生滑坡，但是 25° 到 45° 的斜坡发生的可能性最大。在设计前期，应对基地进行详尽勘探，避免地下有软弱层，防止发生滑坡。

③ 坡面土壤侵蚀。坡面土壤侵蚀是斜坡表面的土壤等松散的岩土体向坡下运移的现象，主要是指面蚀和沟蚀，坡度愈陡侵蚀愈严重。

(2) 山地灾害特性分析

山地灾害的特性有：山地灾害的垂直地带性；山地灾害的季节性；山地灾害的复合放大性；山地灾害的异地危害性；山地灾害的减灾困难性。自然灾害的出现多是因为自然环境遭破坏的原因，山地灾害的出现，对森林公园服务设施会造成很大的影响，所以我们应尽可能地预防山地灾害的出现。

① 山地灾害的垂直地带性。山地灾害的垂直地带性指山地自然灾害及其灾害链，随海拔高度增减而递变的规律性。大部分山地灾害都具有明显的垂直地带性。如山地的暴雨洪水灾害一般是随海拔高度增加而愈来愈严重，相反，干旱灾害则随山地升高而减小。

② 山地灾害的季节性。山地灾害的季节性指与气候变化有密切关系的灾害季节集中发生特性。通常，暴雨灾害是山地季节性灾害中常见类型。一般三天雨量大于 150mm 的暴雨称为成灾暴雨，而成灾暴雨多出现在 6、7、8、9 四个月。另崩塌、滑坡也以 7 月成灾频次最高，6、8 月次之。与之相反，森林火灾则容易发生在春季干旱期间。针对山地灾害的季节性，在修建公园服务设施的时候，需要对该地区的气候进行调查，避免场地范围受自然灾害的影响。

③ 山地灾害的减灾困难性。广东地区山地环境脆弱，灾害多，频率高，且交通不便，故山地灾害具有减灾困难性，在森林公园服务设施设计中，应避免山地灾害对建筑的影响，在防患于未然的同时，减少增加山地灾害的可能性，尽量地保护环境。

(3) 山地灾害防治措施

① 在建设前，应充分了解山体的地质结构及地质演化过程，科学地对当地环境承载量进行评价，避免灾患。

② 在森林公园服务设施设计时，尽量地保护原生态树木，因为原生态树木的根深蒂固，可较好地保持水土，防止水土的流失。

③ 在平面布局上应为护坡预留空间尺寸（因护坡一般都有斜度），才能保证建筑单体尺寸满足规划要求。

④ 森林公园服务设施区域的地表水应有组织地排放，不能放任自流。雨水、泉水、池沼、水库、渠道的渗透，可使滑坡激化，所以必须防止水的渗透。防渗处理是对边坡的坡顶及坡面进行被覆处理。在透水性强的地段，应对已发生的裂缝，用黏土或水泥浆填充，并用薄膜覆盖；在透水性弱的地段，对重要部位也应采取防渗处理。

⑤ 选择合适的地方建设和修路，护坡和挡土墙的设计施工合理。挡土墙的设计，首先应根据各种因素

选择最佳的结构形式及施工材料，做到排水畅通，为避免回填土吸水后的侧向压力成倍增长，挡墙台背应采用级配良好的砂卵石或粗砂回填。

⑥ 对于山体要严格进行保护，考虑在山脚下的缓坡处种植具有固土作用的乔木、灌木以及草本植物，形成防护体系；对于其上的建设、采石等危及山体安全的行为应严格禁止。

12.9 安全信息系统工程

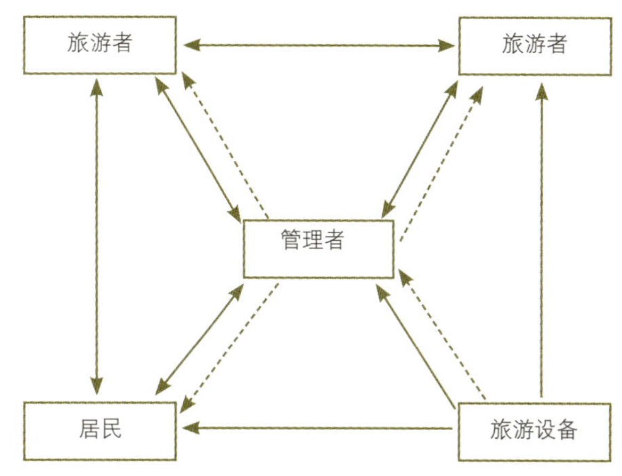

图12-25　旅游安全信息系统

旅游安全信息存在于整个森林公园安全系统中，形成了旅游安全信息系统（图 12-25）。

① 在森林公园安全系统中，旅游者把自身的背景、安全认知、安全偏好、安全经历及价值取向通过旅行社、旅游决策行为等传递给当地居民、森林公园管理者和服务者，森林公园则把当地的安全形势、安全状况传递给游客。在安全信息系统中，森林公园管理者处于系统的核心地位，既是安全信息的来源、通道，又是信息的处理中心。森林公园管理者根据旅游安全信息，针对游客的安全需要制订旅游安全政策，针对旅游地、旅游设施设备安全状况采取旅游安全管理措施。

② 在森林公园内设置安全宣传栏，发放安全宣传手册，在易发事故的偏僻景区地段，设置安全橱窗。在有危险的地段设置告示牌、警示牌，提醒旅游者在旅游过程中应该注意的事项和出事后应当采取的紧急措施。在导游图上，介绍景区的安全保障情况和游览注意事项。

③ 对森林公园周边的居民进行普法教育、法治宣传教育，提高他们的法治观念和守法意识。特别是让他们了解森林公园安全的旅游环境和他们切身利益的密切关系，以便使他们能自觉维护景区的安全环境。

④ 在森林公园旅游旺季期间，科学地进行针对性的反营销宣传活动，降低景区旺季的高峰流量。将游客数量在旺季时控制在能承受的范围之内，以减轻森林公园巨大的安全保障压力。

参考文献

[1] 霍宪丹，常远，杨建广 .2005. 世界化时代之安全问题与安全系统工程——兼论科学的安全与发展观（上、下）[J]. 中国监狱学，4，6.

[2] 张乃禄，刘灿 .2007. 安全评价技术 [M]. 西安：西安电子科技大学出版社 .

第13章　森林文化产品及解说系统策划

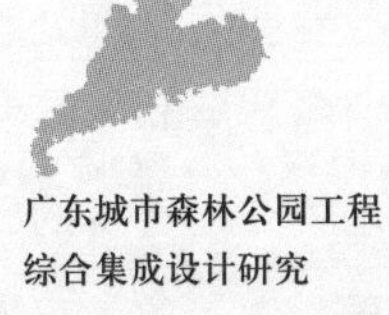

13.1 森林文化概述

13.1.1 森林文化定义

对于“文化”一词的诠释存在着众多提法，福尔索姆（Folsom）认为：文化是一切人工产品的总和，包括人所创造并能向后代传递的一切事物，包括了人所创造的精神产品和物质产品。广义上的文化是指人们在社会历史实践过程中所创造的物质财富和精神财富的总和。

森林文化是指人们在与森林有关的历史实践过程中所创造的物质财富和精神财富的总和，包括物质文化和精神文化两部分。森林文化作为一种意识形态，是同一定历史时期的生产实践和生产方式相联系的，反映了人与森林关系的文化现象。

13.1.2 森林文化内涵

森林文化是一种历史现象，是人类在漫长的历史长河中，在长期的社会生产实践中，逐渐建立起来的人与森林、人与自然之间相互影响、相互依存、相互融合的关系。历史上的文明古国都诞生于森林中，国家的兴衰与成败、古文明的辉煌与没落，均离不开森林以及由森林为主体所构成的自然生态环境。一方面，文明发展的过程中，人们对物质的需求不断增加，森林随之受到持续的破坏；另一方面森林不断消失、生态环境不断恶化，直接导致文明自身的衰退。文明在森林中诞生和发展，森林是人类的摇篮，文化与文明的催化剂。几千年来，人类与森林朝夕相伴，同时思考着如何正确处理森林与文明的关系，在对森林的保护和利用的过程中，在从不同角度审视森林的过程中，人类亦把自身的人格与感情融入了森林，以“以人为本、天人合一”为精髓的森林文化在人类发展过程中起到了极大地作用。

森林文化是以森林为背景，以人类与森林和谐共处为指导思想和研究对象的文化体系，是传统文化的有机组成部分。森林文化研究的意义在于继承和发展传统文化遗产，发挥文化在区域可持续发展中的作用；在于唤起全社会、全民族的森林与环境意识，正确认识人与森林的关系，保护和发展森林（郑小贤，1999）。

13.1.3 森林文化组成

森林文化的内容，除了大量反映森林风物、林业的文学作品、绘画、音乐等艺术外，还包括各类树木及竹文化、花卉文化和森林旅游文化、民族森林文化等（郑小贤，1999）。

若按文化来分，森林文化可以分为：树种森林文化形态、产业森林文化形态、地域森林文化形态、民族森林文化形态、城市森林文化形态、乡村森林文化形态、外在森林文化形态、内在森林文化形态、口传和非物质文化形态 9 种形态（苏祖荣，2005）。

根据文化学结构理论分，森林文化又可分为森林物质文化、森林制度文化、森林行为文化和森林精神文化（李晓勇、甄学宁，2006）。

13.1.4 森林文化传播系统

一般认为文化传播是指“人类特有的各种文化要素的传递扩散和迁移继传现象，是各种文化资源和文化信息在时间和空间中的流变、共享、互动和重组，是人类生存符号化和社会化的过程，是传播者的编码和读者的解码互动阐释的过程，是主体间进行文化交往的创造性的精神活动”（吴各言，2004）。美国著名的传播学家威尔伯·施拉姆关于文化传播有一个精辟的概括：“A 通过 C 将 B 传递给 D，以达到效果 E”，这样我们可以将森林文化传播系统的组成分为以下几个部分。

（1）传播凭借物——森林文化产品

森林文化产品还没有统一的定义，多是从文化产品角度对森林文化产品进行界定。一般认为森林文化产品是指包涵森林文化信息的物品，是森林文化信息与有形载体的复合体（甄学宁，2006）。

通俗地讲，森林文化产品就是指在市场上标价出售的含有森林文化或艺术内容的艺术品、工艺品、书籍、光碟、磁带、软件、电子出版物等有形文化载体，以及以森林文化服务方式提供大众消费、娱乐、欣赏的电视、电影、演艺节目等。

（2）传播主体——森林文化传播者

狭义上的森林文化传播者主要指森林公园、自然保护区等景区的管理人员、导游人员、服务接待人员等。广义上的森林文化传播者是指能向传播受众传播森林文化的所有主体要素，包括景区景点所在地的各级政府、旅游主管部门、景区景点内的工作人员，乃至景区景点内的居住民。

森林文化传播者作为传播活动的组织者，也是森林文化信息的采集、发布者，在传播活动中，占主动、积极的地位，通过决定着传播活动的存在和发展，以及传播内容及符号的质量与数量、流量与流向，最终影响整个森林文化传播活动。

（3）传播受众

森林文化传播受众就是森林文化信息的接受者，他们在森林文化的首次传播中没有什么主动权，但对森林文化信息的接受与否和接受程度上有着很大的主动权，同时，他们在森林文化的二级传播中又部分兼任了传播者的角色。

（4）传播媒介

森林文化传播媒介是森林文化传递或接受以及受众信息反馈过程中的载体和中介，是记录、保存、处理、传递、表现信息的媒介。传播媒介具有实体性、中介性、负载性、还原性、扩张性等特征。认识传播媒介的特点和作用，把握传播媒介的运行机制，对于森林文化传播者扬长避短、科学选择媒介或媒介组合，达到较好的森林文化传播效果。

13.2 森林文化产品

13.2.1 核心理念

森林文化产品作为森林文化传播的凭借物，其表现出来的核心理念应该是通过传承、弘扬森林文化进一步向公众传达生态文化的理念。人类是从森林里走出来的，人类创造的最初文化形式是森林文化，并传承发展到现在。森林文化经历并丰富了农业文明和工业文明，也必将在生态文明建设中发挥着重要的纽带作用，人类通过森林文化连接着人类文明历史，森林文化也是生态文明最合适的载体（郑小贤，2007）。

13.2.2 存在形式

森林文化产品按存在属性可分为物质性文化产品和精神性文化产品，前者是以实物形式存在，生产、交换、消费过程与一般商品无异。精神文化产品需要依附一定载体的有形外壳而存在，人们在消费的时候不仅仅只是物态的外壳，更是内含的精神文化元素。

森林文化产品按载体不同可以分为：书籍、报刊等纸质载体，胶卷、磁带、磁盘、光盘，以及近年来出现的移动存储设备等。

森林文化产品按艺术表现形式不同可分为：电影、电视、诗歌、散文、小说、寓言、童话、歌曲、舞蹈、音乐、戏剧、书法、绘画、雕刻等。

森林文化产品按消费形式可分为：阅读品、音频制品、视频制品、陈列品、旅游产品和娱乐产品等。

13.2.3 策划原则

（1）市场导向原则

森林文化产品的生产必须以市场为导向，以市场需求为出发点。对于森林文化产品的生产者而言，需要结合当地的社会经济发展水平和当前行业发展趋势，准确进行产品市场定位，这样有利于使森林文化产品开发设计具有较强的针对性，迅速占领市场、扩大市场份额，取得预期的经济效益。

（2）突出特色原则

森林文化产品的生产者在进行产品策划开发时，

应该结合地域文化特色、民族文化特色等特点，从内在文化精髓、外在产品工艺设计等方面不断推陈出新，开发出与众不同、别具特色的产品。这样做不仅可以在森林文化产品众多的市场中树立自身的鲜明特色，有利于推动产品的营销，获得可观的经济回报，同时可以打破千篇一律的森林文化传播模式，达到意想不到的效果。

（3）多样性原则

森林文化传播受众需求的多样化要求森林文化产品的多样化，在产品设计、生产过程中，要针对传播受众的旅游目的、年龄、性别、职业的不同，进行针对性的设计，满足传播受众的全方位、多层次的需求。

（4）思维发散原则

森林文化的内涵和衍化形式极其丰富，包含森林文化内涵的存在物也是极其多样的，森林文化产品在策划开发时要广泛吸取已有多元的森林文化以及森林文化产品的精华，在博采众家之长的基础上明确自身产品的价值指向。

13.3 解说系统

13.3.1 解说系统定义

关于解说的定义归纳起来有几十种，如加拿大公园署认为："解说活动着力于鼓励对公园自然价值的和享受，以及发展人们和其赖以生存的自然环境关系的意识。"美国博物馆协会认为："解说是五种有计划的努力，以使旅客对事件、人物、史迹等的重要性产生了解。"……从中我们可以发现无论定义者出于何种目的、站在哪个角度或从不同专业出发，对解说都有一个共同的认识，即是对事情本身所做的客观性说明。它具有科学性、通俗性、趣味性、教育性等特征，能引导人们全面、客观、准确地获取事实真相，满足人们获取全方位信息的需要。解说是一种信息服务，目的在于借助于各种实物、模型、景观、实物资料以及影像资料等传播媒体将客体信息准确、全面地告知公众，并尽可能科学地解释事物运动的内在规律，增进公众对所描述事物的了解。

解说系统由解说主体、解说对象、解说内容、解说方式、解说受众五要素构成，通过解说主体的组织、协调，并以形式多样的解说方式对解说对象进行解说，使得含有解说对象丰富信息的解说内容传播并到达解说受众，从而帮助解说受众了解解说对象的性质和特点，实现解说系统的服务和教育两大基本功能。

13.3.2 解说系统构成

解说系统由解说主体、解说对象、解说内容、解说媒介、解说受众五要素构成。

（1）解说主体

一个完善的景区解说系统应该包括一个健全的解说主体，解说主体是景区管理机构中负责组织、策划、控制景区解说过程实现的策划人和组织者，解说主体应当由景区管理人员和相关专业人士共同组建。城市森林公园的解说是一种目的性很强的人为活动，需要对解说过程进行全局性的谋划和控制，涉及的工作主要包括解说对象确定以及信息收集和分析、解说受众的调查分析、解说方式的选择、解说内容组织、解说效果信息的收集与评价、解说系统的维护、更新与改进。

（2）解说对象

解说对象是指特定的城市森林公园以及与之有关的一切事物和现象，既包括在城市森林公园开展旅游活动本身所包括的相关事物与现象，也包括景区所依托的自然环境和人文环境等延展性客观存在。从宏观角度看，特定的城市森林公园及其所依托的自然人文背景环境都是解说对象；从微观角度看，景区内的生物资源和非生物资源都可能成为解说对象。这些事物或现象不论其本身禀赋高低，都是城市森林公园的有机组成部分，都是游客的游览观赏、了解享受的对象，所以都应该纳入解说对象的范畴。

（3）解说内容

解说内容是在对解说对象进行分析的基础上，经过人为的筛选、加工形成的能反映解说对象性质、特点及其之间相互关系得来的。就城市森林公园而言，解说内容必须与解说对象相结合，并综合考虑森林文化和城市文化的特点，在突出解说对象特色的同时也能彰显森林文化和城市文化的内涵。

(4) 解说方式

解说内容包括对解说对象的人为加工成分也包括解说方式，即采取什么样的方法将解说内容含有的信息有效地传递给解说受众，因此可以这样理解，即解说内容与解说方式是合为一体的。

解说是一种信息的传达过程，而信息的传达需要借助某些媒体，通过某种方式才能达到解说受众中。对解说方式分类的标准不一而论，比较成熟的是吴必虎提出的自导式解说和向导式解说两种。

自导式解说方式是由书面材料、标准公共信息图形符号、语音等无生命设施、设备向游客提供静态、被动的信息服务。如宣传材料、室内展览、多媒体设备、解说牌、标示牌等。向导式解说方式是以具有能动性的专门导游人员向游客进行主动的、动态的信息传递过程。最大的特点是信息互动、双向沟通，导游能够及时回答游客提出的各式各样的问题，提供人性化的服务。

(5) 解说受众

解说受众是解说内容的接受者，解说受众的范围有狭义和广义之分。狭义地讲，解说受众的主体就是指前往城市森林公园进行旅游活动的游客；广义地讲，解说受众应该包括各相关部门、游客、当地社区和居民、社会团体和政府部门等，因为随着解说内容的不断丰富，解说方式的不断拓展，解说所达到的效果在不断地加大，因而解说受众范围扩大化是一个不争的事实。

作为解说系统的核心因素，解说受众是一个非常复杂的因素，因为即使采取狭义的范围，旅游者群体是一个多样化的人群，他们的年龄、教育背景、人生阅历、职业背景、审美观、人生观、价值观等诸多方面差异性很大，因此对解说的要求也就千差万别。正是由于解说受众的多样化决定了整个解说系统的设计必须建立在对解说受众进行分类和研究的基础上，从而策划出多样性的、有针对性的解说系统方案。

13.3.3 解说系统作用

城市森林公园解说系统具有特定的功能，它是整个城市森林公园系统的一个子系统，其功能与森林公园功能密切相连。一个完整的城市森林公园解说系统的作用通常是多方面的，如服务功能、环境教育功能、康乐功能、管理功能、经济功能等等。由于城市森林公园是传播森林文化、生态文化的平台和载体，因而生态环境教育和生态文化传承功能是城市森林公园解说系统的重要功能，这也是与一般城市公园明显的不同所在。尽管城市森林公园解说系统的作用不断在扩大和延伸，但是服务和教育是两个最基本的功能。

(1) 服务功能

服务功能是城市森林公园解说系统最基本的功能，它体现在游客前往目的地，到达目的地并开始旅游活动，结束游览离开森林公园的全过程。城市森林公园开展森林旅游向游客提供的是一种服务，游客到城市森林公园旅游是一种消费服务的过程。该消费与一般的物品消费不一样，游客萌生出游动机的时候通过解说系统的特定解说方式方能对目的地产生初步的认识最终决定前往，随后游客需要被提供一系列的交通指引方能抵达目的地，在进入城市森林公园后，游客需凭借解释说明的信息方能顺利完成整个消费过程。由此看来解说系统所提供信息的质量会直接影响旅游者消费全过程的质量。因此可以说，城市森林公园解说系统具有完整的信息服务系统，它为旅游者提供了引导游览及相关信息服务，并为年龄、兴趣爱好、体质和文化背景各不相同的游客提供最大限度的游览机会。

(2) 科学教育功能

生态环境教育功能是城市森林公园解说系统的重要功能。城市森林公园不仅要为公众提供游憩的场所，而且要成为公众培养生态意识、提高环境觉悟、普及科学知识的自然大课堂。解说系统的建设为城市森林公园发挥环境教育功能提供强大的支持。

城市森林公园具有生态环境良好、生物多样性丰富的特点，并且有一定数量或典型的、或独特的自然景观和人文景观，它体现出以森林为主的生态系统的原始生态美，同时也是一个充满趣味、蕴藏知识、富于哲理的天堂。城市森林公园解说系统对森林生态系统进行阐述，对人与森林生态的关系进行诠释，引导公众认识森林，了解森林，并激发热爱森林、保护森林的热情，促使公众充分发现、理解、欣赏、品味森林公园的内在魅力，从而实现城市森林公园解说系统的教育功能。

（3）管理功能

管理功能的发挥建立于服务功能、环境教育功能良好发挥的基础上。通过解说系统的提示和帮助信息，旅游者在游览活动中，能做到不对旅游资源和旅游服务设施造成过度利用或破坏。

管理功能是城市森林公园解说系统的高层次功能，森林公园解说系统向游客陈述森林公园内的自然景观、文化景观及生态过程以及它们对人类的重要性，并说明森林公园经营理念和缘由，使森林公园的各种资源因游客的认识而得以保护，亦使森林公园经营管理措施因游客了解而获得充分的支持。因此，森林公园解说系统成为沟通游客和森林公园管理者的桥梁，使得游客自觉规范自己的行为，甚至成为管理者的得力助手，并以自己的实际行动带动更多的人。

（4）经济功能

建立完善的城市森林公园解说系统，可以通过辅助的方式帮助旅游者提高自身对城市森林公园的审美能力和对城市森林公园文化内涵的领悟能力，从而增加旅游者的游览愉悦感，并提高旅游者对城市森林公园的满意度，进而形成良好的口碑。通过旅游者的口口相传，可以吸引更多的游客前往城市森林公园开展旅游活动，这些潜在的游客也就意味着巨大的商机。此外，城市森林公园的解说系统应该被视为核心竞争力的重要组成部分来建设。城市森林公园解说系统不仅凭借各种媒介向旅游者提供所需信息，帮助旅游者充分体验到旅游的乐趣，更是森林公园文化建设的组成部分，而且特定城市森林公园在文化层次上的建设是不易被模仿的，完善的解说系统将是城市森林公园软实力的体现，并为城市森林公园的经营提供长远的、持续的经济效益。

13.4 城市森林公园解说系统策划

13.4.1 策划原则

（1）体现解说对象特点

城市森林公园与一般旅游景区，如城市公园、郊野公园等既有共同之处，也有显著的不同之处。因此城市森林公园解说系统的设计除应该包括一般旅游景区的共性外，更要体现森林旅游景区的独特性，加大对森林知识和森林文化的传播和传承，同时还要兼顾城市文化的影响。城市与城市之间的差别主要体现在一个城市所秉承的文化理念与其特有的人文气息中，城市森林公园的建设必然受到城市文化的影响，也正是因为这样，城市森林公园的建设才不至于千篇一律。

（2）秉承师法自然思想

解说系统是人工的产物，可是解说系统的设计应当遵循师法自然的思想，即注意物质性的东西，如解说牌、标识牌等的颜色、样式、材质等与周围环境融合一体。解说系统保持与景区环境一致性，并有着富有个性的造型、材质等，将极大地满足旅游者的心理需求。因此解说系统的设计是一个充满艺术性的创造过程。

（3）传承以人为本理念

城市森林公园的建设是给公众提供一个暂离喧嚣、享受宁静、净化心灵的场所。因此解说系统的设计应更多地考虑以人为本以体现景区对游客的独特关怀。通过细节的精心设计体现出解说系统本身应具有的人本主义情怀。

（4）发挥环境教育功能

教育功能是解说系统的基本功能之一，在解说系统的设计中应加强环境解说与教育的设计。将城市森林公园作为天然课堂，通过播放宣传片、设置宣传牌、赠送宣传品等多样的方式，激发游客热爱森林、关爱自然、保护环境的热情。

（5）充分运用现代科技

科学技术的进步极大地推动了解说系统的建设，为解说系统提供了坚实的技术支撑。以往，由于解说技术的单一，解说方式的单调，解说系统并没有达到理想的效果。现在，可以运用网络、多媒体、虚拟现实等众多先进的科学技术为解说系统设计服务，这将极大地提高城市森林公园解说系统的效果。

13.4.2 策划思路

将城市森林公园解说系统的设计组建为一个解说主体，包括解说对象确定、解说受众分析、解说方式选取、解说内容组织、解说系统维护（图 13-1）。

（1）解说主体组建

解说系统的策划需要组建一个高水平的解说主体。城市森林公园的解说系统需要多方面的专业知识和技能，解说主体的成员既应包括旅游景区内部的人员，如专职导游、解说员等，也应包括外聘的专业人员，这是解说系统能够取得理想效果的关键。其实解说主体应该是有所有能够胜任解说方案的人员组成，其中既包括景区工作人员，同时包括相关专业设计师、历史学者和当地居民等。

（2）解说对象确定

解说系统设计的前提是解说对象的确定，解说对象应包括有形资源和无形资源两部分。有形资源包括客观存在的物体、地点、人物或事件，也包括过去的历史与自然事件，解说系统可以激发受众更加关注有形资源，如某单一植物、某一生命现象，解说系统的设计可以通过设置多种有形资源，捕捉受众的注意力；无形资源是指从有形资源出发，开发其深邃的内涵，

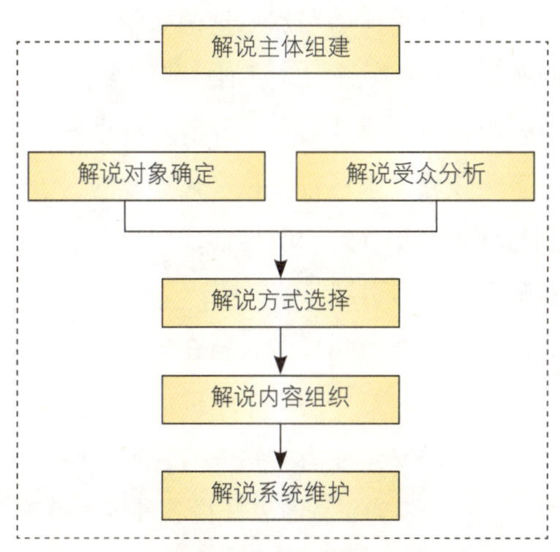

图13-1　城市森林公园解说系统设计思路

如果一棵树没有生命、生态美的内涵，那么它就仅仅只是木材而已；如果大森林没有自然美、原始美，没有森林文化和生态文化的内涵，那么也不会诞生那么多与森林有关的童话故事。

（3）解说受众分析

解说受众特征不同，对解说服务的要求也不同，整个解说系统是为解说受众服务，那么对解说受众进行深入的调查、分析是解说系统效果发挥成败的关键所在。一般来讲，受教育程度高的受众接受能力强，兴趣范围广泛，受教育程度低的受众则相反，因此解说系统设计之初应该采用问卷调查、访谈法等方式对解说受众进行调查分析，使解说系统的设计具有较强的针对性。

（4）解说方式选取

解说是一个信息传递的过程，而信息的传递需要借助特定的媒介，通过某种方式方能到达受众。解说方式选取就是选择最适合城市森林公园解说对象和解说受众的传播途径。解说方式大体上可以分为自导式解说和向导式解说两种（吴必虎，1999），解说方式的选取首先要考虑解说受众对解说方式的接受程度，例如游客自主性较差则需要导游讲解，若游客自主性较强则适合采用自导式解说方式；其次要考虑经济因素，解说方式的选择要考虑投入成本的使用周期等因素。

（5）解说内容组织

解说内容必须具有科学严谨、生动有趣的特点。解说系统是发挥城市森林公园生态环境教育功能的重要载体，因此科学严谨是解说系统的基本要求，对景区内动物、植物等解说不能似是而非、模棱两可，更不能歪曲误导。此外解说受众除了少部分是专业人士，大部分是普通游客，因此解说内容的组织还应该具有通俗易懂、妙趣横生的特点，这样方能抓住受众的好奇、求知的心理，向其传授科普知识。城市森林公园解说系统的内容要做到主旨明确、重点突出、脉络清晰、通俗易懂，必须加强对景区内的有形资源和无形资源的调查和评价，进而进行人为加工和提炼。

（6）解说系统维护

解说系统的维护包括日常的维护、更新和改进工作。残破的标识牌和解说牌、破损的旅游书籍以及损坏破旧的多媒体解说工具等，不仅使解说系统丧失应有的服务和教育功能，使游客失去兴趣，同时还将导致城市森林公园的美誉度下降，并带来连锁反应式的负面影响。此外值得注意的是，提供过期信息以及未能紧跟社会发展趋势，同样会引起游客的不满与厌烦。因此解说系统的工作包括对各种展示栏、展板、标识牌、解说牌、宣传手册等各种媒介的维护、更新和改进，满足游客不断变化的需求。

13.4.3 子系统策划

城市森林公园解说系统子系统的设计可以分为两个部分，即景区外部解说部分、景区内部解说部分，每个部分又由若干个子系统组成。

(1) 交通导引解说子系统

随着城市交通的发展，城市道路交通变得错综复杂，若没有良好的交通导引解说子系统，旅游者到达旅游目的地的难度必然加大，尤其在出游交通工具多元化的趋势下，加强交通导引子解说系统建设显得尤为必要，交通导引解说子系统建设需要注意以下几点。

① 有条件的应使用汉英双语说明；

② 公路、铁路、城市公交、地铁等交通转乘点的交通导引应做到详细、易懂；

③ 交通导引子系统所使用到的标识牌等应注意设计风格和材质。

(2) 公众宣传解说子系统

针对解说受众的范围不断扩大的客观趋势，加之科学技术的发展、传媒技术的多样化，城市森林公园解说系统建设应加强广播电视、交通传媒、网络传媒等多种宣传方式的运用，这其中尤为值得重视的是网络传媒。景区网站已成为游客获取景区旅游信息的主要手段，它是集图、文、音、像等多功能于一体的展示方式，它所能提供的信息量大、信息面广，有着其他展示方式无可比拟的优越性和广阔前景。此外，景区网站还是一个优秀的信息交流平台，使旅游者即解说受众与解说主体产生信息互动。因此，建立一个包括景区新闻、景区风景文化展示、旅游线路设计、服务项目、帮助中心和论坛等多方面信息的景区网站是非常重要的。

(3) 接待中心解说子系统

接待中心解说子系统是指城市森林公园向游客全局性地、概括性地提供景区的基本信息以及相关的旅游咨询和服务。接待中心是集旅游接待、形象展示、展览推广等综合业务于一体的综合性服务区，主要为游客提供住宿、餐饮、导游、娱乐等综合性服务，它是城市森林公园对外管理和形象展示的主窗口，在接待中心解说子系统设计过程中应注意以下几点。

① 提供综合性服务，包括导游服务、旅游咨询、旅游商品销售、失物招领、物品寄存、医疗服务、残疾人设施提供等功能。

② 具有一定的建筑规模并具备完善的基础设施条件。城市森林公园的接待中心同时是服务中心、展示中心和通信中心。为了给游客提供必需的、舒适的服务，接待中心首先应具备一定的建筑规模，同时应具备便利的交通设施及交通工具，基本的通信设施（如电话、电脑、网络等），充足的电能、水能和热能等基础设施以及一流的展示设施（如多媒体放映设施、展示厅、展板等）、完善的售货设施（如人工柜台、自动售货机等）、温馨的住宿设施（如床铺、卫生洗浴设施等）、健康的餐饮设施（如就餐空间、就餐设施、食品制作空间等）等。

(4) 导游解说子系统

导游是联系旅游者与旅游地的纽带，是组织、指导、沟通、协调游客进行旅游消费和体验的重要媒介，是解说系统设计中重要的一个环节。城市森林公园旅游者的审美体验，景区自然和文化资源的展示，自然界生态与环境保护等知识的传播，在很大程度上依赖导游的解说与行为引导。

导游解说系统是指导游人员在导游过程中，要以积极的职业态度、良好的生态伦理道德、灵活的语言技巧、强有力的交际能力、熟练的管理技能和沉着的应变能力，不仅要确保旅游者获得各种生态审美体验，了解景区自然和文化知识，还要加强对旅游环保的宣传与推广，提高旅游者生态保护意识。城市森林公园导游解说子系统的设计重在加强导游队伍的自身建设，要注意以下几点。

① 导游人员需及时地学习和更新生态学、林学、生态旅游学、自然地理学等方面的知识，保证自己的讲解能够满足旅游者的需求。在旅游解说过程中，突出生态、环保、教育功能，变旅游者为生态旅游者。

② 导游人员自身要有强烈的环保意识，在解说活动的全过程中扮演生态环境保护的咨询员与推广者。并将旅游活动作为环境保护宣传的平台，积极寻求恰当的时机对旅游者进行环保渗透。

③ 引导旅游者进行绿色消费，倡导绿色环保理念。如在旅游景区内，以恰当的方式提醒客人注意节水节电、爱护公用设施设备，尽量减少或避免使用一次性塑料包装或一次性餐具，保护野生动物，在游玩过程中不惊吓、骚扰野生动物，不购买由濒危动植物加工而成的旅游纪念品。

(5) 引导性解说子系统

引导性解说系统是指城市森林公园内部，为了方便引导、方便旅游者在景区内部进行旅游消费而设立的标示牌和解说牌。标示牌解说由景区总体结构展示、景区内道路、景点、服务设施等分布情况和位置的示意图和指路牌组成，主要对景区进行整体空间结构上的解说，目的是使游客对景区的整体布局、结构设施、游径分布等情况有直观的了解和认识，并帮助游客在景区内进行游览和观光。解说牌主要是为旅游者讲解景区景点的自然、历史、文化等资源，可以增加旅游者对景区的兴趣，满足旅游者对文化知识延展性的需求。

标示牌的设计一般要注意以下几点：

① 旅游景区大门口或接待服务中心设置平面图、鸟瞰图、简介文字等形式标示牌，对整个森林公园进行宏观性解说，给旅游者一个整体上的认识；

② 景区内的主要景点和游径等节点处，设立导游示意图，标明旅游者当前所在位置，帮助其快速定位，并获取自己需要的信息；

③ 指路牌的设计目的是向旅游者清晰地指明行进方向，在设计时可以打破常规，不仅直接地表示出方向、前方目标、距离，还可以包括行进时间、景点点评等要素，有时可以包含一个或多个目标地的信息。

解说牌的设计一般要注意以下几点：

① 解说牌应包括景点名牌、景点解说牌、环境解说牌、资料展示牌等承载景区景点内容比较多的标牌。

② 解说牌一般设在景点入口处、接待中心内的展示厅、游客便于停留的地方，如观景台、观景点等处。

③ 解说牌的内容不仅要包括常规内容，更应体现森林公园的特色，可以加强对植物、动物的解说，做到图文并茂，引发旅游者的兴趣并主动接受解说内容。

④ 解说牌的解说内容要科学严谨、通俗易懂。解说牌用以说明单个景点或某一资源的名称、性质、特点、历史、内涵等信息，不仅是景区资源知识传递的重要载体，也是体现景区教育功能的重要手段，所以其内容的科学性就显得非常重要。

(6) 印刷物解说子系统

印刷物是指通过铅印、油印和胶印等多种印刷技术，将要传达的内容固化在纸张上的一类物品。这种解说材料携带方便，信息量大，能够随时为游客的游览活动提供解说服务，而且可以做到图文并茂，是传达解说信息的重要载体之一。印刷物解说系统主要包括旅游交通地图、景区旅游指南、景区风光图册、景区宣传彩页、旅游书籍等。

① 旅游交通地图。主要向游客展示的是城市森林公园的地理位置，景区景点分布图、景区旅游线路图等，同时也附有包括景区概况、景区经典景点的简介的文字性介绍。旅游交通地图不仅可以让游客明白自己在游览途中所在的位置，而且还可以指导游客进行其他的旅游活动，满足不同类型游客的需求。

② 景区旅游指南。可以向旅游者传递相当丰富的信息，并通过精美制作以反映当地的特色和文化气息以及一个城市森林公园的经营管理水平。景区旅游指南上所反映的信息一般有：景区简介、游客须知、旅游服务设施（住宿、饮食、购物、交通等)、景点的简介、景区全景图、景点游线图、旅游咨询等等。

③ 景区风光画册。就是将有关旅游景区的优美图

片、风光照片、一些景点景观的特写、不常见的景象以及具有纪念意义、现实意义的图片，装订成册，制作成精美的画册，也可以制作成明信片。风光画册及明信片给人一种美感，通过精心设计，以秀丽的风光并配以优美、典雅的文字，不仅可以向游客展示各种景观与景象，而且还具有珍藏和纪念意义，同时可以通过赠送、邮寄等方式扩大城市森林公园的知名度。

④ 景区宣传彩页。是向旅游者宣传景区旅游形象的一种印刷品。它可以由城市森林公园自身向前来观光的游客发放，提供旅游向导服务，达到宣传旅游形象，展示旅游产品的目的，也可以通过旅行社等旅游机构向潜在旅游者宣传，以激发他们的旅游动机。景区宣传彩页上应反映的信息有：景区简介、景区导游图、具有代表性和反映景区主题的景区图片、与图片风格相符合的简洁性文字介绍、景区联系方式等。

⑤ 旅游书籍。是以旅游景区和当地旅游文化作为背景，描述景区及当地的历史沿革、民俗文化、政治经济环境、生态环境等，同时也出版有关景区的园林知识、建筑知识、文物知识、生物知识、人物传记等。

(7) 多媒体解说子系统

电子音像解说系统是一种集声音、文字、图片、影像等于一体的解说系统。这种解说子系统具有一定的科技含量，体现了时代气息，各种音像设施的巧妙使用不仅可以提升景区的旅游形象，还可以为景区提供意想不到的背景效果。

为了满足不同游客的需求，电子音像和传播设施需要丰富多样，在设计过程中需要注意以下几方面细节。

① 在接待中心设置影像放映厅播放景区风光片、资料带、艺术片等。

② 制作关于景区景观变迁、民俗风情等 VCD、DVD、CD 宣传品展示给游客，给游客动态、直观的感觉，也可以此形式向旅游者出售，这些宣传品对于旅游者来说也有收藏价值和纪念价值。

③ 旅游区内广播系统是以声音为主的信息传播媒介，它主要以语言和音乐为载体向游客播放景区的基本情况、游客须知、与景区相适应的背景音乐等。还能播放寻人广播，发布紧急通知或安全警告，是提高游客旅游质量和景区安全保障水平的重要设施。

(8) 设施性解说子系统

设施性解说子系统主要是指景区内的警告、服务标牌，环保和垃圾回收设施等能对游客起安全、服务和环保提示作用的解说系统，它的设计要考虑如下几个方面：

① 警告牌或忠告牌的设计要注重人文关怀，虽然其目的在于告知游客各种安全注意事项和禁止游客各种不良行为，如“游园须知”、“浏览须知”等形式的提示牌、安全牌、警告牌。但是要注意颜色、字体的运用，语气的使用，具有人性化的、友善性的提示与告示的效果远远大于传统严厉的警告语言。

② 服务标牌主要指服务功能建筑物的导引和名称牌，包括厕所、餐厅、小卖部、照相、休息处等标牌。这些标牌的语言运用要非常注重人文关怀。标牌的设计应与城市森林公园整体环境以及建筑物的风格相协调，给人一种美的感觉。

③ 重视垃圾回收设施的建设，垃圾回收设施的首要功能便是维护景区环境卫生，其次也是进行环境保护教育的载体。垃圾回收设施设计要考虑布局、材质、颜色、造型等因素。垃圾回收设施应靠近游道、游客休息地、游客停留地。垃圾回收设施的美化工作也应引起足够的重视，垃圾回收设施除了起重要的垃圾收集功能外，还具有景观观赏功能。造型美观的垃圾收集设施也是一种景观小品，会成为游客无意中的观察对象。垃圾回收设施上的语言使用也应该精心设计，大众化的“保护环境，爱护卫生”等字眼或者是简单的回收标志缺乏新意，未能与景区整体环境相协调，可以采用富有新意的文字，将不同风格的语言进行有机结合，培养并提高游客爱护自然环境的生态意识。

第14章　城市森林公园经营管理系统

14.1 城市森林公园经营管理目标

14.2 城市森林公园经营管理内容与模式

14.3 城市森林公园管理体制

14.4 城市森林公园经营管理机构及其主要职能

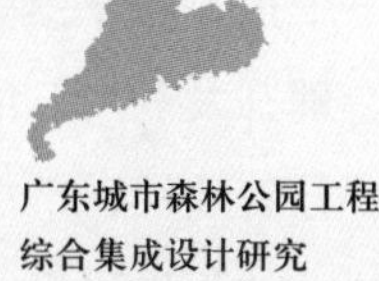

随着社会经济不断发展，城乡人民生活水平日益提高，为旅游消费市场拓展了较大的空间。以森林旅游为主体的生态旅游，已成为当今旅游业中最有发展前景的“朝阳产业”。它不仅是生态文化建设的重要内容，同时也是提升城市生活质量、树立城市森林发展文明形象的重要窗口。

广东工业化、城市化发展快速，其岭南地理位置独特，毗邻港澳，具有丰富的自然资源、人文资源和优美的环境资源。因此，建设城市森林公园，发展森林旅游条件得天独厚。城市森林公园逐渐成为人们节假日游憩、休闲健身的主要场所。但是，在开发森林旅游项目时，存在着对森林资源过度地开发利用，这些都给保护城市森林及其生态环境带来了较大的负面影响，也给森林公园经营管理带来了挑战。因此，城市森林公园经营管理工作，坚持贯彻“城市森林生态保护为主线，利用与适度开发相结合”的方针，是经营管理成功的关键。

14.1 城市森林公园经营管理目标

建设城市森林公园能充分体现现代林业多种功能，其经营管理的目标主要体现在保护森林资源、优化森林生态、丰富森林文化、丰富森林游憩产品等四个方面，其最终目标是增强城市市民幸福感。

(1) 保护森林资源

森林资源是城市森林公园开展森林旅游及可持续发展的基础，森林资源经营管理也是城市生态建设的一个重要部分。森林资源保护必须贯彻“保护、培育、合理开发利用”的方针，即公园内的珍稀、濒危树种要挂牌建档，严加保护，防止人为损毁；城市森林公园内的工程建设，尽量减少对自然植被和植物物种生存繁衍环境的破坏；在森林公园内严禁捕捉、捕杀各类野生动物，并加大执法力度，严厉打击违法行为；在森林公园内除工程建设和林分改造外，不得随意砍伐、破坏林木;游客高峰期，局部有可能超过环境容量，会造成公园景观资源的耗损或对环境的破坏，要确实组织好管理人员有计划加以疏导，预防产生不良后果，必要时限制游客数。因此，森林公园必须加强森林资源的经营管理，建设和培育稳定高效的森林生态系统，推进森林资源的可持续经营，为建设完备的森林生态体系、丰富的森林文化体系和发达的森林产业体系提供物质支撑，促进人与自然和谐。

(2) 强化森林生态功能

建设生态文明是贯彻落实科学发展观的新任务，是生态建设的新目标。林业是生态建设的主体，是促进人与自然和谐纽带。而建设生态文明、构建和谐社会赋予了森林资源经营管理新的使命。城市森林公园内森林资源丰富，其多样化的森林风景资源，是大自然留给人类的宝贵遗产，其本身也是自然生态体系的重要组成部分。城市森林公园的建设除加强对现有优质森林的有效保护外，将会对生态功能低下、质量较差的林分进行改造，进一步调整和优化森林群落结构和树种组成，构建色彩丰富、生态功能强大的地带性森林景观。营造多树种、多层次、多色彩、多功能的森林生态系统，城市湿地体系在保持水土、涵盖水源、促进生物多样性恢复等方面效益将更加显著，从而更加优化森林生态环境。

(3) 提升森林文化

广东城市森林公园应根据城市文脉的特点，遵循人文与自然相融合的原则，深入挖掘森林文化内涵并让其更加丰富多彩，如野生植物文化、野生动物文化、宗教文化、民族或民俗文化、专类主题景观园等文化。增加并进一步提升森林文化产品，形成以人为本、贴近自然等森林文化体系，不断提供城市森林观光、森林休闲等文化产品，将其开发成寓教于乐的森林生态文化产品，满足不同文化层次的游客需求。

(4) 丰富森林游憩产品

广东城市森林公园应根据自身的资源优势，充分考虑游客的参与性、体验性和娱乐性，开发建设一系列的森林游憩产品，满足游客的不同需要。森林游憩产品按功能分主要有：游览观光类（观山形与地质地貌、登高远眺、特色森林景观游览、花果园观赏、湿地景观游览、南亚热带沟谷观光、观瀑、观花鸟鱼虫）、康体休闲类（登山健身、溯溪探险、深谷探幽、体能拓展训练、徒步游览、自行车运动、森林浴场、垂钓、果蔬采摘、药草甄别、田园劳作、以养生保健为主“森林医院”）、文化体验类（宗教、民俗风情或民族文化展览、文化艺术节、艺术品展览）、科普教育类（树木园与苗圃、现代农业观光、自然教育路径、学生实习基地与标识解说产品）等。

(5) 增强城市幸福感

经过 30 多年快速发展，广东的 GDP 在全国第一，经济上取得了很大的成就，但也产生了很多的问题，主要归结为三大矛盾：人跟自然的矛盾、社会矛盾，以及人与自身心灵的矛盾。根据《中共广东省委关于制定国民经济和社会发展第十二个五年规划的建议》，汪洋（2010）提出“幸福广东”的理念，即：① 正确处理好发展速度与发展方式的关系，增创科学发展新优势。速度可以慢一点，幸福感要增强；② 正确处理好硬实力与软实力的关系，破除重经济发展轻制度建设、重物质追求轻人文关怀、重既得利益轻变革进取等倾向，大力推进政治建设、社会建设、文化建设和生态建设，优化法治环境、人文环境，强化改革创新精神，增强全省凝聚力、吸引力和创造力，增强综合实力新优势；③ 正确处理经济增长与民生福祉的关系，建设宜居城乡，让人民安居乐业、共享经济增长成果，增创社会和谐新优势；④ 正确处理政府与市场的关系；⑤ 正确处理改革发展与稳定的关系。

多年以来，广东已全面进入经济社会发展转型期，传统发展模式难以推进科学发展，转变经济发展方式任务艰巨；与此同时，人民群众追求美好生活的内容形式更丰富、水准要求更高、权利诉求更强烈，追求体面、尊严和高质量生活已成为全社会的强烈呼声和价值追求。而城市森林公园的建设正是顺应了这一社会发展的要求，城市森林公园的森林既作为城市的储碳库，也是最有效的吸碳器，在缓解城市“热岛效应”、吸碳放氧等方面发挥着不可替代的作用。其优美的自然环境、茂密的森林、鸟语花香的氛围不仅在维护城市生态安全景观格局、改善城市生态环境、保持城市生态平衡等方面发挥着重要作用，提升城市总体形象，而且能为城市居民提供森林旅游、休闲保健、科普教育、体育健身等多种服务，极大地促进了人们精神文化生活建设，有利于社会秩序的稳定，有利于增强城市幸福感。

14.2 城市森林公园经营管理内容与模式

14.2.1 经营管理内容

(1) 组织管理

组织管理是森林公园管理的重要功能，也是森林公园进行正常经营活动的前提和基础。森林公园组织管理是根据森林公园的经营目标，建立组织机构、合理配置资源、明确各种责任、权力和利益，协调各种关系。

根据《中华人民共和国森林法》和《森林公园管理办法》等有关法律法规的规定，林业部门须认真履行森林旅游的管理职能，建立完善森林旅游组织管理体系，进一步发挥管理机构的组织协调职能，加强领导，切实维护森林公园的合法权益。按管理层级，广东省林业局主管全省的森林公园工作；各市、县（区）林业主管部门主管本行政区域内的森林公园工作；各森林公园成立相应的管理机构，开展经营活动的森林公园成立相应的经营机构，实行管理与经营职能分开。

(2) 资源管理

森林公园管理的首要任务是保护好森林风景资源，即保护地文资源、水文资源、生物资源和人文资源等，防止自然环境恶化。城市森林公园中，对各种资源应采用信息化动态管理，建立资源档案数据库，便于对资源进行有效管理；对不同的风景林林分采用不同的营林方式进行科学管理，如对质量低下的林分逐步改善林种结构和树种搭配，以乡土树种为主，扩大乡土树种种植比例，多树种、多层次组合，同时，积极开展引种驯化工作，引进优良植被，丰富观赏品种；对幼林进行全面的抚育；对部分林相较好的林分进行封山育林；加强森林病虫害防治等。资源管理由市、区林业行政主管部门与森林公园管理部门统一管理。

（3）安全预警管理

安全预警管理是森林公园管理的主要工作之一，是一项长期、艰巨、复杂的系统工程，主要包括生物安全预警管理、游客安全预警管理、生态环境及减灾防灾安全预警管理、工程施工安全预警管理、安全预警宣传教育等多个方面。生物安全预警管理主要包括森林防火、消防、病虫害防治、外来物种入侵防治、预防动物疫情发生及预警、预报监测等管理；游客安全预警管理包括衣、食、住、行、游、购、娱等多方面，如交通安全、治安安全、游客活动安全、旅游设施安全、游客食品安全等管理；生态环境及减灾防灾安全预警管理包括环境卫生安全、水质监测、减灾防灾工程设施检修、环境的游客容量和游憩强度的控制等管理；工程施工安全预警管理如设施建设过程对环境影响控制及其施工质量与选材用材方面的要求等管理；安全预警宣传教育工作，主要有指示性安全警示、音像提示安全警示、导游引导提示警示、建设者与旅游从业人员的安全培训，对游客、建设者、旅游从业人员制定行为规范导则或规章制度等。

城市森林公园因与城市的地域关系，平时特别是节假日来公园休闲健身的人数会相对较多，因此，除加强巡逻管理外，安全预警设施须充分考虑，如防火监控系统、治安监控系统等应尽量配备齐全。

（4）生产经营管理

森林公园管理机构主要履行资源保护、环境保护等职能，对资源、旅游安全实行全面规范管理，重点监管，完善经营管理机制，规范生产经营者开发资源的力度和强度。森林公园根据自身的实际情况，在旅游项目经营权转让过程中，应建立良好的规范机制，明确各方的责、权、利，并提高公众参与度，加强媒体监督，使生产经营者有章可循、有法可依。

经营机构对生产经营进行具体管理，生产经营者须加强环境意识，提高社会道德水平，在生产经营过程中确保资源和生态环境有效保护、可持续经营。同时，加强从业人员的培训，提高服务质量和水平，实现森林公园生态、社会和经济效益共同兼顾的目标。

（5）市场营销管理

市场营销管理是规划和实施理念商品和劳务设计、定价、促销、分销，为满足顾客需要和组织目标而创造交换机会的过程。市场营销管理包括分析、计划、执行和控制等四方面。

森林公园市场营销管理是指从规划设计森林旅游产品的定位、理念的实施，到品牌的形成、定价、营销网络筹划、促销策划等一系列工作进行分析、计划、执行和控制的全过程管理，主要适用于有经营项目的森林公园，如城郊型森林公园。主要内容包括：

① 建立健全经营管理人才机制。森林公园进行森林旅游开发涉及学科多，综合性强，牵涉面广，它对经营管理人员的综合素质要求比较高，不仅要懂管理和经营，同时还要有自然、地理、生物、历史文化、森林美学、工程规划建设等多方面的知识。因此，森林公园要加强经营管理人才培养，必须做到：对已有管理人员进行培训，提高工作人员的综合素质，自建营销队伍；同时通过招聘引进吸纳急需的高、精、优的经营管理人才；举办旅游服务培训班，推行标准化服务，创造优质服务品牌。

② 旅游产品的策划与管理。森林公园中的经营性项目必须根据客源市场的需求，确定旅游产品的定位，尽量克服产品的同质化，充分发掘自有资源，开发有特色的产品，形成自己独特的品牌吸引旅客，即在旅游产品的类别、规模、风格与特色定位、广告宣传等方面均与其他同类的森林公园有所不同。

③ 宣传策划。森林公园宣传策划可以通过多种形式将旅游产品、旅游服务进行宣传促销，从而扩大影

响，增加森林公园的吸引力。宣传策划管理可以有以下几种形式：森林公园与其他较典型的旅游产品组合成旅游网络，形成多条精品旅游线路；建立森林公园网站；利用旅游专业网站、因特网、数字交互式媒体等互联网为载体增加知名度；通过解说系统的一些设施进行直接的广告宣传、集中公共宣传；采用电视、报刊的新闻报道宣传；参加旅游展销会、游人发表的相关文章与图片宣传；举办各种节庆活动等形式进行旅游产品宣传展示等。

(6) 公众参与管理

城市森林公园应在总体规划、详细规划、工程设计、建设施工等各个阶段向社会民众公开，鼓励大家多提意见，并接受监督，同时，鼓励成立与森林公园相关的公益性、自发的民间社团，如香港的“郊野公园之友”、“民间环保团”等，让热心的民众和社会团体人员参与管理，使森林公园从规划设计到建设管理做到公开、公正、透明，具体可参考学习香港郊野公园公众介入参与管理的经验和做法。

(7) 森林公园的许可证管理

香港郊野公园规定在郊野公园及特别地区进行某些有组织活动、盈利活动，或个人的某些行动等均列出了较为明细的限制性制度，如果需要这些活动须申请许可证。如未经授权进入郊野公园或特别地区，在其内做出进行许可证不允许的行为，则属非法。目前，城市森林公园除在经营方面有相关许可证管理外，对游人有关行为的限制基本没有。因此，可借鉴香港郊野公园的许可证管理制度，出台城市森林公园相应的管理制度，从而规范管理、减少因人为活动造成的不必要的破坏。

14.2.2 经营管理模式

城市森林公园内主要以自然山水、森林景观为基础，其经营管理可借鉴《广州市森林公园管理条例》，公园基础设施建设资金纳入同级政府基本建设投资计划；生态保护和管理经费列入同级政府的财政预算；旅游、经营及附属设施项目资金由经营单位筹集。

随着森林公园的发展，有经营项目的森林公园其经营权和管理权趋向于将逐渐分离，其经营模式与管理模式也趋向于将分开。

(1) 经营模式

经营模式主要有非收费型森林公园和收费型的森林公园。

非收费型森林公园：此类型森林公园不以经营为目的，免费对游人开放，森林公园由市政府投资建设，为公益性的区域生态绿地；主要开展森林游览观光、休闲健身、科普教育等活动，除必要的娱乐设施、小卖部、冷饮店收取相应费用外，没有其他的经营性项目；或者公园内不安排任何经营性项目，公园只是作为纯粹游览及休闲健身的场所，而所有的经营项目均安排在园外。森林公园建设的资金来源全部为财政投资，其经营者也是管理者。

收费型森林公园：公园内只是开展一些必要的经营活动，有少部分的经营收益，主要是收取门票及相关经营性项目的费用。公园内既具有城区型森林公园的休闲健身功能，并开展相关的活动，有的同时又兼顾会务或度假等功能。森林公园建设资金由个人、集团、公司或股份制公司投资，投资主体直接参与经营或委托经营，为多元化的经营模式。

(2) 管理模式

城市森林公园管理模式：成立市森林公园管理中心或管理办公室（由森林公园所在市的林业行政主管部门主管），其下的各个森林公园成立一套相应的管理机构。

14.3 城市森林公园管理体制

14.3.1 香港郊野公园现状管理体制的启示

根据《郊野公园条例》，香港行政长官直接委派郊野公园及海岸公园委员会其中的一名委员为该委员会主席，同时也作为渔农自然护理署署长负责管理郊野公园和海岸公园一切相关管理事务，两者的最高权力集于一人，同时由一些非政府机构的学者、专家及部分官员组成郊野公园及海岸公园委员会向署长提供

表 14-1 城市森林公园公司、股份公司经营管理机构表

森林公园名称	所在地	级 别	管理机构
广东西樵山国家级森林公园	佛山市南海区	国家级	西樵山森林旅游开发总公司
广东观音山国家级森林公园	东莞市	国家级	东莞市观音山森林公园开发公司
广东天鹿湖森林公园	广州市萝岗区	省级	广州市国营黄陂农工商联合公司
广东紫莲山森林公园	潮州市湘桥区意溪镇	省级	潮州市紫莲森林度假村有限公司
广东雁鸣湖国家级森林公园	梅州市梅县	国家级	广东华银集团有限公司

决策建议，既保证了渔农自然护理署决策的全面性和科学性，也保证了郊野公园的管理在宏观与微观各层次上的统一，从而确保内部组织的高效运转。从功能区分上来看，郊野公园及海岸公园委员会是郊野公园管理的决策支持机构，而郊野公园及海岸公园管理局是郊野公园管理的行政执行机构。

香港郊野公园现状管理体制中由专家、学者等组成的委员会可对郊野公园的相关决策提出建议，合理化建议会被采纳，同时委员会又可行使执行监督权，这一先进经验值得城市森林公园借鉴。

14.3.2 广东省现有森林公园管理体制

广东现有森林公园绝大部分属于林业主管部门主管，有部分县级森林公园由当地政府部门主管或由股份公司管理。目前，广东省内森林公园管理部门主要将林木的所有权、管理权、经营权等三权进行统一管理。其管理单位主要有以下几种：

(1) 林业部门或国有林场管理

根据《森林公园管理办法》规定，“县级以上地方人民政府林业主管部门主管本行政区域内的森林公园工作”；“在国有林场、国有苗圃经营范围内建立森林公园的，国有林场、国有苗圃经营管理机构也是森林公园的经营管理机构，仍属事业单位”；“其他各森林公园由当地林业行政主管部门主管，业务接受省及上一级林业行政主管部门指导，并成立森林公园管理处。原林地隶属关系、山林权属不变”；“突出林权、协调各方、重在管理”的公园管理制度，能提高森林公园经营管理水平，促进森林公园健康发展。

(2) 公司、股份公司经营管理

据广东省林业局2009年相关统计资料可看出，广东目前有5处国家级或省级森林公园为公司、股份公司经营管理机构（表14-1），森林公园的主管部门仍为林业部门，其旅游开发业务接受林业主管部门指导。

(3) 相关政府部门管理

在广东省内有的市县因不设林业局，因此，一些森林公园特别是市县级森林公园为农林水利部门、人民政府、城管、政府农办等部门主管。

14.3.3 广东城市森林公园管理体制

目前，广东城市森林公园内林木的所有权、管理权、经营权等“三权”的统一管理体制正在逐渐转变，整体趋势正朝着“三权分离”转变。该模式实行森林资源资产所有权为国家所有；林业主管部门对森林资源进行管理，行使管理权；而将收费型城市森林公园内经营项目的经营权转让，由具有投资和管理能力的企业在合同期内进行管理和经营。

14.4 城市森林公园经营管理机构及其主要职能

14.4.1 国外国家公园、自然公园等与香港郊野公园的管理机构及其职能

(1) 国外国家公园与自然公园的管理机构及其职能

美国国家公园管理机构为国家公园管理局（为中

央管理机构)，下设7个地区局，分片管理。各个国家公园设有公园管理局，具体负责本公园的管理事务。这样国家公园管理局、地区国家公园管理局和公园管理局三级管理机构实行垂直领导，与公园所在地方政府没有业务关系。国家公园管理局代表国家直接管理全国国家公园的行政、规划建设、业务技术、旅游经营、人事任免等事宜。其管理的内容主要有：① 规划的管理（由公园管理委员会向社会和国会公告）。② 资源管理（包括土地管理、自然资源管理、文化资源管理、荒野保护和管理)。③ 科普教育和合理利用管理（公园内不建设娱乐性的旅游项目，主要开展科普教育，促使游客自觉保护资源和环境，提供游客基本需要又达到每个公园管理目标)。④ 公园设施管理(国家公园管理局提供设施，这些设施既为资源保护所必需又为游客游览所需要。由公园管理局提供的设施及所有摊点都要与公园环境和谐统一，与自然进程保持一致，建筑风格力求简朴，色彩淡雅，不搞高层建筑及永久性索道。生活设施以分散设置、互不能见为原则，既考虑美学价值又在功能上方便各种群体，还要求考虑能源效率和有效成本)。⑤ 特许承租管理[国家公园管理局通过特许承租的方式在公园内向游客提供商业设施和服务。特许承租的发展将受到公共利用享受的必要性与高水平的保护相一致的限制（NPS Management Policies，1999)]。⑥ 人事管理（国家公园的管理人员一律由国家公园管理局任命、调配。管理工作人员属于国家公务员的固定员工和满足旺季工作需要的临时员工；固定员工一般要求有较高的学历，如大学本科以上学历；工作人员在正式工作之前和工作之中都要参加业务培训；工作人员统一着装，佩戴统一臂章和徽章，形成特色的视觉识别系统；配备先进通讯设备和武器)（李彦良等)。

日本的自然公园类似我国的森林公园和风景名胜区，自然公园管理分为中央部门、地方环境事务所、自然保护官（管理人）及自然保护官助理（积极管理人)、地方公共团体等。① 中央部门：环境省自然环境局、国立公园管理科、环境整备担当参事官、亲近自然活动推进室等分别负责相应的工作。② 地方环境事务所：全国共设7处法律上的组织，负责地方上的环境行政工作，同时开展有关国立公园管理的业务。③ 自然保护官（管理人）及自然保护官助理（积极管理人)：自然保护官从事批准国立公园内的开发行为，保护稀有动植物等各种与自然保护有关的业务自然保护官助理负责辅佐自然保护官从事国立公园等的巡逻和调查、指导利用者、就自然环境进行讲解等实际业务，并与地区志愿者进行联络和调整。④ 地方公共团体：国立公园主要由环境省为主体进行管理，国定公园和都道府县立自然公园由都道府县为主体进行管理。由于采用的是地区制自然公园制度，所以主要和都道府县、市町村共同合作进行国立公园的管理等。

越南国家公园由国家农业和农村发展部直接领导，具体工作由各公园理事会负责，各省人民委员会在政策和方针上给予指导，协助理事会做好保护和发展工作。

瑞典国家森林公园归国家所有，它的建立必须经过国会审议通过，完全属于公益事业单位；国家森林公园的管理人员属于公务员，基本职责是管护好公园的自然环境和生物资源，向游客宣传保护自然生态的重要性，为游客提供需要的各种帮助，进行各种科普实验活动。

(2) 香港郊野公园的管理机构设置及其职能

香港郊野公园管理架构分层管理明确，主要采用层级管理，其管理机构有：香港渔农自然护理署—郊野公园及海岸公园分署—郊野公园科（下设主任—高级农林督察—管理站——级农林督察—高级农林助理—助理、技工、工人、司机等)、郊野公园护理科（下设主任—高级护理督察——级护理督察—二级护理督察、二级地质督察—护理员、助理等)。

香港郊野公园由渔农自然护理署负责管理一切有关事务，而郊野公园及海岸公园分署委员会则作为郊野公园及海岸公园管理局总监的咨询团体。郊野公园的专业人员总技术把关，各项工作采取互动式沟通，这样可提高管理的效率和效能，也能充分发挥各级人员的主观能动性，使其专业水平不断提升。分配在各层级上的管理人员基本是1人，而技工和工人数量相对较多。

14.4.2 广东城市森林公园经营管理机构

根据《森林公园管理办法》规定，“森林公园经营管理机构负责森林公园的规划、建设、经营和管理。森林公园经营管理机构对依法确定其管理的森林、林木、林地、野生动植物、水域、景点景物、各类设施等，享有经营管理权，其合法权益受法律保护，任何单位和个人不得侵犯。”“森林公园的开发建设，可以由森林公园经营管理机构单独进行；由森林公园经营管理机构同其他单位或个人以合资、合作等方式联合进行的，不得改变森林公园经营管理机构的隶属关系。”“占用、征用或者转让森林公园经营范围内的林地，必须征得森林公园经营管理机构同意”。“森林公园设立商业网点，必须经森林公园经营管理机构同意，并按国家的有关部门规定向森林公园经营管理机构交纳有关费用。”因此，森林公园组织机构设置必须围绕公园管理的内容与职责范围、经营目标进行，使组织机构高效、有序运行。

目前，广东城市森林公园管理机构基本上和国外的管理架构差不多，根据森林公园的级别不同分别由国家、省、市林业行政主管部门分层管理。而大部分收费型森林公园的管理机构既是管理者，又经营者，其管理体制是事业单位企业化管理，企业一般都追求投资后的利润最大化，森林公园旅游资源开发利用的利益最大化要求也在所难免，基于森林公园管理机构双重身份往往造成的监督、管理、保护资源职能弱化的现状，要求森林公园管理和经营分离，事企分开。

城市森林公园机构设置需按照森林公园的经营模式不同而定相应的管理机构。城市森林公园的管理架构为：市森林公园管理中心或管理办公室（由森林公园所在市的林业行政主管部门主管）—森林公园管理处—下设主任室、副主任室、办公室、计划财务室、资源管理室、基建技术室、旅游安全管理室等科室（以上机构对收费型及非收费型森林公园均适应）及旅游服务公司（只适应收费型森林公园）。

一般情况下，森林公园设管理处，并按照“精干、高效、多能”的原则和“定岗、定职、定员”的制度，确定人员编制；森林公园在业务上接受当地林业主管部门的指导。城市森林公园与城市的生态环境、低碳城市建设等方面息息相关，其建设在任何环节都必须加强管理和监督，防止过度开发、破坏性建设。因此，广东城市森林公园可借鉴香港郊野公园管理机构设置，设立专家咨询委员会，主要对森林公园开发、建设、经营等活动提出合理化建议，并对以上活动的过程进行监督，使城市森林公园开发建设和经营能健康地发展。

表14-2　城市森林公园管理机构主要职能

机构名称	主　要　职　能	备注
一、公园管理处		
1. 主任	全面负责森林公园开发、建设和管理等日常工作	
2. 副主任	具体负责森林公园相关的事务，协助主任完成相关日常工作	
3. 综合办公	负责公园的党务、行政、人事、文秘、治保、工会和后勤等管理	
4. 计划财务	负责资金使用计划和财务管理	
5. 资源管理	负责生态环境保护、旅游资源保护、科研及园务管理	
6. 基建技术	负责组织公园规划、建设和施工管理等	
7. 旅游安全管理	负责游客安全管理、宣传策划管理和开发质量管理等	
二、旅游服务公司	具体负责生产经营、旅游产品的开发策划、经营和市场营销管理等	适用收费型森林公园

注：以上列出的各机构及其职能只适用于一般的城市森林公园，各公园的机构和职能应根据自身的具体情况而确定。

14.4.3 城市森林公园管理机构的主要职能

按照森林公园管理需要成立森林公园管理处，其主要职能为：贯彻落实国家、省、市有关森林公园建设和发展的方针、政策，研究制定森林公园保护、开发和利用的政策；组织森林公园规划、建设；制定森林公园管理、旅游服务相关制度，负责协调处理森林公园开发建设中遇到的相关问题；负责森林公园安全管理；负责森林公园资源管理；负责森林公园生产经营的监管和协调等。另外，经营性的项目由旅游服务公司统一管理。森林公园各管理机构职能应本着各司其职、各负其责的原则，以便资源的有效保护、永续利用和高效管理。各机构职能如表 14-2。

参考文献

[1] 韩枫．市场营销管理的核心概念 [J]. 中外企业家．

[2] 李彦良，张岩岩等．美国国家公园管理之借鉴——以黄石国家公园为例．

第15章　研究结论与讨论

近 30 年来，随着广东工业化、城市化的快速发展，城市生态环境承受着前所未有的压力，经济增长与生态环境之间的矛盾日益加剧。“低碳城市”、“森林城市”、“科学发展观”等一系列新发展理念正在改变中国经济社会发展的价值取向。

目前，“碳政治”正受到世界各国政府的高度关注，以全球变暖和大气二氧化碳浓度增加为主要特征的全球变化正在改变着陆地生态系统的结构和功能，威胁着人类的生存与健康，森林特殊的碳汇能力成为应对气候变化的必然选择。广东已建 185 个城市森林公园，共有 50.7 万 hm^2 的森林与湿地在城市生态效益方面起着不可估量的作用。以营造良好的城市绿色公共生态环境、健康的游憩环境、增强市民的幸福感具有特殊的现实意义。本研究结合“东莞市大岭山森林公园工程综合集成设计”的实际项目，通过调查、开展城市森林公园的研究并得出如下结论。

15.1 研究结论

15.1.1 “工程综合集成法”为森林公园工程设计提出了全新的思维

“工程综合集成法”在系统工程理念的基础上，根据广东城市化、循环经济、低碳城市和森林城市建设的需求，针对森林公园设计存在的问题而提出，它为森林公园工程设计提供了全新的思维。

“工程综合集成法”是指把专家群体，数据和多种信息以及计算机技术有机结合；把多种学科的理论与人的经验知识相结合；宏观与微观研究的结合；各类人员的结合而共同构成一个高度智能化的“组织管理系统”，充分发挥系统的综合优势、整体优势和智能优势，从定性到定量进行整体研究和解决问题的方法。

15.1.2 提出城市森林公园的概念和生态工程设计是建设“低碳城市”的需要

地球的森林生态系统功能下降，不具备消除人类碳足迹的能力。因此，改善森林质量，提高碳汇能力，也是今后森林经理的方向和目标。

（1）提出城市森林公园的概念和生态工程设计是建设“低碳城市”的需要。工程设计确定服务城市的功能、维护城市生态安全、减轻热岛效应、应对全球气候变化的定位。

（2）城市森林公园应以生态工程贯穿于设计全过程，其规划、设计和建设必须采用生态技术和工程的“3R”（reduce、reuse、recycle）生态策略，其内容包括生态总体规划、时空结构设计、低碳工程设计、特殊生态工程设计等。

（3）城市森林公园生态工程设计要遵循生态位、食物链、整体效应等生态学基本原理，因地制宜、有序优化、整体协调。在工程策划、实施过程中采取相应措施，保护森林群落结构连续性、多样性、完整性，保护生物多样性，保护生态环境，恢复、改良、重建森林、湿地生态系统，也是今后森林经理的方向和目标。

（4）城市森林公园的游憩、科教功能要在生态工程总体规划的指导下进行；要采取低影响开发建设，使生态保育、森林景观生态营建、水体景观生态营建等与城市的服务功能有机结合。

15.1.3 推广碳汇技术的应用，提升了城市森林公园设计的科学性

将森林生态系统的碳汇技术应用于城市森林公园的设计中，为低碳城市建设和城市生态环境的改善提供了一条相对定量的技术方法，发展了城市森林公园的规划设计理念，提升了规划设计研究成果的实用性、前瞻性和科学性。

系统研究了本省11个主要树种（乔、竹）和6个植物种的生物量模型，测定分析了3000多个植物样本的含碳参数，结合生态工程设计和碳汇计量方法，森林碳汇技术在城市森林公园中的应用主要在三个方面：一是对现有森林公园的碳汇能力的计量与评价；二是开展森林公园不同森林类型的碳汇能力调查和分析，构建森林碳汇营造模式；三是森林碳汇对低碳城市建设的贡献。

15.1.4 首次建构了景观形态构成机理，发展了城市森林公园的规划与设计理论

从环境美学（从欣赏的角度，它追求的自然美、生活美和艺术美）高度，探讨城市森林公园的森林、山体、水体、建筑与道路等若干构成要素的艺术构成特点，建构城市森林公园景观形态构成的机理，主要成果有：

（1）提出景观形态构成主要由基本形态、色彩、肌理构成及森林文化内涵等几部分组成。用工程实例分析点、线、面、体与色彩构成的艺术特点，从而拓宽森林公园规划与设计的创新思路。

（2）采用了中国唐诗宋词、中国的书法、国画、印刻等艺术技巧与森林公园景观形态艺术美进行同类对比，提出对于森林植物“郁闭度美感”的艺术认识。以森林景观要素为实例引入“色彩构成”的原理，揭示森林群落景观色彩调和、对比的艺术特点；从森林景观要素层面，引入森林景观的肌理构成的概念和构成形式。

（3）提出森林公园景观的文化内涵由四部分组成：① 中国山、水文化的内涵；② 森林群落群落文化及形态景观；③ 植于森林中的建筑空间文化；④ 森林共生文化。倡导从文化层面上进行景观艺术创作，以提升城市森林公园景观设计水平，提升城市旅游文化层次。

15.1.5 提出了“游客舒适容量计算方法”

森林氧吧是人类社会的共识，森林空气中的含氧量大小与游客所感知的舒适程度密切相关。

森林公园游客舒适容量计算方法，按森林放氧量、考虑人的舒适建立如下公式计算，以校核公园游客舒适的规模。

$$G_1=V\times P_1\times K\times O\times C/W\times\ (1+P_2)^{\ n}$$

式中：G_1——游客舒适容量（游客人数/年）；

V——森林活立木蓄积量（m^3）；

P_1——现有林分森林活立木材积年生长率（%）；

P_2——现有森林林龄组到达成熟龄组材积年均生长率（%）；

n——现有森林龄组到达成熟龄组所需年限；

K——森林植物单位面积生物量与单位面积蓄积量的比值（t/m^3）（根据广东省森林资源调查的数据确定）；

O——森林植物每吨生物量放氧量系数（根据广东省森林资源放氧专题调查的数据确定）；

C——森林植物光合作用放氧量系数（根据森林生态学有关资料：取值为3.33）；

W——游客人年均在森林公园旅游区内消耗氧数量（t/人·年）。

15.1.6 提出了“城市森林公园安全、解说、管理三系统同步设计”的理念

本研究运用“工程综合集成法”，对其服务城市功能的影响因素进行分析和评价，提出了安全、解说、管理三系统同步设计的理念。在城市森林公园项目中有效地进行相应的配套工程设计，可提升森林公园游客、生物的安全，可提升防灾减灾和预防与处理突发事件的能力，可提升城市森林公园对游客服务水平。

15.2 讨论

本研究从“低碳城市”、“森林城市”、“循环经济”新理念上研究城市森林公园工程设计的创新理论，提

出了工程综合集成设计方法；提出了生态工程设计、碳汇技术应用以及建构景观形态构成的机理；提出了“城市森林公园安全、解说、管理三系统同步设计”的理念。但是，毕竟这是全国的首次，要构建一种新的方法、一种新的理论，仍然存在有些与技术相关的问题还待深入研究。2008 年在我们总结其科研成果运用在“东莞市大岭山森林公园工程设计”时，就认识到还有一些行业、社会管理问题有待随着广东城市化进程中继续深入研究，完善和提高。所以，仍然需要我们以创新的理念，与时代同步，与社会的各界技术人员共同努力…，把多学科的理论与人的经验知识相结合，从定性到定量进行整体研究，充分发挥系统的综合优势、整体优势和智能优势，迎接现代林业科技的大发展。

附表1 广东省国家重点保护珍稀濒危植物名录

序号	科名	种 名	濒危度	保护级别
1	乌毛蕨科	苏铁蕨 *Brainea insignis* (HooK. f.) J. Sm	渐危	2
2	桫椤科	桫椤 *Alsophila spinulosa* (Wall. ex Hook.) Tryon	渐危	2
3		细齿黑桫椤 *Gymnosphaera hancockii* (Cop.) Ching	渐危	2
4		大叶黑桫椤 *Gymnosphaera gigantea* (Wall. ex Hook.) J. Sm.	渐危	2
5		黑桫椤 *Gymnosphaera podophylla* (Hook.) Cop.	渐危	2
6		笔筒树 *Sphaeropteris lepifera* (Hook.) Tryon	渐危	2
7	蚌壳蕨科	金毛狗 *Cibotium barometz* (L.) J. Sm.	渐危	2
8	水蕨科	水蕨 *Ceratopteris thalictroides* (L.) Brongn.	渐危	2
9	莎草蕨科	莎草蕨 *Schizaea digitata* (L.) Sw.	渐危	2
10	三尖杉科	三尖杉 *Cephalotaxus fortunei* Hook. f.	渐危	2
11		篦子三尖杉 *Cephalotaxus oliveri* Mast.	渐危	2
12	柏科	翠柏 *Calocedrus macrolepis* Kurz	渐危	2
13		福建柏 *Fokienin hodginsii* (Dunn) Henry et Thomas	渐危	2
14	苏铁科	台湾苏铁 *Cycas taiwaniana* Carruth	濒危	1
15	松科	油杉 *Keteleeria fortunei* (Murr.) Carr.	渐危	2
16		华南五针松 *Pinus kwangtungensis* Chun ex Tsiang	渐危	2
17	罗汉松科	百日青 *Podocarpus neriifolius* D. Don	渐危	2
18	红豆杉科	南方红豆杉 *Taxus chinensis* var. *mairei* (Lemee et Levl.) Cheng et L. K. Fu	濒危	1
19		白豆杉 *Pseudotaxus chienii* (Cheng) Cheng	稀有	2
20	杉科	水松 *Glyptostrobus pensilis* (Staunt.) Koch	稀有	1
21	漆树科	野生芒果 *Mangifera indica* L.	渐危	2
22	夹竹桃科	蛇根木 *Rauvolfia serpentina* (L.) Benth. ex Kurz	渐危	2
23	伯乐树科	伯乐树 *Bretschneidera sinensis* Hemsl.	稀有	1
24	壳斗科	华南锥 *Castanopsis concinna* A. DC.	濒危	2
25	禾本科	水禾 *Hygroryza aristata* (Retz.) Nees	渐危	2
26		药用野稻 *Oryza officinalis* Will. ex Watt	渐危	2
27		普通野稻 *Oryza rufipogon*	渐危	2
28	樟科	香樟 *Cinnamomum camphora* (Linn.) Presl	濒危	2
29		沉水樟 *Cinnamomum micranthum* (Hayata) Hayata	渐危	2
30		闽楠 *Phoebe bournei* (Hemsl.) Yang	渐危	2
31		天竺桂 *Cinnamomum japonicum*	渐危	2

（续）

序号	科名	种　名	濒危度	保护级别
32	金缕梅科	长柄双花木 *Disanthus cercidifolius* Maxim. var. *longipes* H. T. Chang	濒危	2
33		半枫荷 *Semiliquidambar cathayensis* H.T.Chang	稀有	2
34		四药门花 *Tetrathyrium subcordatum* Benth.	稀有	2
35	豆科	格木 *Erythrophleum fordii* Oliv.	渐危	2
36		胡豆莲 *Euchresta japonica* Hook.f. et Regel	渐危	2
37		苏木 *Caesalpinia sappan* Linn.	渐危	2
38		野大 *Glycine soja* Sieb. et Zucc.	渐危	2
39		短绒野大豆 *Glycine tomentella* Hayata	渐危	2
40		烟豆 *Glycine tabacina* Benth.	渐危	2
41		花榈木（花梨木）*Ormosia henryi* Prain	渐危	2
42		紫檀（青龙木）*Pterocarpus indicus* Willd.	渐危	2
43		任豆（任木）*Zenia insignis* Chun	稀有	2
44	木兰科	凹叶厚朴 *Magnolia officinalis* subsp biloba	渐危	2
45		红花木莲 *Manglietia insignis* (Wall.) Bl.	渐危	2
46	锦葵科	桐棉（杨叶肖槿）*Thespesia populnea* (L.) Soland. ex Corr.	渐危	2
47	楝科	山楝 *Aphanamixis polystachya* (Wall.) R. N. Parker	渐危	2
48		大蒜果树 *Dysoxylum mollissimum* Bl.	渐危	2
49		红椿 *Toona ciliata* Roem.	渐危	2
50	紫金牛科	走马胎 *Ardisia gigantifolia* Stapf	渐危	2
51	猪笼草科	猪笼草 *Nepenthes mirabilis* (Lour.) Druce	渐危	2
52	睡莲科	莲 *Nelumbo nucifena* Gaertn.	渐危	2
53	瑞香科	土沉香 *Aquilariu sinensis*	渐危	2
54	金莲木科	合柱金莲木 *Sinia rhodoleuca* Diels	稀有	1
55	蓼科	金荞麦 *Fagopyrum dibotrys* (D. Don) Hara	渐危	2
56	蔷薇科	橉木 *Padus buergeriana* (Miq.) Yu et Ku	渐危	2
57	茜草科	绣球茜 *Dunnia sinensis* Tutcher	濒危	2
58		乌檀 *Nauclea officinalis* (Pierre ex Pitard) Merr. et Chun	渐危	2
59		香果树 *Emmenopterys henryi*	稀有	2
60	无患子科	伞花木 *Eurycorymbus cavaleriei* (Levl.) Rehd. et Hand.-Mazz.	稀有	2
61		韶子 *Nephelium chryceum* Bl.	渐危	2
62	山榄科	紫荆木 *Madhuca pasquieri* (Dubard) Lam.	稀有	2
63		海南紫荆木 *Madhuca hainanensis*	渐危	2

（续）

序号	科名	种　名	濒危度	保护级别
64	大血藤科	大血藤 *Sargentodoxa cuneata* (Oliv.) Rehd. et Wils.	渐危	2
65	安息香科	贵州木瓜红 *Rehderodendron kweichowense* Hu	渐危	2
66	伞形科	珊瑚菜 *Glehnia littoralis* Fr. Schmidt ex Miq.	渐危	2
67	姜科	疣果豆蔻 *Amomum muricarpum* Elm.	渐危	2
68	蝶形花科	缘毛红豆 *Ormosia howii*	濒危	2
69	卫矛科	永瓣藤 *Monimopetalum chinense*	稀有	2
70	马鞭草科	苦梓 *Cmelina hainanensis*	渐危	2
71	禾本科	药用野生稻 *Oryza officinalis*	渐危	2
72		普通野生稻 *Oryza rufipogon*	渐危	2

附表2　广东省重点保护陆生野生动物名录

中 名	学 名	中 名	学 名
兽纲 MAMMALIA		鸊鷉科	Podicipedidae
食肉目	CARNIVORIA	凤头鸊鷉	*Podiceps cristatus*
犬科	Canidae	鹱形目	PROCELLARIIFORMES
狼	*Canis lupus*	海燕科	Hydrobatidae
灵猫科	Viverridae	黑叉尾海燕	*Oceanodroma monorhis*
椰子狸	*Paradoxurus hermaphroditus*	雁形目	ANSERIFORMES
红颊蒙	*Herpestes javanicus*	鸭科	Anatidae
食蟹蒙	*Herpestes urva*	鸿雁	*Anser cygnoides*
猫科	Felidae	豆雁	*Anser fabalis*
豹猫	*Felis bengalensis*	灰雁	*Anser anser*
啮齿目	RODENTLA	小白额雁	*Anser erythropus*
鼯鼠科	Petauristidae	斑头秋沙鸭	*Mergus albellus*
棕鼯鼠	*Petaurista petaurista*	红胸秋沙鸭	*Mergus serrator*
豪猪科	Hystricidae	普通秋沙鸭	*Mergus merganser*
豪猪	*Hystrix hodgsoni*	鸡形目	GALLIFORMES
鸟纲 AVES		雉科	Phasianidae
潜鸟目	GAVIIFORMES	白眉山鹧鸪	*Arborophila gingica*
潜鸟科	Gaviidae	鹤形目	GRUIFORMES
红喉潜鸟	*Cavia stellata*	秧鸡科	Rallidae
鸊鷉目	PODICIPEDIFORMES	紫水鸡	*Porphyrio porhyrio*

（续）

中 名	学 名	中 名	学 名
董鸡	*Gallicrex cinerea*	黑头蜡嘴雀	*Eophona personata*
黑水鸡	*Gallinula chloropus*	黑尾蜡嘴雀	*Eophona migratoria*
鸻形目	CHARADRIIFORMES	黄胸巫	*Emberiza aureola*
蛎鹬科	Haematopodidae	爬行纲 REPTILIA	
蛎鹬	*Haematopus ostralegus*	龟鳖目	TESTUDOFORMES
鹬科	Scolopacidae	平胸龟科	Platystemidae
中杓鹬	*Numenius phaeopus*	平胸龟	*Platysternon megacephalum*
反嘴鹬科	Recurvirostridae	淡水龟科	Bataguridae
黑翅长脚鹬	*Himantopus himantopus*	黄缘盒龟	*Cistoclemmys flavomarginata*
反嘴鹬	*Recurvirostra avosetta*	黄额盒龟	*Cistoclemmys galbinifrons*
鸥形目（所有种）	LARIFORMES	锯缘摄龟	*Pyxidea mouhotii*
鹃形目	CUCULIFORMES	有鳞目	SQUAMATA
杜鹃科	Cuculidae	鬣蜥科	Agamidae
棕腹杜鹃	*Cuculus fugax*	长鬣蜥	*Physignathus cocincinus*
雀形目	PASSERIFORMES	两栖纲 AMPHIBIA	
鹟科	Muscicapidae	无尾目	SALIENTIA
紫寿带	*Terpsiphone atrocaudata*	蛙科	Ranidae
红嘴相思鸟	*Leiothrix lutea*	黑斑蛙	*Rana nigromaculata*
银耳相思鸟	*Leiothrix argentauris*	棘胸蛙	*Paa spinosa*
雀科	Fringillidae	沼蛙	*Rana guentheri*